Calcium Carbonate:
Clean Processes and Product Chains

# 碳酸钙清洁加工和产品链

周春晖 编著

U0393020

化学工业出版社
·北京·

## 内容简介

本书全面汇集和论述了碳酸钙资源加工利用、产业科学技术、产品链、产业链相关的基础知识和前沿信息。具体包括：碳酸盐岩石矿物的地球化学基础；碳酸盐岩石矿物野外观察鉴定和常用的实验分析表征技术；重质碳酸钙、轻质和纳米碳酸钙、氧化钙的生产工艺、装备和技术要点；碳酸钙在塑料、橡胶、纤维产品、涂料、胶黏剂、建材、冶金、钻井液、造纸、油墨、催化剂、新材料、环保、化肥、饲料、食品、日化、生物医药产品中的应用；含钙无机化合物和含钙有机化合物的基本理化性质、生产方法和工艺等；并介绍了各类产品和应用中所需碳酸钙的特点、作用、要求和指标检测方法。

本书可供碳酸钙矿物开采、加工和下游产品的生产和应用企业的工程技术人员、分析检验人员、高等院校和科研院所的研究人员、相关的政府职能部门和工业园区管理人员等阅读和参考，也适合材料与化工、资源与环境、生物与医药等专业的学生用作教材或教学参考书。

## 图书在版编目（CIP）数据

碳酸钙清洁加工和产品链 / 周春晖编著. —北京：
化学工业出版社，2021.10
ISBN 978-7-122-39489-7

Ⅰ．①碳… Ⅱ．①周… Ⅲ．①碳酸钙-生产工艺-无
污染技术 Ⅳ．①TQ127.1

中国版本图书馆 CIP 数据核字（2021）第 132574 号

---

责任编辑：韩霄翠 仇志刚　　　　　　　　文字编辑：张瑞霞
责任校对：王 静　　　　　　　　　　　　装帧设计：刘丽华

---

出版发行：化学工业出版社（北京市东城区青年湖南街 13 号 邮政编码 100011）
印　　装：北京虎彩文化传播有限公司
787mm×1092mm 1/16 印张 27 字数 619 千字 2021 年 11 月北京第 1 版第 1 次印刷

---

购书咨询：010-64518888　　　　　　　　售后服务：010-64518899
网　　址：http://www.cip.com.cn
凡购买本书，如有缺损质量问题，本社销售中心负责调换。

---

定　　价：148.00 元

# 序

虽然从事凹凸棒石研究开发已经 20 年，但深刻体会到碳酸钙产业对科技的需求，始于 2017 年 10 月我在非金属矿碳酸钙产业重要基地——安徽省青阳县参加"青阳论坛"。仅 4 年后，欣喜地见到周春晖编著的《碳酸钙清洁加工和产品链》一书出版，其执着辛勤，可见一斑。

非金属矿物及其制品是人类社会赖以生存和发展的重要物质基础。过去十多年来，我国非金属矿工业取得了较大发展，资源保障程度持续提高，产业集群发展加快，产业规模持续扩大，产业结构加速优化，创新能力不断增强，技术与装备水平不断提升，绿色体系建设已见成效。在我国经济进入高质量发展阶段，高新技术、战略性新兴产业的发展与非金属矿及其功能材料的发展融合更加密切，非金属矿工业也正以创新、绿色和可持续发展为主题，在协同创新中推动非金属矿产业向前发展。

在这样的背景下，周春晖老师编著的《碳酸钙清洁加工和产品链》一书适应国家产业需求而出。浏览这本书的目录，从碳酸钙基础地球化学开篇，引入基本分析测试技术，再到当前的产品和工艺介绍，然后是一系列碳酸钙的应用和产品链，足见编著者的用心和匠心。我还特别注意到，本书几近全面地收集了钙的无机化合物和有机化合物。这种专业信息的深度挖掘、汇集和思考整理，正是非金属矿深层次开发应用乃至深入研究的基石。我相信这些正是开发碳酸钙高附值产品和产业链的潜力所在。

《碳酸钙清洁加工和产品链》一书不仅论述了碳酸钙的基础知识和前沿信息，还涵盖了碳酸钙资源的加工利用、产业科学技术、产品链、产业链，建立了产学研知识体系，将产业技术和产品链联系起来。具体内容包括碳酸盐岩石矿物的地球化学基础理论，碳酸盐岩石矿物野外观察鉴定，常用的实验分析表征技术，重质碳酸钙、轻质和纳米碳酸钙、氧化钙的生产工艺、装备及技术要点，碳酸钙复合塑料、橡胶、纤维产品，碳酸钙与涂料、胶黏剂、建材、冶金、钻井液、造纸、油墨、催化剂、新材料、环保、饲料、食品、日化、生物医药产品，含钙无机化合物和含钙有机化合物的基本理化性质、生产方法和工艺。对这些科技现状和进展的概述和总结，不仅为碳酸钙产业提升、产业规划等提供了丰富的科技信息，也有助于国内相关专业的学生和科研工作者更加深入地了解碳酸钙领域，帮助他们系统学习和理解碳酸钙技术的现实需求，思考科学前进的方向。

《碳酸钙清洁加工和产品链》一书能与读者见面，定然是缘起周春晖老师对"非金属矿"的科技情结。我认识周春晖老师始于 2014 年他主办的"黏土矿物基功能材料和催化剂绿色化工国际专题研讨会"。周春晖老师不仅在学术上有独到见解，致力于推进不同学科的交叉协同和产学研合作，取得了系列有显示度的研究成果；近期更是联合专家同行梳理和交流未来碳酸钙矿物、黏土矿物等非金属矿物需要解决的基础科学问题、关键技术难题及其在工程、生产或产品上应用的"卡脖子"问题。周春晖老师还积极倡导、实践并推动非金属矿采选、加工和产业链的绿色化、增值化、高效化发展。2017 年他牵头成立了青阳非金属矿研究院，并联合国内外专家同行，迄今已经以"非金属矿科技与产业的联动""非金属矿学术前沿和绿色高新技术""超分子化学、纳米技术与非金属矿产业的交叉融合""非金属矿产业科技与发展动能转换的战略"为主题连续举办了 4 届"青阳论坛"，共同推动非金属矿绿色发展、创新发展，倡导开拓"基于矿物资源而又超越矿物资源"的产业新模式，构建非金属矿产业的新业态。相信《碳酸钙清洁加工和产品链》一书能为相关科技和产业发展增添新动能和新机遇。

简言之，虽然碳酸钙加工和应用的图书也有一些，但这样一本倾心为碳酸钙科技提升、产业可持续发展而编著的图书尚可谓鲜见；书中丰富的信息内容以飨读者可表，编著者家国科教情怀亦可嘉，因此欣然作此短序。

王爱勤

中国科学院兰州物理化学研究所

2021 年 7 月 18 日

# 前　言

对非金属矿物的认知和应用状况可谓自旧石器时代以来人类文明发展的一面镜子。如今，对它们的开采、加工和应用正经历深刻的技术革新和产业转型。在种类众多的非金属矿中，碳酸钙的科学研究、技术开发和生产活动十分值得关注。诘究本末，底里深情如下。

非相关专业的大众对碳酸钙的认知通常带了些文学色彩，这主要来自于明代于谦（1398—1457）的《石灰吟》："千锤万凿出深山，烈火焚烧若等闲。粉骨碎身浑不怕，要留清白在人间"；对其科学的认知，通常就是从中学的化学（科学）课程上学习到的碳酸钙基本理化性质、用途及其若干自然存在形态（如石灰岩、大理石、钟乳石等）。虽然每个人在日常工作和生活中，都触及含有或生产制造过程中涉及碳酸钙的产品，例如纸张、油墨、皮革、塑料、钢铁等，但是很少有人意识到碳酸钙在身边的存在及其重要内涵。碳酸钙科学深邃广阔，碳酸钙产品支撑着诸多工业，其产业亦前所未有地迫切需求碳酸钙精深加工和衍生产品的新技术等。寻常的碳酸钙矿物，竟有着不寻常的科技天地和重大产业需求，这成为笔者编著本书的缘起和动力。

自然界中碳酸钙分布广泛，多存在于石灰岩、方解石岩、大理岩等矿物中。这些岩石矿物的开采、加工可谓历史悠久，应用领域众多。但是，现阶段的加工产品主体是石料、重质碳酸钙和石灰等，存在生产经营较为粗放，"低端"产品同质化竞争严重，原矿产地欠缺精深加工等问题，亟须资源节约、精深加工、清洁生产、节能减排等方面的先进技术。笔者认为，从源头的研究开发，到碳酸钙矿产开采、加工、产品生产，再到终端应用，均应将下列五个方面持于心、行于业：一要有碳酸钙矿物资源不可再生的意识，做到精准分类，节约利用，高效加工；二是开发和实施碳酸钙矿物的清洁、低碳、低能耗、低排放的"绿色"加工生产技术；三是开发和生产高附加值碳酸钙衍生产品，提高产业系列性、多样性、集聚性，从而提高规模性、经济性；四是研究拓展碳酸钙及其衍生产品的应用性能和领域，重点聚焦新兴产业、尖端科技、现代民生等国家重大需求领域；五是依托科技实现碳酸钙及衍生产品的生产、使用过程的安全性、健康性和生态友好性。这些是碳酸钙产业发展面临的挑战，具有巨大的技术提升空间和市场需求。鉴于此，笔者认为，若有一本能够较为系统地介绍当前国内外碳酸钙及相关科学技术、全系列产品和应用的著作，或许能有助于明确相关的科技攻坚问题，有益于确立产业良性前行的方向，有利于拓展碳酸钙产品链、升级转型产业，并找到行业发展的新潜力与新动能。

怀拳拳之心，尽绵薄之力。本书从 2017 年起构思，到撰稿、修改，再到书稿面世，五年光阴荏苒。在此就本书内容构思和安排简要说明如下：科学是技术的理论基础，是重大原始创新的源头。因此，笔者安排了碳酸盐岩石矿物地球化学简介作为第 1 章，力求简明地介绍岩石、矿物等基本概念和有关的地质成因、演化等地球化学知识和信息。考虑到科学研究、技术开发和原料、产品质量管理等离不开可靠的、先进的分析检测方法和实验手段，因此，将碳酸盐岩石矿物野外观察鉴定和实验分析表征方面的简介作为第 2 章。后续章节则重点关注碳酸钙产品链和应用。第 3 章介绍了重质碳酸钙和氧化钙，第 4 章介绍了轻质和纳米碳酸钙，均着重于生产工艺、设备和一些值得注意的技术要点等，以期有助于读者思考和升级相关的生产技术和装备等。第 5 章至第 8 章分别介绍了碳酸钙复合塑料、橡胶、纤维产品，碳酸钙与涂料、胶黏剂、建材、冶金、钻井液产品，碳酸钙与造纸、油墨、催化剂、新材料、环保产品，碳酸钙与饲料、食品、日化、生物医药产品，这些内容旨在让读者较全面地了解碳酸钙的下游产品和应用等，以期能促进技术开发、延长碳酸钙产业链和启示未来发展方向。

需要特别说明的是，碳酸钙也是重要钙源。因此，笔者认为，其高附加值的材料和产品不能仅局限于第 5 章至第 8 章所涉及的下游产品和应用领域，要关注到含钙化合物和材料是一大类产品，这是发展产业链的广阔空间和机遇。因此，针对含钙无机化合物产品和含钙有机化合物产品，笔者专门进行了搜集和整理，分别设作第 9 章、第 10 章。这样的安排和内容，尚鲜见于目前的文献著作，或许可视作本书的特色之一。

至于本书的书名定为《碳酸钙清洁加工和产品链》，在此作些说明。毋庸讳言，就清洁、生态、降耗、增值、高效、安全而言，本书中论述的各类碳酸钙产品、衍生物的当前生产和应用技术可能还没有完全满足这些要求，但这也正是碳酸钙产业科技前行需要解决的关键科技问题。发展碳酸钙科技产业和产品链，当时刻不忘开发和应用"清洁"技术。

人类文明和生产技术发展到今天，技术不再仅仅追求将产品单纯地生产出来，而是追求在绿色、安全、可持续的前提下创造物质财富，甚至赋予其令人愉悦的文化内涵。在2020 年 10 月的非金属矿"青阳论坛"上，笔者曾提到，发展好非金属矿产业，要做产业立体化延伸，要打造产品的立体网络；要开拓"基于矿物资源而又超越矿物资源"的产业新模式。虽然在这一方面，本书中没有更多相关的整理和论述，但请允许笔者提醒读者，在碳酸钙的科技开发和产业发展工作中，这是值得思考的一点。笔者相信，碳酸钙的科学研究、技术开发，不仅服务于物质生产工作，也应能服务于精神和文化活动，二者相辅相成。

本书内容参考、介绍和引用了众多科技人员的研究成果，他们的工作正从不同角度和方面推进着碳酸钙的加工和应用前进，特此致以敬意和谢意。感谢中国矿物岩石地球化学学会第九届矿物物理矿物结构专业委员会的专家学者们。2017 年 10 月，该专委会和青阳非金属矿研究院共同发起了首届"非金属矿科技和产业论坛"（青阳论坛），其时的主题"非金属矿科技与产业的联动"，提高了笔者对于碳酸钙产业科技需求的认知，激发了笔者的编著动力。其时笔者拙诗："山重青阳登高天，秋实西华书新篇。诸贤集聚论坛启，多界联动科技牵。创新孜孜披荆后，开拓砺砺斩棘先。研院平台宏图立，矿业飞腾虎翼添。"借此书出版之际，再向业界的专家学者们致以谢意。

依据笔者对内容的设计、编排和指导，帮助收集整理资料的人员有刘佳慧、周淑清、黄伟军、蔡闻凯、牛玉琴、陈茜茜、钟坚强、甘美娇、朱保、李科金、屈雪静、李承苍、裴敏洋、夏淑婷、郭怡璇、沈程程、吴书涛、杨海燕、房凯等，对他们的热情协助和辛勤工作表示感谢。感谢国家自然科学基金（22072136；41672033；21373185）、浙江省自然科学基金杰出青年项目（R4100436）、浙江工业大学-青阳非金属矿研究院暨技术创新战略联盟企业研究生实践教育基地、浙江省非金属矿工程技术研究中心开放课题（ZD2020K07；ZD2020K09）等各类直接相关或部分相关非金属矿研究开发的项目支持。

2021 年恰逢青阳非金属矿研究院成立五周年（2017—2021），笔者谨以本书献之以贺。作为非金属矿的碳酸钙是池州市的特色自然资源之一，池州市也是国内碳酸钙的主要产区和产业基地之一。近年来，池州市青阳县着力科技引领和赋能产业生态友好地发展，正加快矿产资源整合和精深加工步伐，推进碳酸钙等非金属矿加工和相关产业向高加工度、高附加值、全产业链发展。其中，青阳经济开发区石安工业园在开发、引进碳酸钙新型产业技术和拓展产品种类、应用领域等方面卓有成效，也产生了对于新技术和新信息益发迫切的需求，正稳步走上碳酸钙矿物的高效增值利用、产业绿色低碳发展之路。另外，在工作过程中，笔者目睹了池州市青阳县地方各级政府和相关职能部门、青阳经济开发区石安工业园及园内企业的领导和员工们对碳酸钙产业科技型、绿色型发展的孜孜以求。上述这些都增加了笔者完成此书的信心和力量，笔者亦就此对章双宏、章晓山、袁伟、汪兴华、鲍中欢、王朝虎、宁宝霞、李林桢等表示敬意和谢意。绵延山青，水映朝阳，谨愿本书有助于地方产学研政商提高对碳酸钙科技与产业的认识，从而能更好地共同思考和科学地进行产业规划、升级转型、立体拓展与择优发展。"国画皖南，科技青阳"，期待青阳县的经济建设品质、科技产业、科技文化和秀丽山水相得益彰。

感谢青阳非金属矿研究院理事会、监事会成员鲍康德、刘初旺、庞经龙、孙正力、周磊等对推进碳酸钙产业科技工作的一路同行，他们的鼎力支持和友情鼓励，成为本书完成的巨大能量来源。此书也献给编著者的父亲周俊海（1943—2021）和母亲刘志霞（1948—2001）。特别感谢池州非金属矿产业技术创新战略联盟的企业家们和广大技术人员，正是他们创造着碳酸钙和与之相关的物质财富，提出了面向经济建设主战场的科技需求；相信他们将是本书内容的热诚阅读者、使用者和未来新技术的实施者。

笔者历来认为和坚信，碳酸钙是涉及多领域、多区域的重要产业，任何地方的碳酸钙科技和产业的进步和示范，都将有益于促进或带动整个国家的行业科技和产业进步。愿越来越多的科技人员关注并加入碳酸钙的科学研究、技术开发、产业创新和文化创造中来。矿物是宝贵的自然资源，是生命、生活和生产的基础，人类无须畏惧开采和利用矿物，而是要以科学技术为引领和支撑，奏出生态自然、人类生产和矿物资源利用三重和谐乐章，实现碳酸钙矿物的增值高效利用、清洁低碳发展，给出碳酸钙矿物相关科学的新认知、新理论。

本书得以付梓出版，笔者亦感谢化学工业出版社的编辑们，他们在编辑出版过程中付出了辛勤的劳动。

最后想说的是，笔者根据自己的理解对部分内容进行了归纳和阐释，受专业能力和知识面限制，可能存有不恰当之处；此外，面向产业的迫切需要，为了尽早能让读者见到和应用书中的信息，成书不免仓促，加上笔者经验不足，不足之处在所难免，在此诚意呈上邮箱：calcite2021@126.com，敬请读者发邮件批评指正，提出建议，笔者将虚心接受，努力学习和实践，将来再版时定当更正和提高。

周春晖

青阳非金属矿研究院

浙江工业大学化学工程学院

**2021 年 8 月**

# 目 录

## 第1章　碳酸盐岩石矿物地球化学简介

## 第2章　碳酸盐岩石矿物野外观察鉴定和实验室分析表征

# 第3章 重质碳酸钙和氧化钙

# 第4章 轻质和纳米碳酸钙

# 第5章 碳酸钙复合塑料、橡胶、纤维产品

## 第6章 碳酸钙与涂料、胶黏剂、建材、冶金、钻井液产品

## 第7章 碳酸钙与造纸、油墨、催化剂、新材料、环保、化肥

# 第8章　碳酸钙与饲料、食品、日化、生物医药产品

# 第9章 含钙无机化合物产品

# 第10章 含钙有机化合物产品

# 第1章
# 碳酸盐岩石矿物地球化学简介

## 1.1 典型的碳酸盐岩石

### 1.1.1 岩石

岩石，是由一种或几种矿物或造岩矿物集合成的地质体，呈相对稳定的固体形态。例如，玄武岩就是由斜长石、单斜辉石为主要组成矿物和由橄榄石、角闪石、黑云母为次要组成矿物集合而成的"石头"。海洋水面下的岩石称为礁或暗礁。少数岩石中含有生物的遗骸或遗迹。岩石是组成地壳的物质之一，是构成地球岩石圈的主要成分。

根据成因不同，岩石可分为岩浆岩、沉积岩和变质岩。岩浆岩，也称火成岩，是指高温熔融的岩浆在地表或地下冷凝所形成的岩石；其中，喷出地表的岩浆形成的岩石称喷出岩或火山岩。当上覆岩层压力减轻时，软流层中的岩浆上涌侵入地壳薄弱带地层冷凝而形成的岩石称侵入岩。沉积岩是指在地表条件下由风化作用、生物作用和火山作用的产物经水、空气和冰川等外力的搬运、沉积和固结后形成的岩石。变质岩是指因所处地质环境的改变导致原先的岩浆岩、沉积岩或变质岩，经变质作用而形成的岩石。三种岩石之间的区别不是绝对的。随着时间和环境的变迁，岩石构成矿物会发生变化，岩石的性质也会发生变化或转变为另外一种岩石。

岩浆岩大约占地壳体积的 64.7%，沉积岩大约占地壳体积的 7.9%，变质岩占地壳体积的 27.4%。在地表的岩石中，大约有 75% 是沉积岩，大约有 25% 是火成岩。在不同的圈层，三种岩石的分布比例相差很大。距地表越深，火成岩和变质岩越多。地壳深部和上地幔，主要由火成岩和变质岩构成。

常见的岩浆岩有花岗岩、玄武岩、橄榄岩、角闪石岩、正长岩、安山岩及流纹岩等。

沉积岩在地壳表层分布则其广，海底几乎全部为沉积岩所覆盖。常见的沉积岩有石灰岩、白云岩、砂岩、砾岩、黏土岩、页岩等。沉积岩由颗粒物质和胶结物质组成。颗粒物质是不同形状及大小的岩屑和一些矿物，胶结物质可以是碳酸钙、氧化硅、氧化铁及黏土矿物等。根据成因不同，沉积岩可分为碎屑岩、黏土岩和化学岩（包括生物化学岩）。对于常见的沉积岩中的石灰岩、白云石岩等，因其主要组成矿物的化学成分为碳酸盐而称为碳酸盐岩。

常见的变质岩有糜棱岩、碎裂岩、角岩、板岩、千枚岩、片岩、片麻岩、大理岩、石英岩、角闪岩、片粒岩、榴辉岩、混合岩等。根据变质作用类型的不同，变质岩可分为动力变质岩、接触变质岩、区域变质岩、混合岩和交代变质岩。

### 1.1.2 石灰岩

#### (1) 岩石特征

石灰岩（limestone）简称灰岩，是以方解石为主要成分的碳酸盐岩，有时含有白云石。次要矿物有菱铁矿、菱镁矿、黏土矿物、硅质等以及少量有机质。因形成的地质时代不同，石灰岩成分存在差异，主要体现在石灰岩中的不同的造岩矿物，如 $SiO_2$ 矿物、长石类矿物、角闪石类矿物、辉石矿物等。有灰、灰白、灰黑、黄、浅红、褐红等色，硬度一般不大，与稀盐酸有剧烈的化学反应。按成因分类属于沉积岩。

石灰岩中混有少量的黏土矿物，主要有高岭石、蒙脱石、伊利石、绿泥石，颗粒通常非常细小，或成浸染状散布，或以纹层、薄夹层出现。硅质主要以燧石（石英变种）和石英形式存在，其中燧石颗粒非常细小，一般粒径在 $1 \sim 10 \mu m$；燧石容易包裹水和其他杂质，因而呈现各种颜色，外观呈致密状、瓷状、土状等形式；有时为放射纤维状玉髓石英（$SiO_2$ 的隐晶质体）；硅质或均匀地散布在碳酸盐岩中，或以团块状、透镜状、纹层状存在。

在碳酸盐岩中也存在少量有机质，根据有机质的成因，可将其分为沉积有机质和迁移有机质。沉积有机质为原始的有机质及其蚀变产物；迁移有机质存在于矿物孔隙中，是由外地迁移过来的沥青或石油，随着热成熟度的增加，可演变成固体沥青或焦沥青[1]。碳酸盐岩中常见的有机质是沥青，因此岩石呈现褐色或黑色[2]。

#### (2) 石灰岩分类

主要依据岩石组成成分对石灰岩进行分类。1959年，福克[3] 依据3个结构组分异化颗粒、微晶方解石泥和亮晶方解石胶结物，提出将石灰岩分类为：亮晶异常化学岩、微晶异常化学岩、微晶岩、生物岩等。福克分类方案的优点是把碎屑岩的结构观点系统地引进到碳酸盐岩中来。但是，分类方案较烦琐复杂，不利于使用。另外，只有异化颗粒和微晶方解石泥是独立的结构组分，它们的有无和相对含量决定了岩石类型；作为粒间水化学沉淀产物的亮晶方解石胶结物不是独立成分，其有无和多少是由微晶方解石泥的有无和多少决定的。因此，把亮晶方解石胶结物和异化颗粒、微晶方解石泥同等对待，使这种分类在科学性上存在不足之处。

1962年，邓哈姆[4] 以颗粒和灰泥基质的数量比作为基础，即以颗粒支撑为主还是以灰泥支撑为主，划分出灰泥岩和颗粒岩两大类；将生物骨架黏结原始沉积物形成的岩类划分为黏结岩。另外，还划分出结构不能辨认的结晶碳酸盐岩。

以灰泥（"泥"粒级大小的碳酸盐灰泥）支撑的结构表示低能量的静水环境的产物，以颗粒支撑的结构表示高能量的波浪、流水的簸洗和再搬运作用形成的沉积结构。这种分类把亮晶方解石胶结物这一非独立的结构组分排除在外，有高度的概括性，简明扼要；它增加结晶碳酸盐岩，体现了石灰岩乃至碳酸盐岩类型的三分性：颗粒-泥岩、黏结岩、结晶岩。但是，该分类中提到的"泥岩"易与黏土岩中的"泥岩"混淆，无确切的定量标准，术语欠严谨等。

1982年，冯增昭[5] 考虑到碳酸盐岩由颗粒、泥、胶结物、晶粒以及生物格架五种结构组分组成，依据岩石中各种结构组分的特征及其相对含量，认为可把石灰岩划分为三大类，颗粒-灰泥石灰岩、晶粒石灰岩、生物格架-礁石灰岩。其中，对于颗粒-灰泥石灰岩类，再依据颗粒与灰泥的相对百分含量，可进一步划分为颗粒石灰岩、颗粒质石灰岩、含颗粒石灰岩和无颗粒石灰岩四类。由于不同的研究者采用不同的方案，造成了同一类石灰岩有不同的名字，或同一个名字含义不同等现象。金振奎等[6]在前人分类的基础上，根据结构组分类型及含量等特征，提出了新的分类方式（表 1-1）。

**表 1-1　石灰岩的新分类[6]**

| 生物格架<30% | | | | | | 生物格架≥30% | | | |
|---|---|---|---|---|---|---|---|---|---|
| | | | | | | 原地生物格架≥30% | | 原地生物格架<30% | |
| 灰泥基质支撑<br>（颗粒含量<50%） | | | 颗粒支撑（颗粒<br>含量>50%） | | | 灰泥含量><br>亮晶含量 | 灰泥含量<<br>亮晶含量 | 灰泥含量><br>亮晶含量 | 灰泥含量<<br>亮晶含量 |
| <10% | 10%～25% | 25%～50% | 灰泥含量><br>亮晶含量 | 灰泥含量<<br>亮晶含量 | | | | | |
| 灰泥石灰岩 | 含颗粒灰<br>泥石灰岩 | 颗粒质灰<br>泥石灰岩 | 灰泥颗粒<br>石灰岩 | 亮晶颗粒<br>石灰岩 | | 灰泥礁石<br>灰岩 | 亮晶礁石<br>灰岩 | 灰泥礁砾<br>屑石灰岩 | 亮晶礁砾<br>屑石灰岩 |
| | | | 颗粒石灰岩 | | | 礁石灰岩 | | 礁砾屑石灰岩 | |

在一般矿物学教材中，根据石灰岩组分中的方解石、白云石、泥质成分的相对含量，石灰岩可以简明分为如下 7 类（表 1-2），其中方解石含量均大于 50%。

**表 1-2　根据方解石、白云石、泥质的相对含量对石灰岩进行的分类**

| 岩类 | 岩石名称 | 方解石含量/% | 白云石含量/% | 泥质含量/% |
|---|---|---|---|---|
| 石灰岩类 | 石灰岩 | >90 | <10 | <10 |
| | 含白云石灰岩 | 75～90 | 10～25 | <10 |
| | 白云质石灰岩 | 50～75 | 25～50 | <10 |
| | 含泥白云质石灰岩 | 50～75 | 25～50 | 10～25 |
| | 含白云石泥质石灰岩 | 50～75 | 10～25 | 25～50 |
| | 泥质石灰岩 | 50～75 | <10 | 25～50 |
| | 含泥石灰岩 | 75～90 | <10 | 10～25 |

## 1.1.3　白云岩

### (1) 岩石特征

白云岩是一种沉积碳酸盐岩。白云岩主要由白云石矿物组成，常含有方解石、石英、长石和黏土矿物。白云岩呈灰白色，性脆，硬度大，用铁器易划出擦痕。矿石一般呈细粒或中粒结构，如泥晶-粉晶结构，少量呈假鲕状结构，多呈层状、块状、角砾状或砾状构造。外貌与石灰岩很相似，但白云岩遇稀盐酸缓慢起泡或不起泡。

白云岩在静态空气下煅烧至 793℃ 时，分解为 $MgO$ 和 $CaCO_3$，在加热到 910℃ 时 $CaCO_3$ 分解为 $CaO$ 和 $CO_2$。实际生产中，白云岩分解温度受岩石粒度、焙烧时间和气氛影响[7]。焙烧后的产物机械强度小，化学活性高，且气孔率大，结构疏松，在大气中易水化。

### (2) 白云岩分类

白云岩按成因可分为原生白云岩、成岩白云岩及后生白云岩，后两者也被称为交代白云岩或次生白云岩。

原生白云岩：通过化学沉淀作用或准同生交代作用形成的白云岩。在干燥炎热的气候（28～35℃）下通过蒸发作用可形成原地沉积的白云岩。一般在盐度高、水浅（0～3m深的潮汐带上）、pH值高于8.3的咸化潟湖或海湾中形成，也可在陆上咸潮中形成，并常伴生有膏盐层。

成岩白云岩：碳酸钙沉积物与渗透咸水中的硫酸镁或氯化镁反应，方解石被白云石交代形成的白云岩，其中的白云石常呈半自形或自形菱面体结构。自形菱面体即具有完整的晶面和规则的形态的棱面体晶体；半自形菱面体即晶体发育不完整，部分带有晶体界面的菱面体晶体，晶体中心常因含残余微晶方解石包裹体而混浊不清，晶体边缘常具明亮环带构造。在碳酸钙沉淀过程中，碳酸钙被交代或白云化而形成白云岩，在石灰岩层中呈透镜体状或斑块状，有时也呈层状分布，延伸一定距离。

后生白云岩：是一种在后生作用阶段，石灰岩中的方解石被白云石交代而形成的白云岩，分布局限，常见于断裂构造带。富含镁的深部地下水在石灰岩裂隙中不断循环而发生交代作用。后生白云岩中的白云石多呈自形菱面体，晶体粗大而且比成岩白云石干净、透明，不具环带，不含泥晶方解石和黏土包裹体。

最近有研究人员在前人分类的基础上，综合岩石特征、形成环境和时间序列整理给出了白云岩分类（表1-3）[8]。该分类的优点是演化线索清楚，不同成因白云岩之间的成岩域、特征域界线清晰，具有系统性和连续性。

表1-3　白云岩的分类

| 白云岩类型 | | 形成阶段 | 形成环境 | 富镁流体来源 | 岩石特征 |
|---|---|---|---|---|---|
| 同生期低温白云岩 | 海水白云岩 | 同生或准同生期 | 正常海水环境,超级气候,尤其是岛屿经常受大气淡水影响的地区,温度20～40℃ | 海水 | 生屑白云岩,藻砂白云岩,少量微生物白云岩,原岩结构保留完好 |
| | 微生物白云岩 | | 湖盆或蒸发潮坪,温度30～45℃,盐度35‰～100‰,碱度pH>8.5～9.0 | 浓缩海水 | 藻纹层/叠层/藻格架白云岩,颗粒白云岩,凝块石 |
| | 蒸发白云岩 | | 边缘海萨哈或蒸发潟湖,温度>45℃,盐度100‰～350‰,碱度pH>9.0～10 | 浓缩海水 | 含石膏结核或斑块泥晶白云岩,礁(丘)滩白云岩,常见石膏充填孔隙 |
| 埋葬期结晶白云岩 | 残留颗粒结构白云岩 | 埋葬期 | 浅中埋藏环境,孔隙中的封存水,最高温度近100℃,有机质处于未-半成熟阶段 | 地层水,浓缩海水 | 残留颗粒结构,但颗粒由粉细晶、中晶白云石构成,半自形-自形晶 |
| | 晶粒结构白云岩 | | 中深埋藏环境,温度>100℃,有机质处于成熟阶段,有机酸、TSR、盆地热卤水 | 地层水,浓缩海水 | 细晶、中晶、粗晶白云岩,粒状镶嵌结构,他形-半自形晶 |
| 构造热液白云岩 | | | 浅-超深埋藏环境,构造活动相关的富镁热液流体,温度>120℃,盐度>12% | 构造活动相关的富镁流体 | 中粗晶、粗晶、巨晶白云岩,伴生鞍状白云石、闪锌矿等热液矿物,鞍状白云石具弯曲晶面、波状消光 |

在一般矿物学教材中，根据白云岩组分中的白云石、方解石、泥质成分的相对含量，可以简明分为如下 8 类（表 1-4），其中白云石大于 50%。

**表 1-4　根据方解石、白云石、泥质的相对含量对白云岩进行的分类**

| 岩类 | 岩石名称 | 方解石含量/% | 白云石含量/% | 泥质含量/% |
|------|---------|-------------|-------------|-----------|
| 白云岩类 | 白云岩 | <10 | >90 | <10 |
| | 含灰白云岩 | 10～25 | 75～90 | <10 |
| | 灰质白云岩 | 25～50 | 50～75 | <10 |
| | 含泥灰质白云岩 | 25～50 | 50～75 | 10～25 |
| | 含灰泥质白云岩 | 10～25 | 50～75 | 25～50 |
| | 泥质白云岩 | <10 | 50～75 | 25～50 |
| | 含泥白泥岩 | <10 | 75～90 | 10～25 |

## 1.1.4　大理岩

### （1）矿物特征

大理岩，俗称大理石，是由石灰岩、白云质灰岩、白云岩等碳酸盐岩石经区域变质作用和接触变质作用形成的，属于变质岩。大理岩中方解石和白云石的含量一般大于 50%，有的可达 99%。大理岩遇稀盐酸产生气泡，纯大理岩为白色。大理岩分布很广，广泛存在于世界各地。我国云南大理县就以盛产美丽花纹的大理岩而闻名于世，其他如北京房山、河北曲阳、广东云浮、湖北大悟、四川南江、山东莱阳等地都有分布[9]。

大理岩一般具有典型的粒状变晶结构，粒度一般为中、细粒，有时为粗粒，岩石中的方解石和白云石颗粒之间成紧密镶嵌结构。在某些区域变质作用形成的大理岩中，由于方解石的光轴成定向排列，使大理岩具有较强的透光性，如有的大理岩可透光 2cm，个别大理岩的透光性可达 3～4cm。大理岩的构造多为块状构造，也有不少大理岩具有大小不等的条带、条纹、斑块或斑点等构造。一般大理岩中常含有少量的其他矿物，由于大理岩中含有少量的有色矿物和杂质，使得大理岩呈现不同的颜色和花纹，磨光之后外观十分美观。常见的颜色有浅灰、浅红、浅黄、绿色、褐色、黑色等。例如，大理岩中含锰方解石为粉红色，大理岩中含石墨为灰色，含蛇纹石为黄绿色，含绿泥石、阳起石和透辉石为绿色，含金云母和粒硅镁石为黄色，含符山石和钙铝榴石为褐色等。

由于原岩石中所含的杂质（如硅质、泥质、碳质、铁质、火山碎屑物质等）种类不同，以及变质作用的温度、压力和水溶液含量等的差别，大理岩中伴生的矿物种类也不同。例如，由较纯的碳酸盐岩石形成的大理岩，方解石和白云石占 90% 以上，有时含有很少的石墨、白云母、磁铁矿、黄铁矿等；在由含硅质的碳酸盐岩石形成的大理岩中，含有滑石、透闪石、阳起石、石英、透辉石、斜方辉石、镁橄榄石、硅灰石、方镁石、粒硅钙石、钙镁橄榄石、镁黄长石等。含泥质的碳酸盐岩石形成的大理岩中，在中、低温时可含有蛇纹石、绿泥石、绿帘石、黝帘石、符山石、黑云母、酸性斜长石、微斜长石等，在中、高温时可含有方柱石、钙铝榴石、粒硅镁石、金云母、尖晶石、磷灰石、中基性斜长石、正长石等。

大理岩可以用作装饰建筑及雕刻石料；绝缘性能好的大理岩可在电工材料中用作隔电

板；有些大理岩等还可以用作耐碱材料；大理岩开采、加工过程中产生的碎石、边角余料也常用于人造石的生产；石粉可用作塑料、橡胶、涂料等行业的填料。日常生活和生产中，细粒结构、质地均匀致密的白色大理岩被称为汉白玉；中细粒结构并具有各种浅灰色的细条纹状花纹大理岩称为艾叶青。这两种均是优美的雕刻和建筑材料。从商业角度来说，所有天然形成、能够进行抛光的石灰质岩石都称之为大理石。

**（2）大理岩分类**

因原岩不同，可形成不同类型的大理岩。例如，纯钙镁碳酸盐岩变质后可形成方解石大理岩、白云石大理岩；硅质灰岩变质后可形成石英大理岩、硅灰石大理岩；碳质灰岩变质后可形成石墨大理岩等。还可根据颜色、结构构造进一步划分，如白色大理岩、灰色大理岩、粉红色大理岩、细粒大理岩、粗粒大理岩、条带状大理岩等。近来有研究人员综合岩石薄片偏光显微镜鉴定和 X 射线粉晶衍射分析结果，依据岩石的构造和矿物组成成分将大理岩划分为方解石大理石、白云岩大理岩、菱镁矿大理岩等类别（表 1-5）。在这种分类方法中，需要采用 X 射线粉晶衍射分析检测出大理岩中方解石、白云石和菱镁矿等碳酸盐矿物以及岩石中粉砂级斜长石、钾长石与石英和蒙脱石、绿泥石、云母和滑石等层状硅酸盐矿物等的种类及相对含量。方解石、白云石和菱镁矿的 X 射线衍射主峰有明显差异，$d$ 值分别为 0.303nm、0.288nm 和 0.274nm；斜长石、钾长石与石英矿物的 X 射线衍射主峰 $d$ 值分别为 0.319nm、0.324nm、0.334nm；蒙脱石、绿泥石、云母和滑石的 X 射线衍射主峰 $d$ 值分别为 1.400nm、0.705nm、0.989nm、0.938nm。

表 1-5　大理岩的分类[10]

| 岩石类型 | 矿物组分及含量/% | | | | | |
| --- | --- | --- | --- | --- | --- | --- |
| | 方解石 | 石英 | 斜长石 | 黏土 | 白云母 | 金属矿物 |
| 方解石大理石 | 94～99 | 0～5 | — | — | <1 | 0～3 |
| 条带状石英大理岩 | 90～94 | 2～5 | — | — | 2～4 | 1 |
| 云英质大理岩 | 70 | 20 | — | — | 7 | 3 |
| 石英方解石大理岩 | 75 | 20 | — | — | 4 | 1 |
| 长英质大理岩 | 60 | 20 | 18 | — | — | 2 |
| 硅沙泥质大理岩 | 62 | 16 | — | 18 | 4 | — |

| 岩石类型 | 矿物组分及含量/% | |
| --- | --- | --- |
| | 菱镁矿 | 石英 |
| 菱镁矿大理岩 | 97 | 3 |

| 岩石类型 | 矿物组分及含量/% | | | |
| --- | --- | --- | --- | --- |
| | 白云石 | 石英 | 白云母 | 绿泥石 |
| 含云母石英白云石大理岩 | 70～75 | 18～25 | 5～7 | 0～10 |
| 石英绿泥白云石大理岩 | 75 | 15 | — | 10 |
| 含石英绿泥白云石大理岩 | 90 | 5 | — | 5 |
| 石英白云岩大理岩 | 85 | 15 | — | — |

续表

| 岩石类型 | 矿物组分及含量/% | | | | | |
| --- | --- | --- | --- | --- | --- | --- |
| | 白云石 | 石英 | 白云母 | 金属矿物 | 绿泥石 | 黑云母 |
| 白云岩大理岩 | 94～98 | 0～3 | 0～3 | 0～4 | 0～3 | — |
| 云英质白云岩大理岩 | 50～70 | 15～30 | 15～20 | 0～5 | 0～5 | — |
| 含石英白云石大理岩 | 90～95 | 5～7 | 0～2 | 0～1 | — | — |
| 含云母白云石大理岩 | 80 | 1 | 10 | 4 | — | 5 |

# 1.2　主要的碳酸盐类矿物

## 1.2.1　矿物

矿物一般是指由自然界中各种地质作用所形成的天然单质或化合物，具有相对固定的化学组成、内部结构、晶型和物理、化学性质，在一定的物理化学条件范围内稳定，是组成岩石和矿石的基本单元。岩石是一或多种矿物的聚合体，化学成分不定，通常无固定的"结晶"结构[11]。

一般来讲，一定的化学成分和一定的晶体结构构成一个矿物种，但有时其化学成分可在一定范围内变化。矿物的化学成分一般采用晶体化学式表达，表明矿物中各种化学组分的种类、数量，并反映原子结合的情况。矿物成分变化的原因最主要是晶格中质点的替代，即类质同象替代。它是矿物中普遍存在的现象。在晶体结构中占据等同位置的两种质点可相互取代，彼此可以呈有序或无序的分布。矿物的晶体结构不仅取决于化学成分，还受到外界条件的影响。同种成分的物质，在不同的物理化学条件（温度、压力、介质）下可以形成结构各异的不同矿物种，这一现象称为同质多象。如金刚石和石墨的成分同样是碳单质，但晶体结构不同，性质上也有很大差异，它们被称为碳的不同的同质多象变体。如果化学成分相同或基本相同，结构单元层也相同或基本相同，只是层的叠置层序有所差异时，则称它们为不同的多型。如石墨 2H 多型（两层一个重复周期，六方晶系）和 3R 多型（三层一个重复周期，三方晶系）。不同多型仍看作同一个矿物种。

矿石是指可从中提取有用组分或其本身具有某种可被利用的性能的矿物集合体。矿石中有用成分（元素或矿物）的单位含量称为矿石品位。金、铂等贵金属矿石用 g/t 表示，其他矿石常用百分数表示。

广义上讲，矿物有 3 种存在状态，即固态、液态和气态。矿物的分类方式众多，如根据矿产的成因和形成条件，分为内生矿产、外生矿产和变质矿产。从矿物的分类及矿物成分来看，矿物分成单质和化合物两种。单质是由一种元素组成的矿物，如金刚石成分是碳，自然金成分是 Au。化合物则是由阴阳离子组成的，根据阴离子成分不同分为下列大类：硫化物矿物、卤化物矿物、氧化物矿物、氢氧化物矿物、含氧盐矿物（包括硅酸盐、硼酸盐、碳酸盐、磷酸盐、砷酸盐、钒酸盐、硫酸盐、钨酸盐、钼酸盐、硝酸盐、铬酸盐等）。地壳中硅酸盐矿物种数最多，约占地壳总质量的 75%，硫化物和卤化物矿物种数最少。

在日常生活生产中，矿产泛指一切埋藏在地下或分布于地表的可供人类利用的天然矿物或岩石资源，是不可再生资源。根据矿产性质及其主要用途，分为能源矿产、金属矿产、非金属矿产和水气矿产。据 2011 年《中华人民共和国矿产资源法实施细则》，我国目前共有 172 种矿产资源。

能源矿产有煤、煤成气、石煤、油页岩、石油、天然气、油砂、天然沥青、铀、钍、页岩气等。铀、钍也叫放射性矿产。由于金属锂常用于锂离子电池，作为一种新能源材料来使用，有的矿产资源规划将其视为一种能源矿产。水气矿产有地下水、矿泉水、二氧化碳气、硫化氢气、氦气、氡气，共 6 种。

金属矿产共有 59 种，按照常例，实际上是 6 小类（表 1-6）。

表 1-6　金属矿产分类

| 小类 | 种类 | 矿种 |
|---|---|---|
| 黑色金属 | 5 | 铁、锰、铬、钒、钛 |
| 有色金属 | 13 | 铜、铅、锌、铝土矿、镍、钴、钨、锡、铋、钼、汞、锑、镁 |
| 贵金属 | 8 | 铂、钯、钌、锇、铱、铑、金、银 |
| 稀有金属 | 8 | 铌、钽、铍、锂、锆、锶、铷、铯 |
| 稀土金属 | 15 | 镧、铈、镨、钕、钐、铕、钇、钆、铽、镝、钬、铒、铥、镱、镥 |
| 稀散金属 | 10 | 钪、锗、镓、铟、铊、铪、铼、镉、硒、碲 |

非金属矿产资源是指那些除燃料矿产、金属矿产外，在当前技术经济条件下，可供工业提取非金属化学元素、化合物或可直接利用的岩石与矿物资源。此类矿产中少数是利用单质或化合物，多数则是以其特有的物化性能利用整体矿物或岩石。世界一些国家称非金属矿产资源为"工业矿物与岩石"。加上 2000 年新增的非金属矿产大体可分为五小类：元素类、矿物类、宝石类、岩石类、黏土类。主要为金刚石、石墨、水晶、刚玉、石棉、云母、石膏、萤石、宝石、玉石、玛瑙、石灰岩、白云岩、石英岩、陶瓷土、耐火黏土、大理岩、花岗岩、盐矿、磷矿、辉长岩、辉石岩、正长岩等。

碳酸盐类矿物是金属阳离子与碳酸根相结合的化合物（图 1-1）。金属阳离子主要有钠、钙、镁、钡、铁、铜、铅、锌、锰、稀土元素等。主要有方解石（$CaCO_3$）、白云石 $[CaMg(CO_3)_2]$，此外，还有菱镁矿（$MgCO_3$）、菱铁矿（$FeCO_3$）、菱锌矿（$ZnCO_3$）、白铅矿（$PbCO_3$）、孔雀石 $[Cu_2(OH)_2CO_3]$、蓝铜矿 $[Cu_3(CO_3)_2(OH)_2]$ 等。分布最广的是钙、镁的碳酸盐类矿物，这些矿物是重要的造岩矿物。

### 1.2.2　方解石

#### （1）物理性质

方解石（calcite）是一种最常见的碳酸钙矿物，是构成石灰岩和大理岩的主要矿物。纯质的方解石为无色或白色，其中无色透明者称为冰洲石。有时方解石矿因含 Fe、Mn、Cu 等元素而呈现浅黄、浅红、红、紫、褐黑等，玻璃光泽。$\{10\bar{1}1\}$ 解理完全。

方解石的莫氏硬度在 2.50～3.75 之间，密度在 2.60～2.8g/cm³ 之间。方解石在紫外光下可发荧光，荧光颜色与其所含杂质相关。方解石受热会产生弹性形变及热发光，引起热发光的激发因素是放射性、微量杂质及晶体形变等。

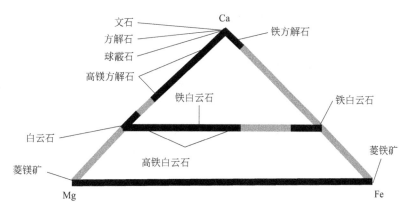

图 1-1　碳酸盐岩矿物

方解石族矿物是指具有与方解石晶体结构相似的碳酸盐类矿物，产量大、产地多，是最常见的天然矿物之一，其主要品种有方解石（$CaCO_3$）、菱锌矿（$ZnCO_3$）、菱锰矿（$MnCO_3$）、菱镁矿（$MgCO_3$）、白云石 $[CaMg(CO_3)_2]$。某些物质在一定的外界条件下结晶时，晶体中部分构造位置随机地被介质中的其他质点（原子、离子、配离子、分子）所占据，只引起晶格常数的微小改变，晶体的构造类型、化学键类型等保持不变，这一现象称为"类质同象"。方解石族矿物完全类质同象的系列中 $Ca^{2+}$ 和 $Mn^{2+}$、$Mn^{2+}$ 和 $Fe^{2+}$ 及 $Fe^{2+}$ 和 $Mg^{2+}$ 互为等价类质同象（化合价相同的金属离子等量交换）替代，而 $Ca^{2+}$ 和 $Fe^{2+}$、$Fe^{2+}$ 和 $Zn^{2+}$、$Mn^{2+}$ 及 $Mg^{2+}$ 互为不完全类质同象（化合价相同的金属离子不等量交换）[12,13]。随着其中阳离子半径逐渐增大，首先引起晶胞参数的规律变化，当阳离子半径增大到某临界值时，矿物的结构发生改变。

**（2）化学组成**

方解石的化学式为 $CaCO_3$。理论组成：CaO 56.03%，$CO_2$ 43.97%。

**（3）结晶形态**

方解石的晶体属于三方晶系，对称型 $\overline{3}m$（$L^3 3L^2 3PC$），空间群 $D_{3d}^6$-$R\overline{3}C$。晶格参数：$a_{rh}=0.637nm$，$\alpha=46°07'$，$Z=2$（真正的晶胞，为锐角原始菱面体格子）；$a_h=0.499nm$，$c_h=1.706nm$，$Z=6$（三方菱面体格子转换成的六方双重体心格子）。方解石的晶体结构（图 1-2）类似于沿三次轴压缩的 NaCl 晶体结构，并将其中的 $Na^+$ 和 $Cl^-$ 分别以 $Ca^{2+}$ 和 $CO_3^{2-}$ 替换。其原立方面心晶胞沿某一三次轴方向压扁而呈钝角菱面体，即成为方解石的结构[14]。在方解石的晶体结构中，阳离子 $Ca^{2+}$ 和络阴离子 $CO_3^{2-}$ 分别占据晶格位置，其中 $CO_3^{2-}$ 很稳定，呈平面等边三角形且垂直于三次轴分布。$Ca^{2+}$ 位于其中心，C—O 以共价键联系，半径为 0.255nm。结构中 $CO_3^{2-}$

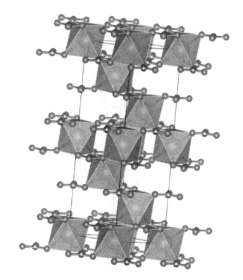

图 1-2　方解石的晶体结构

在整个结构中成层分布，在相邻层中 $CO_3^{2-}$ 三角形的方向相反，钙的配位数 6。

方解石中的 $CO_3^{2-}$ 基团存在 4 种拉曼活性振动模（图 1-3），分别是碳氧面外弯曲振动（$\nu_{ob}$）、面内弯曲振动（$\nu_{ib}$）、对称伸缩振动（$\nu_s$）和反对称伸缩振动（$\nu_{as}$）。在方解石拉曼光谱中，归属于振动模 $\nu_{ib}$ 和 $\nu_s$ 的拉曼位移分别位于 $705cm^{-1}$ 和 $1080cm^{-1}$ 附近，而归属于耦合振动模 $\nu_{ib}+\nu_s$ 的拉曼位移位于 $1745cm^{-1}$（$705cm^{-1}+1080cm^{-1}\approx1745cm^{-1}$）。解析认识方解石的特征拉曼位移，对矿物组分和晶体结构的表征具有重要的参考价值。

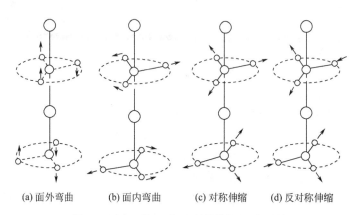

(a) 面外弯曲    (b) 面内弯曲    (c) 对称伸缩    (d) 反对称伸缩

图 1-3    方解石中 $CO_3^{2-}$ 基团的拉曼活性振动模

常见方解石晶形有六方柱 $\{10\bar{1}0\}$ 及菱面体 $\{01\bar{1}2\}$ 和 $\{02\bar{2}1\}$ 的聚形、复三方偏三角面 $\{2\bar{1}31\}$ 等（图 1-4）。方解石的形态与形成温度有关，一般高温会趋向于板状或扁平的菱面体状，而低温会趋向于柱状或尖菱面体状。双晶常见，如依 $\{01\bar{1}2\}$ 为双晶面的负菱面体聚片双晶或接触双晶，前者多为应力造成的滑移双晶；依 $\{0001\}$ 为双晶面的方解石接触双晶（底面双晶）；不常见的有以 $\{20\bar{2}1\}$ 为双晶面的接触双晶（蝴蝶双晶）。由两个或两个以上单形聚合而成的晶形，称聚形。通常方解石形态多种多样，聚形不同、发育不等的晶体形态达 600 多种。

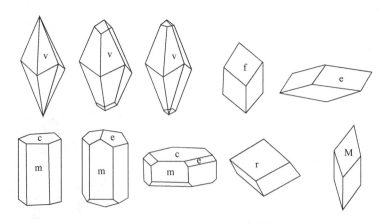

图 1-4    方解石的多种晶体聚形[15]

平行双面 c{0001}；六方柱 m$\{10\bar{1}0\}$；菱面体 r$\{10\bar{1}1\}$，e$\{01\bar{1}2\}$，f$\{02\bar{2}1\}$，$\{40\bar{4}1\}$；

复三方偏三角面体 v$\{2\bar{1}31\}$

方解石矿集合体形态多种多样：常为致密块状（灰岩）、粒状（大理岩）、晶簇状、片状、土状（白垩）、多孔状（石灰华）、钟乳状、鲕状、豆状、结核状、葡萄状、被膜状等；平行或近于平行连生的片状（薄板状）的方解石又称层解石。近来，还有科学研究发现了一种海绵状的碳酸钙，尽管大多数形式的碳酸钙是硬矿物，但这种新形式不仅很软还具有吸水性[16]；经过分析，研究者确定了这种海绵状物质的成分是方解石。

在正常条件下 $CaCO_3$ 的热力学稳定形式是六方 $\beta$-$CaCO_3$（矿物方解石）；在特定条件下可以制备其他晶体结构的 $CaCO_3$，如更密集的（$2.83g/cm^3$）斜方晶系 $\lambda$-$CaCO_3$（矿物文石）和 $\mu$-$CaCO_3$（矿物球霰石）[17]。在实验室中，文石形式可以通过在高于 85℃ 的温度下沉淀来制备，球霰石形式可以通过在 60℃ 沉淀来制备。方解石中钙原子由 6 个氧原子配位，文石中钙原子由 9 个氧原子配位。但是球霰石结构尚不完全清楚[18]。

**（4）成因产状**

方解石是分布广泛的矿物之一，是碳酸岩的主要造岩矿物，成因类型多。外生地质作用成因学说认为，主要是由于溶解了 $Ca(HCO_3)_2$ 的海水或溶液因 $CO_2$ 的逸散，使方解石结晶析出，形成大量海相沉积的灰岩，或在石灰岩溶洞中形成风化型的石钟乳、在泉水出口处沉淀石灰华。岩浆成因学说认为，是由碱性岩浆分异的产物或上地幔来源的碳酸盐熔体在地壳冷凝结晶而成。还有研究认为中、低温热液矿脉中也能产出方解石。接触热变质或区域变质作用都可以使灰岩重结晶成大理岩。基性、超基性岩的风化蚀变（碳酸盐化）也常形成方解石。生物体内也可以存在方解石，如科学研究表明，海尾蛇体内也含有矿物方解石[19]。生物体由 $CaCO_3$ 形成的外壳等，亦可在海底堆积成石灰岩。

方解石晶体形态通常与"驱动力"有关，例如过饱和度、母体水的物理和化学参数、杂质、影响晶体生长的有机或无机添加剂、晶体生长速率或存在微生物及与其相关的生物膜，这些都对方解石晶体的形态产生影响。

**（5）鉴定特征**

解理面就是指矿物晶体在外力作用下严格沿着一定结晶方向破裂，并且能裂出光滑平面性质的平面。解理面一般平行于面间距最大、面网密度最大的晶面，因为面间距大，面间的引力小，这样就造成解理面的晶面指数一般较低。比较晶形，$\{01\bar{1}2\}$ 聚片双晶，$\{10\bar{1}1\}$ 3 组完全解理。方解石硬度较小。在单偏光下，方解石的双晶平行于菱形晶体的长对角线。在正交偏光下可以看到高级白干涉色。滴稀盐酸剧烈起泡。灼热后的方解石碎块置于石蕊试纸上呈碱性反应。有钙的焰色反应，呈橘黄色。

**（6）方解石的矿物岩石地球化学意义**

碳酸钙矿物是研究晶体结晶机理时常选用的模型矿物。例如方解石，它广泛分布在地球表面，在海洋碳循环和全球碳循环中起着重要作用，在生物矿化中扮演着重要的角色，能记录气候变化。浮游有孔虫的碳酸钙壳被保存在海洋沉积物中，记录着最近 1 亿年的海洋表面条件和气候，是最宝贵的地球化学档案。有研究显示，浮游有孔虫（*Orbulina universa* 和 *Neogloboquadrina dutertrei*）的贝壳并不是通过化学沉积直接形成方解石，而是先形成不稳定的碳酸钙多形球霰石，再通过亚稳相非经典的结晶途径最终转变为方解石[20]。研究无机方解石的沉淀和溶解，对揭示古生物如何记录气候、生物矿化、碳循环、方解石的地球化学和溶解性等有科学价值。

### 1.2.3 文石

#### (1) 物理性质

文石（aragonite）又称霰石，化学式为 $CaCO_3$。通常呈白色、黄白色。玻璃光泽，断口为油脂光泽。{010} 具不完全的板面解理，贝壳状断口。

珍珠层是珍珠和贝壳的主要结构，而文石是珍珠层的主要无机相，占总质量的 95%，蛋白质-多糖构成的有机相只占到 5% 左右。文石晶体的形状、尺寸比较均匀，通常为多角片形，六边形居多，晶片厚度在 $0.25 \sim 0.99 \mu m$ 之间，片尺寸约为 $3 \sim 5 \mu m$[21]；文石板片层层堆砌，形成紧密的"砖墙结构"。有科学研究发现，墨鱼骨由 >90% 的文石构成，且具有分腔室的"墙-隔板"（wall-septa）多孔结构，克服了墨鱼骨固有的脆性，使其坚硬而且耐损伤[22]。

#### (2) 化学组成

理论组成：CaO 56.03%；$CO_2$ 43.97%。常含有 Fe 和 Mn。遇冷稀盐酸剧烈反应，产生气泡。

#### (3) 结晶形态

文石属斜方晶系，对称形 mmm（$3L^2 3PC$），空间群 $D_{2h}^{16}$-$P$mcn；$a_0 = 0.495$nm，$b_0 = 0.796$nm，$c_0 = 0.573$nm；$Z = 4$。在文石的晶体结构中，$CO_3^{2-}$ 按近似成六方最紧密堆积的方式排列，每个 $Ca^{2+}$ 位于 6 个 $CO_3^{2-}$ 之间，共与 9 个 $O^{2-}$ 配位，每个 $O^{2-}$ 则与 3 个 Ca 和一个 C 相连接。文石结构也可视为红砷镍矿（又称红镍矿，NiAs，六方晶系）结构的衍生，即相当于 NiCaAs 被彼此平行并垂直于 $c$ 轴 $CO_3^{2-}$ 占据而成。方解石、文石矿物的阳离子半径与结构的关系见表 1-7。

**表 1-7    方解石、文石矿物的阳离子半径与结构的关系[23]**

| 结构型 | 晶系 | 矿物及化学式 | 阳离子半径/nm | 晶胞参数/nm |
|---|---|---|---|---|
| 方解石 | 三方 | 菱镁矿 $MgCO_3$ | $Mg^{2+}$ 0.72 | $a_0 = 0.464; c_0 = 1.502$ |
| | | 菱锌矿 $ZnCO_3$ | $Zn^{2+}$ 0.74 | $a_0 = 0.465; c_0 = 1.503$ |
| | | 菱铁矿 $FeCO_3$ | $Fe^{2+}$ 0.83 | $a_0 = 0.469; c_0 = 1.537$ |
| | | 菱锰矿 $MnCO_3$ | $Mn^{2+}$ 0.83 | $a_0 = 0.478; c_0 = 1.567$ |
| | | 方解石 $CaCO_3$ | $Ca^{2+}$ 1.00 | $a_0 = 0.499; c_0 = 1.706$ |
| 文石 | 斜方 | 文石 $CaCO_3$ | $Ca^{2+}$ 1.00 | $a_0 = 0.495; b_0 = 0.796; c_0 = 0.573$ |
| | | 碳锶矿 $SrCO_3$ | $Sr^{2+}$ 1.18 | $a_0 = 0.513; b_0 = 0.842; c_0 = 0.609$ |
| | | 白铅矿 $PbCO_3$ | $Pb^{2+}$ 1.19 | $a_0 = 0.515; b_0 = 0.847; c_0 = 0.611$ |
| | | 碳钡矿 $BaCO_3$ | $Ba^{2+}$ 1.35 | $a_0 = 0.526; b_0 = 0.885; c_0 = 0.655$ |

晶体呈柱状或矛状，常依 {110} 形成双晶或贯穿三连晶，三连晶常呈假六方对称。集合体常呈柱状、纤维状、晶簇状、皮壳状、钟乳状、珊瑚状、鲕状、豆状和球状等。多数软体动物的壳内壁珍珠质部分是由极细的片状文石沿着壳面平行排列而成的（图 1-5）。

#### (4) 成因产状

文石作为一种低温矿物，稳定性较差，在自然界的分布远不如方解石。在自然环境中文石不稳定，常转变为方解石。但文石形成压力高于方解石。因此，可作为低温高压的标

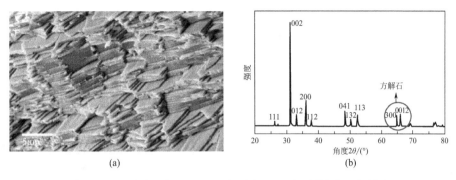

图 1-5 （a）珍珠层表面（文石）截面图和（b）文石晶体的 X 衍射图

志矿物。文石通常在外生条件下形成，也可能在内生条件下形成，是热液作用最后阶段的低温产物，也可由区域变质形成。常与方解石一起产出于超基性岩风化壳、硫化物矿床氧化带及石灰岩洞穴中；也存在于钙质温泉沉积物和海底沉积物中；还是珍珠贝壳的主要矿物成分。在这些沉积物中发现多种文石晶体形态，包括单晶、中晶体、骨架晶体、枝晶和球晶，这些晶体通常在远离平衡的条件下沉淀，通过非生物和生物过程形成[24]。总体来讲，对自然界中文石的形成机理的认识目前尚不够明确。Walker 等[25] 通过冷冻电镜观察发现无定形碳酸钙先通过聚集形成半定向细长结构，文石结晶形成后，无定形碳酸钙通过吸附附着在文石针状物末端，进而转化为文石（图 1-6）。虽然这在实验室中观察到了文石的结晶过程，但是具体自然界的文石形成机制是否符合实验所得，还有待进一步研究。

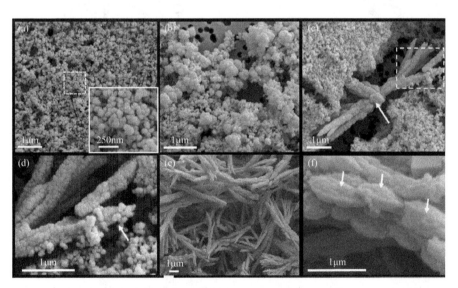

图 1-6 文石晶体的形成过程[25]

**（5）鉴定特征**

文石和方解石相似，加盐酸剧烈起泡。但文石不具菱面体解理，相对密度和硬度大于方解石。在硝酸钴溶液中煮沸，方解石粉末只微带青色，文石则呈浓红色、紫色。

### 1.2.4 耳石和球霰石

在自然界中，还存在少量以碳酸钙为主构成的生物矿石：耳石（otolith）和球霰石（vaterite）。

耳石属于生物矿物，存在于硬骨鱼类内耳的膜迷路内，是起平衡和听觉作用的硬组织。常分为微耳石、矢耳石和星耳石。多数耳石只有一个中心核，它由不定形的碳酸钙组成，其外部则由碳酸钙的文石晶体规则排列而成[26]。

球霰石的结构模型尚存在争议，但是某些结构特征是普遍接受的：①钙原子形成一个六角格；②所有的 $CO_3^{2-}$ 基团沿六角轴；③每个单晶胞的配位单元的数量（$Z$）至少是12。在球霰石的结构模型中，在不对称单位中只存在一个 $CO_3^{2-}$ 基团的情况下，不能解释所观察到的拉曼光谱，可能2个或更多的 $CO_3^{2-}$ 基团存在于不对称单元上。最近，Enrico 等[27] 在前人的基础上，基于分子动力学模拟和几何优化计算方法，提出一个新的六角形对称结构的球霰石结构模型（图1-7）。从球霰石晶体结构中的钙离子和碳酸根离子的位置来看，碳酸根基团平面平行于 $c$ 轴，不同于方解石的碳酸根基团平面垂直于 $c$ 轴，因此球霰石相对于方解石具有相当松散的结构，这也是球霰石易转化为文石和方解石的根据。

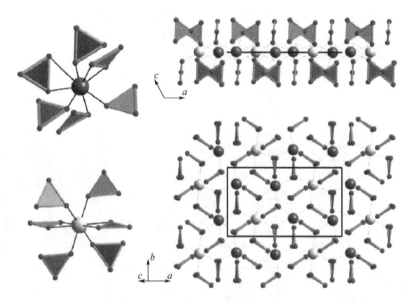

图1-7　球霰石的晶体结构

左：2个不同的碳酸根基团上的氧原子与 $Ca^{2+}$；右：俯视图 [010] 和 [103] 晶面（相当于前面的六边形结构模型中的 [001]），说明了 $Ca^{2+}$ 的层类型结构和伪六角形排列

蒋久信等[28] 对制备球霰石相碳酸钙的研究方法进行了总结，并分析了添加剂（如含氮化合物、蛋白质、双亲嵌段共聚物、树枝状大分子、聚合物、醇以及微生物等）对球霰石形成与稳定的相关作用机制。目前球霰石合成的方法有复分解法、微乳液法、溶剂热法、自组装单分子膜法、仿生合成法和热分解法等，球霰石碳酸钙是一种亚稳定的碳酸钙，在水溶液中非常不稳定，具有相对较大的溶解度。在一定的条件下，会快速向热力学上更稳定的结晶形式转化（图1-8）。过去的研究认为，虽然球霰石相碳酸钙会在溶液中

沉积，但是会很快地向稳定的结晶相转变[28]。相对于结晶态的碳酸钙，球霰石碳酸钙生长过程中受到添加的表面活性剂的影响，具有各向同性和可塑性的特点，容易被塑造成各种形状，然后转化为相应形状的结晶碳酸钙。添加剂对球霰石相的稳定作用主要在两个方面：通过与离子的相互作用降低反应前驱体的浓度而降低成核的热力学驱动力；被吸附在球霰石特定晶面上，延迟晶相的成核或阻止其进一步向稳定晶型的生长[29]。

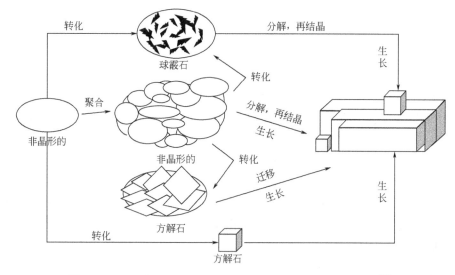

图 1-8　$CaCO_3$ 从非晶相转变为球霰石球晶和典型方解石的形成示意[30]

Faatz 等[31] 提出无定形碳酸钙形成过程存在两个不同碳酸钙浓度的相，含较高浓度碳酸钙相的溶液不断"失水"形成含碳酸钙颗粒的"液滴"，此"液滴"形成无定形碳酸钙颗粒后不再处于平衡状态，成为无定形碳酸钙沉积核。Wei 等[32] 在常温常压及无有机助剂条件下通过气相扩散技术制备出多层的花状球霰石颗粒，此颗粒在气液界面自发形成，其形成过程可能同样涉及上述液-液相分离机理。在初始阶段，$CO_2$ 扩散到由 $CaCl_2 \cdot 2H_2O$ 和 $(NH_4)_2CO_3$ 组成的溶液中，形成均匀的无定形水合碳酸钙沉积核，由于该沉积核具有高表面能，自发聚集沉积的碳酸钙进而生成多层的花状的球霰石颗粒。

方解石、文石和球霰石在形态上存在较大差异（图 1-9）。因为球霰石碳酸钙独特的

10μm　　(a) 方解石　　　　　　　　(b) 文石　　　　　　5μm　　(c) 球霰石

图 1-9　方解石、文石和球霰石的形貌[33]

结构特征，如分布均匀的粒径、较大的比表面积，并且具有良好的生物相容性、生物可降解性、热稳定性，所以在药物控释载体、基因治疗载体等生物医学领域显示出巨大的应用潜力。例如，Volodkin 等[34] 利用碳酸钠和氯化钙溶液制备出了直径为 $4.75\mu m$ 的多孔性球霰石，用于负载乳白蛋白，结果显示球霰石具有良好的负载能力，并且可通过人为调控将药物分子运输到指定的组织器官。罗佳[35] 利用天冬氨酸作为晶型诱导剂，利用 $Ca(OH)_2$ 碳化法合成球形的球霰石碳酸钙，并将其作为水杨酸的药物载体，结果显示其具有良好的药物负载和药物缓释能力，缓释率达到了 96％。

### 1.2.5 碳酸钙水合物

通常认为 $CaCO_3$ 只有三种无水晶相——方解石、文石和球霰石，以及两种含水晶相，即一水碳酸钙（$CaCO_3 \cdot 1H_2O$）和六水碳酸钙（$CaCO_3 \cdot 6H_2O$）。最近科研人员在研究镁离子在无定形碳酸钙结晶过程中的作用时[36]，发现了一种新型含水碳酸钙晶相（$CaCO_3 \cdot 1/2H_2O$），即碳酸钙半水合物，其生成条件是在 $Mg^{2+}$ 存在的情况下，Mg/Ca 摩尔比约为 5/1，由无定形碳酸钙转化而成；溶液中的 $Mg^{2+}$ 抑制了无定形碳酸钙的脱水并控制结晶相的水合水平。半水碳酸钙由直径约为 200nm、长度约为 $5\mu m$ 的针状晶体组成，其红外、拉曼光谱以及高分辨 X 射线粉末衍射图谱与目前所有已知的碳酸钙物相均不相同。最突出的特点是 $CO_3^{2-}$ 基团的对称振动模式所对应的拉曼峰在 $1102cm^{-1}$，显著高于其他碳酸钙物相。

### 1.2.6 无定形碳酸钙

除了以晶体形式存在之外，$CaCO_3$ 也以多种不同结构和含水量的无定形状态存在，称为无定形碳酸钙（amorphous calcium carbonate，ACC）。近年来，在许多生物体内发现了热力学不稳定的无定形碳酸钙（ACC）。研究表明，ACC 在碳酸钙生物矿物的形成过程中起重要作用。例如，在海洋软体动物的外壳及珊瑚礁的形成过程中发现了 ACC 的存在。在离子溶液晶体的成核和生长机理领域，ACC 作为一种重要的模型被广泛研究。然而，ACC 的形成机理、稳定性，及其作为前驱体在结晶转化过程中的作用机制仍不清楚。

有研究显示，水作为无定形碳酸钙的重要组成部分，在其结晶转化过程中起着非常重要的作用。有研究发现，含水无定形碳酸钙在失水过程的结构转变是一个放热且不可逆转的转变[37]。另外，无定形碳酸钙的尺寸对其稳定性有显著影响。例如，有研究人员分析了不同尺寸的无定形碳酸钙在水溶液和空气中加热条件下的稳定性和结晶转化过程，发现颗粒尺寸在这两种条件下对无定形碳酸钙的稳定性起着相反的作用：在水溶液中，尺寸越小的无定形碳酸钙溶解度越高，因而越不稳定；而在空气加热的情况下，尺寸越小的无定形碳酸钙反而越稳定[38]。

无定形碳酸钙除了具备碳酸钙的一般特性外，遇水还会迅速发生晶型的转变，因此能够快速释放负载的药物，有效解决碳酸钙载体释放药缓慢的短板。但是 ACC 的水不稳定的特性也严重限制了其在药物传递方面的应用。对此王程[39] 将脂质纳米粒（磷脂 PL）和 ACC 结合制得了复合脂质纳米粒，并利用其负载水溶性的化疗药物 DOX，结果显示，复合脂质纳米粒可以有效且快速地释放负载的 DOX 药物，实现了肿瘤细胞内的快速药物释放。

### 1.2.7 白云石

#### (1) 物理性质

纯白云石为白色，含其他元素和杂质时呈灰绿、灰黄、粉红等色。$\{10\bar{1}1\}$ 解理完全，解理面常弯曲。莫氏硬度 3.5～4.0，密度为 2.8～2.9g/cm³，白云石的密度随 Fe、Mn、Co、Zn 等金属的含量升高而增大。

#### (2) 化学组成

白云石的化学式为 $CaMg(CO_3)_2$。理论组成：CaO，30.41%；MgO，21.86%；$CO_2$，47.33%。常见的类质同象有 Fe、Mn、Co、Zn 代替镁，Pb 代替 Ca，其中 Fe 和 Mg 可形成 $CaFe(CO_3)_2$ 完全类质同象系列；Fe 含量高于 Mg 时称为铁白云石。其他变种有锰白云石、铅白云石、锌白云石、钴白云石等。

白云石粉末在冷稀盐酸中反应缓慢，微弱起泡。白云石加热到 700～900℃ 时分解为二氧化碳和氧化钙、氧化镁的混合物，称苛性镁云石，易与水发生反应。当白云石经 1500℃ 煅烧时，氧化镁成为方镁石，氧化钙转变为结晶 α-CaO，结构致密，抗水性强，耐火度高达 2300℃[40]。

#### (3) 结晶形态

三方晶系，对称型 $\bar{3}(L^3C)$，空间群 $C_{3i}^2$-R$\bar{3}$。菱面体晶胞，$a_{rh}=0.601nm$，$\alpha=47°37'$，$Z=2$；六方晶胞 $a_{rh}=0.481nm$，$c_h=1.601nm$，$Z=3$。

白云石的晶体结构与方解石结构类似。不同之处在于，白云石晶体中 Ca 八面体和（Mg、Fe、Mn）八面体层沿三次轴做有规律的交替排列，所以晶体结构对称程度低于方解石。由于存在 Mg 八面体层，故白云石的对称性低于方解石。Fe、Mn 代替 Mg，导致白云石的晶胞增大。

菱面体晶类，对称型 $C_{3i}$-$\bar{3}(L^3C)$。晶体常呈菱面体状，晶面弯曲呈马鞍形。以菱面体 $r\{10\bar{1}1\}$ 最常见，有时出现菱面体 $M\{40\bar{4}1\}$、六方柱 $a\{10\bar{2}0\}$ 及平行双面 $c\{0001\}$。常依 $\{0001\}$、$\{10\bar{1}0\}$、$\{10\bar{1}1\}$、$\{11\bar{2}0\}$、$\{02\bar{2}1\}$ 形成聚片双晶。集合体常呈粒状、致密块状，有时呈多孔状、肾状。

#### (4) 成因产状

白云石是沉积岩中广泛分布的矿物之一，是组成白云岩、白云质灰岩的主要造岩矿物。现有研究认为有沉积和热液等多种成因[41,42]。原生沉积的白云石是在盐度很高的海盆或湖盆中直接沉积形成，可以形成巨厚的白云石岩层，或与灰岩、菱铁矿等成互层。大量的白云石是次生的，由灰岩受含镁热水溶液交代而形成。白云石还可从热液中直接结晶形成，与方解石、石英、黑钨矿、黄铜矿等共生。此外，有研究认为岩浆成因的白云石是碳酸岩的主要造岩矿物之一；白云质灰岩在接触变质和区域变质作用下可重结晶成白云质大理岩。在高级变质作用阶段，白云石可分解为方镁石和水镁石。

#### (5) 鉴定特征

白云石以弯曲的晶面为特征，其晶面常呈弯曲的马鞍形（图 1-10）。白云石与方解石的区别是遇冷盐酸不剧烈起泡，加热才剧烈起泡。此外，可以用染色法区分二者：用 0.2mol/L 的盐酸加茜素红硫溶液，白云石不染色，方解石则被染成红紫色。

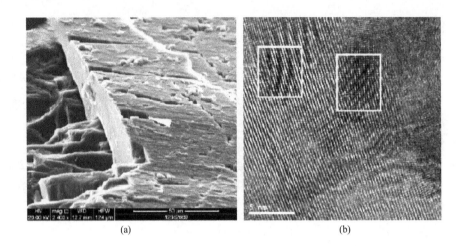

(a)                   (b)

图 1-10　白云石的 SEM 图

（a）鞍状白云石 SEM 图，弯曲的晶面明显可见，晶体快速生长导致产生很多晶格缺陷
（箭头所指）；（b）鞍状白云石晶面条纹粗大，且具明显弯曲（框所示）

# 1.3　石灰岩和大理岩的成因

　　石灰岩是一种典型的沉积岩。沉积岩是经风化的碎屑物和溶解的物质经过搬运作用、沉积作用和成岩作用而形成的，形成过程受到地理环境和大地构造格局的制约（图 1-11）。

## 1.3.1　原生沉积和次生沉积

　　原生沉积是指一切由原生沉淀作用生成的岩石，次生沉积指一切由交代作用生成的石灰岩。例如，鄂尔多斯盆地奥陶系碳酸盐的主要岩石类型为石灰岩，包括原生石灰岩和次生石灰岩两大类。原生石灰岩主要为潮坪及浅海环境形成的泥晶灰岩、颗粒灰岩以及生物骨架灰岩，由于成岩阶段未经历白云石化作用，保留了较多沉积环境及早成岩环境的岩相及地球化学特征；次生石灰岩主要形成于含膏岩或层早期和表生期淡水成岩环境，由白云岩去云化及硬石膏岩去膏化作用形成[43]。

　　深水碳酸盐有重力流沉积的异地碳酸盐沉积和非重力流碳酸盐沉积两种类型，后者又可细分为原地碳酸盐沉积和深水牵引流（如内波、内潮汐、等深流等）碳酸盐原生沉积。

　　晶粒石灰岩有少量是原生沉积而来的，如大陆地表的泉水、岩洞或河水由蒸发作用形成的石灰华和泉华。石灰华是一种致密的带状钙质沉淀物，具树枝状宏观结构的厚层状微生物沉积，通常呈不规则块状构造的钟乳石和石笋，多产出于石灰岩洞穴表面。泉华是指溶解有矿物质和矿物盐的地热水和蒸气在岩石裂隙和地表面上的化学沉淀物，泉华按成分主要有钙华（$CaCO_3$）和硅华（$SiO_2$）两种。钙华专指地表上海绵状多孔疏松的方解石或文石晶体沉淀物，多呈树枝状、放射状或半球状等构造特征，内部常保留有植物茎、叶的痕迹，产出于温泉、裂隙水出露的地表。

　　大部分结晶石灰岩都是由原生石灰岩经成岩重结晶作用改变原生颗粒组分和生物黏结

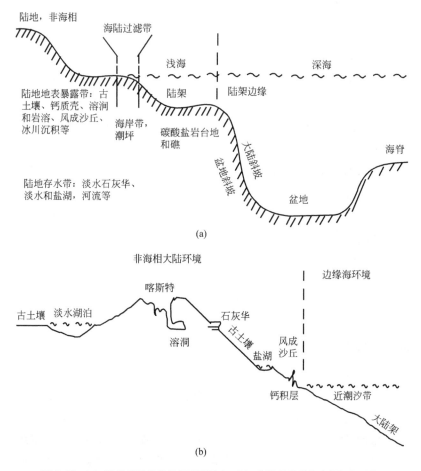

图1-11　（a）海相碳酸盐岩的沉积环境和（b）非海相碳酸盐岩的沉积环境

组分而形成的。重结晶灰岩具有不同程度的原始结构特征。

## 1.3.2　生物沉积

　　生物沉积是指生物新陈代谢所产生的物质和生物遗体堆积而形成岩石或者矿床的作用。生物也可以通过改变周围的环境诱导碳酸盐的沉积或自身参与碳酸盐的沉积[44]。

　　石灰岩多是海相沉积（图1-11），湖海中通过生物（珊瑚、钙藻草、苔藓虫、层孔虫、海绵、牡蛎蛤、腕足类、棘皮动物、软体动物）沉积得到碳酸钙，在失去水分以后，紧压胶结起来混合有机质和黏土形成石灰岩。由生物遗体堆积而成的石灰岩有珊瑚石灰岩、介壳石灰岩、藻类石灰岩等。其中的生物骨架具有抗浪本能，因而能造成坚固的抗浪构造骨架灰岩体，特称为"礁"。它比周围同期沉积物要高，它所包含的造礁生物有群体生物和共栖生物等。这些生物随地质时代而变化，形成的生物礁灰岩多孔。所以石灰岩渗透性良好，常是石油、天然气优良的储层集。例如，在现代澳大利亚大堡礁中正在形成大量的珊瑚石灰岩（生物石灰岩）[45]。

## 1.3.3　大理岩的成因

　　一般认为，大理岩的形成是碳酸盐岩发生重结晶变质作用的结果[46]，先存的石灰岩、碳酸岩是形成大理岩的物质基础。如位于吉林省图们市的碧水大理岩矿，块状构造矿床成因类型属沉积变质矿床，形成了以灰岩为主，泥灰岩、粉砂岩-长石石英砂岩次之的岩石类型；后期由于华力西期及印支期构造运动，使区内古生代地层普遍遭受了区域变质作用，致使原始沉积的岩石发生区域变质重结晶，形成了大理岩矿床及石英岩与黑云角闪斜长片麻岩[47]。

郑淑新等[48]通过对冀北红旗营子杂岩中大理岩的地球化学分析得知不同地区大理岩的原岩类型及其形成环境大不相同：①赤城地区的蛇纹石化橄榄大理岩原岩主要为（硅质-黏土质）白云岩，可能形成于干燥气候条件下封闭、半封闭的潟湖相弧前盆地。②赤城地区的绿帘大理岩其原岩可能为（硅质-黏土质）灰岩，形成于被动大陆边缘的海相沉积环境。③崇礼地区的透辉大理岩原岩可能为形成于被动大陆边缘由浅海沉积环境向陆表海环境过渡环境的海相灰岩，形成环境具有较强的氧化性。蛇纹石化橄榄大理岩的原岩可能经历了321～326Ma的区域角闪岩相变质作用，并有部分蛇纹石化橄榄大理岩于(239.5±7.5)Ma时曾与片麻状花岗岩侵入体相接触而发生了接触变质作用。而冀北崇礼地区红旗营子杂岩中的大理岩可能只经历了（268.7±3.3)Ma变质程度达角闪岩相的区域变质作用。

### 1.3.4　热液交代蚀变

交代作用是物质成分注入和逸出的作用，是在温度、压力、溶液化学成分发生改变后发生的一种置换现象。交代作用的全过程是在固态并有溶液参与下发生的；原有矿物的分解和新生矿物的形成是同时进行的。原岩化学成分发生改变和新形成的岩石具有各种交代结构，是交代作用的两个显著特征。在热液矿床形成过程中，岩石受到气水热液交代蚀变作用，称为岩石蚀变。热液蚀变作用为最末期的蚀变作用，蚀变强度不大，但分布范围较广，主要产生于岩体内部及叠加于接触带之上，其中岩体内部主要发育在构造活动与地层、岩体形成的碎裂带中。主要有绿泥石化、高岭土化、碳酸盐化、局部有硅化、钾长石化、钠长石化、绢云母化、硫酸盐化（纤维石膏化）等[49]。

# 1.4　白云岩的成因

白云岩广泛分布于沉积盆地、海洋沉积物和浅陆湖相沉积中。迄今，有关白云岩的成因方式或作用有：原生沉淀作用、非原生沉淀作用、生物作用[41]；其中非原生沉淀作用又有毛细管浓缩白云石化作用、回流渗透白云石化作用、混合白云石化作用、埋藏白云石化作用、正常海水中的白云石化作用、生物白云石化作用。

### 1.4.1　原生沉淀作用

原生白云石是指直接从水体中沉淀出来的白云石组成的晶体，在自然界中很少直接存在。在已发现的近代白云石的实例中，澳大利亚南部的考龙湖中的白云石是在水很咸、pH值很高、植物很茂盛的条件下形成的；通过光合作用，植物从水中吸取$CO_2$，从而使水的pH值增高，促使白云石沉淀[15]。美国加州东部的贝克泉湖是在现代湖泊环境中形成原生白云石/高镁方解石的例子，高蒸发的盐碱湖可以增大湖水中 $Mg^{2+}/Ca^{2+}$ 的比例，加速白云石的直接沉淀[50]。

在其他湖泊环境中，热液的渗透也能提供阳离子的富集，以克服白云石形成的动力学障碍。高温高盐地幔岩浆与湖水的相互作用可产生碱性热卤水，原生白云石晶体可从其中沉淀出来[51]。

在没有微生物作为介质和碳酸盐作为前体的情况下，黏土矿物也会影响白云石的形成。在高碱度环境下，黏土矿物被认为是高黏度、低硫酸盐浓度的碱性介质，可以降低原生白云岩形成的动力学屏障。一个例子是埃及东北部格贝尔-戈扎-哈姆拉的蒸发碱性盐湖，研究发现，白云岩中含有少量于干旱至半干旱气候条件下形成的蒙脱石，蒙脱石促进 $Mg^{2+}$ 转化为碳酸盐[52]。

虽然原生白云石的存在已被世界公认，但多数学者并不认为它是广泛存在的。目前在常温、常压的条件下，在实验室中尚未合成出真正化学计量的白云石。但是，各种次生白云化作用机理的实例多，其可信程度也远比原生白云石的实例高得多。

### 1.4.2　非原生沉淀作用

非原生白云岩主要由碳酸盐矿物中 $Ca^{2+}$ 被 $Mg^{2+}$ 置换形成。

#### (1) 毛细管浓缩白云石化作用

毛细管浓缩白云石化作用主要是准同生白云石化作用，白云石在沉积后不久由 $CaCO_3$ 交代蚀变形成，通常发生在气候炎热干燥、高蒸发和高盐度的环境中。毛细管白云石化作用形成的古白云岩在盆地中十分常见，包括塔里木盆地寒武纪和奥陶纪、四川盆地泥盆系、鄂尔多斯盆地奥陶系[41]。白云石化的毛细管作用理论认为孔隙中的粒间水在开始阶段是正常的海水，由于气候干热，蒸发作用强烈，这些粒间水就不断地向空气中散发；与此同时，海水又通过毛细血管作用，源源不断地补充到这些疏松沉积物的颗粒之间，久而久之，这些粒间水的含盐度就变大了，正常的海水就变成盐水。从这种盐水中首先沉淀出来的是石膏，也可能还有一些其他盐类矿物；石膏的沉淀使得粒间水或表层积水的 Mg/Ca 比率显著提高。正常海水的比率约为（3：1）～（4：1），而干热地区潮上地带表层沉积物的粒间水或表层积水，其 Mg/Ca 比率可达 20：1，甚至更高；这种高镁的粒间盐水或表层水经常与文石颗粒相接触，将不可避免地使文石被交代，被白云化，使文石转变为白云石。现代潮上地带的白云石壳就是这样形成的（图 1-12）。

#### (2) 回流渗透白云石化作用

回流渗透白云石化作用机理认为，在潮上地带，由于毛细管浓缩作用或蒸发作用所产生的高 Mg/Ca 比率的粒间盐水所引起的表层碳酸钙沉积物的准同生白云化作用，只是白云化作用的一个方面，即高镁盐水"向上"运动的一个方面；另外，还有其"向下"运动的一个方面。在潮上地带形成的高镁粒间盐水，当其对表层沉积物的白云化基本完成时，产生这种高镁盐水的地质条件还在持续存在，那么多余的高镁盐水在地表必然会向下回流。由于这种高镁盐水的相对密度较大，当地表无出路时，其向下回流渗透是必然的（图 1-13）。这种向下回流渗透的高镁水，在其穿过下伏的碳酸钙沉积物或石灰岩时，必然会使它们白云化，从而形成白云岩或部分白云化的石灰岩。根据回流渗透作用的形成特

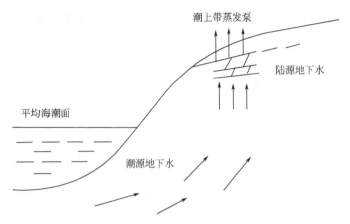

图 1-12　潮上萨布哈蒸发泵白云石化机理

征，白云石化作用强度在一定范围内从沉积物的表层向深部逐渐增强，并向海盆地方向不断扩大增强。最近，也有人提出了一些湖泊环境的渗流-回流白云石化模型。湖水蒸发、海水入侵、细沉积物压实和脱水促进了富镁湖水的形成。富镁湖水在密度和重力的驱动下流向湖底，形成还原环境。富镁湖水渗入下面的石灰岩地层，然后被白云石化[53]。

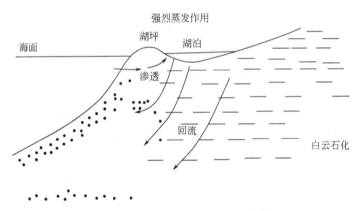

图 1-13　白水云石化作用渗透回流机理（据德菲斯，1965）

### （3）混合白云石化作用

前述的三种白云石生成的机理，即"原生"白云石生成机理、潮上带准同生白云石化作用机理、回流渗透白云石化作用机理，都有一个共同点，即都需要干热的气候，都需要高镁钙比率的盐水，都把白云石当作一种"蒸发"后而成的矿物看待。但是还有一些白云岩，例如广泛分布的与陆表海陆棚或构造高地共生的白云岩，并没有蒸发岩，也缺乏潮上环境的成因标志。对于这种白云岩，高镁钙比率的超盐度卤水的白云化作用模式就不适用了。

混合白云石化作用机理认为是大气水与海水混合的白云化作用。Badiozamani 首先用实验方法证明大气水与正常海水的混合液对方解石和白云石的饱和程度的影响。只有 5％的海水，即 5％的海水和 95％的地下水混合，白云石已经饱和，但方解石不饱和；在 30％的海水和 70％的地下水混合时，白云石早就过饱和了，但方解石仍然不饱和。因此，在海水 5％～30％的混合液的范围内，将发生方解石被白云石交代的作用，即白云石化作用。这一混合白云化作用机理解释美国威斯康星的中奥陶纪白云岩成因，得到了满意的效果。

虽然混合白云石化模型的前提是普遍的，但仍然存在许多问题[54]：①混合带中的热力学对白云石和方解石都是饱和的；②方解石的溶解速度远快于白云石晶核的生长速度；③镁源的长期稳定供应。

**（4）埋藏白云石化作用**

埋葬白云石化作用认为，随着埋葬深度加大，白云石的 $CaCO_3$ 含量降低，白云石晶格的阳离子有序性增加，$d(104)$ 晶间距减小。因为埋藏的白云岩中含有高温均匀的流体包裹体，高温导致 $\delta^{18}O$ 耗尽，$\delta^{18}O$ 值通常为负值，所以 $Sr^{2+}$ 更容易取代 $Ca^{2+}$，而在埋藏过程中，$Sr^{2+}$ 进入方解石而不是白云石，因此 Sr 和 Na 的含量通常较低。$Fe^{2+}$ 和 $Mn^{2+}$ 倾向于取代白云石晶格中的 $Mg^{2+}$，因此白云石中 Mn 和 Fe 含量相对较高[41]。

埋藏的白云石已经离开了沉积环境，白云石化流体的镁源不再与蒸发的海水或混合的地表水直接相连。一般来说，用于埋藏白云岩形成的 $Mg^{2+}$ 主要来自盆地页岩或各种地下流体[55]。黏土矿物可以提供镁的来源，因为在黏土矿物发生转化的过程中，会释放 $Mg^{2+}$；压实作用使 $Mg^{2+}$ 运移到石灰岩中导致白云石化，这可以解释一些既无浓缩海水标志也无混合水标志的白云岩的形成[56]。

**（5）海水白云石化作用**

对这种作用的研究的焦点是海水作为白云石岩化的唯一供给流体的可能性，并认为存在多种海水在沉积物中运移的机理（图 1-14）。例如，有研究发现[57]，在太平洋 Enewetak 环礁之下 1250～1400m 的始新世地层中正发生着白云岩化；这一深度的海水水温较低，海水中方解石不饱和，但对白云石仍是过饱和的；通过海潮向上的热对流作用，海水透过环礁被抽吸到上部；强烈的海水循环流动导致大量的海水穿过碳酸盐岩台地，它们便可在白云化中发挥重要作用。在这种穿过沉积物海水的潮汐泵作用下，而不是单单的蒸发泵作用下，该区白云岩正在形成。

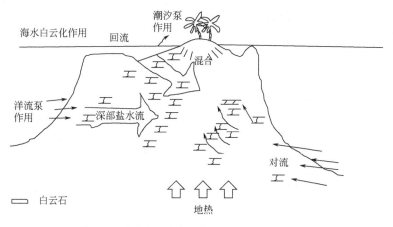

**图 1-14 海水白云化作用模式图（据 Tuker，1991）**

最近的研究强调了显著的海平面波动对孤立海相碳酸盐白云石化的影响。例如，对南海西沙群岛新生界碳酸盐沉积中 1km 厚的不整合界面白云岩的研究发现[58]，不整合白云岩中有开放的海洋生物以及没有蒸发或其他潮间带指示，这表明原始的石灰岩可能在中新世晚期形成于深度小于 30m 的浅海中，而新生代晚期剧烈变化的气候导致了海平面的大幅波动，微观上改变了海水的化学成分，以及海水进入时机和原始石灰岩的白云石化作用。

### 1.4.3　生物白云石化作用

能直接生成白云石的生物，目前只知道一种，即海胆，海胆牙齿的致密轴带中含有白云石。但许多生物可以沉淀出镁方解石[59]，在成岩作用过程中，镁方解石中的镁可以释放出来，从而形成富镁的粒间水，这种粒间水可以使周围的碳酸钙白云化。

有些微生物如硫酸盐还原菌、产甲烷细菌、需氧细菌等可以促进白云石化。例如，硫酸盐还原菌是第一种被发现可以促进白云石形成的细菌，$SO_4^{2-}$ 容易和 $Mg^{2+}$ 结合从而抑制白云石的形成，但是硫酸盐还原菌的代谢活动会导致硫酸镁的溶解，$SO_4^{2-}$ 被除去后增加了碳酸盐和溶解无机碳的碱度，带负电荷的细胞壁吸引 $Mg^{2+}$ 和 $Ca^{2+}$，并且局部化学扩散梯度促进了白云石的沉淀[41]。

# 1.5　碳酸盐岩沉积后作用类型

碳酸盐岩沉积后作用是指碳酸盐岩沉积之后，碳酸盐岩所发生的一系列物理、化学及生物的作用，以及这些作用所引起的碳酸盐岩的结构、构造、成分以及物理和化学性质的变化。

### 1.5.1　溶解作用

溶解作用是由于碳酸盐岩孔隙中水的性质发生了变化，从而引起碳酸盐矿物或其他成分发生溶解作用。为了保持长期而稳定的溶解过程，孔隙水既要不饱和又要有流动性，因为这样的孔隙水不仅能溶解碳酸盐，还能将溶解的物质带走。只有经过反复的溶解和带出，最终才能产生大量的溶解孔隙，起到扩大和增加岩石孔隙的作用。

在成岩过程中，溶解作用对岩石是破坏作用，但是溶解作用对增大孔隙和产生油、气、水的储集层段却是有利的。溶解作用过程所影响的规模可大可小，小到仅限于沉积物颗粒的溶解，大到形成碳酸盐岩的喀斯特地貌。

碳酸盐沉积物颗粒通常可发生溶解作用，特别是在近地表的大气、淡水条件下。如果固结或已经石化的碳酸盐岩在大气淡水环境中发生溶解作用，则可形成小型的岩穴或大型的溶洞。

在碳酸盐岩的各个阶段都可以发生溶解作用，但常有选择性。原始碳酸盐沉积物主要由文石和方解石组成，文石要比方解石不稳定得多，在同等条件下文石的溶解度是方解石的 1.5 倍[60]。海洋沉积物内的文石和高镁方解石的生物骨骼及文石质的鲕粒和晶体比方解石易受溶解，这类颗粒溶解后常常形成特征的溶模孔隙。

碳酸盐岩作为一种化学岩类，其物性受成岩作用的影响十分明显，溶解作用是否发育直接关系到碳酸盐岩储层质量的好坏。碳酸盐矿物在埋藏环境中的溶解度与地层水的化学成分、环境的温度、pH、压力等有着密切的关系。例如，埋藏成岩作用中白云石 $[CaMg(CO_3)_2]$ 的溶解和沉淀取决于埋藏环境中流体与矿物之间发生的各种物理化学反应，如白云石的分解、二氧化碳和水的反应等[61]。

## 1.5.2　矿物转化作用

矿物的转化作用不同，得到的碳酸盐矿物的稳定性也是不同的。如：一般情况下，由高镁方解石到文石到低镁方解石，矿物的稳定性逐渐增强，这使得碳酸盐矿物在成岩过程中很容易由亚稳态矿物转变为稳态矿物。有的转变属于同质多象矿物之间的转变，没有离子的带进和带出，如文石转变为低镁方解石；有的转变过程中有离子的带出，如高镁方解石转变为低镁方解石时，有镁离子的带出，但无晶格和晶型的变化。

现代浅海的碳酸钙沉积物是由文石、高镁方解石和低镁方解石组成的，但在相应环境中形成的古代石灰岩却都是由低镁方解石组成的。这一现象说明，文石和高镁方解石在成岩过程中已转变为低镁方解石，由于转变的最终产物是低镁方解石，所以又称为"方解石化"作用。根据大量的现代沉积的研究资料，碳酸钙矿物的转化是在常温常压下进行的湿态转变[62]。

例如，对重庆市天府区域上二叠纪、统生物礁的成岩作用分析可知，生物礁群除了发生溶解作用等，还发生了矿物转化作用。文石质骨骼可被溶蚀而呈粒状结构，亦可发生矿物转化而保留原始生物骨骼的残余；高镁方解石质骨骼则明显地保持其原始结构，例如介形虫的层纤结构和瓣鳃类的柱纤结构等[63]。

## 1.5.3　重结晶作用

重结晶作用是变质作用的一种重要方式，它对变质岩结构构造的形成具有重大的影响。重结晶作用的强度和速度既受原岩成分和结构的控制，也与各种变质作用因素有关。概略地说，原岩成分越单一（硅质岩、碳酸盐岩），颗粒越细（黏土结构、粉砂质结构），越有利于重结晶的进行；反之，原岩成分越复杂，颗粒越粗，则越不利于重结晶的进行。温度越高，化学活动性流体含量越充分，越有利于重结晶的进行，因为热能的增加可加速矿物在间隙溶液中的溶解，还可增大这些组分在溶液中的扩散速度和距离，这些都有利于重结晶作用的进行，并形成较粗的颗粒。在重结晶过程中，首先是矿物组分从矿物颗粒表面转入以 $H_2O$、$CO_2$ 为主的间隙流体溶液中，再通过扩散作用迁移到正在生长的颗粒表面，在整个过程中流体相起着重要的溶剂作用，应力加大一般也有利于重结晶作用[64]。

按重结晶作用可分为矿物晶体单纯地增大或缩小的简单重结晶作用和在应力作用下矿物晶格发生变形的应变重结晶作用。对于简单重结晶作用，在成岩过程中，矿物的晶体形状和大小发生改变而主要的矿物成分不改变。一般情况下趋向于出现晶体长大的现象称为进变重结晶作用；特殊情况下也可能发生晶体的缩小，称为退变重结晶作用，也称为泥晶化作用。

进变重结晶作用：灰岩中粒状镶嵌的方解石石斑块颗粒内常含基质矿物包体，色较浑暗，边界弯曲，很少见贴面结合，常破坏颗粒边界，不具有世代结构。微亮晶灰岩：海成灰泥受淡水冲洗、淋滤作用，文石、高镁方解石全部转化并重结晶为微亮晶方解石，形成微亮晶灰岩。生物碎屑重结晶：由于组成的生物骨骼的矿物成分及内部结构不同，对重结晶的敏感性也不同。重结晶从易到难的顺序为：珊瑚、绿藻、软体动物、远洋有孔虫、滩型有孔虫、纺锤虫、海百合、红藻。假斑状结构：泥晶灰岩中"比面"大的微小矿物受应力后容易溶解，向某些晶粒较大的矿物或结晶骨片集中长大，形成假斑结构。

退变重结晶作用包括：①粒、骨粒等泥晶化边。由于蓝藻类从颗粒表面向中心转孔，转孔中不断地被泥晶方解石充填形泥晶化的边，即发生泥晶化作用。②碎粒泥晶化作用。颗粒受到压碎（类似压碎变质中的碎粒化作用），可以将砂屑灰岩转变成泥晶灰岩。③生物的压碎泥晶化现象（如海百合碎片）[65]。

## 1.5.4 胶结作用

胶结作用是指碳酸盐颗粒或矿物彼此黏结在一起，变成坚固岩石的作用。胶结作用是一种孔隙水的物理化学和生物化学的沉淀作用，作用的结果是在粒间的孔隙中发生晶体生长。这类晶体就是胶结物，它能把碳酸盐颗粒或矿物黏结起来使之变成固结的岩石。胶结物反映了沉积作用以后的变化和特征。组成碳酸盐岩胶结物的矿物很多，但是主要的是碳酸盐类矿物。除了方解石胶结物出现外，接近咸化潟湖及蒸发坪区，由于卤水回流渗透，可以在颗粒白云化之后，相继出现白云石、硬石膏、天青石等胶结物。

沉积物中的孔隙水必须呈碳酸钙过饱和状态，而且在化学动力学因素不妨碍碳酸钙沉积的情况下，胶结作用才有可能发生。但是，要从胶结作用的发生到使碳酸盐沉积物完全石化，则需要大量碳酸钙从孔隙中沉淀出来，这就必须有碳酸钙的来源，以及沉淀处的水动力机制。在海洋环境中，海水本身可提供大量的碳酸钙，潮流和波浪作用以及生物搅动可将海水输送到沉积物中；而在近地表的大气淡水和深埋葬环境，碳酸钙主要来自原生地的和异地碳酸盐沉积物的溶解作用，地下水的水头压力则可将这些碳酸钙运移到其沉淀处。

碳酸盐岩由于所处环境不同，主要的沉积作用也不同。例如，对珠江口盆地东沙隆起珠江组灰岩的研究显示，由于该处灰岩处于淡水潜流环境中，流体运移速度、流体的饱和程度、围岩的成分以及流体的化学性质都具有显著的多变性，因而淡水潜流环境的成岩作用是很复杂的。但是由于淡水潜流环境碳酸钙的饱和度显著大于其上的淡水渗流环境，因而胶结作用是淡水潜流环境最为重要的成岩作用，产生很大数量的低镁方解石胶结物[66]。

## 1.5.5 交代作用

碳酸盐沉积物或者碳酸盐岩中原来的矿物和组分被新矿物取代的作用称为交代作用。碳酸盐岩中常见的有白云石化、去白云石化、硅化、石膏化和硬石膏化、去石膏化、菱铁矿化和黄铁矿化等。

### (1) 方解石交代白云石的作用

这种交代也称去白云石化作用，可以是彻底的，但常常是部分交代，交代完全时可以形成交代石灰岩。在地表常常出现去白云石化现象，但在深井中同层位的白云岩往往不发生交代作用。据此推测白云石化是在近地表条件下发生的。去白云石化过程主要是在富含硫酸盐的地下水作用下进行的，硫酸盐离子能从白云石中吸取镁形成硫酸镁和方解石。其反应式如下：

$$CaMg(CO_3)_2 + CaSO_4 \cdot 2H_2O \longrightarrow 2CaCO_3 + MgSO_4 + 2H_2O$$

这一情况主要是发生于含石膏的白云岩或有石膏夹层的白云岩地区。石膏受淡水溶解后进入白云岩孔隙，从而引起去白云石化作用。在白云岩被方解石交代的同时，高的印模孔隙还可为方解石充填，此时发生"去石膏化"作用。粒间盐水的蒸发也可以产生硫酸盐离子，这一过程在潮上带即可进行。所以潮上环境可能由黄铁矿或其他硫化物的氧化而成。去白云石化作用的副产物硫酸镁是一种易溶矿物，几乎总是被地表水带走，只是偶尔才以粉末状晶体出现，所以去白云石化的岩石往往是多孔而渗透性又较差的岩石。

**（2）石膏化和硬石膏化作用**

石膏（$CaSO_4 \cdot 2H_2O$）和硬石膏（$CaSO_4$）交代碳酸盐矿物或组分的现象称为石膏化和硬石膏化，这是硫酸盐化作用中常见的类型。石膏和硬石膏化的发生可能与含硫酸盐的孔隙水活动有关。在地下，石膏将被硬石膏交代。交代成因的石膏和硬石膏，一般都具有被交代矿物或颗粒的假象。交代不完全时，晶体中保留有残余颗粒的，这种包体在反射光下常呈浑浊状到褐色。

硬石膏和石膏的晶体被碳酸盐矿物交代的作用称为去石膏化作用，去石膏化常与地表淡水和细菌的作用有关。在地下，还原硫细菌和硫酸盐产生下列反应：

$$6CaSO_4 + 4H_2O + 6CO_2 \longrightarrow 6CaCO_3 + 4H_2S + 11O_2 + 2S$$

上式表示硫酸盐被细菌还原，产生硫化氢和硫，同时还伴有方解石交代石膏的作用，硫或被水带走，或留下富集成自然硫矿床。蒸发盆地环境下准同生期，白云石将交代早期沉积的方解石沉积物；当海水继续蒸发浓缩，硬石膏交代产出。不同的交代程度形成的晶体结构和形状也不同。主要有硬石膏柱状晶交代和硬石膏小结核交代，前者呈沿轴延伸的纤状、柱状和板柱状，并可互成束状或晶簇状交代于泥粉晶白云岩中；后者硬石膏呈小结核状交代于泥粉晶白云岩中[67]。

石膏化与硬石膏化作用在矿物中很常见。例如，鄂尔多斯盆地靖边气田北部马家沟组马五小层海水成岩环境发育以白云石化作用和硬石膏化作用为主，后者可细分为硬石膏柱状晶交代作用、硬石膏小结核交代作用、硬石膏岩交代作用[68]。

# 1.6　碳酸盐岩矿床简介及资源分布

## 1.6.1　矿床简介

矿床是指在地壳中由地质作用形成并含有在一定的经济技术条件下能被开采利用的矿物资源的数量和质量的综合地质体。一个矿床至少由一个矿体组成，也可以由两个或多个，甚至十几个乃至上百个矿体组成。矿床是地质作用的产物，但又与一般的岩石不同，它具有经济价值。随着技术和经济的发展，某种矿物集合体是否可作为矿石是可以变化的，相应地矿床的概念也是可变的。

矿床的形状、大小及产出深度可以有相当大的变化。矿体的形状可以有不连续的脉状及凸镜状、不规则块状、筒状或胡萝卜状、裂隙网脉状、破碎岩石及沉积地层中的浸染体和沉积层状等。

矿床种类繁多，按照物态可分为固体矿床、液体矿床和气体矿床。固体矿床分布最广。液体矿床有石油、热卤水和地下水。气体矿床有天然气。按成矿作用方式，矿床可分为内生矿床（内力地质作用生成）、外生矿床（外力地质作用生成）和变质矿床（变质作用生成）。内生矿床包括岩浆矿床、伟晶岩矿床、接触交代矿床、热液矿床；外生矿床包括风化矿床和沉积矿床；变质矿床包括区域变质矿床、接触变质矿床和混合岩化矿床。按矿产性质和工业利用情况可分为金属矿床（如金矿床、钨矿床）、非金属矿床（如黏土矿床、萤石矿床、石灰岩矿床、白云岩矿床等）和能源矿床（如石油矿床、煤矿床和天然气矿床）。

### 1.6.2　碳酸盐岩矿床

碳酸盐岩矿床根据生成条件可以分为开阔台地相碳酸盐岩矿床、局限台地相碳酸盐岩矿床、蒸发台地相碳酸盐岩矿床。

典型碳酸盐岩矿床主要含有可开采利用的白云岩、灰岩、方解石以及大理岩等，其生成环境以开阔台地相为主，如淮北地区中寒武世张夏组、晚寒武世崮山组和长山组；扬子地层区沿江一带的早奥陶世红花园组、大湾组和拈牛潭组，晚石炭世黄龙组、船山组和早二叠世栖霞组等。在地理位置上，它们几乎都属于海峡、潟湖沉积，通常为陆隆围绕，海水较浅，在地壳颤动时形成灰岩与白云岩或白云质灰岩交替沉积。

局限台地相形成的碳酸盐岩矿床，在安徽省的碳酸盐岩矿床中仅次于开阔台地相所形成的该类矿床。如淮北地区的震旦纪四顶山组—望山组、早奥陶世的萧县组和中奥陶世马家沟组；沿江地区的晚震旦世灯影组，中晚寒武世的山凹了群和早三叠世的南陵湖组等。这些地层的主要岩石类型为泥灰岩、泥晶白云岩、砾屑泥晶白云岩、鲕粒白云岩、藻类白云岩和少量页岩。这类岩石是在海水循环受到限制、隔离的潟湖潮坪和部分潮间环境中沉积形成的，在沉积相形成的序列上，常位于开阔台地相或浅海陆棚相向蒸发台地相转变的中间。在近陆隆区铁质来源丰富的条件下和有障壁岛存在的近海潮入口处背风一侧，如淮北灵璧震旦系四顶山组，可形成含铁质甚高的叠层石环礁，产出工艺大理石红皖螺（商品名），而在潮间半氧化环境下形成灰皖螺。灰皖螺由白云岩和方解石、黏土及海藻植物胶结组成，因含黏土中的不同矿物质而呈银灰、黄灰、深灰等色彩。

蒸发台地相碳酸盐岩矿床的岩石类型以泥晶白云石、砂屑白云岩、含石膏假晶白云岩为主，主要是在气候炎热干燥的潮上带海水逐渐蒸发情况下形成的。例如，安徽省的淮北的晚震旦世沟后组、早寒武世猴家山组下段和沿江中三叠世东马鞍山组等都属于蒸发台地相碳酸盐岩矿床。

碳酸盐岩作为大陆地块的特有岩石，常常伴生铌、稀土、钛等稀少金属资源[69]，因此可形成有开采价值的碳酸盐岩型金属矿床，如碳酸盐岩型铅锌矿床、碳酸盐岩型锑矿床、碳酸盐岩型铀矿床等。

### 1.6.3　碳酸盐岩型滑石矿床

滑石矿床是可开采和选取滑石的矿床。滑石矿床矿体沿着构造挤压带分布，呈层状、似层状和大小不等的扁豆体，长可延深数百米，厚数米至数十米。比较大型的化石矿床有辽宁海城范家堡子、广西龙胜鸡爪、山东海阳徐家店滑石矿床，前两者为超大型矿床。

中国的滑石矿于寒武纪时期开始逐渐形成，形成条件主要与地壳运动中产生的碳酸盐沉积有关，碳酸盐在热液作用下形成滑石矿。在广西龙胜县区域内，发现很多大型滑石矿床，这些滑石矿床形状为层状并且具有一定透镜状，在广东阳山县和江西省于都县都发现有类似滑石矿床。这类矿床的形成以古板块结构为主，并且也有少部分在古板块俯冲带地段[70]。

国内的滑石矿床成矿类型主要分为镁质碳酸盐岩型、超镁铁质岩型和沉积-成岩型3大类型[71]。其中以镁质碳酸盐岩型矿床为主导，分布广、储量大，占全国总储量的50%以上，矿石多为低铝铁质的块滑石和碳酸盐型滑石。镁质碳酸盐岩型矿床进一步又可分出3个亚类型，即镁质碳酸盐岩型的区域变质热液交代型、岩浆热液交代型和古岩溶加热液交代型矿床[72]。

我国华南石炭系含硅质岩、硅质条带和结核的白云岩地层之中产有一种独特的碳酸盐岩型滑石矿床，该类滑石成矿作用与岩浆活动及变质作用无明显的成因联系。经野外和室内研究表明，矿石呈块状构造，矿石质量较好，方解石与滑石共生，以滑石为主，有少量的方解石，偶有少量石英细脉充填，有机质含量较高，主要呈黑色、无色和乳白色[73]。

## 1.6.4　碳酸盐岩型铅锌矿床

碳酸盐岩型铅锌矿床，是以碳酸盐岩为容矿围岩的铅锌矿床，是铅锌矿床的重要工业类型之一。该类矿床分布广泛，集中分布于北美、欧洲及东南亚地区，提供了世界上约25%的Pb、Zn金属储量，居Pb、Zn资源首位，且矿床规模大、品位较稳定、易采、易选冶[74]。

新疆塔里木盆地西南边缘的西昆仑地区，晚古生代（中泥盆世至早石炭世）碳酸盐岩地层中存在一个Pb、Zn、Cu等多金属成矿带。目前对西昆仑碳酸盐岩型矿床的研究有限，但科学研究发现是该矿带内存在两期成矿作用：第一期发生于晚古生代（泥盆纪早石炭世）地层沉积过程中的沉积喷流成矿作用；第二期发生于晚古生代末三叠纪（印支期）造山过程中的热液改造成矿作用。两期成矿作用的流体性质存在明显差异，因此矿带具有不同金属的共生或异生矿体。该矿带内Pb、Zn、Cu等成矿金属元素既可形成独立的矿床（点），又可形成共（伴）生的矿床（点），大多数是以某一种元素作为主要成矿元素、其他元素作为次要元素与之共生（伴生）或与其分离。例如，规模较大的塔木矿床是铅锌共生的，而中型卡兰古矿床目前只有Pb具有工业意义，几乎不含Zn[75]。

伊朗马拉耶尔—伊斯法罕碳酸盐岩容矿铅锌成矿带，地处扎格罗斯碰撞造山带内陆的萨南达杰-锡尔詹中生代岩浆变质带构造转换区，带内发育丰富的碳酸盐岩容矿铅锌矿床，是伊朗境内重要的铅锌产出基地[76]。综合分析表明，该带内的铅锌矿床形成于新生代古近纪早期，发育在阿拉伯板块和欧亚大陆板块碰撞造山阶段，其形成与区域上逆冲走滑断层、走滑拉分盆地等压扭性构造密切相关；矿种组合以Zn-Pb为主，少量矿区出现Cu。硫化物主体为闪锌矿（ZnS）、方铅矿（PbS）、黄铁矿（$FeS_2$），出现少量黄铜矿

（$CuFeS_2$）和黝铜矿（一种含铜、铁、锌和银等常见元素的硫盐矿物），非硫化物以石英、白云石、方解石、重晶石（$BaSO_4$）为主。

云南省彝良县毛坪铅锌（银、锗）矿床是川滇黔成矿域滇东地区以碳酸盐岩为主岩的中大型铅锌（银）矿床的典型代表[77]，矿体空间分布严格受层间断裂和猫猫山倒转背斜的控制，主要脉石矿物（铁方解石、方解石、白云岩）中流体包裹体发育，一般较小（$3\sim15\mu m$），主要为纯液相和液相包裹体，常沿矿物结晶面密集成群展布。科学研究表明，成矿流体是变质水、岩浆水和建造水的混合产物，它们与沉积作用、昆阳群底的变质作用及岩浆热液变质作用有关；该矿床本身可能是富含 Pb、Zn、Ag、Ge 等成矿流体对流循环沿构造"贯入"而形成的以碳酸盐岩为主岩的铅锌多金属硫化物矿床。

安徽省矿产资源丰富，如于 2006 年发现的位于安徽省池州市东至县西南方的杨老尖-龙门尖地区的兆吉口铅锌矿床，目前铅锌矿资源量已超过 50 万吨[78]。此外，在安徽南部即池州市、宣城市、黄山市所属的广大地区相继发现或探明祁门县东源大型钨矿、青阳县高家塝大型钨钼矿、池州黄山岭深部大型钼矿、东至县兆吉口中型铅锌矿床等[79]。

### 1.6.5　碳酸盐岩型锑矿床

碳酸盐岩型锑矿床赋存于碳酸盐岩系地层内，成矿物质主要来自矿源层，经热卤水改造而形成矿床[80]。含矿岩系为一套多陆源碎屑的碳酸盐岩，大多数矿床以灰岩、白云岩、白云质灰岩、生物碎屑灰岩为主；个别矿床以燧石岩为主。矿床明显地受沉积因素制约。矿体常限于一定层位沿层间构造充填，主要呈层状、似层状、扁豆状，与地层整合，仅局部地段有小角度斜交，具多层性；也有的以脉状为主。矿床规模多为大型，个别的为超大型。典型矿床为湖南省冷水江市锡矿山[81]、云南省广南县木利锑矿床[82]。

安徽东至花山锑（金）矿位于江南过渡带内，其锑工业资源量为中型矿床规模，伴生金为小型矿床规模，为安徽省首个发现的中型锑矿[83]。

### 1.6.6　碳酸盐岩型铀矿床

有研究发现[84]，对于华南上古生界的几个碳酸盐岩型铀矿床，铀矿物主要为沥青铀矿，也有少量的铀黑，铀的次生矿物一般不发育，与铀共生的金属矿物为铅、锌、铁、铜的硫化物；非金属矿物随矿化岩石的造岩矿物不同而异，主要是方解石、白云石、黏土矿物及石英。金属矿物一般是岩石孔隙和裂隙的充填物，而不是沉积成岩期的产物；这些碳酸盐岩型铀矿床在其发育期间存在不同程度的围岩蚀变；与铀矿化关系密切的蚀变，发育的范围都比较窄，蚀变的程度也弱，并且具有多期多阶段相互叠加的特点。这些蚀变在垂向上和横向上往往具有一定的分带性；含矿主岩一般为未变质的沉积岩：灰岩、白云岩、粉砂岩、黏土岩及其过渡性岩石，其中尤以碳酸盐岩与少量粉砂岩、黏土岩交互组成的岩系含矿碳酸盐岩建造最为重要。碳酸盐岩的化学成分变化大，富含泥质、有机质及黄铁矿；岩石结构复杂，一般以泥晶为主，有时也见砂屑结构及生物碎屑结构；水平层理、微波状层理发育，并常见到透镜状、凝块等构造；赤铁矿在矿石中也广泛分布。

### 1.6.7　碳酸盐岩矿物地质时空分布

因为不同国家或地区的地质研究条件和程度不同，目前尚不易做到准确统计全球碳酸盐岩时空分布。由于碳酸盐岩随着板块的漂移而移动，因此碳酸盐岩的分布和纬度有一定的关系（图1-15）。但由于油气勘探的需要，各国对沉积盆地的研究程度还是比较高的，盆地中是否发育碳酸盐岩，分布在哪些时代还是较为清楚的。碳酸盐岩盆地发育的时期，通常是全球碳酸盐岩发育的时期；碳酸盐岩盆地发育的地区，通常是碳酸盐岩发育的地区。盆地中碳酸盐岩的发育程度与全球碳酸盐岩发育程度密切相关[85]。

不同地质时期，碳酸盐岩发育地区、发育程度不同。在显生宙的各个地质时期（表1-8），碳酸盐岩均有分布，在泥盆纪、白垩纪和古近纪，碳酸盐岩分布广泛，而在志留纪、二叠纪、三叠纪和侏罗纪，分布局限。寒武纪-奥陶纪，碳酸盐岩主要分布于俄罗斯、中国、北美洲、澳大利亚；三叠纪以后，碳酸盐岩发育区域转移至中东、北欧、北非、南美洲；至古近纪和新近纪，碳酸盐岩发育区主要分布于中东、北非、南亚地区[85]。

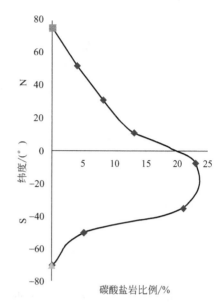

图1-15  现代碳酸盐岩分布和纬度的关系[86]

表1-8  不同地质时期的碳酸盐岩发育地区和发育程度简况

| 宙 | 代 | 纪 | 同位素年龄/百万年 | | 生物进化阶段 | | 碳酸盐岩发育地区、发育程度 |
|---|---|---|---|---|---|---|---|
| | | | 距今年龄 | 持续时间 | 植物 | 动物 | |
| 显生宙 | 新生代 | 第四纪 | 2.5 | 2.5 | | 人类出现 | 南亚地区（发育） |
| | | 第三纪 | 67 | 64.5 | | 哺乳动物 | |
| | 中生代 | 白垩纪 | 137 | 70 | 被子植物 | 鸟类 | 古劳亚大陆（减少） |
| | | 侏罗纪 | 195 | 58 | | | 南美板块、非洲板块 |
| | | 三叠纪 | 230 | 35 | | | （发育） |
| | 古生代 | 二叠纪 | 285 | 55 | 裸子植物 | 爬行动物 | 赤道附近温暖浅海地带（发育） |
| | | 石炭纪 | 350 | 65 | | | |
| | | 泥盆纪 | 400 | 50 | 蕨类植物 | 两栖动物 | |
| | | 志留纪 | 440 | 40 | | 鱼类 | |
| | | 奥陶纪 | 500 | 60 | 裸蕨植物 | | |
| | | 寒武纪 | 570 | 70 | | 无脊椎动物 | |
| 隐生宙 | 元古代 | 震旦纪 | 2400 | 1830 | 菌藻类 | | |
| | 太古代 | | 4500 | 2100 | | | |

研究表明，全球碳酸盐岩时空分布受大陆漂移和全球海平面变化控制。古生代，古劳亚大陆、西伯利亚、中国华南地区、澳大利亚均位于赤道附近温暖浅海地带，碳酸盐岩发育，上述地区是这一时期碳酸盐岩分布的主要区域；冈瓦纳大陆在古生代位于高纬度区，碳酸盐岩少。中生代，古劳亚大陆漂移至高纬度区，碳酸盐岩减少；冈瓦纳大陆解体为南美板块、非洲板块并漂移至低纬度区，发育碳酸盐岩。新生代，碳酸盐岩在南亚地区增

多，这也和板块的位置相印证。另外，当全球海平面上升时，海侵形成广阔的陆表海，碳酸盐岩广泛发育；当全球海平面下降时，海退形成陆缘海，碳酸盐岩发育面积减小[85]。

我国碳酸盐岩分布广泛，厚度巨大，地质历程较长。例如，我国海相碳酸盐分布范围广泛，总面积超过 $450×10^4 km^2$，其中，陆上海相盆地 28 个，面积约 $330×10^4 km^2$[87]。根据我国区域地质背景、地质发育演化特征以及碳酸盐发育的实际情况，各地区不同类型的碳酸盐岩储集岩特点不同。

### 1.6.8 国内碳酸盐岩资源简况

#### （1）石灰岩

中国石灰岩矿产资源十分丰富，产地遍布全国，作为水泥和化工用的石灰岩矿床已达八百余处[88]。

我国目前已探明的石灰岩资源量大部分为优质石灰岩，主要分布在中南、华东、西南地区的泥盆系、石炭系、二叠系、三叠系等层位中，寒武系、奥陶系中的石灰岩矿床主要分布于北方地区[89]。石灰岩资源储量排名居全国前十位的省（市）分别是安徽、山东、河南、山西、河北、四川、内蒙古、广东、广西、重庆。其中，安徽省的石灰岩资源主要分布在淮北宿州、凤阳、凤台、滁州、全椒、泾县及宁国等地[90]。

#### （2）大理岩

我国是世界上最早开采大理岩的国家之一，大理岩资源分布广泛，估计储量数百亿立方米。中国大理岩的产地遍布全国。据不完全统计，初步查明国产大理石有 400 余个品种，石质细腻，光泽柔润。目前开采利用的主要有三类，即云灰、白色和彩花大理石[91]。我国白色大理石比较稀缺，主要集中在云南、四川、广西、江苏、北京等省市，尤其"汉白玉"级别的白色大理石更是珍品。目前，我国储量最大的白色大理石矿体是四川的宝兴和广西的贺州两地。而四川宝兴的白色大理石颗粒细腻、白度更纯、品质更优，属我国目前白色大理石开发中的精品[92]。其他的大理石品种有山东的黄金海岸和黑金花、河南的松香黄、浙江的杭灰、辽宁的丹东绿、湖北的黑白根和黑啡宝、广西的银白龙及云南、贵州的木纹石等[93]。

安徽省作为一个矿产资源丰富的地区，也有不少大理石矿产资源。例如，早在 20 世纪 80 年代于安徽省泾县中村发现的乡郭峰大理石矿区，矿产资源丰富，矿石质量好，多数为泾川白玉，属国家一级产品，少量呈银灰色，均可加工成工艺品、装饰品或高级建筑材料[94]。

#### （3）方解石

方解石的用途十分广泛，可以用于人造石、人造地砖、橡胶、涂料、塑料、复合新型钙塑料、电缆、造纸、牙膏、化妆品等众多工业。我国的方解石主要分布在广西、江西、湖南、安徽、江苏一带[95]。

从全国来看，目前我国中东部的方解石以中-高温变质作用形成为主，矿石类型主要为大理石型中-细晶方解石，矿床多为中-大型矿床，这种方解石矿的优点是规模大，缺点是重金属等有害成分偏高，其在工业生产中的应用范围因此而受到限制[95]。

安徽省也有大量的方解石分布，如池州市青阳县境内非金属矿产资源就十分丰富，在我国非矿行业中有"全国资源看华东，华东资源看池州"之说，其中"天下第一白"方解石资源储量达 2 亿吨，储量和品位均属全国首位[96]。此外安徽青阳来龙山矿床是我国首个作为重质碳酸钙勘查的矿床。安徽方解石矿产地总体呈北东—南西向分布，主要分布于青阳、泾县，东至、广德亦有分布，铜陵、宣城、石台少量。截至 2019 年底，安徽省共查明方解石矿床 63 处，其中超大型 2 处、大型 3 处、中型 25 处、小型 33 处。累计查明资源储量 $45418 \times 10^4$ t，保有资源储量 $39598 \times 10^4$ t（表 1-9）[97]。

表 1-9　安徽省方解石资源概况[97]

| 规模 | 矿床数 | 查明量/$10^4$ t | 保有量/$10^4$ t | 空间分布 | 典型矿床 |
|---|---|---|---|---|---|
| 超大型 | 2 | 23371 | 21220 | 青阳 | 来龙山 |
| 大型 | 1 | 2323 | 2323 | 青阳 | 来龙山三段 |
| | 2 | 4827 | 4720 | 青阳、泾县 | 来龙山四段、中村 |
| 中型 | 5 | 2846 | 1866 | 青阳、泾县 | 吴家塘、鸭嘴岭 |
| | 17 | 7657 | 6105 | 青阳、泾县、贵池、东至 | 白云山、陈家园、北贡等 |
| | 1 | 218 | 146 | 怀宁 | 徐家花屋 |
| | 2 | 1148 | 927 | 广德 | 刀尖岕 |
| 小型 | 3 | 343 | 217 | 泾县 | 五鑫、南坡 |
| | 18 | 1984 | 1491 | 青阳、泾县、贵池、石台 | 火焰山、石丽山、石门等 |
| | 5 | 131 | 111 | 青阳 | 朝华村等 |
| | 6 | 482 | 384 | 怀宁、泾县、宣城、铜陵 | 水竹、徐家花屋等 |
| | 1 | 88 | 88 | 南陵 | 南青 |
| 合计 | 63 | 45418 | 39598 | | |

### （4）白云石

纯净的白云石呈乳白色，但自然界存在的白云石常含有不同的杂质而呈现乳白色、深灰色、淡灰色等。我国的含镁白云石矿资源十分丰富，现已探明储量有 40 亿吨以上。白云石资源分布很广，遍布我国的各个省区，尤其是山西、宁夏、河南、吉林、青海、贵州等省区[98]。例如，在吉林长白山地区，白云石矿产资源丰富，矿石品质优良，仅白山市白云石资源，已探明控制的基础储量就有 7000 万吨，其潜在资源量达 163.9 亿吨[99]。辽宁省的白云岩储量约为 5.5 亿吨，白云岩集中分布在大石桥市白寨镇内，储量丰富，矿石质量优良，埋藏较浅，适于大规模露天开采。其中陈家堡子、峪子沟两个大型白云岩矿床，探明储量 47790 万吨，保有储量 47000 万吨，占全省总储量的 87%，储量居辽宁省第一位。河南鹤壁市淇县西部山区的白云岩矿，经初步估算，资源储量约 2.55 亿吨，矿体矿石质量较稳定，平均品位大于 20%，可以作为优质的镁源[100]。安徽省池州市青阳县域内矿产资源丰富，优质石灰石、白云石等资源储量大、品质优[101]。

# 参考文献

［1］赵建华，金之钧，金振奎，杜伟，温馨，耿一凯．岩石学方法区分页岩中有机质类型［J］．石油实验地质，2016，38（04）：514-520，527．

［2］陈喜军．浅谈石灰岩及其开发利用［J］．辽宁建材，2007（8）：51-53．

［3］福克 R L．石灰岩类型划分［M］．冯增昭，译．重庆：科学技术文献出版社重庆分社，1981．

［4］邓哈姆 R J．碳酸盐岩的结构分类［M］．冯增昭，译．重庆：科学技术文献出版社重庆分社，1981．

［5］冯增昭．碳酸盐岩分类［J］．石油学报，1982，3（1）：15-22，100-102．

［6］金振奎，邵冠铭．石灰岩分类新方案［J］．新疆石油地质，2014，35（2）：235-242．

［7］刘百年．白云石的综合分析［J］．河北化工，1988（1）：4-10．

［8］赵文智，沈安江，乔占峰，潘立银，胡安平，张杰．白云岩成因类型、识别特征及储集空间成因［J］．石油勘探与开发，2019（01）：1-13．

［9］朱继存，朱光，宋传中．我国天然碳酸盐类大理石资源初探［J］．石材，2001（06）：14-17．

［10］迟广成，伍月，王海娇，陈英丽，王大千．X 射线荧光光谱分析技术在大理岩鉴定与分类中的应用［J］．岩矿测试，2018，37（01）：43-49．

［11］刘国钧．矿物学［M］．徐州：中国矿业大学出版社，1989．

［12］潘兆橹．结晶学及矿物学［M］（下册）．北京：地质出版社，1998．

［13］杜广鹏，范建良．方解石族矿物的拉曼光谱特征［J］．矿物岩石，2010（04）：32-35．

［14］Lardge J S，Duffy D M，Gillan M J．Investigation of the interaction of water with the calcite surface using Ab initio simulation［J］．Journal of Physical Chemistry，2009，113（17）：7207．

［15］李胜荣，许虹，申俊峰．结晶学与矿物学［M］．北京：地质出版社，2008．

［16］Jennifer N M，Celine M S，Kelly H，Francesca M K．Hard to soft：biogenic absorbent sponge-like material from waste mussel shells［J］．Matter，2020，3：1-13．

［17］Ropp R C．Encyclopedia of the alkaline earth compounds［J］．Elsevier，2013．

［18］Demichelis R，Raiteri P，Gale J D，Dovesi R．The multiple structures of vaterite［J］．Crystal Growth & Design，2013，13（6）：2247-2251．

［19］马晓明，杨媛媛，张晓婷，司媛媛，朱郁葱．大豆胰岛素指导下具有分级结构碳酸钙的仿生合成［J］．河南师范大学学报（自然科学版），2014（02）：64-68．

［20］Jacob D E，Wirth R，Oba A，Branson O，Eggins S M．Planktic foraminifera form their shells via metastable carbonate phases［J］．Nature Com munications，2017，8（1）：1265．

［21］乔莉．淡水球文石珍珠结构及其矿化机理研究［D］．北京：清华大学，2009．

［22］Ting Y，Jia Z，Chen H S，Deng Z F，Liu W K，Chen L N，Li L．Mechanical design of the highly porous cuttlebone：A bioceramic hard buoyancy tank for cuttlefish［J］．Pans，2020，117（38）：23450-23459．

［23］秦善，王长秋．矿物学基础［M］．北京：北京大学出版社，2006．

［24］Jones B．Review of aragonite and calcite crystal morphogenesis in thermal spring systems［J］．Sedimentary Geology，2017，354：9-23．

［25］Walker J M，Marzec B，Nudelman F．Solid-state transformation of amorphous calcium carbonate to aragonite captured by cryoTEM［J］．Angewandte Chemie International Edition，2017，56（39）：11740．

［26］任冬妮．淡水鲤鱼耳石结构、性质及其生物矿化机制的研究［D］．北京：清华大学，2013．

［27］Mugnaioli E，Andrusenko I，Schler T，Loges N，Dinnebier R E，Panthcfer M，Tremel W，Kolb U．Ab initio structure determination of vaterite by automated electron diffraction［J］．Angewandte Chemie International Edition，2012，51（28）：7041-7045．

［28］蒋久信，吴月，何瑶，高松，张晨，沈彤，刘嘉宁．亚稳态球霰石相碳酸钙的调控制备进展［J］．无机材料学报，2017，32（07）：681-690．

［29］Trushina D B，Bukreeva T V，Kovalchuk M V，Antipina M N．$CaCO_3$ vaterite microparticles for biomedical and personal care applications［J］．Mater Sci Eng C Mater Biol Appl，2014，45：644-658．

［30］Wei H，Shen Q，Zhao Y，Wang D J，Xu D F. Influence of polyvinylpyrrolidone on the precipitation of calcium carbonate and on the transformation of vaterite to calcite ［J］. Journal of Crystal Growth，2003，250（3）：516-524.

［31］Faatz，M.，Gröhn，F.，Wegner，G. Amorphous calcium carbonate：synthesis and potential intermediate in biomineralization ［J］. Advanced Materials，2004，16：996-1000.

［32］Wei，H.，Ma，N.，Song，B.，Yin，S. H.，Wang，Z. Q. Formation of multilayered vaterite via phase separation，crystalline transformation，and self-assembly of nanoparticles at the air/water interface ［J］. The Journal of Physical Chemistry C，2007，111（15），5628-5632.

［33］雷云. 球霰石型碳酸钙的研究进展 ［J］. 长江大学学报（自科版），2014（34）：35-39.

［34］Volodkin D V，Larionova N I，Sukhorukov G B. Protein encapsulation via porous $CaCO_3$ microparticles templating ［J］. Biomacromolecules，2004，5：1962-1972.

［35］罗佳. 球霰石碳酸钙的仿生合成及其药物载体研究 ［D］. 上海：华东理工大学，2016.

［36］Zou Z Y，Habraken W J E M，Matveeva G，Jensen A C S，Bertinetti L，Hood M A，Sun C Y，Gilbert P U P A，Polishchuk I，Pokroy B. A hydrated crystalline calcium carbonate phase：calcium carbonate hemihydrate ［J］. Science，2019，363（6425）：396-400.

［37］Radha A V，Forbes T Z，Killian C E，Gilbert P U P A，Navrotsky A. Transformation and crystallization energetics of synthetic and biogenic amorphous calcium carbonate ［J］. Proceedings of the National Academy of Sciences of the United States of America，2010，107（38）：16438-16443.

［38］Zou Z Y，Luca B，Yael P，Anders J，Steve W，Lia A，Peter F，Wouter H. Opposite particle size effect on amorphous calcium carbonate crystallization in water and during heating in air ［J］. Chemistry of Materials，2015，27（12）：4237-4246.

［39］王程. 基于无定形碳酸钙的复合脂质纳米粒的构建和抗肿瘤应用研究 ［D］. 杭州：浙江大学，2019.

［40］张巍. 白云石的应用进展 ［J］. 矿产保护与利用，2018（02）：130-144.

［41］Cai W K，Zhou C H，Keeling J，Glas macher U A. Structure，genesis and resources efficiency of dolomite：new insights and remaining enigmas ［J］. Chemical Geology，2021，573，120191.

［42］吴永涛，韩润生. 滇东北矿集区茂租铅锌矿床热液白云石稀土元素特征 ［J］. 矿床地质，2018，37（03）：656-666.

［43］王起琮，宫旋，肖玲. 鄂尔多斯盆地下古生界石灰岩岩相及碳、氧稳定同位素特征 ［J］. 沉积学报，2013（04）：580-589.

［44］李为，刘丽萍，曹龙，余龙江. 碳酸盐生物沉积作用的研究现状与展望 ［J］. 地球科学进展，2009，24（06）：597-605.

［45］章少华. 大理石成因分析结果：它不存在放射性危害 ［J］. 石材，2006（10）：15.

［46］陈宇. 雅安市大理石成因类型及资源潜力研究 ［D］. 成都：成都理工大学，2018.

［47］曾门彬. 图们市碧水水泥用大理岩矿地质特征及成因 ［J］. 中国非金属矿工业导刊，2015，115（2）：39-41.

［48］郑淑新. 冀北红旗营子杂岩中大理岩的岩石成因及构造意义 ［D］. 成都：成都理工大学，2014.

［49］董学，王树星，李大鹏，王申，张超，王欣然. 山东沂南明生岩体含矿性特征及找矿方向 ［J］. 山东国土资源，2016（02）：8-13.

［50］Tucker M E. Precambrian dolomites：petrographic and isotopic evidence that they differ from Phanerozoic dolomites. Geology，1982，10：7-12.

［51］Liu Y，Jiao X，Li H，Yuan M，Yang W，Zhou X，Liang H，Zhou D，Zheng C，Sun Q，Wang S. Primary dolostone formation related to mantle-originated exhalative hydrothermal activities，Permian Yuejingou section，Santanghu area，Xinjiang，NW China ［J］. Science China Earth Sciences，2012，55：183-192.

［52］Wanas H，Sallam E. Abiotically-formed，primary dolomite in the mid-Eocene lacustrine succession at Gebel El-Goza El-Hamra，NE Egypt：an approach to the role of smectitic clays ［J］. Sediment Geol，2016，343：132-140.

［53］Meng H，Lv Z，Shen Z，Xiong C. Carbon and oxygen isotopic composition of saline lacustrine dolomite cements and its palaeoenvironmental significance：Acase study of paleogene Shahejie formation，Bohai Sea [J] . Minerals，2019，9：13.

[54] Khosrow Badiozamani. The dorag dolomitization model，application to the middle Ordovician of Wisconsin [J] . Journal of Sedimentary Petrology，1973，43 (4)：965-84.

[55] Machel H G. Concepts and models of dolomitization：a critical reappraisal [J] . Geological Society，London，Special Publications，2004，235：7-63.

[56] Warren J. Dolomite：occurrence，evolution and economically important associations [J] . EarthSci Rev，2000，52：1-81.

[57] Saller A H，周平 . 爱尼韦达环礁深部白云岩成因的岩石和地球化学条件——正常海水导致白云石化之实例 [J] . 海洋地质译丛，1984 (06)：74-77，31.

[58] Wang R，Yu K，Jones B，Wang Y，Zhao J，Feng Y，Bian L，Xu S，Fan T，Jiang W，Zhang Y. Evolution and development of Miocene "island dolostones" on Xisha Islands，South China Sea [J] . Mar Geol. 2018，406：142-158.

[59] 杨作升 . 方解石和白云石在成分及结构上变异的分析及其应用实例 [J] . 海洋湖沼通报，1981 (01)：26-36.

[60] 郭晓月，王丕波，王海荣，王卓，瞿成利 . 海水条件下 Cd-$CaCO_3$ 共沉淀过程的动力学表达：文石 [J] . 海洋环境科学，2014 (04)：520-524.

[61] 陈圆圆，于炳松 . 碳酸盐岩溶解——沉淀热力学模型及其在塔北地区的应用 . 沉积学报，2012 (02)：219-230.

[62] 郭一华，强子同 . 碳酸盐成岩环境的特征 [J] . 矿物岩石，1981 (06)：1-8.

[63] 郭一华 . 四川重庆天府地区上二叠统生物礁的成岩作用与孔隙演化 [J] . 西南石油学院学报，1988 (01)：1-12，123.

[64] 杨坤光，袁晏明 . 地质学基础 [M] . 武汉：中国地质大学出版社，2009.

[65] 戎昆方，戎庆，刘志宇 . 研究岩溶的新观点：以贵州独山南部、织金洞为例 [M] . 武汉：中国地质大学出版社，2009.

[66] 兰叶芳，黄思静，周小康，曾熠，马永坤 . 珠江口盆地东沙隆起珠江组灰岩成岩环境的恢复 [J] . 中国地质，2015 (06)：1837-1850.

[67] 孙玉景，周立发 . 鄂尔多斯盆地马五段膏盐岩沉积对天然气成藏的影响 . 岩性油气藏，2018，30 (06)，67-75.

[68] 何江，冯春强，马岚，乔琳，王勇 . 风化壳古岩溶型碳酸盐岩储层成岩作用与成岩相 . 石油实验地质，2015，37 (1)，8-16.

[69] 于平 . 日巴合作研究碳酸盐岩矿床 [J] . 矿产与地质，1987 (02)：75.

[70] 谭晟 . 滑石矿成矿条件及地质特征分析 [J] . 低碳世界，2018 (06)：57-58.

[71] 武雁玲，王泰，郄润来 . 山西宁武煤田侏罗纪含煤地层特征 [J] . 山西煤炭，2002 (02)：30-31，33.

[72] 黄晋荣，李晓玲 . 山西滑石矿产及典型矿床地质特征 [J] . 华北自然资源，2002 (06)：11-13，17.

[73] 蔡伊，张乾，张永斌，李开文 . 桂中镇圩碳酸盐岩型滑石矿床热液方解石的锶同位素研究 [J] . 地球化学，2015，44 (5)：427-437.

[74] 张艳，韩润生，魏平堂 . 碳酸盐岩型铅锌矿床成矿流体中铅锌元素运移与沉淀机制 [J] . 地质论评，2016，62 (1)：187-201.

[75] 沈能平 . 新疆西昆仑碳酸盐岩型成矿元素共生分异现象及影响因素 [J] . 矿物学报，2011，S1：830-831.

[76] 刘英超，宋玉财，侯增谦，杨竹紫，张洪瑞 . 伊朗扎格罗斯碰撞造山带马拉耶尔—伊斯法罕碳酸盐岩容矿铅锌成矿带——矿床基本特征与成因类型 [J] . 地质学报，2015，89 (9)：1573-1594.

[77] 韩润生，邹海俊，胡彬，胡煜昭，薛传东 . 云南毛坪铅锌（银、锗）矿床流体包裹体特征及成矿流体来源 [J] . 岩石学报，2007，23 (9)：2009-2118.

[78] 刘艳鹏，朱立新，周永章 . 大数据挖掘与智能预测找矿靶区实验研究——卷积神经网络模型的应用 [J] . 大地构造与成矿学，2020 (02)：192-202.

[79] 程乃福 . 安徽南部成矿区地球化学特征 [J] . 安徽地质, 2014 (01)：36-41.

[80] 包正相 . 湘西黔东汞铅锌矿床的成矿作用与形成机理 [J] . 桂林冶金地质学院学报, 1987 (03)：159-170.

[81] 宋颖, 顾楠 . 破解"锑都"困局 [J] . 中国有色金属, 2013 (19)：42-43.

[82] 龚洪波, 陈书富 . 广南木利锑矿成因新解 [J] . 云南地质, 2006 (03)：321-326.

[83] 吕启良, 胡青, 沈来富, 郑宝虎, 严志忠, 杨晓勇 . 皖南花山锑（金）矿床地质特征及其成因分析 [J] . 安徽地质, 2017 (01)：23-28.

[84] 谭友镞 . 华南上古生界若干碳酸盐岩型铀矿床成矿特点及分布规律的初步认识 [J] . 放射性地质, 1982 (2)：123-133.

[85] 金振奎, 余宽宏, 潘怡, 赵东风, 卢言霞 . 全球显生宙碳酸盐岩时空分布规律及其控制因素 [J] . 现代地质, 2013 (03)：637-643.

[86] 赵澄林, 朱筱敏 . 沉积岩石学 [M] . 北京：石油工业出版社, 2001.

[87] 赵文智, 沈安江, 胡素云, 张宝民, 潘文庆, 周进高, 汪泽成 . 中国碳酸盐岩储集层大型化发育的地质条件与分布特征 [J] . 石油勘探与开发, 2012 (01)：1-12.

[88] 陈喜军 . 浅谈石灰岩及其开发利用 [J] . 辽宁建材, 2007 (08)：51-53.

[89] 刘发荣, 杨风辰 . 我国水泥用灰岩矿产资源现状与需求预测研究 [J] . 中国非金属矿工业导刊, 2004 (39)：52-55.

[90] 周浔, 赵建安, 崔彬, 罗立帆 . 我国水泥用石灰岩资源格局与利用潜力 [J] . 中国矿业, 2013 (S1)：17-24.

[91] 刘郁兴 . 论墙面石材的应用及施工 [J] . 中外建筑, 2013 (12)：155-159.

[92] 谭金华, 周克继 . 我国白色大理石开发现状及"宝兴白"的战略地位 [J] . 石材, 2017 (03)：31-33.

[93] 王霄京 . 中国石材协会郑重宣告——天然大理石可以安全使用 [J] . 中国建材, 2014 (01)：31-33.

[94] 李庆曾 . 静态破碎剂开采大理石 [J] . 金属矿山, 1987 (12)：60-61.

[95] 陈朝新, 张宏, 严小敏, 黎新, 雷健 . 对方解石产业升级相关问题的探讨——以广西为例 [J] . 南方国土资源, 2016 (02)：23-25.

[96] 葛俊彦, 杨小红, 王瑞侠, 陈建兵 . 池州市碳酸钙资源开发现状和发展措施 [J] . 资源开发与市场, 2007 (05)：447-449.

[97] 冯书文, 詹建华 . 安徽方解石矿床地质特征与找矿方向 [J] . 中国非金属矿工业导刊, 2020 (04)：31-35.

[98] 崔博 . 钙镁铁酸盐的制备、表征及光催化性能研究 [D] . 北京：中国地质大学, 2020.

[99] 王冲, 刘玉华, 陈永弟 . 以白云石为原料煅烧金属镁的工艺研究 [J] . 长春师范学院学报, 2011 (12)：42-45.

[100] 行业动态 . 中国金属通报, 2011 (34)：6-11.

[101] 方志海 . 池州市小型露天矿山快速动态监测方法 [J] . 江西建材, 2014 (02)：232-237.

# 第2章
# 碳酸盐岩石矿物野外观察鉴定
# 和实验室分析表征

## 2.1　碳酸盐岩石矿物采样和观察鉴定

### 2.1.1　碳酸盐岩石和矿物样品采集及分选

样品采集是矿物研究的第一步。在野外采样时应注意采集新鲜样品，并关注样品的代表性和目的性。采集样品的规格与数量一方面取决于矿物在地质体中的赋存状态和分布情况，另一方面取决于研究的目的。对于后续要进一步矿物分选的样品，一般需要更多的量，有时需要10kg以上。总的原则是能够满足鉴定和研究的需要，并适当留有余地。

在采集手标本的样品时，以能反映实际情况、满足切制薄片及手标本观察的需要为原则，一般为3cm×6cm×9cm。采集的岩矿标本应在原始记录上注明采样的地理位置和编号，且一般用白漆在标本的左上角涂一小长方形，待干后写上编号，然后用麻纸包好保存。示例如下：

标本签示例

| 野外编号 | | 室内编号 | | | |
|---|---|---|---|---|---|
| 名称 | | | | | |
| 时代和层位 | | | | | |
| 产地 | | | | | |
| 地理位置 | | | | | |
| 采集者 | | 时间 | | 数量 | |
| 鉴定者 | | 时间 | | 附注 | |

矿物的分选首先要进行标本检查，确定矿物的产出情况。一般是通过手标本观察并结合薄片光学显微镜观察。若待测矿物有不同的世代，应当分别处理，以备查明不同世代同种矿物的差异情况。当手标本中发现有晶型特别完整的晶体时，应当小心分离，进行形貌方面的研究或留待做结构分析。要观察矿物的平均粒径和最小粒径，以确定标本的破碎程度。

为使待测矿物与其他矿物分离，常常需要将标本破碎。破碎程度视待测矿物的粒径而定，一般要求破碎的粒径稍小于矿物自身的粒径。破碎后要进行筛分，除去粉尘。有时还要清洗，以除去表层或裂缝中的杂质或粉尘。有时还可用超声波洗涤。筛分清洗后，即可以进行待测矿物的挑选。如果矿物的粒径粗大，且待测矿物含量又高时，可以直接在双目实体显微镜下手工逐粒挑选。最后的精样，一般都必须在双目实体显微镜下进行仔细检查，以保证达到纯度的要求。

### 2.1.2　碳酸盐岩石和矿物野外观察

#### 2.1.2.1　碳酸盐矿物的野外观察

矿物是地壳中的化学元素在各种地质作用下形成的有一定化学成分和物理性质的单质或化合物，矿物是构成岩石的物质基础。地球上已发现的矿物达 3000 多种，但可以组成岩石的造岩矿物只有几十种。

**(1) 利用矿物的形态**

矿物有一定的化学成分和内部构造，所以有一定的晶体形态。观察单个矿物晶体或集合体形态可以帮助初步鉴别矿物。如方解石的晶体大多是菱形六面体；白云石的晶体结构和方解石类似；石英的单个晶体常常是六方柱体和三方双锥体的集合体；云母是六方形或菱形的薄片状矿物。

**(2) 利用矿物的光学性质**

矿物的光学性质指矿物颜色、条痕、透明度、光泽等（表 2-1），是矿物对光线的吸收、反射、折射的表现，可以用来鉴别矿物。

颜色：颜色是岩石最直观和最醒目的标志，它可以反映岩石的成分、结构和成因，可作为相分析的一项重要标志。描述岩石时，常把颜色放在最前面，并参与岩石命名。碳酸盐岩的颜色多种多样，但基本分为三类：a. 浅色类，如白色、灰白色、浅灰色等；b. 暗色系，如灰色、深灰色、灰黑色、黑色等；c. 红色类，如红色、紫红色、红褐色等。此外还有杂色。总体上，碳酸盐岩颜色以灰色居多。碳酸盐岩的颜色取决于矿物成分及其相对百分含量、颗粒、晶粒及填隙物的粒度、有机质含量、风化作用等因素。观察颜色要注意区分原生色和次生色，常以新鲜面的颜色为准。例如，石灰石，纯的为白色，含有杂质时为淡灰色或淡黄色；方解石，一般多为无色或白色，含有杂质时为浅黄、浅红、褐黑等等；大理石颜色较多，主要有纯白色、纯黑色、红色、灰色、黄色、绿色、彩色、青色、黑白色等；白云石，通常为白色、黄白色，有时呈浅绿色、灰色等。

条痕：条痕是指矿物粉末的颜色，一般用矿物在粗白瓷板上刻划，观察留下的粉末颜色。该方法是为了消除矿物表面杂质（如氧化膜等）在光照下的假色影响。由于透明矿物的条痕极淡，故主要用来鉴定不透明矿物。方解石的条痕通常为白色。

透明度：透明度是指矿物透光的能力。通常以矿物碎片边缘能否透见他物，把矿物的透明度分成三个等级，透明矿物、半透明矿物和不透明矿物。方解石为透明或半透明矿物。

光泽：光泽指矿物表面的反光能力。根据折射率的不同，矿物的光泽自弱至强分为玻璃光泽、金刚光泽、半金属光泽、金属光泽四个等级。如方解石属于最弱的玻璃光泽。

表 2-1　颜色、条痕、透明度、光泽的相互关系

| 颜色 | 无色 | 浅色 | 彩色 | 黑色或金属色 |
|---|---|---|---|---|
| 条痕 | 无色或白色 | 无色或浅色 | 浅色或彩色 | 黑色或金属色 |
| 透明度 | 透明 | | 半透明 | 不透明 |
| 光泽 | 玻璃-金刚 | | 半金属 | 金属 |

### （3）利用矿物的力学性质

矿物在受到刻划、敲打等外力作用时表现出来的性质，叫矿物的力学性质。

解理和断口：矿物受到外力打击后，沿一定方向有规则地裂成光滑平面的性质叫"解理"。裂成各种凹凸不平的表面，叫"断口"。矿物的解理分为极完全解理、完全解理、中等解理、不完全解理、极不完全解理五个等级。如方解石就属于完全解理，晶体受外力打击后可沿解理面裂成小块，解理面面积不大，但平整光滑。

硬度：矿物抵抗刻划、研磨等机械作用的能力称为矿物的硬度。通常用莫氏硬度来测定矿物的硬度，方法是用莫氏计中 10 种不同硬度的矿物和未知矿物相互刻划，来确定未知矿物的相对硬度。莫氏硬度与代表矿物见表 2-2。

表 2-2　莫氏硬度与代表矿物

| 硬度级 | 代表矿物 | 简便测定 | 硬度级 | 代表矿物 | 简便测定 |
|---|---|---|---|---|---|
| 1 | 滑石 | 指甲能刻动 | 6 | 正长石 | |
| 2 | 石膏 | 硬度小 | 7 | 石英 | 小刀能刻动，硬度大 |
| 3 | 方解石 | 指甲刻不动 | 8 | 黄玉 | |
| 4 | 萤石 | 小刀能刻动 | 9 | 刚玉 | |
| 5 | 磷灰石 | 硬度中等 | 10 | 金刚石 | |

### 2.1.2.2　碳酸盐岩石的野外观察

岩石是由一种或多种矿物在地质作用下形成的天然集合体。自然界的岩石有 2000 多种，有的是由岩浆或熔岩流冷却凝固形成的岩浆岩（火成岩），如花岗岩；有的是地表条件下，山峰化物质经搬运、沉积、固结形成的沉积岩（水成岩），如石灰石；还有的是原来的岩浆岩或沉积岩，在不同的温度、压力条件下经变质作用改造而成的变质岩，如大理岩。

观察碳酸盐岩的沉积构造是分析碳酸盐岩形成的重要依据，是区别于岩浆、变质岩和其他沉积岩的主要标志。碳酸盐岩中出现的沉积构造多种多样，如叠层石构造、鸟眼结构、示顶底构造、缝合线构造等。对构造的观察主要在野外进行，在手标本上观察具有一定的局限性。手标本观察可着重于层理类型和层面构造。

### （1）层理的观察描述

层理是岩石沿垂直方向变化所产生的层状构造。纹层是层理结构的最小单位。纹层又被分为年纹层和季纹层。纹层是地质计年和古环境重建中的重要依据，是沉积过程中沉积环境或沉积作用变化的标志。

层理的观察、描述主要在野外露头和钻井岩心中进行，观察和描述的内容有以下五个方面：层理的厚度和规模；层理的类型及其特征；斜层理的纹层（表 2-3）和层系产状的测量；层理内部构造和构造方式的观察和描述；描述层系界面的形状、层系间的关系、层系间内成分特征，测量层系的厚度、产状等（表 2-4）。

表 2-3　纹层的描述

| 细层的标志 | | | 层理类型 | | |
|---|---|---|---|---|---|
| | | | 倾斜 | 波状 | 水平 |
| 形态 | 1. 细层的形状 | | (1)直线<br>(2)弯曲:凹形、凹凸形(S形)、凸形 | (1)对称:凹形、凹凸形(S形)、凸形<br>(2)不对称:凹形、凹凸形(S形)、凸形 | (1)规则<br>(2)不规则 |
| | 2. 层系内细层之间的关系 | | (1)平行<br>(2)收敛:向上、向下、向上下 | (1)平行<br>(2)收敛:向层系底部收敛、向层系边部收敛 | 总是平行 |
| 成分 | 3. 纹层的结构 | | (1)均一<br>(2)粒序:正粒序、反粒序<br>(3)不均一 | (1)均一<br>(2)两层<br>(3)不均一 | |
| | 4. 包体类型 | 类型 | (1)砾石;(2)较粗粒物质;(3)植物屑;(4)动物屑;(5)矿物分层 | | |
| | | 分布 | (1)纹层底部<br>(2)纹层的下端<br>(3)纹层上部<br>(4)不规则 | (1)纹层底部<br>(2)槽形底部<br>(3)纹层上部<br>(4)不规则 | (1)纹层底部<br>(2)纹层上部<br>(3)不规则 |
| 配置 | 5. 纹层在层系中的配置及其组合 | | (1)均匀(一致)<br>(2)韵律(形成组)<br>(3)不均匀(不一致或不规则) | | |
| 定量指数 | 6. 纹层的厚度 | | (1)极巨厚>100cm;(2)巨厚 100~10cm;(3)很厚 10~5cm;(4)厚 5~2cm;<br>(5)中厚 2~0.5cm;(6)薄 0.5~0.1cm;(7)很薄<0.1cm | | |
| | 7. 产状(倾角) | | (1)陡>30°<br>(2)中等 20°~30°<br>(3)缓<20° | 波痕指数:波长、波高不对称指数 | 无 |
| | | 层系内纹层倾角变化 | (1)不变<br>(2)加大<br>(3)减小 | 无 | |

表 2-4　层系的描述内容

| 层系的标志 | | 层理类型 | | |
|---|---|---|---|---|
| | | 倾斜 | 波状 | 水平 |
| 形态 | 1. 层系界限的形状 | (1)直线<br>(2)弯曲:凹形、凹凸形(S形)、凸形 | (1)对称:凹形(槽形)、凹凸形(S形)、凸形<br>(2)不对称:凹形、凹凸形(S形)、凸形 | (1)规则<br>(2)不规则 |
| | 2. 层系之间的关系 | (1)平行<br>(2)楔形<br>(3)交错 | (1)平行<br>(2)不平行<br>(3)交错 | 总是平行 |

| 层系的标志 | | | 层理类型 | | |
|---|---|---|---|---|---|
| | | | 倾斜 | 波状 | 水平 |
| 成分 | 3.层系的结构 | 相邻纹层中纹层的方向 | (1)同方向<br>(2)不同方向<br>(3)不规则 | 方向变化明显,对斜坡波状层理可以为:<br>(1)同方向<br>(2)不同方向或不规则 | 无 |
| | | 物质的变化 | | (1)同种<br>(2)分异 | |
| | 4.包体类型 | 类型 | (1)砾石;(2)较粗粒物质;(3)植物屑;(4)动物屑;(5)矿物分层 | | |
| | | 分布位置 | (1)在上部<br>(2)在中部<br>(3)在下部 | | |
| 配置 | 5.在层内层系的配置 | | (1)层系的厚度变化:①均匀的;②按一定方向的;③不规则的<br>(2)层系物质的变化:①均匀的;②按一定方向的;③不规则的 | | |
| | | | (3)层系内纹层倾角的变化:①上部变陡;②上部变缓 | | 没有变化 |
| 定量指数 | 6.层系的厚度 | | (1)特大型>100cm<br>(2)大型 100~10cm<br>(3)中型 10~3cm<br>(4)小型<3cm | (1)层系厚度同斜层理<br>(2)测波长<br>(3)算波痕指数、不对称指数 | 如有层系,按斜层理进行分类 |
| | 7.层系对岩层的倾角 | | (1)与一个层面平行<br>(2)同一个方向<br>(3)不同方向 | (1)与层面平行<br>(2)与层面倾斜 | 无 |

**(2) 层面构造的观察描述**

① 波痕是由于风水流或波浪等介质的运动,在沉积物表面形成的一种波状起伏的层面构造,是常见的层面构造之一。由于介质的作用性质、作用强度和方向不同,波痕的大小和形态也不相同(表 2-5)。可利用波痕的形态、波浪的大小和波痕指数等来恢复波痕的形成条件。

表 2-5　波痕的成因分类及其主要特征

| 名称 | | 波脊形态 | 波长 | 波高 | 波痕指数 | 对称性 |
|---|---|---|---|---|---|---|
| 水流波痕 | 小波痕 | 直线形,波曲形,链形,菱形 | 4~60cm | 0.36cm | 大于5,多数大于8~15 | 不对称 |
| | 大波痕 | 直线形,波曲形,新月形,菱形 | 0.6~30cm | 0.06~1.5cm | 多大于30 | 不对称或对称 |
| | 巨波痕 | 直线形,波曲形 | 30~1000cm | 1.5~15cm | 多数大于30 | 不对称或对称 |
| | 逆行沙丘 | 直线形 | 0.01~6cm | 0.1~45cm | | 近于对称 |

续表

| 名称 | | 波脊形态 | 波长 | 波高 | 波痕指数 | 对称性 |
|---|---|---|---|---|---|---|
| 浪成波痕 | 对称浪成波痕 | 直线形,部分分叉 | 0.9~200cm | 0.3~23cm | 4~13,多数为6~7 | 对称 |
| | 不对称浪成波痕 | 直线形,部分分叉 | 1.5~105cm | 0.3~20cm | 5~16,多数为6~8 | 不对称 RSI=1.1~3.8 |
| 孤立波痕 | 孤立小水流波痕 | 直线形,波曲形,舌形 | 类似小波痕 | 比小波痕低 | 比小波痕大 | 不对称 |
| | 孤立大水流波痕 | 直线形,波曲形,新月形 | 类似大波痕 | 比大波痕低 | 比大波痕大 | 不对称 |
| | 孤立浪成波痕 | 直线形 | 类浪成波痕 | 比浪成波痕低 | 比浪成波痕大 | 对称或不对称 |
| 干涉波痕 | 波浪-波浪干涉波痕 | 变化多端 | | | | |
| | 波浪-水流干涉波痕 | 变化多端 | | | | |
| | 纵向波痕 | 直线形,平行于水流方向延伸 | | | | 对称或略微不对称 |
| | 横向波痕 | 圆形,垂直于水流方向延伸 | | | | 不对称或对称 |
| 改造波痕 | | 双脊,圆顶,平顶 | | | | |
| 风成波痕 | | 直线形,部分分叉 | 2.5~25cm | 0.5~1cm | 10~50以上 | 不对称 |

② 晶体印痕（crystal imprints）是沉积岩中的一种层面构造。在含盐度高、蒸发量大的咸水盆地泥质沉积物中，常有石盐、石膏等晶体沉积。在成岩作用过程中，泥质沉积物失水、压缩、厚度减薄，而盐类物质收缩小，因此突出于岩层表面，并嵌入上覆岩层中，故使上下岩层的底面和顶面留下晶体的印痕。假晶现象特指一种岩石的熔岩注入其他种岩石的缝隙和空洞中，以致造成了一种混生的"假晶"，即貌似乙种的岩石，实际包裹的却是甲种岩石。冰晶印痕可以指示形成环境。如果石盐和石膏晶体或假晶体存在，说明沉积时盐度较高，且气候条件干燥。

③ 结核是岩石中自生矿物的集合体。这种集合体在成分、结构、颜色等方面与围岩有显著差异。同生结核沿层理分布，并被地层层理所环绕，呈假整合状；成岩结核以不整合状态产出为主；后生结核切穿岩层层理，分布于裂隙之中。

观察描述时需要注意和指出成分、结构、颜色、大小、分布，同时还要描述围岩的特征（成分、颜色等），以及结核与围岩中纹层之间的关系。

④ 生物成因的构造主要包括生物遗迹构造、生物扰动构造和植物根迹。生物遗迹构造根据形态及行为模式，可分为居住迹、爬行迹、停息迹、进食迹、觅食迹、逃逸迹、耕作迹。观察描述时需要指出：痕迹的形态、大小和空间展布特征，潜穴内部构造特征，保存方式、丰度、伴生的其他痕迹及其相互关系，居群密度、围岩性质、无机沉积构造特征等。

**(3) 结构组成的观察描述**

描述时需要分颗粒、填隙物，观察描述成分、结构以及颗粒和填隙物间的关系（胶结类型和支撑方式），而且要采用双百分数估计含量，即颗粒和填隙物的百分含量以及每种颗粒占全部颗粒的百分含量。

① 颗粒：在岩石新鲜断面上，颗粒由不同的颜色显现出来。在手标本中，需要观察和描述颗粒的类型、大小、形状、分选性、磨蚀性和定向性等。有的颗粒还要描述内部结构，如砾屑的内部结构和氧化圈（有无和厚薄情况）、鲕粒、核形石的核部及同心层的圈数等。

② 填隙物：主要是区分灰泥和亮晶胶结物。一般来说，灰泥致密且多少含有一些杂质，看上去暗淡无光泽；亮晶胶结物晶粒粗，杂质很少，常呈白色或浅灰色，比较透明，有时甚至可以看到晶体解理面。在不能区分二者时，可将它们统称为填隙物。

③ 泥晶结构：碳酸盐岩主要由泥晶（而非黏土矿物）组成，此类岩石细腻致密，无光泽，断口平滑或呈贝壳状。

④ 生物格架结构：描述时需要指出造礁生物类型和格架间的充填物等。

晶粒结构：岩石常由彼此镶嵌的晶粒组成，断面上可见各种方向的晶体解理面，具有玻璃光泽。这些解理面的大小反映了晶粒的大小。

⑤ 孔、洞、缝：碳酸盐岩的孔、洞、缝是油气储集的空间和运移通道，是碳酸盐岩储层研究的主要内容，尽管它们在成因上多属于派生结构组分，但是在石油地质的研究中十分重要。孔隙和洞穴的大小有别，通常以孔径 1mm（或 2mm）为界。裂缝包括构造缝、溶解缝、层间缝和缝合线等。描述时需要注意观察指出孔、洞、缝的规模、延伸方向、形态、联通情况、发育程度、充填物质和充填类型等。

### 2.1.3 碳酸盐岩石和矿物简单化学鉴定

矿物的简易化学实验鉴定是指利用简单的化学试剂对矿物中的主要化学成分或某些物理性质进行检验，操作简单、快速和灵敏有效，是肉眼初步鉴定矿物的主要辅助方法。碳酸盐岩矿物成分主要为方解石和白云石，此外还有自生的硅质矿物（玉髓或自生石英）、海绿石、石膏、黄铁矿、褐铁矿和陆源碎屑等。采用简易化学实验鉴定方法，可以区分白云石和方解石。

**(1) 稀盐酸检验法**

碳酸盐岩中最常见的矿物成分是方解石和白云石，也经常混入一些黏土、石英和长石等陆源物质。在野外工作阶段，或者手标本观察时，首先可在岩石表面上滴浓度为 5% 的稀盐酸来简易检验方解石和白云石的相对含量。方解石和白云石的相对含量不同，起泡程度不同，通常可以分出以下四个等级：

① 强烈起泡。起泡迅速而剧烈，并伴有小水珠飞溅和嘶嘶声，由此可初步认定样本属于石灰岩类，方解石的含量大于 75%。

② 中等起泡。起泡迅速，但无小水珠飞溅和嘶嘶声，由此可初步认定样本属于灰质白云岩，方解石的含量为 75%～50%，白云石的含量为 25%～50%。

③ 弱起泡。气泡出现较慢较少，有的气泡可滞留在岩面上不动，由此可初步认定样

本属于白云质石灰岩，白云石的含量为 75%～50%，方解石的含量在 25%～50%。

④ 不起泡。长时间都无气泡出现，或仅在放大镜下可见微弱的起泡现象，但粉末中有中等强度的起泡，由此可初步认定样本属于白云岩类，白云石的含量大于 75%，方解石的含量小于 25%。

但是，要认识到用稀盐酸检验矿物成分是概略的，因反应强度与样品的粒度、孔隙度、渗透性和温度有关。粒度越细，孔隙度、渗透性越好；温度越高，反应越强，起泡程度也越高。另外，用稀盐酸检验矿物成分时，应在岩面的不同部位进行，以便确认成分分布是否均匀。滴稀盐酸后，如果反应明显沿一条细线进行，这很可能就是一条微方解石脉，应换一个部位检验。

在碳酸盐岩中常含有一定量的黏土矿物，通过手标本的肉眼观察，对含黏土矿物的石灰岩，滴稀盐酸反应起泡后，岩石表面上会残留下泥质，可以大致估计泥质的含量。根据泥质含量确定石灰岩-白云岩系列的岩石类型划分相似。比较准确地确定碳酸盐岩中黏土矿物含量应该做不溶残渣分析。

**(2) 染色法**

鉴别方解石、白云石等岩石矿物的简单方法是染色法，即用 0.1g（100mg）的茜素红粉末（茜素红是阴离子染料，很容易与多种金属离子络合生成络合物，常作为光度分析显色剂用于无机离子分析），溶解在 100mL 浓度为 0.2% 的盐酸中，把该溶液滴在未加盖片的岩石薄片上，稍等 10～30s 后，方解石、高镁方解石、文石均染成红色；含铁白云石、铁白云石呈蓝紫色；白云石、菱镁矿、石膏等不染色。

**茜素红结构式**

如果用茜红素和铁氰化钾混合染色剂溶液，便可相对区分方解石和白云石中铁含量的多少。该染色溶液的配制方法是：将 1g 茜素红和 5g 铁氰化钾一起溶于 100mL 浓度为 0.02% 的稀盐酸中。按染色情况可对 Fe 的含量进行半定量鉴定。其结果为：无铁方解石（Fe<0.05%）呈红色；铁 I 方解石（Fe=0.5%～1.5%）呈蓝紫色；铁 II 方解石（Fe=1.5%～2.5%）呈淡蓝色；铁 III 方解石（Fe=2.5%～3.5%）呈深蓝色；无铁白云石不染色；含铁白云石呈亮蓝色；铁白云石呈暗蓝色。

## 2.1.4　野外碳酸盐岩分析仪

现在室内分析岩屑成分的仪器有很多类型，如荧光光谱分析仪、原子光谱分析仪等，但是相对而言这些仪器体积庞大、价格昂贵、操作要求高，因此，在野外恶劣环境下，应用这些仪器方法鉴别岩屑目前还不现实。因此，有研究人员开发出在野外录井现场用的碳酸盐岩分析仪[1]，依据的主要原理如下：碳酸盐岩主要由方解石和白云石两种碳酸盐矿物组成，方解石的化学成分主要是 $CaCO_3$，理想的白云石的化学成分是 $CaMg(CO_3)_2$，由于灰岩与白云岩的化学成分不同，与盐酸反应的速度也不同，因此，碳酸盐岩分析仪是通过测量岩样和盐酸反应产生的 $CO_2$ 气体的压力，建立一条碳酸盐含量随压力变化的函数曲线，间接得出碳酸盐岩的含量，从而反映样品中的矿物组成，实现对碳酸盐岩的识别定名。

$$Y = (Y_2 - Y_1 - 1.28Y^K)(C - DY/100)$$

$$EH^K = H - Y_1 + AY^B$$

式中，$Y$ 为白云石的质量分数；$H$ 为方解的石质量分数；$A$、$B$、$C$、$D$、$E$、$K$ 为实验系数；$Y_2$、$Y_1$ 为实时分析数据。

根据以上数学模型编制软件，分析工作由计算机自动完成，并且可进行短周期分析（120s）、长周期分析（180s）、精确分析（时间1000s以上）3种选择。分析周期越长，结果越准确。实验表明，采用短周期分析模式能满足现场需要。

### 2.1.5 碳酸盐岩石和矿物薄片及光学显微镜下观察鉴定

#### (1) 碳酸盐岩石薄片

岩石薄片鉴定法是地质找矿工作中经常使用的重要方法，也是科研和生产中最基本、最有效、最迅速、最廉价的方法之一，特别是在岩石形态和组构研究方面。岩石薄片鉴定主要分为岩石薄片制作和鉴定两步。将岩石或矿物标本磨制成薄片，在合适的光学显微镜下观察矿物的结晶特点，测定其光学性质，确定岩石的矿物成分，研究它的结构、构造，分析矿物的生成顺序，确定岩石类型及其成因特征，最后定出岩石的名称。碳酸盐岩薄片在显微镜下的观察内容和手标本基本相同，是对手标本观察描述的补充。鉴定一般在显微镜下对薄片进行观察，鉴定岩石结构、矿物成分、识别孔隙特征、支撑类型、颗粒接触方式、颗粒粒度等。

岩石薄片一般包括以下几个部分，载片（通常大小为25mm×50mm，厚1mm）、矿片（厚0.03mm）、盖片[通常大小为（15mm×15mm）~（20mm×20mm），厚0.1~0.2mm]，三者要用胶水黏结。薄片制作首先要选择有代表性的样品，其次在取样过程中要尽量保证样品孔缝和裂隙的原始面貌不被破坏，以保证鉴定内容和分析数据的准确性。不同的岩石样品根据其自身特点可采取不同的方法处理，例如对于含油的矿物需要进行去油处理[2]，也可以在薄片制作时加入荧光使图像更清楚[3]。

#### (2) 光学显微镜观察

对于颗粒较小和外观特征不明显的矿物常常要使用光学显微镜进行观察和鉴定，光学显微镜主要有实体显微镜、偏光显微镜和反光显微镜。碳酸盐岩石的造岩矿物具有多方面的光学特征（表2-6），其中多数需要选用光学显微镜来观察。方解石和白云石相似的光学特征包括无色透明，糙面显著，菱面体解理完全，闪突起明显，高级白干涉色，多对称消光，常见聚片双晶，一轴晶负光性。区别在于方解石的晶型大多为不规则粒状，双晶纹平行菱形解理面的长对角线；而白云石多为自形-半自形菱形晶体，具有可见环带结构和雾心亮边，少有双晶且双晶纹大多平行菱形。

光学实体显微镜（stereoscopic microscope）也叫"体视显微镜"，是将两架低倍显微镜并置一处、彼此角度差异，以使看到的影像产生一种实体或立体效果的显微镜。可以对块状标本和磨光面进行观察，观察分析矿物的晶型、颜色、条痕、透明度、解理、裂理、断口、硬度、延展性、脆性、粒度、磨圆度、包裹体、连生体以及重砂等。

表 2-6　大理岩主要造岩矿物的基本光学特征[4]

| 矿物特性 | 方解石 | 白云石 | 菱镁矿 |
|---|---|---|---|
| 化学成分 | $CaCO_3$ | $CaMg(CO_3)_2$ | $MgCO_3$ |
| 晶系 | 三方 | 三方 | 三方 |
| 颜色 | 无-白 | 白-暗褐 | 黄-灰白 |
| 形态 | 柱、板片 | 粒-块状 | 粒-土状 |
| 解理 | 三组完全 | 三组完全 | 三组完全 |
| 光性 | 一轴(一) | 一轴(一) | 一轴(一) |
| 突起 | 闪突起 | 闪突起 | 闪突起 |
| 干涉色 | 高级白 | 高级白 | 高级白 |
| 标志特征 | {0112}双晶 | {0221}双晶 | — |
| 加稀盐酸 | 剧烈起泡 | 不剧烈起泡 | 粉末无泡 |

偏光显微镜的特点是将普通光改变为偏振光进行镜检，以鉴别某一物质是单折射性（各向同性）还是双折射性（各向异性）。偏光显微镜主要通过对透明矿物的晶型、解理、光学常数（如折射率、消光角、延性、多色性、光性和光轴角等）、光性方位及矿物间的相互关系等特征的观察来鉴定和研究矿物。利用偏光显微镜研究时可以用矿物薄片，有时也可以直接把矿物的小颗粒放在玻璃片上观察。偏光显微镜结合其他装置还可以形成一些专门的矿物研究方法，如加上费氏台可以精确测定矿物光学常数和光性方位的费氏台法，结合已知折射率的浸油和旋转针台精确测定矿物折射率的油浸法（或旋转针法）等。偏光显微镜种类繁多，目前我国最常用的偏光显微镜有江南光学仪器厂制造的 XPB-01 型、XPT-7 型 630 倍中级偏光显微镜，上海光学仪器厂制造的 XPG1000 倍偏光显微镜及蔡司厂出产的文柯型偏光显微镜等。

反光显微镜主要用来研究不透明矿物。它通过对不透明矿物的形态、反射率、反射色、双反射、反射多色性、内反射、均质和非均质性、聚敛偏光现象等特征的观察来鉴别和研究矿物。另外，还可以进行显微硬度测定、侵蚀反应和岩石中矿物间相互关系的观察研究。

大理岩的主要造岩矿物方解石、白云石和菱镁矿，利用岩石薄片偏光显微镜鉴定技术很难区分，需结合标本与稀盐酸反应程度才能进行初步判断。实际上，采用岩石薄片鉴定技术和与稀盐酸反应观测方法，这两种测试手段结合分析碳酸盐矿物种类会出现较多错误的结论，因此，还需要结合 X 射线衍射法等分析确认。

## 2.2　碳酸盐岩石矿物化学成分和组分分析

### 2.2.1　概述

碳酸盐岩石和矿物的化学成分的定量分析可采用湿化学分析方法和现代仪器分析方法。湿化学分析是对矿物样品进行化学成分定量分析的传统方法，它以化学反应定律为基础，通常使岩石或矿物样品在溶液中发生化学反应。

湿化学分析方法分析周期长，分析费用较大，样品用量大（一般 1g 以上），一般需要分选较纯的单矿物样，不宜大量样品的快速分析。在分析化学上对 $Ca^{2+}$ 的鉴定，主要采用乙二醛双缩(2-羟基苯胺)（简称 GBHA），与 $Ca^{2+}$ 在碱性溶液中生成红色螯合物沉淀，反应的检出限量为 $0.05\mu g$，最低限度为 $1\mu g/g$。另外，还可以采用硫酸钙显微结晶法鉴定 $Ca^{2+}$。将含 $Ca^{2+}$ 的稀硫酸溶液滴在载玻片上，小心蒸发至液滴边缘出现固体薄层，观察所出现的 $CaSO_4 \cdot 2H_2O$ 结晶。反应的检出限量为 $0.04\mu g$，最低限度为 $40\mu g/g$。

在分析化学上对 $Mg^{2+}$ 的鉴定，主要采用对硝基苯偶氮间苯二酚（简称镁试剂Ⅰ），与 $Mg^{2+}$ 在碱性溶液中生成蓝色螯合物沉淀。反应的检出限量为 $0.5\mu g$，最低浓度为 $10\mu g/g$。

典型常用的湿化学分析法是滴定分析法，包括酸碱滴定、配位滴定、氧化还原滴定、沉淀滴定等。配位滴定法是以配位反应为基础的一种滴定分析方法，常用乙二胺四乙酸（EDTA）作为配位剂测定金属离子的含量。例如，可以用 EDTA（$Y^{4-}$）来测 $Ca^{2+}$、$Mg^{2+}$ 的含量，依据的反应是 $Ca^{2+} + Y^{4-} \Longrightarrow CaY^{2-}$，$Mg^{2+} + Y^{4-} \Longrightarrow MgY^{2-}$。

另外，$Ca^{2+}$ 在溶液中不能直接采用氧化还原滴定法进行测定，但 $Ca^{2+}$ 可与 $C_2O_4^{2-}$ 反应生成 $CaC_2O_4$ 沉淀，经过滤、洗涤后，再溶解于硫酸溶液中，用 $KMnO_4$ 标准溶液滴定，从而间接测定 $Ca^{2+}$ 的含量，涉及的反应为：

$$Ca^{2+} + C_2O_4^{2-} \Longrightarrow CaC_2O_4 \downarrow$$

$$2MnO_4^- + 5C_2O_4^{2-} + 16H^+ \Longrightarrow 2Mn^{2+} + 10CO_2 \uparrow + 8H_2O$$

相比之下，现代光谱仪器分析法能较快速检测分析矿物中的元素含量。仪器分析原理是应用某种试剂或能量（热、电、粒子能等）对样品施加作用或"刺激"，使样品发生反应，如产生颜色、发光、产生电位或电流、发射粒子等，再利用敏感电子元件给出信号，经电路放大、计算机运算直接给出矿物样品的化学组成。常用的仪器分析方法有原子发射光谱法（atomic emission spectrometry，AES）、原子吸收光谱法（atomic absorption spectrometry，AAS）、X 射线荧光光谱法（X-ray fluorescence spectrometry，XRF）、原子荧光光谱法（atomic fluorescence spectrometry，AFS）、极谱（polarogram，POL）等。其中前四者应用较为普遍，其特点是灵敏，检测下限低，样品用量少，还可分析样品中的微量元素。X 射线荧光光谱适用于原子序数 $Z \geqslant 9$ 的元素，可测定从百万分之几到 $100\%$ 的含量，分析准确度高，并可不破坏样品。此外，还有利用 X 射线与物质的相互作用原理来进行微区成分分析的仪器方法。

一般而言，现代仪器分析法主要是基于光子、电子和磁场与试样作用时产生的不同结果而给出各种可测的信号。被入射电子激发的电子空位由高能级的电子填充时，其能量以辐射形式放出，产生特征 X 射线。X 射线与物质相互作用时会产生相干散射、不相干散射、荧光辐射、俄歇电子、反冲电子等各种信息（图 2-1），是现代仪器化学和结构分析的主要光源和理论基础。

① 相干散射。入射 X 射线光子与原子内层电子或原子核遭遇，发生弹性碰撞，它们的波长或能量没变但可以相互干涉产生相干散射（图 2-1 中 F）。

② 不相干散射。入射 X 射线光子与原子外层束缚较松的电子发生非弹性碰撞，把一

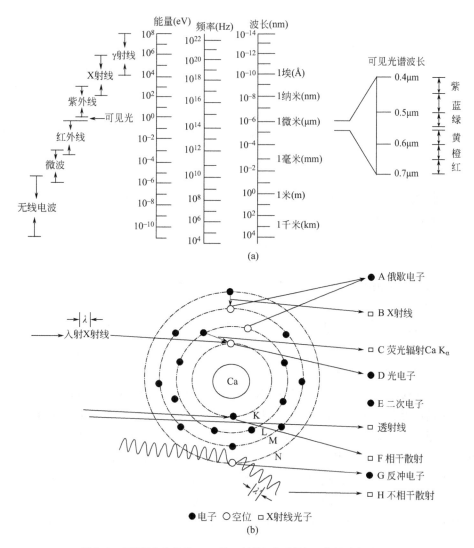

图 2-1 光谱频率和能量 (a) 及 X 射线与物质的相互作用示意图 (b)

部分能量给了电子,自身能量减少而成为与入射线频率不同的光子,同时运动方向也发生改变(图 2-1 中 H)。由于它们的遭遇是随机的,因而能量与方向的变化也不是一定的,它们的空间分布及能量分布均是连续的,不会产生干涉。这种不相干散射又称 Compton 散射,可用来测定原子中的动量分布及研究化学键等。

③ 反冲电子。入射 X 射线光子与原子外层电子发生非弹性碰撞时产生非相干散射的同时,原子外层电子接收一部分能量而逸出原子产生反冲电子(图 2-1 中 G),其能量与出射方向由 X 射线光子与电子的遭遇情况决定。

④ 荧光辐射。在入射 X 射线光子的能量大于原子中电子的能量时,电子在吸收 X 射线光子后就被激发为光电子而离开原子产生电离,高能级的电子向低能级跃迁并发出可见光(即通常波长在可见光波段),称为荧光(或阴极发光)(图 2-1 中 C)。各种元素具有各自特征颜色的荧光,是荧光光谱分析的信号基础。

⑤ X 射线。入射电子与试样作用时，被入射电子激发的电子空位由高能级的电子填充时，其能量以辐射形式放出，产生特征 X 射线（图 2-1 中 B）。各元素都具有自己的特征 X 射线，可用来进行微区化学成分分析。

⑥ 俄歇电子。当外层电子跃入内层空位时会产生荧光辐射，但有时会不产生荧光辐射而产出一个电子，称 Auger 电子（图 2-1 中 A）。Auger 电子与该跃入内层空位的电子处于同一能级。

⑦ 光电子。原子内层电子吸收整个入射 X 射线光子而从原子逸出产生光电子（图 2-1 中 D）。

⑧ 二次电子。X 射线与物质相互作用可产生相干散射、不相干散射、荧光辐射、光电子等各种带能粒子，当它们在原子中穿行时，有可能与其他电子相碰而激发这些电子，被激发逸出的电子即为二次电子（图 2-1 中 E）。

⑨ 拉曼散射。当一束频率为 $\gamma_0$ 的入射光线照射到气体、液体或透明晶体样品上时，绝大部分可以透过，大约有 0.1% 的入射光光子与样品分子发生碰撞后向各个方向散射。如果这一碰撞不发生能量交换，即为弹性碰撞，这种光散射称为瑞利（Rayleigh）散射。反之，若入射光光子与样品分子之间发生碰撞有能量交换，即为非弹性碰撞，这种光散射称为拉曼（Raman）散射。因此，拉曼光谱常用来研究电子结构和振动能级。虽然都能提供分子振动频率的信息，但拉曼效应为散射过程，而红外光谱对应的是某一频率能量相等的红外光子被分子吸收产生的光谱。

⑩ X 射线吸收近边结构（XANES，X-ray absorption near edge structure），又称近边 X 射线吸收精细结构（NEXAFS），是吸收光谱的一种类型。它是由于激发光电子经受周围原子的多重散射造成的。它不仅反映吸收原子周围环境中原子的几何配置，而且反映凝聚态物质费米能级附近低能位的电子态的结构，因此可以用来研究凝聚态物质。

除了 X 射线以外，用得较多的另一种激发源是电子。一束电子射到试样上，电子与物质相互作用，当电子的运动方向被改变时，称为散射。当电子只改变运动方向而电子的能量不发生改变时，称为弹性散射。如果电子的运动方向和能量同时发生变化，称为非弹性散射。

电子与试样相互作用可以产生感应电动势（感应电导）、荧光（阴极发光）、特征 X 射线、二次电子、背散射电子、俄歇电子等。

入射电子与试样作用后，由于非弹性散射失去了一部分能量而被试样吸收，这些电子称为吸收电子；吸收电子与入射电子强度之比和试样的原子序数、入射电子的入射角、试样的表面结构有关。当试样很薄时，入射电子与试样作用引起弹性或非弹性散射透过试样的电子为透射电子。入射电子与试样作用产生弹性或非弹性散射后离开试样表面的电子称为背散射电子。通常背散射电子的能量较高，基本上不受电场的作用而呈直线进入检测器，背散射电子的强度与试样表面形貌、组成元素有关。

此外，分析了解样品中某种特定核的局部环境，常采用核磁共振波谱技术。核磁共振是磁矩不为零的原子核，在外磁场作用下自旋能级发生塞曼分裂，共振吸收某一定频率的射频辐射的物理过程。对于矿物固态样品，采用魔角旋转（magic angle spinning，MAS）等方法可以消除化学位移各向异性的加宽，从而实现固体核磁谱图的高分辨。

### 2.2.2　原子发射光谱法定量分析

原子发射光谱法（atomic emission spectrometry，AES）是由激发光源（火花、电弧、电感耦合等离子体等）对样品激发（轰击），其原子的外层电子吸收能量从基态跃迁到激发态，处于激发态的原子不稳定，一般在 $10^{-8}$ s 后，外层电子便跃迁到较低能态或基态，多余能量以电磁辐射形式发射出去。然后利用被激发原子发出的辐射线形成的光谱与标准光谱比较，来识别物质中含有何种元素。根据特征谱线的强度，可以测定某种元素的含量。依据的基本关系式是 $I=ac^b$，式中，$a$ 为比例系数，$b$ 为自吸收系数，$c$ 为被测元素的浓度。为了补偿因实验条件波动而引起的谱线强度变化，通常用分析线和内标分析线强度比与被测元素含量的关系式进行定量分析，称为内标法。常用的定量分析方法是标准曲线法和标准加入法。

目前比较常用的是电感耦合等离子体发射光谱仪（ICP-OES）。ICP-OES 是以等离子体为激发光源的原子发射光谱分析方法，可进行多元素的同时测定。主要原理是基于物质在高频电磁场所形成的高温等离子体中有良好的特征谱线发射，再以半导体检测器检测这些光谱能量，参照同时测定的标准溶液来计算出试液中待测元素的含量。

一般情况下 ICP-OES 测试的都是液体样品，因此测试时需要将样品溶解在特定的溶剂中（一般就是水溶液）。测试的样品必须保证澄清，颗粒、悬浮物有可能堵塞内室接口或者通道。溶液样品中不能含有对仪器有损坏的成分（如 HF 和强碱等）。样品分析之前，要把固体样品制成不含任何有机物的溶液，样品量控制在 5～50mL。样品不能含有悬浮物或沉淀，如果含有悬浮物或沉淀，必须进行过滤处理。

使用 ICP-OES 仪器开机测定前，应事先安排和做好各项准备工作，切忌在同一段时间里开开停停，仪器频繁开启容易造成损坏；最好保证每周开一次机，运行半个小时到一个小时；长时间没开机时，开机前一定要检查气、电等是否符合相关条件；每次做完分析实验，一定要把样品、标准溶液等远离仪器，减少挥发对仪器的腐蚀。

例如，采用电感耦合等离子体发射光谱仪可以同时测定石灰石和白云石中镁、硅、铁、铝、锰、磷 6 种元素含量[5]（表 2-7）。先将样品破碎、混合、缩分后，制得粒度小于 0.125mm 的试样，保证试样的均匀性。试样分析前在 105～110℃温度下干燥 2h，置于干燥器中冷却至室温。然后准确称取试样 0.1000g 置于铂坩埚中，加入 0.6g 偏硼酸锂，混匀，盖上铂盖；将铂坩埚置于高温炉中，炉温逐渐升至 1000℃，熔融 10min，取出，稍冷，然后将搅拌磁子放入铂坩埚中并将铂坩埚及铂盖置于 300mL 烧杯中，加入 50mL 硝酸（1+9），盖上表面皿，在磁搅拌器-电热板上边搅拌边加热，直至熔融物完全溶解；待冷却至室温，将试液移入 100mL 容量瓶中，用水稀释至刻度，混匀，该溶液为试液 A。试液 A 用于铝、铁、锰和磷含量的测定。当镁含量小于 0.5%，硅含量小于 1.0%时，也用该试液测定。移取 1.0mL 试液 A 于 50mL 容量瓶中，用硝酸溶液稀释至刻度，混匀，该溶液为试液 B。当镁含量大于 0.5%，硅含量大于 1.0%时，用试液 B 测定。试样制备完成后放入电感耦合等离子体发射光谱仪中测定元素含量，进样方式为泵自动进样。对于石灰石中的氧化钙、氧化镁含量分析[6]，也可采用下列处理方法：准确称取 0.2000g 样品（精确至 0.01mg）置于预先加入 0.7g 酒石酸的 250mL 三角烧杯中，再加入 15mL 盐酸处理，于电热板上微沸 10min，加入 10.00mL 钴内标。取下摇匀，加水至 200mL，摇匀，待测。

**表 2-7　利用电感耦合等离子体发射光谱法测定的石灰石、白云石及大理石中钙、镁、硅等的含量**

| 样品 | 产地 | CaO/% | MgO/% | SiO₂/% | Fe₂O₃/% | Al₂O₃/% | 参考文献 |
|------|------|-------|-------|--------|---------|---------|---------|
| 石灰石 | — | 51.1 | 0.71 | 6.65 | 0.21 | 0.68 | [7] |
| 白云石 | — | 30.64 | 20.73 | 0.96 | 0.367 | 0.301 | [7] |
| 石灰石 | — | 54.89 | 0.422 | 0.778 | 0.078 | 0.215 | [8] |
| 白云石 | — | 55.36 | 0.291 | 0.219 | 0.084 | 0.092 | [8] |
| 大理石 | 湖北黄石 | 48.12 | 3.23 | 7.09 | 0.82 | 1.62 | [9] |
|  | 云南大理 | 32.08 | 21.05 | 0.21 | 0.04 | 0.16 | [9] |

注：%代表质量分数。

　　原子发射光谱法的优点有：①灵敏度高，许多元素绝对灵敏度为 $10^{-11} \sim 10^{-13}$ g；②选择性好，许多化学性质相近而用化学方法难以分别测定的元素如铌和钽、锆和铪、稀土元素，其光谱性质有较大差异，用原子发射光谱法则容易进行各元素的单独测定；③分析速度快，可进行多元素同时测定；④试样消耗少（毫克级）。局限性在于非金属元素不能检测或灵敏度低。

　　电感耦合等离子体发射光谱法的优点有：①可同时分析常量和痕量组分；②分析速度快，干扰低、时间分布稳定、线性范围宽，能够一次同时读出多种被测元素的特征光谱，同时对多种元素进行定量和定性分析；③测定范围广，可以测定几乎所有紫外和可见光区的谱线，被测元素的范围大，一次可以测定几十个元素；④分析准确度和精密度较高，ICP-OES 法是各种分析方法中干扰较小的一种，一般情况下其相对标准偏差≤10%，当分析物浓度超过 100 倍检出限时，相对标准偏差≤1%；⑤检出限低，可达 $10^{-4} \sim 10^{-3}$ g/mL。局限性在于，设备费用和运行费用较高；样品一般需预先转化为溶液；对有些元素灵敏度较低；基体效应仍然存在；光谱干扰仍然不可避免。

### 2.2.3　原子吸收光谱法定量分析

　　原子吸收光谱法（atomic absorption spectrometry，AAS），也称为原子吸收分光光度分析。AAS 法是基于试样蒸气相中被测元素的基态原子对由光源发出的该原子的特征性窄频辐射产生共振吸收，其吸光度在一定范围内与蒸气相中被测元素的基态原子浓度成正比，以此测定试样中该元素含量。原子吸收光谱法定量分析的理论依据是：$A = Kc$。$A$ 为吸光度，$K$ 为常数。对于大部分元素，$A$-$c$ 曲线在一定的浓度范围内呈线性关系。

　　原子吸收分光光度计由光源、原子化器、单色器、检测器和计算机工作站等几部分组成。根据原子化器的不同，通常可分为火焰原子吸收分光光度计和石墨炉原子吸收分光光度计。在测定不同的元素时，要配备所测元素对应的元素灯。原子吸收光谱法适用于微量和痕量的金属与类金属元素的定量分析。

　　例如，用 AAS 法分析石灰石中氧化钙的含量[10]（表 2-8）。试样处理如下：检测前需做好石灰石试样烘干与切割，以 0.5g 已烘干的石灰石样本作为试样，在此环节，需确保试样烘干时间达到 2h 且烘干温度达 110℃。此外，为避免试验误差，试样采集的克数精确性应该达到 0.0001g。测试时先在 100mL 烧杯内放置已选石灰石试样，以适量水润湿试样，在确保试样润湿后，可盖上烧杯盖，并沿杯嘴向烧杯内注入 15mL 浓盐酸，而后用电炉加热烧杯，让烧杯内的石灰石完全溶解后，冷却并以中性滤纸过滤。在过滤之前，需要先清洗滤纸，例如，以 1∶19 的比例混合盐酸与水，将中性滤纸先后放入混合液和热水中清洗 5 次。过滤后，将溶液放入 250mL 容量瓶并定容摇匀，再取 10mL 溶液和 20mL 氯化锶溶液混合放入 500mL 容量瓶以开展空白试验，而后用水稀释摇匀。之后将处理好的液体试样及空白试验所用的溶液放入原子吸收光谱仪的 422.7nm 波长处，并利用水来调零和开展吸光度测定，而后再基于工作曲线确定氧化钙含量。绘制工作曲线之前，需要先制备测定溶液。例如，在不同的 100mL 容量瓶中放入 20mL 的盐酸（盐酸与水按 1∶1 混合）、氯化铝溶液和氯化锶溶液，并分别加入 0mL、0.02mL、0.04mL、0.06mL、0.08mL 和 0.10mL 的氧化钙溶液，而后加水将溶液稀释至规定刻度，在稀释过程中需始终保持液体混合均匀。在测定溶液制备完成后，需按照上述方法开展氧化钙含量测定，并获取氧化钙浓度和吸光度等数据。最后，以氧化钙浓度为横轴，以吸光度为纵轴绘制工作曲线。

表 2-8　原子吸收光谱法测定的白云石和石灰石中化学成分含量

| 样品 | CaO/% | MgO/% | SiO₂/% | Fe₂O₃/% | Al₂O₃/% | 参考文献 |
|---|---|---|---|---|---|---|
| 白云石 | 33.38 | 19.27 | . | — | — | [11] |
| 石灰石 | 55.42 | 0.26 | — | — | — | [11] |
| 石灰石 | — | 0.44 | 1.50 | 0.21 | 0.48 | [12] |

注：%表示质量分数。

原子吸收光谱法具有以下优点：①检出限低，灵敏度高。火焰原子吸收光谱法的检出限可达到 $10^{-9}$ 级，石墨炉原子吸收光谱法的检出限可达到 $10^{-14} \sim 10^{-10}$ g。②分析精密度高。火焰原子吸收光谱法测定中等和高含量元素的相对标准偏差（RSD）可低于 1%，石墨炉原子吸收光谱法的 RSD 一般为 3%～5%。③选择性好，抗干扰能力强，大多数情况下共存元素对被测元素的测定不产生干扰。④应用范围广，可测定的元素达 70 多种。原子吸收光谱法的局限性主要是：①多元素同时测定尚有困难；②每分析一种元素就必须选用该元素的空心阴极灯，使用不够方便；③对于高熔点、形成氧化物、形成复合物或形成碳化物后难以原子化元素的分析灵敏度低。

## 2.2.4　X 射线荧光光谱法定量分析

X 射线荧光光谱法（X-ray fluorescence spectrometry，XRF）主要基于下列原理：当入射 X 射线能量与试样原子内层电子的能量在同一数量级时，内层电子共振吸收 X 射线的辐射能量后发生跃迁而在内层电子轨道上留下一个空穴，处于高能态的外层电子跳回低能态的空穴，将过剩的能量以 X 射线（即荧光 X 射线）的形式放出，该 X 射线即为代表各元素特征的 X 射线荧光谱线；只要测出一系列 X 射线荧光谱线的波长，即能确定元素的种类；测得产生荧光 X 射线的谱线强度并与标准样品比较，即可确定该元素的含量。按激发、色散和探测方法的不同，分为 X 射线光谱法（波长色散）和 X 射线能谱法（能量色散）。目前常用的有波长色散型 X 射线荧光光谱仪和能量色散型 X 射线荧光光谱仪。

X射线荧光光谱法分析时要求样品的测试面必须平整,不平整的固体或者加工件要预先进行切削和研磨抛光;粉末试样通常采用研磨法研磨后,再压制成圆形样片,有时需要添加稀释剂或粘贴剂,用研磨手段使样品均匀;成分不均匀的金属试样要重熔,快速冷却后车成圆片;对于固体试样如何不能得到均匀平整的表面,则可以把试样用酸溶解,再沉淀成盐类进行测定。

例如,采用X射线荧光光谱测定白云石、方解石和大理石中氧化钙、氧化镁和二氧化硅[13] 含量(表2-9),试样处理如下:试样处理分两个步骤进行,一是直接压片,用XRF测定各组分含量;二是进行灼烧减量试验。这两个步骤没有先后顺序,也可同时进行,通过灼烧减量对直接压片的测定值进行换算以获得氧化钙、氧化镁和二氧化硅的实际含量。直接压片试验操作如下:将白云石、石灰石用半自动压片机在400t压力下压片30s,成型后,再加入工业硼酸,然后用X射线荧光光谱仪测定。灼烧减量试验按如下操作进行:将瓷坩埚放在马弗炉中,于900℃灼烧至恒重,冷却至室温,称取1g左右(需精确至0.0001g)样品置于已恒量的瓷坩埚内,在高温马弗炉中,1100℃灼烧2.0h,取出稍冷,置于干燥器内冷却至室温,计算灼烧减量。按下式计算试样中各成分的含量:$w = w_{测} \times (1 - \text{L.O.I})$。式中,$w$ 表示试样经灼烧减量校正后的含量,%;$w_{测}$ 表示试样的测定值,%;L.O.I表示灼烧减量,%。处理标样时,因为标样上有灼烧减量值,所以只需把标准样品直接压片,用荧光光谱仪进行强度测定即可。绘制校准曲线时,需将CaO、MgO和$SiO_2$的含量按下式换算:$w = w_{标}/(1 - \text{L.O.I})$。式中,$w$ 表示经灼烧减量校正后的标样含量,%;$w_{标}$ 表示标样的认定值,%;L.O.I表示灼烧减量,%)。

**表2-9　X射线荧光光谱测定白云石、方解石和大理石中氧化钙、氧化镁和二氧化硅的含量**

| 样品 | 产地 | CaO/% | MgO/% | SiO$_2$/% | Fe$_2$O$_3$/% | Al$_2$O$_3$/% | 参考文献 |
|------|------|-------|-------|-----------|---------------|---------------|----------|
| 白云石 | 安徽青阳 | 25.85 | 24.62 | 1.40 | 0.116 | 0.650 | * |
| 方解石 | — | 55.05 | 0.49 | 0.39 | 0.12 | 0.156 | [14] |
| 大理石 | — | 48.53 | 3.60 | 3.92 | 1.99 | 0.91 | [15] |

注:%表示质量分数。* 代表编著者所在课题组实验数据。

X射线荧光光谱法的优点:①分析速度快,所用的时间一般都很短,2~5min就可以测完样品中的全部待测元素。②可用来分析大多数元素,范围从Be到U。可分析固体、粉末、熔珠、液体等样品,气体密封在容器内也可分析。③非破坏分析,在测定中不会引起化学状态的改变,也不会出现试样飞散现象。同一试样可反复多次测量,结果重现性好。④X射线荧光分析是一种物理分析方法,对同一族的元素也能进行分析。⑤分析精密度高。

X射线荧光光谱法的局限性在于:①对非金属和界于金属与非金属之间的元素很难做到精确检测;②不能作为仲裁分析方法,检测结果不能作为国家认证根据,不能区分元素价态;③标准曲线模型需要及时更新,在仪器发生变化或标准样品发生变化时,标准曲线模型也要变化。此外,不能分析原子序数小于5的元素;灵敏度不够高,一般只能分析含量在百分之零点几以上的元素;对标准试样的要求很严格。

## 2.2.5　原子荧光光谱法定量分析

对于测定岩石和矿物中的微量砷、锑、铋、汞、硒、碲、锗等元素,可考虑采用原子荧光光谱法（atomic fluorescence spectrometry，AFS）。原子荧光光谱法采用的仪器为原子荧光分光光度计，与 X 射线荧光光谱仪采用 X 射线作为激发光源不同，原子荧光分光光度计采用高强度空心阴极灯作激发光源。X 射线荧光光谱法是基于原子内层电子的跃迁，所需要的激发能量较高。原子荧光光谱法是原子外层电子的跃迁，所需要的激发能量较低，即气态自由原子吸收特征波长的辐射后，原子的外层电子从基态或低能态跃迁到高能态，又跃迁至基态或低能态，同时发射出原子荧光，波长在紫外、可见光区。AFS 是根据待测试样中元素的原子蒸气在一定波长的辐射能激发下发射的荧光强度进行定量分析的方法。若原子荧光的波长与吸收线波长相同，称为共振荧光；若不同，则称为非共振荧光。共振荧光强度大，分析中应用最多。在一定条件下，共振荧光强度与样品中某元素浓度成正比。原子荧光光谱法主要用于金属元素的测定，优点是灵敏度高，目前已有 20 多种元素的检出限优于原子吸收光谱法和原子发射光谱法，谱线简单，在低浓度时校准曲线的线性范围宽达 3～5 个数量级，特别是用激光作激发光源时更佳。

原子荧光光谱仪可分为非色散型原子荧光分析仪和色散型原子荧光分析仪，现在用的主要是非色散型的原子荧光分析仪。

原子荧光光谱法对待测样品的要求为：固体样品需要 0.5～2g，一般处理成澄清的酸性溶液状态，样品处理方法有微波消解、湿法消解和干灰化法；液体样品需要 10～20mL，不含悬浮的固体微粒和橡胶或纤维。

例如，用非色散原子荧光光谱法测定岩石矿物中的铁、镁、锰[16]，试样处理过程如下：称取 0.1000～0.5000g 样品于 30mL 聚四氟乙烯坩埚中，用水润湿，加入 5～15mL 氢氟酸和 1～3mL 高氯酸，在电热板上加热至高氯酸冒烟数分钟，取下冷却，沿坩埚壁用水冲洗一次，再次加热至高氯酸烟冒尽，稍冷，加入 1∶1 盐酸 4mL 和适量水，加热使盐类完全溶解，冷至室温，移入 100mL 容量瓶中，用水稀释至刻度，摇匀，待测。

在使用原子荧光光谱仪时要注意：在开启仪器前，一定要注意先开启载气；检查原子化器下部去水装置中水封是否合适，可用注射器或滴管添加蒸馏水；一定注意各泵管无泄漏，定期向泵管和压块间滴加硅油；实验时注意在气液分离器中不要有积液，以防液体进入原子化器；在测试结束后，一定在空白溶液杯和还原剂容器内加入蒸馏水，运行仪器，清洗管路。关闭载气，并打开压块，放松泵管；从自动进样器上取下样品盘，清洗样品管及样品盘，防止样品盘被腐蚀；更换元素灯时，一定要在主机电源关闭的情况下，不得带电插拔灯；最后，关机之前先熄火，换灯之前先熄火，退出程序时先熄火。

原子荧光光谱法的优点有：①较低的检出限，灵敏度高；②干扰较少，谱线比较简单；③分析校准曲线线性范围宽，可达 3～5 个数量级；④可以多元素同时测定。

局限性在于：①适用分析的元素范围有限，有些元素的灵敏度低、线性范围窄；②原子荧光转换效率低，因而荧光强度较弱，给信号的接收和检测带来一定困难；③散射光对原子荧光分析影响较大，采用共振荧光线作分析线，可有效降低散射光的影响。

## 2.2.6 电子探针显微定量分析

电子探针 X 射线显微分析仪（EPM）基于的原理是：以动能为 10～30keV 的细聚焦

电子束轰击试样表面，击出表面组成元素的原子内层电子，使原子电离，此时外层电子迅速填补空位而释放能量，从而产生特征 X 射线。目前的新型探针都是带 X 射线波谱仪（X-ray spectrometer）和 X 射线能谱仪（X-ray energy spectrometer）测定样品成分的系统，例如带电子探针的扫描电子显微镜，扫描电子显微镜是一种介于透射电子显微镜和光学显微镜之间的观察手段。其利用聚焦的很窄的高能电子束来扫描样品，通过光束与物质间的相互作用，来激发各种物理信息，对这些信息收集、放大、再成像以达到对物质微观形貌表征的目的。新式的扫描电子显微镜的分辨率可以达到 1nm，放大倍数可以达到 30 万倍及以上连续可调，并且景深大，视野大，成像立体效果好。X 射线波谱仪分辨率高，精度高，但测定速度慢。X 射线能谱仪可做多元素的快速定性和定量分析。

电子探针 X 射线显微分析可以获得矿物微米量级微区内的化学成分，并且无需分离和破坏样品，费用也不高，尤其是对于那些含量少、颗粒微小以及成分不均匀样品的成分分析，提供了有效的分析方法，目前在矿物成分研究中应用最广。它除了可以给出一个微区的成分外，还可以对矿物进行成分的线扫描和面扫描，从而得出矿物的成分分布特征。

电子探针分析的样品要求表面清洁平整，没有外来物质污染，不然会影响 X 射线的强度，降低分析的精度。对不导电的样品要喷一层对 X 射线吸收少的碳膜或金膜。

注意电子探针分析不能测定矿物中的水，也不能给出变价元素各价态的含量比例，如矿物中含的 $Fe^{2+}$、$Fe^{3+}$ 含量不能直接由电子探针给出。

**（1）X 射线波谱仪**

X 射线波谱仪，构造原理与 X 射线荧光谱仪基本相同，只是用电子而不是用 X 射线作为激发源。根据布拉格定理 $2d\sin\theta=\lambda$，从试样激发出的 X 射线经适当的晶体分光，波长不同的特征 X 射线将有不同的衍射角 $2\theta$，利用这个原理制成的谱仪就叫作波长色散谱仪，简称波谱仪（wavelength dispersion spectrometer，WDS）。常用的波谱仪是核磁共振波谱仪和 X 射线荧光波谱仪。

波谱仪的操作注意事项：要求试样表面平整光洁，不能分析凸凹不平的试样；操作仪器时要注意严禁点击仪器操作软件中的紧急停止按钮"STOP"；严禁样盒不旋紧进样，否则会造成样品卡位，严重者会造成试样室、真空室损坏；不要在环境条件及仪器参数不合格时进行分析。

波谱仪的优点是分辨率高，通常为 5～10eV，且可在室温下工作，因此分析的精度高而检测极限低。但是 X 射线波谱仪也有其局限性，它的分光晶体接受 X 射线的立体角小，X 射线的利用率低。

吴才来等[17] 用电子探针波谱仪等对环带钾长石、榍石和锆石的显微结构与微区组成特征进行了分析。仪器测试条件：电压 15kV，电流 20mA，束斑直径 5μm，标样为天然或合成的矿物和氧化物，主要氧化物的分析误差约为 1%。样品处理：将野外采集的样品切制成探针片，喷炭。取编好号的样品各约 2kg，破碎至 80～120 目，使用常规的重液浮选和电磁分离方法，最后人工挑选出锆石。在双目镜下根据锆石颜色、自形程度、形态和透明度等特征分类，挑选具有代表性的锆石，将锆石粘于载玻片，放上 PVC 环，再将环氧树脂和固化剂进行充分混合后注入 PVC 环，等树脂固化后将样品从载玻片上剥离，最后对其抛光制成锆石靶。最后利用电子探针波谱仪、扫描电子显微镜及其附带的能谱仪和激光剥蚀电感耦合等离子体质谱进行表征。

**（2）X 射线能谱仪**

X 射线能谱仪多做成扫描和透射电子显微镜附件，其原理为电子枪发射的高能电子由电子光学系统中的两级电磁透镜聚焦成很细的电子束来激发样品室中的样品，从而产生背散射电子、二次电子、俄歇电子、吸收电子、透射电子、X 射线和阴极荧光等多种信息。若 X 射线光子由 Si（Li）探测器接收后给出电脉冲信号，由于 X 射线光子能量不同，经过放大整形后送入多道脉冲分析器，通过显像管就可以观察按照特征 X 射线能量展开的图谱。一定能量上的图谱表示一定元素，图谱上峰的高低反映样品中元素的含量。目前最常用的是 Si（Li）X 射线能谱仪，其关键部件是 Si（Li）检测器，即锂漂移硅固态检测器。

操作时注意事项：每天第一次加高压后，做一次 Flashing；铁磁性块体及粉末样品禁止直接进行能谱测试分析，会导致仪器严重损坏；每半个月旋开空压机底阀放水一次；要检查开机时，能谱探头制冷杜瓦瓶内都要有足够液氮存留，每周需补充液氮；实验室温度限定在（25±5）℃，相对湿度小于 70%。

注意样品必须为干燥固体，块状、片状、纤维状、颗粒或粉末均可，另外要有一定的化学、物理稳定性，无磁性、放射性和腐蚀性。

X 射线能谱仪的优点：①分析速度快，由于能谱仪中 Si（Li）探头可以放在离发射光源很近的地方，无需经过晶体衍射，信号强度几乎没有损失，灵敏度高；②谱线重复性好。局限性在于：①能量分辨率低，峰背比低。由于能谱仪的探头直接对着样品，所以由背散射电子或 X 射线激发产生的 X 射线信号也被同时检测到，从而使得 Si（Li）检测器检测到的特征谱线在强度提高的同时，背底也相应提高，谱线的重叠现象严重。②工作条件要求严格。Si（Li）探头必须保持在液氮冷却的低温状态，即使是在不工作时也不能中断，否则晶体内 Li 的浓度分布状态就会因扩散而变化，导致探头功能下降甚至完全被破坏。

例如用 X 射线能谱仪研究黔北黑色页岩储层孔隙及矿物特征[18]。仪器操作条件：加速电压选择 20kV，死时间选择 35%～40%，活时间选择 100s，能量分辨率达到 129eV，能快速准确地对组成矿物的元素进行定性定量分析，误差小于 5%，最后采用 Hitachi E-1010 型离子溅射仪在样品表面镀一层 10～20nm 厚的金膜。通过研究发现，黑色页岩矿物主要有伊利石、石英、钠长石，其次为绿泥石、白云母、白云石等，另外通过对页岩中的石英、方解石、白云石、伊利石等脆性矿物进行分析，发现石英的含量（9.1%～78%）较高，伊利石等黏土矿物含量（17.6%～25.5%）较低。这表明该页岩具有很高的脆性，易产生裂缝，可为游离态气提供运输通道及储集空间，提高页岩气的产能及储量，进而为黔北地区储层评价及预测等提供依据。

## 2.2.7　激光诱导击穿光谱分析法

激光诱导击穿光谱分析法（laser-induced breakdown spectroscopy，LIBS）本质上是一种用于化学多元素定性和定量分析的原子发射光谱，基本原理是通过高能量激光聚焦样品一个很小的分析点，使其表面形成等离子体，用高灵敏度的光谱仪对产生的光辐射波长（紫外～近红外）和强度进行探测和分析（图 2-2），由此对材料的元素组成进行识别、分类、定性以及定量分析。若用质谱仪测量离子特征谱线的质量数和强度，进行元素浓度和丰度分析，则称为激光诱导等离子体质谱分析（LIMS）。

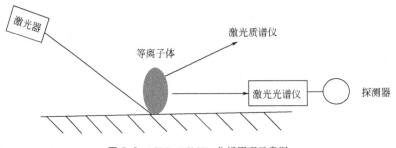

图 2-2　LIBS（LIMS）分析原理示意图

LIBS 操作简单方便，测试时将仪器测试窗口贴近待测样品，保持稳定不移动，按下测试按钮，几秒钟后，仪器提示检测完成；仪器上显示样品成分结果。Ahmad 等[19] 利用无标定激光诱导击穿光谱法（CF-LIBS）对黄铜矿进行元素分析；用激光束在黄铜矿表面产生等离子体，检测系统记录黄铜矿等离子体的光发射信号；定性分析表明，目标样品中主要元素为 Cu 和 Fe，次要元素为 Ca 和 Na；定量分析表明，样品中铜、铁和钙的相对浓度分别为 58.9%、40.2% 和 0.9%（按质量计）；由于缺乏 CF-LIBS 分析所需的合适谱线，因此未对钠进行定量；CF-LIBS 获得的结果通过 X 射线荧光（XRF）分析进行了验证，结果表明存在五种成分元素，即铜、铁、硅、硒和银的质量分数分别为 58.1%、35.4%、5.7%、0.7% 和 0.1%；这些结果证明了 CF-LIBS 技术在不需要标准物质和校正方法的情况下，能有效地定量分析常量元素，但在微量元素和痕量元素定量分析中的实用性有待进一步提高。这项研究工作可对地质学、矿物学、化学和光谱学领域研究提供参考。此外，LIBS 技术为快速定量分析大气颗粒物 PM 主要成分提供了可能。例如，Lasheras 等[20] 使用无标定激光诱导击穿光谱法（CF-LIBS）研究了大气气溶胶的组成，用大气采样器收集大气气溶胶于石英滤光片上，样品不需湿化学，可直接分析得到样品中的主要矿物元素为 Al、Ca、Fe、Mg、K 和 Na，含量分别为 $0.03 \sim 0.97 \mu g/m^3$、$0.10 \sim 2.94 \mu g/m^3$、$0.20 \sim 1.31 \mu g/m^3$、$0.02 \sim 0.40 \mu g/m^3$、$0.08 \sim 0.51 \mu g/m^3$ 和 $0.06 \sim 1.92 \mu g/m^3$。

LIBS 的优势是快速直接分析，几乎不需要样品制备；可检测几乎所有元素；可同时分析多种元素；可检测几乎所有固态样品；适用于矿石、黏土、冶金、制药和环境等多领域应用。

局限性在于检测灵敏度低、检测限较高。LIBS 的检出限很大程度上取决于被测样品类型、具体元素，以及仪器激光器/光谱检测器选型配置。对于绝大多数元素，LIBS 检出限可以做到 $(10 \times 10^{-6}) \sim (100 \times 10^{-6})$。在定量分析中，通过 LIBS 获得的测量结果相对标准偏差可达到 3%～5% 以内；对于均质材料通常可以到 2% 以内甚至 <1%。

### 2.2.8　激光剥蚀-等离子体质谱法半定量分析

激光剥蚀-等离子体质谱（laser ablation-inductively coupled plasma mass，LA-ICP-MS）主要是利用高能量的激光将样品表面熔融、溅射和蒸发后，产生的蒸气和细微颗粒被载气直接带入等离子体发生电离，最后经过质谱检测待测元素[21]。目前，LA-ICP-MS被认为是直接分析固体样品最吸引人的技术，主要优势在于可以对样品进行逐层分析和微区分析，同时得到材料中主量、次量和痕量元素的信息；尤其是在痕量元素分析如稀土元素、铂族元素等及同位素分析中具有非常大的优势，还可以进行元素或同位素的深度分析[22]。LA-ICP-MS空间分辨率和灵敏度高，取样量少，分析速度快，对样品的性质要求不高。

岩石矿物中的微量元素，一般是指地质体、岩石、矿物等中的含量低到可以近似地用稀溶液定律描述其行为的元素。由于其在体系中含量低（<0.1%），通常不形成自己的独立矿物，而是以次要组分存在于其他组分所形成的矿物固溶体、熔体或溶液中，它们的分布分配不服从相律，而是服从能斯特分配定律[23]。分析测定与生成条件等相关微量元素的比值来推断其成因类型[24]。因为微量元素含量较低，利用两种微量元素丰度的比值特征，能清晰表现出研究对象的特性和地质作用过程中变化的规律性。一般情况下，选择的两比值元素往往具有相似的晶体化学性质，如 Zr/Hf、Nb/Ta、Sr/Ca 等，或者两元素在同位素上为子体与母体的关系，如 Rb/Sr、Th/U 等。

碳酸盐岩多数是由自生碳酸盐矿物（方解石和白云石）和陆源碎屑矿物（黏土、石英和长石）组成的，其中自生沉积形成的文石和方解石等通常能保存形成时的沉积环境信息。其中稀土元素常用于研究碳酸盐矿物形成时海水的氧化还原条件。例如，珊瑚、热液和冷泉作用形成的碳酸盐矿物的稀土元素被广泛应用于指示氧化还原的条件。此外，在碳酸盐岩成岩过程中稀土元素的页岩标准化配分模式表现出相对的稳定性。因此，碳酸盐岩微量元素中的稀土元素是沉积环境氧化还原条件的理想示踪剂[25]。

LA-ICP-MS 分析是利用激光对碳酸盐岩样品表面进行微区剥蚀[26]，用 He 或 Ar 气将激光剥蚀获得的蒸发物导入 ICP-MS 测试系统直接测定元素的储量。这种方法省略了常规化学溶样分析中烦琐的前期样品处理，可以减少样品的污染且准确度和精确度较高，用来测试碳酸盐岩中碳酸盐矿物元素分析比较方便。

娄方炬等[27] 通过 LA-ICP-MS 对织金磷块岩钻孔样品中胶状磷灰石、磷酸盐化小壳动物化石和成岩期白云石的稀土及相关主微量元素进行原位分析，结果表明这三种研究对象均具有显著的 Ce 负异常（δCe 为 0.29～0.40）和 La 正异常（δLa 为 1.85～2.00）及较高的 Y/Ho 比值（47.25～56.91），表现出与现代海洋环境相似的氧化特征。磷酸盐矿物表现为一定程度的 MREE（中稀土元素）富集和 HREE（重稀土元素）"右倾"模式，可能与当时浮游生物繁盛并在深部水体中的降解有关，代表了深部富磷洋流的特征；成岩期白云石稀土模式与现代浅海海水相似，但 HREE 为"左倾"模式，代表了同期浅海海水的特征；但白云石与磷酸盐矿物的 HREE 耦合特征反映了胶磷矿沉积成矿过程中对浅海海水 HREE 的选择性富集；肖滩阶的浅海海水与深部洋流都具有现代海洋的氧化特征，可能是促使当时小壳动物繁盛的重要因素。

### 2.2.9 稳定同位素分析

稳定同位素是指在现今技术条件下观察不到有放射性衰变现象的同位素（通常指半衰期大于 $10^{12}$ 年的核素）。常用的仪器有双离子源多接收器二次离子质谱仪（离子探针分析）、碳同位素分析仪以及 $\delta^{13}C$ $CO_2/CH_4$ 高精度碳同位素分析仪。

二次离子质谱（secondary ion mass spectrometry，SIMS）是通过高能量的一次离子束轰击样品表面，使样品表面的原子或原子团吸收能量而从表面发生溅射产生二次粒子。这些带电粒子经过质量分析器后就可以得到关于样品表面信息的图谱，是一种高空间分辨率、高精度、高灵敏度的原位分析方法，能够解析微米级范围内的化学和同位素变化[28]。在同位素分析中，热表面电离质谱法（TIMS）具有精度高和准确度高的特点，因此得到广泛的应用。碳同位素分析仪系统采用光谱扫描技术和光腔衰荡光谱技术（WS-CRDS），应用三面高放射率的镜面对红外激光进行连续反射，有效路径可达 20km，测量无目标气体时的空腔衰荡时间与有目标气体的衰荡时间，通过计算衰荡时间差进行痕量气体和同位素的检测。

**（1）碳氧同位素分析**

氧同位素分析是岩石矿物学研究的一个强有力的工具。氧是地球中最丰富的元素，是矿物和岩石的主要组成成分。利用矿物和岩石的氧同位素组成可以对矿物和岩石形成的条件和机制、岩浆的来源、岩浆的产生和演化以及岩浆与围岩的相互作用等进行研究。氧同位素分析方法有：常规 $BrF_5$ 法、激光探针 $BrF_5$ 法和离子探针分析技术。三种方法中常规 $BrF_5$ 法的使用越来越少；激光探针 $BrF_5$ 法适用于各种造岩矿物和难熔副矿物，不能进行原位分析；离子探针分析技术可以进行原位氧同位素分析，适合分析氧同位素变化较大的矿物颗粒，目前仅限于锆石和橄榄石等少数矿物的分析。

例如，研究表明，地球上不同类型的岩石具有不同的氧同位素组成[29]，总体上沉积岩表现出最高的 $\delta^{18}O$（可达 32‰），火成岩最低（约 5‰），变质岩通常介于二者之间（图 2-3），因此通过氧同位素可以对岩石的成因进行认识。例如，I 型和 S 型花岗岩由于分别来源于变火成岩和变沉积岩，由于变火成岩和变沉积岩的氧同位素明显不同，因此根据花岗岩的氧同位素组成的高低，可以判断花岗岩的大致来源。

自然界中的碳有两个稳定同位素：$^{12}C$ 和 $^{13}C$，主要是以 $^{12}C$ 的形式存在。碳还有一个放射性同位素 $^{14}C$，半衰期为 5730 年，放射性 $^{14}C$ 的研究，目前已发展成为一种独立的地质年代学测定方法，主要用于考古学和近代沉积物的年龄测定。

例如，激光熔蚀微量氧同位素分析方法[30]。基本的原理是：$CO_2$ 激光束在同轴安装的红色 He-Ne 激光指引下，经聚焦后，激光光斑打在反应器底部的样品上。然后加热样品，与预先通入的 $BrF_5$ 反应生成 $O_2$，然后 $O_2$ 经过 $CO_2$ 转化炉，与碳棒反应生成 $CO_2$。最后，$CO_2$ 进入质谱计，进行氧同位素比值测定。

激光制样装置由 4 部分组成，激光-$BrF_5$ 反应器、样品转化和纯化系统、气体同位素质谱计、监视系统。首先要对 $BrF_5$ 试剂纯化，一般纯化 10 次左右可达到制样的要求。装样后需要对整个系统抽真空去气，做样真空需达 $n \times 10^{-4}$ Pa。接下来进行氟化预处理，在实验中，采用多次氟化使残留水分的水平降至不影响测量的结果。每次激光制样时，将放

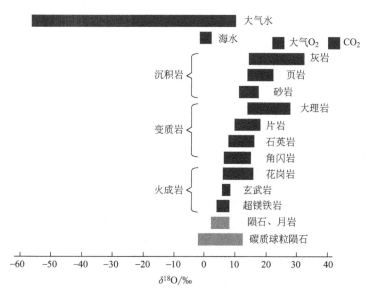

图 2-3　不同类型岩石的氧同位素组成

在冷阱 T2 中的 $BrF_5$ 化冻，使扩散到反应器中，达到饱和浓度，然后启动激光器，开始反应。反应完毕后，将冷阱 T2、T3、T4、T6 套上液氮杯，冻好后让氧气依次通过 T2、T3、ZT1（第一段锌粒管）、T4 后，进入 $CO_2$ 转化炉。一般在 10～15min 后，反应生成的 $O_2$ 全部转化为 $CO_2$，然后将 $CO_2$ 转移到套有液氮杯的金属冷指，水浴金属冷指，将 $CO_2$ 转入薄膜压力计读取压力数以计算产率。读数后用液氮将 $CO_2$ 转入质谱玻璃冷指，待测量。制备并纯化好的 $CO_2$ 直接在线分析，$CO_2$ 经液氮冻入进样口的冷指，化冻后扩散进入储气瓶，进行质谱测定。

季长军等[31] 在包裹体测温和盐度分析的基础上，通过碳-氧同位素分馏方程计算出白云岩包裹体流体碳、氧同位素分别为 $-1.30‰$～$1.53‰$ 和 $5.81‰$～$12.50‰$，表明该包裹体具有高盐度的卤水特征。结果表明，与同层灰岩相比，白云岩具有明显的重碳同位素异常富集特征，该特征是高温流体交代石灰岩或者说是水岩反应的标志。综合包裹体温度、盐度，以及包裹体碳、氧同位素特征，提出羌塘盆地布曲组砂糖状白云岩是热液交代白云岩化产物。

**（2）钙同位素分析识别地质变化过程[32]**

钙是重要的碳酸盐岩造岩元素之一，在地球各圈层广泛分布。钙同位素在示踪各种地质过程方面具有广泛的应用前景。但是该同位素分析也有一定的局限性，因为 Ca 同位素的丰度差异、分析过程中的同位素分馏、基体效应等因素的影响，不同实验室获得 Ca 同位素数据的精度和准确度存在较大差异。而且与 Ca 同位素相关的研究应用主要集中在低温过程，目前仍缺少有关高温地质过程及地球深部圈层的 Ca 同位素研究。

Ca 同位素分析方法，多利用热表面电离质谱法（TIMS）通过 $^{42}Ca$-$^{43}Ca$ 双稀释剂技术进行 Ca 同位素的分析[32]。虽然选用的 $^{42}Ca$-$^{43}Ca$ 双稀释剂组合的理论误差较大，但是它的平均质量数与 $^{44}Ca/^{40}Ca$ 相差最小，且受离子光学聚焦效应的影响小，成本低。另外，双极激光离子质谱仪和多接收电感耦合等离子体质谱仪（MC-ICP-MS）也可用于 Ca 同位素的分析。

对于岩石样品，处理时先研磨，粉化，再用 0.5mol/L 醋酸处理，目的是去除岩石样品里 Sr 的方解石；用蒸馏水洗涤，再溶解于 6mol/L 的盐酸，蒸干；溶解在两次蒸馏的浓盐酸中，蒸干；再用 1.5mol/L 的盐酸溶解，离心分离；最后在 0.6cm 内径的装有 Temex50-X8（200～400 目）树脂或 AG50W-X12 树脂的石英柱内进行离子交换，对钙进行化学提纯，然后放到质谱仪上进行 Ca 同位素的测定。

**(3) 镁同位素分析**

镁是地球上的常量元素，也是主要的造岩元素。镁元素在地球上的丰度仅次于铁元素和氧元素，镁有 3 个稳定同位素：$^{24}Mg$、$^{25}Mg$ 和 $^{26}Mg$。地球中的镁元素绝大部分存在于地幔中，是地幔矿物（如辉石和橄榄石）的主要组成元素。在地壳中，镁元素也有少量分布于角闪石、辉石和云母等矿物中。现阶段已经广泛应用且发展较为成熟的高精度 Mg 同位素测量方法主要有 3 种，分别为热表面电离质谱法（TIMS）、多接收电感耦合等离子体质谱法（MC-ICP-MS）和激光多接收等离子体质谱法（LA-MC-ICP-MS）。与 TIMS 相比，MC-ICP-MS 分析技术不仅大大缩短了测试时间，每个样本只需200s，而且将 Mg 同位素的测试精度大幅度提高，分析精度与 TIMS 法相比提高了一个数量级。LA-MC-ICP-MS 具有进行矿物颗粒尺度原位分析的能力，这是 TIMS 和 MC-ICP-MS 无法企及的，而且具有速度快、低空白、高分辨率和分析流程简单等优点，因此近年来已经成为 Mg 同位素测量的主要方法[33]。

Mg 同位素组成的表示方法类似于其他传统稳定同位素，均是采用 $\delta^x Mg$ 表示样品与标准样品之间的同位素差异（$\delta^x Mg = [(^x Mg/^{24} Mg)_{样品}/(^x Mg/^{24} Mg)_{标样} - 1] \times 1000$），其中 $x$ 为 25 或 26，单位是‰，标准样品为美国国家标准技术研究院（NIST）的 SRM 980（高纯度 Mg 金属碎片），但是后来研究发现标样的 Mg 同位素组成很不均一，如不同时间配制的 SRM 980 标准溶液，Mg 同位素组成明显不同。由此，Galy 等（2003）采用和推荐了新的国际标准物 DSM3，由以色列死海镁业公司（Dead Sea Magnesium Ltd.）提供，是将 10g 纯 Mg 金属溶解在 1L 0.3mol/L $HNO_3$ 中，制备成 1% Mg 溶液后分发到全世界不同实验室中，此举使 Mg 同位素不均一性的现象不再发生。

镁同位素作为一种新兴的非传统稳定同位素，已经在白云岩问题研究领域受到了广泛关注[34]。Mg 同位素地球化学模型为定量研究白云石化过程及 $Mg^{2+}$ 来源提供了有效手段，但仍存在一些缺陷：一是只能对白云岩连续分布的沉积剖面进行模拟，而无法模拟那些零星分布在地层中白云岩体的形成；二是在模型相关参数设置方面，需要更多实验和理论的支持。目前的白云岩 Mg 同位素相关研究，大多只是对不同时代、不同类型白云岩 Mg 同位素值的系统报道，并没有明确提供相关沉积学和岩石学方面的证据。

例如房楠[35] 应用 MC-ICP-MS 进行 Mg 同位素测定。测定之前需要先进行分离纯化，以去除其他元素可能带来的同质异位素或基质效应的影响，获得 Mg 同位素的高精度分析结果。对 Mg 进行化学纯化时基本都是采用 AG50W-X12（X8）阳离子树脂，该树脂对 Mg 具强吸附性，以 HCl 或 $HNO_3$ 淋洗来分离 Mg。实验采用的是双聚焦多接收器等离子质谱仪。在质谱测试之前，首先要设置适合 Mg 同位素测定的信号接收配置，即采用法拉第杯 1、7、11 分别接收 $^{26}Mg$、$^{25}Mg$ 和 $^{24}Mg$ 信号。之后需要对仪器工作参数进行调整，使仪器工作状态达到最佳，方法是：观察 $200 \times 10^{-9}$ 的 Mg 标准溶液反映的信号，通过调节系统气流参数、炬管位置、透镜电压等方法，去雾化且将信号强度调至最强最稳，方可进行同位素比值测量。上样时样品和标准溶于 0.1mol/L $HNO_3$ 中，浓度匹配至 $1 \times 10^{-6}$，进样狭缝调至 500 左右，以中分辨模式进行测量。

注意：①无论是标准溶液还是样品，在上机前都要确保其转换为 $HNO_3$，即先将溶液在热台蒸干，再加入 $HNO_3$ 完全溶解，再次蒸干，重复三次以上，然后以 0.1mol/L $HNO_3$ 溶解待测；②样品和标准溶液在上机时要保证它们的浓度尽可能达到匹配，以免因为浓度的差异造成进样系统、离子源等的工作条件发生改变，使得外标法失去意义；③在上样进行 $\delta^{26}Mg$ 测试之前，必须对样品中的 Mg 浓度进行测定，使其尽量和标准溶液浓度相同，将可能出现的对仪器工作状态的影响降到最低，提高测试结果可信度。

### 2.2.10　碳酸盐岩石中的放射性元素分析

放射性元素分析法是利用放射性元素、放射性标记化合物作指示剂，通过测定其放射性来确定待测非放射性样品含量。放射性元素分析主要分析沉积岩中其沉积物物质来源。对变质岩主要是分析其原岩成分，以及为变质作用中的物质迁移提供参考。还可以利用含放射性元素矿物在沉积岩中的分布规律，进行地层对比及层序地层学研究。

γ 测量法一般用于地表岩石的测量，它是利用辐射仪或能谱仪测量地表岩石或覆盖层中放射性核素产生的 γ 射线，根据活度的不同确定元素的含量。目前常用的仪器是 γ 能谱仪。地面 γ 能谱测量，是用便携式 γ 能谱仪按一定的比例尺在测点上直接测定岩石（土壤）和矿石中铀（镭）、钍、钾的含量。这种方法除了可以直接寻找铀、钍矿床外，也可以寻找与放射性元素共生的金属或者非金属矿床。此外，由于它提供岩石中的铀、钍、钾含量的资料，从而有助于研究某些地质问题，如岩浆岩与沉积岩的接触关系，岩浆岩的演化过程，铀矿化的特点及矿床成因等。γ 能谱测量一般在大面积 γ 能谱测量所发现的异常点（带）上，对异常进行进一步地解剖，随着轻便并自稳功能的新型 γ 能谱仪的使用，γ 能谱仪测量越来越广泛地应用于 γ 详查和异常评价。测定矿石和岩石中铀常用的方法有滴定测定法、极谱测定法、发光测定法和光度测定法。测定钍常用的方法有重量测定法、滴定测定法、光度测定法。

优点是：可以简化样品的提纯分离工作；通过放射性测量来定量，灵敏度很高，探测极限常比一般物理、化学方法小 3～6 个数量级。局限性在于有一定的辐射性。

碳酸盐岩地层中自然放射性元素含量很低[36]，自然伽马值一般低于 10API，由此进行波谱分析而得到的铀（U）、钍（Th）、钾（K）曲线也很低，有时其至出现回零现象。有研究表明，通过自然伽马能谱测井测得的 U、Th、K 含量，研究提取铀相对比值和钍/铀比值，并对其进行交会、重叠等分析，可快速直观地对自然伽马能谱测井资料进行质量检查。自然伽马能谱测井是用于测量地层自然放射性的一种特殊地球化学测井方法，它不仅能测量地层总自然伽马，还能测量地层中无铀伽马及铀（U）、钍（Th）、钾（K）的含量。

### 2.2.11　X 射线衍射法矿物相的定量分析

岩石是由一种或几种矿物或造岩矿物集合成的地质体，因此，仅仅分析元素组成并不能确定组成岩石的各矿物的含量。各矿物相的质量百分含量是岩石分析研究的重要数据和加以利用的基本信息。X 射线粉晶衍射是矿物、岩石学研究的重要手段[37]。X 射线粉晶衍射法不但能够检测出岩石中的结晶矿物组分，还能半定量分析出岩石中不同矿物组分的相对含量[38]。X 射线定量相分析，就是基于在 X 射线衍射方法中，混合物中各相的衍射线强度 $I_i$ 随其含量 $x_i$ 的增加而提高，因而有可能根据衍射线强度对物相含量作定量分析。X 射线定量的基本公式为：

$$I_i = (C_i x_i)/(\rho_i \mu_{mi})$$

式中，$C_i$ 为常数；$\rho_i$ 为第 $i$ 相的密度；$\mu_{mi}$ 为第 $i$ 相的质量吸收系数。但是，由于各物相对 X 射线的吸收系数不同，因此衍射线强度 $I_i$ 并不严格地正比于各物相的含量 $x_i$，因而不论采用哪种 X 射线洐射对岩石进行定量相分析的方法，均须加以修正。

所有的定量相分析方法都是利用同一衍射谱上不同衍射线的强度比较，或相同条件下测定不同衍射谱上强度进行的，目的是得到相对强度，且在不同情况下可以消去包含未知相含量因素的吸收系数或计算困难的强度因子。常用的定量相分析方法有内标法、外标法及无标样相分析法。

在内标法中，内标矿物质的选择对试验结果有重要的影响，要求其化学性质稳定、成分和晶体结构简单，衍射线少而强，尽量不与其他衍射线重叠，又尽量靠近待定量测定相的衍射线。常用的内标物质有：$NaCl$、$MgO$、$\alpha\text{-}Al_2O_3$ 等。要想测 $i$ 相在任何混合物中的质量分数，需先配制系列含有已知的、不同质量分数（$x_i$）的 $i$ 相的标准混合样品，在这些标准的混合样品中，要加入相同质量比 $x_s$ 的内标物质 S，然后测定各个样品中 $i$ 相及 S 相的某一对特征衍射线的强度 $I_i$ 和 $I_s$，以 $I_i/I_s$ 分别对应的 $x_i$ 作图，得到标准曲线，然后可用于测定岩石中 $i$ 相矿物含量的分析。内标法的表达式为：

$$I_i/I_s = (Cx_i)(1-x_s)\rho_s/(\rho_i x_s) = Ax_i \quad (A \text{ 为常数})$$

目前国内外用得较多的是基体冲洗法，也称 K 值法，属于一种特殊的内标法，具有用样少、各物相间互不影响且可将偶然误差降至最低限度的优点。对于此法细节，可参见 YB/T 5320—2006《金属材料定量相分析 X 射线衍射 K 值法》。然后结合软件如 EVA 进行处理，即可得到每矿相的百分含量。

采用 X 射线衍射方法分析确定矿物相的质量百分含量，对试样制备和 X 射线衍射仪设备均有严格的要求。

试样的要求和制备：第一，配样，配样称重时，质量的相对偏离量不得大于 0.1%。第二，合理选择参考矿物质。第三，参考物质和待测相的颗粒半径许可范围为 0.1~5$\mu$m，试样也应有足够的厚度。试样的厚度要满足：$t > (3.45\sin\theta/\mu_1)(\rho/\rho')$。式中，$t$ 为试样的厚度，cm；$\theta$ 为掠射角，(°)；$\mu_1$ 为试样的线吸收系数，1/cm；$\rho$ 为按国际物理常数表计算的混合粉末密度，g/cm³；$\rho'$ 为混合粉末的实测密度，g/cm³。此外，还要考虑粉晶择优取向问题。例如，样品制备时采用常用的试样框架，在框架下面垫一块大于框架、约 300 号的金相砂纸（也可以用相应粗糙的毛玻璃）；将研磨好的混合粉末倒入试样框架内，垂直压紧成型；将压好的试样翻转 180°角，取下砂纸，把试样与砂纸（或毛玻璃）接触的面作为测试面。

对仪器的要求有：因各衍射射线不是同时测量，所以要求衍射仪有高的稳定度，标准

GB 5225—1985 中要求综合稳定度优于 1%；为获得良好的峰形和足够高的强度，定量分析时最好用步进扫描法，步长 0.02°，每步计数时间 2s 成 4s，扫描速度选用每分钟 0.5°或每分钟 0.25°为宜；一般来说峰高应大于背底波动幅度的 4 倍，峰高约为半高宽的 4 倍为宜。

例如，用 X 射线粉晶衍射分析技术对大理岩矿物组分含量进行半定量分析[39]。样品处理：将大理岩岩石制成 74μm 以下的粉末样品，在玛瑙钵中研磨至 15μm 左右，制成待测样。仪器测量条件为：X 射线管选用铜靶，管压 40kV，管流 40mA，2θ 角为 4°～65°（全谱），检测器为闪烁计数器，DS（发散狭缝）和 SS（防散射狭缝）均为 1.0mm，RS（接收狭缝）为 0.1mm，步长为 0.02°/步，扫描速度为 0.5s/步。用 X 射线粉晶衍射仪对样品进行扫描，取得相应岩石的 X 射线衍射图谱，进行矿物半定量分析。利用 EVA 软件进行半定量分析时，首先打开 EVA 软件界面，将所得的 XRD 图谱数据导入，然后点击"search match"，点开之后选择大数据库，点击"match"，进行筛选，确定矿物中可能含有的物质。接下来将最强峰的高度拉到最高，依次点击"pattern list"→"creat"→"pattern column view"，最后会出现一个数据框，从中可以看到某种组分的含量。

# 2.3　碳酸盐岩石矿物晶体和微结构分析

## 2.3.1　X 射线衍射分析

X 射线衍射分析（X-ray diffraction，XRD）是研究晶体结构和物相分析的最常用的方法。主要有单晶法和粉晶法两类。单晶法主要用于确定晶体的空间群、测定晶胞参数和原子或离子在单位晶胞内的坐标、键长和键角等，绘制晶体结构图，也可用于物相鉴定。另外，单晶法比较适合对结晶颗粒较大、成分较纯净的样品进行测定。粉晶法可测定颗粒细小、成分不太纯净的样品，能更好地反映待测样品的成分及杂质成分。

单晶法主要包括单晶培养、单晶的挑选与安置、使用单晶衍射仪测量衍射数据和晶体结构解析等过程，最后得到各种晶体结构的几何数据与结构图形等结果。单晶法要求严格挑选无包裹体、无双晶、无连晶和无裂纹的单晶颗粒试样，其大小一般在 0.1～0.5mm。例如，有实验采用 X 射线单晶衍射分析方解石，样品采用自形程度高、粒度为 1～3mm的晶簇状方解石；其采用的仪器条件是 Mo Kα 辐射，管电压 45kV，管电流 35mA，旋转图方式，每帧曝光 60s，每帧 ω 间隔 10°，扫描范围 3.2°～60.3°。

单晶法是在原子、分子水平上认识了解物质的手段之一，通过测定晶体的结构来了解物质的性质。单晶衍射仪的工作原理主要为周转体法，即以单色 X 射线照射转动的单晶样品，并用样品转动轴为轴线的圆柱形底片记录产生的衍射线，在底片上形成分立的衍射斑。单晶衍射在对结晶颗粒较大、成分较纯净的方解石样品测定时，一方面能够准确测定待测矿物的特征峰，并精确确定其成分；另一方面能够较准确地测出待测矿物内部所含杂质的成分。在单晶衍射测设过程中，首先需要寻找晶型较好的颗粒进行制靶，然后再利用单晶衍射仪进行试验。结晶颗粒较小、不能分离出可制靶颗粒的样品就不能进行此实验。

因此，微细颗粒样品的测试制约着单晶衍射法的应用。时伟等发现方解石样品的单晶衍射谱图几乎接近方解石的标准谱图，说明测试样品几乎全部由方解石组成。对于方解石样品，由晶面间距1.8878Å、1.5112Å产生的微弱衍射峰来自于样品杂质矿物（图2-4）[40]。

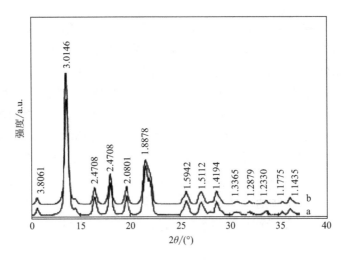

**图2-4　方解石的X射线单晶衍射谱**
a—方解石的样品谱图；b—方解石标准谱图

X射线粉晶衍射法的工作原理是衍射仪采用具有一定发散度的入射线照射粉末样品，底片与样品处于同一圆周上，由于同一圆周上的同弧圆周角相等，使得多晶样品中等同晶面的衍射线在底片上聚焦成一点或一条线，聚焦圆半径随$2\theta$的变化而变化。当一束单色X射线入射到晶体时，由于晶体是由原子规则排列成的晶胞组成，这些规则排列的原子间距离与入射X射线波长有相同数量级，故由不同原子散射的X射线相互干涉，在某些特殊方向上产生强X射线衍射，衍射线在空间分布的方位和强度，与晶体结构密切相关（图2-5）。衍射线空间方位与晶体结构的关系可用布拉格方程$2d_{hkl}\sin\theta_{hkl}=n\lambda$表示。

$$2d\sin\theta=n\lambda$$

式中，$\lambda$是X射线的波长；$\theta$是衍射角；$d$是结晶面间隔；$n$是整数。

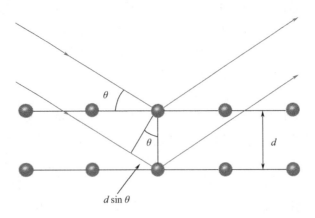

**图2-5　X射线粉晶衍射法主要原理**

粉晶法对鉴别结晶物质的物相、测定晶胞参数、鉴定矿物及确定同质多像变体、多型、结构的有序-无序等特别有效。目前主要采用的粉晶衍射仪常用 Cu K$_\alpha$ 辐射，管电压 40kV，管电流 200mA，连续扫描，扫描速度 $2\theta$ 为每分钟 $2°\sim8°$，扫描范围 $3°\sim80°$。如方解石的 X 射线粉晶衍射谱图（图 2-6）。

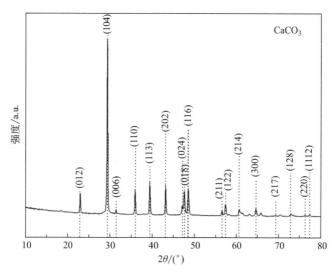

图 2-6　方解石的 X 射线粉晶衍射谱图（编著者课题组未发表成果）

粉晶法以结晶质粉末为试样，可以是含有少数几种物相的混合样品，粒径一般在 $1\sim10\mu m$。样品用量少，且不破坏样品。粉晶衍射仪法的优点是简便、快速、灵敏度高、分辨能力强、准确度高。根据计数器和计算机自动记录的衍射图，能很快直接得出衍射强度和晶面间距 $d$ 值等。

大理岩造岩矿物主要有方解石、白云石、菱镁矿、石英、斜长石、钾长石、云母、绿泥石、滑石和蒙脱石等，岩石薄片偏光显微镜鉴定技术很难区分方解石、白云石和菱镁矿等碳酸盐矿物，以及细小的石英、钾长石和斜长石、滑石和白云母等鳞片状硅酸盐矿物；由于方解石、白云石和菱镁矿的 X 射线衍射主峰有明显差异，$d$ 值分别约为 0.303nm（表 2-10）、0.288nm（表 2-11）和 0.274nm，X 射线粉晶衍射分析能准确检测出大理岩中方解石、白云石和菱镁矿等碳酸盐矿物种类及相对含量。X 射线粉晶衍射分析还能够有效鉴别岩石中粉砂级斜长石、钾长石与石英等，这三种矿物的 X 射线衍射主峰 $d$ 值分别为 0.319nm、0.324nm、0.334nm，以及能区分蒙脱石、绿泥石、云母和滑石等层状硅酸盐矿物，该四种硅酸盐矿物的 X 射线衍射主峰 $d$ 值分别为 1.400nm、0.705nm、0.989nm、0.938nm[41]。

表 2-10　方解石晶体 X 射线衍射特征

| 衍射角($2\theta$)/(°) | 强度 | 晶面间距 $d$/Å | $h$ | $k$ | $l$ |
|---|---|---|---|---|---|
| 23.09 | 8.07 | 3.8523 | 0 | 1 | 2 |
| 29.41 | 100 | 3.0369 | 1 | 0 | 4 |
| 31.39 | 2.45 | 2.8497 | 0 | 0 | 6 |
| 36.05 | 13.63 | 2.4914 | 1 | 1 | 0 |

续表

| 衍射角(2θ)/(°) | 强度 | 晶面间距 d/Å | h | k | l |
|---|---|---|---|---|---|
| 39.47 | 20.06 | 2.2828 | 1 | 1 | 3 |
| 43.25 | 14.18 | 2.092 | 2 | 0 | 2 |
| 47.19 | 6.14 | 1.9262 | 0 | 2 | 4 |
| 47.47 | 19.76 | 1.9153 | 0 | 1 | 8 |
| 48.54 | 20.01 | 1.8757 | 1 | 1 | 6 |
| 56.69 | 3.7 | 1.6236 | 2 | 1 | 1 |
| 57.53 | 9.12 | 1.6021 | 1 | 2 | 2 |
| 60.78 | 5.26 | 1.5239 | 2 | 1 | 4 |
| 61.02 | 2.41 | 1.5184 | 2 | 0 | 8 |
| 61.37 | 3.19 | 1.5107 | 1 | 1 | 9 |
| 63.16 | 2.28 | 1.4721 | 1 | 2 | 5 |
| 64.82 | 6.79 | 1.4384 | 3 | 0 | 0 |
| 65.51 | 3.94 | 1.4249 | 0 | 0 | 12 |
| 69.27 | 1.51 | 1.3564 | 2 | 1 | 7 |
| 70.24 | 2.13 | 1.3401 | 0 | 2 | 10 |
| 72.96 | 2.69 | 1.2966 | 1 | 2 | 8 |
| 77.11 | 1.93 | 1.2369 | 1 | 1 | 12 |
| 81.57 | 2.24 | 1.1802 | 2 | 1 | 10 |
| 83.96 | 1.56 | 1.1525 | 1 | 3 | 4 |

注：X射线波长：Cu靶 1.541838nm。Downs, et al. American Mineralogist, 1993, 78: 1104-1107.

**表 2-11　白云石晶体 X 射线衍射特征**

| 衍射角(2θ)/(°) | 强度 | 晶面间距 d/Å | h | k | l |
|---|---|---|---|---|---|
| 24.06 | 7.93 | 3.6991 | 0 | 1 | 2 |
| 30.96 | 100 | 2.8881 | 1 | 0 | 4 |
| 33.58 | 3.11 | 2.6687 | 0 | 0 | 6 |
| 35.34 | 3.22 | 2.5401 | 0 | 1 | 5 |
| 37.34 | 12.66 | 2.4081 | 1 | 1 | 0 |
| 41.12 | 8 | 2.1951 | 2 | −1 | 3 |
| 41.12 | 16.19 | 2.1951 | 1 | 1 | 3 |
| 43.77 | 2.75 | 2.0681 | 0 | 2 | 1 |
| 44.91 | 15.13 | 2.0182 | 2 | 0 | 2 |
| 49.27 | 5.6 | 1.8496 | 0 | 2 | 4 |
| 50.58 | 17.72 | 1.8045 | 0 | 1 | 8 |
| 51.09 | 14.6 | 1.7878 | 2 | −1 | 6 |
| 51.09 | 8.2 | 1.7878 | 1 | 1 | 6 |
| 58.86 | 1.7 | 1.5689 | 3 | −1 | 1 |

| 衍射角(2θ)/(°) | 强度 | 晶面间距 d /Å | h | k | l |
|---|---|---|---|---|---|
| 58.86 | 1.7 | 1.5689 | 2 | 1 | 1 |
| 59.79 | 6.83 | 1.5468 | −1 | 3 | 2 |
| 59.79 | 2.92 | 1.5468 | 1 | 2 | 2 |
| 63.41 | 4.13 | 1.4668 | 3 | −1 | 4 |
| 63.41 | 2.94 | 1.4668 | 2 | 1 | 4 |
| 64.53 | 3.03 | 1.4441 | 2 | 0 | 8 |
| 65.2 | 1.23 | 1.431 | 1 | 1 | 9 |
| 65.2 | 1.86 | 1.431 | 2 | −1 | 9 |
| 66.06 | 1.78 | 1.4144 | −1 | 3 | 5 |
| 67.35 | 8.13 | 1.3903 | 3 | 0 | 0 |
| 70.59 | 3.59 | 1.3343 | 0 | 0 | 12 |
| 72.87 | 1.31 | 1.2981 | 2 | 1 | 7 |
| 74.75 | 2.87 | 1.27 | 0 | 2 | 10 |
| 77 | 2.85 | 1.2385 | 1 | 2 | 8 |
| 82.68 | 1.83 | 1.1671 | 1 | 1 | 12 |
| 86.67 | 1.25 | 1.1234 | 3 | −1 | 10 |
| 86.67 | 1.06 | 1.1234 | 2 | 1 | 10 |
| 87.84 | 1.49 | 1.1114 | 1 | 3 | 4 |

注：X 射线波长：Cu 靶，1.541838nm。Downs, et al. American Mineralogist, 1993, 78: 1104-1107.

### 2.3.2　扫描电子显微镜分析

扫描电子显微镜（scanning electron microscope，SEM）通过聚焦电子束在试样表面逐点扫描成像。由于样品部位表面的物理性质、化学性质、表面电位、所含元素成分及凹凸形貌不同，致使聚焦电子束对样品表面扫描时电子束激发的电子信息各不相同，从而显像管的电子束强度也随着不断变化，最终在显像管荧光屏上可以获得一副与样品表面结构相对应的图像。

进行 SEM 的试样可以是极少量的微小的块状和细粉末状。扫描电镜所用的样品的制备方法很简便，对于粉状样品，一般是将专用的样品胶片（导电胶或者火棉胶）贴于小样品台上后，再将微量样品粘贴于胶面上，待粘牢后，用洗耳球将表面上未粘住的试样粉末吹去。也将粉末制备成悬浮液滴在样品座上，待溶液挥发，将粉末附着在样品座上。对于能导电的块状金属矿物，可以直接进行观察。对于非导体的矿物来说，样品表面要喷厚约 20nm 的导电膜，一般选用金或碳，然后才能放入 SEM 仪器中观察。

但是要注意试样得能在真空中保持稳定，所以要求试样不得含有水分和其他易挥发物。对磁性试样也要预先去磁，以免观察时电子束受到磁场的影响。还有表面受到污染的试样，要在不破坏试样表面结构的前提下进行适当清洗，然后烘干。新断开的断口或者断面，一般不需要进行处理，以免破坏断口或断面的结构状态。有些试样的表面、断口需要进行适当的侵蚀，才能暴露出某些细节问题，在侵蚀后将表面或断口清洗干净，然后烘干。注意进行微区成分分析的表面应平整。

SEM 的优点是分辨率高、放大倍数范围大，图像景深大，拍摄获得的形貌图案立体感强。在 SEM 上装上必要的专用附件能谱仪，在观察形貌的同时，还可对样品的微区进行成分分析。例如，叶皓玮[42] 等通过扫描电镜对浙江衢州上方镇的方解矿石进行了分析。另外有研究选用白云石水解 10h 的稳定阶段悬浮液作为鸟粪石法去除氨氮的镁源。10h 水解产物的 SEM 如图 2-7 所示，水解产物表面粗糙，有絮状感。

图 2-7　白云石水解产物的 SEM 照片（编著者课题组数据）

### 2.3.3　透射电子显微镜分析

透射电子显微镜（transmission electron microscope，TEM）主要是将经加速和聚集的电子束投射到非常薄的样品上，电子与样品中的原子碰撞而改变方向，产生立体角散射。对于非常薄的样品，许多电子不与试样发生相互作用而穿过试样，这些电子称为透射电子。除了这种电子外，其余的电子与试样相互作用而发生散射，样品越厚，被散射的可能性越大。被散射电子方向发生变化但是散射电子的速度和能量不变是一种弹性散射。TEM 中的明场像和暗场像等都是利用透射电子和弹性散射电子成像的。散射角的大小与样品的密度、厚度相关，因此可以形成明暗不同的影像，影像将在放大、聚焦后在成像器件上显示出来，以此来研究样品的形貌、晶格缺陷及超显微结构等特征，同时用电子衍射分析晶体的结构参数和晶体取向等。

透射电镜配有能谱仪（或波谱仪）还可进行微区常量元素的成分分析。TEM 具有很高的分辨率（达 0.1nm 左右）和放大倍数（为 100 万～200 万倍），在仪器配置先进、样品合适和技术熟练的前提下，可以直接观察到原子。

样品一般应为厚度小于 100nm 的固体超细粉末样。根据样品的种类、性质和分析要求选用不同的制备方法。通常是将样品超声分散在合适的液体介质中，然后取液滴几滴滴在直径为专用的 3mm 的 200 目样品网上（网上常预先制作约 20nm 厚的支持膜），自然晾干或烘干。要求样品在真空中和高能电子束轰击下不挥发或变形，化学上和物理上稳定，不能含有水分或其他易挥发物，样品在高真空中能保持稳定，无放射性和腐蚀性。

TEM 对矿物超细粉碎、表面改性等技术加工后形貌及结构分析，是非金属矿物加工与利用研究的重要工具。它解决了偏光显微镜分辨率低的不足，又克服了 X 射线衍射仪不能直接观察矿物形貌的困难。例如，通过 TEM 可以观察出 Au 在水滑石上的负载情况。宋晶等[43] 通过阳离子表面改性剂湿法改性前后纳米 $CaCO_3$ 的 TEM 直观地观察到改性前后纳米 $CaCO_3$ 的颗粒大小都在 100nm，但是改性后纳米 $CaCO_3$ 在水中的分散性明显增强。生物矿化过程可用于控制 $CaCO_3$ 的晶体形状与尺寸大小。王成毓等[44] 模拟了生物矿化过程，采用低分子量有机分子表面接枝对钙离子有识别作用的官能团的方法，在水溶液中构成空间框架结构，原位合成活性纳米 $CaCO_3$。在纯水体系中得到的普通轻钙呈亲水性，粒径多在 $1\mu m$ 以上，而且大小不一，形状不规则。TEM 图像表明，在有机-无机空间网络结构中生成的活性 $CaCO_3$ 呈纺锤形，直径大约 $50\sim80nm$，直径长比约为 1：5，经测定，其活化率达到 99% 以上。采用相转移-碳化法由石灰石制备得到的纳米轻质 $CaCO_3$ 的 TEM 图呈现为扁平的方块状，大小均匀，粒径为 $60\sim150nm$[45]。且悬浊液中 $CaCO_3$ 颗粒相比未加分散剂的溶液，分散性更好，$CaCO_3$ 团聚体的粒径明显减小。采用 TEM 观察，可以清晰地看到水滑石负载金纳米颗粒的尺寸和形状（图 2-8）。

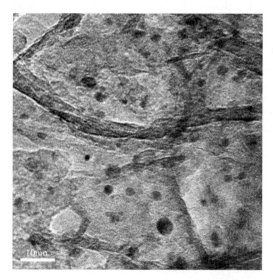

图 2-8 水滑石负载金纳米颗粒的 TEM 图（编著者课题组数据）

### 2.3.4 扫描探针显微镜分析

扫描探针显微镜（scanning probe microscope，SPM）是一类表面分析仪器的总称，它们通过监测探针针尖与样品之间的电、光、力、磁场等随针尖与样品间歇的变化，获得样品的表面信息。其中最重要的两种仪器就是扫描隧道显微镜（scanning tunneling microscope，STM）和原子力显微镜（atomic force microscope，AFM）。

**（1）扫描隧道显微镜**

STM 是一种新型的表面微结构分析工具，其基本原理是基于量子隧道效应，用一个极细的针尖（原子级别）去接近样品表面，当针尖和表面靠得很近时，针尖头部原子和样品表面原子的电子云发生重叠；若在针尖和样品之间加上一个偏压，电子便会通过针尖和样品构成的势垒而形成隧道电流；通过控制针尖与样品表面间距的恒定并使针尖沿表面进行精确地三维移动，就可把表面的信息（表面形貌和表面电子）记录下来。有时扫描隧道显微镜还可以附带 AFM 功能，可以非常精确地对所生长的样品薄膜形貌进行分析。利用探头针尖还可以对原子和分子进行操纵，实现人工的表面重组。

扫描过程是在超高真空下对样品进行原位 STM 扫描表征。STM 的主要特点是空间分辨率极高（横向可达 0.1nm，纵向可优于 0.01nm），能直接观察到物质表面的原子结构，并可实时获得空间中表面的三维图像，可用于观察、研究各种表面结构。它可以在多种不同环境下工作，如真空、大气、常温、变温等环境，对样品制备也无特殊要求，且不损坏样品。例如，李旭等[46]采用扫描隧道显微镜观察了纳米 $CaCO_3$ 的表面形貌、粒径大小、晶型、分散性，并分析了纳米 $CaCO_3$ 的量子效应和宏观量子隧道效应。

**（2）原子力显微镜**

AFM 是一种用来研究包括绝缘体在内的固体表面结构的分析仪器。它通过检测待测样品表面和一个微型力敏感元件之间的极微弱的原子间相互作用力来研究物质的表面结构及性质。将对微弱力极端敏感的微悬臂一端固定，另一端的微小针尖接近样品，这时它将与其相互作用，作用力将使得微悬臂发生形变或运动状态发生变化。扫描样品时，利用传感器检测这些变化，就可获得作用力分布信息，从而以纳米级分辨率获得表面形貌结构信息及表面粗糙度信息。

例如，张晓航等[47]采用 AFM 对方解石表面进行原位观察，扫描模式为接触模式，扫描探针为弹簧系数为 0.06N/m 的 $Si_3N_4$。制备方解石样品时，首先将整块方解石砸碎，得到大小不一的方解石颗粒，样品大小约 3mm×3mm×1mm。如需特定晶面（如 1014），可将小晶粒用手术刀沿（1014）晶面切割，得到新鲜的方解石（1014）晶面，将新鲜的方解石样品用 502 胶水粘在圆形镀锌铁片上，并用氮气吹净样品表面的粉末碎片。然后利用原位 AFM 观察分析室温下方解石（1014）晶面在含 $Mn^{2+}$ 及含 $Cd^{2+}$ 溶液中的生长和溶解过程，发现溶液中的 $Mn^{2+}$ 和 $Cd^{2+}$ 可参与方解石的生长，分别形成 $(Ca,Mn)CO_3$ 固溶体和 $(Ca,Cd)CO_3$ 固溶体，新生成的含 Mn、Cd 方解石的溶解速率仅为纯方解石的 14.3%～60.3%，表明晶体中的 Mn 和 Cd 可抑制方解石的溶解。

不同于电子显微镜只能提供二维图像，AFM 可提供真正的三维表面图。AFM 不需要对样品进行任何特殊处理，如镀铜或碳（这种处理对样品会造成不可逆转的伤害）。SEM 需要在高真空条件下运行，AFM 在常压下甚至在液体环境下都可以良好工作。与扫描隧道显微镜相比，AFM 能观测非导电样品，具有更有广泛的适用性。

### 2.3.5 热分析法

热分析是较常用的研究矿物物理、化学性质与温度间关系的一种方式，包括热重法（thermo gravimetric，TG）、微分热重法（derivative thermogravimetry，DTG）、差（示）热分析（differential thermalanalysis，DTA）、差示扫描量热法（differential scanning calorimetry，DSC）、热机械分析（thermomechanical analysis，TMA）和动态热机械分析（dynamic thermomechanical analysis，DMA）等。热分析能分析矿物含水量、水在矿物中的赋存形式和位置（如物理吸附、化学吸附、晶格水等）、有机质量、相

变、热分解和相关的能量变化等。可根据矿物在不同加热温度下所发生的脱水、分解、氧化、同质多象转变等特征，来鉴定和研究矿物。

热重法是在程序控制温度下，测量物质的重量与温度或时间的关系的方法。热重分析是基于精密的天平测定在加热过程中矿物重量变化的方法，又称失重分析。矿物的差热分析是测定矿物在连续加热过程中伴随物理变化而产生的吸热和放热量及相关效应。实验时将试样粉末与中性体粉末分别装入样品容器，然后一同送入高温炉中加热。由于中性体是不发生任何热效应的物质，加热过程当中，当试样发生吸热或者放热效应时，其温度将低于或高于中性体，通过其中反接的热电偶将两者之间的温度差转换成温差电动势，并借光电反射检流计或电子电位差计记录成差热曲线。不同矿物出现热效应时的温度、热效应的强度相同。每种矿物都有一固定的分解温度，当加热到某一温度时，无论吸热还是放热反应，在差热分析时，都会产生可供利用的特征曲线温度，同时也产生一定的重量差。利用这一差值来求算矿物对应的某一组分含量的方法，称为热重分析。而对于同种矿物来说，只要实验条件相同，热效应总是基本固定的。因此，只要准确地测定了热效应出现的温度和热效应强度，并和已知文献资料对比，能对矿物做出定性和定量的分析。

例如，白云石在空气气氛下加热至 620.4℃ 即开始分解，并只在 730.5℃ 时出现一个分解速率达到最大的失重峰 [图 2-9(a)]。而白云石在二氧化碳气氛下 (100mL/min) 的热分解分为两步：第一步，温度升至 704.2℃ 时 $MgCO_3$ 开始分解并在 743.7℃ 时分解速率达到最大，之后热重曲线出现一个短平台，说明样品中的 $MgCO_3$ 已经分解完全，而 $CaCO_3$ 尚未开始分解；第二步，当温度进一步升至 902.1℃，$CaCO_3$ 开始分解并在 928.7℃ 时达到最大分解速率，随后热重曲线出现平台 [图 2-9(b)]。徐国峰等[48] 对纳米 $CaCO_3$ 干粉进行了 TG 和 DSC 分析（图 2-10）。图中 TG 曲线显示样品的失重主要发生在 30～300℃ 和 600～800℃ 两个温度段内：第一个温度段主要是包覆在 $CaCO_3$ 表面的表面活性剂热分解（失重率约 5.67%）；第二个温度段主要为 $CaCO_3$ 热分解所致（失重率约 42.72%）。此外，纳米 $CaCO_3$ 在 392℃ 附近出现了放热峰，这主要是由球霰石相向方解石相转变引起的。而随着测试温度的升高，球霰石相完全转变为方解石相，在 603℃ 时候 $CaCO_3$ 开始分解，在 900℃ 后完全分解为氧化钙。

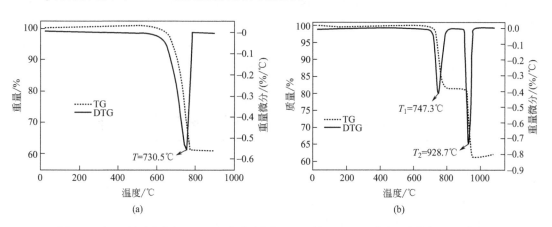

图 2-9 白云石在空气气氛 (a) 和二氧化碳气氛 (b) 下的 TG/DTG 曲线（编著者课题组数据）

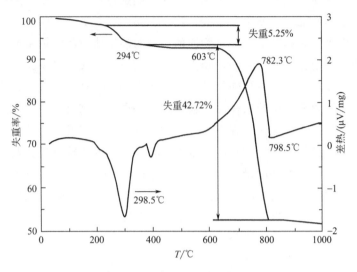

图 2-10　纳米 $CaCO_3$ 的热分析图

差热分析的优点是样品用量少，分析时间短，而且设备简单。缺点是许多矿物的热效应数据近似，尤其当混合样品不能分离时，就会互相干扰，从而使分析工作复杂化。为了排除这种干扰，应与其他方法（特别是 X 射线分析）配合使用。另外，还有热分析和红外光谱联用，以在线检测分解产物。例如张堃等[49] 采用热重-红外联用法（TG-FTIR）和 DSC 对脂肪酸表面改性纳米 $CaCO_3$ 热性能进行了研究。TG 测试条件：25～600℃，高纯 $N_2$ 气氛，流量 20mL/min，升温速率 10℃/min，样品质量 15～16mg。TG-FTIR 连接管及红外气体池保温系统温度均为 250℃。红外检测波数范围：4000～400cm$^{-1}$；分辨率：0.5cm$^{-1}$。反映出纳米 $CaCO_3$ 在自身稳定性、粒子表面和表面处理剂相互结合的完善程度上的差异。郑英等[50] 在升温速率为 5～30K/min 的范围内，利用热天平对平均粒径为 13.4μm 的 $CaCO_3$ 进行了分解过程的实验研究，应用等转化率法得到了 $CaCO_3$ 分解的活化能 $E=105.24$kJ/mol。另外，将 TG-DSC 结合，还可以测定热分解动力学参数。例如，张利娜等[51] 采用 TG-DSC 方法研究粒径大小为 900μm 石灰石的热分解过程。根据石灰石热重实验数据，结合 Coats-Redfern 法、Flynn-Wall-Ozawa 法和 Kissinger 法计算了石灰石热分解动力学参数，得到 900μm 石灰石热分解的活化能 $E$ 为 193.98kJ/mol，指前因子 $\lg A$ 为 8.81min$^{-1}$。

# 2.4　碳酸盐岩石矿物光谱和核磁共振谱分析

## 2.4.1　红外光谱分析

红外吸收光谱法（infrared absorption spectroscopy，IR）也称红外分光光度法，主要是分子中基团原子振动跃迁时吸收红外光产生的。依据样品在红外光区（一般指波长为 2.5～25μm 的中红外光区）吸收谱带的位置、强度、形状、个数，并参照谱带与溶剂、聚集态、浓度等的关系来推测分子的空间型，确定化合物结构。由计算机直接给出制得透射红外光谱图。谱图可转换为采用吸收率表示的谱图。每种基团在不同化合物中频率大致相同，即每种基团均有其特征的吸收频率，主要应用于物质的分子结构研究，适用于研究不同原子的极性键；还可测定分子的键长、键角、偶极距等参数。对于矿物试样，根据红外吸收光谱辅助推断矿物的结构和鉴定物相；对研究矿物中水的存在形式、络阴离子团、类质同象混入物的细微变化、有序-无序及相变等十分有效；有时也可对混合矿物中各组分的含量进行半定量分析。

红外光谱分析的样品可以是气态、液态、固态。固体样品一般只需 $1\sim3mg$，并要保证样品干燥，一般和 $100\sim300mg$ 专用的溴化钾晶体混合研磨，在专用压片机上压成圆形薄片；为了充满红外光束，压片直径最好是 $15\sim25mm$。对于固态样品，也采用自支撑压片制样的方法。

碳酸盐矿物的 IR 由碳酸根离子振动模式及晶格振动模式构成，有的矿物还包括其他基团（$OH^-$、$H_2O$ 等）的振动模式。$CO_3^{2-}$ 的内振动模式决定了碳酸盐矿物红外光谱的基本轮廓。碳酸盐类矿物具四个基频振动带，为 $1449\sim1392cm^{-1}$ 的 $CO_3^{2-}$ 反对称伸缩振动峰，也是图谱中出现的最强峰；$750\sim675cm^{-1}$ 的 $CO_3^{2-}$ 面内弯曲振动吸收峰和 $886\sim835cm^{-1}$ 的 $CO_3^{2-}$ 面外弯曲振动吸收峰，是图谱中出现较强的峰；$1051cm^{-1}$ 的 $CO_3^{2-}$ 对称伸缩振动吸收峰，为拉曼活性，图谱中出现较少。$3020\sim2972cm^{-1}$ 和 $2892\sim2873cm^{-1}$ 为 $CO_3^{2-}$ 的反对称伸缩振动吸收峰的一级倍频峰；$2520\sim2510cm^{-1}$ 为 $CO_3^{2-}$ 的反对称和对称伸缩振动的和频峰；$1820\sim1785cm^{-1}$ 为 $CO_3^{2-}$ 的对称伸缩振动和面内弯曲振动的和频峰。例如方解石族矿物强吸收峰在 $1420cm^{-1}$（菱锌矿的为 $1440cm^{-1}$），为 $CO_3^{2-}$ 内部的伸缩振动；次强吸收峰位于 $900\sim700cm^{-1}$ 之间，在此波段出现两个较强的吸收峰，一为 $750\sim710cm^{-1}$，另一为 $870cm^{-1}$，为 $CO_3^{2-}$ 内部的弯曲振动（图 2-11）[52]。

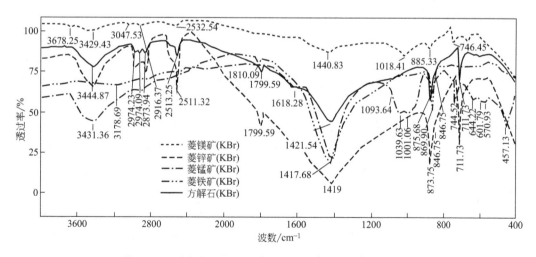

图 2-11  几种方解石族矿物 $4000\sim400cm^{-1}$ 波数范围的红外图谱

通过 IR 测定斜长石 $650\sim620cm^{-1}$ 范围的谱带频率，可快中速准确地确定钠长石和钙长石的相对含量[53]。对于文石和方解石，两者的主要组分为 $CO_3^{2-}$，$CO_3^{2-}$ 基团内部主要为共价键，其外部阳离子为离子键。基团内原子间的结合力比基团之间大得多，故可以把基团看成是一个独立单位。虽然 $CO_3^{2-}$ 基团处在周围由阳离子所构成的晶体场中，振动频率会受到周围环境的影响，但主要取决于内部坚固的共价键，晶体场的影响是次要的，因此频率较稳定。因此，$CO_3^{2-}$ 基团振动模式和频率可决定碳酸盐类矿物红外光谱的主要轮廓，是其红外光谱的主要特征。有研究认为，文石中 $CO_3^{2-}$ 面内弯曲振动为双峰，位于 713cm$^{-1}$ 和 700cm$^{-1}$，在 1083cm$^{-1}$ 的对称伸缩振动出现弱吸收，方解石的 $CO_3^{2-}$ 面内弯曲振动为单峰，位于 713cm$^{-1}$，在 1083cm$^{-1}$ 处无吸收。李莉娟等[54] 通过红外光谱分析了纳米 $CaCO_3$ 粉末，发现纳米 $CaCO_3$ 粉末的三个 IR 吸收峰均存在不同程度的蓝移，其中 1437.3cm$^{-1}$ 处的 C—O 伸缩振动吸收峰蓝移达 30cm$^{-1}$。同时，此吸收峰还出现了宽频带强吸收现象。

近红外光谱（NIR）是介于可见光和中红外之间的电磁波，波长一般为 780～2525nm。NIR 的产生主要是由于分子振动的非谐振性，使分子振动从基态向高能级的跃迁成为可能。NIR 主要测量含氢基团振动的倍频和合频吸收，包括 C—H（甲基、甲氧基、亚甲基、芳基、羧基）、O—H、S—H、N—H 等。近红外光谱可以区分不同的矿物（如硫酸盐矿物、碳酸盐矿物、含羟基之层状硅酸盐矿物）及同一矿物的不同结晶度。碳酸盐矿物中，电子成因的光谱大都是由二价和三价铁离子、锰离子、铜离子的跃迁产生的；振动过程大都是水、羟基、碳酸根产生的[55]。碳酸盐矿物的吸收峰主要由基团振动产生，即 $CO_3^{2-}$、$H_2O$ 倍频或合成模式产生，其代表矿物有方解石、文石、白云石、菱铁矿等。其中方解石和白云石较常见，峰形一致，很难区别，典型的 $CO_3^{2-}$ 特征峰在 2300～2350nm 处，方解石在 2340nm 处有特征吸收峰；白云石在 2320～2325nm 处有特征峰。碳酸盐矿物有个最大的特点，就是特征峰非常强，而其他吸收峰比较弱，且 1800～2100nm 范围内，1800nm 前没有吸收峰。

### 2.4.2 紫外吸收光谱分析

紫外吸收光谱法又称紫外分光光度法，是分子中某些价电子因吸收了紫外线（200～1000nm）由基态跃迁到高能量的激发态而产生的一种光谱。紫外吸收光谱又称为电子吸收光谱。光源发出的紫外线经光栅或棱镜分光后，分别通过样品溶液及参比溶液，再投射到光电倍增管上，经光电转换并放大后由计算机直接给出制得紫外吸收光谱图。根据物质对不同波长的紫外线吸收程度不同，可以对物质元素组成和结构进行分析。用不同波长的近紫外线（200～400nm）依次照一定浓度的被测样品溶液时，就会有部分波长的光被吸收。如果以波长 $\lambda$ 为横坐标（单位 nm）、吸光度（absorbance）$A$ 为纵坐标作图，即得到紫外光谱，因此，可以进行定量计算分析。

所用仪器为紫外吸收分光光度计（UV-visible spectrophotometer，UV-Vis）或紫外-可见吸收分光光度计。常使用的波长范围是 200～800nm。根据紫外-可见吸收光谱吸收曲线的最大值、最小值和形状，可判定是否为同一物质；根据样品吸光度的大小，计算其含量等。紫外-可见波段只对可见共轭系统的化合物产生光谱并与其他光谱的信息互相补充。郑金宇等[56] 研究表明，蓝色蛇纹石玉是由白色质大理石被含 $SiO_2$ 的热液交代而形成。UV-Vis 分析显示，600～780nm 范围内有强吸收宽带且在 738nm 显示强吸收峰

（图 2-12），微量元素 Cu 替代晶体结构中的 Mg 元素导致其呈现蓝色。珊瑚的主要矿物成分是方解石，且含有较高含量的 Mg。

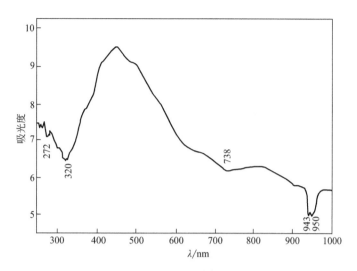

图 2-12　蓝色蛇纹石样品紫外-可见吸收光谱

### 2.4.3　激光拉曼光谱分析

　　激光拉曼光谱（laser Raman spectroscopy，LRS）与红外光谱一样是测定分子的振动和转动的光谱，但与红外光谱不同的是，它是一种散射光谱。最常用的红外及拉曼光谱区域波长是 $2.5 \sim 25 \mu m$。LRS 适用于同原子的非极性键的振动，可以鉴定矿物和分析矿物中各种相态包裹体。LRS 和 IR 同为研究物质分子结构的重要手段，两者互为补充。

　　做拉曼光谱的样品，几乎不必特别进行制样处理就可以进行测试分析。拉曼光谱可以分析固体、液体（$10^{-6}$ mL）和气体试样，固体试样可以直接测定，并可以进行无损分析、原位分析和深度分析。粉末或单晶样品最好是 5mm 或更大，不需特别制备，粉末所需量极少，仅 $0.5 \mu g$ 即可。LRS 一般系无损分析，测谱速度快，谱图简单，谱带尖锐，便于识读和解释。几乎在任何物理条件（高压、高温、低温）下对任何材料均可测得其拉曼光谱。要注意在测定过程中试样可能被高强度的激光束烧焦，应该及时检查试样是否变质。

　　LRS 分析方法可大致分为特征峰分析法和建模法。矿物类中的拉曼光谱具有峰位固定、峰形尖锐、特征明显的特点。拉曼峰位置及其强度可以反映出矿物中分子的官能团或化学键的特征振动模式，对拉曼光谱中特征峰的归属进行识别或通过文献、书籍数据库搜索对比，可以得到矿物的化学组成，从而进行定性鉴别。对于化学组成复杂的样品，也可通过对特征峰的差异分析实现定性鉴别。杜广鹏等[57] 采用拉曼光谱测试和分析方解石族矿物方解石、菱锌矿、菱锰矿、菱镁矿和白云石样品，认识到方解石单晶体和多晶体具有相同的拉曼光谱特征；在方解石族矿物中，阳离子半径越大，归属于振动模 $\nu_{ob}$、$\nu_{ib}$ 和 $\nu_s$ 的拉曼位移越大，而归属于振动模 $\nu_{as}$ 的拉曼位移则越小；白云石中振动模 $\nu_{ob}$ 因两侧阳离子种类的不同而发生分裂，产生振动模 $\nu_{ob}$ 和 $\nu_{aob}$（图 2-13）。

　　张龙等[58] 使用 WITec alpha 300R 共焦拉曼光谱仪获得了一个典型的 I 型甲烷流体

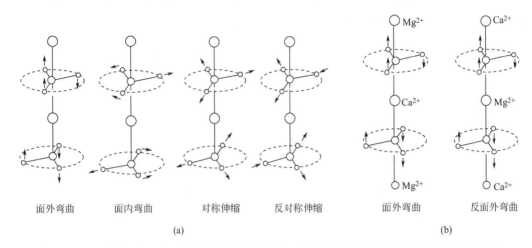

面外弯曲　　　面内弯曲　　　对称伸缩　　　反对称伸缩　　　　　　　面外弯曲　　　　反面外弯曲

(a)　　　　　　　　　　　　　　　　　　　　　　　　(b)

**图 2-13** （a）方解石中 $CO_3^{2-}$ 基团的拉曼活性振动模及（b）白云石晶体中的两种碳氧面外弯曲振动模

包裹体的 LRS。LRS 中较温暖的颜色表示强度较高的拉曼信号（图 2-14）。通过 LRS 得出 I 型流体包裹体主要由 $CH_4$（g）、蛇纹石、水滑石、菱镁矿和磁铁矿组成。邹朝勇等[59] 发现的一种新型含水 $CaCO_3$ 晶相（半水 $CaCO_3$），其最突出的特点是 $CO_3$ 基团的对称振动模式所对应的拉曼峰在 $1102cm^{-1}$，显著高于其他 $CaCO_3$ 物相（图 2-15）。利用 IR 和 Raman 振动模的选择定则不同，光谱数据呈互为补充及佐证的关系。金达莱等[60] 通过 IR 和 Raman 双重表征方法对此聚丙烯酸-苯乙烯介质中合成的 $CaCO_3$ 复合物进行了较为全面的物相定性分析。

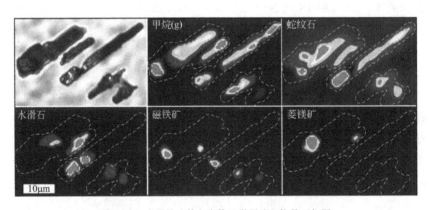

**图 2-14** 含甲烷流体包裹体显微照片和拉曼面扫图

除了普通拉曼光谱技术之外，深紫外拉曼光谱技术也常被用来进行矿物分析。相对于可见光或近红外拉曼光谱技术和表面增强拉曼而言，采用深紫外拉曼光谱技术具有下列优点：①被测样品受深紫外线（<250nm）照射后产生的拉曼散射信号光与样品的荧光在光谱范围上是彻底分开的，这样利用拉曼散射信号进行探测时背景很干净，有利于微弱信号的检测。②因样品产生拉曼散射信号光的强度与入射光波长的 4 次方成反比，缩短入射光的波长，可有效提高所产生的拉曼散射光的强度。例如把激光波长从 785nm 缩小到

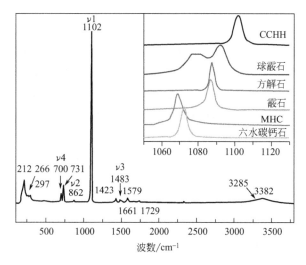

图 2-15   半水 $CaCO_3$ 的拉曼光谱图

198nm，同样光功率照射样品所产生拉曼散射光强度将提高约 237 倍。③在深紫外波段，激光照射被测样品，在激光波长与样品吸收峰相近时，会产生共振效应，这将极大地提高散射的效率，即拉曼散射光的强度将提高 106 倍左右；即使不在完全共振的频率，由于有预共振，使用 229nm 激光的实验表明，可使拉曼散射提高 3 个数量级。④在深紫外波段，人眼眼球中的玻璃质对紫外线是不透明的。因此，深紫外的激光若不慎进入眼球，不至于烧坏视网膜，即对于人眼而言，深紫外拉曼光谱仪相对安全。⑤在深紫外波段，太阳光被臭氧层吸收，是盲区，因此深紫外拉曼光谱仪不但可以在阳光下使用，也可以作远距离测量（例如 500m）。Hollis[61] 对各种碳酸盐矿物的归一化深紫外拉曼光谱分析见图 2-16。

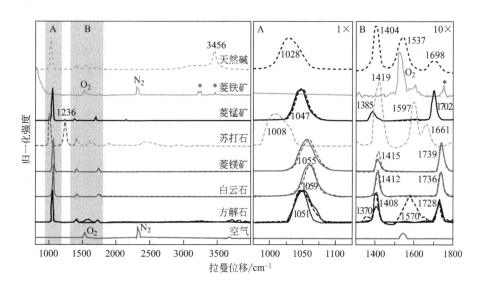

图 2-16   各种碳酸盐矿物的归一化深紫外拉曼光谱和大气标准光谱

### 2.4.4　X射线光电子能谱分析

X射线光电子能谱（X-ray photoelectron spectroscopy，XPS）基于光电效应，当一束能量为 $h\nu$ 的入射光子辐照在样品表面时，光子被样品中某一元素原子的内层轨道上的电子全部吸收，使得该电子脱离原子核的束缚，以一定的动能从原子中发射出来变成自由的电子及光电子，而原子本身则变成一个激发态的离子（图2-17）。XPS不但可提供元素定性分析、元素定量分析、固体表面分析、化合物结构分析，还能给出表面、微小区域和深度分布方面的信息。XPS具有很高的表面灵敏度，适合于涉及表面元素定性和定量分析方面的应用，同样也可以应用于元素化学价态的研究。此外，配合离子束剥离技术和变角XPS技术，还可以进行薄膜材料的深度分析和界面分析。因此XPS方法广泛应用于化学化工、材料、机械、电子材料等领域。

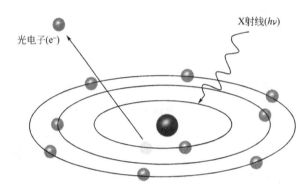

图2-17　X射线光电子能谱原理图

X射线能谱仪对分析的样品有不同的要求。为了利于真空进样，样品的尺寸必须符合一定的大小规范。例如，对于块状样品和薄膜样品，其长宽最好小于10mm，高度小于5mm。粉体样品在实验中一般采用胶带法制样。对于含有挥发性物质、表面有污染以及带有微弱磁性的样品均需经过一定的加热、有机溶剂清洗及退磁等预处理后才能放入快速进样室。之后将低真空阀开启抽真空到 $10^{-3}$ Pa后关闭，再将高真空阀开启直至样品送到样品架上后关闭XPS分析表面成分之前还需要采用离子束溅射技术定量地剥离一定厚度的表面层，从而获得元素成分沿深度方向的分布图。另外，XPS的采样深度与光电子的能量和材料的性质有关，其中金属样品一般为0.5～2nm，无机化合物一般为1～3nm，有机物则为3～10nm。用计算机采集谱图后，首先标注每个峰的结合能位置，然后再根据结合能的数据在标准手册中寻找对应的元素存在。新型的XRS能谱仪可以通过计算机进行智能识别，自动进行元素的鉴别。通过定量分析程序，设置每个元素谱峰的面积计算区域和扣背底方式，由计算机自动计算出每个元素的相对原子百分比。

XPS能准确地测量原子的内层电子束缚能及其化学位移，从而提供矿物分子结构和原子价态方面的信息，包括元素组成和含量、化学状态、分子结构、化学键方面的信息。XPS作为目前有效的物质表面分析技术在矿物学和地球化学的某些领域中有着广泛的应用。XPS应用于天然矿物表面化学的研究，目前还局限于橄榄石、方解石和方铅矿等少数硅酸盐、碳酸盐和硫化物方面的研究。例如，方解石表面的 XPS 图显示了 C、Ca、O 峰，其结合能与 $CaCO_3$ 中各元素的结合能相对应（图 2-18）。王建蕊等[62] 采用 XPS 分析了磷矿中白云石表面（图 2-19）。由图 2-20(a) 可以看出，碳在白云石表面结构中存在 4 种形态。284.6eV 的峰归属于芳香单元及其取代烷烃（C—C，C—H），286.3eV 的峰归属于酚碳或醚碳（C—O），287.5eV 的峰归属于羰基（C—O）样品所处的岩溶环境中的 $CO_2$ 的键型，289.0eV 的峰归属于羧基（COO⁻）。图 2-20(b) 显示白云石表面中碳氧有机官能团大部分是酚羟基和醚氧键。华益苗等[63] 对 $CaCO_3$ 和包覆 $SiO_2$ 的 $CaCO_3$ 进行了 XPS 分析，推测 Si 以化学键结合于 $CaCO_3$ 表面，形成了 Si—O—Ca 键。

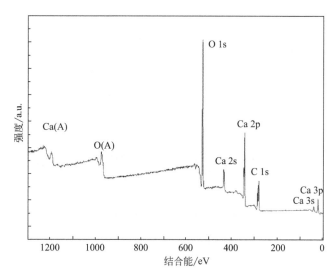

图 2-18　方解石表面的 XPS 图（编著者课题组数据）

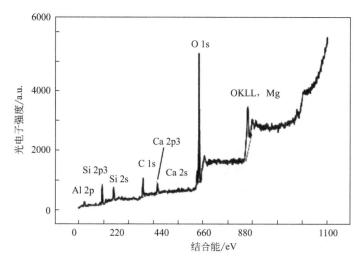

图 2-19　白云石表面的 XPS 的 C 1s 和 O 1s 全谱图

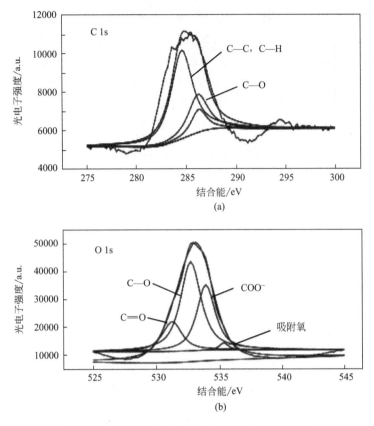

**图 2-20** 白云石的 (a) C 1s 和 (b) O 1s 的 XPS 图谱

### 2.4.5　核磁共振谱分析

　　原子核是带正电荷的粒子，不能自旋的核则没有磁矩，能自旋的核有循环的电流，会产生磁场，形成磁矩。对于自旋运动的原子核，在恒定的磁场中，自旋的原子核将绕外加磁场做回旋转动，叫拉莫尔进动；微观磁矩在外磁场中的取向是量子化的，自旋量子数为 $I$ 的原子核在外磁场作用下只可能有 $2I+1$ 个取向，每一个取向都可以用一个自旋磁量子数 $m$ 来表示。原子核的每一种取向都代表了核在该磁场中的一种能量状态。正向排列的核能量较低，逆向排列的核能量较高，它们之间的能量差为 $\Delta E$。一个核要从低能态跃迁到高能态，必须吸收 $\Delta E$ 的能量。处于外磁场中的自旋核进动有一定的频率，它与所加磁场的强度成正比，但该核接受一定频率的电磁波辐射，并调节外加磁场的强度，当辐射的能量恰好等于自旋核两种不同取向的能量差时，处于低能态的自旋核吸收电磁辐射能跃迁到高能态，此时进动频率与电磁波频率相同，原子核进动与电磁波产生共振，这种现象称为核磁共振（NMR）。对核磁矩不为零的原子核，在外磁场的作用下核自旋能级发生塞曼分裂（Zeeman splitting），共振吸收某一特定频率的射频辐射的能量，记录下的吸收曲线就是核磁共振谱（NMR-spectrum）。

　　由于不同分子中原子核的化学环境不同，将会有不同的共振频率，产生不同的共振谱。根据该波谱即可判断该原子在分子中所处的位置及相对数目，从而分析认识子结构、原子配位环境等。目前常用的有 $^1$H NMR 谱、$^{13}$C NMR 谱、$^{29}$Si 魔角旋转核磁共振谱、

$^{27}$Al 魔角旋转核磁共振谱等。

$^1$H 发生核磁共振的条件是必须使电磁波的辐射频率等于$^1$H 的进动频率。可以采用两种方法。一种是固定磁场强度，逐渐改变电磁波的辐射频率，进行扫描，当二者匹配时，发生核磁共振；另一种是现在仪器都采用的扫场方法，即固定辐射波的辐射频率，然后从低场到高场，逐渐改变磁场强度，当二者匹配时，也会发生核磁共振。在外磁场的作用下，$^1$H 倾向于与外磁场取顺向的排列，所以处于低能态的核数目比处于高能态的核数目多，但由于两个能级之间能差很小，前者比后者只占微弱的优势。$^1$H NMR 的信号正是依靠这些微弱过剩的低能态核吸收射频电磁波的辐射能跃迁到高能级而产生的。

$^1$H 核可以通过非辐射的方式从高能态转变为低能态，称为弛豫。在正常测试情况下不会出现饱和现象。弛豫的方式有两种，对于处于高能态的核，通过交替磁场将能量转移给周围的分子，即体系往环境释放能量，本身返回低能态，这个过程称为自旋晶格弛豫。其速率用 $1/T_1$ 表示，$T_1$ 称为自旋晶格弛豫时间。自旋晶格弛豫降低了磁性核的总体能量，又称为纵向弛豫。两个处在一定距离内、进动频率相同、进动取向不同的核互相作用，交换能量，改变进动方向的过程称为自旋-自旋弛豫。其速率用 $1/T_2$ 表示，$T_2$ 称为自旋-自旋弛豫时间。自旋-自旋弛豫未降低磁性核的总体能量，又称为横向弛豫。氢的核磁共振谱能提供三类有用的信息：化学位移（吸收位置）、耦合常数（峰的分裂）、积分曲线（吸收强度）。应用这些信息，可以推测质子在碳链上的位置。

化学位移：在有机化合物中，处在不同结构和位置上的各种氢核周围的电子云密度不同，导致共振频率有差异，产生共振吸收峰的位移称为化学位移。核周围电子产生的感应磁场对外加磁场的抵消作用为屏蔽效应。核周围的电子屏蔽效应是化学位移产生的主要原因。通常氢核周围的电子云密度越大，屏蔽效应也越大，从而需要在更高的磁场强度中才能发生核磁共振和出现吸收峰。化学位移的差别约为百万分之十，难以精确测得数值。常采用相对数值表示法，即选用一个标准物质，以该标准物的共振吸收峰所处位置为零点，其他吸收峰的化学位移值根据这些吸收峰的位置与零点的距离来确定。最常用的标准物质是四甲基硅烷（tetramethylsilicon，TMS）。TMS 作为标准物，是因为 TMS 中的四个甲基对称分布，因此所有氢都处在相同的化学环境中，它们只有一个锐利的吸收峰。另外，TMS 的屏蔽效应很高，共振吸收在高场出现，而且吸收峰的位置处在一般有机物中的质子不发生吸收的区域内。化学位移值普遍采用无量纲的 $\delta$ 值表示。四甲基硅烷吸收峰的 $\delta$ 值为零，其右边的 $\delta$ 值为负，左边的 $\delta$ 值为正。

化学位移取决于核外电子云密度，因此影响电子云密度的各种因素都对化学位移有影响，影响最大的是电负性和各向异性效应，其次是氢键、溶剂效应、范德华效应。与$^1$H 的化学位移相比，影响$^{13}$C 的化学位移的因素更多，但自旋核周围的电子屏蔽是重要因素之一，因此对碳核周围的电子云密度有影响的任何因素都会影响它的化学位移。碳原子是有机分子的骨架，氢原子处于它的外围，因此分子间碳核的互相作用对 $\delta C$ 的影响较小，而分子本身的结构及分子内核间的相互作用对 $\delta C$ 的影响较大。碳的杂化方式、分子内及分子间的氢键、各种电子效应、构象、构型及测定时溶剂的种类、溶液的浓度、体系的酸碱性都会对 $\delta C$ 产生影响。

耦合常数：在磁场作用下，分子中的质子会产生自旋，邻近质子之间也会产生相互影响从而影响对方的核磁共振吸收,这种相互作用称为自旋耦合,自旋耦合的度量称为自旋耦合常数(coupling constant)。当自旋体系存在自旋-自旋耦合时,核磁共振谱线发生分裂。由分裂所产生的裂距反映相互耦合作用的强弱,称为耦合常数,单位为 Hz。原子核间的自旋-自旋耦合作用是通过化学键的成键电子传递的,只发生在化学键相隔不远的原子核之间,即反映相邻核的特征,因此可提供化合物分子内相接和立体化学的信息。

积分曲线:积分曲线的画法由左至右,即由低磁场向高磁场。积分曲线的总高度(用 cm 或小方格表示)和吸收峰的总面积相当,即相当于氢核的总个数。而每一相邻水平台阶高度则取决于引起该吸收峰的氢核数目。当知道元素组成时,即知道该化合物总共有多少个氢原子时,根据积分曲线便可确定图谱中各峰所对应氢原子数目,即氢分布;如果不知道元素组成,但图谱中有能判断氢原子数目的基团(如甲基、羟基、取代芳烃等),以此为基准也可以判断化合物中各种含氢官能团的氢原子数目。

魔角旋转核磁共振技术(MASNMR)包括交叉极化魔角旋转(CP-MAS)和高分辨魔角旋转(HR-MAS)两项新技术,主要用于固体的测定。固体化学位移的各向异性以及自旋晶格弛豫时间很长的缺点,采用交叉极化魔角旋转技术,就是通过样品的旋转来达到减小分子相互作用的目的,通过使样品在旋转轴与磁场方向夹角为 $\beta = \theta = 54.7°$(魔角)的方向高速旋转以及交叉极化等方法,将 $\beta$ 与 $\theta$ 的差别平均掉,从而达到窄化谱线的目的。

NMR 可以直接测定非黏稠性液体,对于难溶解的物质则可以用固体核磁共振仪测定,大多数情况下固体样品和黏稠液体多数配成溶液进行测定。溶剂应该不含质子,对样品溶解性好,不与样品发生缔合,且价格应便宜。常用的有四氯化碳、二硫化碳和氘代试剂。标准物是用来调整谱图零点的物质,对于 $^1H$ NMR 谱、$^{13}C$ 核磁,最理想的标准物是四甲基硅烷。若样品需低温测定,可采用杜瓦装置,可用浸泡式和吹风式实现低温。

NMR 谱具有不破坏样品就能确定物质的结构、有很高的绝对分辨能力、获得的谱线参数较多等突出优点。目前 NMR 已被认为是研究矿物晶体结构和化学键性质的有力工具。NMR 在矿物学中主要用于:①矿物中水的类型、行为及质子结构位置的研究;②硼酸盐、硅硼酸盐中 $^{11}B$ 的配位研究;③矿物结构中有序、无序的研究,固体中扩散、相变、结构缺陷的研究;④晶场梯度的实验估计、晶体中电荷分布与化学键的研究等。

另外,还有核磁共振岩石分析技术,能用于石油行业中岩心分析。核磁共振岩心分析是核磁测井的刻度定标工作不可缺少的,能够提供比常规岩心分析更多的地层评价所需要的信息[64]。例如,能够快速无损检测白云石岩心的孔隙度、孔分布、渗透率、自由流体孔隙度、储层孔隙分布[65]。核磁共振测井也是目前唯一可以区分储层中的可动流体和束缚流体的测井方法,用于确定储层束缚水体积具有独特的优势。岩样有效孔隙度、渗透率、可动流体饱和度、束缚流体饱和度等测量参数都与横向弛豫时间($T_2$)的选取有关。多数碳酸岩岩心的 $T_2$ 截止值集中在 $90 \sim 100 ms$ 之间[66]。洪国敏等[67] 采用核磁共振技术分析了爆破后的石灰石矿块和石灰石的孔隙结构特征,将试样放入真空加压饱和装置饱水仓内,利用真空泵进行抽真空处理,抽真空时间约为 4h,随后注水加压至 15MPa,进行真空饱和 48h。饱和后擦干岩样表面水分,用生胶带包裹好,放入核磁共振成像分析系统中测量样品的孔隙率。得到的 $T_2$ 分布见图 2-21,发现岩石颗粒的粒度不同,引起了岩石核磁共振弛豫特性的差异。

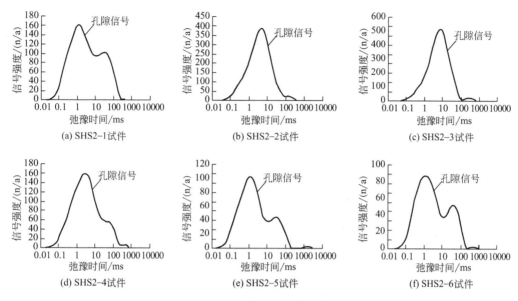

图 2-21　不同石灰石矿物样品的核磁共振（$T_2$）分布谱

## 2.4.6　电子能量损失谱分析

高能电子入射样品过程发生两类交互作用：其中一部分入射电子未与样品发生任何散射作用，或仅与原子核发生弹性散射作用，未引起能量变化；而另外一些入射电子是通过声子激发、带间跃迁、导带电子集体振荡（等离激元）和内层电离等非弹性散射过程发生能量损失。电子能量损失谱（electron energy loss spectroscopy，EELS）是利用入射电子束在试样中发生非弹性散射来获取发生散射的机制、试样的化学组成以及厚度等信息（图 2-22）。因而 EELS 能够对薄试样微区的元素组成、化学键及电子结构等进行分析，其

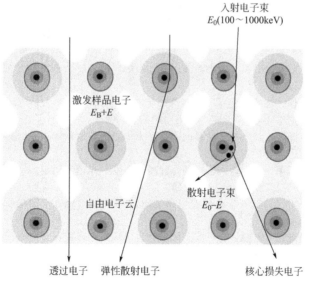

图 2-22　电子能量损失的原理图

中包括元素的种类及数量、元素的化学状态、元素与近邻原子的集体相互作用等。EELS主要研究的是非弹性散射引起能量损失的初级过程，因此在检测效率和检测超轻元素方面要比 X 射线能谱（EDX）好（表 2-12）。

表 2-12　透射电镜中的 EELS 和 EDX 的比较

| TEM 中的 EELS | TEM 中的 EDX |
|---|---|
| 元素、化学、介电信息 | 只提供元素信息 |
| 对大多数元素有比较高的灵敏度 | 信息收集效率低，轻元素的产生和探测效率低 |
| Mapping 速度快 | Mapping 速度慢，信噪比低 |
| 无电镜腔和样品的其他部分的假相 | 有来源于电镜腔和样品的其他部分的假相 |
| 轻元素探测效率高；重元素探测效率低 | 低 $Z$ 元素探测效率低；高 $Z$ 元素探测效率高 |
| 能量分辨率 $0.3\sim2eV$；峰不易重叠 | 能量分辨率约 $100eV$；峰易重叠 |
| 样品厚度有限制 | 无样品厚度限制 |

　　EELS 可分为零损失区、低能损失区和高能损失区三个区。第一个峰值，也就是对于极薄样品强度最高的位置，发生在 0eV 损失处（等于初始束流能量），称为零损失峰值，代表了未发生非弹性散射的电子，但有可能发生了弹性散射或能量损失极小而无法测量。零损失峰值的宽度主要反映电子源的能量分布，通常为 $0.2\sim2.0eV$，但在单色电子源中可能窄至 10meV 或以下。只有具有分立的特征能量损失的电子能量损失峰才携带有关体内性质和表面性质的信息，平坦较宽的峰或是曲线的平坦部分只反映二次电子发射，而不反映物体的特性。当电子穿过样品时，它们会与固体中的原子相互作用。

　　最近，能够对电子能量、动量做二维成像探测分析的半球形电子能量分析器被引入电子能量损失谱仪，实现了高能量、动量分辨率的高效率测量。例如，将球差扫描透射电子显微技术与 EELS 相结合，能分析原子尺度上的化学键合、电子结构等信息[68]。

<h2 align="center">参考文献</h2>

[1] 韩永刚，唐龙逊，熊驰愿，濮瑞，李平，陈述良，李永保．化学-质量法碳酸盐岩定量分析技术及应用 [J]．录井工程，2011，22（04）：16-19，80-81.
[2] 刘淑英．岩石薄片鉴定及显微图像技术在现场录井中的应用 [J]．西部探矿工程，2016，28（08）：43-46.
[3] 李艳梅．荧光薄片制作方法的研究 [J]．西部探矿工程，2018（06）：77-78，82.
[4] 李胜荣．结晶学和矿物学 [M]．北京：地质出版社，2008.
[5] 陈金凤，钟坚海，林亚妹，刘明健．电感耦合等离子体原子发射光谱法同时测定石灰石和白云石中镁等 6 种元素含量 [J]．检验检疫学刊，2013，23（6）：4-7，76.
[6] 阳运国，潘倩妮，何雨珊，黄献珠．电感耦合等离子体发射光谱法测定石灰石中的氧化钙、氧化镁 [J]．云南化工，2020，47（8）：100-102，105.
[7] 赵庆令．ICP-AES 法测定石灰石、白云石中的 $Al_2O_3$，$CaO$，$TFe_2O_3$，$MgO$，$MnO$，$SiO_2$，$TiO_2$ [J]．分析测试技术与仪器，2009，15（3）：179-181.
[8] 李青霞，崔东艳，钱延强．电感耦合等离子体发射光谱法测定石灰石、白云石中的多元素 [J]．冶金标准化与质量，2005，43（4）：6-8.
[9] 谢华林，文海初，李坦平．ICP-AES 法同时测定大理石样品化学组分元素的研究 [J]．石材，2003，11：28-30.
[10] 莫明凯．石灰石检测及氧化钙含量测定研究 [J]．云南化工，2020，47（10）：88-90.

[11] 黄治树. 原材料、炉渣中高、中含量钙、镁原子吸收法测定 [J]. 冶金分析，1997，17（4）：38-39.

[12] 俞淑莺，肖扬. 原子吸收光谱法测定石灰石中的硅、铝、铁、镁 [J]. 水泥，1987，2（8）：28-35.

[13] 乔蓉，郭钢. X 射线荧光光谱法测定白云石、石灰石中氧化钙、氧化镁和二氧化硅 [J]. 冶金分析，2020（3）：44-47.

[14] 金小龙，李一辰，赵丽娟，程春艳，孙有娥. X 射线荧光光谱法测定方解石中 7 种元素的含量 [J]. 广州化工，2016，44（16）：131-133.

[15] 崔世文，杨武，黄乃航，胡一飞. X 射线荧光光谱测量大理石产品中主量元素 [J]. 石材，2011（11）：23-25.

[16] 刘庆云. 非色散原子荧光光谱法测定岩石矿物中的铁、镁、锰 [J]. 华东地质学院学报，1985（2）：65-71.

[17] 吴才来，雷敏，秦海鹏，李名则. 环带钾长石、榍石和锆石的显微结构与微区组成特征分析 [J]. 光谱学与光谱分析，2013，33（08）：2235-2241.

[18] 王坤阳，杜谷，杨玉杰，董世涛，喻晓林，郭建威. 应用扫描电镜和 X 射线能谱仪研究黔北黑色页岩储层孔隙及矿物特征 [J]. 岩矿测试，2014，33（5）：634-639.

[19] Ahmad A，Hafeez M，Abbasi S A，Khan T M，Faruque M R I，Khandaker M U，Ahmad P，Rafique M，Haleem N. Compositional analysis of chalcopyrite using calibration-free laser-induced breakdown spectroscopy [J]. Applied Sciences，2020，10（19）：6848.

[20] Lasheras R J，Paules D，Escudero M，Anzano J，Legnaioli S，Pagnotta S，Palleschi V. Quantitative analysis of major components of mineral particulate matter by calibration free laser-induced breakdown spectroscopy [J]. Spectrochimica Acta Part B：Atomic Spectroscopy，2020，171：105918.

[21] 周慧. 激光剥蚀电感耦合等离子体质谱法应用于碳化硅陶瓷材料的分析 [D]. 上海：华东理工大学，2014.

[22] 袁继海. 激光剥蚀-电感耦合等离子体质谱在矿物原位微区分析中的应用研究 [D]. 北京：中国地质科学院，2011.

[23] 韩吟文，马振东. 地球化学 [M]. 北京：地质出版社，2003：181-211.

[24] 赵振华. 副矿物微量元素地球化学特征在成岩成矿作用研究中的应用 [J]. 地学前缘，2010，17（1）：267-284.

[25] 冯东，陈多福. 黑海西北部冷泉碳酸盐岩的沉积岩石学特征及氧化还原条件的稀土元素地球化学示踪 [J]. 现代地质，2008，22：390-396.

[26] 陈琳莹，李崇瑛，陈多福. 碳酸盐岩中碳酸盐矿物稀土元素分析方法进展 [J]. 矿物岩石地球化学通报，2013，31（2）：177-183.

[27] 娄方炬，顾尚义. 贵州织金寒武纪磷块岩中磷灰石和白云石稀土元素的 LA-ICP-MS 分析：对沉积环境和成岩过程的指示意义 [J]. 中国稀土学报，2020（2）：225-239.

[28] 张健，陈华，陆太进，丘志力，巍然，柯捷. 山东金刚石碳同位素组成的二次离子质谱显微分析 [J]. 岩矿测试，2012（4）：591-596.

[29] 李铁军. 氧同位素在岩石成因研究的新进展 [J]. 岩矿测试，2013，32（6）：841-849.

[30] 高建飞，丁悌平. 激光熔蚀微量氧同位素分析方法 [J]. 质谱学报，2007，28：30-35.

[31] 季长军，陈程，吴珍汉，伊海生，夏国清，赵珍. 羌塘盆地中侏罗统砂糖状白云岩流体包裹体碳-氧同位素分析及白云岩成因机制讨论 [J]. 地质评论，2020（5）：1186-1198.

[32] 祝红丽. 钙同位素分析方法及应用 [D]. 广州：中国科学院研究生院（广州地球化学研究所），2016.

[33] 周暄翎. Mg 同位素地球化学发展与应用 [J]. 中国水运，2020，20（1）：187-188.

[34] 甯濛，黄康俊，沈冰. 镁同位素在"白云岩问题"研究中的应用及进展 [J]. 岩石学报，2018，34（12）：3690-3708.

[35] 房楠. 镁同位素分析测试方法及其在白云鄂博矿床中的应用 [D]. 北京：中国地质大学，2011.

[36] 王智，张松扬，徐敏. 碳酸盐岩地层自然伽马能谱测井曲线质量评价 [J]. 勘探地球物理进展，

2007，30（3）：211-214，

[37] 庞小丽，刘晓晨，薛雍，江向锋，江超华．粉晶 X 射线衍射在岩石学和矿物学研究中的应用 [J]．岩矿测试，2009，28（5）：452-456．

[38] 马礼敦．X 射线粉晶衍射的新起点——Rietveld 全谱拟合 [J]．物理学进展，1996，16（2）：251-256．

[39] 迟广成，肖钢，伍月，陈英丽，王海娇，胡建飞．X 射线粉晶衍射仪在大理岩鉴定与分类中的应用 [J]．岩矿测试，2014，33（5）：698-705．

[40] 时伟．X 射线单晶衍射与粉晶衍射在矿物分析中的对比 [J]．现代矿业，2015，31（009）：250-251．

[41] 迟广成，肖刚，伍月，陈英丽，王海娇，胡建飞．X 射线粉晶衍射仪在大理岩鉴定和分类中的应用 [J]．岩矿测试，2012，33（5）：698-704．

[42] 叶皓玮，刘成东，赵严，万建军，张辉，张勇，周万蓬．浙江省衢州市上方镇重钙方解石矿工艺指标影响因素 [J]．矿物岩石地球化学通报，2021，40：1-10．

[43] 宋晶，李友明，唐艳军．纳米碳酸钙的表面改性及其界面行为 [J]．化工新型材料，2006，10：46-49．

[44] 王成毓，赵敬哲，刘艳华，郭玉鹏，赵旭，邓艳辉，杨桦，王子忱．模拟生物矿化过程原位合成活性纳米碳酸钙 [J]．高等学校化学学报，2005，26（001）：13-15．

[45] 刘磊．相转移-碳化法由石灰石制备纳米轻质碳酸钙及其表面改性工艺条件研究 [D]．合肥：合肥工业大学，2014．

[46] 李旭，杨学恒，彭光含，刘济春．扫描隧道显微镜对纳米碳酸钙的研究 [J]．材料导报，2005，19（03）：120-121．

[47] 张晓航，吴世军，陈繁荣．方解石（1014）晶面在含重金属溶液中的生长及新生长面的溶解 [J]．矿物岩石地球化学通报，2020，39：1-10．

[48] 徐国峰，王洁欣，沈志刚，陈建峰．单分散纳米碳酸钙的制备和表征 [J]．北京化工大学学报：自然科学版，2009，036（005）：27-30．

[49] 张堃，曾汉民，林木良．表面改性纳米 $CaCO_3$ 热性能研究 I：TG-FTIR、DSC [J]．材料导报，2004，18：156-158．

[50] 郑瑛，陈小华，周英彪，郑楚光．$CaCO_3$ 分解动力学的热重研究 [J]．华中科技大学学报（自然科学版），2002，08：71-72．

[51] 张利娜，袁章福，李林山，吴燕，隋殿鹏．石灰石热分解动力学模型研究 [J]．有色金属科学与工程，2016，07（6）：13-18．

[52] 杨念，况守英，岳蕴辉．几种常见无水碳酸盐矿物的红外吸收光谱特征分析 [J]．矿物岩石，2015，35（04）：37-42．

[53] 郭立鹤．红外光谱在矿物学上的应用 [J]．矿物岩石地球化学通报，1985，4（1）：18-19．

[54] 李莉娟，孙凤久．针状纳米 $CaCO_3$ 的红外光谱分析 [J]．东北大学学报（自然科学版），2006，27（4）：462-464．

[55] 燕守勋，张兵，赵永超，等．矿物与岩石的可见-近红外光谱特性综述 [J]．遥感技术与应用，2003，18（004）：191-201．

[56] 郑金宇，王礼胜，陈涛，等．蓝色蛇纹石玉的宝石矿物学特征 [J]．宝石和宝石学杂志，2018，20（S1）：71-74．

[57] 杜广鹏，范建良．方解石族矿物的拉曼光谱特征 [J]．矿物岩石，2010，30（4）：32-35．

[58] Zhang L，Wang Q，Ding X，Li W C. Diverse serpentinization and associated abiotic methanogenesis within multiple types of olivine-hosted fluid inclusions in orogenic peridotite from northern Tibet-ScienceDirect [J]．Geochimica et Cosmochimica Acta，2020，296：1-17．

[59] Zou Z Y，Habraken M J E M，Matveeva G，Jensen A C S，Bertinetti L，Hood M A，Sun G Y，Gilbert P U P A，Polishchuk I，Pokroy B，Mahamid J，Politi Y，Weiner S，Werner P，Bette S，Dinnebier R，Kolb U，Zolotoyabko E，Fratzl P. A hydrated crystalline calcium carbonate phase：calcium carbonate hemihydrate [J]．Science，2019，363（6425）：396-400．

[60] 金达莱，岳林海，徐铸德．球形碳酸钙复合物的红外、拉曼光谱分析研究 [J]．无机化学学报，

2004，20（006）：715-720.

[61] Hollis J R，Ireland S，Abbey W，Bhartia R，Beegle L W. Deep-ultraviolet Raman spectra of Mars-relevant evaporite minerals under 248.6 nm excitation [J]. Icarus，2020，351：113969.

[62] 王建蕊，张杰，莫樊，王沙，吴林，毛瑞勇，谢飞. 原生与风化胶磷矿和白云石的表面化学特征及比较研究 [J]. 矿物岩石，2016，36（1）：63-71.

[63] 华益苗，袁骏，岳林海，等. $SiO_2$ 包覆超细 $CaCO_3$ 的微晶分析和 XPS 研究 [J]. 无机化学学报，2001（01）：134-138.

[64] 李海波. 岩心核磁共振可动流体 $T_2$ 截止值实验研究 [D]. 北京：中国科学院研究生院，2008.

[65] Timur A. Producible porosity and permeability of sandstone investigated through nuclear magnetic resonance principles [M]. The Log Analyst，1969：3-11.

[66] Logan W D，Horkowitz J P，Laronga R，Cromwell D W. Practical application of NMR logging in carbonate reservoirs [J]. SPE Reservoir Engineering（Society of Petroleum Engineers），1998，1（5）：438-448.

[67] 洪国敏，王创业，盛晓雅，周志刚. 基于核磁共振技术的石灰岩孔隙结构特征研究 [J]. 现代矿业，2019，10：75-78.

[68] 朱学涛，郭建. 新型高分辨率电子能量损失谱仪与表面元激发研究 [J]. 物理学报，2018，67（12）：127901.

# 第3章
# 重质碳酸钙和氧化钙

## 3.1 重质碳酸钙及其一般生产工艺

### 3.1.1 重质碳酸钙

重质 $CaCO_3$（重钙，grinding calcite carbonate，GCC）是以方解石、石灰石、白垩或大理石等天然 $CaCO_3$ 岩石矿物为原料，经机械粉碎、研磨等生产的 $CaCO_3$ 粉体产品[1,2]。产品主要考虑的理化属性是纯度、细度、白度和表面性能。一般按平均粒径大小分为粗磨重质 $CaCO_3$（$45\sim125\mu m$）、细磨重质 $CaCO_3$（$10\sim45\mu m$）和超细磨重质 $CaCO_3$（$2\sim10\mu m$）等类别[3]。堆密度一般为 $0.8\sim1.3g/cm^3$，白度为 $89\%\sim93\%$。

重质 $CaCO_3$ 无毒无味，原料易得，生产工艺简单，价格相对低廉[4,5]，广泛用于橡胶、塑料、涂料、油墨、造纸、医药、胶凝剂、食品、日化等行业[6,7]。作为塑料、橡胶等的填料，可以增加产品体积、降低成本，并能调节加工产品时的黏度、流变等，而且还能提高尺寸稳定性，改善最终产品的力学性能；加入油墨中，能提高产品的印刷性能等；加入涂料中，能调节和改善产品的耐热性、消光性、耐磨性、阻燃性、白度、光泽度等物理性能[8-10]。

适合生产重质 $CaCO_3$ 的天然矿石，一般不需要进一步浮选或其他除杂质工艺，只需将其粉碎、超细研磨即可。矿物原料、加工装备、工艺条件等影响和决定了重质 $CaCO_3$ 产品的颗粒形态、粒度大小及其分布、表面性能等。

### 3.1.2 干法生产工艺

在生产重质 $CaCO_3$ 干粉时，干法粉碎研磨工艺简单，生产流程短，无须设置后续过滤、干燥等脱水工艺，具有操作简便、容易控制、投资较省、运转费用较低等特点。加工过程主要是破碎、研磨和分级，破碎、研磨设备有冲击式粉碎机、雷蒙磨、干式搅拌磨、气流磨、冲击磨、立式磨、环辊磨、振动磨、球磨机、搅拌磨、研磨剥片机、砂磨机、高压水射流磨等[4]，分级设备有依据强制涡流原理的叶轮式超细分级机等。

不同的研磨设备，生产出的产品粒度尺寸不同（表 3-1）。一般干法工艺较适合生产粒径较大的重钙产品 [图 3-1(a)]。雷蒙磨可生产出粒径为 $38\sim74\mu m$ 的重钙产品，而在生产流程中加入干式微细分级机，则可生产出粒径为 $10\mu m$、$18\mu m$ 和 $25\mu m$ 的重钙产品[11]。超细研磨设备与分级机配合，可组成超细加工工艺系统[12,13] [图 3-1(b)]。流程 (b) 比流程 (a) 投资大，能耗高，但能生产细度 $<10\mu m$ 的重钙产品，可应用在塑料、

橡胶等行业作高档填料[14]。采用流程（c），加入高速机械冲击粉碎机，单位功率粉碎能力大，容易与干式微细分级机配套，可生产 $10\mu m$ 重钙产品。流程（d）生产的超细重钙粉体产品 35% 以上的颗粒细度 $<2\mu m$，电耗相对较低，运转费用较少[11]。

表 3-1　常用重钙干法工艺的比较[12]

| 设备类型 | 给料粒度<br>$(d_{90})$/mm | 最佳生产细度<br>范围$(d_{90})$/目数 | 粉碎作用 | 1250 目吨产品电耗<br>/(kW·h/t) | 1250 目吨产品单机<br>生产规模/(t/h) |
|---|---|---|---|---|---|
| 4R 雷蒙磨（自带分级机） | ≤30 | 100～1250 | 碾压与冲击 | 140 | 0.2～0.3 |
| 冲击磨（配分级机） | <8 | 600～1000 | 高速冲击 | 230 | 0.2～0.3 |
| 立式磨（自带分级机） | <30 | 200～1250 | 碾压 | 145～160 | 1.0～4.0 |
| 振动磨（配分级机） | <0.165 | 1250～6000 | 冲击与研磨 | 160 | 0.5～1.5 |
| 环辊磨（自带分级机） | <10 | 325～1250 | 碾压与冲击 | 90～100 | 0.45～1.2 |
| 干式搅拌磨（配分级机） | <0.045 | 1250～6000 | 低速研磨 | 160 | 0.3～0.6 |
| 球磨机（配分级机） | <6 | 600～6000 | 冲击与研磨 | 160 | 1.0～6.5 |

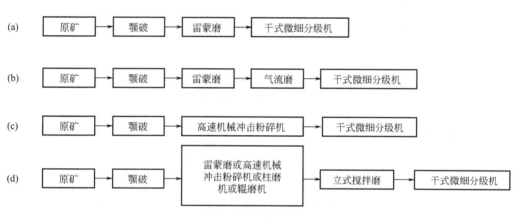

图 3-1　干法生产工艺流程图

## 3.1.3　湿法生产工艺

一般湿法生产工艺就是先将干法生产的重钙细粉配成悬浮液，置于磨机内进一步粉碎，然后经脱水、干燥后得到超细的重质碳酸钙粉体[8]［图 3-2(a)］。湿法生产可生产填料级、涂布级等重质碳酸钙产品。生产填料级碳酸钙，一般经过一级研磨可达到其细度要求；生产涂布级碳酸钙，一般需要经过两级研磨［图 3-2(b)］，才能达到细度要求[14]。一级研磨中粉体尺寸范围可为 1.0～1.6mm，二级研磨中粉体尺寸范围可为 0.8～1.25mm[15]。二级研磨使重钙粒度更小，从而达到涂布级碳酸钙要求。

与重质碳酸钙的干法生产工艺相比，湿法生产工艺中加水使得粉料容易分散，并且水具有部分助磨作用，有利于超细研磨，因此湿法生产工艺相对具有产品粒度细、粒度分布窄等优点[16]。但生产重质碳酸钙干粉时，需后续的过滤和干燥脱水设备和操作，干燥过程易发生颗粒团聚，因此，有时要在干燥后进行分散和解聚处理，使配套设备增多，工艺变得复杂等[17]。在生产中，目前湿法分级较难，尚没有非常有效的湿法超细分级设备。

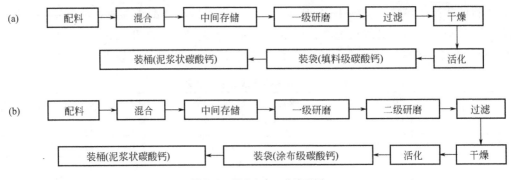

图 3-2　湿法生产工艺流程图

混合研磨的配料主要是水、分散剂、粉状碳酸钙。考虑重质碳酸钙的用户目的和要求，生产中可以考虑将研磨后经压滤机压滤成的滤饼直接作为产品供应用户，或干燥成粉状产品包装成袋供应用户。

活化工艺是进行重质碳酸钙粉体的表面处理，与未经活化处理的重质碳酸钙粉体相比，活化的重质碳酸钙粉体产品具有更好的亲油性、更强的与有机物的亲和性，在橡胶、塑料等基体中易分散、混合，改善相应制品的加工性能和应用属性。

# 3.2　矿石原料开采与洗矿

## 3.2.1　生态和绿色矿山

开采矿石统筹协调矿区资源、环境、经济、社会效益，包括依法规范开发资源、提高资源综合利用水平、建设生态和绿色矿山等[18]。在石灰石矿山环境方面，需要在各功能区设立规范的标识标牌；在矿道等粉尘区配置除尘设施，保证健康的空气质量；在生活生产区加强植被覆盖率，美化环境。在资源利用方面，需要减少废石排弃量，降低矿山开采成本，适合时也可将劣质矿石和优质矿石进行配矿，将石灰石废石根据成分等要求进行副产品的加工，还要考虑杂质矿石和土层的使用，清洗矿石废水和废泥的利用，实现综合和合理的增值利用、清洁生产。根据地形地貌条件进行节能降耗设计，如设计最佳运输道路、引进先进的生产和控制设备等。在后期生态环境修复方面，贯彻"边开采、边治理"原则，实现矿区环境修复动态化，如清理开采边坡浮石、边坡绿化等。在企业内部管理方面，首先要建立和完善矿产资源管理、生态环境保护和安全生产等各项管理制度，做好严格的生产台账记录，有踪可循；其次要建立健全的职工培训体系，拓宽其知识面，鼓励科技创新，提高矿山机械化、自动化水平及开发新的开采和加工技术等[19]。

## 3.2.2　矿石开采

石灰岩、方解石矿等开采要做到绿色矿山、安全开采、清洁破碎、分级利用、物尽其值。一般在选择生产重质 $CaCO_3$ 粉体的矿物原料时，需要对岩石矿物的组成、构造、矿物晶型、化学成分和伴生矿物、白度等进行分析和了解，并结合要采用的加工设备、工艺条件和市场需求等综合考虑。

方解石是生产重质 $CaCO_3$ 粉体的常用原料，相应的重质 $CaCO_3$ 粉体广泛用于塑料、橡胶、造纸、胶黏剂等领域，是目前市场需求量最大的非金属矿深加工产品之一。

目前使用的采矿技术主要有空场采矿法、崩落采矿法以及充填采矿法等，其中崩落采矿法是在采矿的深孔中通过爆破的方式对采空区域进行崩落[20]。常规的爆破需要根据岩石（如方解石、白垩、石灰石和大理石）的强度选择炸药值；不同的岩石需要的炸药单耗取值存在较大的差异[21]。等离子爆破是新型的、便捷的爆破技术[22,23]。通过网络控制技术和多点同时爆破手段的运用，提高了爆破的高效性与安全性。

石灰石的开采方式有：

① 按照台阶式自上而下水平分层开采，以铵油（硝酸铵和柴油）炸药混装车装药、制药，采用串并联复式网络方式联线布孔配合微差爆破、装载机铲装作业、远程长皮带输送机等[24]。

② 扩漏斗采矿法[25]。从山脚掘进一条平峒，由平峒掘进一条竖井通至山坡，将井壁采出扩大形成漏斗状，采下的矿石通过竖井下放。

③ 均化开采技术[26]。首先建立矿化数学模型，如采用克里格法等，然后编制均化配矿计划，结合两者进行开采，为保证进厂矿石质量稳定和充分利用资源奠定基础。

石灰岩爆破技术主要有：

① 逐孔爆破技术[27]。是一种以高强度、高精度复合导爆管毫秒雷管为起爆器及传爆元件进行起爆网络的铺设，孔内采用高段位延时毫秒雷管进行起爆，孔外采用低段位延时毫秒雷管连接，实现单孔孔间微差起爆的爆破技术[28]。主要包括应力波叠加作用、增加自由面在爆孔时的作用、减小爆破震动三个方面。

② 连续装药爆破技术[29]。一般是把炸药全部集中在炮孔底部，而后起爆。

③ 分段装药爆破技术[29]。在炮孔下段装药量足以充分破碎台阶底盘抵抗线与坡底线相交处矿石的情况下，由于炮孔剩余部分炸药上移，从而爆破能量分布较传统装药结构更合理，这样就可使炮孔中、上部周围的矿石同时得到充分破碎。

④ 光面爆破技术[30]。一种控制爆破技术，通过正确选择爆破参数和合理的施工方法，分区分段微差爆破，控制爆破的作用范围和方向，减少爆破对保留岩体的破坏，爆破后巷道轮廓线符合设计要求，形成平整断面。

⑤ 聚能准光面爆破技术[31]。把普通光面爆破和聚能爆破有机地结合在一起，发挥聚能管的条状聚能作用，增强定向爆破效果，能降低穿爆成本和保护边坡。

⑥ 大孔距小抵抗线爆破技术[32]。在保持孔距和排距的乘积不变的条件下，一定范围内增大炮孔的密集系数，即增大孔距，减小排距，将炮孔的密集系数从传统值的 $m=0.8\sim1.2$ 增大到 $m=3\sim6$，以改善爆破效果的爆破技术。

⑦ 预裂爆破技术。在预先设计的成缝线上布置间距小且平行的爆破孔，每孔的炸药量须严格控制，采用低密度、低爆速的炸药和不耦合装药结构，爆破后形成一条预先设计的裂缝[33]。炸药在爆炸过程中，不仅会瞬间产生极为强烈的冲击波和应力波，而且还伴随着高温高压气体产生，岩石受到急剧高速的冲击波和应力波，导致炮孔内壁岩石产生拉剪破坏，随着爆轰波能量的减弱，爆炸产生的气体又弥补了爆轰波的破岩能量，造成岩石的破坏程度沿着原有的裂缝继续向外发展，对已破坏岩石二次破坏[34]。

⑧ 掏槽爆破技术[35]。掏槽的作用是将工作面的掏槽部分岩石先破碎，为后续炮眼创造自由面及改善爆破效果。装药起爆形成应力波并相互作用使岩石破裂，而后爆轰气体产物渗入新的岩石裂纹中，造成裂缝进一步扩张和延伸，使岩石充分破碎形成破碎区，最终在爆轰气体的继续推动下将岩石碎块和爆轰气体的伪流体朝径向方向抛掷，形成槽腔。

⑨ 深孔药壶爆破技术[36]。相比药壶爆破，深孔药壶爆破的炮眼具有大孔径、大深度等特点，爆破效果更好[37]。关键在于爆破扩腔，为了形成满足一定要求的壶腔，需对深孔进行多次爆扩，如果爆扩用药量太小，则难以形成有效的空腔，达不到药壶爆破的目的；但如果太多，则可能使炮孔垮塌，炮孔报废，因此爆扩工艺对药壶爆破非常重要。

⑩ 中深孔间隔爆破技术[38]。根据岩石的破碎机理和炸药能量突变时对周围介质产生干扰和破坏的原理，在炮孔底部采用空气作间隔和以空气为介质延长爆破时间的爆破技术。

⑪ $CO_2$ 爆破技术。气态 $CO_2$ 通过高压、低温压缩为液态 $CO_2$，用高压泵将液态 $CO_2$ 打入抗高压爆破筒内，爆破筒内装有安全膜、破裂片、导热棒和密封圈等原件，旋上合金帽即完成对单支爆破筒的 $CO_2$ 装填工作。现场爆破时，将电路正常的爆破筒插入钻孔中固定好，然后连接起爆器和电源。当微电流通过高导热棒时，产生高温击穿安全膜，瞬间将液态 $CO_2$ 气化，急速膨胀的 $CO_2$ 气体产生高压冲击波致泄压阀自动打开，从排气孔冲出，对被爆破介质做功，并最终实现对被爆介质的贯穿，破坏。

此外，还有空气间隔器装药爆破技术[39]、网络雷管逐孔起爆技术[40] 等。

大理石的开采技术有钢索绳锯石机与凿岩排孔爆裂联合开采法[41]、金刚石串珠绳锯石机开采法[41]、链臂式锯石机（金刚石带锯）与串珠锯联合开采法[41]、无声切割法[42]。大理岩的爆破技术有切槽爆破技术[43]、静态爆破技术[44]、单孔微差控制爆破[45]、二氧化碳爆破技术[46] 等。

### 3.2.3 矿石清洗

纯度、白度是重质 $CaCO_3$ 产品最重要的品质指标。除优选保证矿石原料本身品质外，对原矿石进行清洗除泥，可以更好地提高重质 $CaCO_3$ 粉末的白度等[47]。

洗矿可用圆筒洗矿机和双螺旋洗矿机（图 3-3）。圆筒洗矿机适合大块状、产量要求较大的洗矿作业。当含有泥团的矿石进入圆筒洗矿机时，在矿石自进料端到出料端移动过程中，滚筒内安装的具有特定角度的搅拌装置就会不断地带起、抛起、搅拌矿石，被顺向

(a) 圆筒洗矿机　　　　　　　　　　　　　(b) 双螺旋洗矿机

图 3-3　洗矿机

或逆向的高压水柱不断洗涤，达到清洗目的[48]。双螺旋洗矿机是利用水的浮力作用，经过螺旋片的搅动，将粉尘、小颗粒杂质与矿石分离[49]。双螺旋洗矿机具有螺旋体长、结构简单、维修方便等特点，适合小块状、产量要求较小的洗矿作业。

# 3.3　矿石破碎

矿石破碎过程是用机械方法或非机械方法（电能、热能、原子能、化学能等）克服矿石固体物料内部的内聚力和胶结作用力而将其分裂的过程。石灰石等矿石的粉碎一般是通过机械设备使矿石从大块状变成小块状或更小粒度并使其具有一定尺寸分布特性的生产加工过程。通常将粒度减小至 5～20mm 的作业称为破碎，相应的设备为破碎机；再细的粉碎作业则称为磨矿，相应的设备为磨矿机[50]。

在多数情况下，现有的设备还不能一次就将大块矿石粉碎至适合细度要求的粉体，因此分段、分步进行破碎和磨矿。具体选择破碎与磨矿段数时要依原矿性质、原料粒度、产品细度及设备类型而定。矿石物料经过一次破碎机或磨矿机，称为一个破碎或磨矿段。物料粉碎前后的粒度（即给料粒度与产物粒度）之比，称为每一段破碎或磨矿作业的破碎比或粉碎比，能反映经过破碎机或磨矿机粉碎后原料（矿）粒度减小的程度和效率。

### 3.3.1　粉碎机械对矿石的施力作用

粉碎机械的粉碎工具，包括设备中的棒板、锤头、钢球、瓷球、锆珠等或产生的高速气流，这些粉碎工具对重钙原矿石施力使其粉碎，施力的方式有压碎、弯曲、剪切、劈碎、研磨、打击或冲击等（图 3-4）。多数情况是若干种施力作用同时存在。

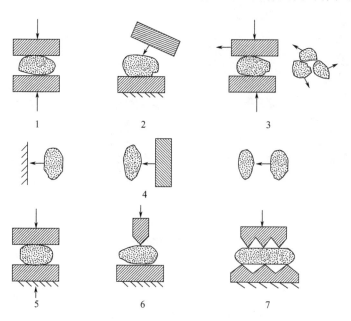

**图 3-4　粉碎机械的施力方式**[50]
1—压碎；2—打击；3—研磨；4—冲击；5—剪切；6—劈碎；7—弯曲

### 3.3.2 破碎设备

根据对原料矿石破碎设备的形式和施力特点，破碎设备可分为复合破碎机、颚式破碎机、圆锥破碎机、辊式破碎机、冲击式破碎机（包括反击式破碎机和锤式破碎机）等。在工作原理上，颚式破碎机、圆锥破碎机和辊式破碎机以挤压作用为主；冲击式破碎机以冲击作用为主[51]。由于结构构造和破碎原理不同，破碎设备使用的范围也不尽相同。颚式破碎机和圆锥破碎机一般常用于破碎硬度大的物料（极限抗压强度在150~250MPa）。辊式破碎机适合于破碎中等硬度的韧性岩石（极限抗压强度在70MPa左右）。冲击式破碎机适合于破碎中等硬度的脆性岩石（极限抗压强度在100MPa以下）。

**(1) 颚式破碎机**

颚式破碎机是粗碎和中碎作业中广泛使用的一种破碎机械，可用于对重质 $CaCO_3$ 原矿石（如天然方解石、石灰石、白垩以及大理石）进行粗破，为后续二段破碎（如圆锥破碎机）做准备。颚式破碎机的基本工作原理为[52]：破碎腔主要由一块固定鄂板和一块活动鄂板组成（图 3-5）。活动颚板套装在偏心轴上，工作时由传动机构带动偏心轴转动，使之相对固定颚板做周期性往复运动；当活动颚板靠近固定颚板时，物料在两颚板之间受到挤压作用而破碎；离开时，小于破碎机出口尺寸的物料靠自重卸出，喂入进料口的物料也随之落至破碎腔内，周而复始地进行下一个循环。给矿石料时应注意应尽可能沿着整个进料口的宽度加料，保证均匀加料，必要时可采用特别的加料器[53]。另外，根据需要也可加振动筛进行破碎后筛选。对于石灰石矿山，一般采用颚式破碎机将矿石粗破至250mm 左右大小的矿石块。

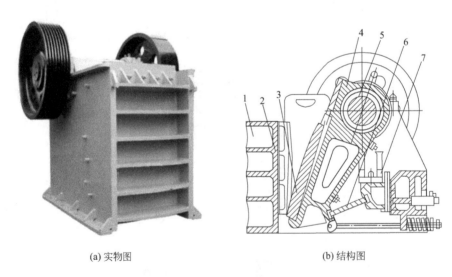

(a) 实物图                    (b) 结构图

图 3-5  颚式破碎机实物图和结构图

1—机架；2—固定颚板；3—活动颚板；4—动颚；5—偏心轴；6—肘板；7—调整板

颚式破碎机具有结构简单、工作可靠、制造容易、维修方便、价格低廉、适用性强等优点[54,55]。但是颚式破碎机的破碎工艺中也存在一些缺陷与不足。①不能实现多功能破碎，破碎过程比较单一；②如果需要破碎的物料性质是多相的，传统的破碎工艺不能完全解离，还极易使物料出现过粉碎现象，形成不符合使用要求的废品，造成资源上的浪费；③在破碎抗压强度极限到达一定程度的时候，破碎机将会耗用大量的能源反而达不到理想的破碎效果；④颚式破碎机很难实现超细粉碎，必须经过多阶段作业才能实现粉碎；⑤由于设备整体较大，基础支撑必须牢固，安装需要占用较大的面积及空间；⑥颚式破碎机在工作中电耗量很大，很难有效地实现节能目的[56]。颚式破碎机可以改进的方法主要有：优化结构与运动轨迹；改进破碎腔型，以增大破碎比，提高破碎效率，减少磨损，降低能耗。例如，可考虑采用高深破碎腔和较小啮角，以及改进动颚悬挂方式和衬板的支承方式，以改善破碎机性能；可考虑采用新的耐磨材料作为颚板，以降低磨损消耗。另外，还可考虑设计和提高破碎机自动化水平[57]。

**（2）圆锥破碎机**

经一段破碎后，可采用圆锥破碎机进行二段破碎。圆锥破碎机一般由机架部分、偏心轴套部分、传动部分、动锥部分、球面轴承部分和调整环部分六大部分组成（图3-6）。圆锥破碎机包括粗碎的旋回破碎机和中细碎的菌形圆锥破碎机，适于破碎坚硬与中坚硬矿石及岩石，如铁矿石、石灰石、铜矿石、石英、花岗岩、砂岩等。粗碎的旋回破碎机工作原理为：当可动圆锥靠近固定圆锥时，处于两锥体之间的矿石就被破碎，而其对面，可动圆锥离开固定圆锥，已破碎的矿石靠自重作用经排矿口排出。矿石在旋回破碎机中主要是受到挤压作用而破碎，同时也受到弯曲作用而折断[58,59]。对于经一段破碎后的石灰石矿石，再采用圆锥破碎机可将矿石进一步破碎成 60～80mm 大小的矿石块，加以振动可筛分出粒度为 30～50mm 粒料供后续磨粉或煅烧石灰用。

与颚式破碎机不同，在旋回破碎机中破碎锥的运动是旋回摆动，重质 $CaCO_3$ 原矿石的破碎是连续进行的。旋回破碎机的破碎锥除了由传动机构推动围绕转动外，还有因偏心轴套与主轴之间的摩擦力矩围绕本身轴线的自转运动，自转数约为 10～15r/min；破碎锥的自转运动可使破碎产品的粒度更加均匀，也可使破碎锥衬板均匀磨损。

圆锥破碎机的优点是生产能力较大、单位电耗较低、工作较平稳、适于破碎片状物料、破碎产品的粒度也较均匀。作为一种粗碎设备，旋回破碎机与颚式破碎机相比具有以下特点：①破碎深度大，工作连续，生产能力大，单位产品电耗较低。它与给矿口宽度相同的颚式破碎机相比，生产能力要高 1 倍以上，而每吨原矿电耗降低 50% 以上。②工作较平稳，振动较轻，机器设备的基础质量则相对较小。旋回破碎机基础质量通常为机器质量的 2～3 倍，而颚式破碎机基础质量则为机器质量的 5～10 倍。③大型旋回破碎机可以直接给入重钙原矿，无需增设矿仓和给矿机。颚式破碎机不能要求给矿均匀，通常需要设置给矿机。④旋回破碎机较易启动。⑤旋回破碎机生产的片状物料比颚式破碎机要少。圆锥破碎机的缺点是结构复杂、造价高、检修困难、机身高，因而使厂房及基础构筑物的建筑费用增加[53]。

**（3）辊式破碎机**

根据辊子的数目，辊式破碎机分为单辊式和对辊式。辊式破碎机的辊子表面分为光滑的和非光滑的（齿形或槽形）两类。辊面形状影响破碎作用：光面辊式破碎机的碎矿作用主要是压碎并兼有研磨作用，适用于中硬矿石的中、细碎；齿面辊式破碎机则以劈裂作用为主，兼有研磨作用，适用于脆性和软矿石的粗碎和中碎。最常见的为双辊，即对辊破碎

(a) 实物图

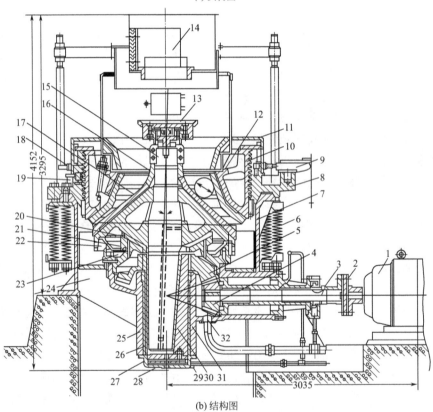

(b) 结构图

图 3-6　圆锥破碎机实物图和结构图

1—电动机；2—联轴节；3—传动轴；4—小圆锥齿轮；5—大圆锥齿轮；6—保险弹簧；7—机架；
8—支承环；9—推动油缸；10—调整环；11—防尘罩；12—固定锥衬板；13—给矿盘；14—给矿箱；
15—主轴；16—可动锥衬板；17—可动锥体；18—锁紧螺母；19—活塞；20—球面瓦轴；21—球
面轴承座；22—球形颈圈；23—环形槽；24—筋板；25—中心套筒；26—衬套；27—止推圆盘；
28—机架下盖；29—进油孔；30—锥形衬套；31—偏心轴承；32—排油孔

机（图 3-7），其破碎比一般为 $3\sim15$，入料粒度一般不应超过 5mm，可用在生产线的中级破碎或细碎[60]。

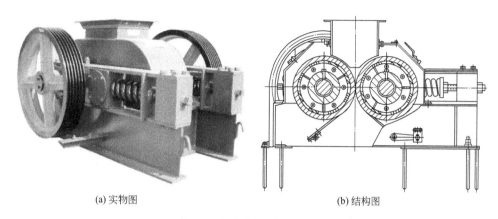

(a) 实物图　　　　　　　　　　　　　　(b) 结构图

图 3-7　双辊式破碎机实物和结构图

双辊式破碎机工作原理为：由两个圆柱形辊筒作为主要的工作机构，电动机通过三角皮带（或齿轮减速装置）和一对长齿齿轮，带动两个破碎辊做相向的旋转运动，由于重质 $CaCO_3$ 原矿石和辊子之间的摩擦作用，将给入辊子上方的重质 $CaCO_3$ 原矿石卷入两辊所形成的破碎腔内而被压碎；破碎的产品在重力的作用下从两个辊子之间的间隙处排出；该间隙的大小即决定破碎产品的最大粒度，可通过增减两个辊子轴承之间的垫片数量和利用涡轮调整机构进行调整。辊式破碎机的一个重要特点是其破碎产品中过粉碎粒级较少。

弹簧是辊式破碎机的一个重要保险装置，弹簧的松紧程度对破碎机正常工作和过载保护都有极其重要的作用。机器正常工作时，弹簧的压力平衡两个辊子之间产生的作用力，以保持排矿口的间隙，使产品的粒度均匀；当有非破碎物进入破碎腔时，弹簧被压缩，迫使可动破碎辊横向移动，排矿口宽度增大，使机器不致损坏[61]。

辊式破碎机的优点是结构简单、机体不高、紧凑轻便、造价低廉、工作可靠、调整方便、能粉碎黏湿物料；缺点是辊子外表面易磨损，磨损后造成两辊之间的间隙加大，进而不能保证出料粒度要求。只有当辊面处于良好状态时，才能获得较高的生产能力和排出合格的产品粒度。辊式破碎机的正常运转在一定程度上取决于辊面的磨损程度。

随着技术的发展，目前双腔回转辊式破碎机是近年来研发的一种新型辊式破碎机。双腔回转工作部为一个偏心的圆辊，与固定对称设置在两侧的棘齿凹面破碎板组成两个破碎腔。例如，天然方解石从给料口同时进入两个破碎腔，借助于偏心回转辊的旋摆运动而依次被压缩，磨剥及劈裂的综合作用使之破碎，破碎在两个破碎腔内交替进行，产品从两个排矿口不断排出，因此，与单腔双辊式破碎机相比，提高了工作效率[62]。

**（4）冲击式破碎机**

其机理是借助该破碎机的内部构件产生足够的旋转而使石块甩起来，实现矿石块和壁板的撞击，同时使矿石块和矿石块之间进行互相碰撞，从而使石块发生冲击破碎。这种破碎设备比较适合破碎脆性材料如石灰石，可作为生产重质碳酸钙的破碎设备之一[63]。

**（5）锤式破碎机**

锤式破碎机的型式有立式、卧式、单转子、双转子等。锤式破碎机的转子转向是使锤子顺着物料下落的方向打击物料。

**（6）反击式破碎机**

反击式破碎机（图 3-8）是一种新型高效率的碎矿设备，主要工作部件是带有板锤的高速旋转的转子，转子的转向是使板锤自下而上地击打进料口下落的矿石块物料，物料受到击打，并被高速抛向反击板，进行第 2 次击打，再从反击板弹回来，接受板锤的再一次击打，如此重复上述过程。在往返冲击过程中，矿石物料之间还有相互撞击。由于矿石物料受到板锤打击、反击板的冲击以及相互间的碰撞，内部不断产生松解、裂缝，最后导致矿石破碎，当物料块破碎到粒度小于板锤端与反击板之间的间隙时，从此间隙排出。

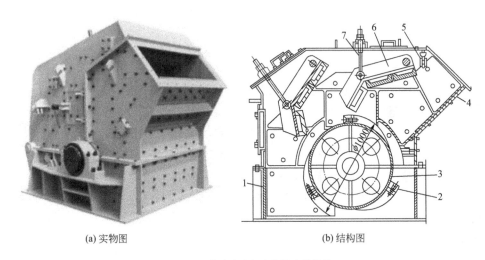

(a) 实物图                        (b) 结构图

图 3-8    反击式破碎机实物图和结构图
1—机架；2—板锤；3—转子；4—给料口；5—链幕；6—冲击板；7—拉杆

反击式破碎机可作为粗、中、细碎设备。粗碎用破碎机进料尺寸可达 500mm，细碎用破碎机成品粒度可小于 3mm。反击式破碎机的优点是设备体积小、构造简单、质量较轻，破碎比大约为 40 且最高可达 100 以上，具有破碎效率高、电能消耗低、过粉碎现象少、适应性强、生产能力大、产品粒度均匀、制造容易、维修方便、可选择性破碎等特点；缺点是板锤和反击板易磨损，尤其是破碎坚硬的矿石，磨损则更为严重，需要经常更换[64,65]。随着转子结构、板材料的改进及物料自衬原理的应用，磨损问题已经得到一定程度的解决。

# 3.4    干法磨矿和粉体分级

## 3.4.1    干法研磨重质碳酸钙

重质 $CaCO_3$ 干法粉碎设备主要有雷蒙磨、球磨机、压辊磨、气流磨、环辊磨、振动磨、搅拌磨、胶体磨等（表 3-2）[50]。雷蒙磨大量用于生产 $38\sim74\mu m$（$200\sim400$ 目）的产品，经改造和配置精细分级机后也用来生产 $d_{97}=15\sim30\mu m$（$500\sim800$ 目）的细粉。球磨机是大型重质 $CaCO_3$ 生产线的主要设备，配置各类分级机后用来生产 $d_{97}=5\mu m$、$10\mu m$、$16\mu m$、$45\mu m$ 等粒级的重质 $CaCO_3$ 产品。振动磨配置精细分级设备，主要用于生产 $d_{97}=5\mu m$、$10\mu m$、$16\mu m$ 的产品，但其单机生产能力不如球磨机。机械冲击式磨机工艺简单，但产量较低，主要用于中小型重质 $CaCO_3$ 生产厂。干式搅拌磨在欧洲的大型重质 $CaCO_3$ 生产厂有应用[66-68]。随着近几年重质 $CaCO_3$ 超细粉体的广泛应用，对磨矿设备及产品细度有了更高的要求。

**表 3-2　各型磨机的粉碎原理及适用范围**

| 类型 | 粉碎原理 | 给料/mm | 产品/μm | 产品目数/目 | 适用范围 | 粉碎方式 |
|---|---|---|---|---|---|---|
| 雷蒙磨 | 研磨、冲击、挤压 | <35 | 38~74 | 200~400 | 中硬、软 | 干式 |
| 球磨机 | 冲击、研磨、摩擦 | <25 | 1~100 | 160~10000 | 硬、中硬、软 | 干、湿式 |
| 压辊磨（立式磨） | 挤压 | 与辊径有关 | 5~125 | 115~300 | 硬、中硬 | 干式 |
| 立式静压环辊磨 | 挤压、冲击、研磨 | ≤40 | 150~198 | 80~325 | 硬、中硬 | 干式 |
| 气流磨（喷射磨） | 冲击、碰撞 | <2 | 3~150 | 110~5000 | 中硬、软 | 干式 |
| 振动磨 | 冲击、剪切、摩擦 | <13 | 5~18 | 800~2500 | 硬、中硬、脆 | 干、湿式 |
| 搅拌磨 | 冲击、剪切、摩擦 | <1 | 1~5 | 2500~12500 | 硬、中硬、软 | 干、湿式 |
| 胶体磨 | 分散、剪切、摩擦 | <0.2 | 1~20 | 625~12500 | 中硬、软 | 湿式 |

### 3.4.2　雷蒙磨

雷蒙磨又叫悬辊磨，采用立式结构，主要由梅花架、辊子、磨环、铲刀、给料部、返回风箱及排料部组成（图 3-9）。其工作原理是：将需要粉碎的物料从机罩壳侧面的进料斗加入机内，依靠悬挂在主机梅花架上的磨辊装置，绕着垂直轴线公转，同时本身自转，由于旋转离心力的作用，磨辊向外摆动，紧压于磨环，使铲刀铲起物料送到磨辊与磨环之间，因磨辊的滚动碾压而粉碎物料。

雷蒙磨一般能生产 400 目以下的产品，无论在投资还是能耗方面，都有很大优势。碾压粉碎原理决定了雷蒙磨产生的微粉量相对较少。例如，在 400 目的细粉中，$<10\mu m$ 的微粉只占到 36% 左右。通常将雷蒙磨进行改造，或外加超细分级系统，也可以生产 $800\sim1250$ 目的超细产品。但是，因为微粉含量低，用雷蒙磨生产 800 目以上超细重钙粉，其生产能力偏小[69]。

传统雷蒙磨存在的一些不足[70,71]：①雷蒙磨的磨辊挂点太高，当磨辊依靠离心力在磨环上对物料进行磨碎时，容易使磨机在工作时产生振动；②磨机安装过程中，由于磨环偏小导致磨辊向内挤压使磨辊轴发生倾斜，造成磨辊与磨环的工作面有一定的角度，影响磨机的碾磨效率；③雷蒙磨主要用于 325 目左右产品的生产，随着工业对粉体细度要求的提高，雷蒙磨很难满足用户要求；④磨后颗粒的粒度分布较宽，给后期的产品加工带来麻烦；⑤雷蒙磨的产量偏小，相对用于细磨的新设备而言能耗较大；⑥雷蒙磨主要易损件需要经常更换，增加了生产成本，给生产过程带来极大的不便。这些缺点是由雷蒙磨的结构

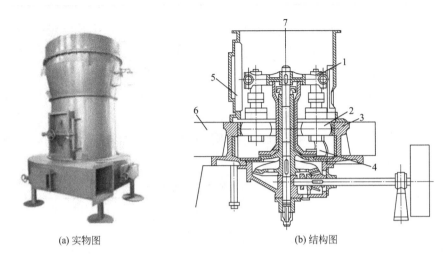

(a) 实物图                              (b) 结构图

图3-9　雷蒙磨粉机实物图和结构图
1—梅花架；2—辊子；3—磨环；4—铲刀；5—给料部；6—返回风箱；7—排料部

特性决定的。可对雷蒙磨的分级装置进行改造，以使雷蒙磨提高产量的同时提高产品的细度。雷蒙磨的粉碎机理和施力方式决定了它不易大产量地生产粒度为400目以上的产品，即使改善了分级环境，也只能提高细粉的分选效率[72]。为满足实际工业中的应用，采取了以下措施改进传统雷蒙磨粉碎工艺系统[73]：①采用大型涡流叶轮机分级机取代原回收扇叶分级机，阻止不合格的大颗粒通过，混入成品的大颗粒越少，分级精度越高；②改进雷蒙磨的风送系统，提高成品成功率；③改进雷蒙磨的分体捕收系统。采用小直径、小锥度多筒组合旋风收尘器代替原有雷蒙磨的大直径、大锥度单筒旋风收尘器，提高其收尘效率。

### 3.4.3　球磨机

球磨机主要由磨机主体和传动装置两部分组成（图3-10）。其工作原理是，当球磨机按一定的转速运转时，研磨介质（钢球、燧石、氧化铝、陶瓷球、氮化钨、氧化锆球磨珠等）与物料在离心力和摩擦力的作用下被提升到一定高度后，由于重力作用而脱离筒壁沿着抛物线轨迹下落。然后，它们又被提升到一定高度，并再次沿抛物线轨迹下落，如此周而复始，使得处于研磨介质之间的物料受冲击作用而破碎；同时，由于研磨介质的滚动和滑动，使颗粒受到挤压、摩擦、剪切等作用而被研磨破，粉状物通过箅板排除，完成磨粉作业[74]。

球磨机生产线主要用于生产 $d_{97}=5\sim43\mu m$ 的重质 $CaCO_3$ 细粉和超细粉，特点是连续闭路生产、多段分级、循环负荷（300%～500%）大、单机生产能力较大。该生产线自20个世纪90年代中后期开始采用，是当今世界大型超细重质 $CaCO_3$ 生产线的主要生产技术之一，能实现325～2500目产品的精细化生产，产品适用于涂料及塑胶母料等中高端行业。因此，球磨机与分级机工艺成为重质 $CaCO_3$ 磨细的重要可选设备之一[12]。

球磨机具有粉碎比大、结构简单、运行可靠、易损件更换方便、工艺成熟、适用性强等特点。相对而言，球磨机也有一些缺点，比如：工作效率低、研磨介质磨损大、运行噪声大等问题[75]。但球磨机是效率尚不高，大部分电能由振动、噪声和热耗散掉[76,77]。因此，提高球磨机的粉磨效率，可从下列方面考虑[78]：基于料位检测对球磨机进行优化节能；从球磨机结构合理性出发，对球磨机的工作参数（如衬板形状、物料填充率、介质配比等等）进行优化。

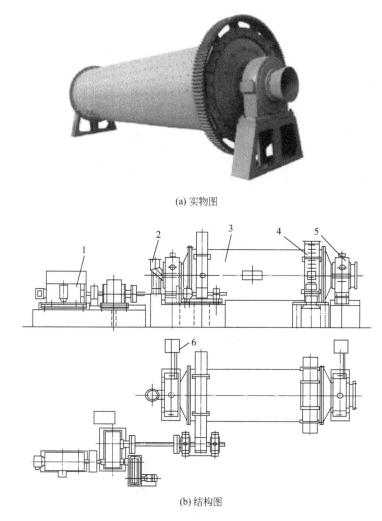

(a) 实物图

(b) 结构图

**图 3-10　球磨机实物图和结构图**
1—传动装置；2—进料装置；3—回转筒体；4—出料装置；5—主轴承；6—润滑装置

### 3.4.4　压辊磨（立式磨）

设备主要由磨盘和磨辊组成（图 3-11）。其工作原理为：当物料被喂入磨机后，在磨盘旋转的作用下，物料由磨盘中心向外侧移动，进入磨辊和磨盘之间的研磨区域时，被磨辊和磨盘碾压和摩擦达到研磨目的；被研磨后的物料继续向磨盘外移动被抛向磨机的风环处进行淘选，较细粉尘由风环处的高速气流带向磨机顶部，这些顶部的较细粉尘随气流进入选粉装置开始后续分级作业[79]。采用热气体输送物料，可烘干粉磨水分达 12%～15%[80]。

(a) 实物图

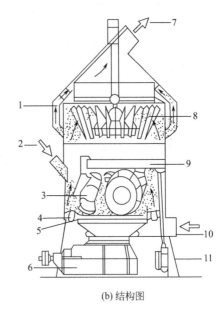
(b) 结构图

图 3-11    立式磨实物图和结构图

1—旁路；2—给料；3—研磨辊子；4—喷嘴环；5—研磨；6—磨机减速箱；7—产品与空气；
8—分级机叶片；9—压力框架；10—空气或热气入口；11—液压拉紧系统

立式磨常见为二辊结构，主要用于生产 400 目以下的粉体。设计采用三辊立式磨后细粉含量得到了较大改善，一般以一次性生产 600 目以下的产品为佳。对上部的分级机改造后，配超细分级机进行二次分级，可直接生产 1250 目以下的超细微粉[69]。

设计采用磨盘转速可调、加大磨辊有效粉磨作业面的宽度、小曲率研磨曲线的辊-盘配合设计、设计高风速风环等方法[79]，有利于形成稳定的粉磨料床；通过对高比压辊-盘配合面设计和高磨辊压力设计，能提高磨机的产量指标；通过分级装置的优化能提高立式磨的细粉细度。

与一般球磨机相比，立式磨主要有以下优点：①粉磨效率高，能量消耗少。立式磨是利用厚床原理进行粉磨，能量消耗较少，粉磨产品的电耗仅为球磨机的 40%～60%，但由于风机电耗大，整个粉磨系统的电耗比球磨机系统低 10%～20%，降低值随原料水分的增加而增加。②烘干效率好。可以通入大量热气体，可以充分利用悬浮预热窑和预分解窑的窑尾废热气。由于热风从环缝中进入，风速可高达 60～80m/s，故烘干效率高。如采用热风炉热源，原料水分高达 15%～20% 时，也可烘干，而一般带烘干仓的球磨机，最大烘干水分为 7%。当原料水分太大时，球磨机必须采用预烘干措施。③入磨物料粒度大。物料入磨粒度可达 50～150mm，最大入磨粒度通常可按磨辊直径的 5% 计算，所以大型辊磨机可以省掉二级破碎。④生料化学成分测定快，颗粒级配均齐。物料在辊磨机内停留的时间短，仅 2～3min，而球磨机则要 15～20min。因此，在压辊磨系统中，生料的化学成分可以很快地得到测定和校正。⑤结构紧凑，占有空间、地面小，噪声低。辊磨机占地面积为球磨机的 50%，基建投资约为球磨机的 70%。

但是与球磨机相比，压辊磨也有其缺点，主要是：①不适用于粉磨腐蚀性大的物料。

如果磨辊和磨盘的衬板在不到一年时间就磨坏，就不该选用它。②制造要求高。辊套一旦损坏，不能自配，必须由制造厂提供，而且更换费工，要求高，影响运转率。③操作管理要求严格，要注意控制物料的喂料量和湿度、磨盘上料层厚度、磨机振动量、磨辊压力、入磨负压、磨内压差值、分离器转速等。

### 3.4.5　立式静压环辊磨

立式静压环辊磨主要由机座、筒体、进料装置、出料装置、粉磨装置、传动装置构成（图 3-12）。粉磨装置包括磨辊、悬臂、托架、挡料盘和衬板。在立式静压环辊磨中磨辊随主轴公转的同时也进行自转，这与立式磨中磨辊只做自转相比，对结构形式及密封要求更高，因此正确地设计磨辊结构，选择合适的耐磨材料，对提高立式静压环辊磨机的粉磨效率、运转率，降低易损件损耗和运行成本等极其重要[81]。其工作原理为：物料由进料口下落到分料盘后被均匀地甩入磨辊与衬板之间的间隙中，由磨辊、衬板、悬臂、托架组成的粉磨装置随主轴在电机的带动下实现公转，同时磨辊绕磨辊轴自转且在径向方向可以自由运动，磨辊在离心力的作用下挤压衬板，物料在磨辊的冲击、碾压下被粉碎；物料经过多次粉碎后下落到立式静压环辊磨的底部由出料口排出。可见，立式静压环辊磨具有多级多次粉碎、施压操作简单、压力角大、物料通过能力大等特点。

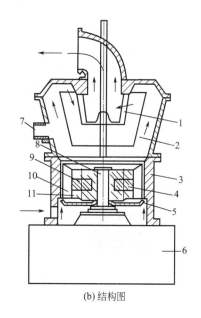

(a) 实物图　　　　　　　　　　(b) 结构图

**图 3-12　立式静压环辊磨实物图和结构图**
1—分级轮；2—分流环；3—机体；4—销轴；5—甩料盘；6—底座；
7—螺旋加料器；8—主轴；9—磨环；10—磨圈；11—磨环支架

立式静压环辊磨的工作原理既与立式磨的辊压粉磨有相似之处，又具有冲击破碎机的特点，即借助于磨辊对物料的冲击力对物料进行初步破碎后，再利用磨辊的滚动碾压力对物料进行破碎粉磨，从而实现对物料多碎少磨的多级粉磨过程。立式静压环辊磨结合了雷蒙磨、铜辊磨、球磨机等机型的粉碎方式，利用低中速转速带动磨辊运动所获得的离心力对物料进行冲击、碾压破碎。由于该机型设计为垂直式、多层分布的结构，从而使物料达到一次喂入、多次粉磨，相比球磨机、立式磨，物料在立式静压环辊磨中通过能力要高很多[80]。

早期的环辊磨虽然机型小、产量低，但是适应了重钙产业超细加工的发展需求，能生产 800～1250 目的产品。近年来，随着该设备的大量应用及耐磨件材质的改善，单机产能也有所提升，在重钙行业得到迅速推广使用。

### 3.4.6 气流磨

气流磨又称喷射磨，是一种利用高速（300～500m/s）气流或过热（300～400℃）蒸汽的能量对固体物料进行超细粉碎的机械设备。气流磨是常用的超细粉碎设备之一，产品细度一般可达 5～150μm。按机型可分为扁平式气流磨、循环管式气流磨、对喷式气流磨、靶式气流磨和流化床对喷式气流磨[82,83]。

重质 $CaCO_3$ 的生产可选用流化床对喷式气流磨（图 3-13）。其一般工作原理为：压缩空气经 Laval 型（缩扩型）喷嘴进入流化床，颗粒在高速喷射气流交点（该点位于流化床中心），通过气流对颗粒的高速冲击及粒子间的相互碰撞而使颗粒粉碎。进入粉碎腔内的物料利用数个喷嘴产生的气流冲击能，及其气流膨胀成流化床悬浮翻腾而产生碰撞、摩擦进行粉碎，并在负压气流带动下通过分级叶轮装置，然后合格细粉随气流进入高效旋风分离器得到收集，含尘气体经收尘器过滤净化后排入大气[74,84]。

(a) 实物图

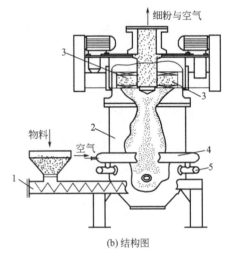
(b) 结构图

图 3-13　流化床气流磨实物图和结构图
1—螺旋加料器；2—粉碎室；3—分级叶轮；4—空气环形管；5—喷嘴

流化床式气流磨将传统的气流磨的线、面冲击粉碎变为空间立体冲击粉碎，并将对喷冲击产生的高速射流能利用于粉碎室的物料流动中，使磨室内产生类似于流化状态的气固粉碎和分级循环流动效果，提高了冲击粉碎效率和能量利用率；还使冲击粉碎区和气固流动带置于粉碎室中部空间内，避免了磨室壁受高速料流的冲击而产生磨蚀作用，改善了喷射冲击磨最严重的磨损问题。因此，流化床气流磨可以粉碎传统气流磨所能粉碎的多种物料，还特别适用于高硬物料和防污染物料的超细粉碎。

流化床气流磨有以下优点[85,86]：系干法生产，省去了物料的脱水、烘干等工艺；粉碎强度大，可从 $100\mu m$ 粉碎至微米甚至亚微米级；产品粒度细且分布范围窄[87]；没有研磨介质，靠物料自身碰撞而粉碎，成品纯度高；可以粉碎高硬度的物料，例如莫氏硬度大于 9 级的碳化硅、刚玉等磨料；产品纯度高、活性大、分散性好，颗粒表面光滑。但气流磨也存在不足：例如，设备制造成本高，能耗大，加工成本也较大；单机处理能力较差（产量均小于 $1t/h$），不适合大规模生产；产品粒度在 $10\mu m$ 左右时效果最佳，在 $10\mu m$ 以下时产量大幅度下降，加工成本急剧上升，难以达到亚微米级[88]。

### 3.4.7　振动磨

振动磨是利用研磨介质在做高频振动的筒体内对物料进行冲击、摩擦、剪切等作用而使物料粉碎的细磨与超细磨设备。粉碎作用主要由磨机机体做闭合循环运动而产生。既可用于干法生产工艺又可用于湿法生产工艺。干式振动磨主要由电机、筒体、偏心轴、底座、弹簧等组成（图 3-14）。其工作原理为：电机带动连接筒体的偏心轮起振，使筒体产生振幅，并且将振动传给研磨介质（球状、段状或棒状），使介质相对移动并撞击物料，物料受冲击和研磨作用而粉碎。为了防止机座振动，在机座和支架间装有减振器。振动磨中的研磨体（钢球）宜采用密度较大且抗冲击性能好的材料，以增加碰撞能量并防止自身被振碎。

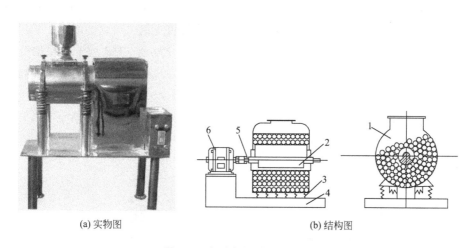

(a) 实物图　　　　　　　　　　(b) 结构图

**图 3-14　振动磨实物图和结构图**
1—筒体；2—偏心轴；3—弹簧；4—底座；5—电机；6—联轴器

振动磨除了有冲击粉碎作用之外，还有研磨粉碎作用，即钢棒之间的搓研作用，使物料在较大程度上处于剪切应力状态，而脆性物料的抗剪切强度远小于抗压强度，所以物料在研磨作用下极易破坏。在振动磨内因钢棒填充率大，研磨作用占有相当大的比重，因此采用振动磨来进行固体物料的粉磨是有效的。

振动磨具有效率高且适应性好等特点，粉碎效果要比球磨机好[89,90]，出磨粉体中细粉含量也较高，更适合研磨生产 1250 目以上的产品。振动磨的缺点是震动噪声大，设备易损，粉体流动性差，过研磨现象严重，所以用于重质 $CaCO_3$ 生产并不是很好的选择[91]。

### 3.4.8　干法分级机

和干法生产粉碎研磨设备共同工作和必不可少的是干式分级机（表3-3）。重钙粉体粒度品质与干式精细分级机的选择和使用密切相关。目前占主导地位的几种干式精细分级是日本细川公司的 MS、MSS 和德国 ALPINE 公司的 ATP 单轮或多轮涡轮式分级机。国内的干式精细分级设备有 LHB 型分级机、FJJ 型分级机、WFJ 型分级机、FYW 型分级机等。这些干式精细分级机基本上都与相应的机械冲击式超细粉磨机或气流粉碎机配套使用，其分级粒径可以在较大的范围内进行调节。

**表 3-3　各主要精细分级机的性能及应用[92]**

| 设备名称 | 分级方式 | 产品细度$(d_{97})/\mu m$ | 产品目数/目 | 处理量/(kg/h) | 应用范围 |
|---|---|---|---|---|---|
| MS 型微细分级机及类似设备 | 干式 | 8～150 | 110～1340 | 50～12000 | 矿物、金属、化工原料等 |
| MSS 型超细分级机及类似设备 | 干式 | 4～45 | 325～2500 | 30～8000 | 矿物、金属粉、化工原料等 |
| ATP 型超细分级机及类似设备 | 干式 | 4～180 | 90～2500 | 50～35000 | 矿物、金属粉、化工原料等 |
| LHB 型微细分级机 | 干式 | 5～45 | 325～2500 | 500～10000 | 矿物、金属粉、化工原料等 |
| 射流式分级机 | 干式 | 3～150 | 110～5000 | 100～500 | 矿物、金属粉、化工原料等 |

MS 及其类似的分级机的分级产品细度可达 $d_{97}=10\mu m$ 左右，MSS 和 ATP 型及其类似的分级机的分级产品细度可达 $d_{97}=4\sim6\mu m$。依分级机规格或尺寸的不同，单机处理能力从每小时几十千克到 10t/h 左右不等。我国自行研制开发的 LHB 型干式精细分级机分级产品细度可达 $d_{97}=5\sim10\mu m$，处理能力可达 10t/h，分级效率及分级精度较高，单位产品能耗相对较低[92]。射流式分级机利用高速射流的附壁效应，同时将物料分成不同细度的 3 个等级。在压缩空气的夹带下，颗粒由加料喷嘴进入分级机，流动中的颗粒轨迹由空气阻力及颗粒惯性决定，通过附壁表面时，由于附壁效应形成流动偏向，达到分级效果[93]。

# 3.5　湿法磨矿和粉体分级

### 3.5.1　湿法研磨重质碳酸钙

湿法研磨与干法研磨的区别在于分散介质的不同，干法以空气作为分散介质，而湿法研磨则以水作为分散介质，再配以研磨助剂，使得颗粒的分散性更好，研磨效率更高，粒度更细。有时干法研磨也作为湿法超细研磨的前道粗磨工序。湿法研磨重质 $CaCO_3$ 生产线可用于造纸、油漆、塑料、涂料、油墨等领域的 $d_{97}\leqslant5\mu m$（$d_{90}\leqslant2\mu m$）超细重质 $CaCO_3$ 的生产[94]。

湿法研磨设备主要有胶体磨、湿式搅拌磨、砂磨机以及剥片机等。一般采用一段或二至三段连续式研磨以实现超细粉碎。主要设备由湿式磨机、储罐和泵组成。将重质

$CaCO_3$ 原料、水和分散剂调成一定固液比的浆料后放入储浆罐，由储浆罐泵入磨机中进行研磨，研磨后的成品料浆经分离研磨介质后进入储浆罐。如果该生产线建在离用户较近的地点，可直接用管道或料罐送给用户。如果较远，则将料浆进行脱水，然后进行打散、干燥和包装等。

在湿法超细研磨过程中，研磨助剂是必不可少的。根据它们的主要作用，可以分为助磨剂、分散剂和剥片剂。对于助磨剂的作用机制，一种是以列宾捷尔为首的"吸附降低硬度"学说，即助磨剂分子在颗粒上的吸附降低了颗粒的表面自由能，或者引起表面晶格的位错迁移，产生点缺陷或线缺陷，因此降低颗粒的强度和硬度，促进裂缝的生产和扩展，因而降低磨矿能耗，改善了磨矿效果；另一种是以克兰帕尔为首的"矿浆流变学调节"学说，认为助磨剂能够调节浆料的流动性，阻止颗粒之间、颗粒与研磨介质及衬板之间的团聚和黏附[95]。

在生产实践中，研磨助剂的作用主要表现在三个方面：①改变浆料的流变学性质和颗粒表面电性，进而降低浆料的黏度，提高浆料的分散性，减小生产系统中管道和各进出口阻力，提高系统的稳定性；②由于浆料黏度的降低，减小了介质运动阻力，同时提高了介质相对运动对浆料颗粒的冲击和研磨作用；③助剂分子在新生颗粒表面的吸附，能显著降低微颗粒表面的不饱和表面能，防止颗粒的团聚。

在湿法研磨超细重钙中，研磨助剂一般采用分散剂，而且应尽量选用纯度高、稳定性好的聚羧酸或聚丙烯酸及其钠盐。助磨剂按物质状态，可分为固体、液体和气体三类[95]：①固体助磨剂有硬脂酸盐类、胶体二氧化硅、炭黑、氧化镁粉、胶体石墨以及石膏等；②液体助磨剂有三乙醇胺、聚丙烯酸酯、甘醇、聚羧酸盐等；③气体助磨剂有丙酮、硝基甲烷、甲醇、水蒸气以及四氯化碳等。

和其他物料一样，重质 $CaCO_3$ 的超细粉碎不仅是一个机械力学过程，也同时是一个机械化学过程。因此，选择适当的剥片剂也能让矿浆流变性和重质 $CaCO_3$ 原料的黏度等发生变化。从流变学观点出发，由于重质 $CaCO_3$ 原料经超细粉碎后矿浆表面张力增大，黏度也随之增大，而流动性变差。此时，加入助磨剂，一方面可以降低表面张力，另一方面也可以吸附在矿粒表面，避免胶粒因电解质引起聚沉的影响，从而使颗粒处于悬浮状态，改善矿浆的可流动性，使分级和剥片更为有利。从这个意义上讲，剥片剂实质就是分散剂，如水玻璃、六偏磷酸钠等。在湿法研磨超细重钙中，一般采用的剥片剂有二硅酸钠、六偏磷酸钠、烷基苯磺酸盐、聚丙烯酸衍生物、聚羧酸盐等[96]。

## 3.5.2　胶体磨

胶体磨主要是由底座、加料斗、主轴、机座、研磨盘等结构组成（图 3-15）。胶体磨的工作原理为：电动机通过皮带传动带动转齿（或称为转子）与相配的定齿（或称为定子）做相对的高速旋转产生离心作用，被加工物料通过本身的重量或外部压力（可由泵产生）加压产生向下的螺旋冲击力，透过定、转齿之间的间隙（间隙可调）时受到强大的剪切力、摩擦力、高频振动、高速涡旋等物理作用，使物料被研磨、分散、乳化、均质、混合等，从而使物料颗粒由粗变细达到研磨效果[97]。需注意的是，胶体磨产品除电机及部分零部件外，凡与物料相接触的零部件全部采用高强度不锈钢制成，以保证所加工的物料无污染。

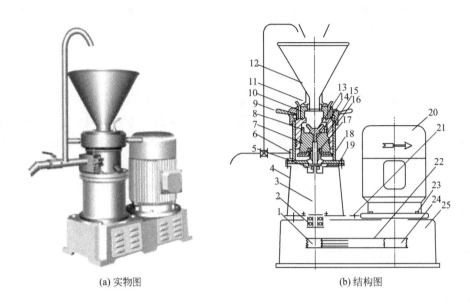

(a) 实物图　　　　　　　　　　　(b) 结构图

图 3-15　胶体磨实物图和结构图

1—从动带轮；2—轴承；3—主轴；4—机座；5—轴承；6—物料出料口；7—O 形圈；8—静研磨盘；
9—手柄；10—压盖；11—限位螺母；12—加料斗；13—旋转叶片；14—动研磨片；15—调节盘；
16—刻度圈；17—机械密封；18—壳体；19—排料口；20—电动机；21—调节螺丝；22—皮带；
23—电动机座；24—主机带轮；25—底座

　　动、静研磨盘是胶体磨的核心部件。被处理物料的性质不同，研磨盘的齿形和动、静研磨盘之间的间隙有一定的区别。为了降低胶体磨磨头的功耗和磨损，提高粉碎效率和使用寿命，胶体磨可以得到一些改进。例如，张鸿举等[98] 设计的动、静磨头的锥体呈现出不同的夹角间隙，便于粗大颗粒的研磨破碎，同时工作表面引入金属切削刀具中的负前角齿形结构[99]，有利于物料在磨头间的挤压研磨，获得精细的粉体粒度。周绪龙[100] 发明设计的动、静磨头工作表面设有多个相互交错的同心圆环凸起块，且凸起块的形状有矩形、圆柱形、梯形和三角形等多种，无论是干粉物料还是流体物料在凸起块的高速冲击作用下均能被冲击粉碎，同时结构简单，使用方便、节能。陶裕兴[101] 发明设计的胶体磨磨头工作表面沿齿盘径向方向，越往外齿槽深度和齿槽宽度越小，且动、静磨盘齿槽深度分布不一致，使得物料沿径向方向做曲线延伸，延长物料在磨盘之间的停留时间，便于物料的充分粉碎。贺来毅[102] 发明设计的胶体磨磨头磨盘使用孔结构代替原有磨头研磨面的切槽，在使用中不必进行任何修整，且结构简单，造价低廉，使用寿命长。曲保伦等[103] 设计的动、静磨盘磨齿横断面为梯形，有利于增大动、静磨盘之间的接触面积，磨盘盘面均匀设置若干圈磨齿，并间隔设置若干个与磨齿相交的径向料槽，可以有效地降低物料在静磨盘与动磨盘之间的扩散速度，并且能延长物料在其中的停留时间，提高了物料的剪切、研磨精度。黄裕沪[104] 发明设计的磨盘磨齿面呈五级不同的角度分布，使物料的破碎、碾磨更容易，碾磨细度和均匀度效果更好，提高了研磨成品率，降低功耗。陈际江等[105] 设计的静磨头盘体端面最外层齿段为直齿，其他各层齿段为梯形齿，动磨头盘体端面最外层齿段为斜齿，其他各层为梯形齿，强度较高，直齿和斜齿使动、静磨头齿盘与物料的接触面积增大，有利于物料的高效率剪切。Aitken[106] 设计的磨头齿盘上间隔分布有若干凹刃口，齿盘转动时会产生一个类似气旋模式的紊流，能提高磨头对物料的有效切削，增强磨头对物料的破碎细化效果。

胶体磨作为研磨设备具有很多优点[107]，如结构简单，设备保养、维护、加工操作方便，体积小、重量轻且耗能低。胶体磨与高压均质机的区别是胶体磨适用于研磨较大颗粒的物料；胶体磨的效率和产量远高于辊磨机和球磨机；胶体磨的动研磨盘与静研磨盘之间的间隙可通过调节装置进行调节，可对物料研磨的颗粒大小进行控制。胶体磨也有不足之处：由于离心力较大，物料流量是不断变化的，对于不同黏度的物料其流量有很大的变化；在研磨过程中，物料通过静动研磨盘之间的间隙时，研磨盘与物料间高速摩擦产生较大热量，由于温度过高有可能使物料发生化学反应或挥发掉，而且研磨盘较易磨损，而磨损后会使研磨效果显著下降。

### 3.5.3　湿式搅拌磨

搅拌磨既可用于干法生产工艺，又可用于湿法生产工艺。湿式搅拌磨是用于重质 $CaCO_3$ 超细深加工的主要粉碎设备，是一种带研磨介质的磨机。搅拌磨机主要由筒体、搅拌装置、传动装置、机架构成和相应的储浆罐组成（图 3-16）。其工作原理为：搅拌轴通过旋转，搅动筒体内充填的磨矿介质（如钢球、氧化铝球、氧化锆球、瓷球、刚玉球和砾石等）和物料，使其在筒体内做多维循环运动及自转运动[108]。被研磨物料主要受研磨（剪切和挤压）和冲击作用。冲击力由磨矿介质在筒体内的连续不规则撞击作用产生，剪切力由径向方向不同半径上做圆周运动的磨矿介质和物料相互作用产生，挤压力由搅拌轴旋转作用下物料和磨矿介质同转螺旋产生。物料在表面光滑的介质球重量压力与旋回转离心压力共同产生的摩擦、挤压、剪切、揉搓和冲击力的作用下，被有效地粉碎。物料调浆后从磨机的下部给入，经筒体内介质研磨后，合格的产品从磨机顶部溢出，较粗的颗粒则留在磨机内继续被研磨。

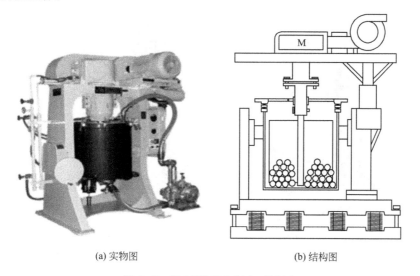

(a) 实物图　　　　　　　　　　(b) 结构图

图 3-16　湿式搅拌磨实物图和结构图

搅拌磨具有能量利用率高、高转速、小介质球等特点[109]。与分级机配套使用，比较适合用于生产 1250 目以上的湿法超细重钙。但是搅拌磨也存在着一些问题：由于能量输入密度不均匀、粉体的二次团聚等原因，目前还基本处于微米级粉的粉碎；由于搅拌器的高速运转，不可避免要产生磨损和热量转移问题，因而该类设备不适合粉碎高硬度的物料和热敏性物质；此外，搅拌磨粉碎中的粉体运动规律的研究、机械化学理论及应用研究、助磨剂的助磨效应及各效应的影响程度均有待深入研究[110]。

丁浩等[111] 采用 GSDM-400 型湿式搅拌磨研磨出细度为 $2\mu m$（90% 以上）的重质 $CaCO_3$；另外，重质 $CaCO_3$ 根据使用需求，会在研磨时表面改性。例如，胡平等[112] 在 SM-10 型搅拌磨中将 $40\mu m$ 的重质 $CaCO_3$ 细化到平均 $5\mu m$ 时，其中使用复合活化剂既可实现粉末颗粒表面活化，又可充当助磨剂、分散剂和润滑剂。

### 3.5.4　剥片机

所谓剥片，就是通过机械的或化学的方法，使层状的重质 $CaCO_3$ 原料剥离成单片的晶体，并使其粒度小于 $2\mu m$。剥片机是一种湿式搅拌研磨类超细粉碎机，它主要由传动机构、筛网罩盖、剥片（搅拌）器、剥片（研磨）筒、筛网结构、机身、电气系统、进料系统组成（图 3-17）。其主要工作原理为：矿浆经给料泵系统由筒底给入剥片（研磨）筒内，在剥片（搅拌）器的高速旋转下，剥片盘强力搅动装于筒内的研磨介质和物料，研磨（剥片）介质对物料施加挤压、研磨、撞击、剪切等作用力，使物料被磨细或剥片，粉碎后的细粒料浆向上经筛网分离介质后由出料口排出。国产剥片机因生产厂家不同，型号较多，主要有 80L、300L 和 500L 等规格，采用多级串联配置、连续湿法研磨方式，产品细度可达 $d_{95}=2\mu m$ 左右。

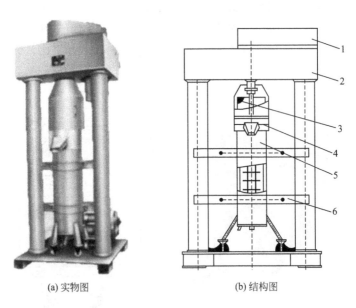

(a) 实物图　　　　　　　　　　　(b) 结构图

**图 3-17　BP80 型剥片机实物图和结构图**
1—罩壳；2—机身上段；3—筛网；4—出料装置；5—筒体；6—夹箍

剥片机主要具有规格大、生产能力大、可连续生产、剥片速度快等优点。对有些难以剥片的物料,剥片强度会不足,因此会使剥片生产效率低下,剥片时间长,产量低;剥片至一定粒度范围时,粒度就难以继续减小。

### 3.5.5　砂磨机

砂磨机包括卧式砂磨机和立式砂磨机两种。卧式砂磨机的工作原理与立式砂磨机相同,但将立式砂磨机的研磨缸横向放置,就会提高介质的填充率,因此卧式砂磨机的研磨效率是立式砂磨机的 2～9 倍。例如,在相同的循环研磨工艺条件下,用 400L 的搅拌磨生产涂布级重钙产量为 100～200kg/(台·h),而 250L 的国产卧式砂磨机产量可达到 300～600kg/(台·h)。

卧式砂磨机主要由研磨容器、分散器、分离器、搅拌轴、密封器等组成(图 3-18)。工作原理为:在卧式砂磨机的研磨筒内装填一定比例的研磨介质和被研磨的物料浆液,在主轴的搅拌作用下快速转动,从而达到研磨粉碎的效果[113]。一系列高速转动的水平侧臂被中心轴带动,并且横向切入不同位置的介质层,在这样高的旋转力和低的下坠引力的共同影响下,造成介质在研磨筒内不规律的运动;由于物料的运动结合了速度搅拌器的线速度和研磨介质的重量,卧式砂磨机可产生非常强大的冲击力和剪切力,这种具备动量、冲量的运动形式可以达到非常好的粉碎效果;不仅使卧式砂磨机的超细研磨率提高,而且使粒度分布曲线狭窄而均匀[114]。

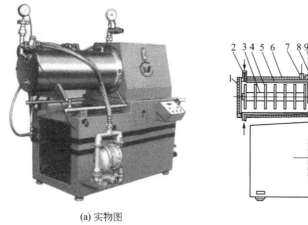
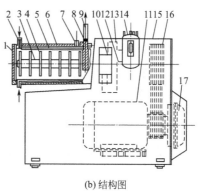

(a) 实物图　　　　　　　　　　　　(b) 结构图

**图 3-18　卧式砂磨机实物图和结构图**
1—机盖;2—浆料入料口;3—搅拌轴;4—分散圆盘;5—研磨容器;6—夹套;7—冷却水进出口管;
8—圆筒筛;9—物料出料口;10—机械密封;11—电机;12—密封液进口管;13—密封液出口管;
14—压力罐;15—机座;16—三角皮带轮;17—液力耦合器

卧式砂磨机的主要优点是产品质量高、效率高、用电省。以 50L 砂磨机与 1m³ 球磨机相比,装球个数多 700 倍,单位时间摩擦碰撞率约为球磨机的 1400 倍。在研磨 $CaCO_3$、高岭土、硫酸钡混合颜料(固含量 60%)时,达到相同研磨质量时的单机产量比球磨机高 16 倍;用球磨机研磨细度最高只能达到 60%<2μm,只能生产填料级或预涂

级产品。

砂磨机基本上是精加工研磨。采用卧式砂磨机时，进入卧式砂磨机的 $CaCO_3$ 物料必须是均匀的预混料。有时过滤筛网发生堵塞，处理起来较麻烦；砂磨不能用于研磨大的或过大的颜料附聚体；剧烈的颜料间换色（如由暗红色换成壳黄色）很难清洗干净；在某些情况下需要更换研磨介质；膨胀性（剪切变稠）研磨料在砂磨机或珠磨机中的研磨效果较差。

### 3.5.6　湿式分级机

通常和湿法生产设备共同工作的是湿式分级机（表3-4）。湿式分级机主要有两种类型：一是卧式螺旋离心分级机；二是小直径水力旋流器。工业上采用的有卧式螺旋离心分离（级）机、小直径水力旋流器、离旋器、超细水力旋分机等机型[115]。其中，沉降离心机（包括卧式螺旋离心分级机）的溢流产品细度可达到 $d_{97}=1\mu m$ 左右，超细水力旋分机的溢流产品细度可达到 $d_{95}=2\mu m$ 左右，小直径水力旋流器组的溢流产品细度可达到 $d_{85}=2\mu m$ 左右，离旋器可达到 $d_{60}=2\mu m$ 左右。这些类型的分级机既可单独设置，也可与湿式超细粉碎设备配套使用[92]。

表 3-4　各主要精细分级机的性能及应用

| 设备名称 | 分级方式 | 产品细度 $(d_{97})/\mu m$ | 处理量 $/(m^3/h)$ | 应用范围 |
|---|---|---|---|---|
| 卧式螺旋离心分级机 | 湿式 | 1～10 | 1～20(浆料) | 矿物、金属粉、化工原料、颜料、填料等 |
| 超细分级机 | 湿式 | 3～10 | 1～25(浆料) | 矿物、金属粉、化工原料、颜料、填料等 |
| 小直径水力旋流器(组) | 湿式 | 3～45 | 1～50(浆料) | 矿物、金属粉、化工原料、颜料、填料等 |

# 3.6　重质碳酸钙产品技术指标和检测

## 3.6.1　重质碳酸钙产品主要技术指标

重质 $CaCO_3$ 产品的技术指标主要有粒度分布、$CaCO_3$ 含量、灼烧减量、铁含量、锰含量、105℃挥发物含量、铜含量、砷盐含量、酸碱性（pH值）；盐酸不溶物含量、白度、活化度、吸油量、筛余物含量等。重质 $CaCO_3$ 应用在不同行业时，各项技术指标要求略有不同。例如，美国有重钙分级规定和质量标准（表3-5），而我国重质碳酸钙工业起步较晚，尚未制订国家标准规范该行业[116]。

表 3-5　美国重钙分级规定和质量标准

| 粒度分析 | Ⅰ′级 | Ⅰ″级 | Ⅱ′级 | Ⅱ″级 | Ⅱ‴级 | Ⅲ′级 | Ⅲ″级 | Ⅳ级 |
|---|---|---|---|---|---|---|---|---|
| 325目筛余/% | 0.005 | 0.01 | 0.02 | 0.02 | 0.02 | 1.0 | 1.0 | 22.0 |
| 粒度范围/$\mu m$ | 0.5～15.0 | 0.5～31.0 | 0.5～36.0 | 1.0～50.0 | 0.5 | 8.0 | 8.0 | 40.0 |
| 平均粒度/$\mu m$ | 3.0 | 6.5 | 7.0 | 12.5 | 13 | 17.5 | 17.5 | 36.0 |
| 密度/$(g/cm^3)$ | 2.71 | 2.71 | 2.71 | 2.71 | 2.71 | 2.71 | 2.71 | 2.71 |

续表

| 粒度分析 | Ⅰ′级 | Ⅰ″级 | Ⅱ′级 | Ⅱ″级 | Ⅱ‴级 | Ⅲ′级 | Ⅲ″级 | Ⅳ级 |
|---|---|---|---|---|---|---|---|---|
| pH | 9.4 | 9.4 | 9.4 | 9.4 | 9.4 | 9.4 | 9.4 | 9.4 |
| 莫氏硬度 | 3.0 | 3.0 | 3.0 | 3.0 | 3.0 | 3.0 | 3.0 | 3.0 |
| 折射率 | 1.59 | 1.59 | 1.59 | 1.59 | 1.59 | 1.59 | 1.59 | 1.59 |
| 白度(极小值)/% | 96.0 | 96.0 | 94.0 | 93.0 | 93.0 | 95.0 | 93.0 | 90.0 |
| $CaCO_3$/% | 98.0 | 98.0 | 98.0 | 98.0 | ≥95.0 | ≥95.0 | ≥95.0 | ≥95.0 |
| $MgCO_3$/% | 0.60 | 0.60 | 0.60 | 0.60 | ≤3.00 | ≤3.00 | ≤3.00 | ≤3.00 |
| $Fe_2O_3$/% | 0.06 | 0.06 | 0.06 | 0.06 | 0.06 | 0.06 | 0.06 | 0.06 |
| 湿度/% | 0.02 | 0.02 | 0.02 | 0.02 | 0.02 | 0.02 | 0.02 | 0.02 |

粒径是重质 $CaCO_3$ 较为重要的技术指标。根据产品细度划分,重质 $CaCO_3$ 可分为填料级产品和涂料级产品。对于填料级产品,一般要求细度为 $d_{97}=13\sim30\mu m$(约 $500\sim1250$ 目,具体细度要求因纸品不同而异),白度≥90%,磨耗值 $8\sim20mg/2000$ 次,$CaCO_3\geq$ 98%,硅、铝、铁等杂质含量较低。对于涂料级产品,一般要求细度$-2\mu m$ 含量 60%～ 95%,其中,面涂$-2\mu m$ 含量 85%～95%,底涂$-2\mu m$ 含量 60%～85%,磨耗值≤ 7mg,黏浓度≥72%,$CaCO_3\geq98\%$,硅、铝、铁等杂质含量较低,白度≥9%[116]。

在胶黏剂和密封剂方面,重质 $CaCO_3$ 填料的质量要求比橡胶和塑料领域要高,一般要求细度>1250 目($d_{97}\leq10\mu m$),表面要进行有机改性处理。在食品医药方面,$CaCO_3$ 含量≥98%,盐酸不溶物含量≤0.2%,重金属(以 Pb 计)含量≤0.002%,碱金属及镁含量≤1.0%,砷含量≤0.0003%,钡含量≤0.03%。

对方解石、大理石或石灰石为原料经研磨制得的工业重质碳酸钙和经表面处理制得的工业活性重质碳酸钙,具体分析时可以参照有关标准如 GB/T 19281—2014《碳酸钙分析方法》中的白度测定、粒径测定、磨耗量测定等[117]。

### 3.6.2　粒度的测定

重质 $CaCO_3$ 颗粒的直径并不是标准的圆球形,而是不规则的,它们的粒径要用平均值来表示。平均粒径则表示分散 $CaCO_3$ 颗粒群几何尺寸的一种尺度,是计量不同粒径颗粒占粉体总量的百分数。有区间分布和累计分布两种形式。区间分布又称为微分分布或频率分布,它表示一系列粒径区间中颗粒的百分含量。累计分布也叫积分分布,它表示小于或大于某粒径颗粒的百分含量。工业上通常用 $D_{10}$、$D_{50}$、$D_{90}$ 的作为粒径大小的参数。$D_{10}$ 是指颗粒累计分布为 10% 的粒径,即小于此粒径的颗粒体积含量占全部颗粒的 10%。$D_{50}$ 也叫中位径或中值粒径,是指颗粒累计分布为 50% 的粒径,是一个表示粒度大小的典型值,该值准确地将总体划分为二等份,也就是说有 50% 的颗粒超过此值,有 50% 的颗粒低于此值。如果一个 $CaCO_3$ 样品的 $D_{50}=5\mu m$,说明在组成该样品的所有粒径的颗粒中,大于 $5\mu m$ 的颗粒占 50%,小于 $5\mu m$ 的颗粒也占 50%。$D_{90}$ 是指颗粒累计分布为 90% 的粒径,即小于此粒径的颗粒体积含量占全部颗粒的 90%。其他以此类推。

#### (1) 激光粒度法

常用的重质 $CaCO_3$ 粒度分布的测定方法为激光粒度法。称取少量 $CaCO_3$ 样品,放入分散器（分散介质可选一级纯水）内分散，浓度不超过仪器遮光度的 20％，超声数分钟，待遮光度稳定后开始进行粒度测定。一般采用激光粒度分析仪，其量程范围为 $0.02\sim2000\mu m$；精度误差在 $\pm1\%$；检测角度为 $0°\sim135°$。例如，按照激光粒度分析仪的要求，称取一定量的重钙试样时，加入 200mL 水（表面改性的重钙试样先加入少量乙醇润湿），然后加入 $1.0\sim1.5$mL 六偏磷酸钠溶液，将试样悬浮液置于超声波分散仪上超声分散 $3\sim10$min，用激光粒度分析仪按操作步骤对重钙试样进行测定即可。

**（2）电子显微镜计数法**

该法要采用透射电子显微镜。例如，取适量重质 $CaCO_3$ 试样，置于 50mL 烧杯中，加入 $10\sim20$mL 乙醇。将烧杯置于超声波振荡仪中，超声分散 $5\sim15$min 后，取 $1\sim2$ 滴分散液于电子显微镜的制样专用铜网上，自然干燥后，置于透射电子显微镜的样品架上。在约 1 万～5 万放大倍数下，摄下样品的电子显微镜照片，进行测量统计。

也有用扫描电子显微镜观察分析重质 $CaCO_3$ 颗粒粒径的情况。取重质 $CaCO_3$ 极微量粉末置于扫描电子显微镜用样品台上，采用表面喷金处理。在扫描电子显微镜约 1 万～5 万放大倍数下摄下样品的电子显微镜照片，在照片上对棒形、链状、针状进行测量统计。用纳米标尺测量不少于 100 个颗粒中每个颗粒的长径和短径，可用计算机软件进行统计处理，取算术平均值。平均粒径 $d$ 按下式计算：

$$d=\sum(d_1+d_s)/2n$$

式中，$d_1$ 为微粒的长径，nm；$d_s$ 为微粒的短径，nm；$n$ 为量取颗粒的个数。

注意：分析结果应注明是何种电子显微镜下获得。

### 3.6.3  灼烧减量的测定

将重质 $CaCO_3$ 试样在 $(875\pm25)℃$ 灼烧至恒重，减少的质量即是灼烧减量，也常称为烧失量。重质 $CaCO_3$ 试样在灼烧过程中，挥发除去的物质包括 $CO_2$、化合水以及少量的 S、F、Cl 和有机质等。

预先将瓷坩埚在 $(875\pm25)℃$ 下灼烧至恒重，然后称取 0.5g 重质 $CaCO_3$ 试样（精确至 0.0002g）置于瓷坩埚中，于 $(875\pm25)℃$ 下灼烧至恒重。以质量分数表示的灼烧减量 $(X)$ 按下式计算：

$$X=\frac{m_1-m_2}{m}$$

式中，$m_1$ 为灼烧前坩埚和试样的质量，g；$m_2$ 为灼烧后坩埚和试样的质量，g；$m$ 为试样的质量，g。取平行测定结果的算术平均值为测定结果，平行测定结果的绝对差值不大于 0.1％。

### 3.6.4  105℃挥发物含量的测定

在 $(105\pm5)℃$ 的干燥温度条件下，计算物料干燥前后质量差与原物料的质量比，即为 105℃下的挥发物含量。称取 2g 重质 $CaCO_3$ 试样（精确至 0.0002g），置于已在 $(105\pm5)℃$ 下干燥恒重的称量瓶中，移入恒温干燥箱内，在 $(105\pm5)℃$ 下干燥至恒重。以质量分数表示的 105℃下挥发物含量 $(X)$ 按下式计算：

$$X=\frac{m_1-m_2}{m}$$

式中，$m_1$ 为干燥前称量瓶和试样的质量，g；$m_2$ 为干燥后称量瓶和试样的质量，g；$m$ 为试样的质量，g。取平行测定结果的算术平均值为测定结果，平行测定结果的绝对差值不大于 0.03%。

### 3.6.5　酸碱性（pH 值）的测定

酸碱性一般采用酸度计分析测定。将内充氯化钾饱和溶液的甘汞电极和玻璃电极与酸度计连接好，酸度计的测量范围为 0～14pH，最小分度值为 0.02pH，预热，调零，定位；称取约 10g（精确至 0.01g）重质碳酸钙试样置于 150mL 烧杯中。注意，活性重质碳酸钙样品要加入 5mL 乙醇润湿。然后加入 100mL 不含二氧化碳的水，充分搅拌，静置 10min，用酸度计测量悬浮液的 pH 值。取平行测定结果的算术平均值为测定结果，平行测定结果的绝对差值不大于 0.3pH。

### 3.6.6　盐酸不溶物含量的测定

盐酸不溶物含量是指用盐酸溶解试样后过滤出的酸不溶物经灼烧后的固体质量。称取 2g（精确至 0.01g）重质 $CaCO_3$ 试样，置于烧杯中，加少量水润湿，注意对于活性重质 $CaCO_3$ 样品要先加入 4mL 95%乙醇润湿。然后滴加 10mL 盐酸与水体积比为 1：1 的盐酸溶液，加热至沸，趁热用中速定量滤纸过滤，用热水洗涤至滤液中无氯离子（用 10g/L 硝酸银溶液检验）。将滤纸连同不溶物一并移入已恒重的瓷坩埚内，然后移入高温炉内，在（875±25）℃下灼烧至恒重。以质量分数表示的盐酸不溶物含量（$X$）按下式计算：

$$X = \frac{m_1 - m_2}{m} \times 100$$

式中，$m_1$ 为灼烧后瓷坩埚和不溶物的质量，g；$m_2$ 为瓷坩埚的质量，g；$m$ 为试样的质量，g。取平行测定结果的算术平均值为测定结果。平行测定结果的绝对差值不应大于 0.03%。

### 3.6.7　筛余物的测定

重质 $CaCO_3$ 筛余物即用规定的筛子筛分过后留在筛面上的比筛孔直径大的大颗粒物质，是重质 $CaCO_3$ 颗粒分级质量的主要依据之一。例如，用 160 目的筛子筛重质 $CaCO_3$ 粉末，筛下 20%，筛子上面剩余 80%，那就称这 80%的粉末为筛余物。称取 10g（精确至 0.01g）重质 $CaCO_3$ 试样，一次或数次移入试验筛内，试验筛规格为 $\phi$200mm× 50mm/0.125mm 和 $\phi$200mm×50mm/0.045mm 或按用户要求来约定；用毛刷在筛网上轻轻刷试样，使其通过筛网，直至筛下所垫黑纸没有试样痕迹。再用 95%乙醇冲洗试验筛，将筛子和筛余物一并移入恒温干燥箱内，在（105±5）℃下干燥后，将筛余物全部转移至已知质量的表面皿或硫酸纸中称量（精确至 0.0002g）。以质量分数表示的筛余物（$X$）按下式计算：

$$X = \frac{m_1}{m} \times 100$$

式中，$m_1$ 为筛余物的质量，g；$m$ 为试样的质量，g。取平行测定结果的算术平均值为测定结果。利用 $CaCO_3$ 表面处理后的疏水性特征测定碳酸钙表面包覆程度。

### 3.6.8　白度的测定

重质 $CaCO_3$ 白度即重钙粉体的显白程度，一般在 $94\%\sim97\%$，白度越高表明重钙纯度越纯。分析测定材料的白度通常以 MgO 为标准白度 $100\%$，假定它为标准反射率 $100\%$。反射率越高，白度越高。以蓝光照射氧化镁标准板表面的反射率百分率来表示试样的蓝光白度；用红、绿、蓝三种滤色片或三种光源测出三个数值，平均值为三色光白度。习惯上把白度的单位"％"作为"度"的同义词。测定白度的仪器主要有光电白度计、简易型光谱测色仪、光电积分类测色仪等。例如，取一定量的重钙试样放入压样器中，压制成表面平整、无纹理、无疵点、无污点的试样板。每批重钙产品需压制三块试样板，分别将三块试样板置于光电积分类测色仪的测量孔上，测量每块试样板的三刺激值（三色系统中，与待测光达到颜色匹配所需的三种原色刺激的量）。取三块试样板测量结果的平均值。重钙试样的色品坐标标准计算公式如下：

$$x = X/(X+Y+Z)$$
$$y = Y/(X+Y+Z)$$
$$z = 1-x-y = Z/(X+Y+Z)$$

式中，$X$ 代表红原色刺激量；$Y$ 代表绿原色刺激量；$Z$ 代表蓝原色刺激量。

白度（$X$）按下式计算：

$$X = Y + 400x - 1000y + 205.5$$

式中，$X$、$Y$ 分别为 $10^0$ 视场的三刺激值；$x$、$y$ 分别为试样的色品坐标。取平行测定结果的算术平均值为测定结果。平行测定结果的绝对差值不大于 $0.5°$。

### 3.6.9　活化度的测定

重质 $CaCO_3$ 活化度是衡量重质 $CaCO_3$ 粉体分散稳定性的一个重要参数[118]。称取 5g 重质 $CaCO_3$ 试样（精确至 0.01g），置于 250mL 分液漏斗中，加 200mL 水，以 120 次/min 的速率往返振摇 1min。轻放于漏斗架上，静置 $20\sim30$min，待明显分层后一次性将下沉 $CaCO_3$ 放入预先于 $(105\pm5)℃$ 下恒重的（精确至 0.001g）玻璃砂坩埚中，真空泵抽滤除去水，置于恒温箱中，于 $(105\pm5)℃$ 下干燥至恒重，称量（精确至 0.001g）。以质量分数表示的活化度（$X$）按下式计算：

$$X = (1 - \frac{m_2 - m_1}{m}) \times 100$$

式中，$m_2$ 为干燥后坩埚和未包覆 $CaCO_3$ 的质量，g；$m_1$ 为坩埚的质量，g；$m$ 为试样的质量，g。取平行测定结果的算术平均值为测定结果。平行测定结果的绝对差值应不大于 2％。

### 3.6.10　吸油值的测定

吸油值一般指一定质量固体粉体颗粒绝对表面被油完全浸湿时所需油料的数量。吸油值能说明固体粉体的湿润程度、分散性能等。吸油值与固体粉体颗粒的大小、形状、分散与凝聚程度、比表面积和表面性质有关，在不同产品中需选择合适吸油值的重质 $CaCO_3$[119]。重质 $CaCO_3$ 的吸油值指在定量的重质 $CaCO_3$ 粉状产品中，逐步将油滴入其中，直至滴加的油脂能使全部粉体黏在一起的最低用油量。一般以 100g 粉体所吸收的精制亚麻仁油的最低克数来表示。

称取约 5g（精确至 0.01g）重质 CaCO₃ 试样，置于玻璃板或釉面瓷板上，用滴定管滴加精制亚麻仁油，在滴加时用调刀不断进行翻动研磨，起初试样呈分散状，后逐渐成团，直至全部被精制亚麻仁油润湿，并形成一整团即为终点，记录滴加精制亚麻仁油的体积。

以 100g 重质 CaCO₃ 所吸收精制亚麻仁油的体积（mL）表示的吸油值（$X$）按下式计算：

$$X = \frac{V}{m} \times 100$$

式中，$V$ 为滴加精制亚麻仁油的体积，mL；$m$ 为试样的质量，g。取平行测定结果的算术平均值为测定结果，两次平行测定结果的绝对差值应不大于 1.0mL/100g。

也有用邻苯二甲酸二辛酯作为润湿剂测定重质碳酸钙的吸油值的分析方法。称取 1g（精确至 0.01g）重质 CaCO₃ 试样，置于玻璃板或釉面瓷板上，用滴瓶往重质 CaCO₃ 试样中滴加邻苯二甲酸二辛酯，在滴加时用调刀不断进行翻动研磨，起初试样呈分散状，后逐渐成团，直至全部被邻苯二甲酸二辛酯润湿，并形成一整团[120]。称取滴瓶质量（精确至 0.01g）。以 100g 活性 CaCO₃ 所吸收邻苯二甲酸二辛酯的质量（g）表示的吸油量（$X$）按下式计算：

$$X = \frac{m_1 - m_2}{m} \times 100$$

式中，$m_1$ 为滴加邻苯二甲酸二辛酯之前滴瓶和邻苯二甲酸二辛酯的质量，g；$m_2$ 为滴加邻苯二甲酸二辛酯之后滴瓶和邻苯二甲酸二辛酯的质量，g；$m$ 为试样的质量，g。取平行测定结果的算术平均值为测定结果，平行测定结果的绝对差值应不大于 1.0g/100g。

### 3.6.11 磨耗量的测定

称取（100±1）g 预先在（105±2）℃下干燥 2h 的样品，置于预先盛有 300mL 水的 1000mL 烧杯中。用搅拌器以大约 1000r/min 的转速搅拌约 5min（或用超声波水浴分散 2min）后全部转移至 1000mL 容量瓶中，用水稀释至刻度，摇匀。

称取固含量为（100±1）g 的浆（膏）状样品，置于 1000mL 烧杯中，加水至约 300mL，用搅拌器以大约 1000r/min 的转速搅拌约 5min（或用超声波水浴分散 2min）后全部转移至 1000mL 容量瓶中，用水稀释至刻度，摇匀。

将测试仪的金属垫片（每做 25 次实验后应更换一个）放入测试容器底部，微凸面朝上。用金属镊子把预处理好的测试铜网小心放在金属垫片上，确保测试网磨耗面朝上，压上圆形金属环，同时把装置固定在测试容器上。在测试容器中加入测试浆料，把磨耗测试转子安放在磨耗测试仪主动轴顶端，确保 PVC 软管正对测试网。

提升磨耗测试仪主动轴，把测试容器放置在其固定位置后，放低主动轴，确保主动轴嵌入。将测试周期设置在 174000 个磨耗来回（一个测试周期大约 2h），启动磨耗测试仪开始测试。测试完成后，卸下测试容器，用金属镊子小心取出测试铜网，并用水彻底清洗，再用丙酮洗净。然后将测试铜网浸入盛有丙酮溶液的烧杯中，置于超声波水浴中，清洗约（60±5）s。

按照 GB/T 19281—2014 碳酸钙分析方法，磨耗率是以计量测试一组 174000 个磨耗来回的单位面积的测试铜网失去的质量（$X$），数值以 $g/m^2$ 表示，按下式计算：

$$X = \frac{(m_1 - m_2) \times 10^{-3}}{S \times 10^{-6}}$$

式中，$m_1$ 为测试前测试铜网的质量，mg；$m_2$ 为测试后测试铜网的质量，mg；$S$ 为磨耗面积（$S=305$），$mm^2$。取平行测定结果的算术平均值为测定结果，两次平行测定结果的绝对值符合产品标准规定。

### 3.6.12 碳酸钙含量的测定

重质 $CaCO_3$ 中碳酸钙含量反映产品矿物质组成主体，显然十分重要。主要是基于下列分析化学原理：在 pH 大于 12 的介质中，用三乙醇胺掩蔽少量的 $Al^{3+}$、$Fe^{3+}$、$Mn^{2+}$ 等离子，以钙试剂羧酸钠盐为指示剂，用乙二胺四乙酸二钠夺取与指示剂络合的 $Ca^{2+}$，根据颜色变化判断反应的终点。

预先在（105±5）℃下将重质 $CaCO_3$ 试样干燥至恒重，称取 0.6g（精确至 0.0002g）试样，置于 250mL 烧杯中，加少许水润湿，盖上表面皿，滴加盐酸与水体积比为 1∶1 的盐酸溶液至试样全部溶解，用中速滤纸过滤，滤液和洗液一并收集于 250mL 容量瓶中，用水稀释至刻度，摇匀。用移液管移取 25mL 试验溶液，置于锥形瓶中，加入 5mL 三乙醇胺溶液、25mL 水和 0.1g 钙试剂羧酸钠盐（指示剂），用 100g/L 的氢氧化钠溶液调成酒红色并过量 0.5mL，用 0.02mol/L 乙二胺四乙酸二钠标准滴定溶液滴定至纯蓝色为终点，同时做空白试验。以质量分数表示的碳酸钙（$CaCO_3$）含量（$X$）按下式计算：

$$X = \frac{c(V - V_0) \times 0.1001}{m \times \dfrac{25}{250}} \times 100 = \frac{100.1 \times c(V - V_0)}{m}$$

式中，$V$ 为滴定试验溶液所消耗乙二胺四乙酸二钠标准滴定溶液的体积，mL；$V_0$ 为滴定空白试验溶液所消耗乙二胺四乙酸二钠标准滴定溶液的体积，mL；$c$ 为乙二胺四乙酸二钠标准滴定溶液的实际浓度，mol/L；$m$ 为试样的质量，g；数值 0.1001 为与 1.00mL 乙二胺四乙酸二钠标准滴定溶液 [$c(EDTA)=1.000mol/L$] 相当的以克表示的碳酸钙的质量。取平行测定结果的算术平均值为测定结果，平行测定结果的绝对差值不大于 0.2%。

### 3.6.13 铝含量的测定

称取 1g 重质 $CaCO_3$ 试样，置于 100mL 烧杯中，加少量水润湿后，缓慢加入 5mL 盐酸溶液使试样溶解，在电炉上煮沸并去除二氧化碳，冷却后转移到 100mL 容量瓶中，用水稀释至刻度，摇匀。

在一组 50mL 的容量瓶中分别吸取 0.00mL、2.00mL、4.00mL、6.00mL、8.00mL、10.00mL 铝标准溶液，分别用水稀释至 30mL，加入 2mL 抗坏血酸溶液、5mL 铬天青 S 乙醇溶液和 2mL 六亚甲基四胺溶液。每加一种试剂均应混匀，用水稀释至刻度，混匀后放置 30min。用 1cm 比色皿，以水为参比，用分光光度计在波长 545nm 处测量其吸光度，以铝的质量为横坐标，吸光度为纵坐标，绘制工作曲线。所测得的吸光度与工作曲线对照，从工作曲线上查得铝的质量。铝含量以铝的质量分数 $X$ 计，按下式计算：

$$X = \frac{(m_1 - m_0) \times 10^{-3}}{m \times V_1/V} \times 100\%$$

式中，$V$ 为试液溶液的体积，mL；$V_1$ 为移取试液溶液的体积，mL；$m_1$ 为试液中铝的质量，g；$m_0$ 为空白试液溶液中铝的质量，mg；$m$ 为试料的质量，g。取平行测定结果的算术平均值为测定结果，两次平行测定结果的绝对值符合产品标准规定。

### 3.6.14　铁含量的测定

称取 20g（精确至 0.01g）重质 $CaCO_3$ 试样，置于高型烧杯中，加入 10mL 水润湿；若是活性重质 $CaCO_3$，要先加入 20mL 95%乙醇润湿。盖上表面皿，缓缓加入 65mL 硝酸与水体积比为 1:1 的硝酸溶液，加热至沸，用中速定量滤纸过滤、洗涤，滤液和洗液一并收集于 250mL 容量瓶中，加水至刻度，摇匀。此溶液为试验溶液 A，用于铁含量、锰含量和铜含量的测定。量取 1mL 硝酸溶液，置于烧杯中，加入 10mL 水，作为空白试验溶液。

分析实验需要采用紫外分光光度计和厚度为 4cm 的比色皿。选择厚度为 1cm 的吸收池及其对应的铁标准溶液用量（表 3-6），绘制工作曲线。用移液管移取 25mL 试验溶液 A，置于 250mL 容量瓶中，加水至刻度，摇匀。测量试验溶液和空白试验溶液的吸光度，根据试验溶液的吸光度和空白试验溶液吸光度的差值，获得铁的质量。其中要注意对空白试验溶液的分析测定。以质量分数表示的铁（Fe）含量（$X$）按下式计算：

$$X = \frac{m_1 - m_0}{m \times \dfrac{25}{250} \times \dfrac{25}{250} \times 1000} \times 100 = \frac{10 \times (m_1 - m_0)}{m}$$

式中，$m_1$ 为试验溶液中铁的质量，mg；$m_0$ 为空白试验溶液中铁的质量，mg；$m$ 为试验溶液 A 中试样的质量，g。取平行测定结果的算术平均值为测定结果。优等品试样的平行测定结果的绝对差值为不大于 0.005%，一等品和合格品试样该值为 0.01%。

**表 3-6　给定溶液的体积**

| 试液中预计的铁含量/$\mu$g | | | | | |
| --- | --- | --- | --- | --- | --- |
| 50～100 | | 20～300 | | 10～100 | |
| 铁标准溶液用量/mL | 对应铁的含量/$\mu$g | 铁标准溶液用量/mL | 对应铁的含量/$\mu$g | 铁标准溶液用量/mL | 对应铁的含量/$\mu$g |
| 0 | 0 | 0 | 0 | 0 | 0 |
| 5.00 | 50 | 2.00 | 20 | 1.00 | 10 |
| 10.00 | 100 | 5.00 | 50 | 2.00 | 20 |
| 20.00 | 200 | 10.00 | 100 | 4.00 | 40 |
| 30.00 | 300 | 15.00 | 150 | 6.00 | 60 |
| 40.00 | 400 | 20.00 | 200 | 8.00 | 80 |
| 50.00 | 500 | 30.00 | 300 | 10.00 | 100 |

### 3.6.15　锰含量的测定

在磷酸存在下的强酸性介质中，高碘酸钾在加热煮沸时将二价锰离子氧化成紫红色的高锰酸根离子，采用紫外分光光度计[121]及厚度为3cm的吸收池来测量其吸光度。

用移液管移取 0.00mL、1.00mL、5.00mL、10.00mL、15.00mL、20.00mL 和 25.00mL 锰标准溶液（1mL 溶液含 0.01mg Mn），分别置于 250mL 烧杯中，各加入 40mL 水、1.5mL 硝酸溶液（硝酸与水的体积比为 1∶6）、10mL 磷酸溶液（磷酸与水的体积比为 1∶1）和 0.3g 高碘酸钾，盖上表面皿，加热至沸，煮沸 3min，冷却后全部移入 100mL 容量瓶中，加水至刻度，摇匀。在 525nm 波长下，用 3cm 吸收池，以水为对照将紫外分光光度计的吸光度调整为零，测量其吸光度。以标准锰含量为横坐标，对应的吸光度为纵坐标，绘制工作曲线。此为试验溶液 A。量取 5mL 硝酸溶液（硝酸与水的体积比为 1∶6）置于烧杯中，用氨水溶液（氨水与水的体积比为 2∶3）调节 pH 值为 7（用 pH 试纸检验），再加入 1.5mL 硝酸溶液。此为空白试验。用移液管移取 25mL 试验溶液 A，置于 250mL 烧杯中，和空白试验溶液同时按照规定进行操作分析，再由工作曲线上查出试验溶液和空白试验溶液中锰的质量。以质量分数表示的锰（Mn）含量（$X$）按下式计算：

$$X = \frac{m_1 - m_0}{m \times \dfrac{25}{250} \times 1000} \times 100 = \frac{m_1 - m_0}{m}$$

式中，$m_1$ 为试验溶液中锰的质量，mg；$m_0$ 为空白试验溶液中锰的质量，mg；$m$ 为试验溶液 A 中试样的质量，g。取平行测定结果的算术平均值为测定结果，其结果的绝对差值应不大于 0.001%。

### 3.6.16　铜含量的测定

化学反应的原理是用抗坏血酸将二价铜还原为一价铜，一价铜和 $\alpha,\alpha'$-联喹啉生成紫红色络合物，用戊醇萃取，以分光光度计测量其吸光度。

取 6 个分液漏斗，分别加入 0.00mL、2.00mL、4.00mL、6.00mL、8.00mL 和 10.00mL 铜标准溶液，各加入约 150mL 水，用 200g/L 氢氧化钠溶液调节 pH 值约为 3（用 pH 试纸检验）。加入 5mL 500g/L 酒石酸溶液和 5mL 100g/L 抗坏血酸溶液，再用氢氧化钠溶液调节 pH 值约为 6（用 pH 试纸检验），充分摇动 5min，加入 10mL 0.5g/L $\alpha,\alpha'$-联喹啉溶液，再充分摇动 2min，静置分层，将水相放到另一分液漏斗中并加入 2mL 抗坏血酸溶液、2mL $\alpha,\alpha'$-联喹啉溶液和 20mL 500g/L 戊醇，充分摇动 2min，静置，分层，弃去水相，将两次萃取的有机相收集于 100mL 烧杯中，各加入 2g 无水硫酸钠，充分搅拌除去微量水分，过滤，用戊醇洗涤两次，每次用 2mL，洗液和滤液一并收集于 50mL 容量瓶中，加戊醇至刻度，摇匀。此为试验溶液 A。在 540nm 波长下用 3cm 吸收池，以水为对照将分光光度计的吸光度调整为零，测量吸光度。从标准溶液的吸光度中减去试剂空白溶液的吸光度，以铜含量为横坐标，对应的吸光度为纵坐标，绘制工作曲线。由工作曲线上查出试验溶液和空白试验溶液中的铜的含量。以质量分数表示的铜（Cu）含量（$X$）按下式计算：

$$X = \frac{m_1 - m_0}{m \times \dfrac{25}{250} \times 1000} \times 100 = \frac{0.5 \times (m_1 - m_0)}{m}$$

式中，$m_1$ 为试验溶液中铜的质量，mg；$m_0$ 为空白试验溶液中铜的质量，mg；$m$ 为试验溶液 A 中含试样的质量，g。取平行测定结果的算术平均值为测定结果，平行测定结果的绝对差值应不大于 0.0004%。

### 3.6.17　砷盐含量的测定

称取 (1.00±0.01)g 重质碳酸钙试样，置于锥形瓶或广口瓶中，分别倒入 75mL 水、5mL 盐酸、1mL 碘化钾溶液、0.2mL 氯化亚锡溶液，摇匀后于室温放置 1h。取出溴化汞试纸，所呈砷斑颜色不应深于标准。

### 3.6.18　镉含量的测定

使用硝酸溶液对重质 $CaCO_3$ 进行溶解后，采用石墨炉原子吸收分光光度计，测定标准溶液和试验溶液产生的原子蒸气，然后对镉元素的特定吸收波长 228.8nm 的吸光度做工作曲线，根据工作曲线来确定试样中镉元素的含量。

用移液管移取 0.00mL、1.00mL、2.00mL、3.00mL 镉标准溶液，分别置于 100mL 的容量瓶中，加入 20mL 磷酸二氢铵溶液，用硝酸溶液稀释至刻度并摇匀。于波长 228.8nm 处将仪器调至最佳工作状态，以一级水为参比，测量吸光度。以镉的质量为横坐标，纵坐标为吸光度，绘制工作曲线。镉含量以镉的质量分数 $X$ 计，按下式计算：

$$X = \frac{m_1 \times 10^{-3}}{m} \times 100\%$$

式中，$m_1$ 为工作曲线上查出的试验溶液中镉的质量，mg；$m$ 为试样的质量，g。

### 3.6.19　汞含量的测定

重质 $CaCO_3$ 样品在硝酸溶液中溶解，所含的汞化合物以离子状态存在，加入还原剂还原成原子态（元素汞蒸气）。随气流带出汞，进入石英管内，在波长为 253.7nm 处测定汞，在一定浓度范围其吸收值与汞质量成正比，在工作曲线上查得汞的质量。

将 1.00g 试样放入 150mL 烧杯中，用少量水润湿，盖上表面皿，沿杯口滴加硝酸溶液至试样溶解并加热至沸，冷却。全部移入 50mL 容量瓶中，用水稀释至刻度并摇匀。同时制备空白试验溶液。

用移液管移取 0.00mL、1.00mL、2.00mL、4.00mL 汞标准溶液，分别置于 50mL 容量瓶中。将移取的标准溶液各 5mL 置于仪器的汞蒸气发生器的还原瓶中，连接抽气装置，沿瓶壁加入 3mL 氯化亚锡溶液，并立即盖紧还原瓶，通入载气，然后从仪器中读取最高吸收值。以汞的质量为横坐标，纵坐标为吸收值，绘制工作曲线。汞含量以汞的质量分数 $X$ 计，按下式计算：

$$X = \frac{(m_1 - m_0) \times 10^{-3}}{m} \times 100\%$$

式中，$m_1$ 为试液溶液中汞的质量，mg；$m_0$ 为空白试验溶液中汞的质量，mg；$m$ 为

重质 $CaCO_3$ 的质量，g。取平行测定结果的算术平均值为测定结果，两次平行测定结果的绝对值符合产品标准规定。

### 3.6.20　六价铬含量的测定

原理：在硫酸溶液中，六价铬与二苯碳酰二肼反应，生成紫红色化合物，其最大吸收波长 540nm，摩尔吸光系数为 $4×10^4$。

称取 3g 重质 $CaCO_3$ 置于 250mL 锥形瓶中，用少量水润湿。加入 15mL 硫酸溶液，在电炉上微沸，加入 1.5mL 氢氧化钠溶液，再加入 2 滴高锰酸钾溶液。加水使瓶内溶液约为 60~70mL，摇匀。在电炉上加热煮沸 20min，然后沿壁加入 3mL 无水乙醇，摇匀，趁热过滤。滤液收集于 100mL 容量瓶中，并用少量的热水洗涤三角瓶和滤纸 3 至 4 次，洗涤液并入容量瓶中，控制溶液体积。

移取 0.00mL、2.00mL、4.00mL、6.00mL、8.00mL、10.00mL 铬标准溶液，置于 100mL 容量瓶中，加入适量水稀释。依次加入 4mL 硫酸溶液和 2.0mL 二苯碳酰二肼溶液，用水稀释至刻度，摇匀并静置 30min。以水作为参比，用 1cm 比色皿，在波长 540nm 处用分光光度计测量其吸收光度。从每个标准溶液的吸光度中减去空白溶液的吸光度，以铬的质量为横坐标，吸光度为纵坐标，绘制工作曲线。从工作曲线上查出试液溶液和空白试液溶液中铬的质量，铬含量以铬的质量分数 $X$ 计，按下式计算：

$$X = \frac{(m_1 - m_2) × 10^{-3}}{m} × 100\%$$

式中，$m_1$ 为试液溶液中铬的质量，mg；$m_2$ 为空白试液溶液中铬的质量，mg；$m$ 为重质 $CaCO_3$ 的质量，g。取平行测定结果的算术平均值为测定结果，两次平行测定结果的绝对值符合产品标准规定。

### 3.6.21　钡含量的测定

将 1.00g 重质 $CaCO_3$ 置于烧杯中，用少量水润湿，盖上表面皿。沿杯口加入 10mL 盐酸溶液，使其全部溶解，在电炉上加热 1min，冷却后滴加氨水溶液至 pH 约为 8，再加热至沸，冷却。用慢速滤纸过滤于 50mL 比色管中，用水洗涤，加 2g 无水乙酸钠、1mL 乙酸溶液和 1mL 铬酸钾溶液，用水稀释至刻度。放置 15min 后进行比浊，试样所程浊度不得深于标准比浊溶液。

# 3.7　石灰生产和应用简介

## 3.7.1　石灰概述

煅烧天然 $CaCO_3$ 的产品是 CaO。因其由岩石而来，且 CaO 比 $CaCO_3$ 易粉碎，故俗称石灰。在工业生产中，石灰可按种类划分为普通石灰、高镁冶金石灰、活性石灰三大类（表 3-7）。用于区别它们的主要指标是：CaO、MgO 的含量和活性度指数。按煅烧程度不同又分为轻（软）烧石灰、硬烧石灰和死烧石灰。轻（软）烧石灰是石灰在煅烧分解的瞬间就具备了所谓的活性性能。

表 3-7　工业生产中的石灰分类

| 名称 | CaO/% | MgO/% | 活性度/mL |
|---|---|---|---|
| 普通石灰 | ≥80 | ≤5 | ≥180 |
| 高镁冶金石灰 | ≥81 | 5～12 | ≥180 |
| 活性石灰 | ≥90 | ≤0.7 | ≥300 |

注：活性度是一定数量、一定粒度范围的石灰与具有一定温度和一定量的水混合后，石灰与水进行溶解反应的速度，代表石灰在钢水中与其他物质（杂质）发生反应的能力。

① 物理性质。CaO 呈白色晶体或粉末，含有杂质时呈灰白色。熔点为 2572℃（2845K），沸点为 2850℃（3123K），相对密度为 3.25～3.38。硬度较低，莫氏硬度在 2～3 之间。难溶于水，易溶于酸而生成盐和水。

② 化学性质。CaO 暴露在空气中，与空气中的水反应生成氢氧化钙，氢氧化钙与空气中的 $CO_2$ 反应进一步成 $CaCO_3$。将 $Ca(OH)_2$ 加热至 580℃ 以上时，$Ca(OH)_2$ 可脱水生成 CaO。

$$CaO + H_2O \Longrightarrow Ca(OH)_2 \quad (\Delta H = -57.86kJ/mol)$$

$$Ca(OH)_2 + CO_2 \Longrightarrow CaCO_3 \downarrow + H_2O$$

$$Ca(OH)_2 \Longrightarrow CaO + H_2O \uparrow$$

### 3.7.2　石灰生产的原料

用于生产 CaO 的原料主要是 $CaCO_3$ 岩石，通称为石灰岩、石灰石。石灰的生产是利用石灰岩经高温煅烧分解后生成 CaO、MgO 和 $CO_2$ 气体。

$$CaCO_3 \xrightarrow{\geqslant 900℃} CaO + CO_2 \uparrow$$

$$MgCO_3 \xrightarrow{\geqslant 700℃} MgO + CO_2 \uparrow$$

为了提高煅烧效率、减少和避免混入泥沙和其他杂物，石灰石入窑前应进行必要的破碎、筛分和水洗。为了加速分解过程，石灰窑内煅烧温度常用 1000～1100℃，烧成后的生石灰呈白色或灰色块状。块状生石灰根据 MgO 含量多少可分为钙质石灰和镁质石灰。当 MgO 含量不大于 5% 时称钙质石灰；MgO 含量大于 5% 时称为镁质石灰。镁质石灰熟化速度较慢，但硬化以后强度较高。

石灰石粒度的大小和品质，对其煅烧所需要的时间都有显著影响。大块料煅烧时间要长，小块料煅烧时间可短。

### 3.7.3　石灰石煅烧分解工艺

一般工艺过程为：石灰石和燃料装入石灰窑（若气体燃料经管道和燃烧器送入）预热后到 850℃ 开始分解，到 1200℃ 完成煅烧，再经冷却后，将生石灰产品卸出窑外。对于不同的窑形，有不同的预热、煅烧、冷却和卸灰方式。

根据煅烧后的品质，可分为正火石灰、过火石灰和欠火石灰。正常温度和煅烧时间所煅烧的石灰具有多孔结构，内部孔隙率大，表观密度小，晶粒细小，与水反应迅速，这种石灰称为正火石灰。在工业生产中，由于石灰石块大小差异以及窑内温度不均匀、$MgCO_3$ 分解温度较低等原因，在烧成的块状生石灰中会出现少量欠火石灰和过火石灰。

　　若煅烧温度过高或高温持续时间过长，致使部分杂质熔融与石灰溶结或烧结，生成过火石灰。这种过火石灰内部孔隙率减少，体积收缩，晶粒变得粗大，组织结构较紧密，其表面常被黏土杂质熔融形成的玻璃釉状填充物包覆，与水反应速度很慢，往往需要很长时间才能产生明显的水化效果，甚至不能消解。欠火石灰是未充分分解的石灰岩，即煅烧温度低或时间短时，石灰石的表层部分可能为正火石灰，而内部会有未分解的石灰石核心，此产品为欠火石灰，其中石灰石核不能水化，产浆量将减少。

　　石灰石原料质量高，石灰质量好。燃料热值高，数量消耗少。石灰石粒度和煅烧时间成正比。一般而言，生石灰活性度和煅烧时间、煅烧温度成反比。除了石灰石本身，该过程还受原料粒度、焙烧时间、焙烧温度等条件影响。

　　对回转窑等煅烧过程，要保证在温度稳定的环境煅烧下，防止石灰石在容器内堆积停留的过程中因粒度不均而产生透气程度不均或导致气流行走不畅，避免因石灰石颗粒大小不均，级差过大。在实际生产过程中，煅烧温度常提升到 $1000\sim1100℃$ 来加快分解。由于石灰石原料尺寸大或受热不均而产生欠烧或过烧，石灰中常含有欠火石灰和过火石灰。

　　298K 下各物质的生成焓、热容和标准生成自由能见表 3-8。

**表 3-8　298K 下各物质的生成焓、热容、标准生成自由能**

| 物质 | 分子量 | $\Delta_f H_m^{\ominus}/(kJ/mol)$ | $\Delta_f G_m^{\ominus}/(kJ/mol)$ | $C_{p,m}/[J/(K\cdot mol)]$ |
|---|---|---|---|---|
| $CaCO_3(s)$ | 100.09 | $-1206.9$ | $-1128.8$ | $82.3+49.8\times10^{-3}T$ |
| $CaO(s)$ | 56.007 | $-635.1$ | $-604.2$ | $41.8+20.3\times10^{-3}T$ |
| $CO_2(g)$ | 44.0095 | $-393.5$ | $-394.4$ | $28.7+35.7\times10^{-3}T$ |

### 3.7.4　碳酸钙分解温度和热力学

　　碳酸钙分解化学热力学主要研究碳酸钙分解反应系统在不同条件下物理和化学变化过程中伴随的能量变化，从而对化学反应的方向和进行的程度做出准确的判断。由煅烧石灰石制石灰的化学反应是高温下把石灰石中的 $CaCO_3$ 分解成 $CaO$ 和 $CO_2$。$CaCO_3$ 的反应是吸热反应，煅烧温度对反应有很大的影响。

$$CaCO_3(s) = CaO(s) + CO_2(g)\uparrow \quad (\Delta H_{298K}=178kJ/mol)$$

　　对于 $CaCO_3$ 的热分解温度，不同文献给出的数据都略有差异（表 3-9）。有些数据差异较小，例如 $900℃$、$898℃$、$897℃$，一般认为都是准确的。有些数据差异较大，其原因有以下几点：a. 主要成分是 $CaCO_3$ 的岩石种类多，有石灰石、大理石、钟乳石、白垩、方解石、霰石、石笋等。它们的组成、结构存在差异，热分解温度自然就有些不同。方解石晶型常含有 Mg、Fe、Mn、Zn 等元素，属于三方晶系，它的热分解温度在 $p(CO_2)=101.3kPa$ 时是 $898℃$。霰石（即文石）晶型，它与方解石是同质二象，属于斜方晶系，在相同条件下它的热分解温是 $825℃$。b. 对"热分解温度"概念的认识尚没有统一标准。例如，$CaCO_3$ 受热体系中 $p(CO_2)=1mmHg$ 时的温度是 $587℃$；用化学方法可以检验到 $CaCO_3$ 开始热分解放出 $CO_2$ 时的温度是 $420℃$。因此，生产中煅烧石灰石要综合多种情况来优选确定 $CaCO_3$ 的热分解温度。

表 3-9　文献中提供的 $CaCO_3$ 热分解温度[122]

| 序号 | 条件 | 热分解温度/℃ | 文献名 | 页码 |
|---|---|---|---|---|
| 1 | 在 $CO_2$ 的压力为 1atm（1atm = 101325Pa）时分解产生 101.3kPa 的 $CO_2$ | 900<br>900<br>897 | 无机化学（下册），北京师范大学，华中师范大学，南京师范大学编<br>① 北京：人民教育出版社,1982<br>② 北京：高等教育出版社,1997<br>③ 北京：高等教育出版社,2003 | 748<br>659<br>569 |
| 2 | $p(CO_2)=101.325kPa$ | 900 | 大学化学（下册）<br>傅献彩主编<br>北京：高等教育出版社,2007 | 633 |
| 3 | | 825 | 化学辞典<br>周公度主编<br>北京：化学工业出版社,2006 | 671 |
| 4 | 文石型 $CaCO_3$<br>方解石型 $CaCO_3$ | 825<br>898 | 实用精细化工辞典（第 2 版）<br>中国轻工业出版社,2000 | 1225 |
| 5 | 1mmHg（1mmHg=133.322Pa）$CO_2$<br>760mmHg $CO_2$ | 587<br>898 | 制碱工学（下册）<br>北京：化学工业出版社,1960 | 458 |
| 6 | 当 $CO_2$ 分压为 1 个大气压时，升温至 420℃时，碳酸钙开始分解 | 894.4±0.3 | 无机化学试剂手册<br>[苏]Ю. Б. 卡尔雅金，安捷洛夫著，于忠等译<br>北京：化学工业出版社,1960 | 232 |
| 7 | 加热到 825℃ 左右分解为 CaO 和 $CO_2$ | 825℃左右 | 化工辞典,王箴主编<br>北京：化学工业出版社,2006 | 907 |
| 8 | 天然 $CaCO_3$（粒径 45～75μm）在纯 $N_2$ 气氛中升温速率 10℃/min,650℃ 左右开始分解 | 650℃左右 | 参考文献[123] | |
| 9 | | 750℃左右 | 参考文献[124] | |

## 3.7.5　碳酸钙分解化学反应动力学

$CaCO_3$ 分解化学反应动力学是研究 $CaCO_3$ 分解化学过程进行的速率和反应机理，其往往是化工生产过程中的决定性因素。$CaCO_3$ 分解动力学模型可以深化对热分解过程的认识。Broda 等[125]、Stanmore 等[126]、冯云等[127] 综述了 $CaCO_3$ 分解动力学模型。$CaCO_3$ 的热分解模型主要有收缩核模型、结构空隙模型、均匀反应模型、修正的收缩核模型、微粒模型及随机孔模型等，从不同角度阐释了 $CaCO_3$ 分解动力学的某些特征。一般来说，微粒模型和结构空隙模型被用来描述颗粒内部分解的过程；均匀反应模型适合描述小粒径 $CaCO_3$ 热分解行为；收缩核模型适合模拟致密固相颗粒反应。根据这些模型，不同研究者针对特定的 $CaCO_3$ 分解过程建立了不同的动力学方程（表 3-10）。

要注意的是各种分解动力学模型可能仅适合用于某些粒度范围的 $CaCO_3$ 分解化学过程。例如，有研究人员对纳米 $CaCO_3$ 的分解动力学进行了研究[128]，采用收缩核模型成功模拟了吸附剂在 600～800℃、$N_2$ 及含 $CO_2$ 气氛下的分解行为，得到 $N_2$ 下的活化能为

141.9kJ/mol，与 Dennis 等[129] 计算得到的微米级 $CaCO_3$ 分解活化能相比，降低了约 36kJ/mol，说明纳米 $CaCO_3$ 比微米 $CaCO_3$ 容易分解，呈现为分解温度的降低和分解速度加快。

$CaCO_3$ 的分解过程包括以下 5 个步骤[130]：①环境中的热量传递到颗粒的表面；②颗粒表面的热量传递到颗粒的反应内表面；③在反应内表面上进行热吸收和热分解；④分解形成的 $CO_2$ 在无孔 CaO 层和 CaO 层内孔扩散；⑤$CO_2$ 从颗粒的内表面扩散到环境中。$CaCO_3$ 的热分解反应受传热、传质以及化学反应的影响，这 3 个因素又与 $CaCO_3$ 的颗粒粒径、显微结构等有重要关系。$CaCO_3$ 颗粒粒径小，$CO_2$ 内扩散阻力低，分解活化能降低，分解温度越低，分解速率越快。颗粒显微结构包括颗粒内部孔隙率、孔径以及比表面积等，其对热分解速率有一定影响。受传质过程控制的热分解，大的孔隙率和比表面积有利于促进 $CaCO_3$ 的分解。

无机助剂[131]、有机酸的添加[132] 对 $CaCO_3$ 的分解温度也有影响，其作用原理有：与 CaO 共熔减少孔隙，改善传质传热阻力，与 CaO 结合削弱键能等。

表 3-10  部分 $CaCO_3$ 分解动力学方程

| 分解动力学方程 | 解释 | 参考文献 |
|---|---|---|
| $\dfrac{\mathrm{d}(X_{carb}-X_{calc})}{\mathrm{d}t}=k_c\left[1-\left(\dfrac{X_{carb}-X_{calc}}{X_{carb}}\right)^{2/3}\right][c_{eq}-c(CO_2)]$ | 化学反应控制 | Martinez 等[133] (2012) |
| $\dfrac{\mathrm{d}n}{\mathrm{d}t}=Knt^{2/3}$ | 分解反应的级数是 2/3 | Cremer, Nitsch[134] (1962) |
| $\dfrac{\mathrm{d}X}{\mathrm{d}t}=K(1-X)^n$ | 通过 TGA 分析得到 | Sharp, Wentworth[135] (1969) |
| $r=-k_s A(CaCO_3)\dfrac{p_e-p}{p_e}$ | 分解速率与表面积成正比，与 $CO_2$ 分压成反比 | Xie 等[136] (2002) |
| $\dfrac{\mathrm{d}m}{\mathrm{d}t}=-4\pi r^2 M(CaCO_3)R_D$ | 不烧结的缩芯模型 | Ning 等[137] (2003) |
| $\dfrac{\mathrm{d}X}{\mathrm{d}t}=3(1-X)^{2/3}k_{s0}\exp\left(\dfrac{-E_a}{RT}\right)\dfrac{M(CaCO_3)}{\rho(CaCO_3)R}$ | 缩芯模型 | Ar 等[138] (2001) |
| $X=1-(1-k_3 t/d^{-0.6})^3$ | 基于经验修正的缩芯模型 | Milne 等[139] (1990) |
| $X=1-(1-kt/r_{CaCO_3})^3$ | 缩芯模型 | Shi 等[140] (2009) |

注：$c$ 为 $CO_2$ 浓度，mol/m$^3$；$d$ 为 $CaCO_3$ 颗粒直径，m；$k$ 为 $CaCO_3$ 分解速率常数；$M$ 为摩尔质量，g/mol；$n$ 为物质的量，mol；$p$ 为分解压力，Pa；$R$ 为气体常数；$r_{CaCO_3}$ 为 $CaCO_3$ 的半径，m；$r$ 为 $CaCO_3$ 的分解速率，mol/($m^2 \cdot s$)；$T$ 为温度，K；$t$ 为 $CaCO_3$ 分解时间，s；$X$ 为 $CaCO_3$ 分解转化率；$\rho$ 为密度，kg/m$^3$。

### 3.7.6  石灰的应用简介

石灰的用途是非常广泛的，常用于建材、冶金、化工、轻工、医药和环保等领域[141]。在炼钢、炼铁、烧结、铜铝冶炼等行业中，常将石灰作为造渣剂、溶解剂或烧结材料等，对石灰的需求量大、消耗量多。

**（1）建筑工程**

a. 石灰乳涂料。石灰加大量的水所得的稀浆生成的石灰乳，主要用于要求不高的室内粉刷，增加室内美观和亮度。石灰乳可以加入各种耐碱颜料，加入少量磨细粒化高炉矿渣或粉煤灰能够提高其耐水性，加入聚乙烯酸、氯化钙或明矾能够减少涂层粉化现象[142]。

b. 砌筑砂浆。石灰浆可以单独配制成石灰砂浆或与其他胶凝材料一起配制成砌筑砂浆，用于砌筑。利用生石灰粉配制砂浆时，生石灰粉熟化时放出的热可加速砂浆的凝结硬化（提高 30～40 倍），且加水量也较少，硬化后的强度较消石灰配制时高 2 倍；另外，其可塑性和保水性比纯水泥砂浆好。在磨细过程中，由于过火石灰也被磨成细粉，因而克服了过火石灰熟化慢而造成的体积安定性不良的危害，可直接使用。

c. 抹面砂浆。石灰砂浆可用于砖墙和混凝土的抹灰。面层抹灰多用混合砂浆、麻刀石灰浆或纸筋石灰浆。也可将石膏石灰混合砂浆作抹灰之用，这种砂浆硬化比石灰砂浆快，而凝结比建筑石膏慢。过火石灰用于罩面抹灰时，熟化时间应大于 3h[143]。

d. 三合土和石灰土（灰土）。石灰可以与黏土按质量比 1∶（2～4）拌制成灰土（石灰＋黏土），或与黏土、炉渣或砂等按配合比 1∶2∶3 拌制成三合土（石灰＋黏土＋砂石或炉渣、碎砖等填料），加水量应与土壤最佳含水量相近，以能夯打密实为度量，以便在强力夯打下达到高紧密度。三合土和灰土主要用于一般建筑物的基础灰土垫层、普通路面与路面的垫层等。由于黏土有少量活性氧化硅和氧化铝与氢氧化钙起化学反应，生成不溶性水化硅酸钙和水化铝酸钙将黏土颗粒黏结起来，因而可提高黏土的强度与耐水性。

e. 配制无熟料水泥及硅酸盐制品。石灰是制作硅酸盐混凝土及其制品的主要原料之一。在利用具有火山灰活性的材料如矿渣、粉煤灰等工业废渣技术中，按适当的比例加入石灰作为碱性激发剂，经共同研磨可制得具有水硬性的胶凝材料；也可将磨细生石灰与砂子或高炉矿渣、粉煤灰等混合，经成型养护处理可制得密实或多孔的硅酸盐制品，如灰砂砖、粉煤灰砖、加气混凝土砌块等[144]。

f. 碳化制品。将磨细生石灰、纤维状填料（如玻璃纤维）或轻质骨料（如矿渣）加水搅拌成型为坯体，然后再通入二氧化碳进行人工碳化（约 12～24h）而成的一种轻质板材。为减轻自重，提高碳化效果，通常制成薄壁或空心制品。碳化石灰板的可加工性能好，适合作非承重的内隔墙板、天花板等。

**（2）冶金**

冶金行业用的石灰常称作冶金石灰。根据原料将冶金石灰分为由石灰石煅烧而得的普通冶金石灰和由镁质石灰石煅烧而得的镁质冶金石灰。冶金石灰在炼钢时用作"造渣剂"，以利用 CaO 的化学活性，参与造渣反应，可以有效地脱硫、脱磷、脱硅。石灰中的 CaO 不能以固态参与反应，只有在熔化时才能进入钢渣，起到造渣作用。广泛使用的"活性石灰"是一种轻烧石灰，具有晶粒小、孔隙率大、反应活性强的特点，用于转炉炼钢时，造渣化渣快，冶炼时间短，脱硫、脱磷效果好。冶金石灰的质量指标相关的标准有 YB/T 042—2014。冶金石灰的质量评定指标有：①冶金石灰中的氧化钙含量越高，石灰质量越好；②石灰中碳和硫含量越低越好；③石灰中水分含量越低越好；④优质石灰的气孔体积大，密度小。当然，还需要根据具体冶炼来使用，并不是石灰质量越高越好。冶金石灰 CaO 分析方法有化学法和仪器分析法，化学法分析步骤复杂，分析效率较低。X 荧光熔片分析法的分析效率是化学法的几十倍，甚至几百倍，提高了冶金石灰 CaO 分析数据的准确性[145]。

**（3）无机化工**

a. 制造碳化钙（电石）。例如，每生产 1t 电石，需 0.94t 活性石灰。电石生产中，原料石灰与焦炭中杂质（如 S、Al、Fe、Mg 等）的含量会直接使电能耗量增加，采用回转窑煅烧的优质活性石灰能满足电石生产的要求。电石产生的电石渣可以进行煅烧，生产石灰作为电石生产原料，形成电石渣-石灰-电石-电石渣的循环，主要方法有压球-干燥-回转窑回收氧化钙工艺、除杂质-干燥-回转窑回收氧化钙工艺和干燥-除杂-闪速煅烧回收氧化钙工艺[146]。

$$CaO + 3C \xrightarrow{\quad\quad} CaC_2 + CO$$

b. 索尔维（Solvay）法制造纯碱。以石灰石（经煅烧生成生石灰和二氧化碳）、食盐（氯化钠）和氨为原料生产碳酸氢钠沉淀和氯化铵溶液。利用石灰乳从氯化铵母液中回收氨。但是，该方法生产纯碱时食盐利用率低，制碱成本高，废液、废渣污染环境并难以处理，现在已不被采用。

$$NaCl + NH_3 + H_2O + CO_2 \xrightarrow{\quad\quad} NaHCO_3 \downarrow + NH_4Cl$$

c. 苛化法制造烧碱。用纯碱（碳酸钠）溶液和石灰为原料，发生苛化反应生成氢氧化钠（烧碱）溶液和碳酸钙沉淀（苛化泥）。苛化法生产烧碱中，每生产 1t NaOH 需杂质少的石灰 0.7t 左右。

$$Na_2CO_3 + Ca(OH)_2 \xrightarrow{\quad\quad} 2NaOH + CaCO_3 \downarrow$$

d. 制造漂白粉和漂粉精。制漂白粉多用粉末状活性石灰，硅酸、硅酸盐、碳酸钙和氧化钙的存在会降低有效氯的含量。

$$2Cl_2 + 2Ca(OH)_2 \xrightarrow{\quad\quad} CaCl_2 + Ca(ClO)_2 + 2H_2O$$

漂粉精是高效漂白粉，生产时要求用优质高纯度的石灰，氧化钙含量不少于 95%。

$$2Cl_2 + 2Ca(OH)_2 \xrightarrow{\quad\quad} CaCl_2 + Ca(ClO)_2 + 2H_2O$$

e. 制造玻璃。制玻璃的原料主要是砂子、纯碱、碳酸钾和氧化钙。氧化钙是钙铝硅系微晶玻璃的重要组成部分，是二维网络外氧化物，其主要作用是增加玻璃的化学稳定性和机械强度，能提高玻璃的质量[147]。生石灰作为无碱玻璃中 CaO 成分摄入的主要原料，在玻璃原料中的使用比例占 15%～25%，对生产稳定性影响较大，由于石灰原料成分的波动造成玻璃黏度的变化，影响拉丝作业稳定。生石灰的灼减、含碳、含硫、粒径等指标的变化也会影响玻璃窑炉的熔化状态[148]。

f. 制造无机酸钙盐等。制无机酸钙盐，如硝酸钙、氟化钙、溴化钙、磷酸钙等都需要优质石灰。生产氯化钙也需要质量高、活性好的石灰。

**（4）有机化工**

制环氧乙烷、环氧丙烷、甘油、季戊四醇和有机酸及其衍生物，如草酸、酒石酸和乳酸等。离析磺酸时也需使用纯度高、活性好的石灰。润滑油和润滑脂大多数是钙皂油脂。工业上使用的很多润滑油是用优质石灰和半皂化的油脂或脂肪酸制取的。

**（5）塑料与橡胶工业**

酚醛树脂中加入少量石灰作添加剂，可以改善它的压制性能。在橡胶工业中，石灰作为无机活性剂能吸收胶料硫化过程产生的气体和水蒸气，防止制品出现气孔，亦可用于低压硫化制品和对水分敏感的含尼龙纤维的胶料。

**（6）轻工业**

在制糖工业中，用石灰中和甘蔗汁或甜菜汁中的有机酸，调节其 pH 值，使部分有机非糖分和胶质凝聚；石灰与其中的无机物作用，使其生成沉淀除去。糖厂用优质活性石灰，可省去粉碎工序，缩短消化时间。

在造纸工业中，加入石灰使造纸工业中的碱性纸浆废液苛化。采用优质活性石灰，消化时间可由 20min 缩短至 1~2min。

**（7）食品工业**

用牛奶制黄油需使用石灰，以使乳脂消毒前进行中和或降低其酸度。加工柠檬时，将压渣与石灰混合、研磨、干燥后是很好的饲料。在蜜中添加食品级氧化钙，然后用 200℃ 饱和蒸汽进行煮制，煮成的糖蜜颜色深、气味芳香，对增赤砂糖进行增色，提高了赤砂糖的品级[149]（表 3-11）。

**表 3-11　不同氧化钙添加量对糖蜜锤度、pH 值以及色值的影响[149]**

| 食品级氧化钙添加量/kg | 锤度/°Bx | pH 值 | 色值/IU |
| --- | --- | --- | --- |
| 120 | 81.7 | 7.8 | 51357 |
| 100 | 80.7 | 6.88 | 40185 |
| 80 | 84.2 | 6.34 | 46844 |
| 70 | 79.5 | 6.4 | 79126 |
| 50 | 83.34 | 4.7 | 30988 |

**（8）环境保护**

在废水处理中，中和除去阳离子，效果取决于熟石灰的溶解度及其杂质种类、数量，有时要求使用优质活性石灰。石灰石能够中和因采矿造成的河流酸性污染[150]。

石灰常用于烟道气脱硫。生石灰遇水反应生成熟石灰，可以吸收烟气中的二氧化硫和高价态的氮氧化物。根据国家工业氧化钙行业标准[151]（HG/T 4205—2011），工业氧化钙中氧化钙含量在 85% 以上属于 Ⅳ 类产品。采用生石灰作为吸收剂吸收氮氧化物及二氧化硫时，氧化钙含量为 80% 左右的生石灰可提高吸收效率，降低吸收剂的使用成本[152]。发电厂和大型锅炉燃煤过程生成的 $SO_2$ 或 $SO_3$ 严重污染环境，用活性石灰消化液作洗涤吸收剂能提高脱硫效率。

**（9）农业**

掺入 4% 的生石灰（50kg 杂草加 2kg 生石灰）可以中和杂草等有机质在发酵时产生的有机酸，还可以除去杂草表面的蜡质，使杂草容易吸收水分而发酵，加快有机质的分解，这样沤制的绿肥质量更好[153]。石硫合剂的配方比例是生石灰 1 份、硫黄粉 2 份、水 12 份，由生石灰和硫黄粉加水熬煮而成的石硫合剂是防治果树病虫害的常用农药，可用于防治白粉病、锈病、黑星病以及红蜘蛛、介壳虫等多种病虫害[154]。

**(10) 畜牧业**

生石灰在养猪场中具有许多妙用,对于口蹄疫、猪瘟、流行性腹泻效果都很好,低浓度石灰水可以清洗猪,消灭体外的寄生虫,还可以用生石灰来吸潮。

**(11) 医药健康**

石灰在医学方面也有着广泛应用。石灰在治外伤性出血、去疣、痰核红肿寒热等方面都有效果。将石灰研末调敷,或以水化澄清液涂洗可外用。石灰入丸或加水溶解取澄清液可服用。在临床应用方面可治疗慢性气管炎、下肢溃疡、烧烫伤、头癣等。

### 3.7.7 活性石灰产品质量要求

活性石灰通常是指在回转窑或新型竖窑(套筒窑)内于 1050~1150℃温度下焙烧生成的石灰,其具有体积密度小、气孔率高、比表面积大、反应活性强、颗粒呈现均匀状态的特点。石灰在生产中要对石灰质量进行检验和控制,指导生产和保证产品品质。石灰的活性水平分为普通冶金石灰和镁质冶金石灰(表 3-12)。要进行检验的产品质量指标主要有:粒度、生过烧率、石灰活性、$SiO_2$ 含量、S 和 P 含量的要求、残留 $CO_2$ 以及 CaO+MgO 含量。

表 3-12    石灰的活性水平[155]

| 类别 | 品级 | w(CaO)/% | w(CaO+MgO)/% | w(Mg)/% | w(SiO₂)/% | w(S)/% | 灼减/% | 活性度/mL |
|---|---|---|---|---|---|---|---|---|
| 普通冶金石灰 | 特级 | ≥920 | | <50 | ≤1.5 | ≤0.020 | ≤2 | ≥360 |
| | 一级 | ≥900 | | | ≤2.0 | ≤0.030 | ≤4 | ≥320 |
| | 二级 | ≥880 | | | ≤2.5 | ≤0.050 | ≤5 | ≥280 |
| | 三级 | ≥850 | | | ≤3.5 | ≤0.100 | ≤7 | ≥250 |
| | 四级 | ≥800 | | | ≤5.0 | ≤0.100 | ≤9 | ≥180 |
| 镁质冶金石灰 | 特级 | | ≥93.0 | ≥50 | ≤1.5 | ≤0.025 | ≤2 | ≥360 |
| | 一级 | | ≥91.0 | | ≤2.5 | ≤0.050 | ≤4 | ≥280 |
| | 二级 | | ≥86.0 | | ≤3.5 | ≤0.100 | ≤6 | ≥230 |
| | 三级 | | ≥81.0 | | ≤5.0 | ≤0.200 | ≤8 | ≥200 |

活性石灰重要的技术指标是粒度和活性。例如,对转炉炼钢而言,对活性石灰的粒度要求是为了保证在有时间要求的炼钢过程中的造渣速度和效果。如果石灰的粒度过大,会导致石灰颗粒与钢水的反应时间被加长,使造渣速度减慢而影响造渣效果。反之,若石灰的粒度过小,则在炼钢时易引起颗粒或粉尘飞溅而恶化操作环境。

石灰活性是指石灰与水的反应能力。活性度是指将一定数量、一定粒度范围的石灰,与具有一定温度和一定量的水混合后,石灰与水进行反应的速度。在炼钢工业,它代表石灰在钢水中与其他物质(杂质)发生反应的能力。一方面,要直接地测出石灰在造渣过程中与钢水的反应速率是非常困难的,而活性度易检测;另一方面,通过检测活性度的高低来判断石灰的煅烧质量并指导生产。

### 3.7.8 活性石灰主要指标的检测

**(1) 生过烧率的测定**

检测生石灰的生过烧率对判别石灰质量的好坏起重要指示作用。生烧就是其中部分石灰石没有完全分解，过烧是石灰石煅烧过度。

生过烧率测定的方法原理：煅烧适当的石灰，遇水迅速反应生成氢氧化钙 $Ca(OH)_2$，未消化的部分则为未煅烧完全的生石灰或煅烧过度的老石灰。取 50kg 石灰，用四分法进行缩分，两次缩分后，在剩余的样品中取 5kg 石灰作为待测试样。将 5kg 石灰放入带眼的消化桶内，浸入水中，停留 15s。然后将桶放入带盖的密封容器内闷 1.5h。取出消化后的石灰放入 3mm 方孔筛中，用水冲洗 15min；用手捡出生烧和过烧块，分别放在两个铝盘中，放入烘箱中（150℃）烘干 1.5h，然后再对烘干后的生烧和过烧块在 3mm 方孔筛中进行筛，分别称量筛上物 $G_1$、$G_2$，结果计算：

$$生烧率(\%) = G_1/5 \times 100$$
$$过烧率(\%) = G_2/5 \times 100$$

### （2）石灰活性的检测

对活性石灰的质量或活性度的检测方法很多，其中，常以盐酸滴定法为主。在煅烧过程中，可采用水化对比法、水化称重法和取样敲样法判断，分析石灰的煅烧质量则是比较快捷实用的。

a. 盐酸滴定法。取出窑后石灰试样若干，破碎，用 1mm 孔径筛过筛，再用 5mm 孔径筛过筛，选取 1～5mm 粒度的石灰 50g，放入（40±1）℃、2000mL 的水中溶解并搅拌，在溶液中滴加酚酞作指示剂，以 4mol/L HCl 作滴定剂，滴定 5～10min。达到滴定终点的 HCl 体积消耗数（mL），即为所测石灰试样的活性度。按理论计算，纯态活性 CaO 的活性度最高指数为 446mL。

$$CaO + H_2O == Ca(OH)_2 \tag{1}$$
$$Ca(OH)_2 + 2HCl == CaCl_2 + 2H_2O \tag{2}$$

由(1)+(2)得：

$$CaO + 2HCl == CaCl_2 + H_2O \tag{3}$$

$$56.08 \quad 72.92$$
$$50(g) \quad x(g)$$

计算得，$x = 50 \times 72.92/56.08 = 65.01$（g）。因为：1L 4mol/L 的盐酸溶液里含有 145.84g HCl，所以：65.01g HCl 可制得 4mol/L HCl 溶液，再由 $65.01/145.84 \times 1000 = 445.76$（mL）$\approx 446$（mL）。

b. 水化称重法。此方法无需化学试剂。取石灰试样若干称重，记重为 $g_1$；将称重后的试样溶干水中，让其充分消化；过滤石灰水，收得不溶残渣，烘干称重，记为 $g_2$；算出反应消化部分：$g_1 - g_2 = g_3$。算出石灰分解率（$g_3/g_1$）$\times 100\%$，可基本反映出石灰的煅烧质量。

c. 水化对比法。取出窑石灰熟料若干冷却后，置于容器中，加水溶解后，将石灰溶液及残渣倒入筛网内，用水洗去石灰残液，观察残渣颗粒的大小与所取的石灰熟料量进行对比来判断煅烧质量。

d. 取样敲样法。取出窑石灰若干，就地冷却时，观察外观，石灰颗粒含热量，颜色发红但不刺眼。石灰颗粒表面质地清洁，色泽洁白。颗粒重量轻。用手锤敲击石灰颗粒，质地疏松易破碎，内含生心明显但体积较小。

**（3）石灰中 CaO＋MgO 含量的检测**

石灰中 CaO＋MgO 的含量是评定石灰等级的主要指标。取 500g 生石灰，磨细至细度小于 20%（0.080mm 方孔筛筛余量），充分混匀后，按四分法缩分，取试样 50g；立即装入磨口瓶内，并密封备用。称取试样 0.5g，准确至 0.0002g，置于 500mL 锥形瓶中，加入 200mL 新煮沸并已冷却的蒸馏水。盖上表面皿，加热煮沸，保持 5min，冷却后用蒸馏水冲洗表面皿，加入 3～5 滴酚酞指示剂溶液，然后用 1mol/L 盐酸标准溶液缓慢滴定，并不断摇动锥形瓶，直到溶液粉红色消失，加入最后一滴盐酸标准溶液后，5min 内不再重现粉红色，即为终点。以 CaO 表示的（CaO＋MgO）质量分数按下式计算：

$$\omega = \frac{VM \times 0.02804}{G} \times 100$$

式中，$\omega$ 为（CaO＋MgO）质量分数，%；$V$ 为滴定消耗的盐酸标准溶液的体积，mL；$M$ 为盐酸标准溶液的浓度，mol/L；0.02804 为与 1mL 盐酸标准溶液相当的 CaO 数量，g；$G$ 为试样质量，g。以两次平行试验结果的算术平均值为测定值，计算结果精确至 0.01%。

**（4）石灰中 $SiO_2$ 含量高低的检测**

在石灰的煅烧过程中，纯 $SiO_2$ 的熔点可高达 1713℃，但是，在 700～800℃时，$SiO_2$ 便会以固态形式与 CaO 之间发生次生反应，随着反应的进行，可依次生成 $CaO \cdot SiO_2$（偏硅酸钙）、$3CaO \cdot 2SiO_2$（硅钙石）、$2CaO \cdot SiO_2$（硅酸二钙）和 $3CaO \cdot SiO_2$（三硅酸钙），这些产物对石灰的影响是导致活性降低。在炼钢工业中，高 CaO 和低 $SiO_2$ 是完成炼钢过程造渣的基本要求和保证。造渣的目的是脱去钢水的 S 和 P，特别是脱 S。渣的碱度是用 CaO 与 $SiO_2$ 的比值来表示的，较高的 $SiO_2$ 会破坏石灰的表面结构，影响造渣速度和效果。采用四硼酸锂溶剂制备玻璃片，通过荧光光谱法测定石灰石样品中 CaO、MgO、$SiO_2$、P 含量，方法简便并且允许差在国家标准要求的范围内[156]。

**（5）石灰中 S、P 含量的检测**

因石灰生产中受石灰石原料、燃料本身含 S、P 量和高温煅烧因素的影响，石灰中亦会含有不同程度的 S、P 等成分，为此，对石灰本身的 S、P 含量是有低值要求的。而对它的前者石灰石（原料）和燃料的低 S、P 含量也是有低值要求的。例如，转炉炼钢时，用活性石灰造高碱度渣的目的，主要是要脱去钢水中的 S 和 P。钢产品中有含量过高的 P 存在时，会使钢在常温下的冷脆性增大（即 P＞0.13 时），造成钢的龟裂。当钢产品中的 S 含量过高时，它能明显地破坏钢的焊接性能，降低钢的冲击韧性，特别是使钢在加热轧制或铸造时产生裂纹，即"热脆"，能明显地降低钢的抗腐蚀性（锈蚀）和耐磨性。S 对钢产品的危害性具有"白蚁"之称。由于石灰具有与 S 化合的特性，特别是在高温状态时，石灰吸收 S 的能力特别强。石灰对脱去钢中 S 的作用是非常大的。

**（6）石灰中残留 $CO_2$ 的检测**

石灰中残留 $CO_2$ 是指石灰颗粒中没有烧透的生心或夹心，没有完全分解的石灰内层残留。$CO_2$ 在石灰中的含量高低，主要通过煅烧来控制。它对石灰的质量和炼钢的效果都具有很大的影响。生心小或无生心：石灰颗粒表面易烧结而产生过烧，活性的特点会被破坏。生心过大：对石灰的有效分解产生影响，造成石灰形成不够，降低活性度。

### (7) 石灰吸湿率测试方法[157]

分别将研细的氧化钙粉末平铺在干燥的表面皿上，称重后置于水蒸气饱和的干燥器中。每隔 1d 取出称重，按照下式计算吸湿率（%）。

$$吸湿率 = \frac{m_1 \times M_C}{m_2 \times M_H} \times 100\%$$

式中，$m_1$ 为氧化钙增加的质量；$m_2$ 为氧化钙的质量；$M_C$ 为氧化钙的分子量；$M_H$ 为水的分子量。在严格控制石灰煅烧程度的同时，也应该注意对煅烧后的石灰产品做好贮存运输过程的防吸湿和防水化工作。

### (8) 活性石灰的活性度

根据《冶金石灰物理检验方法》（YB/T 105—2014）测定石灰活性度[158]。首先称取 50.0g 粒度为 1～5mm 的石灰试样置于玻璃容器中。将 2000mL 去离子水倒入容量为 3000mL 的烧杯中并加热到 42～45℃，开动搅拌仪（270r/min），并用温度计测量水温，待水温降到（40±1）℃时加入 5g/L 的酚酞指示剂 8 滴，并将玻璃容器中的石灰试样一次性倒入烧杯中消化，同时开始计时。石灰消化开始时，烧杯中的水呈红色，此时立刻用 4mol/L 盐酸滴定，滴定速度要确保溶液中红色刚刚消退，准确记录滴定时间恰好为 10min 时的盐酸消耗量（mL）。以滴定 10min 消耗的盐酸量来表示石灰的活性度（mL）。

此种方法通常用于测定活性相对较低的石灰的活性度[159]。活性较高的石灰，通常采用增大酚酞浓度法测定[160]，即将酚酞浓度提高到 10g/L 可以补足酚酞数量，保证有部分红色醌式结构来指示盐酸滴定直到测试终点。

## 参考文献

[1] 颜进华，龙占利. 造纸化学品技术 [M]. 广州：华南理工大学出版社，2009：1-226.
[2] 吴香发. 超细重钙的表面改性及在 PVC 制品中的应用研究 [D]. 淮南：安徽理工大学，2006：1-2.
[3] 胡庆福，胡晓波，刘宝树. 超细重质碳酸钙（含活性）生产工艺研究 [J]. 非金属矿，2001，24 (1)：23-25.
[4] 曲洋洋. 超微细重质碳酸钙粉磨新工艺 [J]. 江苏建材，2016 (04)：10-12.
[5] 胡晓波，刘宝树，胡庆福. 重质碳酸钙生产现状及其发展 [J]. 中国粉体技术，2001，7 (1)：26-30.
[6] 廖海达，秦燕，朱南洋. 改性超细碳酸钙及其在水性塑胶涂料中的应用 [J]. 广西民族大学学报，2015，21 (3)：92-96.
[7] 彭宗凯，杜志武. 塑料用高端碳酸钙的表面改性处理 [J]. 中国粉体工业，2013，2：7-10.
[8] 刘红，陈燕芹，杨玉琼，陈殿波. 碳酸钙产品及其展望 [J]. 山东化工，2007，36 (1)：13-17.
[9] 吴成宝，盖国胜，任晓玲，杨玉芬，赵夫涛. 不同品种重质碳酸钙粉在外墙涂料中的应用 [J]. 中国粉体技术，2011，17 (2)：16-19.
[10] 钱海燕，王雅琴，叶旭初. 我国超细重质碳酸钙的生产及应用 [J]. 非金属矿，2001，24 (6)：8-19.
[11] 张国旺. 重质碳酸钙粉磨设备及工艺 [J]. 无机盐工业，1999 (2)：12-14.
[12] 秦广超，杜仁忠，方苍舟. 超细重质碳酸钙干法生产工艺分析 [J]. 中国非金属矿工业导刊，2007，63 (5)：36-38.
[13] 王军伟，韩敏芳. 重质碳酸钙的制备工艺及应用前景 [J]. 中国非金属矿工业导刊，2004，41：58-60.
[14] 姬广斌，柴晓利，陈伟忠. 超细重质碳酸钙的应用及制备工艺 [J]. 上海化工，2000，21 (11)：

19-20.

[15] 周甫铭．超细重质碳酸钙湿法研磨工艺简介 [J]．无机盐工业，1999（04）：3-5.

[16] 肖守孝，张国旺．湿法研磨重质碳酸钙的研究现状及其发展方向 [J]．中国非金属矿工业导刊，2007，62（7）：38-40.

[17] 胡治流，潘利文，马少健．超细重、轻质碳酸钙的生产及应用现状 [J]．有色冶金，2005（21）：100-104.

[18] 程远哲．南方水泥绿色矿山建设实践活动经验分享 [J]．中国水泥，2013（10）：87-89.

[19] 吴永诚，李为民，常盛山．大闸子石灰石矿绿色矿山建设探索 [C] //北京：中国建材科技杂志社，2019：107-109.

[20] 李岩．我国采矿技术的现状及发展趋势 [J]．工程技术，2018：85.

[21] 刘飞，杜秉泽．爆破采矿法在降低大块矿石发生率的应用 [J]．山东工业技术，2016，60：60.

[22] 孙德强．爆破采矿技术的发展及实际应用 [J]．中国新技术新产品，2016，5：182.

[23] 俞宏政．浅析爆破新技术在采矿工程中的应用 [J]．江西建材，2015，22：223-224.

[24] 唐开元，娄广文．浅谈石灰石露天矿开采技术及设备优化 [J]．现代矿业，2010（2）：113-115.

[25] 山口梅太郎．日本战后石灰石矿的开采技术 [J]．轻金属，1991，6：6-10.

[26] 鹿存新，吴恒金．石灰石矿山均化开采技术 [J]．矿山与机械，2005：88-90.

[27] 徐健．逐孔爆破技术在大型石灰石矿山开采中的研究与运用 [J]．中国水泥，2013：97-98.

[28] 程平．逐孔起爆技术及其应用研究 [D]．西安：西安建筑科技大学，2008.

[29] 赵忠信．分段装药爆破技术在龙门山石灰石矿生产中的应用与改进 [J]．轻金属，2004，9：9-11.

[30] 张晓岚，史晓东．光面爆破技术在石灰岩巷道掘进中的应用 [J]．煤炭与化工，2017，40（2）：76-79.

[31] 董瑞丰，郝汝铤，张超，王海宁．聚能准光面爆破技术在石灰石矿山边坡保护中的应用 [J]．中国水泥，2016：111-113.

[32] 葛勇，题正义．大孔距小抵抗线爆破技术在石灰石矿的应用 [J]．天津冶金，2005（1）：37-38.

[33] 马言，陈芝毓，郭标．预裂爆破技术在切顶卸压沿空留巷中的研究与应用 [J]．能源技术与管理，2020，45（04）：90-92.

[34] 何毅，李本奎，郑俊伟，刘晓强，张曦呈，苑旭光．某石灰石矿边坡预裂爆破技术研究 [J]．现代矿业，2016（12）：189-193.

[35] 李达昌，杨双锁，孙龙华，苏鑫．深部岩巷穿越"煤-石灰岩"岩层钻爆技术研究 [J]．金属矿山，2014（1）：9-12.

[36] 蔡路军，马建军，周晓冬，颜钦武．深孔药壶爆破技术在乌龙泉石灰石矿的应用 [J]．化工矿物与加工，2006（1）：28-30.

[37] 张建华，林大泽，高文学．深孔药壶爆破法的试验与研究 [J]．爆破，1996（03）：56-60.

[38] 王金保．中深孔间隔爆破技术及其应用 [C] //第十八届川鲁冀晋琼粤辽七省矿业学术交流会：294-297.

[39] 衣方，李泽华，李孝林．空气间隔装药技术在露天石灰岩矿山爆破中的应用 [J]．露天采矿技术，2018，33（6）：65-68.

[40] 曹仁权．网络雷管逐孔起爆技术在昆钢龙山石灰石矿爆破中的降震作用 [J]．昆明冶金高等专科学校学报，2009，25（5）：5-8.

[41] 覃钉玲．大理石锯切开采技术研究 [J]．科技资讯，2013，4：118.

[42] 游宝坤，张桂清，王延生，韩立林，檀黎．石材开采新技术——无声切割法 [J]．建筑材料科学研究院院刊，1986（05）.

[43] 解文彬，周翔．切槽爆破技术在汉白玉石材开采中的应用研究 [J]．爆破，2007，24（2）：45-48.

[44] 刘清荣，蒋进军．静态爆破开采大理石的研究 [J]．爆破，1984（01）：14-19.

[45] 杨再勇．单孔微差控制爆破在大理石矿山覆盖层剥离中的应用价值 [J]．价值工程，2016：146-148.

[46] 王军，肖永胜．用二氧化碳爆破技术开采某石灰石矿的大理石材 [J]．现代矿业，2015，554（6）：15-17.

[47] 庞英，丛晓静，汪伟．圆筒洗矿机在白水泥生产中的应用 [J]．水泥技术，2013（3）：55-56.

[48] 周万龙，刘海洋. 一种高效圆筒擦洗机：CN202555379U [P]. 2012-11-28.

[49] 吴忠良，黄玉鸾. 性能卓越的带式螺旋洗矿机 [J]. 矿山机械，2002 (4)：53.

[50] 郑水林，袁继祖. 非金属矿加工技术与应用手册 [M]. 北京：冶金工业出版社，2005：1-654.

[51] 郭敏敏. 圆锥破碎机工作机理与生产能力优化研究 [D]. 西安：长安大学，2013.

[52] 吴学锋. 超细雷蒙磨的研制与实践 [J]. 非金属矿，2001，1：26-28.

[53] 赵宇轩，王银东. 选矿破碎理论及破碎设备概述 [J]. 中国矿业，2012，21 (11)：104-105.

[54] 魏艳. 颚式破碎机机构仿真及优化设计 [D]. 太原：太原理工大学，2013.

[55] 李洪聪，蒋恒深，臧猛，张浩. 颚式破碎机的技术现状与发展特点 [J]. 工程机械，2017，48 (4)：3-6.

[56] 秦志钰，容幸福，徐希民. 复摆颚式破碎机破碎腔型的设计及优化 [J]. 太原重型机械学院学报，1992，2：28-34.

[57] 饶绮麟. 大破碎比颚式破碎机及对破碎工艺流程的变革 [J]. 中国工程科学，2001 (4)：82-86.

[58] 郎世平. 国内圆锥破碎机的现状与发展创新 [J]. 矿山机械，2011，39 (6)：80-84.

[59] 薛姗，李枭，赵云如，詹豪强. 破碎机在化工生产中的应用 [J]. 化学工程与装备，2018，10：211-212.

[60] 全文欣，张彬，庞玉荣. 我国铁矿选矿设备和工艺的进展 [J]. 国外金属矿选矿，2006，43 (2)：8-14.

[61] 张怀武，姚定邦. 炭素成型工 [M]. 北京：冶金工业出版社，2013.

[62] 陆广宗. 双腔回转破碎机的特点及其应用效果分析 [J]. 江苏冶金，1999 (06)：36-38.

[63] 卜晓杰. 浅谈石料生产线二级破碎设备选型的有关问题 [J]. 科技信息，2012，8：346-348.

[64] 成建，范利平. PLJ 立式冲击破碎机的工作原理及在选矿中的应用 [J]. 矿业快报，2007，11：52.

[65] 孙时源. 最新中国选矿设备手册 [M]. 北京：机械工艺出版社，2006：14-32.

[66] 秦广超，崔啸宇，迟源. "十二五"期间重质碳酸钙产业发展分析 [J]. 中国非金属矿工业导刊，2012 (6)：1-4.

[67] 秦广超. HRM 超细立式磨的研制与应用分析 [J]. 中国粉体技术，2016，22 (4)：78-82.

[68] 秦广超. "十三五"期间重质碳酸钙产业转型升级发展探析 [J]. 中国非金属矿工业导刊，2016，13 (2)：1-5.

[69] 方苍舟，杜仁忠，苏宁. 超细重质碳酸钙干法加工技术与设备简评 [J]. 中国非金属矿工业导刊，2010，85 (5)：48-51.

[70] Jensen R D L, Friis H, Fundal E, Moller P, Brockhoff P B, Jespersen M. Influence of quartz particles on wear in vertical roller mills [J]. Minerals Engineering, 2010, 5: 390-398.

[71] Fistes A, Tanovic G, Mastilovic J. Using the eight-roller mill on the front passages of the reduction system [J]. Journal of Food Engineering, 2008, 85: 296-302.

[72] Tavares L M, Neves P B D. Microstructure of quarry rocks and relationships to particle breakage and crushing [J]. International Journal of Mineral Processing, 2008, 87: 28-41.

[73] 宋海兵. 超细雷蒙磨的改进和使用 [J]. 佛山陶瓷，2003 (05)：24-26.

[74] 王思惠. 搅拌式砂磨机在电瓷原料制备中的应用 [D]. 长沙：湖南大学，2010.

[75] Makokha A B, Moys M H. Effect of cone-lifters on the discharge capacity of the mill product: case study of a dry laboratory scale air-swept ball mill [J]. Minerals Engineering, 2007, 20 (2): 124-131.

[76] 罗春梅，肖庆飞，段希详. 球磨机功能转变与节能途径分析 [J]. 矿山机械，2011，39 (1)：81-84.

[77] Garroni S, Soru S, Enzo S. Reduction of grain size in metals and metal mixtures processed by ball milling [J]. Scripta Materialia, 2014, 88: 9-12.

[78] Shivangi N, Ramesh M, Montgomery S. Investigation of comminution in a wiley mill: experiments and DEM simulations [J]. Powder Technology, 2013: 338-354.

[79] 王国庆. HRM17/2X 立式磨在精细重钙粉生产中的应用与研制 [J]. 中国非金属矿工业导刊，2017，125 (1)：27-28.

［80］ 庄鹏．立式静压环辊磨的大型化设计与研究［D］．长沙：湖南大学，2012.

［81］ Nenad D. Improvement of energy efficiency of rock comminution through reduction of thermal losses ［J］．Minerals Engineering，2010，33：1237-1244.

［82］ 李凤生．超细粉体技术［M］．北京：国防工业出版社，2000：83-97.

［83］ 李凤生．特种超细粉体制备技术及应用［M］．北京：国防工业出版社，2002：14-32.

［84］ 朱晓峰，王强，蔡冬梅．流化床式气流磨关键技术及其进展［J］．中国粉体技术，2005（06）：42-44.

［85］ 陈海焱，陈文梅．超细粉颗粒形貌控制技术的研究［J］．金刚石与磨料磨具工程，2003，8（4）：65-68.

［86］ 吉晓莉，梅心涛，王浩．流化床气流磨粉碎制备超细片晶的实验研究［J］．中国粉体技术，2006（01）：8-11.

［87］ Tsujikawa T，Hirai T. Effect of cathode active materials produced by a wet-type jet mill on lithium cell performances［J］．Journal of Power Sources，2009，192（2）：679-683.

［88］ 张更超，应富强．超细粉碎技术现状及发展趋势［J］．中国粉体技术，2003，9（2）：45-48.

［89］ 尹忠俊，王海霞．振动磨产品粒度和粉磨动力学研究［J］．冶金设备，2006，8（4）：41-44.

［90］ 徐波，王树林．李生娟振动磨碎机动力学分析及仿真试验［J］．机械工程学报，2008，44（3）：105-109.

［91］ 苏伟．立式振动磨机的设计与研究［D］．陕西：陕西科技大学，2015.

［92］ 郑水林．超细粉碎设备现状与发展趋势［J］．中国非金属矿工业导刊，2004，3：3-6.

［93］ 王瑾昭，田长安，赵娣芳，鲁红典，丁明．超细粉体的应用与分级［J］．中国非金属矿工业导刊，2009（02）：46-49.

［94］ 王国水，王毅延．湿法超细改性重质碳酸钙应用研究［J］．塑料助剂，2007（06）：40-43.

［95］ 杜高翔，郑水林，李杨，高峰，高斌．助磨剂在水镁石超细研磨中应用的试验研究［J］．非金属矿，2003（04）：31-32.

［96］ 王玉珑，赵传山，杨飞．影响颜料分散的几个因素［J］．纸和造纸，2003（04）：49-51.

［97］ 张海波，陈正行．胶体磨辅助酶解去除麦麸中蛋白质的研究［J］．食品工业科技，2008（04）：101-103.

［98］ 张鸿举，张雪梅．超微粉碎胶体磨磨头：CN91222604.8［P］．1992-06-10.

［99］ Rider G H. Drive shaft means for colloid mills：US，US2591966［P］．1952-04-08.

［100］ 周绪龙．两用型胶体磨、粉碎机磨头：CN200420007789.5［P］．2005-04-27.

［101］ 陶裕兴．粉碎输送泵：CN201088920［P］．2008-09-27.

［102］ 贺来毅．一种胶体磨的磨头：CN200920003701.5［P］．2010-01-22.

［103］ 曲保伦，耿学圃．一种胶体磨：CN201210108212.2［P］．2012-04-13.

［104］ 黄裕沪．剪切胶体磨机：CN103272673 A［P］．2013-05-23.

［105］ 陈际江，隋福云．胶体磨：CN201420699572.9［P］．2015-05-20.

［106］ Aitken P J. Cyclonic shear plates and method：US20170072402［P］．2017.

［107］ 李书国，张谦．食品加工机械与设备手册［M］．北京：科学技术文献出版社，2006：28-33.

［108］ 张国旺，李自强，李晓东．大型立式螺旋搅拌磨矿机的研制及其在矿业工程中的应用［J］．中国矿业，2009（7）：302-307.

［109］ 张国旺，黄圣生，李自强，赵湘，肖守孝．超细搅拌磨机的研究现状和发展［J］．有色矿冶，2006（22）：123-127.

［110］ 王清华，李建平，刘学信．搅拌磨的研究现状及发展趋势［J］．洁净煤技术，2005，11（3）：101-103.

［111］ 丁浩，昝耀辉，姜志诚．湿式搅拌磨细磨重质碳酸钙的实践和微粉加工工艺［J］．中国非金属矿工业导刊，1998：16-19.

［112］ 胡平，冯升光．粉磨改性重质碳酸钙及其在硬板中的应用［J］．现代塑料加工应用，1996（4）：15-17.

［113］ 魏新蕾．卧式砂磨机的设计与主轴结构优化［D］．哈尔滨：哈尔滨商业大学，2015.

［114］ Shi F，Morrison R. Comparison of energy efficiency between ball mills and stirred mills in coarse grinding [J]. Minerals Engineering, 2009, 22 (7): 673-680.

[115] 郑水林. 非金属矿加工工艺与设备 [M]. 北京: 化学工业出版社, 2009.

[116] 徐鹏金. 我国重质碳酸钙粉体的应用及相关标准解读 [J]. 中国粉体工业, 2020 (04): 19-24.

[117] GB/T 19281—2014.

[118] 张永兴, 郝小非, 谭秀民, 闻建生. 重质碳酸钙粉体表面改性技术研究 [J]. 中国粉体工业, 2017 (03): 25-29.

[119] 常迎星, 王丹丹, 巩艳萍, 牛振宁, 郭俊凌. 纳米碳酸钙吸油值的研究 [J]. 化学试剂, 2019, 41 (06): 577-580.

[120] 肖艳杰. 降低碳酸钙吸油量的方法研究 [D]. 天津: 河北工业大学, 2008.

[121] 胡艳清, 陈祖权, 贾林艳. 原子吸收法测定沉淀碳酸钙中的铁、锰含量 [J]. 轮胎工业, 2003 (10): 638.

[122] 刘怀乐. 碳酸钙的热分解温度是多少 [J]. 化学教育, 2009, 7: 73.

[123] 夏伟, 黄芳, 王梅, 辛善志, 米铁. 纳米级碳酸钙煅烧分解特性研究 [J]. 江汉大学学报 (自然科学版), 2019, 47 (01): 12-17.

[124] 张文仙, 刘联胜, 曹和军, 吴槟克, 程振鹏. 二氧化碳浓度对石灰石分解反应动力学的影响 [J]. 无机盐工业, 2020, 52 (03): 59-63.

[125] Broda M, Pacciani R, Müller C R. $CO_2$ capture via cyclic calcination and carbonation reactions// porous materials for carbon dioxide capture [M]. Springer, 2014: 181-222.

[126] Stanmore B R, Gilot P. Review—calcination and carbonation of limestone during thermal cycling for $CO_2$ sequestration [J]. Fuel Processing Technology, 2005, 86 (16): 1707-1743.

[127] Feng Y, Chen Y. Development of research on calcium carbonate for decomposed kinetics [J]. Bulletin of the Chinese Ceramic Society, 2006 (3): 140-145.

[128] Shi Q, Wu S, Jiang M, Li Q. Reactive sorption-decomposition kinetics of nano Ca-based $CO_2$ sorbents [J]. CIESC Journal, 2009, 60 (3): 641-648.

[129] Dennis J S, Hayhurst A N. The effect of $CO_2$ on the kinetics and extent of calcination of limestone and dolomite particles in fluidised beds [J]. Chemical Engineering Science, 1987, 42 (10): 2361-2372.

[130] 卢尚青, 吴素芳. 碳酸钙热分解进展 [J]. 化工学报, 2015, 66 (8): 2896-2901.

[131] 周亮亮, 张召述, 夏举佩, 谭艳霞, 连明磊. 无机助剂对钾长石、磷石膏和碳酸钙体系分解温度的影响 [J]. 磷肥与复肥, 2009, 24 (02): 24-25.

[132] 马保国, 徐立, 李相国, 柯凯, 万雪峰. 有机酸对碳酸钙热分解过程的影响 [J]. 武汉理工大学学报, 2008 (4): 29-31.

[133] Martinez I, Grasa G, Murillo R, Arias B, Abanades J C. Kinetics of calcination of partially carbonated particles in a Ca-looping system for $CO_2$ capture [J]. Energy Fuels, 2012, 26 (2): 1432-1440.

[134] Cremer E, Nitsch W. The function of $CO_2$ pressure on $CaCO_3$ decomposition rate [J]. Z. Elektrochem, 1962, 66 (8/9): 697-702.

[135] Sharp J H, Wentworth S A. Kinetic analysis of thermogravimetric data [J]. Analytical Chemistry, 1969, 41 (14): 2060-2062.

[136] Xie J, Fu W. Uniform mathematical model for limestone calcination [J]. Journal of Combustion Science and Technology, 2002, 8 (3): 270-274.

[137] Ning J, Zhon B, Fu W. Study on the calcination of fine limestone powder at high temperature [J]. Journal of Combustion Science and Technology, 2003, 9 (3): 205-208.

[138] Ar I, Doğu G. Calcination kinetics of high purity limestones [J]. Chemical Engineering Science, 2001, 83 (2): 131-137.

[139] Milne C R, Silcox G D, Pershing D W, Kirchgessner A David. Calcination and sintering models for application to high-temperature, short-time sulfation of calcium-based sorbents [J]. Industrial & Engineering Chemistry Research, 1990, 29 (2): 139-149.

[140] Shi Q, Wu S, Jiang M, Li Q. Reactive sorption-decomposition kinetics of nano Ca-based $CO_2$ sor-

bents [J]. CIESC Journal, 2009, 60 (3): 641-648.

[141] 刘麟瑞, 林彬荫. 工业窑炉耐火材料手册 [M]. 北京: 冶金工业出版社, 2001: 622-623.

[142] 张阳. 石灰、石膏在建筑工程中的应用 [J]. 科学与财富, 2011, 7: 131-132.

[143] 赵学文. 谈建筑用石灰的性能与应用 [J]. 民营科技, 2012, 6: 299-300.

[144] Zhuang X Y, Chen L, Komarneni S, Zhou C H, Tong D S, Yang H M, Yu W H, Wang H. Fly ash-based geopolymer: clean production, properties and applications [J]. Journal of Cleaner Production, 2016, 125: 253-267.

[145] 王营龙. 提高冶金石灰氧化钙分析数据准确度 [Z]. 天津: 天钢联合特钢有限公司, 2019-11-15.

[146] 黄鼋, 曹凌云, 薛建军, 沈浩. 电石渣回收氧化钙工艺途径探析 [J]. 工业炉, 2019, 41 (04): 5-7.

[147] 刘健. $CaO/SiO_2$ 比对钙铝硅系微晶玻璃结构与性能影响的研究 [D]. 武汉: 武汉理工大学, 2006.

[148] 孙凤莹, 李宗伟. 玻璃纤维生产用生石灰的质量要求及管控措施 [J]. 耐火与石灰, 2018, 43 (06): 12-13, 17.

[149] 杨波, 欧卫东, 温扬敏, 韦耀辉, 梁海顺, 韦明坚. 赤砂糖增色控制研究初探 [J]. 甘蔗糖业, 2020 (03): 87-90.

[150] 孙福. 石灰石可用于治理采矿污染 [J]. 化工矿物与加工, 1999 (04): 39.

[151] HG/T 4205—2011.

[152] 潘梦雅, 李玉娇, 陆伟星, 乔军, 张千峰. 生石灰成分中氧化钙含量对脱硫脱硝效率的影响 [J]. 广州化工, 2020, 48 (04): 23-26.

[153] 段亮彩. 沤制绿肥加石灰好 [J]. 科学种养, 2010 (12): 63.

[154] 袁山城. 果树病虫害防治中石硫合剂的应用 [J]. 农家之友 (理论版), 2008 (05): 43-45.

[155] 陈超. 辅料在转炉炼钢中的应用——以活性石灰为例 [J]. 中国金属通报, 2019 (10): 242-243.

[156] 奚居柏, 何雪峰. X 射线荧光光谱法测定石灰石、冶金石灰中氧化钙、氧化镁、二氧化硅、磷 [J]. 安徽冶金, 2012 (03): 16-18.

[157] 王姗姗, 程栖桐, 汤颖, 张洁, 王小莉, 许亮红. 表面改性氧化钙高效催化菜籽油制备生物柴油 [J]. 中国油脂, 2014, 39 (11): 61-65.

[158] YB/T 105—2005.

[159] 汪筱渊, 李建立, 薛正良. 高温快速加热煅烧石灰的活性及其晶粒度研究 [J]. 硅酸盐通报, 2016, 35 (02): 374-379, 391.

[160] 郝素菊, 蒋武锋, 方觉, 张玉柱. 冶金用高活性石灰活性度的测定 [J]. 烧结球团, 2008 (01): 1-3.

# 第4章
# 轻质和纳米碳酸钙

## 4.1 沉淀碳酸钙的类型

以石灰石为原料经煅烧、消化、碳酸盐化（碳化）、分离、干燥、分级工艺流程制取的，并且通常平均粒径<5000nm 的 $CaCO_3$ 称为轻质 $CaCO_3$，又称为沉淀 $CaCO_3$（precipitated calcium carbonate，PCC）[1]，是相对于重质 $CaCO_3$ 而言。

① 按照轻质 $CaCO_3$ 粒径的大小，可以分为[2]：微粒 $CaCO_3$，粒径>5000nm；微粉 $CaCO_3$，粒径范围为 1000～5000nm；微细 $CaCO_3$，粒径范围为 100～1000nm；超细 $CaCO_3$，粒径范围为 20～100nm；超微细 $CaCO_3$，粒径<20nm。超细和超微细 $CaCO_3$ 才是严格意义上的纳米 $CaCO_3$。

② 按照是否进行了表面处理可分为普通沉淀 $CaCO_3$ 和活性 $CaCO_3$ 或改性 $CaCO_3$。一般用亲水性和疏水性高低来判断是否活化。活性钙具有粒径小、吸油值低、分散性好等特点。

③ 按照 $CaCO_3$ 晶型和形貌可以分为：纺锤形 $CaCO_3$、立方形 $CaCO_3$、针形 $CaCO_3$、链锁形 $CaCO_3$、球形 $CaCO_3$、片形 $CaCO_3$、无定形体 $CaCO_3$。不同形貌的 $CaCO_3$ 产品有着不一样的功能和适用对象、范围[3]。如球形和立方形的 $CaCO_3$，用于高品质油墨中，由于其颗粒小，油墨的光洁度高，印刷印制品完整，适用于快速大量印刷和激光照排领域用墨[4]；球形的高纯、微细 $CaCO_3$ 可用于电子的高温部件[5]、汽车行业中的高品质烤漆[6] 等；在橡胶行业，为了增强产品的耐磨性、强度、改善加工工艺和降低成本，适宜添加针形或链锁形的纳米 $CaCO_3$[7]，或将活性 $CaCO_3$ 与炭黑、钛白粉等配合使用[8]。

④ 按照 $CaCO_3$ 专门用途或下游产品对象，可以分为：橡胶专用钙，塑料专用钙，油性漆专用钙，涂料专用钙，油墨专用钙，造纸专用钙，食品专用钙，医用专用钙。例如：在食品和医药等行业，$CaCO_3$ 可用于提高抗生素[9] 产量、制备胶囊[10] 和生物钙片[11] 等。

### 4.1.1 纳米碳酸钙

纳米 $CaCO_3$ 是从粒径角度对超细 $CaCO_3$、超微细 $CaCO_3$ 的一种称法，即通常把平均粒径在 1～100nm 范围内的轻质 $CaCO_3$ 称为纳米 $CaCO_3$（nanometer precipitated calcium carbonate，NCC 或 NPCC）。

纳米 $CaCO_3$ 属于纳米材料范畴，具有量子尺寸效应、小尺寸效应、表面效应和宏观量子隧道效应，与普通轻质 $CaCO_3$ 呈现不同的物理、化学特性。因此，普通轻质 $CaCO_3$ 和纳米 $CaCO_3$ 二者在性能上有差异（表 4-1）。

表 4-1 普通的轻质 $CaCO_3$ 与纳米级轻质 $CaCO_3$ 的性能比较[12]

| 项目 | 普通轻质 $CaCO_3$（微粒 $CaCO_3$、微粉 $CaCO_3$、微细 $CaCO_3$） | 纳米 $CaCO_3$（超细 $CaCO_3$、超微细 $CaCO_3$） |
|---|---|---|
| 外观 | — | 用手指揉搓纳米 $CaCO_3$ 粉体时，感觉颗粒较为细滑，附着力较强，冲洗手指上的粉末时较难洗净，粉体在空气中形成的粉尘较难沉降。粒径较小的纳米 $CaCO_3$ 产品与水混溶后形成的膏状料外观白度不高，并有微透明的感觉 |
| 一次粒径 | >1μm | <0.1μm |
| 白度 | 部分普通轻钙非活性产品可达 96%～97% | 94%～96% |
| 堆积密度 | 轻钙堆积密度一般为 0.5～0.7g/cm³ | 一般情况下纳米 $CaCO_3$ 产品的堆积密度较小，多为 0.4～0.6g/cm³ |
| $CaCO_3$ 含量 | >98% | >90% |
| 晶型 | 普通轻钙晶体形状较为单一，以纺锤形为主，或团聚凝聚形成菊花状晶体 | 晶体的形状以立方体为主 |
| 表面是否改性 | 是 | 是 |
| 分散性 | 较差 | 分散难度大 |
| 吸油性 | 较高 | 较低且可调控 |
| 流动性 | 较差 | 较好 |
| 疏水性 | 较差 | 较好 |
| 应用及作用 | 体积填充剂 | 有功能性填料和体积填料双重作用。填充剂、补强剂、活性剂等功能填充剂 |

### 4.1.2 活性碳酸钙

活性 $CaCO_3$（简称活性钙，activate calcium carbonate，ACC；或者 surface coated calcium carbonate，SCCC），又称改性 $CaCO_3$、表面处理 $CaCO_3$、胶质 $CaCO_3$，是从 $CaCO_3$ 的表面性能或反应活性角度对 $CaCO_3$ 的称法。

通常 $CaCO_3$ 经过活化处理后，表面结构和性能会发生改变，使得 $CaCO_3$ 在白度、流动性、光泽度、分散性、填充量、润滑性和表面亲有机性、反应性等方面性能更好。例如，活性钙产品由于表面被表面张力较低的有机活性剂分子包覆，其比表面能较未活化产品低，颗粒之间的黏滞阻力降低，颗粒的流动性能提高，因此粉体具有类似于液体的流动性。另外，采用活性碳酸钙，也能改善使用活性碳酸钙的聚合物产品加工工艺，提高制品性能。例如，将活性碳酸钙应用于高级涂料中，不仅可提高固体填充量，降低黏度，同时赋予涂层更好的耐磨性、抗腐蚀性等[13]。

# 4.2　轻质和纳米碳酸钙的生产原料和燃料要求

## 4.2.1　石灰石

生产轻质和纳米 $CaCO_3$ 产品，要求生产原料石灰石的品位相对较高[14]。选择石灰石矿时，一般要求 CaO 含量大于 54%，且严格控制石灰石中 $SiO_2$、$Al_2O_3$、$Fe_2O_3$ 的总含量，一般要求 $SiO_2 + Al_2O_3 + Fe_2O_3$ 含量小于 5.0%。在煅烧时，石灰石矿产中含的 $SiO_2$、$Al_2O_3$ 和 $Fe_2O_3$ 等杂质矿物会与氧化钙化合生成熔点低、黏稠（在 800℃以上）的硅酸钙（$xCaO \cdot SiO_2$）、铝酸钙（$xCaO \cdot Al_2O_3$）、铁酸钙（$xCaO \cdot Fe_2O_3$）和铁铝酸钙（$xCaO \cdot Al_2O_3 \cdot Fe_2O_3$）等。这些化合物会黏附于窑的内壁上，也会把石灰黏成大块或烧结成瘤块，影响窑内气流和传热，造成"生烧""过烧"等现象，甚至损坏设备。这些化合物混入石灰产品，会造成后续工段中产品质量问题。

生产轻质和纳米 $CaCO_3$ 产品时对石灰石的粒度和力学强度也有要求。一般以粒度在 30~150mm 之间为宜。粒度过大则热量难以进入石块内部，煅烧速度慢，从而延长物料的停留时间，会导致石灰石生烧，影响窑的生产能力。粒度过小则石灰石吸热能力强，煅烧速度快，从而缩短物料的停留时间，会导致石灰石过烧，还会增加空气阻力，影响送风，也影响窑的生产能力。抗压强度是指无侧束状态下所能承受的最大压力。一般要求石灰石的抗压强度大于 117.68MPa。力学强度不够的石灰石，在煅烧成石灰后会碎裂粉化，从而阻塞立窑内的风道，使立窑难以正常运行，同时燃烧灰分与粉化后的石灰混杂，难以分离，对产品造成污染。

另外，按照绿色矿山和矿业等要求，还要注意开采回采率和综合利用率符合要求。开采回采率指采矿过程中采出的矿石或金属量与该采区拥有的矿石或金属储量的百分比。对于露天矿山，石灰岩开采回采率不低于 90%。综合利用率，矿山企业开发利用石灰岩矿产时，鼓励对矿山开采废石综合利用，用作建筑材料或矿山采空区回填复垦。综合利用率不低于 60%，如计算回填复垦用量不低于 95%。

## 4.2.2　燃料

在常压下石灰石加热到 900℃左右便分解为生石灰和 $CO_2$。石灰石分解过程是一个强吸热反应：

$$CaCO_3 \longrightarrow CaO + CO_2 \uparrow \quad \Delta H_{298K}^{\ominus} = 178kJ/kg$$

煅烧石灰石的燃料通常以固体燃料焦炭和无烟煤为主，由于环境保护的要求，在条件适合的地区，可使用天然气作为燃料。例如日产 600t 石灰的双膛竖窑单位产品热耗为 ≤ 3557.97kJ/kg 石灰。

**（1）无烟煤燃料**

无烟煤，俗称白煤或红煤，是煤化程度最大的煤矿品种，坚硬、致密且高光泽。在所有的煤品种中，无烟煤的发热值应≥2721kJ/kg，其碳含量最高，杂质含量最少，通常采用无烟煤燃料成本最低。由于产地的不同，其挥发分、含硫量、灰分等有所差异，有时把挥发物含量高的无烟煤称为半无烟煤，挥发物含量低的无烟煤低的称为高无烟煤。

根据粉粒大小分类的常用规格有 0.6～1.2mm、0.8～1.8mm、1～2mm、3～6mm、4～8mm。主要技术指标[15]：密度 1.4～1.6g/cm³，含泥量≤4%，盐酸可溶率≤3.5%，固定炭≥70%，灰分≤20%，挥发分≤5.5%，含硫≤1.2%，水分≤3.0%。煤粒（2～4cm）和煤粉分别用作竖窑的燃料和双膛窑的燃料，可以提高原煤利用率，改善窑气的洁净状况[16]。

**（2）天然气燃料**

采用天然气作为燃料煅烧石灰石比用煤清洁和环保。采用气体燃料的窑型可为立窑、回转窑。理论上天然气是指自然界中天然存在的一切气体，包括大气圈、水圈和岩石圈中各种自然过程形成的气体，如油田气、气田气、泥火山气、煤层气和生物生成气等。通常是指天然蕴藏于地层中的烃类和非烃类气体的混合物，其中甲烷占绝大多数，另有少量的乙烷、丙烷和丁烷，此外还有硫化氢、二氧化碳、氮、水气和少量一氧化碳及微量的稀有气体，如氦、氩等。天然气在送到最终用户之前，为利于泄漏检测，还要用硫醇、四氢噻吩等来给天然气添加气味。天然气等气体燃料用于生产纳米 $CaCO_3$ 所用的石灰时，还需预先经过脱硫等过程处理，这样可以保证燃料气体的纯度更高，避免燃烧过程中产生硫化物污染石灰并带入后续的 $CaCO_3$ 产品中，影响产品的质量。

天然气的燃烧热值为 $8.5 \times 10^7 J/m^3$。天然气耗氧情况计算：1m³ 天然气（纯度按100%计算）完全燃烧约需 2.0m³ 氧气，大约需要 10m³ 的空气。生产采用天然气作为气体燃料和利用其 $CO_2$ 时要注意避免甲烷不完全燃烧，以及要考虑天然气燃烧时产生的 $CO_2$ 量少于其他化石燃料。

完全燃烧：　　　　　$CH_4 + 2O_2 \Longrightarrow CO_2 + 2H_2O$

不完全燃烧：　　　　$2CH_4 + 3O_2 \Longrightarrow 2CO + 4H_2O$

## 4.2.3 二氧化碳

煅烧石灰石分解和燃料燃烧生成的 $CO_2$ 气体，亦称为窑气，即窑气可以作为后续碳化反应单元的原料，以及和 $Ca(OH)_2$ 反应生成 $CaCO_3$ 的原料气。二氧化碳含量达 40%～42%，说明石灰石煅烧良好，窑况正常。

除燃料燃烧产生的 $CO_2$ 和石灰石分解产生的 $CO_2$ 外，窑气中还有由助燃空气带入的大量 $N_2$、燃料燃烧不完全生成的 CO 和少量燃烧不完全的 $O_2$ 等；根据燃料原料和品质的不同，也可能带有硫化物等。特别值得注意的是，若窑气中含有 $SO_x$ 等，会腐蚀设备和管路，并能与石灰乳 $Ca(OH)_2$ 反应生成 $CaSO_3$ 和 $CaSO_4$，影响 $CaCO_3$ 产品质量。

$$Ca(OH)_2 + SO_2 \Longrightarrow CaSO_3 \downarrow + H_2O$$
$$Ca(OH)_2 + SO_3 \Longrightarrow CaSO_4 \downarrow + H_2O$$

从石灰窑出来的窑气温度一般高达 200～300℃，可以考虑回收余热加以利用，例如可用于预热消化用水；窑气净化可以采用喷淋除尘、水雾除尘、过滤除尘等方法，并冷却到常温,再经加压形成液态二氧化碳进入贮罐备用;经除尘冷却后的石灰窑气可以采用碳酸钠溶液吸收法回收二氧化碳,也可以选用变压吸附法回收二氧化碳。

### 4.2.4　水

生产轻质和纳米 $CaCO_3$ 产品时的用水通常是洁净的自来水。因为在强碱性环境中金属离子大部分将生成沉淀进入产品,因此要避免水中含有较多的金属离子。另外,工业用水的循环使用中,则要注意水中是否含有大量微晶,微晶会作为"晶种"诱发 $CaCO_3$ 产生结晶,影响晶型和粒径分布。消化用水宜采用温水或热水,一般以 50~80℃ 的水温不仅可以加速消化作用,还能使石灰粒子变细;生石灰消化用水比例一般应控制为 1:(5~6)[17]。

# 4.3　轻质和纳米碳酸钙的生产工艺

## 4.3.1　石灰石煅烧反应和工艺

### （1）石灰石分解热力学

石灰窑的作用就是在固相悬浮于热气体的条件下完成碳酸盐的分解吸热反应。石灰石中 $CaCO_3$ 和 $MgCO_3$ 在加热时的主要分解反应是可逆吸热的多相反应[18]。

$$CaCO_3(s) = CaO(s) + CO_2 \uparrow \qquad \Delta H_{298K}^{\ominus} = 178kJ/kg$$

$$MgCO_3(s) = MgO(s) + CO_2 \uparrow \qquad \Delta H_{298K}^{\ominus} = 1306kJ/kg$$

$$CaCO_3 \cdot MgCO_3 = CaO(s) + MgO(s) + 2CO_2 \uparrow \qquad \Delta H_{298K}^{\ominus} = 3086kJ/kg$$

石灰石分解产物的热力学数据见表 4-2。

**表 4-2　石灰石分解产物的热力学数据**

| 化合物 | 分子量 | 标准生成焓 $-\Delta H_f^{\ominus}$ /(kJ/mol) | 标准生成自由能 $-\Delta G_f^{\ominus}$ /(kJ/mol) | 标准熵 /[J/(K·mol)] |
|---|---|---|---|---|
| $CaCO_3(s)$ | 100.09 | 1207 | 1129 | 92.9 |
| $CaO(s)$ | 56.07 | 635 | 604 | 40 |
| $CO_2(g)$ | 44.00 | 394 | 395 | 214 |
| $MgCO_3(s)$ | 84.31 | 1113 | 1030 | 65.7 |
| $Mg(s)$ | 40.30 | 0 | 0 | 32.5 |

数据源自:夏玉宇.化学实验室手册 [M].北京:化学工业出版社,2008:106-108.

在所提供的热量不能使石灰石岩石生料完全分解的情况下,分解过程可按 $CO_2$ 的分压达至某一平衡状态考虑。一般来说分解炉的平衡状态温度处于 850~900℃ 范围。石灰窑内的温度分布与燃料燃烧成气相时的放热速率、由气相传给固体生料粉的传热速率、石灰窑生料颗粒分解时的吸热速率相关。

石灰窑生产过程中,燃料燃烧速度和燃烬时间与烟气中的 $O_2$ 含量有关。用较高的空气过剩系数,可缩短燃烬时间,但是通常增大空气过剩系数的做法将会增加通过预热器的气体流量，造成较大的压差和较高的废气温度，从而使石灰窑主排风机的负荷增大，整个石灰窑系统的单位热耗也将有所增加。

改变石灰石岩石生料的喂入方式也很重要。采用无烟煤操作时，无烟煤与石灰石岩石生料粉的混合最好能有适当的滞后时间，以保证无烟煤的点燃，因此对喂入石灰窑的生料需要进行分级控制，以便使石灰窑底部形成一个相对高温区。判断石灰石岩石生料在分解炉内是否达到预期的效果，最好的办法是检测入窑生料分解率，如果入窑生料分解率达到了预期效果，说明无烟煤在分解炉内的燃烧是合适的。

王春波等[19] 研究了烟气中水蒸气对石灰石循环吸收 $CO_2$ 的特性影响规律，发现水蒸气在煅烧阶段会降低碳酸化转化率，而在碳酸化阶段，加入水蒸气能提高碳酸化转化率；石灰石在煅烧、碳酸化阶段含有 20％水蒸气时，温度分别为 $900\sim950℃$、700℃是较为适合的。

刘洋等[20] 比较不同水蒸气浓度对碳酸化反应的影响，结合随机孔隙模型的分析得出碳酸化反应温度在 500℃时，反应 10min 之后，加入水蒸气能提高碳酸化转化率且反应物厚度相应增加，当水蒸气含量为 20％时，相比于无水蒸气条件下的碳酸化转化率提高了 30.5％。

**（2）石灰石分解动力学**

a. 石灰石分解的速率问题。$CaCO_3$ 分解速率取决于温度和系统脱离平衡状态的程度[21]。物料加热的温度越高，离子具有的动能储备越大，单位时间内从晶格中分解出的 $CO_2$ 分子数量也越多。随着温度的升高，形成晶格的离子扩散也越容易。对于石灰石，在 900℃时就能够达到较完全的分解，但是分解过程需要 5000s，而且石灰石含有其他成分，晶体结构不同于碳酸钙，同样气氛下，低温时更容易发生分解。在 $900\sim950℃$ 的温度区间内温度对反应速率的影响大于 $950\sim1000℃$ 区间，即低温区温度对分解反应影响较大[22]。

b. 石灰石分解机理。石灰石岩石在加热至 $200\sim800℃$ 时，岩石产生大量龟裂，体积增加 2％～4％，极限抗压强度则降低 40％～70％。有研究认为，石灰石的分解过程包含下列阶段：$CaCO_3$ 微粒破坏，在 $CaCO_3$ 中生成 CaO 过饱和溶液；过饱和溶液分解，生成 CaO 晶体；$CO_2$ 气体解吸，而后向晶体表面扩散。

破坏和释放出 $CaCO_3$ 晶格中的阴离子 $CO_3^{2-}$ 才产生 $CO_2$ 和生成 CaO 晶体。因此，微粒积蓄能量用以破坏旧键生成新建，阴离子分解导致晶格破坏阶段起着非常重要的作用。提高温度可加速分解过程的各阶段，特别是可加速晶格的破坏和离子扩散移动。另外，$CaCO_3$ 有无定形和结晶型两种形态，结晶型中又可分为斜方晶系和六方晶系。$CaCO_3$ 原晶体越大，晶体棱角越规则，则原相的活化中心转化成新相晶体进行得越慢，即所谓诱导期越长，在诱导期间可能出现反应层过热。

随着 $CO_3^{2-}$ 分解过程的进行，靠近 $CaCO_3/CaO$ 相界面的活化中心聚集起吸附分子 $CO_2$，表层中 $O^{2-}$ 浓度增高，这是由于该部位晶格畸变和固体 CaO 在 $CaCO_3$ 中的可溶性不大，在 $CaCO_3$ 中生成 CaO 过饱和溶液所致。$CO_2$ 解吸比较容易，也比较快。

石灰窑内煅烧石灰，块状石灰石通常在 $1050\sim1200℃$ 煅烧数小时。$CaCO_3$ 的分解反应层由外向内移动，当颗粒外层 $CaCO_3$ 分解反应完成时，内层的 $CaCO_3$ 分解反应尚未开始,而当中心完成分解时,其外部已过烧,越靠近颗粒表层其过烧程度越严重。由于粒度不均,小颗粒石灰石中 $CaCO_3$ 先完成分解,当大颗粒完成 $CaCO_3$ 分解时,小颗粒已过烧。当进一步加热时,$CaO$ 发生再结晶和烧结。另外,$CaO$ 与石灰石原料中的黏土质(硅酸盐)成分反应生成硅酸钙和铁铝酸钙等化合物。

对石灰石的热分解过程国内外学者已做了大量研究。Borgwardt[23] 利用差流反应器和流化床反应器对弥散的粒径为 $1 \sim 90 \mu m$ 石灰石颗粒在 $516 \sim 1000^{\circ}C$ 条件下进行了煅烧,发现石灰石分解过程受化学反应动力学控制,并建立了石灰石分解的均匀转化模型。小颗粒碳酸钙煅烧模型 $\ln(1-x) = -k_s s_g t$。

李辉等[24] 利用热重分析仪(升温速率为 $5 \sim 20 K/min$),研究了 $CO_2$ 浓度对石灰石热分解反应动力学参数的影响,以及高 $CO_2$ 浓度气氛下主要含有钙镁白云石与不含有该成分的两种石灰石的热分解反应动力学。采用改进的双外推法计算这两种石灰石的热分解反应动力学参数(表 4-3),结果表明:石灰石热分解反应的活化能与气氛中的 $CO_2$ 浓度呈指数增长关系。在高 $CO_2$ 浓度气氛条件下石灰石的热分解过程机理模型为随机成核和随后生长模型;$CO_2$ 浓度不同,反应级数不同,反应级数的变化范围为 $2/5 \sim 2/3$。

**表 4-3　不同 $c(CO_2)$ 下石灰石试样热分解反应的活化能、机理函数 $G(\alpha)$ 及反应级数值[24]**

| $c(CO_2)/\%$ | $E_{\alpha \to 0}/(kJ/mol)$ | $r$ | $G(\alpha)$ | $n$ |
|---|---|---|---|---|
| 30 | 958.28 | 1.0000 | $[-\ln(1-\alpha)]^{2/5}$ | 2/5 |
| 40 | 1183.40 | 0.9999 | $[-\ln(1-\alpha)]^{2/5}$ | 2/5 |
| 50 | 1314.30 | 0.9999 | $[-\ln(1-\alpha)]^{2/5}$ | 2/5 |
| 60 | 1510.40 | 1.0000 | $[-\ln(1-\alpha)]^{2/4}$ | 2/4 |
| 70 | 1788.80 | 1.0000 | $[-\ln(1-\alpha)]^{2/4}$ | 2/4 |
| 80 | 1974.60 | 1.0000 | $[-\ln(1-\alpha)]^{2/4}$ | 2/4 |
| 90 | 2365.00 | 0.9998 | $[-\ln(1-\alpha)]^{2/3}$ | 2/3 |
| 100 | 2556.10 | 1.0000 | $[-\ln(1-\alpha)]^{2/3}$ | 2/3 |

陈凯峰等[25] 利用大功率高温碳管炉,将石灰石快速置于高温环境中煅烧,结合热重分析技术,通过"模式配合法"和"等转化率法"研究了石灰石在高温($1200 \sim 1500^{\circ}C$)下快速分解的动力学机理。发现在实验条件下的石灰石热分解反应属于随机成核和随后生长机理模型,机理函数方程为 $G(\alpha) = [-\ln(1-\alpha)]^n$。温度在 $1200 \sim 1350^{\circ}C$ 之间和 $1350 \sim 1500^{\circ}C$ 之间时石灰石分解反应级数 $n$ 分别为 2/3 和 1;温度对石灰石分解反应活化能的影响远大于粒径的影响。

李佳容[22] 对分解炉气氛($25\% \, CO_2/75\% \, N_2$)下不同碳酸钙煅烧温度产物的 BET 比表面积与孔径的分析发现,反应气氛为 $25\% \, CO_2/75\% \, N_2$ 时碳酸钙分解反应的表观活化能 $E$ 为 $207.7 kJ/mol$,$100\% \, N_2$ 气氛下表观活化能 $E$ 为 $203.8 kJ/mol$。

## 4.3.2　窑气净化与输送工艺

石灰石被加热分解的反应产生 $CO_2$,理论上当生产 1kg 的 $CaO$ 需要 $CaCO_3$ 为 1.785kg 时,所产生的 $CO_2$ 量为 0.784kg,其在标准条件($0^{\circ}C$、1atm)下的体积为 392.956L。窑

气包括煅烧石灰石分解产生和燃料燃烧产生的气体。窑气是后续和 $Ca(OH)_2$ 反应生成 $CaCO_3$ 的 $CO_2$ 原料气，即作反应物参与碳化反应。

窑气组分复杂，含量较多的是氮气和 $CO_2$，另外含有少量 CO、$O_2$、水蒸气以及硫的氧化物和固体微粒等。和 $Ca(OH)_2$ 反应前，需将窑气净化，否则会影响产品质量。另外，纳米级 $CaCO_3$ 的生产对净化后的窑气中 $CO_2$ 含量还有一定要求。

净化窑气一般包括干法除尘、湿法净制、气液分离等单元过程（图 4-1）。干法除尘主要是利用烟尘自身重力，让其在气流中下沉而获得分离，一般对大于 $10\mu m$ 的烟尘颗粒有效，除尘效率不高，一般为 $50\%\sim80\%$。选择除尘器时一般要求除尘器适应性强。一般除去窑气中的颗粒应选择湿法除尘或静电除尘。要注意净化流程对整个系统阻力不能太大，尽可能采用干湿法组合式多级除尘设备，以便提高除尘效率。石灰窑气干湿法组合式多净化的通常流层见图 4-2。

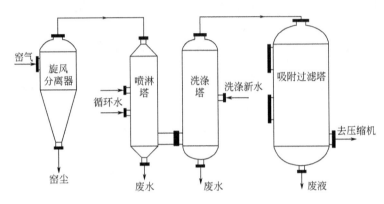

图 4-1　窑气净化系统工艺示意图

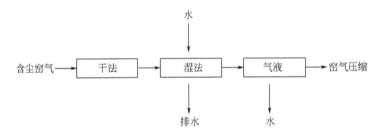

图 4-2　石灰窑气干湿法组合式多净化的通常流程

### 4.3.3　石灰消化反应和工艺

石灰 CaO 与 $H_2O$ 反应生成 $Ca(OH)_2$ 为石灰的消化反应，亦称为 CaO 的水化反应。石灰与适量水反应得到的粉末称为消化石灰，该法称为干法消化。石灰与过量水反应得到的悬浮液称为石灰乳，该方法称为湿法消化。

**(1) 消化反应的热力学**

CaO 的水化反应是一个强放热反应。1kg 纯 CaO 水化时放出的热量是 1187.80kJ，足以将 2.8kg 的水从 0℃加热到 100℃。

$$CaO(s) + H_2O(l) = Ca(OH)_2(s) + 66.6kJ/mol$$

由于石灰消化时会产生蒸汽，因此石灰的水化反应是一个气、液、固三相可逆放热反应。CaO 有关反应平衡常数如下：

$$K_p = 1/p_{H_2O}$$

式中，$K_p$ 为 CaO 水化反应平衡常数；$p_{H_2O}$ 为气相中反应达到反应平衡时的水蒸气分压。可见，CaO 水化反应平衡常数等于该反应达到化学平衡时水蒸气压力的倒数。由于平衡常数是温度的函数，因此在一定温度下，CaO 水化反应达到化学平衡时水蒸气的压力为一定值。对于在不同温度下 CaO 水化反应达到化学平衡时水蒸气的压力，可由热力学数据进行理论计算获得。

**（2）消化反应动力学和反应机理**

一般简单认为 CaO 湿法水化反应是 CaO 先与 $H_2O$ 反应生成 $Ca^{2+}$ 和 $2OH^-$，然后 $Ca^{2+}$ 和 $2OH^-$ 结晶生成 $Ca(OH)_2$。CaO 湿法水化反应动力学方程为[26]：

$$kt = 3X_m^{1/3} - (X_m - X_t)^{1/3}$$

式中，$k$ 为反应速率常数，$W^{1/3}/s$；$t$ 为反应时间，s；$X_m$ 为最大传导率，W；$X_t$ 为时间 $t$ 时的传导率，W。

反应速率常数与温度的关系为：

$$k_T = 1.03^{\Delta T}k_0$$

式中，$k_T$ 为温度 $T$ 时的反应速率常数，$W^{1/3}/g$；$k_0$ 为温度 $T_0$ 时的反应速率常数，$W^{1/3}/g$；$\Delta T$ 为 $T - T_0$，K。

**（3）消化工艺流程**

消化工艺有池式消化工艺、回转消化工艺和槽式消化工艺等。传统池式消化工艺是在消化池中将石灰放入水泥或铁板制容器中，加水搅拌，反应生成 $Ca(OH)_2$ 悬浮液。该工艺存在不能连续生产、工人劳动强度大、产品质量不稳定、清渣困难、石灰利用率低等缺点，一些灰渣水须处理，否则会污染环境。在研究人员开发的槽式消化新工艺中[27]（图 4-3），首先将窑内石灰卸出后，去除杂质，然后送入破碎机，破碎成 5～15mm 块径，通过喂料机送入槽式消化机，同时加入水，通过消化机内桨叶搅拌，约 15min 后消化反应完毕，氢氧化钙悬浮液从浆液出口自动溢流，除渣机启动将剩余杂质排出机外，形成连续循环操作。与池式消化工艺、回转消化工艺相比，槽式消化工艺具有机械化程度高、消化速度快、灰浆质量好、石灰利用率高、清渣便利、占地面积小等优点。

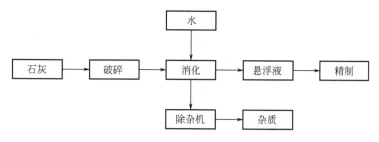

图 4-3　槽式消化新工艺流程

回转消化工艺（图 4-4）示例：消化机为卧式回转圆筒，出口端向下倾斜。石灰和水从上端加入，在化灰机内互相混合反应。开始石灰被粉化成粉末，进而与大量的水混合生成石灰乳，圆筒在转动过程中使石灰与水充分接触反应的同时，呈螺旋状推动物料前进；石灰乳与生烧石块及砂子同时从消化机前部向后部运动，在机尾部有筛分筒，将生烧石块分出用清水洗涤粘在表面的石灰乳后，从排出口排出，经返石皮带送入返石仓，再回窑重新煅烧；之后石灰乳从出口端流出后入两层振动筛，从筛孔流下入石灰乳桶，再用灰乳泵送至蒸氨、盐水精制等工序使用；剩下的未消化石灰与杂渣从筛面上流入螺旋洗砂机，经洗砂机再次洗涤后，废渣（砂）排弃，洗砂水入杂水罐，经杂水泵送入化灰机，作为化灰水使用。

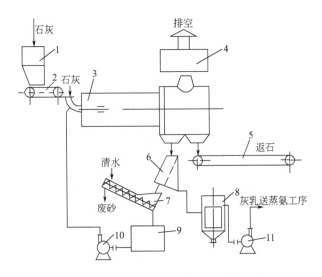

图 4-4　回转消化流程示意图[28]

1—灰仓；2—石灰给料器；3—化灰机；4—热回收装置；5—返石皮带；
6—振动筛；7—螺旋洗砂机；8—灰乳罐；9—杂水罐；10，11—泵

雅砻江矿业选矿厂通过采用预先消化＋闭路磨矿对原石灰乳系统进行改造，解决了原系统石灰浪费严重、残渣量大、石灰乳添加系统管道易堵、工人劳动强度大和生产指标差的问题。其中，预先消化工艺的应用是磨矿-分级制备石灰乳的关键，利用石灰消化放热催熟欠火石灰和促进消化反应进行不仅可降低石灰乳含杂量，还能降低石灰成本，对提升石灰乳质量也有积极作用[29]。

### 4.3.4　石灰乳碳化工艺

碳化过程是指在石灰乳中通入二氧化碳进行碳化反应的过程。采用碳化法生产轻质和纳米级 $CaCO_3$ 工艺过程中，碳化工艺十分关键，直接影响产品的晶型、粒度、比表面积和表面活性等。一般认为，纳米 $CaCO_3$ 的碳化过程是一个气、液、固三相反应体系应[30]。生产质量高或纳米超细 $CaCO_3$ 必须严格控制反应工艺参数。例如，可通过控制反应温度、浓度、气液比、添加剂等工艺条件生产优质纳米 $CaCO_3$。

石灰乳与 $CO_2$ 碳化反应制备纳米碳酸钙时，其总反应方程式为：

$$Ca(OH)_2(s)+H_2O(l)+CO_2(g)\xrightarrow{\hspace{1cm}}CaCO_3(s)+2H_2O(l)+71.8kJ/mol$$

目前国内外碳化法主要有间歇鼓泡碳化法、间歇搅拌碳化法、多级喷雾碳化法、连续喷射碳化法、超重力碳化技术等[31]（表 4-4）。在不同碳化法中，气液接触表面积不同，反应速率不同，结晶过程不同，晶核形成数量及方式不同，晶体生长时间不同，故其产品晶型、平均粒径不同，分布宽窄程度不同，应用性能也不同。选用碳化工艺及设备时，要保证气液接触良好，$CaCO_3$ 晶核生成数量恰当，并形成要求的晶型；成长过程要尽量均匀、适当，达到要求的粒径和晶型；还要尽量避免团聚，以保证宏观粒径均匀，达到纳米级。

表 4-4　几种碳化法生产工艺及特点比较

| 碳化工艺 | 温度 | 反应过程 | 能耗 | 产品晶型 | 参考文献 |
|---|---|---|---|---|---|
| 间歇鼓泡碳化法 | 25℃以下 | 气液接触面积小，反应过程不均匀，易产生过碳化及不完全碳化现象 | 高 | 较难生产多种单一晶型产品 | [33] |
| 间歇搅拌碳化法 | 25℃以下 | 气液接触面积大，反应过程较均匀 | 高 | 可生产多种单一晶型产品 | [34] |
| 多级喷雾碳化法 | 25℃ | 气液接触面积大，反应过程均匀 | 低 | 可生产多种单一晶型产品 | [35] |
| 超重力碳化技术 | 25℃以下 | 气液接触面积大，反应过程均匀 | 高 | 易生产立方体单一晶型产品 | [36] |
| 连续喷射碳化法 | 25~40℃ | 气液接触面积大，提升了尺寸一致性，存在粒径分布不均、生产效率低的问题 | 高 | 连续碳化生产单一晶型产品 | [37] |

不同的碳化方法其碳化过程、工艺条件以及产品质量等也有所不同。另外，也可采用组合或多级碳化法，例如，可采用两级碳化工艺。一级碳化为高气液比连续碳化塔，也是晶核预成器，碳化过程连续进料，$Ca(OH)_2$ 和 $CO_2$ 进行连续碳化反应，快速形成晶核。二级碳化采用大容积、双叶轮搅拌式鼓泡碳化方式，调整 pH 值在 7 以下，碳化反应时间为 60~90min 每塔。

在石灰乳碳化工艺中，除酸碱度、温度影响碳酸钙的成核、晶型和晶粒尺寸外，有研究发现 pH 8.0~8.5 条件下碳酸氢盐会显著影响碳酸钙成核过程等[32]。这是由于碳酸氢根离子可与 $Ca^{2+}$ 结合，并在沉淀碳酸钙形成过程中参与形成"液态"前驱体相（liquid precursor phase）和固态无定形碳酸钙等。

另外，$CaCO_3$ 的用途不同，碳化工艺也不一样。例如，生产造纸用的微米钙，碳化工艺条件是 $CO_2$ 温度为 50~70℃，石灰乳的浓度需要控制在 $Ca(OH)_2$ 1.99mol/L，碳化反应温度控制在 30~70℃，并且加入针状晶型控制剂。生产塑料、橡胶用的纳米钙，碳化工艺条件是 $CO_2$ 温度为 25℃，石灰乳的浓度需要控制在 $Ca(OH)_2$ 1.20mol/L，碳化反应温度控制在 14~25℃，并且加入锁链型晶型控制剂。

**（1）间歇鼓泡碳化法**

间歇鼓泡碳化法[38] 将净化后的氢氧化钙乳液降温到 25℃以下，泵入碳化塔并保持一定液位，由塔底通入含有二氧化碳的窑气鼓泡进行碳化反应，通过控制反应温度、浓度、气液比、添加剂等工艺条件制备纳米 $CaCO_3$。该法投资少、操作简单，但生产不连续，自动化程度低。另外，产品质量也不稳定，主要表现在产品晶型不易控制、粒度分布不均、不同批次产品的重现性差。目前多数厂家采用此法生产轻质和纳米 $CaCO_3$。必须严格控制反应工艺参数，才能提高不同批次产品的稳定性。例如，纳米/亚微米碳酸钙的高效碳化工艺。石灰石原料经煅烧、加水消化、机械研磨后，将超细生浆投入间歇鼓泡碳化塔中，通入窑气进行碳化反应直至反应浆液 pH 值为 6.5～7 时，停止碳化，得到纳米/亚微米碳酸钙浆料；利用 4% 硬脂酸皂化液对浆料进行湿法表面处理，经压滤脱水，干燥，粉碎，获得纳米/亚微米碳酸钙[39]。

类似工业过程，在实验室也可制备超细高分散碳酸钙[40]，取 25.0g 氧化钙加入 80℃ 的热水中，加热沸腾至消化成 $Ca(OH)_2$ 后，隔绝空气放置 20h，用 200 目的筛子过滤消化液，除去固体残渣后，加去离子水稀释成 1L 溶液，并将其加入直颈玻璃柱中；将 $CO_2$ 和 $N_2$ 按照体积比 1:3 混合，将混合气以 200mL/min 的速率直接通入反应玻璃柱的底部，同时控制温度不超过 15℃，检测 $Ca(OH)_2$ 溶液的 pH 值变化，当 pH 值达到 7 后，只通 $N_2$ 10min，确保溶液反应完全，可制得均匀的纳米 $CaCO_3$。

**（2）间歇搅拌式碳化法**

间歇搅拌式碳化法采用的是低温搅拌鼓泡釜式碳化反应器，主要过程是将 25℃ 以下的氢氧化钙乳液泵入碳化反应罐中，通入二氧化碳，在搅拌状态下，进行碳化反应，通过控制反应温度、浓度、搅拌速度、添加剂等工艺条件制备纳米 $CaCO_3$。由于搅拌作用，气液接触面积大，反应较均匀，产品粒径分布较窄等。

**（3）多级喷雾碳化法**

多级喷雾碳化工艺是采用三段或多段喷雾碳化塔，氢氧化钙乳液通过压力喷嘴喷成雾状与二氧化碳混合气体逆流接触，氢氧化钙乳液为分散相，窑气为连续相，显著增加了气液接触表面，通过控制氢氧化钙乳液浓度、流量、液滴径、气液比等工艺条件，在常温下可制得粒径在 40～80nm 的 $CaCO_3$。采用多级喷雾碳化工艺，连续生产效率高、生产能力大、操作稳定；气液接触面积大，反应均匀，晶核生成和成长可分开控制，易于实现在不同碳化率下添加控制剂、表面处理剂等；能生产粒度均匀的超细和超微细的 $CaCO_3$ 产品。例如，气流纳米的制备，物料经搅拌和乳化，置于 1～20MPa 的压强条件下剪切均质，获得乳化液；将物料乳化液经 1～500μm 的生物膜过滤后，加入多级喷雾干燥塔中，喷雾干燥、附聚造粒，再加入多温区内置整合式流化床中，干燥、冷却、附聚造粒，获得成品微纳米级微囊颗粒[41]。

**（4）连续喷射碳化法**

纳米 $CaCO_3$ 的合成技术关键在于促进大量 $CaCO_3$ 晶核的形成，并抑制 $CaCO_3$ 晶粒的长大。近来研究人员发现将连续喷射碳化技术应用于纳米 $CaCO_3$ 连续碳化装置和工艺（图 4-5）[37]，反应物料经过反复多次的循环反应，从第一套反应塔进入，经第二套，最后从第三套排出，能有效地控制纳米 $CaCO_3$ 的粒子晶型稳定，得到分散性理想的产品。

$Ca(OH)_2$ 浆料经循环泵循环使用，以高速从喷嘴喷射出来，高速液态流体将被抽吸的 $CO_2$ 气体带走，在强大负压和高速射流的共同作用下，将吸入液体中的二氧化碳剪切、粉碎、乳化，进行 $Ca(OH)_2$ 与 $CO_2$ 的反应，完成 $CaCO_3$ 成核过程，经过文氏管收缩段与喉径充分混合压缩，再经扩张段速度降低压力增高，从出口喷入吸收器中。气液混合体在吸收器中继续进行吸收反应形成团聚的 $CaCO_3$ 粒子，经吸收器顶部的气流分散器解聚分散后，进入缓冲器，进行气液分离，反应完成的气体从顶部排走，液体经循环泵再一次进入喷射、吸收、分散装置。

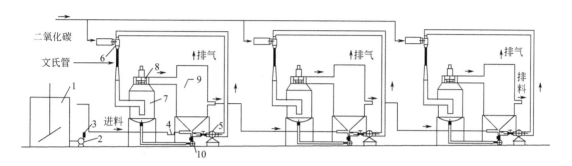

**图 4-5　连续喷射碳化塔装置和工艺简图[37]**
1—储料桶；2—进料泵；3—单向阀；4—流量计；5—循环泵；
6—喷射器；7—吸收器；8—分散器；9—缓冲器；10—清理管

三套喷射碳化塔组成的连续喷射碳化系统，每套碳化塔都有各自的功能。第一套以 $CaCO_3$ 成核过程为主；第二套以碳化反应为主，温度达到最高点，其中成核与晶核长大过程同时存在；第三套碳化反应速率较慢，以缓慢成熟、晶体长大规整为主。因为反应过程为放热反应，通过调整进料泵的进料流量，到达第三套碳化塔反应温度不再升高，保持第三套碳化塔温度与第二套碳化塔温度相平或低 $1\sim2℃$，则排料口出来的 $CaCO_3$ 浆料就已经完成反应。这些过程都可以通过仪器监控及自动化程序执行。连续喷射碳化法能实现高温（示例终点温度 70℃）、连续碳化生产纳米 $CaCO_3$，可能是纳米 $CaCO_3$ 碳化工艺和装备的优选发展方向。

**(5) 超重力碳化技术**

超重力碳化技术是指 $Ca(OH)_2$ 乳液在超重力反应器中通过高速旋转的填料床时，获得较重力加速度大 $2\sim3$ 个数量级的离心速度，被破碎成极小的液滴、液丝和极薄的液膜，因此显著增加气液接触面，强化了碳化速度。由于乳液在旋转床中得到了高度离心分散，限制晶粒的长大，因此即使不添加晶型控制剂，也可制备出纳米级 $CaCO_3$。超重力碳化法适用范围广，适用于气、液、固三相反应，$CaCO_3$ 产品形貌、粒度、晶型可控，因此能生产系列产品，产品纯度较高和产品质量稳定，并具有设备体积小、生产效率高等特点。例如，花瓣状、链状或立方体状碳酸钙可以采用超重力反应制备。氢氧化钙浆液等浓度为 $0.00015\sim0.1mol/L$ 的钙源及碳源馈入具有旋转盘的超重力反应器（见图 4-6）中，于

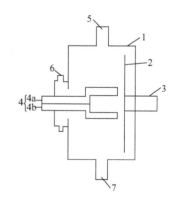

**图 4-6　具有旋转盘的超重力反应器[42]**
1—壳体；2—旋转盘；3—转轴；
4—输液管；4a，4b—子管；5—气体
入口；6—气体出口；7—流体出口

1000～5000r/min 的转速使该钙源及碳源混合，以形成碳酸钙浆液，自该碳酸钙浆液中分离液体和碳酸钙颗粒。其中，该碳酸钙颗粒的晶貌包括花瓣状、链状或立方体状[42]。

### 4.3.5 固液分离工艺

石灰乳经碳化后的熟浆液需进行固液分离。碳化后熟浆液属于液固非均相混合物，水为连续相，$CaCO_3$ 为分散相，要实现这种分离，必须使分散相和连续相之间发生相对运动。非均相物系的分离操作遵循流体力学的基本规律。按两相运动方式不同，机械分离大致分为沉降和过滤两种操作。

沉降操作是指在某种力场中利用分散相和连续相之间的密度差异，使之发生相对运动而实现分离的操作过程。实现沉降操作的作用力可以是重力，也可以是离心力，因此沉降过程有重力沉降和离心沉降两种。轻质 $CaCO_3$ 熟浆液经稠厚池时通过离心沉降达到增浓目的。

过滤操作是以某种多孔物质为介质，在外力作用下，使悬浮液（滤浆或料浆）中液体通过介质的孔道，而固体颗粒被截留在介质上，从而实现固液分离的操作。过滤操作采用的多孔介质被称为过滤介质，通过多孔孔道的液体称为滤液，被截留的固体称为滤饼或滤渣。实现过滤操作的外力可以是重力、压强差或离心力。

实际 $CaCO_3$ 生产中可采用板框压滤法[43]、离心机分离法[44]、连续带式过滤法[45]、管式过滤机法[41]。固液分离，选用高效分离方法和机械，应尽量减少固相中水分含量，为后续干燥降低能耗和提高效率。另外，针对固液分离由间歇操作向连续操作研究开发新技术，可以进一步提高生产效率。

### 4.3.6 干燥工艺

$CaCO_3$ 生产中的干燥操作是主要耗能单元之一，也是影响 $CaCO_3$ 产品质量和成本的关键步骤，干燥工艺和设备选择不当会造成产品质量下降，增加能耗，使产品成本提高。可采用工艺有烘房烘干、转筒干燥、喷雾干燥、闪蒸干燥、带式干燥等[46]。

**（1）烘房干燥**

烘房干燥主要流程为（图 4-7）：$CaCO_3$ 浆液经压滤机后制成滤饼，分批装入烘房内的托盘，通蒸汽将滤饼烘干。该工艺优点是设备简单、易于操作。烘房干燥工艺存在以下不足：烘干过程为间歇式，不能连续生产，且烘烤时间通常在30h以上，生产率低；干燥能力受到严重制约；操作条件较差、劳动强度较大。

**（2）转筒烘干**

转筒烘干是采用间接的列管换热方式对 $CaCO_3$ 浆料进行干燥（图 4-8）。$CaCO_3$ 浆料自卧式旋转烘干筒的高端进入，借助重力和转筒的作用布满筒壁，并由转筒高端流向低端。在筒内，热风自中心管进入到达低端后，再通过均布的支管由低端往高端逆向流动后被引出，通过列管散发的热能将浆料烘干。该工艺操作简单，能连续生产，产量较高，能耗较低。但是，转筒干燥工艺对入口浆料的含水量有特别的要求，一般不得大于40%。如含水过多（大于50%），由于流动性较好，往往在转筒壁上形成薄薄的黏层，很容易过烧、发黄，还可能将 $CaCO_3$ 的活性添加剂烧掉，导致产品质量低。

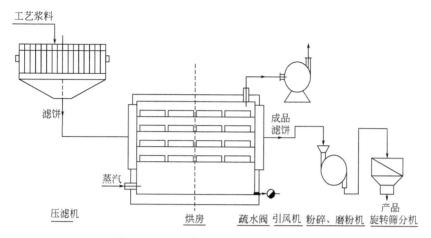

图 4-7　$CaCO_3$ 浆液烘房干燥的工艺流程图

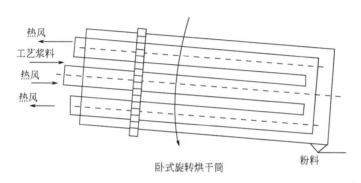

图 4-8　$CaCO_3$ 浆液转筒干燥的示意图

### (3) 喷雾干燥

喷雾干燥是指料液在干燥塔内被喷成雾液后,在干燥室中与来自热风炉的高温热风(热空气)接触,其中水分迅速汽化而干燥产品(图 4-9)。干燥后的成品粉料随热风送入旋风分离器沉降分离出大部分产品,出旋风分离器气流中的残余粉料在布袋除尘器被分离。喷雾干燥工艺的主要优点是能适应活性纳米级 $CaCO_3$ 浆料干燥的需要,含水量允许达 70% 以上;可省去蒸发、粉碎等工序;不需要磨粉和筛分工序,可降低成本;能连续生产,生产率较高。采用喷雾干燥工艺不足之处主要有粉料的流动为负压吸附操作,密封性和阻力要求较高,运行成本较高;若进塔热风温度过高,$CaCO_3$ 的活性添加剂可能会烧掉而失去活性,造成产品质量不合格;另外,相对而言,设备较复杂,占地面积大,一次投资大;雾化器、粉末回收装置价格较高;需要空气量多,增加鼓风机的电能消耗与回收装置的容量;热效率不高,热消耗大,总体能耗较高。

### (4) 闪蒸干燥

闪蒸干燥工艺烘干 $CaCO_3$ 浆液的主要流程是由螺旋送料装置定量将 $CaCO_3$ 浆液送到闪蒸干燥塔内,并落向碎料装置的托盘;托盘上均布的筋条在高速旋转轴的带动下,迅速将掉落下的浆料机械破碎成粉状;与此同时,通入干燥塔内的 260℃左右的热风快速将粉

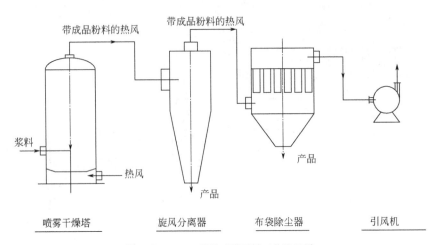

图 4-9　$CaCO_3$ 浆液喷雾干燥工艺流程图

状物料中的水分瞬间蒸发，粉料被烘干（图 4-10）。湿含量较低及颗粒度较小的物料随旋转气流一并上升，输送至分离器进行气固分离，成品粉料随热风进入旋风分离器分离出 $CaCO_3$ 产品并收集包装；残余粉料随风进入布袋除尘器分离。采用闪蒸干燥工艺时，干燥效率较高、干燥效果较好；工艺热风温度在 260℃ 左右，能耗较低，并且适当控制热风温度可以防止活性添加剂被烧掉；工艺浆料含水量可达 50%～70%；能连续生产，产量较高；成品粉料不需要磨粉、筛分，降低了成本。从质量、效率角度而言，烘干 $CaCO_3$ 适宜采用闪蒸干燥工艺。但是，此工艺也存在一些不足，例中，由于闪蒸烘干后的成品粉料总有小部分掉落到高速旋转轴的密封间隙处，随着时间的累积，此处将产生严重的"抱轴"现象，并因此造成皮带甚至电机烧坏，致使检修频繁；由于整个干燥系统在负压下生产，因此要求其密封性能良好，如有泄漏，不仅使生产效率降低，更使"抱轴"现象加剧；由于热源温度较低，当热风到达布袋除尘器时，其温度常在 100℃ 以下，极易产生"低温凝露"现象，造成粉尘粘袋，这会使系统阻力增大，生产率降低，另外也会加剧"抱轴"现象，并使滤袋使用寿命缩短，更换频繁。

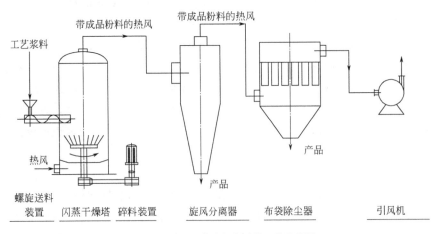

图 4-10　$CaCO_3$ 浆液闪蒸干燥工艺流程图

### (5) 带式干燥工艺

带式干燥工艺流程主要是要先通过压滤机将 $CaCO_3$ 浆料制成滤饼，再将滤饼挤成条形块后均匀散落到干燥网带上；随着多条干燥网带的传动，条形滤饼匀速地由顶层到达底层直至出口；与此同时，干燥机内充满热风，滤饼条在移动的过程中被烘干成成品（图 4-11）。烘干后的条形饼料再分别送入磨粉机、筛分机进行研细、筛分得到 $CaCO_3$ 产品。采用带式干燥工艺时，热风温度低于 260℃，能避免活性添加剂被烧掉；干进料燥机前，由于采用了特制、高效的挤料成型机，保证了网带上布料均匀、型条粗细、料层厚度可调；干燥机可采用复式布风循环结构，可保证热风均匀，能防止"偏干"现象。与烘房烘干工艺相比，由于将静态烘烤变成了连续动态烘烤，缩短单位质量干燥时间，滤饼由整块挤成分块的条状，托盘改成了带网孔的带条，提高了干燥面积和强度，生产能力显著提高，满足了装置干燥能力的要求。与闪蒸干燥工艺相比，属于非负压吸附分离工艺操作，能耗较低，且装置运行平稳，不会因"抱轴"而经常停车，因此生产成本较低；干燥停留时间可根据温度变化及工艺需要任意调节，操作控制方便，几乎不存在日常检修、维护问题。但是，采用带式干燥工艺需要配置磨粉和筛分装置。

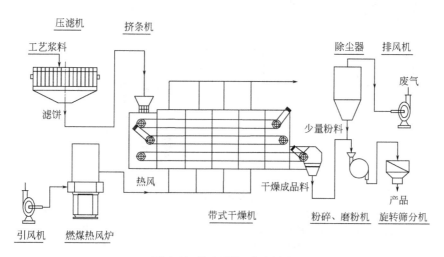

图 4-11 带式干燥工艺流程图

另外，还有冷冻干燥和真空干燥等技术，但存在能耗高、生产效率低的问题，除特殊要求外，一般不适用于工业化装置。

一般的沉淀碳酸钙产品不需要粉碎可以直接包装。喷雾、闪蒸等动态干燥，从旋风分离器、袋滤器分离出的产品可以直接包装作为产品。若细粉含量低，有团聚，则需要增加粉碎、分级、解聚工艺和设备。另外，干燥工艺及设备不同，后续粉碎分级方式不同。对纳米 $CaCO_3$ 产品应尽量保持接近一次粒径，采用打散机打散（图 4-12）。

综上所述，一个较为典型和先进的采用石灰石为原料生产轻质和纳米碳酸钙的工艺流程如图 4-13 所示。

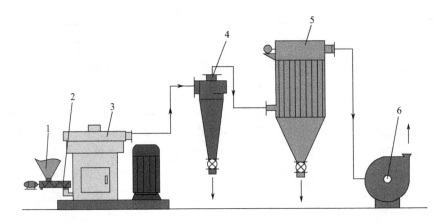

图 4-12  打散机系统流程图

1—进料仓；2—进料装置；3—打散系统；4—旋风分离器；5—脉冲除尘器；6—引风机

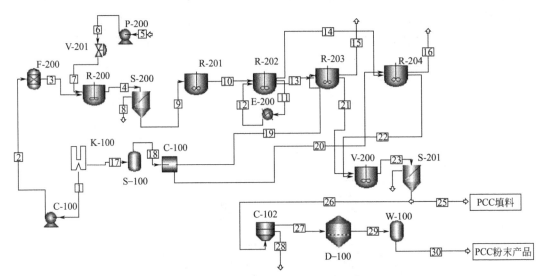

图 4-13  生产轻质和纳米碳酸钙工艺流程图

K-100—石灰窑；C-100—破碎机；F-200—数控称重喂料机；P-200—泵；V-201—控制阀；
R-200—消化系统；S-200—筛选机；R-201—石灰消化器；R-202—石灰罐；E-200—加热器；
R-203—碳化器；R-204—碳化器；S-100—净化机；C-101—压缩机；V-200—PCC罐；
S-201—筛选机；C-102—压滤机；D-100—干燥机；W-100—包装机

# 4.4  轻质和纳米碳酸钙的主要生产设备

## 4.4.1  石灰石煅烧设备

目前，国内外采用的石灰石煅烧装备有：机械式竖窑、梁式窑、贝肯巴赫套筒窑、双筒蓄能活性石灰窑、麦尔兹双膛煅烧窑、回转窑[47] 等。合适的窑才能生产高活性石灰，这对消化工序、碳化工序有利，也会影响 $CaCO_3$ 产品晶型、成核、晶体成长及粒径分布等。

在石灰窑日常生产、运行、清理和维护过程中，必须注重生产安全。例如，在石灰窑顶铲煤等作业过程中，需要警惕煤烟的吸入；在烘窑过程中，操作工需确保煤气等燃气从石灰窑出料口泄出；在清理窑内炉渣、尾气脱硫净化等设备时，操作人员应当注意可能存在的一氧化碳、二氧化碳、二氧化硫等有害气体，做好安全防护措施。

**（1）机械式竖窑（混烧窑）**

机械式竖窑煅烧属于逆流煅烧，使用的燃料通常为焦炭、无烟煤。机械式竖窑大体上可分为预热区、煅烧区和冷却区（图 4-14）。预热区位于窑的上部，由煅烧区上升的热气流在预热区将石灰石与固体燃料混合的炉料干燥预热。煅烧区位于窑的中部，是燃料燃烧和 $CaCO_3$ 的分解化学反应的主要区域。冷却区在窑下部，煅烧好的生石灰下降到这个区域时，被鼓风机送入的冷空气冷却到 100℃ 以下从窑下卸出[48]。

目前也对机械式竖窑布料装置进行了改进。例如，周浩宇等[49] 采用分槽旋转式石灰立窑布料系统，在通过系统分析获得推算值后，系统自动控制拨料板、驱动装置、旋转装置等调节装置，进行自动在线调节，直至窑内检测到的料面高度差值恢复在正常范围内（图 4-15）。

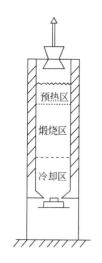

图 4-14　混烧窑结构和
处理过程示意图[48]

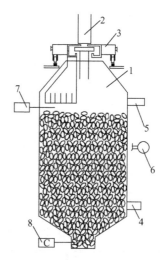

图 4-15　分槽旋转式石灰立窑布料系统结构示意图[49]
1—石灰立窑筒体；2—下料管；3—分槽旋转式布料装置；
4—进气口；5—排气口；6—煤粉喷枪；7—料面高度检测
装置；8—残碳检测装置

也有对机械式竖窑出料装置的改进。例如，李峰等[50] 通过设置检修手孔壳体与检修门，方便内部工作元件的检修；设置底板、底一层板、底二层板与底三层板，使整个塔层便于更换，以节约维修成本；设置进风管、轴承管、输风管与底三层板上表面开设的出风孔，使出风更加均匀，风道通畅（图 4-16）。

**（2）梁式窑**

梁式窑煅烧属于逆流煅烧，使用的燃料为天然气、煤粉等。梁式石灰窑主要包括窑体、供料系统、燃烧系统、出料系统、供风系统和控制系统（图 4-17）。梁式窑大体上可分为贮料带、预热带、煅烧带、冷却带。贮料带处于窑顶部，贮量约够 2～3h 的石灰正常

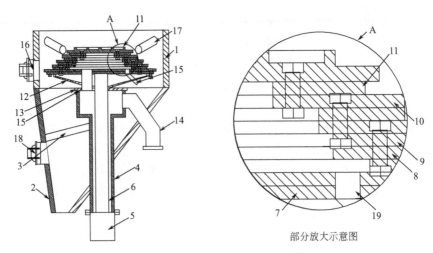

部分放大示意图

图4-16　立窑出料装置结构示意图[50]

1—下料环箱机壳；2—卸料锥壳；3—支撑杆；4—轴承管；5—减速电机箱；6—立轴；7—出料台；
8—底板；9—底一层板；10—底二层板；11—底三层板；12—锥形支撑台；13—转动板；
14—进风管；15—输风管；16—检修手孔壳体；17—喷水雾外管；18—检修门；19—出料管

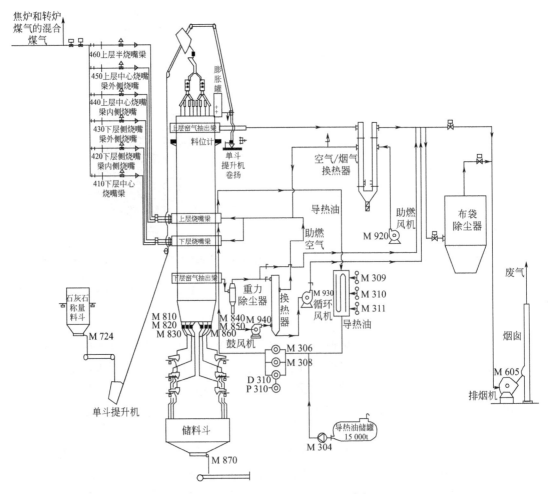

图4-17　梁式窑出料装置结构示意图[52]

生产。石料在预热带吸收向上升腾的热气中的热量。煅烧带有上下两层燃烧梁，各燃烧梁上的喷嘴将燃料均匀地喷在石料层上，充分燃烧，为石灰石的分解提供热量。冷却带位于煅烧窑的底部，热石灰通过和冷空气进行热交换，石灰被冷却，空气被预热，然后升入煅烧带。采用圆形窑或矩形窑，窑操作弹性大，生产规模 100～600t/d，并能在额定产量的 60%～100% 之间任意调节，均能实现稳定生产，而且不影响石灰质量和消耗指标；适用多种燃料；热耗低，热能利用合理，二次空气通过冷却石灰预热，一次空气通过预热器预热进入燃烧梁，燃料完全燃烧，热值充分利用。

目前在小粒径梁式窑，可利用矿山开采的 20～40mm 的原料，不仅可以提高产品产量，还可以将成品率从 50% 提高至 90% 以上，对自有矿山的企业意义重大，而且小粒径原料产品更容易被下游客户所接受，更加适用于冶金、化工行业的直接配料[51]。

环保方面，贾占江等[52] 对窑尾气经脱硫脱硝净化处理之后，将其热能用于轻钙制备过程中的消化工序，利用汽-水换热器将消化水加热到 60℃ 左右之后进入化灰池发生消化反应（图 4-18），并经过对两座日产 150t 轻质碳酸钙的双梁窑的废气和导热油余热的回收利用，实现了一种联合性、循环性和节能性的生产模式。

**（3）贝肯巴赫套筒窑**

套筒窑煅烧属于并流煅烧（物料与燃料产生的热气流流向相同的煅烧方式）和逆流煅烧的结合，使用的燃料为天然气、煤气、轻油、重油等。套筒窑由砌有耐火材料的窑壳和分成上下两段的内套筒组成，窑壳与内套筒同心布置，石灰石煅烧位于窑体和内套筒之间形成的环形空间内，也称环形套筒竖窑（图 4-19）。上内套筒悬挂在窑顶部，下内套筒位

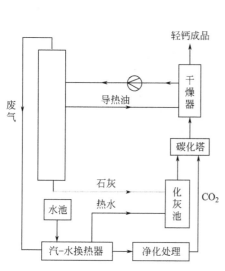

图 4-18　双梁式石灰窑余热在轻钙
生产中的综合应用简图[52]

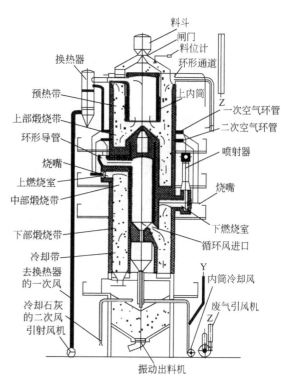

图 4-19　贝肯巴赫套筒窑结构示意图

于竖窑的下部。上下内套筒各有其不同的功能，上内筒主要将高温废气抽出用于预热喷射空气；下内筒主要用于产生循环气流形成并流煅烧，同时起到保证气流均匀分布的作用。套筒窑窑体从上到下分为：预热带、上部煅烧带（逆流）、中部煅烧带（逆流）、下部煅烧带（并流）、冷却带。下部并流煅烧带是核心，石灰最终在下部煅烧带内烧成，并能保证煅烧出优质活性石灰。

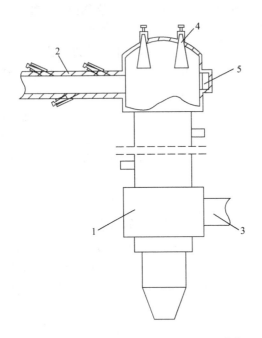

图 4-20　套筒窑换热器清灰装置结构示意图[53]
1—换热器；2—进风管；3—出风管；
4—声波清灰器；5—积灰检测装置

近年对贝肯巴赫套筒窑换热器的改良如下。徐雨等[53] 发明了一种套筒窑换热器清灰装置（图 4-20），通过积灰检测装置检测换热器与进风管连接处的积灰，控制声波清灰器进行清灰，防止积灰；并且通过设置积灰检测装置，实时监测换热器与进风管连接处的积灰情况，控制声波清灰器自动清灰。对燃料消耗的分析。郭贵中[54] 通过不同产量下的气烧套筒石灰窑的上下燃烧室燃气的用量分析（表 4-5）得出：不同的生产负荷下，上燃烧室的燃气量实际值比理论值较低，但是相差不大；下燃烧室的燃气量实际值比理论值更低，相差较大；并且产量越高，实际值与理论值差距越大。在实际操作过程中精细操作，可以达到减少天然气用量的目的。苗振平等[55] 在遵循高风压、强风速的原则下，保证风柱直径不变，改进 500t/d 石灰套筒窑的驱动风系统（图 4-21）。提高引射压力和强负压虹吸效应，打破了行业内必须启动两台驱动风机才能满负荷生产的传统认知，实现了单台风机即可满足满负荷生产，降低了电耗和燃料消耗，提高了生石灰产量。

表 4-5　生产普通的轻质 $CaCO_3$ 与纳米级轻质 $CaCO_3$ 的燃烧室燃气用量比较[54]

| 产量 /(t/d) | 理论燃气量/(m³/h) | | 实际燃气量平均/(m³/h) | |
| --- | --- | --- | --- | --- |
| | 下燃烧室烧嘴（单个） | 上燃烧室烧嘴（单个） | 下燃烧室烧嘴（单个） | 上燃烧室烧嘴（单个） |
| 360 | 167.6 | 71.8 | 130.0 | 71.0 |
| 400 | 186.3 | 79.8 | 135.0 | 72.5 |
| 450 | 209.6 | 89.8 | 140.0 | 79.0 |
| 450 | 209.6 | 89.8 | 140.0 | 78.0 |
| 500 | 232.8 | 99.8 | 145.0 | 83.5 |

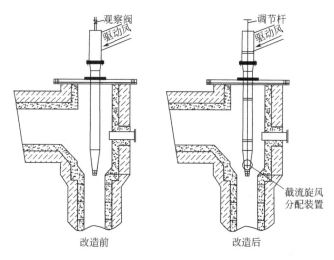

图 4-21 引射器截流旋风分配器改造示意图[55]

### (4) 双筒蓄能活性石灰窑

双筒蓄能活性石灰窑 (图 4-22) 是意大利西姆 (Cimprogetti) 公司设计开发的一种最新的优秀窑型，可以交互煅烧、蓄热的双筒竖式石灰窑，因其窑筒横截面为 D 形而命名为 "双 D 窑"，主要由窑壳及耐火衬、上料系统、卸料系统、燃烧系统和控制系统等部分组成。燃烧介质可为天然气或煤气，体积分数一般在 25％左右，入窑石灰石块度小，可以生产高活性的石灰石，一般机制窑产品的石灰活性为 300mL (4mol/L HCl) 左右，采用双筒蓄能气烧石灰窑生产的石灰的活性可达 370mL 左右 (4mol/L HCl)，这对后续消化、碳化有利。

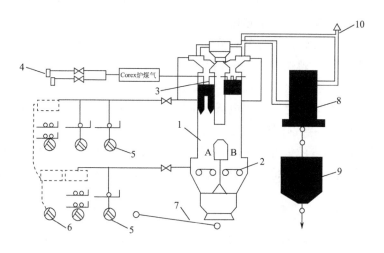

图 4-22 双 D 石灰窑原理图[58]

1—石灰双 D 窑；2—托板出灰机；3—喷枪；4—煤气加压机；5—罗茨鼓风机；
6—备用鼓风机；7—皮带输送；8—除尘器；9—灰斗；10—烟囱

可以通过改善喷枪来提高寿命。例如徐爱东[56,57]将炼钢厂石灰车间双 D 窑煤气喷枪更换成以不锈钢材质为材料，含 Cr 16.2%、Ni 9.8%，自行制作喷枪；将特种镁砖更换成品质更好的高铝砖后，近 4 年半时间未发现耐火材料剥落现象，提高了双 D 窑的整体寿命。

### (5) 麦尔兹双膛煅烧窑

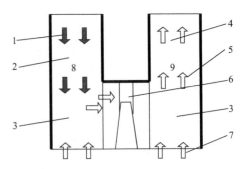

图 4-23　并流蓄热式麦尔兹双膛石灰竖窑
工作原理图[59]
1—燃烧风；2—燃烧带；3—冷却带；4—预热带；
5—废气；6—通道；7—冷却风；8—燃烧筒；
9—排气筒

麦尔兹双膛窑煅烧属于并流煅烧，可使用的燃料为天然气、煤气等。麦尔兹双膛窑设置有两个窑膛，一个为煅烧膛，另一个为蓄热膛，中间由通道连接（图 4-23）。两个窑膛的工作状态一般每隔 12～15min 进行一次互换[59]。当一个窑膛煅烧时，采用鼓风机将助燃空气从竖窑顶部送入窑内，经预热带进入煅烧带与煤气混合，使煤气在煅烧带内燃烧，火焰及热气与石灰石物料并流使物料得以煅烧。烟气经连接通道由另一个窑膛排出，即石灰石煅烧后产生的废气，通过两个窑身的连接通道进入另一个窑身，与装入的石灰石料流相方向反而向上流动，预热了另一个窑身内的石灰石，这样使得烟气中所含热量得以有效回收，最后烟气可以很低温度（100℃以下）排出。在双膛竖窑每个煅烧周期完成后，助燃空气和石灰冷却空气停止向窑内供入，打开各自的释放阀排入大气（换向），换向期间空气和燃料停止供应。换向完成后，助燃空气和煤粉进入燃烧膛，非燃烧膛喷枪进行冷却，燃烧废气从窑膛顶部排出，石灰石从窑膛顶部装入，这样第二个煅烧周期开始，如此交替进行。

在降低麦尔兹窑能耗方面，宋艳刚[60] 提出：定期清理窑膛通道，保持通道通畅；控制石灰石的粒度均匀，能够达到均匀煅烧；合理调节冷却风配比系数，保证石灰在冷却带温度降低，石灰出料温度控制在不超过 80℃，但同时要保证窑膛尾气温度不超过 150℃；优化窑体工艺参数，在保证入窑煤气充分燃烧的前提下，避免过多输入助燃风和冷却风，减少尾气中热量被带走。蒋鹏[61] 也另外提出需要优化工艺技术：对麦尔兹窑的生产原料与成品输送等进行优化控制，减少皮带的输送次数与运转次数等，有效降低电耗；用电高峰期要停止上料，保证麦尔兹窑在用电低峰期满负荷工作；完善窑体设备的改造与维护，提升设备的运行效率，有效降低电耗。吴盛[62] 对混合煤气使用时的风气配比进行了研究，提出可以从通道温度的上升或下降和使用 CO 报警仪来检测废气中残余 CO 有无来判断风气配比是否合理；对于热值波动引起的风气配比失衡，可以通过增加或者减少过剩空气系数来调节。

### (6) 回转窑

回转窑煅烧属于逆流煅烧，使用的燃料为天然气、煤等。存放在料仓内的石灰石经提升机提升并运入预热器顶部料仓，然后通过下料管将石灰石均匀分布到预热器各室内。4-24 为回转窑结构示意图。

石灰石在预热器中被 1150℃窑烟气加热到 900℃左右，约有 30% 分解，经液压推杆推入回转窑内，石灰石在回转窑内经烧结分解为 CaO 和 $CO_2$；分解后生成的石灰进入冷却器，在冷却器内被鼓入的冷空气冷却到 100℃以下排出；经热交换的 600℃热空

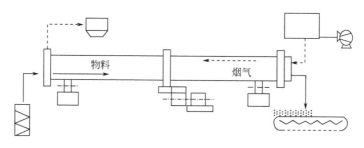

图 4-24　回转窑结构示意图[67]

气进入窑和煤气混合燃烧；废气再兑入冷风经引风机进入袋式除尘器，经排风机进入烟囱。

近年来对回转窑进行了优化和改造，如黄智坚等[63]通过对石灰回转窑窑尾布袋除尘器、窑体、预热器等漏风点的梳理、检查，有针对性地制订堵漏、防漏措施，如将除尘器顶部盖板采用硅胶耐高温密封条、除尘器灰斗下部的人孔门及卸灰阀法兰之间采用石棉绳加入玻璃胶混合进行密封等，减少了除尘器、窑体等的系统漏风，降低了窑尾废气中的含氧量，烟气污染物排放指标达到了环保要求。王福有等[64]针对回转窑窑尾粉尘未达到超低排放标准的问题，采取了优化除尘器滤料、滤袋结构、布袋喷吹制度，优化风煤配比和治理除尘器漏风率等措施后，回转窑窑尾粉尘浓度降至 $6mg/m^3$，氧含量控制在 10% 以下，达到了超低排放的目标。宋双彦等[65]对回转窑预热系统、本体系统、冷却系统的工艺、设备、热效率、结构隔热密封性及附属设施进行了改造（图 4-25），产能从 600t/d 提高到 750t/d，每年增加产能 5 万吨，出窑废气温度降到 180℃，成品出料温度降至 82℃，产品活性度提高至 380mL，残余 $CO_2$ 低至 2.0%，达到了节能环保的效果。范兰等[66]将超细小苏打粉通过罗茨风机输送至烟道内，与烟气中的 $SO_2$ 等酸性物质进行混合反应，来降低石灰窑烟气中的 $SO_2$。

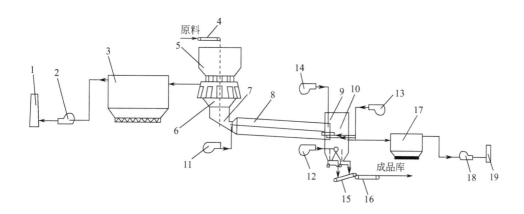

图 4-25　改造后的回转窑工艺流程示意图[65]

1—烟囱；2—排风机；3—除尘器；4—上料皮带；5—窑前仓；6—预热器；7—转运溜槽；
8—回转窑；9—冷却器；10—烧嘴；11—冷却风机；12—冷风机；13—二次风机；14—冷却风机；
15—耐热皮带；16—成品皮带；17—除尘器；18—排风机；19—排气筒

$$2NaHCO_3 \longrightarrow Na_2CO_3 + H_2O + CO_2 \uparrow$$

$$SO_2 + 2NaHCO_3 \longrightarrow Na_2SO_3 + H_2O + 2CO_2 \uparrow$$

$$SO_2 + NaHCO_3 \longrightarrow NaHSO_3 + CO_2 \uparrow$$

$$SO_2 + 2NaHCO_3 + 1/2O_2 \longrightarrow Na_2SO_4 + H_2O + 2CO_2 \uparrow$$

### 4.4.2 窑气净化设备

a. 旋风分离除尘器（图 4-26）。让含尘窑气沿切线方向进入除尘器，产生自上而下的螺旋线旋转运动，在离心力的作用下，重质点的烟尘到外壁并与之碰撞失去惯性，由于重力作用沉降下来。

近年来对旋风分离除尘器建模计算有了新的发现。如熊攀等[68] 以 Fluent 15.0 软件为工具，对旋风除尘器产生的冲蚀裂缝进行模拟计算，发现除尘效率从最初的 92.86% 降到 71.43%；当底部产生裂缝时，除尘效率会降到 63.10%。郜元等[69] 结合各结构参数对旋风除尘器进行除尘效率数学模型的建立和计算，发现当筒体直径为 328.0mm、总高度为 1287.5mm、排气管直径为 195.1mm、插入深度为 246.2mm、入口高度为 131.3mm、宽度为 65.6mm、筒体高度为 656.5mm 时，总除尘效率最高，最大值为 97.1%。胡伟等[70] 对仿真分析旋风除尘器的本体结构、内部耐磨材料及结构、流场分布等进行研究，发现旋风除尘器内部最大速度为 20m/s，气体压力损失约 853Pa；导流板上靠近水平出气管一侧磨损较为严重，并建议在磨损严重位置加装锆莫来石陶瓷衬板。

b. 惯性除尘器（图 4-27）。是利用夹带于窑气气流中的粉尘的惯性来实现分离的。当窑气经出气管进入除尘器中体积突然扩大，流速变慢，粉尘依惯性落入下部水中，而气体折流而上，离开设备达到固气分离。惯性除尘器可分为碰撞式、回流式、钟罩式、百叶沉降式。它们的结构特点各不相同。

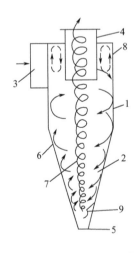

图 4-26 普通旋风除尘器的组成及内部气流示意图[70]
1—筒体；2—锥体；3—进气流；4—排气管；
5—排灰口；6—外旋流；7—内旋流；
8—二次流；9—回流区

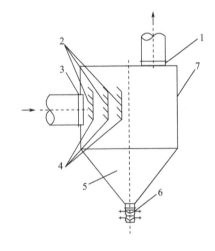

图 4-27 惯性除尘器结构示意图[71]
1—出风口；2—折流架；3—入风口；
4—折流板固定架；5—灰斗；
6—卸灰阀；7—筒体

在碰撞式惯性除尘器中，用一个或几个挡板阻挡气流直线前进，在气流快速转向时，粉尘颗粒在惯性力作用下从气流中分离出来；碰撞式惯性除尘器对气流的阻力较小，但除尘效率也较低；与重力除尘器不同，碰撞式惯性除尘器要求较高的气流速度，约 $18 \sim 20\text{m/s}$，气流基本上处于湍流状态。

在百叶窗回流式惯性除尘器中，是把进气流用挡板分割成小股气流，为了使任意一股气流都有相同的较小回转半径和较大回转角，可以采用各种百叶挡板结构（图 4-28）。百叶挡板能提高气流急剧转折前的速度，有效地提高分离效率。但气流速度不宜过高，否则会引起已捕集的颗粒粉尘的二次飞扬，一般都选用 $12 \sim 15\text{m/s}$ 的气流速度。百叶窗回流式惯性除尘器的除尘效率与粉尘颗粒直径及密度、气流的回转角度、回转速度、回转半径、气体黏度等相关。但是，越往下气体流量越小，气流速度也逐渐变慢，惯性效应也随之减小，分离效率就逐渐降低。若能在底部抽走 10% 的气体流量，即带有下泄气流的百叶板式分离器（图 4-29），将有助于提高除尘效率。此外，百叶挡板还可以做成弯曲的形状，以防止已被捕集的颗粒粉尘被气流冲刷而二次飞扬。也可考虑采用弯曲形状的百叶挡板，即形成所谓迷宫式惯性分离器，使气流的路线弯弯曲曲。

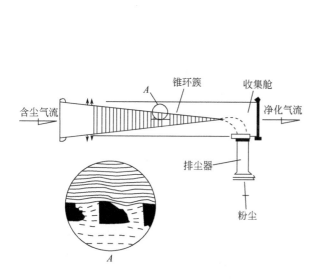

图 4-28　百叶窗回流式惯性除尘器结构示意图[72]

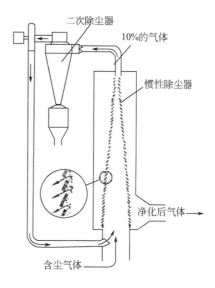

图 4-29　下泄气流的百叶板式分离器结构示意图

百叶窗式惯性除尘器由百叶窗式拦灰栅和旋风分离器组成（图 4-30），其中的百叶窗式拦灰栅主要起浓缩粉尘颗粒的作用，有圆锥形和"V"形两种形式。百叶窗式惯性除尘器也是利用气流突然改变方向，使颗粒粉尘在惯性作用下与气体分离。百叶沉降式除尘器适用于小型立式窑或锅炉，可直接安装在钢板卷制的烟囱上，对于粗大尘粒其除尘效率一般可达 60% 左右。

c. 钟罩式除尘器（图 4-31）。主要是利用碰撞和气流急速转向，使部分尘粒产生重力沉降。当含尘烟气由长烟管进入大截面的沉降室前，由于锥形隔烟罩的阻挡而急速改变流向，同时因为截面扩大烟气流速锐减，从而有部分烟尘受重力作用而沉降分离出来。分离出来的尘粒由沉降室下部排灰口排出。净化后的烟气由沉降室上部的烟管排入大气。钟罩式惯性除尘器结构简单,阻力小,不需要引风机,并可直接安装在排气筒或风管上。但这种除尘器的除尘效率较低,一般仅为50%左右。

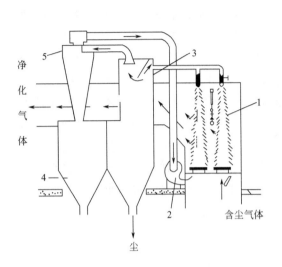 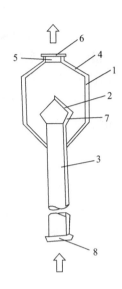

图 4-30　百叶窗式惯性除尘器结构示意图

1—百叶窗式拦灰栅;2—风机;

3—粗粒去除室;4—灰斗;

5—旋风分离器

图 4-31　钟罩式除尘器结构示意图[73]

1—沉降室;2—锥形隔烟罩;3—长烟管;

4—锥顶;5—短烟囱;6—净化气体出口;

7—支架;8—含尘气体入口

d. 静电除尘器。工业上的静电除尘的工作原理(图 4-32)是利用高压电场使烟气发生电离,在两个曲率半径相差较大的金属阳极和阴极上,气流中的荷电极性不同的粉尘在

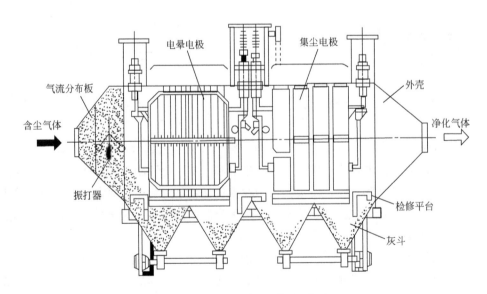

图 4-32　静电除尘器工作原理简图

电场力的作用下，分别向不同极性的电极运动，沉积在电极上，从而粉尘和气体分离。主要包括四个相互有关的物理过程：气体的电离；粉尘的荷电；荷电粉尘向电极移动；荷电粉尘的捕集。静电除尘器的性能受粉尘性质、设备构造和烟气流速等因素的影响。粉尘的比电阻对除尘效率有直接的影响。比电阻过低，尘粒难以保持在集尘电极上，致使其重返气流。比电阻过高，到达集尘电极的尘粒电荷不易放出，在尘层之间形成电压梯度会产生局部击穿和放电现象。

### 4.4.3　石灰消化设备

轻质 $CaCO_3$ 生产中的石灰消化设备是消化池，一般是水泥或铁板制容器。该工艺存在不能连续生产、工人劳动强度大、产品质量不稳定、清渣困难、石灰利用率低等缺点。槽式消化机（图 4-33）具有机械化程度高、消化速度快、灰浆质量好、石灰利用率高、清渣便利、占地面积小等优点。槽式消化机为整体密闭，机内温度可以按需要调节，始终保持在 80℃ 左右[19]，即在保证加温下使氧化钙得到充分消化。河北博兆环保科技开发了一种带有除尘功能的生石灰消化设备，该设备具有多级消化仓，可以自动调节生石灰与水的配比，并且具有除尘箱，可以实现气体的净化和粉尘的回收[102]。

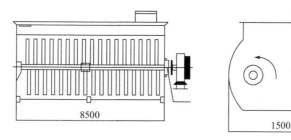

8500　　　　1500

图 4-33　槽式消化机结构示意图[27]

### 4.4.4　石灰乳碳化设备

石灰乳碳化过程的主要设备是碳化塔，具体有间歇鼓泡式、间歇搅拌式（图 4-34）、多级喷雾式、超重力式等设备。

间歇鼓泡式碳化工艺使用的碳化塔主要是矮胖式和高压式，其中矮胖式使用的是罗茨风机，而高塔式使用的窑气风机是往复式压缩机。矮胖式碳化塔的单塔生产能力要低于高塔式碳化塔，包括气液接触面积以及 $CO_2$ 的利用率。相对于高塔式碳化塔，矮胖式碳化塔的设备造价和能耗更低些，操作费用低，但碳化时间长、产品质量差、$CO_2$ 利用率低。高塔式碳化塔产品质量优、$CO_2$ 利用率高，但相对而言能耗高、维修量大。

间歇搅拌式碳化工艺使用的碳化塔主要为搅拌式碳化塔，其使用的窑气风机为罗茨风机或压缩机，并且该

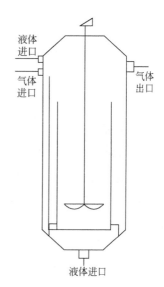

液体进口　气体进口　气体出口　液体进口

图 4-34　间歇搅拌式碳化塔结构简图

塔的单塔生产能力更大，气液接触面积和 $CO_2$ 的利用率都比较高，但是该设备的造价较高、能耗较大。

多级喷雾式碳化工艺使用的碳化塔为喷雾式碳化塔，使用的窑气风机为罗茨风机或压缩机，该设备生产出的产品质量较高，但是操作困难，设备价格昂贵，能耗较高。

超重力式碳化工艺使用的碳化塔为超重力式碳化塔，使用的窑气风机为压缩机。该设备生产过程中气液接触面积较大，但 $CO_2$ 的利用率较低；该设备生产的产品质量高，但是价格昂贵、能耗高。

上述传统的纳米碳酸钙碳化方法存在反应时间长、反应的固含量过低、生产能力小等缺点，因此有技术人员设计了一种新型的碳化反应装置（图 4-35）。该设备具有投资和能耗较小、能降低纳米碳酸钙的生产成本、提高纳米碳酸钙的生产效率和产品质量等优点。

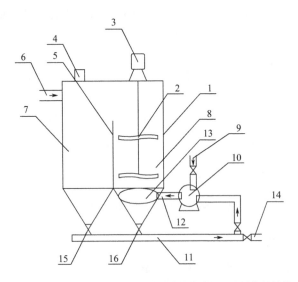

图 4-35　生产纳米 $CaCO_3$ 的有隔板的复合式碳化塔碳化反应设备的结构示意图[74]
1—碳化塔；2—搅拌器；3—驱动电机；4—排气口；5—隔板；
6—浆料进料管；7—回流区；8—反应区；9—气体进气管；10—乳化分散机；
11—送料管；12—回流管；13—环形气液分布器；14—出料管；15—阀门 A；16—阀门 B

### 4.4.5　固液分离设备

固液分离常见的设备有吸滤机（敞开式和封闭式）、压滤机（板框式压滤机、厢式压滤机、可洗压滤机）、叶滤机、管式过滤机、转筒过滤机、圆盘真空过滤机、自动离心机、连续式离心机、超速离心机等。在 $CaCO_3$ 生产中使用较多的是板框压滤机、厢式压滤机和上悬离心机。

板框压滤机（图 4-36）由机架部分、过滤部分、液压系统、电控系统组成，能用于 $CaCO_3$ 固体和水的分离。与其他固液分离设备相比，压滤机过滤后的 $CaCO_3$ 泥饼有更高的固含量，分离效果好。对于板框压滤机的日常维修，张冶[75] 提出需要对活塞杆、主梁、导轨面等配合部位进行保养，且液压油一年左右需更换，防止异物进入油缸之中。王志军[76] 还提出需要定期清洗板框和滤布，及时更换破损板框和滤布；对系统内的管道、阀门进行检查与维护；液压系统的操作温度控制在 $50 \sim 60℃$，且最高温度不能超过 $75℃$，否则需要检查设备是否是油压泄漏。

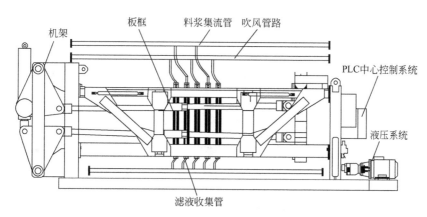

图 4-36　APN 板框压滤机结构示意图[77]

厢式压滤机（图 4-37）结构由支架、挤压机构、压缩机构、分离机构组成。厢式压滤机的优点是更换滤布方便，缺点是效率低、过滤效果不好、滤板容易坏。对于厢式压滤机的日常保养，蔡祖光[78] 提出滤布要进行定期清理，根据实际的过滤状况合理设置清理周期。对于厢式压滤机的滤板部件损坏，杜超[79] 提出要及时清除进料口的污泥，避免出现进料不均匀的现象，保证滤板两侧的压力不能出现较大差值，避免滤板产生损坏。

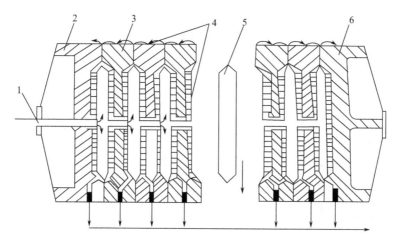

图 4-37　厢式压滤机结构示意图[80]

1—矿浆入口；2—固定尾板；3—滤板；4—滤布；5—滤饼；6—活动头板

上悬式离心机（图 4-38）由电动机、主轴、转毂、转鼓构成，是一种间歇式重力、机械或人工卸料的离心机。离心机设计相对先进、结构合理、运转平稳、操作简便、生产效率高、处理能力大、维修量极少，缺点是整机高大、需较高的安装高度。

### 4.4.6　干燥设备

可用于$CaCO_3$粉体干燥的设备主要有输送带式干燥机、回转圆筒干燥机、滚筒列管式干燥机、盘式连续干燥机、闪蒸干燥机和喷雾干燥机等[82]。大多数干燥设备都比较庞大，设备占地面积大，热效率相对较低。

a. 输送带式干燥机是成批生产用的连续式干燥设备 [图 4-39(a)]，用于透气性较好的片状、条状、颗粒状物料的干燥，对于含水率高、物料温度不允许高的物料尤为合适。该系列干燥机具有干燥速度快、蒸发强度高、产品质量好的优点。

b. 回转圆筒烘干机是一种回转烘干机 [图 4-39(b)]，除具有回转烘干机的特点性能外，还具有高效、产量大等特点。

c. 滚筒列管式干燥机 [图 4-39(c)] 是一种节能、高效的间接加热式连续干燥机，适合要求干燥温度可控、干燥产量大的粉、粒状物料的干燥。

d. 盘式连续干燥机是一种高效的传导型连续干燥设备，具有热效率高、能耗低、占地面积小、配置简单、操作控制方便、操作环境好等特点。不需配备喷雾干燥所必须配置的旋风除尘器，不使用热风作为加热介质，因此，不会发生因热风和粉尘分离不好随尾气夹带造成的产品损失。

e. 闪蒸干燥机 [图 4-38(d)] 是集干燥、粉碎、筛分于一体的连续式干燥设备，适用于滤饼状、膏糊状、稀泥浆状 $CaCO_3$ 物料的烘干。

f. 喷雾干燥机是一种连续式常压下同时完成干燥和造粒的设备，采用特殊设备将液料喷成雾状，使其与热空气接触而被干燥。可按工艺要求来调节料液泵的压力、流量、喷孔的大小，得到所需的一定大小比例的球形颗粒。

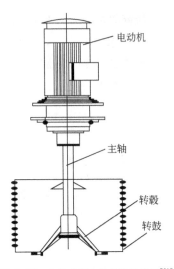

图 4-38　上悬式离心机结构示意图[81]

（电动机　主轴　转毂　转鼓）

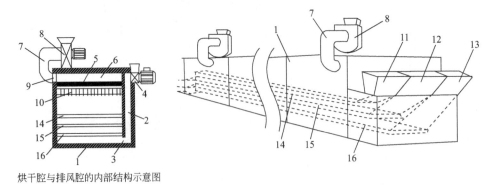

烘干腔与排风腔的内部结构示意图

(a) 输送带式干燥机[83]

1—箱体；2—排风腔；3—回风口；4—排湿风机；5—加热板；6—热风腔；7—入风管；
8——循环风机；9—过滤器；10—气体分布器；11—一号入料斗；12—二号入料斗；
13—三号入料斗；14—一号输送机；15—二号输送机；16—三号输送机

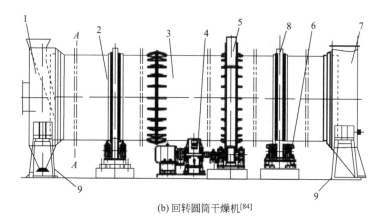

(b) 回转圆筒干燥机[84]

1—进料装置；2—齿轮罩一；3—筒体；4—传动装置；5—齿轮罩二；
6—齿轮罩支撑座；7—出料装置；8—齿轮罩三；9—支撑

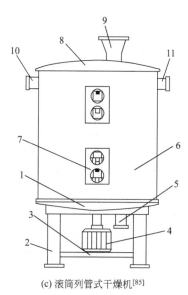

(c) 滚筒列管式干燥机[85]

1—底托；2—支撑腿；3—固定板；4—驱动电机；5—出料管；6—壳体；
7—观察窗；8—顶盖；9—进料口；10—热气管；11—排湿管

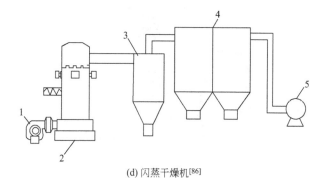

(d) 闪蒸干燥机[86]

1—送风机；2—破碎搅拌机；3—旋风分离器；4—布袋除尘器；5—引风机

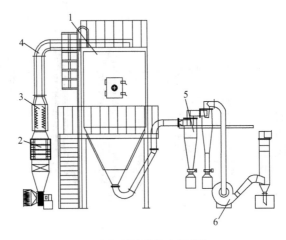

(e) 喷雾干燥机结构示意图[87]

1—干燥塔；2—蒸汽加热器；3—电加热器；4—送气管；5—旋风分离器；6—风机

图 4-39　干燥机示意图

　　g. 多层多列组合干燥筒箱式粉体烘干机（图 4-40）[88] 包括一个可以使物料翻滚流动的保温烘箱。例如，多层多列回转筒箱体烘干机主要包含一台热风炉和烘干箱，其

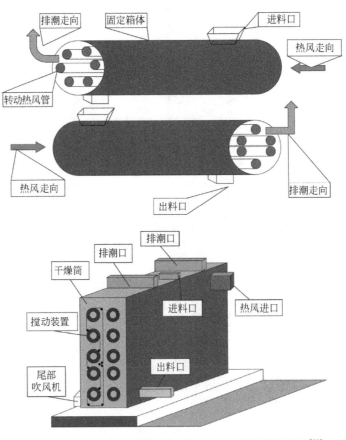

图 4-40　多层多列回转筒箱式烘干机结构、外观和原理示意图[88]

中烘干箱可分为三层，每层设 2 个低速回转筒，共六个回转筒[89]。采用多次干燥和箱体保温防尘结构，换热面积大；多组多层热风循环，烘干效率和热利用率高，节约燃料或能源；干燥性能可靠，结构简单、设备占地面积少、维修费用少，制造容易。和回转圆筒干燥机相比，多层多列组合干燥筒箱式粉体烘干机增加了导热面积，适度提高产能的前提下热能得到充分利用。另外，在相对低温的环境中，明显改善沉淀 $CaCO_3$ 干燥过程中的"二次团聚"现象，能适度提高 $CaCO_3$ 产品质量，还有使工人劳动强度低、工作环境好等优点。

目前分级与包装设备有 ATRITOR 干燥粉磨机（图 4-41）、高效环保洗筛装置[90]、风选分级装置[91] 等。纳米碳酸钙包装装置如图 4-42 所示。

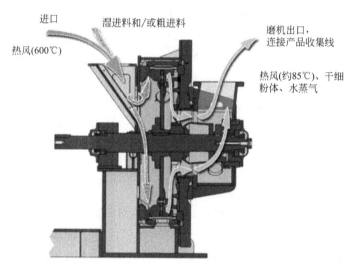

图 4-41　ATRITOR 干燥粉磨机侧面流程示意图[89]

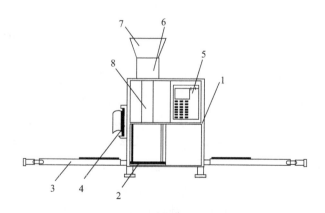

图 4-42　纳米碳酸钙包装装置[92]
1—包装装置主体；2—夹持机构；3—传输机构；4—清理机构；
5—控制面板；6—出料泵；7—料斗；8—出料管

# 4.5 轻质和纳米碳酸钙晶型控制和表面活化

### 4.5.1 碳酸钙晶型控制

由于不同的轻质和纳米碳酸钙晶型在应用到下游产品时会让下游产品呈现不同的物理和化学性能。因此，生产轻质和纳米碳酸钙，有时不仅仅对纯度、粒度有要求，也对碳酸钙晶型控制提出了特定要求。国内外均已经有不少相关科研研究和技术开发。在工业生产中，主要涉及碳化单元，包括该单元操作时的温度、压力、时间、介质和外加控制剂、分散剂、表面改性剂等。生产一般轻质 $CaCO_3$ 的工厂，可以对某些设备和工艺加以改进，如改进反应塔、增加温度控制、气体流量及增加表面改性工艺等，就可生产活性 $CaCO_3$ 产品，提高产品的附加值。

有研究通过控制石灰浆的碳化反应温度在 8～25℃[93]，得到了立方形、短棒状、棒状、纺锤形的 $CaCO_3$ 晶体。控制反应温度还可以得到以下几个 $CaCO_3$ 类型[94]：①碳化温度 0～15℃，可获得球形结晶 $CaCO_3$，平均粒径为 $0.5\mu m$，沉降体积在 $4.5mL/g$ 以上。②碳化温度 15～25℃，可获得六方晶型 $CaCO_3$，平均粒径为 $0.5\mu m$，沉降体积在 $4.0mL/g$ 以上。③碳化温度 25～45℃，可获得针叶形结晶 $CaCO_3$，平均粒径为 $1.0\mu m$，沉降体积在 $3.5～4.5mL/g$ 之间。④碳化温度 45～65℃，可获得纺锤形的结晶 $CaCO_3$，平均粒径为 $2.0\mu m$，沉降体积在 $2.8～3.5mL/g$ 之间。

外加晶型控制剂、分散剂、表面改性剂等对碳酸钙晶型控制也是非常有效的技术手段。在生产过程中添加合适的控制剂，能避免反应过程中粒子的重新凝聚，并保证产品粒子的松散、均一、稳定等。分散剂添加时间对反应也有明显影响，过早则起不到分散和控制效果，加晚了则效果不明显。有研究表明，最佳添加时间应该是在碳化反应过程中粒径最细的时候。例如，有研究发现，在一定 $Ca(OH)_2$ 乳液浓度下，加质量分数为 0.5%～5% 的某晶型控制剂，通过控制碳化反应温度为 20～60℃、搅拌速率为 500～1000r/min 以及控制 $CO_2$ 通入速率，并在碳化反应结束时加入少量分散剂，能制备得到立方形纳米 $CaCO_3$[95]。

晶型控制剂可以是 $MgCl_2$、$ZnCl_2$、$ZnSO_4$、$NaHCO_3$、$H_3PO_4$、$Na_6O_{18}P_6$、$C_2H_6O$、$C_{12}H_{22}O_{11}$ 等。例如，有研究发现，采用 $MgCl_2$ 作晶型控制剂，在碳化温度为 40℃、$Ca(OH)_2$ 悬浮液浓度为 26g/L、$CO_2$ 体积分数为 25% 的条件下制备得到粒径为 $0.3～0.8\mu m$、团聚体直径 $1.3\mu m$ 的分散性立方形方解石 $CaCO_3$ 颗粒[96]。以 $ZnSO_4$ 为晶型导向剂，在碳化温度 15～30℃、氢氧化钙质量分数 6%～11%、二氧化碳流量 0.08～0.15L/min、搅拌速度 200～400r/min 的反应条件下，获得粒径为 30～80nm 的立方形纳米 $CaCO_3$[97]。另外有研究使用 $H_3PO_4$ 为晶型控制剂，在 $Ca(OH)_2$ 初始浓度为 5%、$H_3PO_4$ 添加量为 2%（以 $CaCO_3$ 理论产量计算），碳化温度 75℃，$CO_2$ 流量 100mL/min、浓度 33.3%，水醇比为 5∶1 时，制备出平均粒径为 98nm 且粒度分布均匀的针状超细 $CaCO_3$[98]。还有研究使用六偏磷酸钠作晶型控制剂，在碳化起始温度为 40℃、碳化反应进行 15～25min 时添加 1.5%～2% 的六偏磷酸钠，制得了粒径为 $0.7～1.0\mu m$、长径比约为 5 的单分散纺锤形超细 $CaCO_3$[99]。

不同碳化工艺也能产生碳酸钙晶型控制作用。例如，研究人员采用碳化-陈化法[100]，在碳化率为 96% 时停止通入 $CO_2$，加入 4% 的晶型修饰剂 $NaHCO_3$，在 60℃下陈化 16h 后再次通气碳化至反应完全，得到形貌规整、粒径为 100～110nm 的立方状纳米 $CaCO_3$。也有在直流电压 12V、反应温度 20℃、反应时间 3h，柠檬酸添加量 5mmol/L、$CO_2$ 通气速率 30mL/min 下利用电化学法原位碳化氯化钙制备直链状纳米碳酸钙[101]。

### 4.5.2　碳酸钙表面活化方法

轻质和纳米 $CaCO_3$ 是无机超细粉体材料，表面有许多羟基，容易吸附水分，未经处理的 $CaCO_3$ 粉体颗粒表面亲水疏油，呈现强极性，在有机介质中难于均匀分散，难与橡胶、塑料等高分子有机物发生化学交联，界面难于形成良好的黏结。另外，纳米 $CaCO_3$ 粒径较小，具有极大的比表面积和较高的比表面能，在制备和后处理过程中容易发生团聚现象[103]，形成二次粒子，使粒子粒径变大，在最终应用过程中失去超细微粒所具备的功能，因此在实际应用时不能起到纳米功能填料的作用。生产和使用时常提出对纳米 $CaCO_3$ 进行表面改性的要求。在某种意义上，轻质或纳米 $CaCO_3$ 表面改性与否，决定了产品档次和用途。各种专用 $CaCO_3$ 的主要区别主要在于表面改性的不同，因此 $CaCO_3$ 表面活性和用途也就不同[104]。

$CaCO_3$ 的表面活化是指对 $CaCO_3$ 进行表面改性处理。常用的轻质和纳米 $CaCO_3$ 表面活化改性剂有：无机物[105]、有机物季铵盐类表面活性剂[106]、偶联剂[107]、低聚物[108]，甚至有等离子和辐照表面改性 $CaCO_3$，还有超分散剂类[109]、活性大分子[110]、反应性单体、母料以及聚合物表面改性 $CaCO_3$ 技术[111] 等。选用何种表面活化改性剂，要按应用对象来考虑。例如，填充到酚醛树脂，油酸改性纳米 $CaCO_3$ 的效果可能最佳[112]；而对于 $CaCO_3$ 填充至聚氯乙烯（PVC）中，则需要选用其他的表面活化改性剂[113]。

纳米 $CaCO_3$ 表面活化作用可以主要是表面物理作用，包括表面包覆和表面吸附，也可以主要是表面化学作用，包括表面取代、聚合和接枝等。根据表面作用形式和表面作用实质，常用的表面活化改性方法可分为局部化学反应改性、表面包覆改性、胶囊化改性、高能辐射表面改性法、等离子体激发表面反应改性和机械改性法等[114]。

① 局部化学反应改性方法。主要利用纳米 $CaCO_3$ 局部表面的官能团与表面处理剂进行化学反应来达到改性目的。

② 表面包覆改性法。主要是让表面改性剂与纳米 $CaCO_3$ 表面无化学反应，包覆物与颗粒之间依靠物理方法或范德华力而连接的改性方法。

③ 胶囊化改性法。主要是在纳米 $CaCO_3$ 表面包上一层其他物质的膜，使粒子表面的特性发生改变。与表面包覆改性不同的是其包覆的膜是均匀的。

④ 高能辐射表面改性法。主要是将 $CaCO_3$ 粉体干燥后在电子加速器内用高能射线（γ 射线、X 射线等）辐射，使其表面产生活性点，然后加入反应性单体（如乙烯基单体），单体与表面的活性点反应，在粒子表面形成一层有机包膜。目前，高能改性法技术复杂、成本较高、生产能力小、改性效果尚不稳定，应用很少。

⑤ 等离子体激发表面反应改性法。主要是在 $CaCO_3$ 粉体表面上利用等离子体聚合技术。等离子体聚合技术通过激发活化有机化合物单体，形成气相自由基，当气相自由基吸附在 $CaCO_3$ 固体表面时，形成表面自由基，表面自由基与气相原始单体或等离子体中产生的衍生单体在表面发生聚合反应，生成大分子量的聚合物薄膜包覆在 $CaCO_3$ 表面，从而改变其表面性质，达到改性目的。

⑥ 机械化学改性法。机械化学改性法是利用超细粉碎及其他强烈机械力作用有目的地激活粒子表面，以改变其表面晶体结构和物理化学结构，使分子晶格发生位移，增强它与有机物或其他无机物的反应活性。

### 4.5.3 碳酸钙表面活化工艺

根据表面改性介质，表面活化工艺可简单分为干法表面改性工艺（图 4-43）和湿法表面改性工艺（图 4-44）[115]，两种都可以在生产轻质和纳米碳酸钙工艺流程中直接完成。湿法是将表面改性剂投入 $CaCO_3$ 悬浮液中，让表面改性剂和 $CaCO_3$ 粉末混合均匀，使表面改性剂包覆 $CaCO_3$ 粉末。湿法工艺效果较好，但工艺较繁杂。干法则是直接将 $CaCO_3$ 粉末和表面改性剂投入高速捏合机中进行捏合，简单易行，出料后可直接包装，易于运输出料。但干法得到的 $CaCO_3$ 粉末表面不太均匀，适用于对 $CaCO_3$ 粉末要求不高的应用对象。

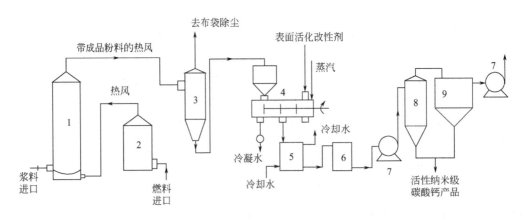

**图 4-43** 生产轻质和纳米碳酸钙工艺流程中的干法改性工艺[115]

1—喷雾干燥塔；2—燃烧室；3—旋风分离器；4—捏和机；
5—冷却槽；6—气流筛；7—引风机；8—旋风分离器；9—布袋除尘器

根据改性的阶段，可分为生产轻质和纳米 $CaCO_3$ 工艺中直接改性（也称原位改性）和 $CaCO_3$ 用户使用时的现场改性。

① 原位湿法表面改性时，在碳化这一工序中应严格控制条件，使生成微细的 $CaCO_3$ 颗粒，再用活化剂进行表面处理。例如，在一般的生产轻质和纳米 $CaCO_3$ 工艺中，将石灰石与煤混合，其配比约 7.5，于 $900\sim1000$℃温度下在石灰窑中煅烧，$CO_2$ 经洗气除尘后送碳化塔，生石灰进消化槽，用 $80\sim90$℃的热水充分消化制成浓度约 9% 的乳液，乳液送入碳化塔，通 $CO_2$ 进行碳化，当碳化悬浮液的 pH 值等于 7 时为反应终点，此时可引入表面活化改性剂，对生成的 $CaCO_3$ 进行表面处理。可制得活化度高，分散性能好，透

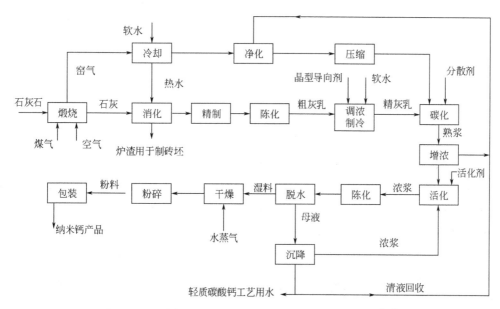

**图 4-44**　生产轻质和纳米碳酸钙工艺流程中的湿法改性工艺[116]

明性高的活性 $CaCO_3$。表面活化改性剂有酞酸酯偶联剂、硬脂酸、木质素等，用量约 1%～5%。完成原位改性单元后，对料液脱水分离、干燥制得成品。对超细级、纳米级以及专用型 $CaCO_3$ 需要采用湿法处理。

　　也有一锅法生产出表面活性处理的碳酸钙工艺。例如，采用皂化釜，温度控制在 80～85℃，就可将硬脂酸与氢氧化钠高温皂化形成硬脂酸钠皂化液，然后将皂化液加入活化釜，于 80～85℃、高转速、高剪切条件下搅拌活化 2h 进行包覆。

　　② 对普通填料级的 $CaCO_3$，一般可采用干法处理。干法表面改性是在一定温度条件下将改性剂喷洒到纳米碳酸钙粉末上，并进行表面改性。例如，将碳酸钙粉体放入改性机中，将改性剂（主要为磺基甜菜碱、氟碳磷酸酯、辛烷基磺酸钠）保持温度在 50～60℃，反应 1.5～2h 后降至室温，获得活性碳酸钙粉体[117]。

# 4.6　轻质和纳米碳酸钙的指标和检测

## 4.6.1　轻质碳酸钙和纳米碳酸钙产品指标

　　轻质碳酸钙和纳米碳酸钙的产品标准有：《纳米碳酸钙》（GB/T 19590—2011）、《食品添加剂　碳酸钙》（GB 1886.214—2016）、《化学试剂　碳酸钙》（GB/T 15897—1995）、《普通工业沉淀碳酸钙》（HG/T 2226—2019）、《工业微细沉淀碳酸钙和工业微细活性沉淀碳酸钙》（HG/T 2776—2010）等。其中，《纳米碳酸钙》（GB/T 19590—2011）国家标准规定了纳米 $CaCO_3$（超微细 $CaCO_3$）的分类、要求、试验方法、检验规则、标志、标签、包装、运输和贮存等，主要指标有：平均粒径、晶粒度、比表面积等（表 4-6），符合相应要求的产品主要用于塑料、橡胶、密封胶、涂料、胶黏剂、油墨等领域。

表 4-6 国家标准《纳米碳酸钙》（GB/T 19590—2011）中超微细 $CaCO_3$ 的一些指标

| 项目 | 指标 | 检测方法 |
|---|---|---|
| 主含量 $CaCO_3$（干基）/% | ≥80 | EDTA 法 |
| 平均粒径/nm | ≤100 | TEM 或 SEM 法 |
| 晶粒度/nm | ≤100 | XRD 线宽化法 |
| BET 比表面积/(m²/g) | ≥18 | 容量法、重量法、气相色谱法 |
| 团聚指数 | 协议 | 激光粒度分析仪测得颗粒平均值后公式计算 |

以石灰石为原料，用沉淀法制得的普通工业沉淀 $CaCO_3$ 主要用于塑料、橡胶、造纸和涂料等工业中的填充剂。《普通工业沉淀碳酸钙》（HG/T 2226—2019）规定了普通沉淀 $CaCO_3$ 的分类、要求、试验方法、检验规则、标志、标签、包装、运输和贮存等，其中指标有：碳酸钙含量、pH 值、盐酸不溶物含量、沉降体积等（表 4-7）。

表 4-7 《普通工业沉淀碳酸钙》（HG/T 2226—2019）规定普通沉淀 $CaCO_3$ 的主要指标

| 项目 | | | 橡胶用指标 | 检测方法 |
|---|---|---|---|---|
| $CaCO_3$ 含量（质量分数）/% | | ≥ | 97 | EDTA 法 |
| pH 值（10%悬浮物） | | | 9.5～10.5 | 酸度计（分度值 0.02）检测 |
| 105℃挥发物（质量分数）/% | | ≤ | 0.5 | 气化法 |
| 盐酸不溶物（质量分数）/% | | ≤ | 0.2 | 用盐酸溶解试样，过滤酸不溶物，灼烧，称量 |
| 沉降体积/(mL/g) | | ≥ | 2.6 | 将样品加入含水量筒中静置 3h 后，计算每克沉降物所占体积 |
| 铁（Fe）含量（质量分数）/% | | ≤ | 0.08 | 邻菲咯啉分光光度法 |
| 锰（Mn）含量（质量分数）/% | | ≤ | 0.008 | 高碘酸钾将二价锰离子氧化成紫红色的高锰酸根离子，用分光光度计测量其吸光度 |
| 细度（筛余物）（质量分数）/% | 125μm | ≤ | 0.005 | 用水分散样品后，过筛，多次重复后干燥至恒重，以筛余物质量分数计 |
| | 45μm | ≤ | 0.4 | |
| 白度/% | | ≥ | 92.0 | 白度仪测得 |
| 吸油值/(g/100g) | | ≤ | 80 | 每 100g 活性碳酸钙吸收的邻苯二甲酸二辛酯的质量 |
| 黑点/（个/g） | | ≤ | 5 | 试样平铺后用 10 倍放大镜查看计黑点个数 |
| 铅（Pb）（质量分数）/% | | ≤ | 0.0010 | 样品溶解并酸化，在 283.3nm 波长下，测出分光光度值并绘制标准工作曲线后求得 |
| 铬（Cr）（质量分数）/% | | ≤ | 0.0005 | 酸性条件下，加入二苯卡巴肼，在 540nm 波长下，测分光光度值并绘制标准工作曲线后求得 |

续表

| 项目 | 橡胶用指标 | 检测方法 |
|---|---|---|
| 汞(Hg)(质量分数)/% ≤ | 0.0002 | 在酸性条件下,加入还原剂并用气流带出汞,在 253.7nm 波长处测得分光光度值并绘制标准工作曲线后求得 |
| 镉(Cd)(质量分数)/% ≤ | 0.0002 | 在酸性条件下,将镉离子导入原子吸收仪中,吸收 228.8nm 共振线与标准系列比较定量 |
| 砷(As)(质量分数)/% ≤ | 0.0003 | 砷斑法 |

《工业微细沉淀碳酸钙和工业微细活性沉淀碳酸钙》(HG/T 2776—2010)规定了工业超细 $CaCO_3$ 和工业超细活性 $CaCO_3$ 的要求、采样、试验方法以及标志、包装、运输、贮存等,其中指标有:白度、密度、灼烧减量、平均粒径等(表 4-8);适用于以石灰石为原料,沉淀法生产的工业超细 $CaCO_3$ 和以石灰石为原料,沉淀法生产并采用活性剂进行表面处理特殊加工而成的工业超细活性 $CaCO_3$。该产品主要用作塑料、橡胶等填充剂。例如,某公司的纳米碳酸钙和造纸钙产品的一些主要指标如表 4-9 所示。

**表 4-8　工业超细碳酸钙(HG/T 2776—2010)中工业超细 $CaCO_3$ 和工业超细活性 $CaCO_3$ 的主要指标**

| 项目 | 工业微细沉淀 $CaCO_3$ | | 工业微细活性沉淀 $CaCO_3$ | | 检测方法 |
|---|---|---|---|---|---|
| | 优等品 | 一等品 | 优等品 | 一等品 | |
| 碳酸钙(CaO)(质量分数)/% ≥ | 98.0 | 97.0 | 95.0 | 94.0 | EDTA 法 |
| pH 值(10%悬浮液) | 8.0~10.0 | | | | 酸度计(分度值 0.02)检测 |
| 105℃下挥发物(质量分数)/% ≤ | 0.4 | 0.6 | 0.3 | 0.5 | 气化法 |
| 盐酸不溶物(质量分数)/% ≤ | 0.1 | 0.2 | 0.1 | 0.2 | 用盐酸溶解试样,过滤酸不溶物,灼烧,称量 |
| 铁(Fe)(质量分数)/% ≤ | 0.05 | 0.08 | 0.05 | 0.08 | 邻菲咯啉分光光度法 |
| 堆积密度/(g/cm³) | 0.3~0.5 | | | | 密度瓶法或静水力学称量法 |
| 白度/% ≥ | 94.0 | 92.0 | 94.0 | 92.0 | 白度仪测得 |
| 比表面积/(m²/g) ≥ | 12 | 6 | 12 | 6 | 连续流动气相色谱法 |
| 吸油值/(g/100g) ≤ | 100 | | 70 | | 每 100g 活性碳酸钙吸收的邻苯二甲酸二辛酯的质量 |

续表

| 项目 | 工业微细沉淀 CaCO₃ | | 工业微细活性沉淀 CaCO₃ | | 检测方法 |
|---|---|---|---|---|---|
| | 优等品 | 一等品 | 优等品 | 一等品 | |
| 平均粒径/μm ≤ | 0.1～1.0 | 1.0～3.0 | 0.1～1.0 | 1.0～3.0 | 试样溶解后经超声波振荡仪分散,用电子显微镜放大后照相机摄下电子显微镜图 |

表 4-9  某公司的纳米碳酸钙和造纸钙产品指标

| 指标 | SC 纳米碳酸钙 | 造纸钙 | | | |
|---|---|---|---|---|---|
| 晶体结构 | 方解石 | 方解石 | 方解石 | 方解石 | 方解石 |
| 晶型 | 菱形 | 玫瑰花团 | 玫瑰花团 | 菱形 | 玫瑰花团 |
| 中位径/μm | 0.05～0.09 | 1.3 | 2.2 | 0.9 | 1.9 |
| ISO 白度/% | ≥95 | ＞94 | ＞94 | ＞94 | 94 |
| CaCO₃/% | ≥97 | — | — | — | — |
| MgCO₃/% | ≤1.5 | — | — | — | — |
| Fe₂O₃/% | ＜0.1 | — | — | — | — |
| 含水量/% | ＜0.5 | — | — | — | — |
| 45μm 筛余物/% | ＜0.1 | ＜0.01 | ＜0.01 | ＜0.01 | ＜0.05 |
| 表面积/(m²/g) | 18-23 | — | — | — | — |
| 表面处理剂/% | 2.7 | — | — | — | — |
| 作用 | — | 改良亮度和透明度 | 改良松厚度 | 改良抄造和光学性能 | 提高遮盖力 |

105℃下挥发物含量、烧灼减量、盐酸不溶物含量、白度、粒度或粒径分布、pH 值、吸油量等的测定和元素钙、铁、锰含量的分析方法与前面相关章节介绍的相同或类似。

### 4.6.2  金属和金属氧化物含量的测定

钙含量、铁含量、锰含量的分析测定可参见前面章节。氧化钙含量的分析测定是基于分析化学方法:用三乙醇胺掩蔽少量的 $Fe^{3+}$、$Al^{3+}$、$Mn^{2+}$ 等离子,在 pH 值为 12.5 时,以钙试剂羧酸钠盐作指示剂,用乙二胺四乙酸二钠标准滴定溶液滴定钙离子。

氧化镁含量的测定是基于分析化学方法:用三乙醇胺掩蔽少量的 $Fe^{3+}$、$Al^{3+}$、$Mn^{2+}$ 等离子,在 pH 值为 10 时,铬黑 T 作指示剂,用乙二胺四乙酸二钠标准滴定溶液滴定钙、镁含量,从中减去钙含量,计算出氧化镁含量。

$$Ca^{2+} + EDTA =\!\!= Ca\text{-}EDTA + 2Na^{2+}$$
$$Mg^{2+} + EDTA =\!\!= Mg\text{-}EDTA + 2Na^{2+}$$

实验分析时,用移液管移取 25mL 试验溶液 A,置于 250mL 锥形瓶中,加入 50mL 水、5mL 三乙醇胺溶液、10mL 缓冲溶液和少量铬黑 T 指示剂,用乙二胺四乙酸二钠标准滴定溶液滴定至溶液由紫红色变为纯蓝色。以质量分数表示的氧化镁（MgO）含量 $X$ 按下式计算:

$$X = \frac{0.04030c(V_2 - V_1)}{25m} \times 250 \times 100 = [40.3(V_2 - V_1)c]/m$$

式中，$c$ 为乙二胺四乙酸二钠标准滴定溶液的实际浓度，mol/L；$V_1$ 为滴定钙离子所消耗的乙二胺四乙酸二钠标准滴定溶液的体积，mL；$V_2$ 为滴定中消耗的乙二胺四乙酸二钠标准滴定溶液的体积，mL；$m$ 为试样的质量，g；0.04030 为与 1.0mL 乙二胺四乙酸二钠标准滴定溶液 $[c(C_{10}H_{14}O_8N_2Na_2)=1.000mol/L]$ 相当的以克表示的氧化镁的质量。取平行测定结果的算术平均值为测定结果，平行测定结果的绝对差值应不大于 0.2%。

### 4.6.3　密度的测定

称量 50mL 空比重瓶的质量（精确至 0.0002g），再加入约 10g CaCO₃ 试样称重（精确至 0.0002g），然后注入乙醇作测定介质，轻微振荡，试样充分湿润后，继续将比重瓶注满，试样表面和介质中不得有气泡。将装满测定介质和试样的比重瓶盖严瓶盖，放入 (23±0.5)℃ 水浴中，恒温 30min 以上，取出擦干，立即称量。将比重瓶清洗、干燥，充满测定介质，放入恒温水浴后重复上述操作。比重瓶的体积 $V(cm^3)$ 按下式计算：

$$V=(m_1-m)/\rho_0$$

式中，$m$ 为空比重瓶的质量，g；$m_1$ 为充满测定介质的比重瓶的质量，g；$\rho_0$ 为测定温度下测定介质的密度，g/cm³。

比重瓶里测定介质的体积 $V_1(cm^3)$ 按下式计算：

$$V_1=(m_2-m_3)/\rho_0$$

式中，$m_2$ 为放入适量试样并充满测定介质的比重瓶质量，g；$m_3$ 为放入适量试样的比重瓶的质量，g。试样的密度 $\rho(g/cm^3)$ 按下式计算：

$$\rho=(m_3-m)/(V-V_1)$$

### 4.6.4　水分的测定

称取约 2g CaCO₃ 试样，精确至 0.0001g，置于于 (105±5)℃ 恒重的称量瓶中，移入恒温干燥箱内，在 105℃ 下恒温一定时间后，取出，放入干燥器内，冷却 20min 后进行称量。按下式计算 CaCO₃ 中水的质量分数 $X$，以 % 表示。

$$X=\frac{m_2-m_3}{m_2-m_1}\times 100$$

式中，$m_1$ 为称量瓶的质量，g；$m_2$ 为干燥前称量瓶加试样的质量，g；$m_3$ 为干燥后称量瓶加试样的质量，g。

也可采用卤素水分测定仪检测[118]。该法的原理是干燥失重法。开机预热 10min，进行天平校准；然后选择相应升温程序和关机模式，放入铝盘进行清零；再加入约 2g 试样，使其分散均匀，开始干燥；完成后直接读取测量结果。例如，郭浩[119] 通过卤素水分测定仪测量 CaCO₃ 中的水分，检测时间仅需 8min。

### 4.6.5　沉降体积的测定

沉淀体积值是以 CaCO₃ 为分散相、水为连续相来分散均匀后一定时间内每克样品所占有的体积。它主要表征粒子粒径大小、分散特性及结晶型态，是沉淀 CaCO₃ 的重要技术指标之一。CaCO₃ 沉降体积测试是把 CaCO₃ 样品放到某种液体中制成一定浓度的悬浮液，悬浮液中的颗粒在重力或离心力作用下发生沉降；依据不同粒径、不同密度的颗粒在液体中的沉降速度不同，颗粒大的、密度大的沉降速度较快，沉降体积小；颗粒小、密度小的沉降速度较慢，沉降体积大[120]。例如，称取（10±0.01）g $CaCO_3$ 试样，置于盛有30mL 水的带磨口塞的刻度量筒中，加水至刻度，上下振动 3min（100～110 次/min），在室温下静置 3h，记录沉降物所占的体积（mL）。以每克沉降物所占体积表示的沉降体积 $X$ 按下式计算：

$$X = \frac{V}{m}$$

式中，$V$ 为沉降物所占体积，mL；$m$ 为试样的质量 g。取平行测定结果的算术平均值为测定结果。平行测定结果的绝对差值不大于 0.1mL/g。例如，李强[121] 采用纳米碳酸钙在盛有液体石蜡的量筒中沉淀的方法，用上述公式计算得到沉降体积。

### 4.6.6　水溶物的测定

称取 50g $CaCO_3$ 试样（精确至 0.1g），置于 500mL 容量瓶中，加入去二氧化碳水至刻度，摇动 15min。干过滤，弃去 20mL 前滤液，取 100mL 滤液置于已于（105±2）℃恒重（精确至 0.001g）过的蒸发皿中，在水浴上蒸干，将蒸发皿置于烘箱中，于（105±2）℃干燥至恒重，称量（精确至 0.001g）。以质量分数表示的水溶物含量 $X$ 按下式计算：

$$X = \frac{5m_1}{m}$$

式中，$m_1$ 为水溶物的质量，g；$m$ 为试样的质量，g。取平行测定结果的算术平均值为测定结果。平行测定结果的绝对差值不大于 0.02%。

### 4.6.7　湿筛余物（细度）的测定

称取 20.0g $CaCO_3$ 试样，精确至 0.1g，置于 800mL 烧杯中，先加适量的水，用带橡皮头的玻璃棒搅动助其分散，把分散的悬浮液倒至筛子中，将留在筛上的剩余物用水冲回至烧杯中，并再次用同样体积的水进行分散，如前所述倒至筛子中，再重复此操作两次。用水冲出烧杯全部的剩余物，直至洗液澄清为止，将剩余物放至预先加热至（105±5）℃的电热恒温干燥箱内干燥直至质量恒定。以质量分数表示的筛余物含量 $X$ 按下式计算：

$$X = 100(m_1/m)$$

式中，$m_1$ 为试验中筛余物质量的数值，g；$m$ 为试料质量的数值，g。取平行测定结果的算术平均值为测定结果，两次平行测定结果的绝对差值不大于 0.03%。

### 4.6.8　晶粒度的测定

晶粒度，也称晶粒尺寸，是表示晶粒大小的尺度。常用单位体积（或单位面积）内的晶粒数目或晶粒的平均线长度（或直径）表示。工业生产上采用晶粒度等级来表示晶粒大小。标准晶粒度共分 12 级，1～4 级为粗晶粒，5～8 级为细晶粒，9～12 级为超细晶粒。

用谢乐（Scherrer）公式计算平均晶粒度，需要用到 X 射线衍射仪，其综合稳定度要优于 1%，测角仪精度要优于 0.001°，能自动记录衍射谱。分析时，将 $CaCO_3$ 样品按 X 射线衍射仪要求制样后进行衍射测定，扫描角度范围为 25.0°～35.0°，进行衍射测定；以标准硅板 28.4°处的衍射峰的半峰宽作基准半峰宽，通过测定样品 27.3°处的衍射峰的半峰宽，用谢乐（Scherrer）公式计算平均晶粒度。

$$D = K\lambda / (\beta \cos\theta)$$

式中，$D$ 为晶粒垂直于晶面方向的平均厚度，nm；$K$ 为谢乐常数；$\lambda$ 为 X 射线波长，注意采用 Cu 靶时为 0.154056nm；$\theta$ 为布拉格衍射角，(°)；$\beta$ 为实测样品衍射峰半高宽度，注意必须进行双线校正和仪器因子校正，在计算的过程中，$\beta$ 用弧度（rad）作单位。若 $\beta$ 为衍射峰的半高宽，则 $K = 0.89$；若 $\beta$ 为衍射峰的积分高宽，即衍射峰的积分面积（积分强度）除以衍射峰高所得的值，则 $K = 1$。

### 4.6.9  团聚指数的测定

《纳米碳酸钙》（GB/T 19590—2011）规定了两个典型条件下的团聚指数表达，分别称为团聚指数和硬团聚指数。团聚指数、硬团聚指数反映了纳米碳酸钙的团聚特性。

#### (1) 团聚指数

取约 0.05g 试样，置于 50mL 烧杯中，加 2~3 滴 20g/L 的十二烷基苯磺酸钠或液体石蜡、硬脂酸钡等分散剂，用玻璃棒搅匀，润湿分散，再加 10~20mL 水，搅拌均匀。按激光粒度仪（测量范围：0.02~10$\mu$m）进样要求测定体积平均粒径 $D$；由 XRD 谱线宽化法[122] 获得的平均晶粒度作为一次平均粒径 $d$，按下式计算团聚指数 $T$。

$$T = D/d$$

式中，$D$ 为分散后激光粒度分析仪得出的团聚颗粒平均值，nm；$d$ 为一次粒子的平均粒径，nm。

#### (2) 硬团聚指数 ($T_H$)

$S_0$ 是设定的理想分散状态下试样的比表面积，由平均密度和晶粒度计算可得。实际 BET 比表面积（$S_w$）是容量法、重量法、气相色谱法测出的质量比表面积。

$$T_H = kS_0/S_w$$

$$S_0 = 6/(\rho d)$$

式中，$k$ 为颗粒形貌系数，近球形时取 $k = 1$；$S_0$ 为理想分散状态下试样比表面积，$m^2/g$；$\rho$ 为试样真密度，$g/cm^2$；$d$ 为平均晶粒度，$\mu m$；$S_w$ 为实际 BET 比表面积，$m^2/g$。

### 4.6.10  比表面积的测定

比表面积是指单位质量固体材料所具有的总面积，是超细固体粉末或纳米粉体材料的重要性能指标之一，一般单位为 $m^2/g$。目前，比较成熟的比表面积的测定技术有探针气体吸附等温线法[123]、连续流动气相色谱法、溶液吸附法、粒度分析-统计法、图像分析法、渗透法和压汞法等，各种方法均在一定范围内得到充分的应用。不同的方法有着不同的技术优势和局限性，用不同方法测得的比表面积数据也往往有所差异。

低温吸附等温线法是目前最可靠、最有效、最经典的方法[124]。主要的优点是精度高、重复性好，能揭示各类孔隙的内表面；不足之处在于前处理和测定过程耗时长。氮气吸附等温线法是基于固体材料样品在液氮温度（-196℃）下对氮气的物理吸附量与相对压力之间的关系，在已知吸附质分子截面积的前提下，计算相应量的吸附质的覆盖面积 $S$。BET 理论的等温方程式[125]：

$$\frac{\dfrac{p_{N_2}}{p_O}}{V_a\left(1-\dfrac{p_{N_2}}{p_O}\right)}=\frac{1}{V_mC}+\frac{C-1}{V_mC}\times\frac{p_{N_2}}{p_O}$$

式中，$p_{N_2}$ 为吸附质的平衡压力，mmHg；$p_O$ 为吸附质的饱和蒸气压力，mmHg；$V_a$ 为吸附剂的吸附量，mL；$V_m$ 为单分子层的气体吸附量，mL；$C$ 为 BET 方程式的常数。注意，BET 理论是基于多层物理吸附模型，因此 BET 公式通常只适用于处理相对压力（$p_{N_2}/p_O$）为 0.05～0.35 的吸附数据[125]。根据 BET 方程式以 $\dfrac{p_{N_2}/p_O}{V_a(1-p_{N_2}/p_O)}$ 对 $p_{N_2}/p_O$ 作图，将得到一条直线，其斜率为 $\dfrac{C-1}{V_mC}$；截距为 $\dfrac{1}{V_mC}$，由斜率和截距可得单分子层饱和吸附量 $V_m$ 和 $C$。从 $V_m$ 可以算出固体表面铺满单分子层时所需的分子数，若已知每个分子的截面积，就可以求出吸附剂的总表面积和比表面积。在现代仪器上，该计算一般由软件直接完成。例如，彭娅[126] 用表面积分析仪和低温氮吸附法测量了纳米碳酸钙的比表面积及孔隙率，先将样品于 150℃烘干处理，再在 300℃、$10^{-5}$Torr（1Torr=133.322Pa）下真空脱气 5h 后送入测量系统测试。

## 参考文献

[1] 颜鑫，卢云峰. 轻质系列碳酸钙关键技术 [M]. 北京：化学工业出版社，2016.
[2] 程娜，周梅芳，陈鹏宇，李春忠，姜海波，张玲. 碳化法可控制备纳米碳酸钙研究进展 [J]. 过程工程学报，2017（2）：412-419.
[3] 张枝. 不同形貌轻质碳酸钙的制备及其工艺条件研究 [D]. 合肥：合肥工业大学，2015.
[4] 张华，张智伟，李建永，雷霆，胡娟，李军奇，李玉平. 一种高档油墨用透明纳米碳酸钙及其制备方法和装置：CN111253780A [P]. 2020-06-09.
[5] 张涛，王红兵，张少伟. 一种电子设备用耐高温 BOPP 功能薄膜及其制备方法：CN111703157A [P]. 2020-09-25.
[6] 肖琳，叶航. 一种紫外线全阻隔 TPU 汽车漆面保护膜：CN111117208A [P]. 2020-05-08.
[7] 韦明. 一种橡胶用的改性纳米碳酸钙的制备方法和应用：CN111909424A [P]. 2020-11-10.
[8] 梁汉菲. 一种耐磨稀土橡胶材料及其制备方法：CN111393727A [P]. 2020-07-10.
[9] 黄永春，杨少彬，李文华，刘红梅. 一种提高卡伍尔链霉菌发酵生产抗生素产量的方法：CN104152492A [P]. 2014-11-19.
[10] 孙月. 碳酸钙包覆肉桂醛微胶囊的制备与表征 [D]. 上海：上海应用技术大学，2020.
[11] 李庚英，王林彬，谢攀，雷思捷，何春保，陆金驰. 一种亚微米级球状生物碳酸钙及制备方法和应用：CN111792661A [P]. 2020-10-20.
[12] 赵东清. 石灰石制备轻质及纳米碳酸钙的研究 [D]. 北京：北京化工大学，2011.
[13] 汪东梅. 一种金属表面处理用高性能防锈蚀涂料：CN110643210A [P]. 2020-01-03.
[14] 诸文超，胡徐哲，周忠诚，陈熹，阮建明. 碳化法纳米碳酸钙的制备与表征 [J]. 建材与装饰，2015（50）：129-130.
[15] 邓新云，颜鑫，卢云峰. 活性石灰生产过程工艺条件的优化 [J]. 化工设计，2008（02）：22-26.
[16] 颜鑫，卢云峰，范春明. 大型碳酸钙矿山资源综合利用核心工艺研究 [J]. 无机盐工业，2014，46（07）：43-46.
[17] 蒋如铁. 轻质碳酸钙 pH 值调控生产工艺探讨 [J]. 河北化工，1998（03）：30-51.
[18] 冯佳，胡龙飞，朱少楠，周宝，李晓晨，李宏. 不同条件下石灰石煅烧的产物特性研究 [J]. 炼钢，2015，31（6）：73-78.

[19] 王春波，周兴，郑之民，崔彩艳，陈亮．水蒸气对石灰石循环煅烧/碳化捕集二氧化碳的影响 [J]．中国电机工程学报，2014，34（8）：1224-1230．

[20] 刘洋，杨勇平．水蒸气对煅烧石灰石碳酸化反应影响的实验与模型分析 [J]．化工学报，2015，66（03）：1088-1096．

[21] 胡彬，薛正良，白莎，李静，李建立，蔡金林．石灰石高温快速煅烧分解反应动力学研究 [J]．炼钢，2017（1）：56-61．

[22] 李佳容．石灰石分解特性及反应动力学研究 [D]．北京：中国科学院大学（中国科学院工程热物理研究所），2019．

[23] Brogwardt R H. Calcination kinetics and surface area of dispersed linestome particles [J]．Aiche J，1985，31（1）：103-111．

[24] 李辉，张乐乐，段永华，闵永刚．高二氧化碳浓度下石灰石分解的反应动力学 [J]．硅酸盐学报，2013，5：637-643．

[25] 陈凯峰，薛正良，李建立．高温煅烧下快速加热石灰石的热分解反应动力学 [J]．硅酸盐学报，2016，6（20）：754-762．

[26] 陈先勇．纳米碳酸钙合成的研究 [D]．成都：四川大学，2004．

[27] 齐建军．轻质碳酸钙石灰消化新工艺研究 [C]．昆明：2005 年全国钙镁盐行业会议，2005．

[28] 赵海军，杨武林，祁成红．化灰工序技术改造总结 [J]．纯碱工业，2017（04）：46-48．

[29] 郑思勇，郑欢．石灰乳系统无渣化工艺技术改造实践 [J]．现代矿业，2019，35（02）：228-229，233．

[30] 阳铁建，颜鑫．纳米碳酸钙碳化过程的"四膜模型"研究 [J]．中国粉体技术，2012，18（2）：66-68，79．

[31] 胡庆福，宋丽英，胡晓湘．钙镁碳酸盐碳化工艺与设备浅析 [C]．昆明：2005 年全国钙镁盐行业会议，2005．

[32] Huang Y C，Rao A，Huang S J，et al. Uncovering the role of bicarbonate in calcium carbonate formation at near-neutral pH. Angewandte Chemie International Edition，2021，0.1002/anie.202104002．

[33] 王爱兵．一种轻质碳酸钙的间歇鼓泡式碳化装置：CN108793220A [P]．2018-11-13．

[34] 胡庆福，胡晓波，刘宝树．纳米碳酸钙改性喷雾碳化法制造新工艺 [J]．非金属矿，2002（04）：42-44．

[35] 徐旺生，何秉忠，金士威，宣爱国．多级喷雾碳化法制备纳米碳酸钙工艺研究 [J]．无机材料学报，2001（05）：985-988．

[36] 陈建峰，康芳，王洁欣．透明纳米碳酸钙油相分散体及利用超重力法制备其的方法：CN104946342A．2015-09-30．

[37] 潘文．连续喷射碳化塔制备纳米碳酸钙新技术 [J]．广州化工，2016，44（14）：168-170．

[38] 冯文华．纳米碳酸钙制备新工艺研究 [D]．上海：华东理工大学，2015．

[39] 莫淑一，何丽秋，龙飞．一种纳米/亚微米碳酸钙高效碳化工艺：CN109879304A [P]．2019-06-14．

[40] 马晓坤，盛野，周兵，王子忱．超细高分散碳酸钙的原位制备及性能 [J]．高等学校化学学报，2018，39（03）：491-496．

[41] 李功伟．气流纳米的制备方法：CN110227395A [P]．2019-09-13．

[42] 张名惠，柳万霞，陈瑞燕，徐恒文．碳酸钙颗粒的制备方法：CN109911924A [P]．2019-06-21．

[43] 刘磊，赵昌武．利用二级卤水净化钙渣生产纳米碳酸钙的工艺技术研究——以湘衡盐化有限公司为例 [J]．科技资讯，2018，16（35）：69-70．

[44] 唐洁净．一种碳酸钙棒状纳米颗粒组装结构的制备方法：CN108101092B [P]．2020-03-13．

[45] 方超，田承涛，肖林波，周玲玲，徐思红．一种利用己内酰胺副产的废碱与磷石膏反应制取轻质碳酸钙和硫酸钠系统：CN109250743A [P]．2019-01-22．

[46] 杨登萍．干燥技术在轻质碳酸钙生产装置中的应用 [J]．当代化工研究，2018（04）：126-127．

[47] 闫学良．大唐高铝粉煤灰预脱硅-碱石灰烧结法工艺中石灰石煅烧装置的选择 [J]．轻金属，2013（7）：26-29．

[48] 段润林．石灰石在竖式石灰窑内的煅烧过程分析 [J]．山西化工，2000（03）：39-41．

[49] 周浩宇，李谦，刘前，王业峰．一种分槽旋转式石灰立窑布料系统及布料方法：CN110963720A [P]．202-04-07.

[50] 李峰，周军利．立窑出料装置：CN111765754A [P]．2020-10-13.

[51] 刘东亮．梁式窑煅烧小粒径石灰石技术的应用实践 [J]．耐火与石灰，2020，45（04）：1-2，6.

[52] 贾占江，郭黎明．双梁式石灰窑余热在轻钙生产线上的应用 [J]．工业炉，2016，38（05）：49-52.

[53] 徐雨，张鑫生，李文斌，程鹏．一种套筒窑换热器清灰装置：CN209745090U [P]．2019-12-06.

[54] 郭贵中．气烧套筒石灰窑的节能与优化 [J]．中国氯碱，2020（09）：41-43.

[55] 苗振平，宋雅鹏，吕任敏，李学朝，张亚鹏．500t/d 石灰套筒窑节能降耗技术改造与实践 [J]．耐火与石灰，2020，45（03）：18-20，23.

[56] 徐爱东．双 D 窑喷枪的在线检测、改进与提升 [J]．耐火与石灰，2019，44（06）：27-28.

[57] 徐爱东．双 D 窑连接通道用耐火材料的改进 [J]．耐火与石灰，2018，43（06）：9-11.

[58] 侯利群，侯成巍．以低热值煤气为燃料的石灰双 D 窑技术 [J]．国外耐火材料，2003（04）：1-3.

[59] 徐铁权，谢明洪，谭春华．麦尔兹石灰窑悬挂缸"浇注料＋镁砖"结构施工技术 [J]．工业建筑，2014，44（S1）：1062-1064.

[60] 宋艳刚．降低麦尔兹窑单耗的措施 [J]．耐火与石灰，2020，45（02）：32-35.

[61] 蒋鹏．麦尔兹窑能耗因素分析与节能控制 [J]．化工管理，2020（03）：59.

[62] 吴盛．麦尔兹窑混合煤气使用技术探讨 [J]．耐火与石灰，2019，44（01）：18-21.

[63] 黄智坚，胡晓宇．石灰回转窑供热节能优化改造 [J]．山西冶金，2018，41（03）：97-99.

[64] 王福有，李金莲，康云忠，李向通．石灰回转窑尾粉尘超低排放的对策 [J]．鞍钢技术，2019（02）：40-43.

[65] 宋双彦，陶卫东，杜宏杰．回转窑节能环保改造实践 [J]．鞍钢技术，2020（01）：56-60.

[66] 范兰，王加东，冒亚峰．小苏打粉脱硫在石灰回转窑烟气净化中的应用 [J]．耐火与石灰，2020，45（05）：46-47，54.

[67] 孟俊卿．自然式回转窑焙烧 $MoO_3$ 的研究 [D]．沈阳：东北大学，2014.

[68] 熊攀，鄢曙光，陈希阳，吴浪，孔璨，宁江峰．旋风除尘器的冲蚀裂缝对除尘效率影响的研究 [J]．矿业安全与环保，2018，45（02）：36-39，48.

[69] 郗元，霍浩，代岩．旋风除尘器最优化设计及 CFD 数值验证 [J]．机械设计与制造，2018（08）：33-35，40.

[70] 胡伟，耿云梅，陈玉敏，李欣，章启夫．新型高炉旋风除尘器仿真分析 [C]．中国金属学会 第十二届中国钢铁年会论文集——10. 冶金设备与工程技术，2019：163-169.

[71] 徐铭威，王晶，丁紫阳，孙飞飞，张子昊，刘岩．惯性除尘器：CN209735145U [P]．2019-12-06.

[72] 张殿印，顾海根．回流式惯性除尘器技术新进展 [J]．环境科学与技术，2000（03）：45-48.

[73] 陈文娟．一种钟罩式除尘器：CN104436872A [P]．2015-03-25.

[74] 刘亚雄，邹林富，陶海，陶裕兴．纳米碳酸钙生产的碳化反应装置及方法：CN104891545A [P]．2015-09-09.

[75] 张冶．板框压滤机的故障分析与处理 [J]．中国新技术新产品，2016（05）：49.

[76] 王志军．探究板框压滤机的故障分析及处理方法 [J]．中国石油石化，2017（07）：170-171.

[77] 屈萍红．浅谈板框压滤机运行中常见问题及解决措施 [J]．铜业工程，2015（05）：33-37.

[78] 蔡祖光．厢式压滤机的构造、工作原理及其框架强度和刚度的设计计算（Ⅱ）[J]．陶瓷，2018（02）：62-70.

[79] 杜超．厢式压滤机常见故障分析与解决措施 [J]．化工管理，2020（06）：164.

[80] 石新红．厢式压滤机技术改造分析 [J]．煤矿机电，2008（01）：111-112.

[81] 李宇龙．上悬式离心机设计关键技术研究 [D]．南宁：广西大学，2016.

[82] 徐燕辉，曹冠华，郝惠芳，朱华东，钱树德．碳酸钙干燥设备概况与发展 [J]．干燥技术与设备，2005，3（3）：115-121.

[83] 沈志林．一种新型带式干燥机：CN209431817U [P]．2019-09-24.

[84] 徐巧玲．一种转筒烘干机：CN208595772U [P]．2019-03-12.

[85] 薛涛．一种盘式连续干燥机：CN210512489U [P]．2020-05-12.

[86] 李玲，范体国，殷志刚，蔡亚炜，梁可磊，胡珍鸣，何晨雨，张成，王林，唐军，刘盾，梁琼荣，朱俊波．一种用于纳米碳酸钙粉末的闪蒸干燥机：CN209893811U [P]．2020-01-03.

[87] 胡林，黎何明，许美龙．一种离心喷雾干燥机：CN211724710U [P]．2020-10-23.

[88] 张东明，朱文新．多层多列组合干燥筒箱式粉体烘干机：CN101806532A [P]．2010-08-18.

[89] 张新星，沈兴楠．基于多层多列烘干系统的碳酸钙生产节能技术 [J]．时代农机，2016，43（1）：45-46，49.

[90] 肖清良．一种碳酸钙粉体的高效环保洗筛装置：CN211587413U [P]．2020-09-29.

[91] 吴春林．一种轻质碳酸钙风选分级装置：CN210253111U [P]．2020-04-07.

[92] 黄荣，庄慧平．一种用于纳米碳酸钙包装装置：CN209972905U [P]．2020-01-21.

[93] 金鑫，袁伟．超细轻质碳酸钙制备 [J]．北京化工大学学报（自然科学版），2000（04）：79-82.

[94] 周莉莉．卷烟纸中纤维 $CaCO_3$ 填料助剂的分析检测及差异性研究 [D]．广州：华南理工大学，2012.

[95] 乔叶刚，陈刚，吴秋芳．立方形纳米碳酸钙的制备工艺研究 [J]．海湖盐与化工，2005，34（1）：17-19.

[96] Xiang L，Wen Y，Wang Q．Synthesis of dispersive $CaCO_3$ in the presence of $MgCl_2$ [J]．Mater Chem Phys，2006，98：236-240.

[97] 梁锦，刘华彦，陈银飞．碳化参数对纳米碳酸钙粒径与形貌的影响 [J]．无机盐工业，2009，41（12）：22-24.

[98] 曾美琪，李立硕，童张法．间歇鼓泡碳化法制备超细碳酸钙晶须及其表面改性 [C]．北京：2015年中国化工学会年会，2015.

[99] 俞佩佩，陈雪梅．单分散纺锤形超细碳酸钙的制备 [J]．无机盐工业，2017，49（1）：29-32.

[100] 成居正，陈雪梅，邓婕．$NaHCO_3$ 对纳米碳酸钙粉末形貌的修饰作用 [J]．材料科学与工程学报，2013，31（3）：404-408.

[101] 黄慨，周欢，顾传君，黄绍权，黄华林，冼学权，李冬冬，黄志民．电化学法原位碳化制备纳米碳酸钙的探索 [J]．广西科学院学报，2020，36（02）：184-192.

[102] 不公告发明人．一种带有除尘功能的生石灰消化设备：CN211546341U [P]．2020-09-22.

[103] 汪杰，孙思佳，丁浩，侯喜锋．碳酸钙表面改性及在水介质中的团聚行为 [J]．中国粉体技术，2017，23（6）：64-70.

[104] 刁润丽，张晓丽．纳米碳酸钙的表面改性研究进展 [J]．矿产保护与利用，2018（1）：146-150.

[105] 王小红．轻质碳酸钙掺无机复合填料对脱硫石膏的性能影响 [J]．中国质量技术监督，2017（12）：62-64.

[106] 肖品东．液相中纳米级碳酸钙对活性剂吸附的研究 [J]．非金属矿，2002（03）：19-22.

[107] 赵兴．轻质碳酸钙导电粉体的制备与性能研究 [D]．绵阳：西南科技大学，2016.

[108] 熊欣，李亚东．纳米碳酸钙填充改性环氧树脂植筋胶力学性能研究 [J]．科学技术创新，2021（03）：171-173.

[109] 严海彪，陈艳林，潘国元．聚酯超分散剂改性纳米碳酸钙及其应用研究 [J]．湖北工业大学学报，2005（02）：15-17，24.

[110] 刘霞．纳米碳酸钙的表面改性及其在 ABS 中的应用 [D]．北京：北京化工大学，2003.

[111] 刘军海．改性轻质碳酸钙的性能及其在造纸中的应用 [J]．中国造纸，2013，32（06）：28-31.

[112] 邓丽娟，王陆阳，程昊，黄文艺．有机酸改性纳米碳酸钙及其对酚醛树脂耐水性能的影响 [J]．新材料与新技术，2016，42（4）：63-64，66.

[113] 马允，张传银．改性纳米碳酸钙填充 PVC 的机械性能研究 [J]．成都工业学院学报，2017，20（1）：24-26.

[114] 宗莹，姜旭峰，郝敬团，岳聪伟．纳米碳酸钙表面改性方法 [J]．化工时刊，2015，29（8）：29-31.

[115] 舒均杰．纳米碳酸钙表面改性及其机理的研究 [D]．湖南：湘潭大学，2007.

[116] 江星星．纳米碳酸钙表面的改性及其机理研究 [D]．杭州：浙江工业大学，2014.

[117] 唐文，易双．一种应用于塑料的改性碳酸钙及其生产工艺：CN107602921A [P]．2018-01-19.

[118] 马金花，汤淋淋，谭蓉美，柴明侠，黄孝辉．碳酸钙水分检测方法探讨 [J]．有机硅材料，

2015，29（3）：212-215.

[119] 郭浩．碳酸钙水分检测方法分析［J］．化工管理，2018（12）：100.

[120] 乔晓辉，陈国南．轻质碳酸钙检测方法的探讨［J］．广州化工，2011，39（3）：128-129.

[121] 李强．不同形貌纳米碳酸钙的制备、改性及应用研究［D］．合肥：合肥工业大学，2014.

[122] 常越凡，张慧捷，王珊珊，薛永强．不同粒度纳米碳酸钙的可控制备［J］．无机盐工业，2020，52（12）：29-33.

[123] 闫晓英，高原，郭延军．氮气吸附静态容量法测定固体材料比表面积不确定度评定［J］．计量学报，2017，38（5）：543-547.

[124] 路长春，陆现彩，刘显东，杨侃，陆志均．基于探针气体吸附等温线的矿物岩石表征技术Ⅳ：比表面积的测定和应用［J］．矿物岩石地球化学通报，2008，27（1）：28-34.

[125] Brunauer S，Emmett P H，Teller E. Adsorption of Gases in multimolecular layers［J］. Journal of the American Chemical Society，1938，60（2）：309-319.

[126] 彭娅．纳米碳酸钙填充室温硫化硅橡胶性能及其补强机理的研究［D］．成都：四川大学，2004.

## CHAPTER 5

# 第5章
# 碳酸钙复合塑料、橡胶、纤维产品

## 5.1 碳酸钙用于塑料制品

### 5.1.1 塑料和碳酸钙填料

**(1) 塑料**

对于聚合物基的塑料产品，从组分上讲，一般主要由合成树脂及填料、增塑剂、稳定剂、润滑剂、增韧剂、分散剂、改性剂、着色剂等组成。塑料的主要成分是树脂，基本性能主要取决于树脂的性质，但添加剂也起着重要作用。用作塑料的热塑性树脂主要有聚氯乙烯树脂（PVC）、聚乙烯树脂（PE）、聚丙烯树脂（PP）、聚苯乙烯树脂（PS）、丙烯腈-丁二烯-苯乙烯共聚物（ABS）等，热固性树脂主要有不饱和聚酯树脂、环氧树脂、呋喃树脂、酚醛树脂等。

**(2) 碳酸钙填料**

填料一般是指在塑料成型过程中加入的无机或有机等惰性粉体状固体，可以保持或改善原树脂性能，降低树脂用量，从而降低塑料制品的生产成本。但有时填料对聚合物的性能具有负面作用，这种负面作用往往随着填料填充量的增加而加剧。目前常用的填料多数为 $CaCO_3$（重质 $CaCO_3$、轻质 $CaCO_3$）、滑石粉和高岭土。$CaCO_3$ 粉体相对价格较低，色泽较好，粒度小，表面可改性，在塑料基体中易分散，对加工设备的磨损轻，是塑料工业中使用较早的填充剂，也是目前塑料制品加工中用量最多的填料品种，广泛用于填充在聚氯乙烯、聚乙烯、聚丙烯、丙烯腈-丁二烯-苯乙烯共聚物等树脂产品。

**(3) 添加碳酸钙在塑料中的作用和影响**

①可以增加塑料或其制品的体积，节约树脂，降低成本[1]。②$CaCO_3$ 在塑料中起到一定的骨架作用，能提高塑料的尺寸稳定性[2]。③影响聚合物的结晶速度[3]，对塑料的模量[4]、延展性[5] 和冲击强度[6] 等机械性能有所提高。④改变塑料的硬度。一般来说，颗粒细、吸油值大的 $CaCO_3$，塑料硬度的增长率大。颗粒粗、吸油值小的 $CaCO_3$，塑料硬度的增长率小[7]。⑤改善塑料的加工性能。$CaCO_3$ 粉体的适量添加可以改变塑料的流变性能，有助于各组分的混合[8]。减小塑料的收缩率、线胀系数、蠕变性能[9]，这些有助于塑料的加工成型[10]。⑥$CaCO_3$ 的添加，特别是经过表面改性的 $CaCO_3$ 添加之后，还可以提高塑料制品的表面光泽和表面平整性。⑦提高塑料的耐热性和阻燃性。⑧改进塑料的白度、散光性。在塑料中，有的制品要求增白而不透明，有的希望消光。在塑料中添加白度高的 $CaCO_3$，有明显的增白作用。白度好的 $CaCO_3$ 可以替代昂贵的白色颜料。在钙塑

纸、低密度聚乙烯及高密度聚乙烯薄膜中，添加 $CaCO_3$ 可以达到散光和消光的作用，使之适于书写、印刷。⑨使塑料具有一些特殊性能。例如，$CaCO_3$ 可以提高某些塑料的绝缘、电镀、印刷等性能。

**（4）用碳酸钙作填料的塑料产品的一般加工工艺流程**

选用合适粒度的 $CaCO_3$ 投入高速搅拌机（捏合机）中，在 $100\sim150℃$ 温度下预干燥 $5\sim10min$，使 $CaCO_3$ 的含湿量小于 $0.5\%$（质量分数），然后将改性剂加入捏合机中，继续运转 5min。待机内物料温度降至 80℃ 以下，即可熔融挤出后切粒，按具体塑料制品注塑成型（图 5-1）。

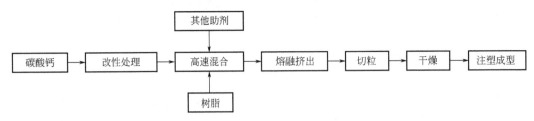

图 5-1　$CaCO_3$ 填充塑料制品的制备工艺流程

### 5.1.2　聚乙烯加工用碳酸钙填料

聚乙烯是以乙烯单体聚合而成的聚合物，主要用来制造薄膜类制品、注塑制品、电线、电缆、纤维等，是合成树脂中产量最大、应用面最广的品种之一。在聚乙烯树脂中添加相应的助剂或添加剂制成的材料或制品称为聚乙烯塑料，通常由聚乙烯树脂、无机填料、$\beta$-(4-羟基苯基-3,5-二叔丁基)丙酸正十八碳醇酯（简称抗氧剂 1076）、硬脂酸、硬脂酸锌、石蜡等原料经过混合、熔融塑化、加工成型以及后处理制得。

**（1）重质 $CaCO_3$ 填料**

因为 $CaCO_3$ 粒子为硬性材料，其耐磨损性、热稳定性和导热性比聚乙烯基体树脂好，$CaCO_3$ 的引入使得摩擦而接触点变少，表层降解减缓，摩擦过程中 $CaCO_3$ 晶体的加入增加了摩擦热量向材料内部传递扩散，材料磨耗量降低。改性重质 $CaCO_3$ 粒子在体系中起到了异相成核作用，使材料结晶度提高，结晶速率增大，结晶时间缩短，晶粒细化，材料刚性提高，冲击强度提高[11]。曾宪通等[12] 利用钛酸酯活化重质碳酸钙对高密度聚乙烯（HDPE）薄膜进行改性实验研究，研究表明，在 HDPE/POE/$CaCO_3$ 体系中，当聚烯烃弹性体（POE）、重质碳酸钙的质量分数分别为 10% 和 5% 时，薄膜的单位落镖冲击强度比纯 HDPE 提高 95.6%，且拉伸强度不降低。但 $CaCO_3$ 用量过多，复合材料分散性降低，团聚引起的缺陷增加，冲击强度下降。有研究发现，随着铝酸酯偶联剂改性重质 $CaCO_3$（18$\mu$m）用量增加，其填充的聚乙烯制品磨耗量和摩擦功有明显降低。其中，在改性重质 $CaCO_3$ 用量 14（表示按质量计每 100 份聚乙烯中所加入重质 $CaCO_3$ 的质量份数）时，磨耗量最低为 0.0124g，较纯聚乙烯制品（0.1013g）降低了 87.76%，摩擦功最小为 46.746kJ，较纯聚乙烯制品（69.387kJ）降低了 32.63%。其中原因可能是 $CaCO_3$ 粒子有助于在聚乙烯制品摩擦面上形成牢固的转移膜，使得摩擦系数相应下降，摩擦功变小，耐磨性能提高。随着改性重质 $CaCO_3$ 用量增多，改性重质 $CaCO_3$ 填充聚乙烯制品抗拉伸强度提高。改性重质 $CaCO_3$ 用量不超过 8 份时，冲击强度最高达 $16.382kJ/m^2$，较纯聚乙烯制品（$13.157kJ/m^2$）提高了 24.57%，此时的拉伸强度提高了 4.46%，但当用量超过 8 质量份后，冲击强度开始降低。

有发明[13] 针对传统重钙用于透气膜生产中由于粒径分布较广所制得的强度低、透气率不稳定、存在色差色斑以及达不到透气膜的卫生要求的问题，提供了一种透气膜用重质碳酸钙的制备方法。首先将精选的碳酸钙含量 ≥99% 的大理石多级破碎到直径为 $3\sim10mm$，再将其干态研磨得到直径在 $40\sim75\mu m$ 的大理石粉。按照质量比大理石粉：水：高分子表面活性剂（海藻酸钠、羧甲基纤维素钠、聚磷酸钠、聚丙烯酰胺、聚乙烯吡咯烷酮、聚丙烯酸钠、聚羧酸钠或木质素磺酸钠等其中的一种）为 $1:(0.2\sim1.5):(0.001\sim0.1)$ 混匀，然后加入占三者总质量 30%～55% 的氧化铝瓷球（$1\sim20mm$）、刚玉球或氧化锆球中的任意一种，研磨过滤得到碳酸钙浆料。将浆料脱水至含水量 ≤1%，得到团聚粉体；解散团聚粉体，再干燥至含水量 ≤0.2%，加入占干燥后粉料总重量 0.5%～3% 的活化剂，在 $110\sim140℃$ 充分反应，冷却，混匀，包装即可。碳酸钙粉体粒径分布窄，球形度很好，所用原料对人体无害，制备的复合膜可以长期接触人体，不会刺激皮肤。

**（2）纳米 $CaCO_3$ 填料**

纳米 $CaCO_3$ 颗粒的粒径较小，比表面积大，与基体的接触面积大，一方面，可以在聚乙烯基体中作为应力集中点，当纳米 $CaCO_3$ 填充聚乙烯制品受到外力作用时，颗粒周围的剪切应力发生转移，可使与之相连的基体产生局部的屈服，吸收更多的能量，进而增强增韧材料。另一方面，会使聚合物受到外力冲击时产生的裂纹在扩散时受阻或钝化。但当纳米 $CaCO_3$ 的添加超过一定量后，纳米颗粒由于较高的表面能，会发生团聚现象，颗粒的分散性变差，界面缺陷增加，使纳米 $CaCO_3$ 填充聚乙烯制品的韧性降低。少量的纳米 $CaCO_3$ 加入高密度聚乙烯中，还可以充当成核剂的作用，促进聚乙烯的结晶，使得分子链排列紧密有序，分子间作用增强，有利于拉伸强度的增加；还可使聚乙烯的结晶性提高，耐热性增大，在一定程度上提高材料的维卡软化温度。但是，过多的纳米颗粒会阻碍分子链的运动，也会使得拉伸强度降低。

在高密度聚乙烯（HDPE）中加入 $CaCO_3$ 可影响 HDPE 制品的冲击强度、拉伸强度、弯曲性能、热稳定性能等。一般而言，随着纳米 $CaCO_3$ 含量的增加，纳米 $CaCO_3$ 填充 HDPE 制品的拉伸强度呈现先上升后下降的趋势[14]。纳米 $CaCO_3$ 粒子是刚性的，不适量的添加会降低聚乙烯基体分子链的柔顺性，使其拉断伸长率、韧性和冲击强度下降。例如，朱静[15] 将聚乙烯和占总质量 0、1%、3%、5%、7% 的硅烷改性纳米 $CaCO_3$（$1.225\mu m$）混合，经双螺杆挤出机进行熔融共混，挤出、牵引、冷却、造粒，再将烘干的粒料经注塑机注塑成型为标准样条。试验结果发现，随着纳米 $CaCO_3$ 含量的增加，纳米 $CaCO_3$ 填充聚乙烯制品的缺口冲击强度、弯曲强度、弯曲模量和拉伸强度均呈现先上升后下降的趋势，当纳米 $CaCO_3$ 的含量达到 3% 时，纳米 $CaCO_3$ 填充聚乙烯制品的缺口冲击强度、弯曲强度和弯曲模量达到最大值，缺口冲击强度最大值为 $54.5kJ/m^2$，弯曲强度为 15.2MPa，弯曲模量为 800MPa；当纳米 $CaCO_3$ 的含量为 4% 时，纳米 $CaCO_3$ 填充聚乙烯制品的拉伸强度达到 28.1MPa；当纳米 $CaCO_3$ 的含量达到 5% 时，纳米 $CaCO_3$ 填充制品的硬度达到 $66kg/mm^2$，维卡软化温度达到 126.7℃。当纳米 $CaCO_3$ 的含量为 3%

时，纳米颗粒在聚乙烯基体中的分散较均匀且粒径较小，基体与颗粒的黏结性较好，随着纳米 $CaCO_3$ 含量达到 5%，纳米颗粒在基体中发生团聚现象，分布的颗粒的粒径较大，使得基体与颗粒的界面出现缺陷，对聚乙烯制品的性能造成不利的影响。

通过偶联剂活化碳酸钙改性 HDPE，偶联剂可增加无机物与有机物之间的亲和力，李学闵等[16] 在 HDPE 中加入 2%硅烷偶联剂活化纳米 $CaCO_3$，发现活化后的 $CaCO_3$ 可使 $CaCO_3$/HDPE 复合材料的冲击强度、拉断伸长率显著提高，复合材料的力学性能、加工性能均得到改善。另外，通过有机物活化碳酸钙改性 HDPE，常用有机物[17] 有脂肪酸（盐）、硬脂酸等，这类有机物分子一端是亲水性基团，如单分子活性层会在羟基和碳酸钙分子间进行化学结合而形成，可防止碳酸钙分子之间的团聚，从而提高分散程度；另一端是长链烷基，具有一定的相容性。通过聚合物活化碳酸钙改性 HDPE，解廷秀等[18] 通过界面改性，合成了以 $CaCO_3$ 为核，马来酸酐接枝乙烯-辛烯共聚物弹性体（POEg）为壳的高密度聚乙烯弹性体的三元复合材料。在相同的 $CaCO_3$ 含量的情况下，同未经表面处理的 $CaCO_3$ 复合材料比较，表面处理的 $CaCO_3$ 由于与弹性体形成更强的界面黏结，使得三元复合材料的"脆-韧"转变发生在较低的弹性体含量时。

### 5.1.3  聚氯乙烯加工用碳酸钙填料

聚氯乙烯具有优异的力学、硬度、耐腐蚀、电绝缘性、印刷和焊接性、阻燃等性能[19]，其制品是由聚氯乙烯树脂和助剂按照一定的比例，经过混合、熔融塑化、加工成型以及后处理制得的民用或工业产品的统称。聚氯乙烯树脂通过不同的配方设计，可以加工成各种各样的塑料制品，制品从软到硬，从高填充到高透明，性能多样，广泛应用于汽车、家电、医疗、航空等行业。

聚氯乙烯制品基本配方由聚氯乙烯、氯化聚乙烯、邻苯二甲酸二辛酯、无机填料、硬脂酸钙、硬脂酸、聚乙烯蜡等原料经过混合、熔融塑化、加工成型以及后处理制得。在聚氯乙烯中加入 $CaCO_3$ 可影响聚乙烯制品的冲击强度、拉伸强度、弯曲性能、热稳定性等。其合适的添加量往往要通过试验来选择。杨照等[20] 研究比较了活性轻质和重质碳酸钙添加在软质聚氯乙烯中的效果，实验采用活性轻质纳米 $CaCO_3$（粒径 12.5nm）和活性重质 $CaCO_3$（粒径 12.5nm）填充聚氯乙烯，将聚氯乙烯、邻苯二甲酸二辛酯（二者质量比为 100∶80）、活性轻质 $CaCO_3$ 或活性重质 $CaCO_3$ 及其他助剂于高速搅拌机中充分混合，将混合好的粉料经锥形双螺杆挤出机挤出造粒，然后将粒料注塑成标准试样。试验发现，随着活性轻质 $CaCO_3$ 和活性重质 $CaCO_3$ 含量的增加，添加活性轻质 $CaCO_3$ 对聚氯乙烯制品流变性能的影响小于活性重质 $CaCO_3$；随着两种 $CaCO_3$ 含量的增加，聚氯乙烯制品的硬度逐渐增大，当活性重质 $CaCO_3$ 用量为 50 份时，其硬度达到最大值 77HRS（洛氏硬度值），活性轻质 $CaCO_3$ 用量为 45 份时，其硬度达到最大值 76.5HRS；随着两种 $CaCO_3$ 含量的增加，聚氯乙烯制品拉伸性能都呈现先增加后减小的趋势。对于活性轻质 $CaCO_3$ 填充的聚氯乙烯制品，当其用量为 40 份时，拉伸强度达到最大值 14.1MPa；而对于活性重质 $CaCO_3$ 填充的聚氯乙烯制品，当其用量为 20 份时，拉伸强度达到最大值 14.3MPa。

一般来说，$CaCO_3$ 填充硬质聚氯乙烯制品的冲击强度也都随 $CaCO_3$ 添加量的增加先上升后下降。随着 $CaCO_3$ 填充量递增，$CaCO_3$ 填充聚氯乙烯制品的拉伸强度会降低，魏洪生[21] 将不同量的活性轻质 $CaCO_3$（5～6μm）、活性重质 $CaCO_3$（6～10μm）、纳米 $CaCO_3$（0.06～0.08μm）分别与聚氯乙烯树脂、丙烯酸酯类（acrylic ester，ACR）等抗冲剂、硫醇有机锡、钛白粉、紫外线吸收剂 UV-531 及其他助剂于高速搅拌机中充分混合，将混合好的粉料经双滚筒炼胶机混炼、压力成型机压延成型，然后用万能制样机制成标准测试样条。测试结果表明，当纳米 $CaCO_3$ 含量为 15phr 时（每 100 份聚氯乙烯中加入的 $CaCO_3$ 的质量份数），冲击强度达到 84kJ/m²，但在活性轻质 $CaCO_3$ 和重质 $CaCO_3$ 填充硬质聚氯乙烯制品中，冲击强度并没有得到改善，起不到增韧改性的功能；当加入相同 $CaCO_3$ 填充量时，拉伸强度是纳米 $CaCO_3$ 最高，活性重质 $CaCO_3$ 最低。

　　填充所用的 $CaCO_3$ 粒径和表面改性等都对聚氯乙烯制品的力学性能有重要影响。总体而言，$CaCO_3$ 颗粒越细，与聚氯乙烯树脂的相容性越好，其加工流动性越好，制品的冲击强度越大。例如，骆振福等[22] 将 50phr（每 100 份聚氯乙烯中加入的 $CaCO_3$ 的质量份数）铝酸酯改性重质 $CaCO_3$（1.81μm）、50phr 铝酸酯改性轻质 $CaCO_3$（43μm）、铝酸酯改性纳米 $CaCO_3$（<0.1μm）分别与聚氯乙烯、复合铅、硬脂酸钙、硬脂酸、固体石蜡、氯化聚乙烯和 ACR 高速搅拌、熔融共混、挤出造粒，注塑成标准样条。改性纳米 $CaCO_3$ 填充聚氯乙烯制品的力学性能最好，改性轻质 $CaCO_3$ 填充聚氯乙烯制品的力学性能最差（表 5-1）。

表 5-1　不同碳酸钙对聚氯乙烯制品力学性能的影响

| $CaCO_3$ 种类 | 拉伸强度/MPa | 弯曲强度/MPa | 缺口冲击强度/(kJ/m²) | 冲击强度/(kJ/m²) |
| --- | --- | --- | --- | --- |
| 无填充 | 32 | 50 | 8 | 11 |
| 重质 $CaCO_3$ | 36 | 65 | 19 | 32 |
| 轻质 $CaCO_3$ | 33 | 60 | 14 | 22 |
| 纳米 $CaCO_3$ | 39 | 68 | 30 | 56 |

　　填充所用的 $CaCO_3$ 粒径和表面改性等都对聚氯乙烯制品的密度、维卡软化温度、热稳定性有重要影响。例如，孔秀丽等[23] 将 10phr（每 100 份聚氯乙烯中所加入 $CaCO_3$ 的质量份数）轻质 $CaCO_3$（0.5～1.5μm）、重质 $CaCO_3$（10μm）、微细活性 $CaCO_3$（0.5～2.0μm）、超细活性 $CaCO_3$（0.02～0.1μm）、纳米 $CaCO_3$（<0.1μm）分别与聚氯乙烯、有机锡、钛白粉等原料在高速混合机组混合搅拌后，用转矩流变仪密炼 2min，然后用热模压机压制成硬板，制成标准试样。10phr 纳米 $CaCO_3$ 填充聚氯乙烯制品的冲击强度最好，是 10phr 重质 $CaCO_3$ 填充聚氯乙烯制品的 3.6 倍（表 5-2）；10phr 轻质 $CaCO_3$ 填充聚氯乙烯制品的热稳定性最好，是 10phr 纳米 $CaCO_3$ 填充聚氯乙烯制品的 2.3 倍。李玲[24] 将一种混合表面处理剂加入干燥的纳米 $CaCO_3$（0.05μm）中，用低速混合机使混合表面处理剂对纳米 $CaCO_3$ 的表面进行充分包覆，待 10min 后，将物料放出，不断搅拌、冷却，待其进一步熟化后，加入聚氯乙烯、氯化聚乙烯、ACR 抗冲剂、复合铅盐、钛白粉、蜡类润滑剂，高速混合 15～20min，将物料放入冷混锅中，冷却至 45℃放料，放置 1～2h后挤出成型。其中，添加 8phr（每 100 份聚氯乙烯中所加入 $CaCO_3$ 的质量份数）改性纳米 $CaCO_3$ 与未添加纳米 $CaCO_3$ 填充聚氯乙烯制品比较，简支梁冲击强度由 21kJ/m² 提高

到 23kJ/m², 弯曲弹性模量由 2618MPa 增加到 2964MPa, 维卡软化温度提高了 6℃, 加热后收缩率从原来的 -1.8% 降低到 -1.6%, 增加了制品的尺寸稳定性。

表 5-2　不同碳酸钙对聚氯乙烯制品性能的影响

| 项目 | 轻质 CaCO₃ | 重质 CaCO₃ | 微细活性 CaCO₃ | 超细活性 CaCO₃ | 纳米 CaCO₃ |
|---|---|---|---|---|---|
| 密度/(kg/m³) | 1425.5 | 1426.8 | 1427.7 | 1426.9 | 1427.5 |
| 简支梁冲击强度/(kJ/m²) | 8.2 | 4.2 | 7.0 | 8.2 | 15.1 |
| 维卡软化温度/℃ | 81.2 | 80.4 | 80.9 | 81.2 | 80.7 |
| 热稳定时间/s | 840 | 580 | 660 | 640 | 360 |

### 5.1.4　聚丙烯加工用碳酸钙填料

聚丙烯制品通常由聚丙烯树脂、无机填料、四 [β-(3,5-二叔丁基-4-羟基苯基)丙酸] 季戊四醇酯 (通称抗氧化剂 1010)、硬脂酸、硬脂酸钙、白矿油等原料经过混合、熔融塑化、加工成型以及后处理制得, 有型材、片材、板材、薄膜和编织品。在聚丙烯中适量加入 CaCO₃ 可增加聚丙烯制品的拉伸强度、弯曲性能、流变性能、热稳定性等[25]。李良钊等[26] 将聚丙烯和纳米 CaCO₃ (粒径 40~60nm) 在室温下使用搅拌器混合均匀, 然后在转矩流变仪下熔融共混, 挤出的样条经水浴冷却、切粒、干燥, 得到纳米 CaCO₃ 填充聚丙烯制品。测试发现, 纳米 CaCO₃ 填充聚丙烯制品的弯曲强度和弯曲模量随着纳米 CaCO₃ 含量的增加而提高, 其缺口冲击强度提高 20% 以上。随着纳米 CaCO₃ 含量增大, 聚丙烯制品的拉断伸长率降低, 熔体流动速率降低, 熔融指数下降较大, 黏度提高。这可能是由于纳米 CaCO₃ 的加入限制了聚丙烯分子链自由运动, 随着纳米 CaCO₃ 含量增多, 分子链运动难度加大, 熔体流动速率降低。

对聚丙烯制品的拉伸强度、弯曲模量、冲击强度、韧性的影响, 均与在聚丙烯中加入 CaCO₃ 的量有关。例如, 石璞等[27] 在聚丙烯 100phr 中加入 2~4phr 聚丙烯接枝物、0.2~0.3phr 白矿油、0.3phr 改性乙撑双脂肪酸酰胺, 分别加入不同含量的纳米 CaCO₃ (粒径 60~80nm), 用高速混合机混合均匀后, 再用双螺杆挤出机进行熔融共混挤出、造粒, 粒料经干燥后用注塑机注塑成标准测试样条。测试结果表明, 当纳米 CaCO₃ 含量为 2~14phr 时拉伸强度保持在 40MPa 左右, 随着纳米 CaCO₃ 含量的增加, 复合材料的拉伸强度呈缓降趋势, 在 40phr 时为 31.4MPa; 弯曲模量有较大提高, 从纯聚丙烯的 1134MPa 最高增加到纳米 CaCO₃ 含量为 35phr 时的 1667MPa; 纳米 CaCO₃ 含量为 20~40phr 时, 冲击强度有较明显的增加, 当填充 40phr 时, 其冲击强度达到 17.0kJ/m²; 纳米 CaCO₃ 含量为 20~40phr 聚丙烯制品中有大量 120~300nm 的孔洞, 可能是较蓬松的纳米碳酸钙粒子之间含有大量的微小气体, 在加工剪切后保留在聚丙烯制品中, 这些孔洞可以有效地吸收能量而导致聚丙烯制品韧性上升。

在聚丙烯中加入 CaCO₃ 也影响聚丙烯加工时的流变性能。Karamipour 等[28] 研究了纳米 CaCO₃ (平均粒径 30~40nm) 填充聚丙烯 (CaCO₃ 的质量分数分别为 5%、10%、15%) 的流变性能。在低剪切速率下, 随着纳米 CaCO₃ 含量的增加, 填充体系的黏度比纯聚乙烯大。王权等[29] 研究了不同含量 CaCO₃ (平均粒径 1.52μm) 时聚丙烯/CaCO₃ 制品的动态流变性能, 发现在毛细管动态流变仪中挤出聚丙烯与 CaCO₃ 混料时, 随着振幅和频率的增大，填充体系的表观黏度显著减小。

填充所用的 $CaCO_3$ 粒径和表面改性等都对聚丙烯制品的拉伸强度、冲击强度、弯曲弹性模量、加工流动性、热稳定性等有重要影响，且各不相同，往往需要通过试验来优化填充所用的 $CaCO_3$ 粒径和表面改性方法。例如李玲等[24] 将不同粒径的纳米 $CaCO_3$（0.05$\mu$m）、重质 $CaCO_3$（10$\mu$m）、轻质 $CaCO_3$（38$\mu$m）与抗氧剂 1010、液体石蜡添加到聚丙烯树脂中高速混合，混合均匀后注塑成标准样件。三种 $CaCO_3$ 填充聚丙烯制品的拉伸强度均随着 $CaCO_3$ 含量的增加而下降；相同含量时纳米 $CaCO_3$ 的强度最大，轻质 $CaCO_3$ 最小；其冲击强度均随 $CaCO_3$ 含量的增加先上升后下降；纳米 $CaCO_3$ 和轻质 $CaCO_3$ 在添加量为 25% 时，冲击强度达到最大值，分别为 3.5kJ/m$^2$、3.8kJ/m$^2$，重质 $CaCO_3$ 在添加量为 5% 时，冲击强度达到最大值，为 3.7kJ/m$^2$；相同添加量时弯曲弹性模量纳米 $CaCO_3$ 最大，重质 $CaCO_3$ 次之，重质 $CaCO_3$ 与轻质 $CaCO_3$ 差距较小，且随着添加量的增大，模量均有所提高；相同添加量时重质 $CaCO_3$ 流动性最好，纳米 $CaCO_3$ 最差，并且随着添加量的不断增大，流动性均有不同程度的提高。王千[30] 将聚丙烯、硬脂酸钠、改性重质 $CaCO_3$（粒径 12.5nm）、润滑剂氧化聚乙烯蜡混合均匀，然后在转矩流变仪下熔融共混，密炼出料并剪碎，注塑成型成测试样条。研究发现，硬脂酸钠改性重质 $CaCO_3$ 质量含量为 20% 时聚丙烯制品冲击强度提高了 15.7%，拉断伸长率提高了 12%，拉伸强度降低了 22.24%，同时提高了热稳定性。

### 5.1.5　丙烯腈-丁二烯-苯乙烯加工用碳酸钙填料

丙烯腈-丁二烯-苯乙烯树脂是由丙烯腈、丁二烯和苯乙烯组成的三元共聚物，其耐热性和耐溶性较好，具有光泽性。由于丙烯腈的氰基极性较强，增强了苯乙烯中分子链的相互作用，相应制品的冲击强度、拉伸强度及表面硬度等物理力学性能好，广泛应用于汽车、电器、仪表、机械等领域。

丙烯腈-丁二烯-苯乙烯制品基本配方由丙烯腈-丁二烯-苯乙烯树脂、聚氯乙烯树脂、氯化聚乙烯、邻苯二甲酸二辛酯、无机填料、硬脂酸钙、硬脂酸、白蜡等原料经过混合、熔融塑化、加工成型以及后处理制得。在丙烯腈-丁二烯-苯乙烯中加入 $CaCO_3$ 可影响丙烯腈-丁二烯-苯乙烯制品的拉伸强度、弯曲性能、流变性能、冲击性能等。

超细重质 $CaCO_3$、轻质纳米 $CaCO_3$ 都可用于填充丙烯腈-丁二烯-苯乙烯。钱岑等[31] 将不同质量分数的超细重质 $CaCO_3$（粒径为 1.96$\mu$m）分别与丙烯腈-丁二烯-苯乙烯树脂高速混合后，用双螺杆挤出机挤出造粒，干燥，用塑料注射成型机注塑成标准样条。随着超细重质 $CaCO_3$ 质量分数的增加，超细重质 $CaCO_3$ 填充丙烯腈-丁二烯-苯乙烯制品的冲击强度、拉伸强度、弯曲强度和熔体流动速率呈下降趋势，其中冲击强度降低了 92.31%，拉伸强度降低了 28.57%，弯曲强度降低了 17.91%，熔体流动速率降低了 37.04%。

#### (1) 黏度和流变性

有研究认为，纳米 $CaCO_3$ 填充丙烯腈-丁二烯-苯乙烯体系熔体为假塑性流体，具有"剪切稀化"的作用，即黏度随着剪切速率或剪切应力的增大而减小[32]。在低剪切速率下，纳米 $CaCO_3$ 填充丙烯腈-丁二烯-苯乙烯体系的熔体黏度较纯丙烯腈-丁二烯-苯乙烯熔体低；在高剪切速率下，纳米 $CaCO_3$ 填充丙烯腈-丁二烯-苯乙烯体系的熔体黏度较纯丙烯腈-丁二烯-苯乙烯熔体高。在适当的加工温度（200～210℃），纳米 $CaCO_3$ 含量为 4 份时，纳米 $CaCO_3$ 填充丙烯腈-丁二烯-苯乙烯体系的黏度较小。例如，Ananthapadmanabha 等[33] 将不同含量的纳米 $CaCO_3$（粒径为 5.1nm）分别与丙烯腈-丁二烯-苯乙烯树脂和钛酸酯偶联剂混合后，用双螺杆挤出机进行熔融共混挤出、造粒，粒料经干燥后用注塑机注塑成标准测试样条。纳米 $CaCO_3$ 填充丙烯腈-丁二烯-苯乙烯制品的黏度、弹性模量随纳米 $CaCO_3$ 含量的增加而增加，随着纳米 $CaCO_3$ 含量增加至 40%，纳米 $CaCO_3$ 填充丙烯腈-丁二烯-苯乙烯制品表现出非常高的黏度。

**(2) 力学性能**

纳米 $CaCO_3$ 填充丙烯腈-丁二烯-苯乙烯制品力学性能在很大程度上取决于纳米 $CaCO_3$ 与丙烯腈-丁二烯-苯乙烯之间的界面结合状态。纳米 $CaCO_3$ 填充量较小时，随着纳米 $CaCO_3$ 填充量的增加，纳米 $CaCO_3$ 填充丙烯腈-丁二烯-苯乙烯制品的力学性能不同程度都有所提高。一方面低填充量的纳米 $CaCO_3$ 在丙烯腈-丁二烯-苯乙烯树脂中能够均匀分散，使应力易于传递和均化；另一方面，纳米 $CaCO_3$ 均匀分散在丙烯腈-丁二烯-苯乙烯基体树脂之中，可以与丙烯腈-丁二烯-苯乙烯充分地吸附、键合，使得纳米 $CaCO_3$ 粒子与丙烯腈-丁二烯-苯乙烯基体树脂间的结合力增大，有利于应力传递，纳米 $CaCO_3$ 粒子起到了增韧、增强丙烯腈-丁二烯-苯乙烯的作用。一般研究均发现随着纳米 $CaCO_3$ 填充量的增加，纳米 $CaCO_3$ 填充丙烯腈-丁二烯-苯乙烯制品的冲击强度、弯曲强度和拉伸强度均先上升后下降。例如，金诚[34] 将纳米 $CaCO_3$（粒径<0.1$\mu$m）分别与丙烯腈-丁二烯-苯乙烯树脂、硬脂酸钙、硬脂酸、聚乙烯蜡、抗氧剂 1010 高速混合，将混合均匀的物料加入双螺杆挤出机中挤出造粒，将上述所得粒子干燥后，注塑制样。当纳米 $CaCO_3$ 填充量为 5 份时，冲击强度、弯曲强度及拉伸强度均达到最大值，冲击强度由 172.33J/m（未填充纳米 $CaCO_3$）提高到 203.70J/m，弯曲强度由 73.60MPa（未填充纳米 $CaCO_3$）提高到 74.53MPa，拉伸强度 39.79MPa（未填充纳米 $CaCO_3$）提高到 40.11MPa，填充纳米 $CaCO_3$ 对丙烯腈-丁二烯-苯乙烯制品的弯曲强度和拉伸强度影响较小。又例如，马晓坤等[35] 将丁二烯-苯乙烯-丙烯腈三元共聚粉料（CHT）和苯乙烯-丙烯腈二元共聚物（SAN）按照质量比1：3混合，再加入乙烯基双硬脂酰胺、硬脂酸镁及抗氧剂二硬脂基季戊四醇二亚磷酸酯，然后分别加入质量分数为 0.2% 和 0.5% 的纳米 $CaCO_3$（粒径为 32.8nm），将上述混合物料高速混合，用双螺杆挤出机挤出造粒，干燥，用注射成型机注塑成标准样条。纳米 $CaCO_3$ 填充丙烯腈-丁二烯-苯乙烯制品的冲击强度、弯曲强度和拉伸强度随纳米 $CaCO_3$ 含量的增加而降低，硬度和维卡软化温度随纳米 $CaCO_3$ 含量的增加而增加（表 5-3）。

表 5-3  填充不同含量的纳米 $CaCO_3$ 对丙烯腈-丁二烯-苯乙烯制品主要性能的影响[35]

| 填充纳米 $CaCO_3$ 的含量(质量分数) | 冲击强度 /(kJ/m$^2$) | 弯曲强度 /MPa | 拉伸强度 /MPa | 硬度 | 维卡软化温度/℃ |
| --- | --- | --- | --- | --- | --- |
| 0 | 21.96 | 82.78 | 48.58 | 107.9 | 95.7 |
| 0.2% | 18.04 | 78.67 | 46.81 | 108.2 | 95.7 |

| 填充纳米 $CaCO_3$ 的含量(质量分数) | 冲击强度 /(kJ/m²) | 弯曲强度 /MPa | 拉伸强度 /MPa | 硬度 | 维卡软化 温度/℃ |
| --- | --- | --- | --- | --- | --- |
| 0.5% | 17.47 | 77.82 | 46.78 | 109.2 | 96.0 |

注：$CaCO_3$ 用油酸原位表面改性。

**（3）$CaCO_3$ 在基体中的分散性**

纳米 $CaCO_3$ 在丙烯腈-丁二烯-苯乙烯树脂基体中的分散性尤其重要[35]。常见的情况是当纳米 $CaCO_3$ 填充量过量时，纳米 $CaCO_3$ 填充丙烯腈-丁二烯-苯乙烯制品复合材料的各项力学性能均下降，其中以冲击强度下降尤为显著。造成冲击强度大幅度下降的主要原因在于高填充量的纳米 $CaCO_3$ 无法在丙烯腈-丁二烯-苯乙烯基体中很好地分散，部分纳米 $CaCO_3$ 以团聚体的形式存在。这些大的团聚体有可能使纳米 $CaCO_3$ 填充丙烯腈-丁二烯-苯乙烯制品复合材料产生缺陷造成应力集中，使得纳米 $CaCO_3$ 粒子与丙烯腈-丁二烯-苯乙烯基体之间的结合力降低，使纳米 $CaCO_3$ 填充丙烯腈-丁二烯-苯乙烯制品复合材料的冲击强度等力学性能下降。造成纳米 $CaCO_3$ 填充丙烯腈-丁二烯-苯乙烯制品复合材料拉伸强度和弯曲强度降低的原因主要是纳米 $CaCO_3$ 与丙烯腈-丁二烯-苯乙烯基体树脂之间界面结合力较弱，当纳米 $CaCO_3$ 填充丙烯腈-丁二烯-苯乙烯制品受到外力作用时，纳米 $CaCO_3$ 粒子倾向于从丙烯腈-丁二烯-苯乙烯基体中脱附形成孔洞，容易产生界面缺陷，导致其拉伸强度和弯曲强度缓慢降低[34]。

## 5.1.6　填充母料用碳酸钙填料

**（1）母料**

塑料母料就是将所要添加的组分与载体树脂先进行混合、混炼、造粒制成的颗粒原料，主要包括载体树脂、添加剂和助剂三大部分。以纳米 $CaCO_3$ 为母料核，其产品即为填充母料；若以酞菁蓝等色料为母料核，则其产品为着色母料。除聚氯乙烯树脂外，多数市售的塑料原料都是颗粒状的，各种粉末状填料很难与颗粒状树脂混合均匀，后续势必造成成型制品中组分不均匀，不仅材料性能得不到保证，由于物料组分的波动，也不可能实现稳定的加工成型。采用母料法生产塑料制品具有简化工艺过程、改善混炼效果、组分均一、提高生产效率、减少粉尘飞扬等优点，并使得加工成型和制品质量稳定。

$CaCO_3$ 母料的基本微粒单元由 4 个部分组成，即填料核、偶联层、分散层和载体层[36,37]。一般是将塑料树脂与表面处理好的 $CaCO_3$ 及其他助剂于双螺杆挤出机中共混造粒而成。在填充母料配方设计时，一般要对纳米 $CaCO_3$、偶联剂、分散剂、载体树脂等原料助剂的型号、特性、用量有充分的认识和了解。

a. $CaCO_3$ 填料核在母料的最内层，它决定了母料的性质及用途，主要起增容、提高刚性、降低成本等作用。

b. 偶联层主要由同时对 $CaCO_3$ 填料核和树脂起化学和物理作用的偶联剂及少量交联剂组成，主要是改善填料与树脂间的结合力，增大母料核同载体之间的相容性和结合性。

c. 分散层主要由分散剂组成，能使处理好的 $CaCO_3$ 粉末状填料在制成母料的造粒过程中较好、较多地与增混物（如偶联剂）混合并制成颗粒，同时改善填充母料与树脂体系的流动性，避免无机填料聚团，提高制品表面光洁度等。

d. 载体层连接 CaCO$_3$ 填料核和树脂的过渡层，主要由与要填充的树脂有很好的相容性并有一定的力学性能的树脂和（或）具有一定的双键的共聚物构成，由于这一层的量比较大，它直接与要填充的树脂接触、混容，对体系的力学性能影响很大。

**（2）CaCO$_3$/聚乙烯母料**

不同粒径的重质 CaCO$_3$ 经表面处理后可用于填充聚乙烯制得母料。其活化可采用下列方法[38]，先将碳酸钙原料于 110～120℃下干燥，将铝酸酯偶联剂 LD-B、铝钛复合偶联剂 LD、复合型偶联剂 LD-121、钛酸酯偶联剂 JN-114、硬脂酸分别用无水乙醇超声分散多次溶解后倒入重质 CaCO$_3$ 中，在高速分散机中分散 1h，然后放入烘箱内在 105℃下活化烘干，粉碎过筛即得到活化碳酸钙；再将活化碳酸钙与聚乙烯用密炼机混炼，出料后粉碎成粒状即为母料。其中，不同偶联剂对重质 CaCO$_3$/聚乙烯母料再加聚乙烯制成的薄膜的拉伸强度和拉断伸长率的影响不同（表 5-4）。不同粒径重质 CaCO$_3$ 制备的母料和不同的 CaCO$_3$ 加入量对薄膜力学性能的影响也不相同[39]（表 5-5）。因此，要从母料性能以及经济成本等方面综合考虑来选用适宜的重质碳酸钙粉体、改性处理方法、加工工艺。

表 5-4    偶联剂种类对改性重质 CaCO$_3$ 填充聚乙烯薄膜力学性能的影响[38]

| 力学性能 | 改性剂种类 | | | | | |
|---|---|---|---|---|---|---|
| | 复合型偶联剂 LD-121 | 铝钛复合偶联剂 LD | 硬脂酸 | 铝酸酯偶联剂 LD-B | 钛酸酯偶联剂 JN-114 | 未处理 |
| 拉伸强度/MPa | 16.46 | 15.60 | 13.65 | 12.60 | 13.18 | 12.46 |
| 拉断伸长率/% | 785.5 | 756.7 | 590.0 | 594.4 | 585.0 | 580.7 |

注：母料中重质 CaCO$_3$ 质量分数为 70%，薄膜中重质 CaCO$_3$ 质量分数为 10%。

表 5-5    用不同粒径和添加量的重质 CaCO$_3$ 制备的母料对制品薄膜力学性能的影响[39]

| 重质 CaCO$_3$ 粒径/μm | 重质 CaCO$_3$ 质量分数/% | 拉伸强度/MPa | | 拉断伸长率/% | | 直角撕裂强度/(kN/m) | |
|---|---|---|---|---|---|---|---|
| | | 纵 | 横 | 纵 | 横 | 纵 | 横 |
| 19.0 | — | 20.5 | 24.1 | 740 | 660 | 93.4 | 98.4 |
| 10.4 | — | 22.5 | 26.8 | 810 | 700 | 96.4 | 101.8 |
| 5.5 | — | 24.2 | 27.8 | 810 | 690 | 97.2 | 104.2 |
| — | 0 | 25.1 | 27.9 | 820 | 800 | 106.7 | 123.6 |
| 5.5 | 20 | 20.5 | 24.5 | 770 | 750 | 92.7 | 106.4 |
| 5.5 | 25 | 19.8 | 23.3 | 760 | 740 | 94.4 | 104.4 |
| 5.5 | 30 | 18.9 | 22.5 | 740 | 730 | 92.6 | 100.1 |
| 5.5 | 35 | 17.7 | 21.2 | 730 | 720 | 93.6 | 97.1 |

注：纵指沿拉伸方向；横指膜平面垂直于拉伸方向。

轻质 CaCO$_3$ 也可用来生产 CaCO$_3$/聚乙烯母料。例如，徐冬梅等[40] 将干燥的轻质 CaCO$_3$（15μm）加入高速混合机中，高速搅拌并升温至 100℃，加热烘干 10min 后加入铝酸酯偶联剂 DLL-441-D 继续混合 15min，将混合物料放入低速混合槽中，加入少许白油润湿聚乙烯树脂和分散剂硬脂酸，混合 10min 出料，用同向双螺杆配混挤出机挤出制得母料。将改性轻质 $CaCO_3$ 填充聚乙烯母料与聚乙烯树脂、硬脂酸、聚乙烯蜡、液体石蜡放入吹塑薄膜机中吹塑薄膜[40]。随轻质 $CaCO_3$ 用量（50～110 份）的增加，母料熔体流动速率下降，可能主要是由于轻质 $CaCO_3$ 与载体树脂界面相容性差，结合能力低，增加了分子间的距离，分子热运动减弱，不利于流动；随着母料含量的增加，薄膜的拉伸强度、拉断伸长率、撕裂强度均先上升后下降，拉伸强度在母料加入量为 5 份时达到最大值，为 15.5MPa，拉断伸长率、撕裂强度在母料加入量为 10 份时达到最大值，分别为 500% 和 126kN/m。

**（3） $CaCO_3$/聚苯乙烯母料**

例如，将高抗冲聚苯乙烯 32.0 份、纳米 $CaCO_3$ 50.0 份、苯乙烯-丁二烯-苯乙烯嵌段共聚物 10.0 份、乙烯-醋酸乙烯共聚物 6.0 份、硬脂酸 1.5 份、硬脂酸钙 1.5 份、抗氧剂 1010 1.5 份、聚乙烯蜡 2.0 份加入高速混合机混合 10min，然后将其加入双螺杆挤出机中挤出造粒，制备出了纳米 $CaCO_3$/高抗冲聚苯乙烯母粒[34]。将上述制备得到的纳米 $CaCO_3$/高抗冲聚苯乙烯母粒和丙烯腈-丁二烯-苯乙烯共聚物在 80℃干燥 5h，然后按照纳米 $CaCO_3$/高抗冲聚苯乙烯母粒与丙烯腈-丁二烯-苯乙烯共聚物的质量比为 34∶66 称量，并用高速混合机混合 5min 后就可以注塑成样。母粒法制备的纳米 $CaCO_3$/高抗冲聚苯乙烯/丙烯腈-丁二烯-苯乙烯共聚物复合材料的缺口冲击强度明显高于直接共混挤出法和二次挤出法制备的（表 5-6）。

**表 5-6　加工工艺对纳米 $CaCO_3$/高抗冲聚苯乙烯/**
**丙烯腈-丁二烯-苯乙烯共聚物复合材料力学性能的影响[34]**

| 加工工艺 | 缺口冲击强度/(J/m) | 拉伸强度/MPa | 拉伸模量/MPa | 弯曲强度/MPa | 弯曲模量/MPa |
| --- | --- | --- | --- | --- | --- |
| 直接共混挤出法 | 101.05 | 32.18 | 252.07 | 60.87 | 2336.71 |
| 母粒法 | 112.06 | 32.69 | 244.08 | 61.66 | 3209.41 |
| 二次挤出法 | 88.26 | 31.35 | 293.13 | 56.23 | 2503.15 |

## 5.1.7　塑料填充用碳酸钙的表面改性

**（1） $CaCO_3$ 的改性**

$CaCO_3$ 粒子表面有亲水性较强的羟基，耐酸性差，与有机高聚物的亲和性差，易造成分散不均匀，导致界面缺陷。$CaCO_3$ 要达到增韧补强的效果，就需要尽可能减小粒径，但小粒径的 $CaCO_3$ 本身具有极大的比表面积和表面能，容易引起团聚[41]，团聚后在基体中就易成为应力集中点，影响制品的性能。因此，需要调整 $CaCO_3$ 的结晶形态、粒子大小、粒度分布及进行表面处理等，减少颗粒间的黏附，增加亲油性，提高 $CaCO_3$ 在基质中的分散性和相容性，增大填充量，使 $CaCO_3$ 成为一种更好的具有增韧、补强效果的功能性无机填充材料。

$CaCO_3$ 的改性主要有两条途径：一是改变 $CaCO_3$ 的结晶形态和粒度分布，用结晶形态各异的、微细或超微细的 $CaCO_3$ 改善其在树脂中的分散性。这种方法的 $CaCO_3$ 生产工艺复杂，$CaCO_3$ 产品成本较高，难以工业化生产。二是改善 $CaCO_3$ 的表面性能，使其由无机性向有机性转变，增大 $CaCO_3$ 与有机树脂的相容性，改善制品的加工性能和物理机械性能。这种方法主要采用两亲结构物质（如偶联剂）对 $CaCO_3$ 进行表面偶联活化处理，使得无机 $CaCO_3$ 的吸水量下降，吸油值增加，改善了无机 $CaCO_3$ 在合成树脂中的分散性能，增强键结合能力。一般先将 $CaCO_3$ 干燥除水，再将适当比例的偶联剂及辅助偶联剂与 $CaCO_3$ 置于高速捏合机，在一定温度下分散并混合均匀。

吸油值是 $CaCO_3$ 改性效果的一个表征指标，能够表征粉样的聚集状态，粒子细、颗粒间的空隙减小，表面光滑，吸油值就低。沉降体积是衡量粉体分散稳定性的一个重要参数，若液体对粒子有较好的润湿性，粒子间不易聚集和粘连，沉降时，沉降体积较小；相反，若颗粒分散性较差，颗粒易于聚集，粒子间因桥联而留有较多空隙，沉降时易形成沉积物，沉降体积较大。另外，活化度和静态接触角是评价碳酸钙改性效果的重要条件，活化度越高，改性效果越好；静态接触角越大说明碳酸钙疏水性越好，碳酸钙的改性效果越好[42]。目前国内外对 $CaCO_3$ 表面改性效果大多根据其最终应用效果评价，如通过测定最终复合材料制品的黏度、冲击强度、挠曲强度、硬度及熔体流变性等参数来综合表征，评价可靠直观。但是工艺线路和过程复杂，周期较长。而运用表面分析技术，测定改性颗粒表面性质，如表面吸附形式、润湿性、分散性等。此外，还有用活化指数 $H$＝样品中漂浮部分的质量（g）/样品总质量（g）来表示活化度，未改性的纳米碳酸钙表面是强极性的，在水中自然沉降。而改性纳米碳酸钙表面是非极性的，并且具有较强的疏水性，巨大的表面张力使其在水面上漂浮不沉。所以，活化指数可以反映表面改性效果的好坏，反映表面处理效果的好坏[43]。

**（2）硬脂酸盐改性 $CaCO_3$**

最常用的 $CaCO_3$ 有机表面改性剂主要是含羟基、氨基或羧基的脂肪族、芳香族或含芳烷基的脂肪酸盐。因有机酸盐的表面活性作用，与 $CaCO_3$ 粉末表面的 $Ca^{2+}$ 进行化学反应，使 $CaCO_3$ 粉末的表面性能由亲水变为亲油。常用的硬脂酸（盐）$[CH_3(CH_2)_nCOOR]$ 的亲水亲油平衡值为 $6\sim8$，具有很强的润湿能力，一端为亲油性的与高分子基体相容性好的长链烷烃，另一端为亲水性可以与 $CaCO_3$ 进行包覆的羧基，从而增大 $CaCO_3$ 与基质的相容性。经硬脂酸分别改性后超细 $CaCO_3$ 的吸油值均有明显降低[44]，并随改性剂用量的增加而减小，当改性剂用量达到 3％时，继续增大其用量对吸油值影响不大。随改性剂用量的增加，改性超细 $CaCO_3$/液体石蜡体系的黏度不断下降；当改性剂用量达到一定值时，对超细 $CaCO_3$ 的改性也就达到了饱和。

硬脂酸及其他类型的改性剂对碳酸钙形成的包覆层为单层包覆时，碳酸钙在树脂基体中的相容性最好[45]。有研究[42]通过硬脂酸和钛酸酯 TMC-105 制备了改性超细碳酸钙，其中复配型钛酸酯的最佳配比为 35％硬脂酸和 65％ TMC-105。复配改性剂会在碳酸钙表面形成化学包覆作用，硬脂酸和钛酸酯对超细碳酸钙的改性具有协同作用。采用复配改性超细碳酸钙填充与单一改性碳酸钙填充的 PP 复合材料相比，复配改性超细碳酸钙填充的 PP 复合材料其拉伸强度、弯曲强度和冲击强度相比于未改性的提高了 19.4％、22.6％和 51.5％。并且复配改性后的超细碳酸钙在 PP 中不易发生团聚，相容性最好，在界面处有很好的粘接作用，冲击断裂为韧性断裂。

**（3）油酸（$C_{18}H_{34}O_2$）表面改性 $CaCO_3$**

将约为纳米 $CaCO_3$ 质量 2％的油酸加入少量乙醇中溶解，以提高其在水中的溶解度。

将此溶液加入盛有新鲜制备的纳米 $CaCO_3$ 的三颈烧瓶中，在 60℃下以 300r/min 的转速搅拌，进行表面修饰 1h，减压过滤将其粉体分离，并将纳米 $CaCO_3$ 于 80℃烘干 4h，得到油酸改性纳米 $CaCO_3$[35]。在此表面修饰过程中，正负电荷之间的相互吸引可以使油酸分子链接枝到纳米 $CaCO_3$ 表面，而纳米粒子较大的比表面积可以为表面接枝提供很大的接触空间。在接枝完全后，纳米 $CaCO_3$ 的表面状态由亲水性转变为疏水性。进一步试验表明，此油酸改性后的纳米 $CaCO_3$ 能够提高丙烯腈-丁二烯-苯乙烯制品的冲击强度、弯曲强度、拉伸强度、硬度和维卡软化温度，其中冲击强度、弯曲强度和拉伸强度随油酸改性纳米 $CaCO_3$ 含量的增加而降低，而硬度和维卡软化温度随油酸改性纳米 $CaCO_3$ 含量的增加而增加（表 5-7）。

表 5-7 油酸改性纳米 $CaCO_3$ 含量对丙烯腈-丁二烯-苯乙烯制品性能的影响

| 纳米 $CaCO_3$ 含量(质量分数) | 冲击强度 /(kJ/m²) | 弯曲强度 /MPa | 拉伸强度 /MPa | 硬度 | 维卡软化 温度/℃ |
|---|---|---|---|---|---|
| 0.2%未改性纳米 $CaCO_3$ | 18.04 | 78.67 | 46.81 | 108.2 | 95.7 |
| 0.2%油酸改性纳米 $CaCO_3$ | 20.88 | 80.69 | 47.12 | 108.2 | 95.8 |
| 0.5%未改性纳米 $CaCO_3$ | 17.47 | 77.82 | 46.78 | 109.2 | 96.0 |
| 0.5%油酸改性纳米 $CaCO_3$ | 18.96 | 77.28 | 46.13 | 109.4 | 96.1 |
| 1.0%油酸改性纳米 $CaCO_3$ | 18.18 | 76.48 | 45.59 | 110.2 | 96.8 |
| 2.0%油酸改性纳米 $CaCO_3$ | 17.26 | 77.53 | 45.85 | 110.5 | 97.4 |

**（4）偶联剂表面改性 $CaCO_3$**

偶联剂是一种塑料添加剂，加入后可改善合成树脂与无机填充剂或增强材料的界面性能。分子结构中有两种官能团，一种官能团可与高分子基体发生化学反应或至少有很好的相容性；另一种官能团可与无机填料形成化学键，从而改善填充或增强高分子材料的性能。偶联剂作用于 $CaCO_3$ 表面时，由于 $CaCO_3$ 颗粒表面的钙离子及碳酸根离子与大气中的水分子接触，并发生水解，产生具有碱性的、疏油的羟基表面，表面羟基可与偶联剂的亲无机端发生化学结合，不可逆地在 $CaCO_3$ 表面形成化学键，生成表面改性的 $CaCO_3$ 粒子。

$$CaCO_3 + H_2O \longrightarrow Ca(OH)_2 + CO_2 \uparrow$$

经偶联剂处理的 $CaCO_3$ 与树脂复合，其界面黏合性和复合材料力学性能可得到显著改善。有时使用复合表面处理剂对 $CaCO_3$ 进行表面处理的材料比使用单一偶联剂效果更好。常用于 $CaCO_3$ 表面处理的偶联剂有硅烷偶联剂、钛酸酯偶联剂、铝酸酯偶联、硼酸酯偶联剂、磷酸酯偶联剂、复合偶联剂等。

① 硅烷偶联剂表面改性 $CaCO_3$。一般的硅烷偶联剂和 $CaCO_3$ 粉末表面不发生偶联反应，因结构中只含一个长碳链而使改性效果不佳，只有价格昂贵的一种多组分硅烷偶联剂或与树脂有相似基团的硅烷偶联剂才能起到良好的改性作用[46]。

硅烷偶联剂与碳酸钙作用机理推断[47]：

$$R\text{-}Si\text{-}(OR')_3 + 3H_2O \longrightarrow R\text{-}Si\text{-}(OH')_3 + 3R'OH$$

② 钛酸酯偶联剂表面改性 $CaCO_3$。钛酸酯偶联剂和 $CaCO_3$ 粉末表面的自由质子（自

由质子来源于 $CaCO_3$ 粉末表面的结合水、化学吸附水和物理吸附水）形成化学键，主要是 Ti—O 键，$CaCO_3$ 表面覆盖了一层分子膜，使 $CaCO_3$ 表面性质发生了根本变化。钛酸酯偶联剂与碳酸钙作用机理推断[48] 见图 5-2。有实验研究认为，使用 TM-S 钛酸酯偶联剂对 $19.0\mu m$、$5.4\mu m$、$2.5\mu m$ 纳米 $CaCO_3$ 进行表面改性的最佳理论用量分别为 $0.8\%$、$1.2\%$、$2.2\%$，最佳改性温度为 $80℃$，最佳改性时间为 $12min$[49]。钱岑等[31] 采用不同钛酸酯偶联剂 NDZ-101、NDZ-201 和 NT333 处理超细重质 $CaCO_3$（$1.96\mu m$），将三种改性后的超细重质 $CaCO_3$（填充量 $30\%$）分别与丙烯腈-丁二烯-苯乙烯树脂、乙烯-乙酸乙烯酯共聚物、高胶粉高速混合后采用双螺杆挤出机挤出造粒，干燥后用塑料注射成型机注塑成标准试样。测试发现三种不同钛酸酯偶联剂处理的超细重质 $CaCO_3$ 填充丙烯腈-丁二烯-苯乙烯制品的拉伸强度、弯曲强度及熔体流动速率变化不大，而钛酸酯偶联剂 NDZ-101 能提高其制品的冲击强度（表 5-8）。

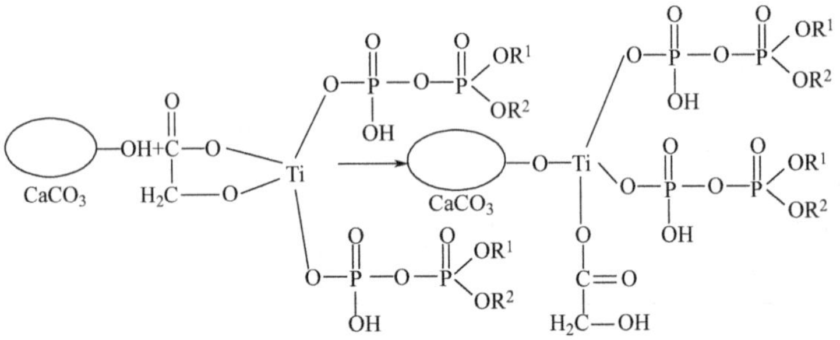

图 5-2　钛酸酯偶联剂与碳酸钙作用机理图

表 5-8　不同钛酸酯偶联剂对超细重质 $CaCO_3$ 填充丙烯腈-丁二烯-苯乙烯制品性能的影响[31]

| 钛酸酯偶联剂种类 | 冲击强度/$(kJ/m^2)$ | 拉伸强度/MPa | 弯曲强度/MPa | 熔融指数/$(g/10min)$ |
| --- | --- | --- | --- | --- |
| NDZ-101 | 3.2 | 39.3 | 58.0 | 1.21 |
| NDZ-201 | 2.5 | 40.4 | 59.2 | 1.13 |
| NT333 | 2.2 | 39.7 | 58.4 | 1.30 |

钛酸酯偶联剂存在易分解、易氧化变色、易对生态环境和人体健康带来危害等缺点。例如，钛酸酯偶联剂处理过的 $CaCO_3$ 在某些聚合物中使用时会由于氧化而变色；处理过的 $CaCO_3$ 在存放期间或在填充制品的加工过程中，钛酸酯分子的亲有机端易发生水解或醇解，同时钛酸酯的热分解温度也偏低。

③ 铝酸酯偶联剂表面改性 $CaCO_3$。铝酸酯色浅、无毒、热稳定性高，常温下是固体，易于运输，亲水亲油平衡值为 $10\sim13$，具有分散性强、反应活性高、色浅、无毒、热分解温度高等优点。$CaCO_3$ 粉末经铝酸酯表面处理后，可以改善产品的加工性能和物理机械性能。经铝酸酯偶联剂改性 $CaCO_3$ 被广泛应用于聚丙烯、聚氯乙烯等体系。例如，将铝酸酯改性剂加入纳米 $CaCO_3$（粒径 $30\sim40nm$）浆液中，$80℃$ 水浴搅拌改性 1h，过滤、烘干、过筛[50] 即可得铝酸酯改性纳米 $CaCO_3$。

④ 磷酸酯偶联剂表面改性 $CaCO_3$。磷酸酯通过与碳酸钙粉体表面的 $Ca^{2+}$ 反应形成磷

酸钙盐沉积或包覆在碳酸钙粒子表面来改变碳酸钙粉体的表面性能。磷酸酯作为碳酸钙粉体的表面改性剂，可提高复合材料的加工性能和机械性能，同时改善材料的耐酸性和阻燃性。复合材料可用作硬质聚氯乙烯的功能填料，胶黏剂、油墨、涂料等的填料和颜料。

⑤ 硼酸酯偶联剂表面改性 $CaCO_3$。硼酸酯为白色粉状或固体，具有优异的偶联功能、良好的抗水解稳定性和热稳定性。磷酸酯偶联剂在添加稀土元素后具有无毒、抑菌、透明性和耐候性好等特点，在塑胶加工过程中具有润滑、促进树脂塑化、增加韧性等作用[51]。硼酸酯偶联剂不仅适用于纳米碳酸钙的干法改性，也适用于纳米碳酸钙的湿法改性处理。

⑥ 复合偶联剂表面改性 $CaCO_3$。复合偶联剂是一种偶联剂分子中含有 2 种或 2 种以上金属元素的新型偶联剂[52]，主要有铝锆酸酯偶联剂、铝钛复合偶联剂等。

**（5）锡酸锌表面改性 $CaCO_3$**

刘建州等[53] 以纳米 $CaCO_3$（粒径为 30nm±5nm）为基体合成不同包覆比的锡酸锌包覆的纳米碳酸钙粉体。具体方法是：将纳米 $CaCO_3$ 加入 $CO(NH_2)_2$ 溶液中，在 50℃条件下搅拌，超声分散 1h。将 ZnO、KOH、$Na_2Sn(OH)_6$、$CO(NH_2)_2$（按 1∶1∶7∶10 的量称取药品）四者的溶液加热至 50℃时，将已分散好的纳米 $CaCO_3$ 加入其中，在 85℃恒温反应 6h，反应结束用去离子水洗涤抽滤，滤饼经超声分散后与正丁醇共沸蒸馏，在 50℃真空干燥箱中干燥过夜，所得产物在 500℃条件下煅烧得 $ZnSnO_3$ 包覆纳米 $CaCO_3$。合成的 $ZnSnO_3$ 包覆纳米 $CaCO_3$ 材料的平均晶粒尺寸为 40～60nm，颗粒比较均匀，可用于与聚氯乙烯树脂、有机锡稳定剂、硬脂酸、硬脂酸钙等高速混合制样。加入未包覆的纳米 $CaCO_3$ 对聚氯乙烯树脂制品的耐火性没有提高，而加入 $ZnSnO_3$ 后能明显地提高聚氯乙烯树脂制品的耐火性，且具有良好的消烟抑烟作用。

**（6）松香酸烷醇酰胺表面改性 $CaCO_3$**

表面改性 $CaCO_3$ 有很多种，而且新的表面改性方法也不断被研究开发出来。例如，汤泉等[54] 用松香酸烷醇酰胺表面改性重质 $CaCO_3$（75μm）。其中松香酸烷醇酰胺的制备和改性工艺如下：松香与甲醇的摩尔比为 1∶5，70℃下反应 2h，经甲酯化反应得到松香酸甲酯，除去反应生成的水，再加入三乙醇胺进行交换反应得到松香酸烷醇酰胺；再将 30g 已烘干的重质 $CaCO_3$ 加水配成悬浮液，加入 2.5%（质量分数）松香酸烷醇酰胺改性剂，60℃水浴加热搅拌，反应 45min 后抽滤、烘干得到改性重质 $CaCO_3$；重质 $CaCO_3$ 经松香酸烷醇酰胺表面改性后沉降体积由 2.30mL/g 降到 1.80mL/g，吸油值由 40.0mL/100g 降到 20.0mL/100g，黏度由 71.5mPa·s 降到 52.5mPa·s。其沉降体积和吸油值大幅度减小，表明经松香酸烷醇酰胺改性的重质 $CaCO_3$ 性能良好。

**（7）辐照和等离子体表面处理 $CaCO_3$[55]**

辐照处理就是利用紫外、红外电晕放电等方法对碳酸钙进行表面处理，通过高能辐照使碳酸钙表面产生活性点，然后加入单体烯烃或聚烯烃进行改性，形成有机包膜。

等离子体表面处理采用射频感应耦合放电等离子系统，用惰性气体和高纯反应性气体作为等离子体处理气体，形成气相自由基并吸附在碳酸钙固体表面，然后与气相中的单体或衍生单体聚合，在碳酸钙颗粒表面形成大分子量聚合物薄膜。

# 5.2　碳酸钙用于橡胶制品

橡胶广泛应用于轮胎、胶管、胶鞋、雨衣、工业用品及医疗卫生制品等。填充剂是橡胶工业的主要原料之一，它能大幅度提高橡胶的力学性能，改善橡胶制品的使用性能，延长其使用寿命，并能改善橡胶的加工性能，降低生产成本；能赋予橡胶磁性、导电性、阻燃性等。用于橡胶工业的填充剂的无机填料有白炭黑、$CaCO_3$、陶土、滑石粉以及金属氧化物和氢氧化物等，可以达到补强、填充、调色、改善加工和提高制品性能的作用。$CaCO_3$ 能增加体积、降低产品成本、改善橡胶的加工性能和改善硫化橡胶性能，起半补强或补强作用。如在硫化橡胶中，$CaCO_3$ 可以调节橡胶的硬度。

**(1) 重质和轻质 $CaCO_3$**

重质 $CaCO_3$ 硫化胶的力学性能不及轻质 $CaCO_3$、活性 $CaCO_3$ 好，但成本低。重质 $CaCO_3$ 可直接混入橡胶，易加工，增加胶料的挺性，不延迟硫化，广泛用作天然橡胶、丁苯橡胶、胶乳的惰性填充剂，适用于制造鞋跟、鞋底、地板、胶管、模制品、压出制品和发泡制品等。重质 $CaCO_3$ 作为填充剂，适量的用量对橡胶的物理机械性能没有大的影响；但如果粒子过大，硫化胶的物理机械性能会显著下降。纳米 $CaCO_3$ 颗粒与橡胶互相浸润的比表面积高、表面能高，分散困难，在橡胶混炼时容易生热而引起粘辊[56]，相应地需要更长的混炼时间，因此单位体积胶料消耗的功增多，产品的成本增高。

**(2) 不同晶型的超细 $CaCO_3$**

在不同晶型的超细 $CaCO_3$ 中，以链锁状超细 $CaCO_3$ 对橡胶的补强效果最好[57]。在橡胶混炼中，纳米 $CaCO_3$ 锁链状的链被打断，会形成大量高活性表面或高活性点，它们与橡胶长链形成键连接，不仅分散性好，而且增强了补强作用[58]。

**(3) $CaCO_3$ 表面处理**

近年来，表面处理技术、活化改性技术、纳米技术使 $CaCO_3$ 能满足日益发展的橡胶制品的性能要求，在橡胶工业的应用更加广泛[59]。一般而言，用于橡胶的纳米 $CaCO_3$ 吸油值越高，$CaCO_3$ 对橡胶的浸润性和补强性越好[60]。如果 $CaCO_3$ 颗粒的表面活化处理效果差，包括表面活性剂与橡胶大分子的相容性差和 $CaCO_3$ 表面包覆不完全等，造成 $CaCO_3$ 颗粒之间的结合力强于橡胶分子的结合力，使其难以在基体中分散，或与橡胶基体形成明显的界面或缝隙，就无法对橡胶起到补强作用。

## 5.2.1　天然橡胶加工用碳酸钙

天然橡胶（NR）以橡胶烃（聚异戊二烯）为主，弹性大，抗撕裂性和电绝缘性优良，耐磨性和耐旱性良好，加工性佳，易与其他材料黏合，在综合性能方面优于多数合成橡胶。天然橡胶可用于制作轮胎、胶鞋、胶管、胶带、电线电缆的绝缘层和护套等。缺点是耐氧和耐臭氧性差，容易老化变质；耐油和耐溶剂性不好，耐热性不高。吴声溪[61]将不同含量的纳米 $CaCO_3$（10～100nm）与 100 份（质量份）天然橡胶、1 份 N-环己基-2-苯并噻唑次磺酰胺、5 份芳烃油、2.5 份硫黄、3 份氧化锌投入炼胶机中混炼成胶料，投入平板硫化机中并压制成标准试样。试验发现,当纳米 $CaCO_3$ 的含量为 20 份时,拉伸强度、邵 A 硬度达到最大值,分别为 16.2MPa 和 64 度;但拉断伸长率却是最小值,为 590%。

合适的 $CaCO_3$ 填充量和晶型可以使天然橡胶拉伸强度、拉断伸长率、硬度和永久变形率得到提高[62,63]。有研究发现,脂肪酸改性立方型纳米 $CaCO_3$ 对天然橡胶制品的补强效果要好于脂肪酸改性链状纳米碳酸钙[64]。其中链状纳米 $CaCO_3$ 由于粒径太小,增大了表面能,因此阻碍了纳米 $CaCO_3$ 与天然橡胶大分子链的结合反应,降低了对橡胶基体的有效补强。填充不同纳米 $CaCO_3$ 及不同用量对天然橡胶制品力学性能的影响不同(表 5-9)。当纳米 $CaCO_3$ 的填充量超过 50 质量份,纳米 $CaCO_3$ 在天然橡胶中的分散性变差,在天然橡胶中产生应力集中点,使得纳米 $CaCO_3$ 填充天然橡胶的拉伸强度逐渐下降。

**表 5-9  填充不同类型及不同用量纳米 $CaCO_3$ 的天然橡胶制品力学性能**[64]

| 试验项目 | 链状纳米 $CaCO_3$ 用量/质量份 | | | | | 立方型纳米 $CaCO_3$ 用量/质量份 | | | | |
| --- | --- | --- | --- | --- | --- | --- | --- | --- | --- | --- |
| | 0 | 30 | 50 | 70 | 100 | 0 | 30 | 50 | 70 | 100 |
| 拉伸强度/MPa | 15.1 | 22.5 | 24.8 | 21.4 | 17.7 | 15.1 | 19.1 | 20.2 | 18 | 15.5 |
| 拉断伸长率/% | 672 | 670 | 653 | 631 | 619 | 672 | 651 | 638 | 620 | 609 |
| 拉断永久变形率/% | 8 | 16 | 16 | 24 | 24 | 8 | 15 | 16 | 24 | 25 |
| 邵 A 硬度/度 | 38 | 46 | 44 | 44 | 50 | 38 | 40 | 40 | 41 | 45 |

有发明[65] 利用甲基丙烯酸羟乙酯橡胶接枝改性纳米碳酸钙增强天然橡胶复合材料。具体操作是,向 10~60 份(质量份)碳酸钙中加入恰好将其浸润的乙醇后用去离子水漂洗,加入 2~4 份三硬脂酸钛酸异丙酯钛酸酯和 0.3~0.5 份十二烷基苯磺酸钠及 100 份去离子水,超声搅拌分散 20~40min,随后加入 5~40 份甲基丙烯酸羟乙酯橡胶胶乳(以干胶计接枝率为 5%~50%、总固体含量为 20%~25%),超声搅拌分散 20~40min,制备碳酸钙乳液分散体;同时采用 0.3~0.5 份脂肪醇聚氧乙烯醚稳定 100 份浓缩天然胶乳(以干胶计总固体含量为 60%)。将上述碳酸钙乳液分散体在不断搅拌条件下均匀地混合到稳定的浓缩天然胶乳中,滴加 1~3 份硫酸铵搅拌均匀,得到胶乳状态的甲基丙烯酸羟乙酯橡胶接枝改性碳酸钙-天然橡胶复合材料。该复合材料通过凝固、压片、洗涤、干燥等标准中国橡胶常规加工工艺得到干胶状态的甲基丙烯酸羟乙酯橡胶接枝改性碳酸钙-天然橡胶复合材料。制备的甲基丙烯酸羟乙酯橡胶接枝改性碳酸钙-天然橡胶复合材料可按浸渍工艺生产各种乳胶制品,也可采用常规加工工艺进行混炼硫化生产各种干胶制品。

即使将常规的 $CaCO_3$ 用于具有自补强效应的 NR 也已经无法满足现代工业对浅色橡胶制品越来越苛刻的高强度、长寿命需求。高硫高促体系[66] 硫化中 $CaCO_3/NR$ 的拉伸强度、撕裂强度等性能显著提高。

## 5.2.2  丁苯橡胶加工用碳酸钙

丁苯橡胶是一种综合性能较好、用量最大的合成像胶,一般为浅黄褐色弹性固体,耐油性差,但介电性能较好,其拉伸强度、黏合性、弹性和形变发热量均不如天然橡胶,但耐磨性、耐自然老化性、耐水性、气密性等却优于天然橡胶,可以用于轮胎、胶管、胶带、胶鞋、电线电缆以及其他橡胶制品。

丁苯橡胶制品的密度、邵 A 硬度、拉伸强度、拉断伸长率、撕裂强度随着纳米 $CaCO_3$ 用量的改变而改变。例如，孙凌云等[67] 将不同量的纳米 $CaCO_3$（粒径为 45～70nm）分别与 137.5 份（质量份）丁苯橡胶、5 份氧化锌、2 份硬脂酸、1.5 份防老剂 401ONA、1.6 份硫黄、1.5 份促进剂 CZ（CBS，$N$-环己基-2-苯并噻唑次磺酰胺）投入开炼机上混炼、硫化后制成标准试样。测试后发现，随着纳米 $CaCO_3$ 用量的增大，丁苯橡胶制品的 $t_{90}$（工艺正硫化时间，主要用来评估胶料在成型生产时的一次加硫条件。$t_{90}$ 过长表示硫化速度偏慢，会导致产品硬度低，产效低）缩短，硫化速度加快；丁苯橡胶制品的密度、邵 A 硬度、拉伸强度、拉断伸长率、撕裂强度、抗湿滑性能随着纳米 $CaCO_3$ 用量的增大而增大，说明纳米 $CaCO_3$ 具有一定的补强作用；但丁苯橡胶制品的磨耗量随着纳米 $CaCO_3$ 用量的增大而减小，由未填充时的 $0.707cm^3$ 降低到填充量为 100 质量份时的 $0.314cm^3$。

对于纳米 $CaCO_3$ 填充丁苯橡胶，纳米粒径越小，纳米与丁苯橡胶基体的接触面积越大，能形成更好的界面结合，补强效果越明显，但均有合适的添加量的要求。一般都是随着纳米 $CaCO_3$ 填充量的增大，其拉伸强度和拉断伸长率先增大后减小，撕裂强度、邵 A 硬度随着填充量的增大而增大[68]。马丕明等[69] 通过实验研究比较了甲基丙烯酸原位改性纳米 $CaCO_3$ 的丁苯橡胶与纯丁苯橡胶样品。研究发现，改性纳米 $CaCO_3$ 用量较少时能够提高丁苯橡胶制品的操作安全性；随着改性纳米 $CaCO_3$ 用量的增加，丁苯橡胶制品的 $M_H$（最大转矩，表征胶料的剪切模量、硬度、定伸强度和交联密度，$M_H$ 越高，硬度越高）、$M_L$（最小转矩，表示胶料的流动性，$M_L$ 越低，流动性越好）及其差值 $M_H - M_L$（转矩差 $M_H - M_L$ 与硫化程度密切相关。常用转矩差来间接反映硫化胶的交联密度）基本呈现增大的趋势，$M_H$ 由未填充时的 30.8dN·m 增大到填充量为 100 质量份时的 43.7dN·m，$M_L$ 由未填充时的 11.1dN·m 增大到填充量为 100 质量份时的 11.6dN·m，$M_H - M_L$ 由未填充时的 19.7dN·m 增大到填充量为 100 质量份时的 32.1dN·m。

### 5.2.3　乙丙橡胶加工用碳酸钙

乙丙橡胶（EPDM）是乙烯和丙烯的共聚体。依据分子链中单体组成的不同，分为二元乙丙橡胶和三元乙丙橡胶；二元乙丙橡胶为乙烯和丙烯的共聚物，三元乙丙橡胶为乙烯、丙烯和少量的非共轭二烯烃第三单体的共聚物。乙丙橡胶密度小，抗臭氧、耐紫外线、耐酸碱、耐候性、耐老化性、电绝缘性、耐化学性、冲击弹性优异，耐热可达 150℃，耐极性溶剂酮、酯等，主要用作化工设备衬里、电线电缆包皮、蒸汽胶管、耐热运输带、建筑业、汽车用橡胶制品等[70]。

强极性的未改性轻质 $CaCO_3$ 在非极性的三元乙丙橡胶基体中分散不均匀，存在团聚体，在轻质 $CaCO_3$ 与基体间有明显的分离界面，容易使材料在拉伸过程中，由于应力集中而导致基体断裂产生裂纹，从而力学性能下降。相比之下，经过钛酸酯偶联剂 105（异丙基三油酸酰氧基钛酸酯，105）等改性的碳酸钙在三元乙丙橡胶基体中的分散情况优于未改性碳酸钙[71]，能改善轻质 $CaCO_3$ 与基体间的界面性质，从而使其力学性能得到改善。吴娟娟等[72] 将纳米 $CaCO_3$（10～100nm）加入 1% 的硬脂酸、2% 的硅烷偶联剂 KH570，搅拌混合均匀后，置于烘箱中 80℃烘 2h，得到改性纳米碳酸钙，与 350 份（质量份）三元乙丙橡胶、150 份聚丙烯、2.8 份过氧化二异丙苯、10.5 份酚醛树脂、1.75 份 2-巯基苯并噻唑、50 份氢化苯乙烯-丁二烯嵌段共聚物、100 份液体石蜡混合均匀后，用双螺杆挤出机造粒，干燥后，经注塑机注塑成标准样条；随纳米 $CaCO_3$ 含量增加，纳米 $CaCO_3$ 填充三元乙丙橡胶制品的拉伸强度逐渐降低，由 13.2MPa（未填充）降到 10.39MPa（填充 100 质量份纳米 $CaCO_3$）；纳米 $CaCO_3$ 填充三元乙丙橡胶制品的拉断伸长率随纳米 $CaCO_3$ 含量增加先升高后下降，当纳米 $CaCO_3$ 填充量为 600 质量份时达到最大值 372.85%；纳米 $CaCO_3$ 填充三元乙丙橡胶制品的邵 A 硬度随纳米 $CaCO_3$ 增加而增加，当填充 120 质量份的纳米 $CaCO_3$ 时，邵 A 硬度达到了 93 度；填充纳米 $CaCO_3$ 使体系黏度下降，但添加量超过 7%，对熔体黏度的影响很小。

### 5.2.4　硅橡胶加工用碳酸钙

硅橡胶的主链结构为硅氧烷（Si—O—Si）结构，侧链一般为烷基或者其他有机基团构成的一种线型聚硅氧烷为基础的聚合物。Si—O 具有较高的键能（422.5kJ/mol）、较长的键长和较大的键角，赋予了硅橡胶材料卓越的耐高低温性、柔顺性、耐化学性、耐候性和优异的电绝缘性等[73,74]。与合成橡胶相比，硅橡胶既表现出无机材料的性能，又具有有机材料的特性[75]，因此在航空航天、汽车、建筑、电子电气等领域具有广泛的应用[76]。

**（1）$CaCO_3$ 粒径的影响**

$CaCO_3$ 粒径越小，比表面积越大，其与硅橡胶的分子间作用力越强，添加后制备的硅橡胶密封胶的物理吸附能力越强，补强效果越好，拉伸强度越高，但达到应力点时更易断裂。例如，随着纳米 $CaCO_3$（粒径 80nm）用量从 40 质量份增加到 60 质量份，密封胶的挤出速率下降了约 4/5，拉伸强度提高了 0.78MPa，拉断伸长率增加到 423% 后降至 366%，纳米 $CaCO_3$ 填充硅橡胶密封胶用量优选 50 质量份[77]。王天强等[78] 分别将硅橡胶与不同粒径（40～80nm、90nm、100nm）的硬脂酸改性纳米活性 $CaCO_3$ 分别按质量比 1:1.3 在捏合机中高温除水、混炼均匀得到基料，再加入高速搅拌机中，并在干燥条件下分别加入 3 份（质量份）二月桂酸二丁基锡和 0.3 份（质量份）正硅酸乙酯进行搅拌，制得硅橡胶胶料，然后涂覆在聚四氟乙烯模具内，用冲片机裁成标准试样。40～80nm 的纳米活性 $CaCO_3$ 在硅橡胶中形成的网络最弱（佩恩效应弱，将填充橡胶的动态模量随着应变的增加而急剧下降的现象称为佩恩效应），分散也最好，此类纳米活性 $CaCO_3$ 补强的硅橡胶的拉伸强度、拉断伸长率分别为 2.4MPa 和 360%；90nm 和 100nm 的纳米活性 $CaCO_3$ 在硅橡胶中的团聚现象较严重。

**（2）硅橡胶制品的耐热性**

纳米 $CaCO_3$ 填充硅橡胶能明显提高制品的耐热性。例如，有研究发现，将不同含量的脂肪酸改性纳米 $CaCO_3$（粒径为 80～100nm）分别用于硅橡胶中，随纳米 $CaCO_3$ 添加量的增加，其硅橡胶制品的热分解起始温度和降解活化能增大[79]，当加入 80 质量份的纳米 $CaCO_3$ 时，起始分解温度从纯硅橡胶制品的 450℃提高到 483℃，增加了 33℃，其降解活化能是未填充硅橡胶制品的降解活化能的 3 倍。

材料的防火性能指火不可靠近材料，如果靠近就可能发生爆燃；材料的阻燃性能指材料没有燃烧能力或不易燃烧。碳酸钙可以提高硅橡胶的力学和防火性能；氢氧化镁可以提高硅橡胶的阻燃性能，但不能提高硅橡胶的防火性能。碳酸钙和氢氧化镁两种填料并用可以赋予硅橡胶良好的防火、阻燃和耐热性能。有研究[80]通过将碳酸钙和氢氧化镁两种填料并用，解决了氢氧化镁因分解温度低导致的火焰易穿透和碳酸钙耐热性差的问题，制备了具有良好力学、防火、阻燃等综合性能的加成型硅橡胶。

### 5.2.5 橡胶填充用碳酸钙的表面改性

$CaCO_3$ 颗粒的表面改性、包覆或活化处理，主要增加与橡胶大分子的相容性、分散性，以更好地对橡胶起到补强等作用。未改性超细重质 $CaCO_3$ 由于表面存在大量羟基等极性基团，致使其与硅橡胶间存在较强的作用力，很难快速分散在硅橡胶中，而改性后超细重质 $CaCO_3$ 由于其表面包覆了非极性改性剂，致使其与液体硅橡胶的作用变弱，能很好地在硅橡胶中分散。譬如，加入少量油酸就可以改善纳米 $CaCO_3$ 颗粒的团聚，有效降低纳米 $CaCO_3$ 颗粒的表面自由能，从而增强纳米 $CaCO_3$ 的分散性能。加入过多的表面改性剂有时又会导致纳米 $CaCO_3$ 颗粒更为严重的团聚。

#### （1）$CaCO_3$ 粉体表面改性

可以选用硬脂酸钠、硅烷偶联剂（KH550）及钛酸酯偶联剂（TC114）等改性 $CaCO_3$。例如，有实验将 200g 烘干处理的超细重质 $CaCO_3$（6$\mu$m）放入圆底烧瓶中，用 300g 无水乙醇分散，在 80℃的水浴锅中加热并搅拌 10min，然后分别加入粉料质量 2.5% 的硬脂酸钠、硅烷偶联剂（KH550）及钛酸酯偶联剂（TC114）作为改性剂，继续在以上条件下反应 60min 后，趁热过滤、洗涤、烘干，即得改性超细重质 $CaCO_3$ 粉体[81]。经硅烷偶联剂（KH550）改性超细重质 $CaCO_3$ 填充的硅橡胶具有较好的力学性能，可能是因为 KH550 中氨基的存在增强了其与硅橡胶的作用，从而增强其力学性能。但钛酸酯偶联剂（TC114）和硬脂酸钠改性超细重质 $CaCO_3$ 填充硅橡胶的拉伸强度和拉断伸长率依次降低，且低于未改性超细重质 $CaCO_3$ 填充的硅橡胶。即使钛酸酯偶联剂（TC114）和硬脂酸钠在硅橡胶中有良好的分散性，但是由于其表面与硅橡胶的作用力较弱，导致其拉伸强度比未改性超细重质 $CaCO_3$ 要低。

#### （2）生产 $CaCO_3$ 时原位表面改性

例如，将 $Ca(OH)_2$ 加入适量蒸馏水中溶解制取 $Ca(OH)_2$ 悬浊液，并加入 1.5% 定量的 0.1mol/L 油酸的无水乙醇溶液，迅速搅拌均匀。以 100mL/min 的通气速率通入 $CO_2$ 一段时间，将仪器内的杂质气体排尽。将制备好的 $Ca(OH)_2$ 悬浊液加入微孔反应器中进行碳化反应，反应过程中不断搅拌，并且用 pH 计实时测量溶液的 pH 值，当 pH 值下降到 7 时停止通入 $CO_2$。将碳化产物离心、干燥制得改性纳米 $CaCO_3$[82]。改性纳米 $CaCO_3$ 可用于与硫化硅橡胶制备硅酮密封胶。添加改性纳米 $CaCO_3$ 可以缩短硅酮密封胶的表干时间，而且固化深度相较于未改性纳米 $CaCO_3$ 硅酮密封胶也有所增加。

#### （3）橡胶混炼时进行 $CaCO_3$ 表面改性

例如，徐乐等[71]在开放式双辊塑炼机上将三元乙丙橡胶与分别逐滴加入的三羟甲基丙烷三甲基丙烯酸酯、异丙基三油酸酰氧基钛酸酯偶联剂（碳酸钙质量的 2.5%）进行混炼，再将轻质 $CaCO_3$（5$\mu$m）加入混炼胶中继续混炼均匀，于 100℃下在平板硫化机上热压成 2mm 厚的试样。将制好的试样用射线源辐照，经硫化后制成片材样品。改性轻质

$CaCO_3$ 填充三元乙丙橡胶制品的拉伸强度、定伸应力、邵 A 硬度增加，其拉断伸长率降低。其中，异丙基三油酸酰氧基钛酸酯改性轻质 $CaCO_3$ 表面的油酸基团较长，容易与三元乙丙橡胶发生物理纠缠，从而增强其力学性能，使改性后的轻质 $CaCO_3$ 具有一定的补强作用。

## 5.3　碳酸钙用于纤维制品

　　合成纤维是用合成高分子化合物作原料而制得的化学纤维的统称，它是以小分子的有机化合物为原料，经加聚反应或缩聚反应合成的线型有机高分子化合物，如聚丙烯腈、聚酯、聚酰胺等。无机材料，如 $CaCO_3$、黏土矿物和玻璃纤维等，可以用作合成纤维的增强剂，以改善其耐热性能。

　　硅烷偶联剂改性 $CaCO_3$ 填充可以增加疏水性，减少了 $CaCO_3$ 颗粒在聚对苯二甲酸乙二酯基体中的团聚，提高了 $CaCO_3$ 与聚对苯二甲酸乙二酯基体的相容性，可以提高聚对苯二甲酸乙二酯纤维制品的耐热性能。例如，Kusuktham[83] 用乙烯基三乙氧基硅烷（2%，体积分数）在乙醚中对碳酸钙室温改性 24h，然后，用乙醚清洗碳酸钙填料三次，在 110℃下干燥 2h，然后在干燥器中冷却。再将 100 质量份聚对苯二甲酸乙二酯和 1 份硅烷偶联剂改性碳酸钙在单螺杆挤出机熔融共混，然后挤出，水浴冷却，干燥并造粒，剪碎后在 110℃的温度下加热 8h，将熔融聚合物通过熔融纺丝机纺丝。

## 5.4　碳酸钙用于聚合物制品的指标和检测

### 5.4.1　碳酸钙用于塑料和橡胶制品的技术要求

　　在 HG/T 3249.3—2013《塑料工业用重质碳酸钙》[84] 中，塑料工业用重质 $CaCO_3$ 分为两类：Ⅰ类为普通塑料工业用重质 $CaCO_3$；Ⅱ类为经表面处理制得的塑料工业用重质 $CaCO_3$。每类分六种型号：分别为Ⅰ型 2500 目、Ⅱ型 2000 目、Ⅲ型 1500 目、Ⅳ型 1250 目、Ⅴ型 1000 目和Ⅵ型 800 目（表 5-10 和表 5-11）。

**表 5-10　普通塑料工业用重质 $CaCO_3$ 产品技术要求[84]**

| 指标项目 | | Ⅰ型 2500 目 | | Ⅱ型 2000 目 | | Ⅲ型 1500 目 | | Ⅳ型 1250 目 | | Ⅴ型 1000 目 | | Ⅵ型 800 目 | |
|---|---|---|---|---|---|---|---|---|---|---|---|---|---|
| | | 一等品 | 合格品 | 一等品 | 合格品 | 一等品 | 合格品 | 一等品 | 合格品 | 一等品 | 合格品 | 一等品 | 合格品 |
| $CaCO_3$（以干基计，质量分数）/% | | 96.0 | 94.0 | 96.0 | 94.0 | 96.0 | 94.0 | 96.0 | 94.0 | 96.0 | 94.0 | 96.0 | 94.0 |
| 白度/% ≥ | | 94 | 92 | 94 | 92 | 93 | 92 | 93 | 92 | 93 | 92 | 92 | 91 |
| 粒度 | $D_{50}/\mu m$ ≤ | 2.0 | | 2.5 | | 3.0 | | 3.5 | | 4.0 | | 4.5 | |
| | $D_{97}/\mu m$ ≤ | 5.5 | | 6.0 | | 8.0 | | 9.0 | | 11.0 | | 13.0 | |
| 吸油值/(g/100g) ≤ | | 40 | | 37 | | 35 | | 35 | | 33 | | 30 | |

| 指标项目 | Ⅰ型 2500 目 | | Ⅱ型 2000 目 | | Ⅲ型 1500 目 | | Ⅳ型 1250 目 | | Ⅴ型 1000 目 | | Ⅵ型 800 目 | |
|---|---|---|---|---|---|---|---|---|---|---|---|---|
| | 一等品 | 合格品 | 一等品 | 合格品 | 一等品 | 合格品 | 一等品 | 合格品 | 一等品 | 合格品 | 一等品 | 合格品 |
| 比表面积/(m²/g) ≥ | 5.5 | | 5.0 | | 3.2 | | 3.0 | | 2.5 | | 2.0 | |

注：还要求 105℃挥发物≤0.5%（质量分数）；Pb≤0.0005%（质量分数）；Cr（Ⅵ）≤0.0003%（质量分数），Hg、As、Cd 分别要求≤0.0002%（质量分数）。

**表 5-11　经表面处理制得的塑料工业用重质 CaCO₃ 产品技术要求（HG/T 3249.3—2013）[84]**

| 指标项目 | | Ⅰ型 2500 目 | | Ⅱ型 2000 目 | | Ⅲ型 1500 目 | | Ⅳ型 1250 目 | | Ⅴ型 1000 目 | | Ⅵ型 800 目 | |
|---|---|---|---|---|---|---|---|---|---|---|---|---|---|
| | | 一等品 | 合格品 | 一等品 | 合格品 | 一等品 | 合格品 | 一等品 | 合格品 | 一等品 | 合格品 | 一等品 | 合格品 |
| CaCO₃（以干基计，质量分数）/% | | 95.0 | 93.0 | 95.0 | 93.0 | 95.0 | 93.0 | 95.0 | 93.0 | 95.0 | 93.0 | 95.0 | 93.0 |
| 白度/% ≥ | | 94 | 92 | 94 | 92 | 93 | 92 | 93 | 92 | 93 | 92 | 92 | 91 |
| 粒度 | $D_{50}$/μm ≤ | 2.0 | | 2.5 | | 3.0 | | 3.5 | | 4.0 | | 4.5 | |
| | $D_{97}$/μm ≤ | 5.5 | | 6.0 | | 8.0 | | 9.0 | | 11.0 | | 13.0 | |
| 吸油值/(g/100g) ≤ | | 40 | | 37 | | 35 | | 35 | | 33 | | 30 | |
| 比表面积/(m²/g) ≥ | | 5.5 | | 5.0 | | 3.2 | | 3.0 | | 2.5 | | 2.0 | |

注：还要求 105℃挥发物≤0.5%（质量分数），Pb≤0.0005%（质量分数），Cr（Ⅵ）≤0.0003%（质量分数），Hg、As、Cd 分别要求≤0.0002%（质量分数）。

在 HG/T 3249.4—2013《橡胶工业用重质碳酸钙》中[85]，橡胶工业用重质 CaCO₃ 分六种型号：分别为Ⅰ型 2000 目、Ⅱ型 1500 目、Ⅲ型 1000 目、Ⅳ型 800 目、Ⅴ型 600 目和Ⅵ型 400 目（表 5-12）。

**表 5-12　橡胶工业用重质 CaCO₃ 技术要求[85]**

| 指标项目 | | | Ⅰ型 2000 目 | Ⅱ型 1500 目 | Ⅲ型 1000 目 | Ⅳ型 800 目 | Ⅴ型 600 目 | Ⅵ型 400 目 |
|---|---|---|---|---|---|---|---|---|
| CaCO₃（以干基计,质量分数)/% ≥ | | | 95.0 | 95.0 | 95.0 | 95.0 | 95.0 | 95.0 |
| 白度/% ≥ | | | 94 | 93.5 | 93.5 | 93 | 93 | 91 |
| 细度 | 粒度 | $D_{50}$/μm ≤ | 2.5 | 3.0 | 3.5 | 4.5 | — | — |
| | | $D_{97}$/μm ≤ | 6.0 | 8.0 | 11.0 | 13.0 | — | — |
| | 通过率/% | | — | — | — | — | 97 | 97 |
| 吸油值/(g/100g) ≤ | | | 39 | 37 | 37 | 35 | 33 | 30 |
| 比表面积/(m²/g) ≥ | | | 5.0 | 3.2 | 2.5 | 2.0 | 1.5 | — |
| 活化度/% ≥ | | | 95 | | | | 90 | |
| 盐酸不溶物(质量分数)/% ≤ | | | 0.25 | | | | 0.5 | |

续表

| 指标项目 | Ⅰ型 2000 目 | Ⅱ型 1500 目 | Ⅲ型 1000 目 | Ⅳ型 800 目 | Ⅴ型 600 目 | Ⅵ型 400 目 |
|---|---|---|---|---|---|---|
| 105℃挥发物(质量分数)/%　≤ | | | 0.5 | | | |
| 铅(Pb)(质量分数)/%　≤ | | | 0.0010 | | | |
| 六价铬[Cr(Ⅵ)](质量分数)/%　≤ | | | 0.0003 | | | |
| 汞(Hg)(质量分数)/%　≤ | | | 0.0001 | | | |
| 砷(As)(质量分数)/%　≤ | | | 0.0001 | | | |
| 镉(Cd)(质量分数)/%　≤ | | | 0.0002 | | | |

注：制造高压锅或电气密封圈要控制铅、六价铬、汞、砷、镉五项有害金属指标。

$CaCO_3$ 含量、白度 粒度、吸油值、比表面积、活化度、盐酸不溶物、105℃挥发物以及有毒有害元素铅（Pb）、六价铬 [Cr(Ⅵ)]、汞（Hg）、砷（As）、镉（Cd）含量是聚合物制品用 $CaCO_3$ 的主要检测项目。具体方法与前面有关章节所述相同或类似。

另外，有时直接测定其疏水性、表面包覆率等参数来反映其表面性能和考察 $CaCO_3$ 粉末表面处理效果的好坏。胶料的稠度是指胶料的软硬程度或抵抗外作用所引起的变形或破坏的能力，在一定程度上也反映粉料与基础聚合物之间的相互作用情况，其与分散粒子尺寸、粒子形貌等因素密切相关。例如，纳米活性 $CaCO_3$ 粒径越小，纳米活性 $CaCO_3$ 与硅橡胶之间的作用越强，填充后的胶料稠度也越高。

为了利于研究开发聚合物制品用 $CaCO_3$，下面介绍一些与添加 $CaCO_3$ 后的聚合物制品的密度、力学性能、热性能、耐候性等相关的检测方法。

### 5.4.2　塑料制品的若干性能检测方法

#### （1）塑料制品密度的测定[86]

在空气中称量由一直径不大于 0.5mm 的金属丝悬挂的试样的质量。试样质量不大于 10g，精确到 0.1mg；试样质量大于 10g，精确到 1mg，并记录试样的质量。将细金属丝悬挂的试样浸入固定支架上装满浸渍液 [用新鲜的蒸馏水或去离子水，或其他适宜的液体（含有不大于 0.1% 的润湿剂以除去浸渍液中的气泡）] 的烧杯里，浸渍液的温度应为 23℃±2℃（或 27℃±2℃），用细金属丝除去黏附在试样上的气泡，称量试样在浸渍液中的质量，精确到 0.1mg。按式(5-1)计算 23℃或 27℃时试样的密度：

$$\rho_s = \rho_{IL} \times \frac{m_{s,A}}{m_{s,A} - m_{s,IL}} \tag{5-1}$$

式中，$\rho_s$ 为 23℃或 27℃时试样的密度，$g/cm^3$；$m_{s,A}$ 为试样在空气中的质量，g；$m_{s,IL}$ 为试样在浸渍液中的表观质量，g；$\rho_{IL}$ 为 23℃或 27℃时浸渍液的密度，$g/cm^3$。

#### （2）塑料拉伸性能测试[87]

拉伸强度 $\sigma_M$ 是在拉伸试验过程中，试样承受的最大拉伸应力。拉伸应力 $\sigma$ 是在任何给定时刻，在试样标距长度内，每单位原始横截面积上所受的拉伸负荷。测试的主要原理是沿试样纵向主轴恒速拉伸，直到断裂或应力（负荷）或应变（伸长）达到某一预定值，测量在这一过程中试样承受的负荷及其伸长。

目前常用的分析仪器设备有满足 GB/T 1040 塑料拉伸性能测试标准的机械式、液压式、电子式材料试验机。在每个试样中部距离标距每端 5mm 以内测量宽度 $b$ 和厚度 $h$。宽度 $b$ 精确至 0.1mm，厚度 $h$ 精确至 0.02mm。将试样放到夹具中，务必使试样的长轴线与试验机的轴线呈一条直线。在紧固夹具前稍微绷紧试样，然后平稳而牢固地夹紧夹具，以防止试样滑移。在测量模量时，试验初始应力 $\sigma_0$ 应满足 $|\sigma_0| \leqslant 5\times10^{-4}E_t$，与此相对应的预应变满足 $\varepsilon_0 \leqslant 0.05\%$。在测量相关应力时，应满足 $\sigma_0 \leqslant 10^{-2}\sigma$。平衡预应力后，将校准过的光学引伸计安装到试样的标距上并调正，装上纵向应变规。使用光学引伸计测量伸长，在试样上标出标线，标线与试样的中点距离应大致相等，两标线间距离的测量精度应达到 1% 以上。标线不能刻划、冲刻或压印在试样上，以免损坏受试材料，应采用对受试材料无影响的标线，而且所划的相互平行的每条标线要尽量窄。拉伸应力 $\sigma$ 按式(5-2) 计算：

$$\sigma = \frac{F}{A} \tag{5-2}$$

式中，$\sigma$ 为拉伸应力，MPa；$F$ 为所测的对应负荷，N；$A$ 为试样原始横截面积，mm$^2$。

拉伸应变 $\varepsilon_t$ 是原始标距单位长度的增量，用无量纲的比值或百分数（%）表示。测定拉伸应变 $\varepsilon_t$ 时，用夹具间移动距离表示试样自由长度的伸长。拉伸应变 $\varepsilon_t$ 按式(5-3) 计算：

$$\varepsilon_t = \frac{\Delta L_0}{L_0} \tag{5-3}$$

式中，$\varepsilon_t$ 为拉伸应变，用比值或百分数表示；$L_0$ 为夹具间初始距离，mm；$\Delta L_0$ 为夹具间距离的增量，mm。

拉伸弹性模量 $E_t$ 按式(5-4) 计算：

$$E_t = \frac{\sigma_2 - \sigma_1}{\varepsilon_2 - \varepsilon_1} \tag{5-4}$$

式中：$E_t$ 为拉伸弹性模量，MPa；$\sigma_1$ 为应变值 $\varepsilon_1 = 0.0005$ 时测量的应力，MPa；$\sigma_2$ 为应变值 $\varepsilon_2 = 0.0025$ 时测量的应力，MPa。

**（3）塑料制品弯曲性能的测定[88]**

弯曲性能是指试样弯曲变形的能力。塑料的刚性是指塑料抵抗变形的能力，一般指拉伸强度、弯曲强度。把试样支撑成横梁，使其在跨度中心以恒定速度弯曲，直到试样断裂或变形达到预定值，测量该过程中对试样施加的压力。

目前常用分析仪器设备有万能材料测试机。测量试样中部的宽度 $b$，精确到 0.1mm；厚度 $h$，精确至 0.01mm，计算一组试样厚度的平均值 $\overline{h}$。剔除厚度超过平均厚度允差 ±2% 的试样，并用随机选取的试样来代替。按式(5-5) 调节跨度，并测量调节好的跨度，精确到 0.5%：

$$L = (16 \pm 1)\overline{h} \tag{5-5}$$

试验前试样不应过分受力。为避免应力-应变曲线的起始部分弯曲，有必要施加预应力。

在测量模量时，实验开始时试样所受的弯曲应力 $\sigma_{f0}$ 应为正值，且 $0 \leqslant \sigma_{f0} \leqslant 5 \times 10^{-4} E_f$，该范围与 $\varepsilon_{f0} \leqslant 0.05\%$ 的预应变相对应。弯曲模量 $E_f$ 为应力差 $(\sigma_{f2} - \sigma_{f1})$ 与对应的应变差 $(\varepsilon_{f2} = 0.0025) - (\varepsilon_{f1} = 0.0005)$ 之比，单位为兆帕（MPa）。把试样对称地放在试验机两个支座上，并于跨度中心施加力。记录实验过程中施加的力和相应的挠度。挠度 $s$ 是在弯曲过程中，试样跨度中心的顶面或底面偏离原始位置的距离，以毫米（mm）为单位。弯曲应力 $\sigma_f$ 是试样跨度中心外表面的正应力，单位为兆帕（MPa），按式(5-6) 计算：

$$\sigma_f = \frac{3FL}{2bh^2} \tag{5-6}$$

式中，$\sigma_f$ 为弯曲应力，MPa；$F$ 为施加的力，N；$L$ 为跨度，mm；$b$ 为试样宽度，mm；$h$ 为试样厚度，mm。

弯曲应变 $\varepsilon_f$ 为试样跨度中心外表面上单位长度的微量变化，按式(5-7) 计算：

$$\varepsilon_f = \frac{6sh}{L^2} \tag{5-7}$$

式中，$\varepsilon_f$ 为弯曲应变，用无量纲的比表示；$s$ 为挠度，mm；$h$ 为试样厚度，mm；$L$ 为跨度，mm。

测定弯曲模量时，先根据给定的弯曲应变差 $\varepsilon_{f1} = 0.0005$ 和 $\varepsilon_{f2} = 0.0025$ 按式(5-8) 计算相应的挠度 $s_1$ 和 $s_2$：

$$s_i = \frac{\varepsilon_f L^2}{6h} \quad (i = 1, 2) \tag{5-8}$$

式中，$s_i$ 为单个挠度，mm；$\varepsilon_f$ 为相应的弯曲应变，即上述的 $\varepsilon_{f1}$ 和 $\varepsilon_{f2}$ 值；$L$ 为跨度，mm；$h$ 为试样厚度，mm。再根据式(5-9) 计算弯曲模量 $E_f$：

$$E_f = \frac{\sigma_{f2} - \sigma_{f1}}{\varepsilon_{f2} - \varepsilon_{f1}} \tag{5-9}$$

式中：$E_f$ 为弯曲模量，MPa；$\sigma_{f1}$ 为挠度为 $s_1$ 时的弯曲应力，MPa；$\sigma_{f2}$ 为挠度为 $s_2$ 时的弯曲应力，MPa。

**（4）塑料冲击性能测试**[89]

冲击强度是指塑料在高速碰击下所呈现的坚韧强度，或抗断能力。依据的原理是由已知能量的摆锤一次冲击支撑成垂直悬臂梁的试样，测量试样破坏时所吸收的能量，冲击线到试样夹具为固定距离，对缺口试样，冲击线到缺口中心线为固定距离。

目前主要用冲击试验机测试塑料的冲击性能，常用的分析仪器设备有摆锤冲击试验机、落锤冲击试验机和落球冲击试验机。具体方法如下：测量每个试样中部的厚度 $h$ 和宽度 $b$ 或缺口试样的剩余宽度 $b_N$，精确至 0.02mm。试样是注塑样时，不必测量每一试样尺寸，一组中只测量一个试样即可。一组试样为 10 个样品。抬起并锁住摆锤，安装试样，当测定缺口试样时，缺口应在摆锤冲击刃的一侧，释放摆锤，记录被试样吸收的冲击能量。

悬臂梁无缺口冲击强度 $a_{iU}$ 是无缺口试样在悬臂梁冲击强度破坏过程中所吸收的能量与试样原始横截面积之比，按式(5-10) 计算：

$$a_{iU} = \frac{E_c}{hb} \times 10^3 \tag{5-10}$$

式中，$E_c$ 为已修正的试样断裂吸收能量，J；$h$ 为试样厚度，mm；$b$ 为试样宽度，mm。

悬臂梁缺口冲击强度 $a_{iN}$ 是缺口试样在悬臂梁冲击强度破坏过程中所吸收的能量与试样原始横截面积之比，如式（5-11）所示。

$$a_{iN} = \frac{E_c}{hb_N} \times 10^3 \tag{5-11}$$

式中，$E_c$ 为已修正的试样断裂吸收能量，J；$h$ 为试样厚度，mm；$b_N$ 为试样剩余宽度，mm。

**（5）塑料硬度测试[90]**

塑料硬度分为布氏硬度、邵氏硬度和洛氏硬度。球压痕硬度（布氏硬度，HB）是指以规定直径的钢球，在试验负荷作用下，垂直压入试样表面，保持一定时间后单位压痕面积上所承受的压力，即：球压痕硬度＝施加的负荷/压入的表面积。

目前常用的分析仪器设备有负荷球压痕器和塑料硬度计。测试时，把试样放在硬度试验机的支撑板上，充分地支撑试样并使试样表面垂直于加荷轴。在离试样边缘不小于 10mm 处的某一点上施加初负荷 $F_0 = (9.8 \pm 0.1)$N。调整深度指示装置至零点，然后在 2～3s 的时间内平稳地施加试验负荷 $F_m$。选择下列试样负荷值 $F_m$ 49.0N、132N、358N、961N（误差±1%），使修正后的压入深度在 0.15～0.35mm 之间。施加试验负荷 $F_m$ 30s 后，在加荷下测量压入深度 $h_1$。把一块软铜板（至少 6mm 厚）放在硬度试验机支撑板上，同时施加初负荷 $F_0$。调整指示装置至零点并施加试验负荷 $F_m$。保持试验负荷直到深度指示器稳定，记下读数，移去试验负荷的同时重新调整深度指示器至零。重复这种操作直到深度指示器读数在每次施加试验负荷时恒定为止。这就表示在该点铜块不会进一步被压入，因此该恒定的深度读数就是由于设备的框架变形而导致的深度指示器的位移量。记下该恒定的读数为硬度试验机架的变形 $h_2$。用 $h = h_1 - h_2$ 修正压入深度。由式（5-12）计算折合试验负荷 $F_r$：

$$F_r = F_m \times \frac{\alpha}{h - h_r + \alpha} = F_m \times \frac{0.21}{h - 0.25 + 0.21} \tag{5-12}$$

式中，$F_m$ 为压痕器上的负荷，N；$h_r$ 为压入的折合深度，0.25mm；$h$ 为机架变形修正后的压入深度（$h_1 - h_2$），mm；$h_1$ 为压痕器在试验负荷下的压痕深度，mm；$h_2$ 为试验负荷下实验装置的变形量，mm；$\alpha$ 为常数，0.21。

球压痕硬度（布氏硬度）由式（5-13）计算：

$$HB = \frac{F_r}{\pi d h_r} \tag{5-13}$$

式中，HB 为球压痕硬度值，N/mm²；$F_r$ 为折合试验负荷，N；$h_r$ 为压入的折合深度，0.25mm；$d$ 为钢球的直径，5mm。

邵氏硬度检测试验采用邵氏硬度计，此仪器采用标准弹簧压力，压力为圆锥形。洛氏硬度的检测多应用在金属热处理后硬度值较高的金属表面硬度的检测。检测时用标准规定的压头（钢球或锥角 120°的金刚石圆锥），先进行初试验力，然后加主试验力，在返回到初试验力。用前后两次试验力作用下压头压入试样表面深度差值计算求得该试样的表面硬度。

**(6) 塑料耐热性测试**[91]

该方法是试样在等速升温环境中，在一定静弯曲力矩作用下，测定达到一定弯曲变形时的温度来表示耐热性。其中测试试样为 $(120\pm1\times15\pm0.2\times10\pm0.2)\mathrm{mm}$ 的长条。试样应无气泡、膨胀突起、裂纹、弯曲等缺陷。测试仪器采用马丁耐热试验仪，试验的起始温度为 $(30\pm10)℃$，加于试样的弯曲应力为 $(50\pm0.2)\mathrm{kg/cm^2}$。

**(7) 塑料耐候性测试**[92]

采用荧光紫外线/冷凝试验方法和人工气候（氙灯）暴露试验方法检测塑料制品的耐候性。荧光紫外线/冷凝试验是以紫外线灯作光源，模拟并强化对高分子材料劣化影响最显著的紫外光谱，并适当控制温度、湿度使在样品上周期性地产生凝露的试验；人工气候（氙灯）试验是以氙灯作光源，模拟并强化到达地面的日光光谱，并适当控制温度、湿度和喷水条件的试验。

**(8) 塑料的维卡软化温度测定**[93]

塑料的维卡软化温度（vicat softening temperature，VST）是指热塑性塑料放于液体传热介质中，在一定的负荷和一定的等速升温条件下，试样被 $1\mathrm{mm^2}$ 的压针头压入 $1\mathrm{mm}$ 时的温度。维卡软化温度是评价材料耐热性能，反映制品在受热条件下物理力学性能的指标之一。测定原理是当匀速升温时，测定加热速率为 $50℃/h$ 下 $10\mathrm{N}$、$50\mathrm{N}$ 和加热速率为 $120℃/h$ 下 $10\mathrm{N}$、$50\mathrm{N}$ 四种负荷条件下标准压针刺入热塑性塑料试样表面 $1\mathrm{mm}$ 深时的温度。

目前常用的分析仪器设备为塑料维卡软化点温度测定仪。每个受试样品使用至少两个试样，试样为厚 $3\sim6.5\mathrm{mm}$、边长 $10\mathrm{mm}$ 的正方形或直径 $10\mathrm{mm}$ 的圆形，表面平整、平行、无飞边。将试样水平放在 VST 测定仪未加负荷的压针头下。压针头离试样边缘不得少于 $3\mathrm{mm}$，与仪器底座接触的试样表面应平整。将试样放入加热装置中，启动搅拌器，在每项测试开始时，加热装置的温度应为 $20\sim23℃$。当使用加热浴时，温度计的水银球或测温仪器的传感部件应与试样在同一水平面，并尽可能靠近试样。搅拌 $5\mathrm{min}$ 后，压针头处于静止位置，将足量砝码加到 VST 测定仪负荷板上，以使加在试样上的总推力增加，记录千分表的读数或调零。以 $(50\pm5)℃/h$ 或 $(120\pm10)℃/h$ 的速率匀速升高加热装置的温度；用压针头刺入试样，当刺入试样的深度超过起始位置 $(1\pm0.01)\mathrm{mm}$ 时，记下传感器测得的油浴温度，即为试样的维卡软化温度。结果应取测得的试样的维卡软化温度的算术平均值。

**(9) 塑料的熔体流动速率（melt flow rate，MFR）测定**[94]

MFR 是指在一定温度和负荷下被测物在固定时间间隔内挤出通过标准口模的物料质量，并换算成每 $10\mathrm{min}$ 的挤出量。

目前常用的分析仪器设备有熔体流动速率仪。在开始做一组试验前清洗挤出式塑度仪，并保证挤出式塑度仪料筒在选定温度下恒温不少于 $15\mathrm{min}$。根据预估的流动速率，将 $3\sim8\mathrm{g}$ 样品装入料筒，试样必须可装入料筒内腔，不限形状，例如，粉料、粒料或薄膜碎片，装料时应压实样料。根据材料的流动速率，将加负荷或未加负荷的活塞放入料筒。如果材料的熔体流动速率高于 $10\mathrm{g}/10\mathrm{min}$，预热时就要用不加负荷或只加小负荷的活塞，直到 $4\mathrm{min}$ 预热期结束再把负荷改变为所需要的负荷，否则试样损失较大，测定结果有误差。在装料完成后 $4\mathrm{min}$，温度应恢复到所选定的温度，如果原来没有加负荷或负荷不足的，此时应把选定的负荷加到活塞上。让活塞在重力作用下下降，直到挤出没有气泡的细条。用切断工具如刮刀等切断挤出物，并丢弃。然后让加负荷的活塞在重力作用下继续下降。当活塞杆下标线到达料筒顶面时，开始用秒表计时，同时用刮刀等工具切断挤出物并丢弃。然后，按一定时间间隔逐一收集挤出物切断（表 5-13），以测定挤出速率，切断时间间隔取决于熔体流动速率，每条切段的长度应不短于 10mm，最好为 10～20mm。当活塞杆上标线到达料筒顶面时停止切割。丢弃有肉眼可见气泡的切段。冷却后，将保留下的切段（至少 3 个）逐一称量，准确至 1mg，计算它们的平均质量。若单个试样称量值中的最大值和最小值之差超过平均值的 15%，则舍弃该组数据，并用新样品重做试验。用式(5-14)计算熔体质量流动速率（MFR）值：

$$MFR(\theta, m_{nom}) = \frac{t_{ref} m}{t} \qquad (5-14)$$

式中，$\theta$ 为试验温度，℃；$m_{nom}$ 为标称负荷，kg；$t_{ref}$ 为环境温度，℃；$m$ 为切段的平均质量，g；$t$ 为切段的时间间隔，s。

表 5-13　试样加入量与切样时间间隔的试验参数

| 熔体流动速率/(g/10min) | 料筒中样品质量/g | 挤出物切断时间间隔/s |
|---|---|---|
| 0.1～0.5 | 3～5 | 240 |
| >0.5～1 | 4～6 | 120 |
| >1～3.5 | 4～6 | 60 |
| >3.5～10 | 6～8 | 30 |
| >10 | 6～8 | 5～15 |

### 5.4.3　橡胶制品的若干性能检测方法

#### (1) 橡胶制品密度的测定[95]

先称量试样在空气中的质量，精确到 1mg。再称量试样在水中的质量，在标准实验室温度 [(23±2)℃ 或 (27±2)℃] 下，将装有新制备的冷却蒸馏水或去离子水的烧杯放在水平跨架上，将试样浸入水中，除去附着于试样表面的气泡，称量精确到 1mg。观察数秒钟，直到确定指针不再漂移读取结果。试验结果精确至小数点后两位。密度（$\delta$）由式(5-15) 计算：

$$\delta = \rho \frac{m_1}{m_1 - m_2} \qquad (5-15)$$

式中，$\delta$ 为试料的密度，Mg/m³；$\rho$ 为水的密度，Mg/m³；$m_1$ 为试样在空气中的质量，g；$m_2$ 为试样在水中的质量，g。

分析需要注意若样品中包含织物，裁切试样前应除去织物，将露出的胶表面打磨光滑。在织物与胶分离过程中不应损坏橡胶；若使用液体，裁切前橡胶表面的液体应全部去除干净。用适当长度的细丝将试样悬挂于天平挂钩上，使试样底部在水平跨架上方约 25mm 处。细丝的材料应不溶于水、不吸水。细丝的质量可忽略也可单独称量，若单独称量应将其质量从试样称重中减去。

#### (2) 邵 A 硬度的测定

橡胶制品抵抗外力压入的能力为硬度，其数值的大小反映材料的软硬程度。目前常用的分析仪器设备有邵氏硬度计。用邵氏硬度计进行测定时，以硬度计的压针压在试样的表面上，测量压针压入试样的深度。

**（3）橡胶撕裂强度的测定[96]**

撕裂强度（$T_s$）是将试样撕断所需的力除以试样厚度。测试时用拉力试验机，对有割口或无割口的试样在规定的速度下进行连续拉伸，直至试样撕断。

目前常用的分析仪器设备有橡胶拉力试验机。具体测试操作如下：从厚度为（2.0±0.2）mm 的试片上用冲压机裁取试样。裁切试样时，撕裂割口的方向应与压延方向一致。将试样安装在拉力试验机上，在下列夹持器移动速度下，直角形和新月形试样为（500±50）mm/min、裤形试样为（100±10）mm/min，对试样进行拉伸，直至试样断裂。记录直角形和新月形试样的最大力值。当使用裤形试样时，应自动记录整个撕裂过程的力值。撕裂强度 $T_s$ 按式(5-16)计算：

$$T_s = \frac{F}{d} \tag{5-16}$$

式中，$T_s$ 为撕裂强度，kN/m；$F$ 为试样撕裂时所需的力，N；$d$ 为试样厚度的中位数，mm。

**（4）橡胶拉伸强度的测定[97]**

拉伸强度（tensile strength，TS）为试样拉伸至断裂过程中的最大拉伸应力。测试原理是在动夹持器或滑轮恒速移动的拉力试验机上，将哑铃状或环标准试样进行拉伸，记录试样在不断拉伸过程中和当其断裂时所需的力和伸长率的值。

目前常用的分析仪器设备有万能拉伸强度试验机。具体测试操作如下：根据被测样品，制成哑铃状或环状的试样。哑铃状试样的形状如图 5-3 所示，长度和宽度如表 5-14 所示，其他尺寸应符合相应的裁刀给出的要求（表 5-15）。环状试样根据试样尺寸不同分为 A 型标准环状试样和 B 型标准环状试样：A 型标准环状试样的内径为（44.6±0.2）mm，轴向厚度中位数和径向宽度中位数均为（4.0±0.2）mm；B 型标准环状试样的内径为（8.0±0.1）mm，轴向厚度中位数和径向宽度中位数均为（1.0±0.1）mm。

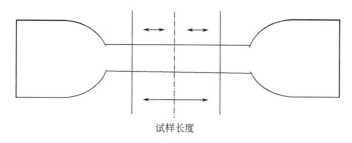

试样长度

图 5-3　哑铃状试样的形状

表 5-14　哑铃状试样的长度和宽度

| 试样类型 | 1 型 | 1A 型 | 2 型 | 3 型 | 4 型 |
|---|---|---|---|---|---|
| 长度/mm | 25.0±0.5 | 20.0±0.5 | 20.0±0.5 | 10.0±0.5 | 10.0±0.5 |
| 宽度/mm | 2.0±0.2 | 2.0±0.2 | 2.0±0.2 | 2.0±0.2 | 1.0±0.1 |

表 5-15    哑铃状试样裁刀尺寸

| 尺寸 | 1 型 | 1A 型 | 2 型 | 3 型 | 4 型 |
|---|---|---|---|---|---|
| 总长度/mm | 115 | 100 | 75 | 50 | 35 |
| 端部宽度/mm | 25.0±1.0 | 25.0±1.0 | 12.5±1.0 | 8.5±0.5 | 6.0±0.5 |
| 狭窄部分长度/mm | 33.0±2.0 | 20.0±1.0 | 25.0±1.0 | 16.0±1.0 | 12.0±0.5 |
| 狭窄部分宽度/mm | 6.0±0.4 | 5.0±0.1 | 4.0±0.1 | 4.0±0.1 | 2.0±0.1 |
| 外侧过渡边半径/mm | 14.0±0.1 | 11.0±0.1 | 8.0±0.5 | 7.5±0.5 | 3.0±0.1 |
| 内侧过渡边半径/mm | 25.0±2.0 | 25.0±2.0 | 12.5±1.0 | 10.0±0.5 | 3.0±0.1 |

将哑铃状试样对称地夹在拉力试验机的上、下夹持器上，使拉力均匀地分布在横截面上。根据需要，装配一个伸长测量装置。启动拉力试验机，在整个实验过程中连续监测试验长度和力的变化。夹持器的移动速度：1 型、2 型和 1A 型试样应为 (500±50)mm/min，3 型和 4 型试样应为 (200±20)mm/min。测定环状试样的拉伸强度时，将环状试样以张力最小的形式放在拉力试验机两个滑轮上。启动拉力试验机，在整个试验过程中连续监测滑轮之间的距离和应力。可动滑轮的移动速度：A 型试样应为 (500±50)mm/min，B 型试样应为 (100±10)mm/min。

哑铃状试样的拉伸强度 $T_S$ 按式(5-17) 计算，以 MPa 表示：

$$T_S = \frac{F_m}{Wt} \tag{5-17}$$

断裂拉伸强度 $T_{Sb}$ 按式(5-18) 计算，以 MPa 表示：

$$T_{Sb} = \frac{F_b}{Wt} \tag{5-18}$$

拉断伸长率 $E_b$ 按式(5-19) 计算，以%表示：

$$E_b = \frac{100(L_b - L_0)}{L_0} \tag{5-19}$$

式中，$F_m$ 为记录的最大力，N；$F_b$ 为断裂时记录的力，N；$W$ 为裁刀狭窄部分的宽度，mm；$t$ 为试验长度部分厚度，mm；$L_b$ 为试样断裂时的试验长度，mm；$L_0$ 为初始试验长度，mm。

环状试样的拉伸强度 $T_S$ 按式(5-20) 计算，以 MPa 表示：

$$T_S = \frac{F_m}{2Wt} \tag{5-20}$$

断裂拉伸强度 $T_{Sb}$ 按式(5-21) 计算，以 MPa 表示：

$$T_{Sb} = \frac{F_b}{2Wt} \tag{5-21}$$

拉断伸长率 $E_b$ 按式(5-22) 计算，以%表示：

$$E_b = \frac{100(\pi d + 2L_b - C_i)}{C_i} \tag{5-22}$$

式中，$C_i$ 为环状试样的初始内周长，mm；$d$ 为滑轮的直径，mm；$F_m$ 为记录的最大力，N；$F_b$ 为试样断裂时记录的力，N；$W$ 为环状试样的径向宽度，mm；$t$ 为环状试样的轴向宽度，mm；$L_b$ 为试样断裂时两滑轮的中心距，mm。

**(5) 橡胶弹性模量的测定[98]**

通过模量测定器给试样加载一定拉伸负荷并使拉伸负荷作用一定时间，用测量工具测量试样拉伸状态下标线间的距离，计算应力与应变之比为弹性模量。

目前常用的分析仪器设备有电脑系统拉力试验机。具体测试操作如下：将被测样品制成长方形试样或哑铃状试样（如图 5-3 所示），长方形试样宽度为 (10.0±0.2)mm，长度为 80.0～90.0mm，工作部分长度 (50.0±0.5)mm，厚度为 (2.0±0.3)mm。将试样对称地夹在试验仪器的上、下夹持器上，使拉伸负荷均匀地分布在横截面上。对试样施加一定的负荷，哑铃试样加至 (1.200±0.006)kg，长方形试样加至 (2.000±0.010)kg，使试样拉伸应力为 0.9806MPa。负荷作用时间 15min，用精度为 0.5mm 的测量工具测量试样在拉伸状态下标线间的距离。

弹性模量 $E$(MPa) 按式(5-23) 计算：

$$E = k \frac{PL_0}{b_0 h_0 (L_1 - L_0)} \tag{5-23}$$

式中，$k$ 为 kg 转化为 N 的换算因子，通常取 9.806，N/kg；$P$ 为作用在试样上的负荷，kg；$L_0$ 为试样的原标距，mm；$b_0$ 为试验前试样的宽度，mm；$h_0$ 为试验前试样的厚度，mm；$L_1$ 为负荷作用一定时间后试样的标距，mm。

## 参考文献

[1] Vrsaljko D, Bao X. Compatibilization of PUR/PVAC polymer blend by addition of calcium carbonate filler [J]. Polymer Composites, 2016, 37 (4): 222-229.

[2] Yu P, Liu G, Li K. Fabrication of polystyrene/nano-$CaCO_3$ foams with unimodal or bimodal cell structure from extrusion foaming using supercritical carbon dioxide [J]. Polymer Composites, 2015, 37 (6): 1864-1873.

[3] Deshmukh G S, Peshwe D R, Pathak S U. Nonisothermal crystallization kinetics and melting behavior of poly (butylene terephthalate) and calcium carbonate nanocomposites [J]. Thermochimica Acta, 2015, 606: 66-76.

[4] Lazzeri A, Zebarjad S M, Pracella M, Cavalier K R. Filler toughening of plastics. part 1. the effect of surface intractions on physico-mechanical properties and reological behavior of ultra fine $CaCO_3$/high density polyethylene nanocomposites [J]. Polymer, 2005, 46: 827-844.

[5] Wang G, Chen XY, Huang R. Nano-$CaCO_3$/polypropylene composites made with ultra-high-speed mixe [J]. Journal of Materials Science Letters, 2002, 21: 985-986.

[6] Zhang Q X, Yu Z Z, Xie X L, Mai Y W. Crystallization and impact energy of polypropylene/ $CaCO_3$ nanocomposites with nonionic modifier [J]. Polymer, 2004, 45: 5985-5994.

[7] Zha L, Fang Z. Polystyrene/$CaCO_3$ composites with different $CaCO_3$ radius and different nano-$CaCO_3$ content structure and properties [J]. Polymer Composites, 2010, 31 (7): 1258-1264.

[8] Chuajiw W, Takatori K, Fukushima Y. Polymerization properties of polyamide in bottom-up prepared polyamide-calcium carbonate composites [J]. Polymer Composites, 2013, 35 (6): 1132-1139.

[9] Sahin A, Karsli N G, Sinmazcelik T. Comparison of the mechanical, thermomechanical, thermal, and morphological properties of pumice and calcium carbonate-filled poly (phenylene sulphide) composites [J]. Polymer Composites, 2015, 4 (8): 2515-2524.

[10] Zhang J, Wu J L, Mo H. Rheology and processability of polyamide66 filled with different-sized and size-distributed calcium carbonate [J]. Polymer Composites, 2011, 32 (10): 1633-1639.

[11] 陈南春，詹锋，张椿英，张小虎，杨利娇. 机械化学改性重质碳酸钙增强高密度聚乙烯的性能研究 [J]. 徐州工程学院学报，2013，28 (2)：19-23.

[12] 曾宪通，左建东，庞纯，赵建青，蒋文真. HDPE/POE/CaCO₃ 三元体系薄膜研究 [J]. 塑料工业，2007（07）：16-18，30.

[13] 李龙山，张直，李静波，刘武，黄云华，杨信强，陈绍清，李琰吉. 一种透气膜用重质碳酸钙填料及其制备方法：201410830271X [P]. 2014-12-26.

[14] 张继忠，冯再，陈宝书. 纳米 CaCO₃ 改性 HDPE 复合材料的性能研究 [J]. 化工新型材料，2013，41（7）：134-135.

[15] 朱静. HDPE/TPI/纳米颗粒三元复合材料结构与性能的研究 [D]. 青岛：青岛科技大学，2018.

[16] 李学闵，苏衍良，贾衍才. 纳米 CaCO₃ 和玻纤增强 PVC、HDPE、PP 的力学性能研究 [J]. 工程塑料应用，2005，33（7）：20-22.

[17] 兰黄鲜. 碳酸钙对高密度聚乙烯（HDPE）改性的研究进展 [J]. 中国粉体工业，2010（03）：4-7.

[18] 解廷秀，刘宏治，欧玉春，杨桂生. 界面作用对 HDPE/PPOEgP/CaCO₃ 三元复合材料韧性的影响 [J]. 高分子学报，2006，1：53-58.

[19] Guermazi N，Haddar N，Elleuch K. Effect of filler addition and weathering conditions on the performance of PVC/CaCO₃ composites [J]. Polymer Composites，2016，37（7）：2171-2183.

[20] 杨照，谭红，罗筑，吉玉碧，李扬俊，徐国敏. 活性轻质和重质碳酸钙添加在软质 PVC 中的效果比较 [J]. 塑料工业，2010，38（8）：76-78.

[21] 魏洪生. 硬质聚氯乙烯塑料的改性研究 [D]. 北京：北京化工大学，2017.

[22] 骆振福，任晓玲，乔军，朱再胜，海滨，代宁宁. 不同品种碳酸钙填充 PVC 性能的研究 [J]. 中国矿业大学学报，2012，41（1）：69-73.

[23] 孔秀丽，张学明，贾小波，肖恩琳，李素真. 几种碳酸钙对给水用硬 PVC 管材性能的影响 [J]. 齐鲁石油化工，2014，42（1）：13-19.

[24] 李玲. 聚合物/纳米碳酸钙复合材料的制备及力学性能研究 [D]. 长春：吉林大学，2011.

[25] Feyzullahoglu E，Sahin T. The Tribologic and thermomechanic properties of polypropylene filled with CaCO₃ and anhydrous borax [J]. Journal of Reinforced Plastics and Composites，2010，29（16）：2498-2512.

[26] 李良钊，张秀芹，罗发亮，赵莹，王笃金. 改性纳米碳酸钙-聚丙烯复合材料的结构与性能研究 [J]. 高分子学报，2011，10：1218-1223.

[27] 石璞，陈浪，钟苗苗，刘跃军. 高组分纳米碳酸钙填充聚丙烯及增韧机理 [J]. 高分子材料科学与工程，2015，31（10）：69-74.

[28] Karamipour S，Ebadi-Dehaghani H，Ashouri D，Mousavian S. Effect of nano-CaCO₃ on rheological and dynamic mechanical properties of polypropylene：experiments and models [J]. Polymer Testing，2011，42（7）：2038-2046.

[29] 王权，瞿金平. 动态成型过程中 PP/CaCO₃ 填充体系的流变行为 [J]. 高分子材料科学与工程，2007，23（1）：176-179.

[30] 王千. 改性重质碳酸钙及其在聚丙烯中的应用 [D]. 武汉：华中科技大学，2015.

[31] 钱岑，李怀栋. 超细 CaCO₃ 对 ABS 材料力学性能的影响 [J]. 能源化工，2013，34（3）：41-45.

[32] 张芳，程方亲，任长富. ABS/纳米 CaCO₃ 复合材料流变性能的研究 [J]. 中国塑料，2007（10）：52-56.

[33] Ananthapadmanabha G S，Deshpande V. Influence of aspect ratio of fillers on the properties of acrylonitrile butadiene styrene composites [J]. Journal of Applied Polymer Science，2017，135（11）.

[34] 金诚. 纳米 CaCO₃ 在 ABS 工程塑料中的应用研究 [D]. 上海：华东理工大学，2016.

[35] 马晓坤，盛野，周兵，王子忱. 超细高分散碳酸钙的原位制备及性能 [J]. 高等学校化学学报，2018，39（3）：491-496.

[36] 周祖福. 复合材料学 [M]. 武汉：武汉理工大学出版社，2014：184-284.

[37] 刘雄亚，谢怀勤. 复合材料工艺及设备 [M]. 武汉：武汉理工大学出版社，1994：272-300.

[38] 韩忠原，丁永红，俞强，朱威. 高填充碳酸钙母料的制备及性能研究 [J]. 现代塑料加工应用，2010，22（3）：5-7.

[39] 张思灯，徐建建，姚自力，俞强. 高填充碳酸钙母料在 LLDPE 薄膜中的应用 [J]. 现代塑料加工应用，2009，21（1）：50-53.

[40] 徐冬梅，柳峰，曾长春 . PE 膜用填充母料的研制 [J] . 工程塑料应用，2009，37（12）：50-52.

[41] Upadhyaya P，Nema A K，Sharma C. Physicomechanical study of random polypropylene filled with treated and untreated nano-calcium carbonate：effect of different coupling agents and compatibilizer [J] . Journal of Thermoplastic Composite Materials，2013，26（7）：988-1004.

[42] 罗万胜，王云英，杨光 . 复配型钛酸酯及其对超细碳酸钙/PP 复合材料的性能影响 [J] . 南昌航空大学学报（自然科学版），2020，34（03）：53-60.

[43] 杜振霞，贾志谦，饶国瑛，陈建峰 . 改性纳米碳酸钙表面性质的研究 [J] . 现代化工，2001，21（4）：42-44.

[44] 肖俊峰，刘可慰，黄文德，肖荔人，陈庆华 . 稀土偶联剂对 CaCO₃ 表面改性的研究 [J] . 上海塑料，2009（1）：19-23.

[45] Li N Y，Chen H B，Chan C M，Wu J S. Effects of coating amount and particle concentration on the impacttoughness of polypropylene/CaCO₃ nanocomposites [J] . European Polymer Journal，2011，47：294-304.

[46] 邹继荣，陈利民，许文东 . 新型硅烷偶联剂研究进展 [J] . 化学生产与技术，2009，16（4）：48-50.

[47] 潘华强，高延敏，杨洁，贾宁宁，沈海斌 . 三种偶联剂改性 CaCO₃ 的影响因素及效果评定 [J] . 武汉科技大学学报，2013，36（01）：64-68.

[48] 徐鹏金 . 浅述超细碳酸钙表面改性的研究进展 [J] . 中国粉体工业，2019（03）：7-11.

[49] 龚春锁，揣成智 . 钛酸酯偶联剂对无机填料的改性研究 [J] . 化工技术与开发，2007，36（9）：4-7.

[50] 赵风云，王琰，王勇，焦其帅，陈建良，胡永琪 . 针形纳米碳酸钙的表面改性及在 PVC 中的应用 [J] . 高分子材料科学与工程，2008，24（2）：124-127.

[51] 邱文革，李松岳 . 工业助剂及其复配技术 [M] . 北京：化学工业出版社，2009.

[52] 阳铁健，颜鑫 . 纳米碳酸钙表面改性技术研究进展 [J] . 无机盐工业，2012，44（02）：9-12.

[53] 刘建州，谢吉星，时佳，徐建中 . 锡酸锌包覆纳米碳酸钙的制备及对 PVC 的阻燃 [J] . 塑料，2009，38（4）：22-24.

[54] 汤泉，陈瑞琼，卢玉昌，张志 . 松香酸烷醇酰胺表面改性重质碳酸钙的研究 [J] . 化学工程师，2012，26（3）：11-13.

[55] 严海彪，潘国元 . 超细碳酸钙表面处理及其在塑料中的应用进展 [J] . 塑料助剂，2004（04）：4-7.

[56] Roy K，Alam M N，Mandal S K. Effect of sol-gel modified nano calcium carbonate（CaCO₃）on the cure，mechanical and thermal properties of acrylonitrile butadiene rubber（NBR）nanocomposites [J] . Journal of Sol-Gel Science and Technology，2015，73（2）：306-313.

[57] 姜孝先，徐国治，牛新书 . 具有链锁状结构碳酸钙的研究 [J] . 河南师范大学学报（自然科学版），1989（03）：96-99.

[58] Jin F L，Park S J. Thermo-mechanical behaviors of butadiene rubber reinforced with nano-sized calcium carbonate [J] . Materials Science & Engineering A，2008，478（1）：406-408.

[59] Kemal I，Whittle A，Burford R. Toughening of unmodified polyvinylchloride through the addition of nanoparticulate calcium carbonate and titanate coupling agent [J] . Journal of Applied Polymer Science，2013，127（3）：2339-2353.

[60] Mat N S C，Ismail H，Othman N. Curing characteristics and tear properties of bentonite filled ethylene propylene diene（EPDM）rubber composites [J] . Procedia Chemistry，2016，19（4）：394-400.

[61] 吴声溪 . 活化处理纳米碳酸钙在力车胎面胶中的应用 [J] . 中国橡胶，2011，27（19）：41-42.

[62] 孟程龙 . 玫瑰形碳酸钙对天然橡胶性能影响研究 [J] . 橡塑技术与装备，2013，39（1）：36-38.

[63] 易岳雄，谢小运，肖华智，曾轶 . 纳米碳酸钙在解放鞋草绿围条中的应用 [J] . 橡胶工业，2012，59（11）：673-675.

[64] 陈笑微 . 改性纳米碳酸钙对天然橡胶性能的影响 [J] . 中国橡胶，2009，25（7）：35-38.

[65] 曾宗强，余和平，华玉伟，刘宏超，王启方 . 一种利用甲基丙烯酸羟乙酯橡胶接枝改性纳米碳酸钙增强天然橡胶复合材料的制备方法：CN103539976A [P] . 2014-01-29.

[66] 翟俊学，张建鲁，王升旭，张振宇，曹津津，蔡伟强，毕晓杰，肖建斌 . 碳酸钙填充天然橡胶的硫化体系和力学性能 [J] . 弹性体，2020，30（02）：41-45.

[67] 孙凌云，杜广华，宗成中 . 纳米碳酸钙对 SBR 胶料性能的影响 [J] . 橡胶工业，2007，54（5）：

289-291.

[68] 陈西知.纳米 $CaCO_3$ 及其复合粒子在丁苯橡胶中的应用研究 [D].上海：华东理工大学，2012.

[69] 马丕明，陈莺飞，周亚斌，王仕峰.甲基丙烯酸原位改性纳米 $CaCO_3$ 增强丁苯橡胶 [J].合成橡胶工业，2007，30 (6)：458-462.

[70] 黄琨，黄渝鸿，郭静，马艳.三元乙丙橡胶/石墨功能复合材料的制备与性能分析 [J].绝缘材料，2008，41 (2)：53-56.

[71] 徐乐，许云书，赵文，徐光亮.改性碳酸钙对 γ 射线交联三元乙丙橡胶力学性能的影响 [J].弹性体，2015，25 (6)：1-6.

[72] 吴娟娟，殷天惠，陈超，张鹏，何丹.纳米碳酸钙填充改性动态硫化三元乙丙橡胶/聚丙烯体系研究 [J].塑料工业，2011，39 (S2)：34-38.

[73] Yao Y, Lu G Q, Boroyevich D, Ngo K D T. Effect of $Al_2O_3$ fibers on the high-temperature stability of silicone elastomer [J]. Polymer, 2014, 55 (16)：4232-4240.

[74] 薛磊，黄艳华，苏正涛.乙基硅橡胶硫化性能的研究 [J].有机硅材料，2017，31 (4)：235-240.

[75] Shit S C, Shah P. A review on silicone rubber [J]. National Academy Science Letter, 2013, 36 (4)：355-365.

[76] Zhao X, Zang C, Sun Y, Liu K, Wen Y, Jiao Q. Borosiloxane oligomers for improving adhesion of addition-curable liquid silicone rubber with epoxy resin by surface treatment [J]. Journal of Materials Science, 2018, 53 (2)：1167-1177.

[77] 屈裴，罗红情，熊婷.车灯用脱醇型 RTV-1 有机硅密封胶的研制 [J].有机硅材料，2017，31 (5)：362-366.

[78] 王天强，李冈效，王腾腾，吴友平，邹百军，赵素合，王有治，张立群.纳米活性碳酸钙对室温硫化硅橡胶补强作用研究 [J].有机硅材料，2017，31 (3)：154-159.

[79] 童荣柏，彭娅，王柯，伍增勇.纳米碳酸钙含量对室温硫化硅橡胶热稳定性的影响 [J].弹性体，2010，20 (5)：20-22.

[80] 吴娜，范召东，王恒芝，刘梅，张爽.碳酸钙和氢氧化镁对加成型硅橡胶性能的影响 [J].有机硅材料，2020，34 (02)：28-33.

[81] 王天强，刘旭，王腾腾，丁浩，邹华，王有治，张立群.超细重质碳酸钙表面改性及在硅橡胶中的应用研究 [J].有机硅材料，2018，32 (6)：459-463.

[82] 尚梦，陈炳耀，全文高，彭小琴，岑柞远，郑吕凤.纳米碳酸钙的改性及其在硅酮胶中的应用 [J].粘接，2017，3：38-43.

[83] Kusuktham B. Spinning of poly (ethylene terephthalate) fibers filled with inorganic fillers [J]. Journal of Applied Polymer Science, 2012, 126 (S2)：387-395.

[84] HG/T 3249.3—2013.

[85] HG/T 3249.4—2013.

[86] GB/T 1033.1—2008.

[87] GB/T 1040.1—2018.

[88] GB/T 9341—2008.

[89] GB/T 1843—2008.

[90] GB/T 3398.1—2008.

[91] GB/T 1035—1970.

[92] GB/T 14522—2008.

[93] GB/T 1633—2000.

[94] GB/T 3682.1—2018.

[95] GB/T 533—2008.

[96] GB/T 529—2008.

[97] GB/T 528—2009.

[98] HG/T 3321—2012.

CHAPTER6

# 第6章
# 碳酸钙与涂料、胶黏剂、建材、冶金、钻井液产品

## 6.1 碳酸钙与涂料

### 6.1.1 碳酸钙填料和颜料

涂料指涂布于物体表面后能形成薄膜而起保护、装饰或绝缘、防锈、防霉、耐热等特殊功能的一类液体或固体材料。早期的涂料大多以植物油为主要原料，故又称作油漆。现在合成树脂已基本取代了植物油。填料是一类在介质中以"填充"为主要作用的微细颗粒状物质。通过在介质中加入填料，可以有效地改变介质中的一些物理和化学性质。在涂料中加入的填料，不仅能保证涂料具有良好的遮盖力、丰富的色彩，还能赋予涂膜与施工等方面的特殊功效。作为涂料的填料，分散性、白度、颜色、遮盖力、着色力、吸油量、粒度分布、耐酸碱性、耐光性、耐候性及耐温性等都需要考虑。填料的品种非常多（表6-1)，选择时要根据主次，兼及其他目的，因素比较复杂；在涂料中的加量多少，则要根据涂料的性能要求、填料的细度、吸油量等因素考虑和选择。

表 6-1  常用填料的品种和性能[1]

| 填料名称 | 化学组成 | 密度/(g/cm³) | 吸油量/(g/100g) | 折射率 | 主要物质含量/% | pH |
|---|---|---|---|---|---|---|
| 重质碳酸钙 | $CaCO_3$ | 2.71 | 10~25 | 1.65 | | 约9 |
| 轻质碳酸钙 | $CaCO_3$ | 2.71 | 25~60 | 1.48 | | 9~10 |
| 天然碳酸镁 | $MgCO_3$ | 2.9~3.1 | — | 1.51~1.70 | | — |
| 重晶石粉 | $BaSO_4$ | 4.47 | 6~12 | 1.64 | 85~95 | 约7 |
| 沉淀硫酸钡 | $BaSO_4$ | 4.35 | 10~15 | 1.64 | >97 | 约8 |
| 滑石粉 | $3MgO \cdot 4SiO_2 \cdot 2H_2O$ | 2.7~2.8 | 25~50 | 1.59 | $SiO_2$ 56 $MgO$ 29.6 $CaO$ 5 | 约9 |
| 高岭土 | $Al_2O_3 \cdot 2SiO_2 \cdot 2H_2O$ | 2.6 | 30~50 | 1.56 | $SiO_2$ 46 $Al_2O_3$ 37 | 5~6 |
| 云母粉 | $K_2O_3 \cdot Al_2O_3 \cdot 6SiO_2 \cdot 2H_2O$ | 2.76~3 | 40~70 | 1.59 | | — |
| 白炭黑 | $SiO_2$ | 2.6 | 25 | 1.55 | $SiO_2$ 99 $R_2O_3$ 0.5 | 约7 |

续表

| 填料名称 | 化学组成 | 密度 /(g/cm³) | 吸油量 /(g/100g) | 折射率 | 主要物质 含量/% | pH |
|---|---|---|---|---|---|---|
| 硅酸钙 | CaSiO₃ | 2.9 | 25~30 | 1.63 | | 约10 |
| 合成硅酸铝 | Na₂O·Al₂O₃· 14SiO₂·$n$H₂O | 2.05 | 100~150 | 1.50 | | 9.5~10.5 |

按化学组成来分，涂料的颜料可分为无机颜料、有机颜料。按用途来分，涂料的颜料可分为着色颜料、体质颜料、防锈颜料、特种颜料。无机颜料中大部分品种是矿物颜料，化学性质稳定、耐光、耐高温、不易变色。由于 $CaCO_3$ 颜色是白色，颗粒细，能在涂料中均匀分散，并能起一种骨架作用，是涂料工业中大量使用的体质颜料。$CaCO_3$ 的填入可以增强底漆对基层表面的沉积性和渗透性。$CaCO_3$ 还可以与钛白粉配合使用[2]。

在碳酸钙作为功能性白色填料方面，美国普渡大学科研人员[3] 采用高浓度碳酸钙填料和丙烯酸开发出了新型的超白涂料，其中碳酸钙先和二甲基甲酰胺（DMF）混合并用超声处理减少颗粒堆聚，采用了 Elvacite 2028（Lucite International）的低黏度丙烯酸基体，然后进行脱气和制成自支撑约 $400\mu m$ 厚的涂料薄膜。和一般涂料会直接吸收太阳光的辐射热量以及市面上销售的"抗热"涂料一般只能反射 80%~90% 的太阳光显著不同，新型的超白涂料可以反射超过 95.5% 的日照阳光，还能将太阳光反射回太空，并且能够极少程度地降低紫外线的吸收。若将这种涂料广泛用于涂刷屋顶、路面或汽车，会有助于减少空调的使用，进而减缓全球变暖。

在面漆中，即罩面漆中，半光和无光漆则要采用增加体质颜料来削减光泽，$CaCO_3$ 就是理想的消光填料。在面漆中加入 $CaCO_3$，可以制成平光漆、半光漆。$CaCO_3$ 也用在多彩涂料中，起到降低成本和提高装饰效果的作用。在多彩涂料中也可用重质 $CaCO_3$。

在金属防锈涂料中加入 $CaCO_3$，除作为体质颜料外，由于 $CaCO_3$ 可以水解成氢氧化钙，能增加对底材的附着力，还能吸收酸性介质，起到增强防锈作用。在金属防锈涂料中，$CaCO_3$ 的适当用量为 30%[4]。

水性涂料的最大特点是以水代替有机溶剂作为溶剂或分散介质，节约了大量的有机材料（石油类）资源，减少了涂料中有机溶剂挥发对环境的污染、对施工人员的身体危害和施工过程中的火灾危险。此外，水性涂料在涂装金属材料时，工件经除油、除锈、磷化工序后，无需完全干燥，即可涂装施工，节省了涂装时间和能源消耗。总之，提高涂料特别是工业涂料的水性化比例，是涂料行业发展的主要趋向。水性涂料按分散形态区分，包括水分散性涂料、水溶性涂料、水稀释性涂料 3 种。$CaCO_3$ 是一种重要的应用于水性涂料的填料。

另外涂料有液体涂料和固体涂料之分。$CaCO_3$ 也是重要的固体涂料填料。

### 6.1.2  碳酸钙用于水性涂料

乳胶涂料，俗称乳胶漆，是水分散性涂料，是以合成树脂乳液为基料，以水为分散介质，经过研磨分散后加入各种颜料、填料（亦称体质颜料）和助剂，经一定工艺过程精制而成。合成树脂乳液以丙烯酸酯共聚乳液较为典型。乳胶漆易于涂刷、干燥迅速、漆膜耐水、耐擦洗性好等。随着新的乳胶涂料品种不断地开发出来，施工工艺上出现了以喷涂为主，滚涂、刷涂、抹涂以及复合法为辅的工艺方法。总体上说，乳胶漆具有技术先进、工艺简洁、低能耗、低排放、安全无毒的优点，但是常规乳胶漆中还含有少量的有机溶剂，对人的身体健康仍有一定的影响。在乳胶漆中使用碳酸钙既可以降低配方成本，又起骨架作用。而且吸油值相对较低，较高的硬度、白度、遮盖力赋予涂料成膜后较好的硬度、耐磨性等。

**（1）重质 CaCO₃ 的粒径对涂料的影响**

作为重要的体质颜料，重质 $CaCO_3$ 对涂料和涂膜性能起相当大的作用。重质 $CaCO_3$ 的粒径对涂料的耐擦洗性能有较大的影响（表 6-2）[5]。粒径越小，吸油量越大，涂料的黏度越大，耐擦洗性能越弱，漆膜擦洗次数越少，耐擦洗性能下降。在保证临界颜料体积浓度（CPVC）不变的情况下，通过改变重质 $CaCO_3$ 的用量调整颜料体积浓度（PVC），在乳胶漆的干膜中，颜料和填料粒子分散在乳液聚合物的连续相里，随着颜料和填料的增加，颜料体积浓度提高（表 6-3）[5]；当其超过某一极限时，即超过临界颜料体积浓度时，乳液聚合物就不能将颜料和填料粒子间的空隙完全充满，未被充填的空隙就留在涂膜中，由空气来填充，涂膜的耐擦洗性能就会急剧下降。

**表 6-2　重质 CaCO₃ 的粒径对乳胶漆耐擦洗性能的影响[5]**

| $d$/目 | $\sigma$（乳胶漆）/KU | 擦洗次数/次 |
|---|---|---|
| 800 | 122.0 | 786.5 |
| 1250 | 119.6 | 540.0 |
| 1500 | 112.6 | 492.0 |

注：$\sigma$ 为标准差，KU 为黏度的单位。

**表 6-3　改变重质 CaCO₃ 的用量调整 PVC 值对乳胶漆耐擦洗性能的影响[5]**

| （PVC−CPVC）/% | $\sigma$（乳胶漆）/KU | 擦洗次数/次 |
|---|---|---|
| −2.50 | 94.3 | 786.5 |
| 0.00 | 99.1 | 190.0 |
| 2.50 | 111.5 | 171.5 |
| 5.00 | 124.3 | 159.0 |
| 7.75 | 122.0 | 126.0 |

注：PVC−CPVC 表示颜料体积浓度−临界颜料体积浓度；$\sigma$ 为标准差；KU 为黏度值的单位。

**（2）改性 CaCO₃ 用于乳胶涂料**

将适当改性的 $CaCO_3$ 加入乳胶涂料中，可使涂层表面平整性好、致密，且改善耐沾污性、耐洗刷性、耐老化性等性能。

例如，取纳米 $CaCO_3$ 粉末 4000g，以 $CaCO_3$ 质量为基准，取 2.0% 的螯合型钛酸酯偶联剂 KR-201、1.5% 的十二烷基苯磺酸钠、2.5% 的磷酸酯，在 110～130℃ 分别改性纳米 $CaCO_3$ 粉末 5min；再分别和 2.5% 的硬脂酸复合改性 10min，得到改性的 $CaCO_3$。研究了改性 $CaCO_3$ 对涂料性能的影响[6]，发现添加未改性 $CaCO_3$ 的 $\Lambda=0.905$（对比体积含量 $\Lambda=$ PVC/CPVC，其中 PVC 为 43%，CPVC 的值见表 6-4），成膜基料能够填满颗粒间隙，形成连续膜；而添加改性 $CaCO_3$ 的 $\Lambda=0.711$。在成膜过程中，随着水分的挥发，基料的粒子和颜填料的粒子共同形成紧密堆积，基料粒子变形，分子链相互扩散黏合形成紧密涂层，使致密性更高，干燥后改性剂分子与有机基料相容，表面涂层表现出突出的"疏水性"，而涂层的抗裂强度和耐污染性均得到明显改善；基层有着良好的黏附力，表面也具有较低的表面能，表面张力小，使其几乎不能被水润湿，污染物不能黏附在整个涂层表面，而只能松散地积在表面凹陷处，同时由于孔隙率低，总体的毛细管力的作用弱，空气中的尘埃粒子随雨水通过涂膜上的孔隙进入涂膜内部的可能性低，使涂膜具有荷叶的表面结构，达到拒水保洁功能，因此耐沾污性显著提高。

表 6-4　各种颜填料的 CPVC 理论计算值[6]

| 颜料填料 | 密度/(g/cm³) | 吸油量/(g/100g) | CPVC/% | 配方的 CPVC 理论值/% |
|---|---|---|---|---|
| TiO₂ | 4.00 | 13 | 66.9 | |
| 重质 CaCO₃ | 2.71 | 25 | 61.1 | |
| 高岭土 | 2.60 | 36 | 50.5 | |
| 未改性纳米 CaCO₃ | 2.30 | 45 | 47.5 | 42.7 |
| 硬脂酸和钛酸酯改性 CaCO₃ | 2.15 | 16 | 73.1 | 57.7 |

　　根据建筑用乳胶漆标准（GB/T 9755—2014，GB/T 9756—2018，GB 18582—2020）要求，对几个配方样品进行检测，在容器中的状态、施工性、耐久性、遮盖力、干燥时间、抗冲击性等性能指标均无多大差别，采用改性 CaCO₃ 后涂层的耐水性、耐洗刷性和硬度明显改善。例如，耐洗刷次数最高的为 YT（表 6-5），与未改性相比提高了约 23000 次。在耐温变性方面，添加未改性 CaCO₃ 的出现少量硬块，而添加改性 CaCO₃ 的涂料均未出现硬块凝聚现象，说明改性 CaCO₃ 在涂料中分散性好，也提高了其他粉体的分散性，耐老化性得到明显提高。

表 6-5　不同配方的涂层性能指标表[6]

| 性能 | 耐水性（恢复时间 1h） | 耐洗刷性/次 | 耐老化性（变色级别） | 耐沾污性/% | 耐温变性 | 附着力（脱落等级） | 硬度 | 拉伸强度/mPa（伸长率/%） |
|---|---|---|---|---|---|---|---|---|
| 未改性 CaCO₃ | 半失光恢复 | 35000 | 2 | 5.23 | 少量硬块 | 3 | 3H | 2.0(205) |
| YT | 不失光 | 58450 | 0 | 2.34 | 不变质 | 1 | 4H | 3.2(380) |
| YL | 不失光 | 55340 | 0 | 2.37 | 不变质 | 1 | 4H | 3.3(350) |
| YH | 不失光 | 51250 | 0 | 2.80 | 不变质 | 1 | 4H | 3.6/430 |

注：YT 代表硬脂酸和钛酸酯改性的 CaCO₃，YL 代表硬脂酸和磷酸酯改性的 CaCO₃，YH 代表硬脂酸和磺酸钠改性的 CaCO₃。

### （3）重质 CaCO₃ 在特殊涂料中的应用

　　对于丙烯酸酯乳液改性乳化沥青防水涂料，控制重质 CaCO₃ 的含量是提高丙烯酸酯沥青涂料力学性能、施工性能并降低成本的较好手段之一[7]。当重质 CaCO₃ 含量不超过临界填料体积浓度时，其加入能够提高涂料的拉伸强度与断裂伸长率，但会造成低温性能的微小衰减；当重质 CaCO₃ 含量超过临界填料体积浓度时，由于乳液基料不连续，涂料的拉伸强度与断裂伸长率会出现骤降，低温柔性也出现较大幅度的下降。涂料黏度随重质 CaCO₃ 含量的增加一直呈上升趋势。改变 CaCO₃ 在乳液聚合物中的用量也能调节聚合物水泥防水涂料抗开裂能力[8]。当重质 $CaCO_3$ 用量由 15 份增加到 20 份时，涂膜的拉伸强度增加明显，由 1.97MPa 增加到 2.19MPa；当重质 $CaCO_3$ 用量由 20 份增加到 35 份时，涂膜的拉伸强度由 2.19MPa 增加至 2.52MPa；当重质 $CaCO_3$ 用量大于 35 份时，拉伸强度继续提高；当重质 $CaCO_3$ 用量为 45 份时，拉伸强度达到 2.67MPa，涂膜的硬度过大，承受其他饰面材料时容易开裂，影响防水效果。

$CaCO_3$ 可以调变紫外线固化水性木器涂料（UVWC）的力学和光学性能[9]。当 $CaCO_3$/UVWC 的质量比在 (1:30)~(1:10)，干燥时间为 20min，紫外灯固定为一盏时，UVWC 具有良好的硬度、附着力和抗冲击强度，但是当 $CaCO_3$/UVWC 的质量比高于 1:10 时涂层的硬度反而下降。紫外线固化水性木器涂料的光泽度值随 $CaCO_3$ 含量的升高而下降。当 $CaCO_3$/UVWC 的质量比为 (1:30)~(1:10) 时，制得的 UVWC 能在保持较佳力学性能的同时具有亚光光泽度。

以纳米 $CaCO_3$ 取代云母，涂料细度明显降低；$CaCO_3$ 填料提高了涂层的物理机械性能，延长了试棒的抗腐蚀浸泡性能，对提高涂层的防锈能力具有一定作用[10]。可以采用六偏磷酸钠作为改性剂对超细 $CaCO_3$ 进行改性[11]，改性后超细 $CaCO_3$ 的粒径变小，粒径分布宽度变窄，在水相中分散稳定性变高，能很好地分散在水性塑胶涂料中，提高水性涂料的硬度与耐磨圈数，提高涂料的力学性能。其中，六偏磷酸钠改性超细 $CaCO_3$ 的水热反应温度为 120℃，反应时间为 120min，填充度为 50%，超细碳酸钙的摩尔浓度为 0.4mol/L，摩尔比是 12:0.5 时改性的效果最佳。改性 $CaCO_3$ 应用到水性涂料中，固含量低于 35% 时，可以提高涂料的力学性能，并且在 30% 应用效果最佳。与添加未改性超细 $CaCO_3$ 的水性聚氨酯涂料相比，加入改性超细 $CaCO_3$ 的改性塑胶涂料涂层的硬度和耐磨性均有很大程度的提高。改性超细 $CaCO_3$ 加入量越多，复合材料的硬度和耐磨性越高，但当超细 $CaCO_3$ 的固含量大于 30% 时，改性塑胶涂料涂层的硬度、附着力、耐磨性均有所下降。这是因为当改性超细 $CaCO_3$ 含量过大时，分布于涂层表面的超细 $CaCO_3$ 的浓度相应增加。由于改性超细 $CaCO_3$ 在涂料中并不是完全靠化学键键合在一起的，改性超细 $CaCO_3$ 固含量越多必将会使涂层的韧性下降，在烘干过程中局部会产生裂纹，稳定性下降。当受到外力的作用时，会因结合不牢导致涂层脱落，硬度和耐磨性下降。

## 6.1.3 碳酸钙用于粉末涂料

粉末涂料一般由树脂、固化剂（在热塑性粉末涂料中不需要）、颜料、填料和助剂等组成，有热塑性和热固性两大类。作为一种新型的不含溶剂 100% 固体粉末状涂料，具有无溶剂、无污染、可回收、环保、节省能源、节约资源、减轻劳动强度和涂膜力学强度高等特点。除了透明粉末涂料之外，一般的粉末涂料都需要添加填料，填料是粉末涂料配方中重要的组成部分。在粉末涂料中，填料的作用是提高涂膜的硬度、刚性、耐划伤性等物理性能，同时改进粉末涂料的松散性和提高玻璃化温度等性能。另外，在满足涂膜各种性能的情况下，还可以降低涂料成本。

在粉末涂料中使用的填料的主要要求有：①在粉末涂料制造、贮存、运输和使用（涂装）过程中，填料不与树脂、固化剂、颜料和助剂等成分发生化学反应；②填料在热塑性树脂中[12] 的分散性好；③填料的物理和化学稳定性好，不受空气、湿气、温度和环境的影响，粉末涂料成膜以后，也不容易受酸、碱、盐、有机溶剂和环境的影响；④添加填料到粉末涂料后，能够改进涂膜硬度、刚性和耐划伤性等物理学性能，同时有利于改进粉末涂料的贮存稳定性、松散性和带静电等性能；⑤填料的耐热性、耐光性和耐候性好，在烘烤过程中不变色，涂抹在户外长期使用过程中不容易粉化和老化；⑥填料应该是无毒的，添加到粉末涂料中以后，对粉末涂料没有毒性影响，不会对粉末生产和涂装人员的健康带来影响。

对不同种类填料应用于粉末涂料中的性能研究时发现[12]：①$CaCO_3$ 可以作高光产品的填料，而且它的光泽不比其他的填料低；② 一般半光产品，可以直接加入 $CaCO_3$ 调出，无须加入 B68 类的消光剂，节约成本；③ $CaCO_3$ 可提高涂料的上粉率和喷涂面积，尤其用在混合粉中比较明显。但是，如果做的是户外耐候型产品，那么不宜用 $CaCO_3$ 作填料。

**(1) 重质 $CaCO_3$ 用于粉末涂料**

在粉末涂料中常用的品种有沉淀碳酸钡、重晶石粉、轻质 $CaCO_3$、重质 $CaCO_3$、高岭土、滑石粉、膨润土、沉淀二氧化硅、云母粉、石英粉等[13]。随着欧盟将硫酸钡归入重金属检测范畴，出口粉末涂料中硫酸钡的使用将会受到极大的限制[14]。重质 $CaCO_3$ 经过超细化后，能替代粉末涂料中的硫酸钡[12,15,16]。常见的一些用于粉末涂料中的 $CaCO_3$ 的粒径、比表面积、白度和 $CaCO_3$ 质量分数等的重要参数见表 6-6[12]。

表 6-6　常见的用于粉末涂料中的 $CaCO_3$ 的一些重要参数[12]

| 参数 | 高光钙 | 消光钙 | 普通钙 | 重质钙 |
|---|---|---|---|---|
| 平均粒径/μm | 1.15 | 5.14 | 1.5 | 2.7 |
| 外观 | 白色粉末 | 白色粉末 | 白色粉末 | 灰白色粉末 |
| 比表面积/(m²/g) | 24 | — | ≥2.8 | ≤1.0 |
| 白度/% | ≥98 | ≥98 | ≥97 | ≥89 |
| $CaCO_3$ 质量分数/% | ≥96 | ≥96 | ≥96 | ≥90 |

**(2) 白云石基的重质 $CaCO_3$ 用于粉末涂料**

徐永华等[16] 研究了由白云石、小方解石及大方解石 3 种不同原矿所生产的重质 $CaCO_3$ 产品在聚酯粉末涂料中的应用情况，分析了重质 $CaCO_3$ 原矿矿种对聚酯粉末涂料涂膜的光泽度、白度、对比率、铅笔硬度、附着力等性质的影响（表 6-7）。结果发现，以白云石为原矿生产的重质 $CaCO_3$ 应用于聚酯粉末涂料中时，加工流动较好，漆膜光泽、对比率、漆膜白度等性能均显著优于同规格的小方解石和大方解石产品，且随着其细度的增加，漆膜的光泽呈现一定程度的上升。随着白度的增加，最终漆膜的白度也呈现一定程度的上升。此外，不同种类的 $CaCO_3$ 对聚酯粉末涂料的铅笔硬度和附着力没有直接的影响。粉体的白度与填料的细度和原矿的种类有一定关系。一般情况下，原矿相同时填料的白度随着细度的增加呈现一定程度的提升，3000 目和 6000 目的白度较低的原因可能是因为其为湿法产品，在烘干时采用烧煤的热蒸汽烘干，对粉体的白度会有一定的程度的降低，同规格大方解石和小方解石产品的白度明显高于白云石产品。

表 6-7　不同重质 $CaCO_3$ 填料对聚酯粉末涂料涂膜的影响[16]

| 项目 | 填料品种 | | | | | | |
|---|---|---|---|---|---|---|---|
| | 白云石 CC-800 | 白云石 CC-1250 | 白云石 CC-1500 | 白云石 CC-3000 | 白云石 CC-6000 | 大方解石 CC-800 | 小方解石 CC-800 |
| 白度/% | 93.7 | 94.6 | 95.8 | 93.16 | 93.44 | 96.2 | 97.4 |
| $D_{50}$/μm | 4.85 | 4.6 | 4.27 | 3.1 | 2.08 | 5.14 | 3.65 |
| $D_{97}$/μm | 14.31 | 10.73 | 9.43 | 8.17 | 3.66 | 14.94 | 14.12 |
| ≤2μm 含量/% | 13.32 | 14.98 | 14.51 | 27.51 | 44.87 | 13.23 | 14.36 |
| 吸油量 /(mL/100g) | 25 | 26 | 28 | 30 | 32 | 29 | 28 |
| 光泽度/(°) | 64.69 | 73.38 | 72.31 | 73.95 | 74.9 | 58.28 | 59.21 |
| 漆膜白度/% | 73.15 | 75.22 | 75.64 | 72 | 72.88 | 73.08 | 70.93 |
| 对比率/% | 82.16 | 84.3 | 84.15 | 80.78 | 81.6 | 81.77 | 80.32 |
| 铅笔硬度 | 2H | 2H | 2H | 2H | 2H | 2H | 2H |
| 附着力/级 | 0 | 0 | 0 | 0 | 0 | 0 | 0 |

注：CC 代表碳酸钙。

**(3) 表面改性的 $CaCO_3$ 用于粉末涂料**

$CaCO_3$ 填料经过深度加工变成超细产品后，还可用表面活性剂、偶联剂等处理，改进填料在粉末涂料中的分散性，提高添加量，同时改进粉末涂料涂膜外观。

偶联剂改性 $CaCO_3$ 可以用于粉末涂料，并且不同偶联剂用量改性 $CaCO_3$ 对涂膜性能的影响不同（表 6-8）[15]。随着偶联剂量的增加，$CaCO_3$ 颗粒表面逐渐被偶联剂分子包覆，其表面性能逐渐由亲水向亲油性过渡，因此，涂膜的光泽逐渐提高，但也须注意存在偶联剂添加量最佳点。偶联剂的用量主要取决于涂料中的颜料、填料和其他无机添加物的总量，在实际使用中真正起作用的是偶联剂所形成的单分子层，过多的用量是不必要的。

表 6-8　使用不同偶联剂用量改性的 $CaCO_3$ 对涂膜的影响[15]

| 性能指标 | 偶联剂量/% | | | | | | | | 检测方法 |
|---|---|---|---|---|---|---|---|---|---|
| | 0.2 | 0.4 | 0.6 | 0.8 | 1.0 | 1.2 | 1.4 | 1.6 | |
| 膜厚/μm | 60~80 | 60~80 | 60~80 | 60~80 | 60~80 | 60~80 | 60~80 | 60~80 | GB/T 13452.2—2008 |
| 外观 | 轻微橘皮 | 轻微橘皮 | 平滑 | 平滑 | 平滑 | 平滑 | 轻微橘皮 | 轻微橘皮 | 目测 |
| 60°光泽 | 80 | 86 | 89 | 91 | 93 | 93 | 92 | 93 | GB/T 9754—2007 |
| 耐冲击性/cm | 45 | 50 | 50 | 50 | 50 | 50 | 50 | 50 | GB/T 1732—93 |
| 表面硬度 | 2H | 2H | 2H | 2H | 3H | 2H~3H | 2H | 2H | GB/T 6739—2006 |
| 划格附着力/级 | 0 | 0 | 0 | 0 | 0 | 0 | 0 | 0 | GB/T 9286—1998 |

注：所有配方的固化条件为 180℃，15min。

## 6.1.4　碳酸钙用于腻子

腻子是一种厚浆涂料，施涂于底漆上或直接施涂于物体上，用以清除被涂物表面上高低不平的缺陷。腻子一般采用少量漆基、助剂、大量填料及适量的着色颜料配制而成。腻子中常用大量 $CaCO_3$ 作为填料，其中常见的为重质 $CaCO_3$。也有腻子再少量加一些锌钡白以增加黏性防止漆层松散，同时适当地加入沉淀 $CaCO_3$ 以便干后打磨。同样，在厚漆中，$CaCO_3$ 可以使涂料增稠、加厚，起填充和补平作用。所以在底漆、厚漆中通常也都添加重质 $CaCO_3$ 和轻质 $CaCO_3$，重质 $CaCO_3$ 添加量可达 24.6%～78.5%。

以 α-预糊化改性淀粉为基料，重质 $CaCO_3$ 和羟甲基纤维素等为辅料配制淀粉基腻子，通过正交试验，衡量了 α-预糊化淀粉投放比例、羟甲基纤维素投放比例和养护时间对黏结强度的影响。得出各组分最优比为：预糊化淀粉投放比例 1%，羟甲基纤维素的投放比例 1%，养护时间 48h，腻子产品和有毒有害物质限量数据等检测能达到《建筑室内用腻子》(JG/T 298—2010) 和《建筑用墙面涂料中有害物质限量》(GB 18582—2008) 和指标要求[17]。在实际使用中，如果仅使用重质 $CaCO_3$ 辅料，不仅腻子密度偏大，且易出现轻微裂纹，添加少量轻质碳酸钙可以有效避免这一现象[18]。以 α-淀粉作为腻子的主要基料，重质 $CaCO_3$、轻质 $CaCO_3$ 和羟甲基纤维素为填料，对腻子的黏结强度、有毒有害物质进行分析，得到各组分的最佳质量配方：α-淀粉 1%～2%、羟甲基纤维素 1%～2%、重质 $CaCO_3$ 80%～90% 和轻质 $CaCO_3$ 10%～15%。测定腻子的性能，发现该内墙腻子制备简单、成本低廉、易于调制成膏状腻子，黏结性较好，易于打磨，其 pH 测定结果为中性，无刺激异味等，同时无毒无害，属于环保型内墙腻子，能达到相关的技术要求 (表 6-9)[19]。

表 6-9　内墙腻子的技术指标[19]

| 项目 | 指标 |
| --- | --- |
| 容器中的状态 | 无结块、均匀 |
| 施工性 | 刮涂无障碍 |
| 干燥时间（表干） | ≤2h |
| 初期干燥抗裂（3h） | 无裂纹 |
| 打磨性 | 手工可打磨 |
| pH 值 | 实测 |
| 黏结强度（标准状态） | >0.30MPa |
| 挥发性有机化合物含量（VOC） | ≤15g/kg |
| 苯、甲苯、乙苯、二甲苯总和 | ≤300mg/kg |
| 游离甲醛 | ≤100mg/kg |

外墙腻子的可变形性直接影响外墙涂料系统的美观性和耐久性。因此，参照《建筑外墙用腻子》(JG/T 157—2009) 对拉伸黏结强度、动态抗开裂性和腻子膜柔韧性进行分析，发现当胶粉掺量小于 4% 时，随着胶粉掺量的增大，腻子黏结强度显著提高。但当胶粉掺量超过 4% 时，腻子黏结强度的提高趋势减缓。降低水泥用量、添加部分细砂代替重质 $CaCO_3$、提高胶粉掺量等可改善腻子可变形性能。腻子膜柔韧性指标和动态抗开裂性指标并不具有一一对应关系[20]。

### 6.1.5　碳酸钙用于涂料填料的主要要求及检测方法

#### (1) 白度的测定

白度表示物质表面白色的程度。以仪器的标准白板对特定波长单色光的绝对反射比为基准，以相应波长测定试样表面的绝对反射比，测定试样的白度值。

需要用到的仪器和材料有：测色仪，光源 $D_{65}$，几何照明条件 d/0 或 45/0，波长范围 380~780nm，粉体压样器。要进行三份试样的平行测定。取一定量的试样放入压样器中，压制成表面平整、无纹理、无污点的试样板。每批产品需压制三件试样板。用标准黑筒为仪器调零，用工作标准白板调校。分别将三块试样板置于测量孔上，测量每块试样板的三刺激值，取三块试样板测量结果的平均值。

取三块试样板测量结果的算术平均值为测定结果，保留小数点后一位数字，试样的色品坐标计算：$x_{10} = X_{10}(X_{10} + Y_{10} + Z_{10})$；$y_{10} = Y_{10}(X_{10} + Y_{10} + Z_{10})$；$z_{10} = Z_{10}(X_{10} + Y_{10} + Z_{10})$。式中，$X_{10}$、$Y_{10}$、$Z_{10}$ 为 10°视场的三刺激值；$x_{10}$、$y_{10}$、$z_{10}$ 为试样的色品坐标。白度以 $W$ 计，数值以度表示，按 $W = Y_1 + 400x_{10} - 1000y_{10} + 205.5$ 公式计算。

#### (2) 平均粒径的测定

通过光学显微镜或电子显微镜将被测粒子放大到一定倍数，测量颗粒影像，按颗粒大小分级统计得到以颗粒个数为基准的平均粒径数据。进行两份试样的平行测定。取试样，以乙醇溶液作为分散介质，经超声波分散器分散后，取 1~2 滴于制样薄膜上，置于显微镜（100~10000）的样品台上，在可视的放大倍数下，选择颗粒明显、均匀和集中的区域，拍摄显微镜图。用微米标尺测量不少于 100 个颗粒中每个颗粒的长径 $d_1$ 和短径 $d_s$，取算数平均值。

平均粒径 $d$ 计算公式（单位为微米）：

$$d = \frac{\sum (d_1 + d_s)}{2n}$$

式中，$\sum (d_1 + d_s)$ 为微粒标尺直径之和；$n$ 为量取微粒的数量，个。

#### (3) 比表面积的测定

可基于 BET 的多层吸附原理采用连续流动气相色谱法测定比表面积。称取 0.6g 适量烘干的试样，精确至 0.001g，置于比表面积测试仪样品管中，接入气路，进行比表面积测试。以惰性气体氮为吸附质的比表面积 $S_a$ 计算公式为：

$$S_a = \frac{4.36V_m}{W}$$

式中，$S_a$ 为比表面积，$m^2/g$；$W$ 为样品质量，g；$V_m$ 为单分子层的气体吸附量，mL。

#### (4) 105℃ 挥发物的测定

一般只适用于在 105℃ 稳定的填料。有些填料需在低于 105℃ 下测定。打开称量瓶的盖子，放在 105℃烘箱中加热 2h，放入干燥器中冷却，盖上盖子称量。在称量瓶的底部均匀地铺放 10g 样品层，盖上盖子称量，精确到 1mg。移去盖子，将称量瓶和样品在 105℃烘箱中至少加热 1h，在干燥器中冷却，盖上盖子称量。再次加热至少 30min，在干燥器中冷却，盖上盖子再称量，均精确到 1mg。重复操作直至连续两次称量的差值不超过 5mg，记录较低的称量值。如果两份试样测定差值超过较高值的 10%，则需要重复整个操作。取两次测定的平均值，报告试验结果到一位小数。挥发物含量（$X$）按下式计算：

$$X = \frac{m_0 - m_1}{m_0} \times 100\%$$

式中，$m_0$ 为试样的质量，g；$m_1$ 为残余物的质量，g。

**（5）筛余物的测定**

筛余物的测定是填料试样分散在水中进行筛余物测定的通用实验方法，可以参照国家标准《颜料和体质颜料通用试验方法　第 18 部分：筛余物的测定　水法（手工操作）》（GB/T 5211.18—2015）。要进行两份试样的平行测定。称取试样 10g，精确至 0.01g，放入合适容量的烧杯中。在装有试样的烧杯中加入 50mL 蒸馏水及合适的分散剂，置于机械搅拌器下搅拌 20min。分散剂的类型和数量按产品标准规定，制得的分散体应无絮凝现象。倾倒分散体使之通过标准筛（通常使用筛的孔径为 45μm），用分散试样的溶液将烧杯冲洗干净，直到通过筛网的冲洗液清澈，不含分散体，每次冲洗时间不得超过 10min。最后用刷子将黏附在筛子壁上的粒子刷入筛网内，用蒸馏水冲洗筛网上的筛余物，直到没有分散剂为止。其中，处理筛余物的方法有三种，在此只介绍其中一种：将筛余物在 105℃烘箱中烘 1h，把筛余物移入预先经 105℃烘箱加热和称量过的称量瓶中进行称量，继续在 105℃烘箱中加热至少 30min，在干燥器中冷却，盖上盖子再称量，均精确至 1mg。重复操作直到连续两次称量差值不大于 5mg，记录较小一次的质量。检查筛余物是否存在分散不完全的填料，如有较多不完全分散物，则应用别的润湿分散剂重复整个试验步骤。筛余物 $R$ 按下式计算：

$$R = \frac{100 m_1}{m_0}$$

式中，$R$ 为以质量分数表示的筛余物，%；$m_0$ 为试样的质量，g；$m_1$ 为筛余物的质量，g。

计算两个测定值的平均值。

**（6）吸油量的测定**

可以参照国家标准《颜料和体质颜料通用试验方法　第 15 部分：吸油量的测定》（GB/T 5211.15—2014）中的测定填料吸油量的通用试验方法。吸油量可用体积/质量或质量/质量表示。要进行两份试样的平行测定。根据不同填料吸油量的一般范围，建议按规定称取适量的试样（表 6-10）。将试样置于玻璃板或釉面瓷板上，用滴定管滴加油量不超过 10 次，加完后用调刀压研，使油深入试样中，继续一次速率滴加油至和试样形成团块为止，从此时起，每滴加一滴后需用调刀充分研磨，当形成稠度均匀的膏状物，恰好不碎不裂，又能黏附在平板上，即为终点。记录所耗油量，全部操作应在 20～25min 完成。吸油量（$X$）以每 100g 填料所需油的体积或质量表示，用下式计算：

$$X = \frac{100V}{m} \text{ 或 } X = \frac{93V}{m}$$

式中，$V$ 为所需油的体积，mL；$m$ 为试样的质量，g；93 为精制亚麻仁油密度乘以 100。

表 6-10　吸油量与试样质量的关系

| 吸油量/(mL/100g) | 试样质量/g | 吸油量/(mL/100g) | 试样质量/g |
|---|---|---|---|
| ≤10 | 20 | 50~80 | 2 |
| 10~30 | 10 | >80 | 1 |
| 30~50 | 5 | | |

**（7）烧失量的测定**

烧失量指的是试样中所含结晶水、碳酸盐、有机物及其他易挥发组分，经高温灼烧分散溢出引起的失重。根据试样灼烧前后质量差，计算烧失量的百分含量。要进行两份试样的平行测定。称取约 1g 试样，精确至 0.0001g，放入已恒重的瓷坩埚中，将盖斜置于坩埚上。将坩埚放入高温炉，自低温逐渐升至所需温度并保温 1~2h，取出坩埚，置于干燥器中冷却至室温，称量，反复灼烧至恒重。若平行测量结果之差在允许范围内，取其算术平均值为测定结果，否则，重新测定。烧失量的百分含量（$X_1$）按下式计算：

$$X_1 = \frac{m_1 - m_2}{m} \times 100\%$$

式中，$m_1$ 为灼烧前坩埚及试样的质量，g；$m_2$ 为灼烧后坩埚及试样的质量，g；$m$ 为试样的质量，g。

**（8）沉降体积的测定**

沉降体积指试样加水浸润后经充分振荡，使试样均匀分散在水中，经一定时间后观察试样沉降所占体积的大小。适用于工业沉淀 $CaCO_3$、超细微 $CaCO_3$ 等填料的性能测定。要进行两份试样的平行测定。按要求称取 10g 试样，精确至 0.01g，置于盛有 30mL 水的量筒中，加水至刻度，上下振摇 3min（100 次/min），在室温下静置 1~3h，记录沉降物所占的体积。取平行测定结果的算数平均值为测定结果，平行测定结果的绝对差值不大于 0.1mL/g。以每克沉降物所占体积表示沉降体积（$X$），按下式计算：

$$X = \frac{V}{m}$$

式中，$V$ 为沉降物所占体积，mL；$m$ 为试样的质量，g。

**（9）遮盖力的测定**

遮盖力是指把色漆均匀涂饰在物体表面上，使其底色不再呈现的最小涂布量，以 $g/m^2$ 表示。遮盖力是衡量涂料产品性能的重要指标之一，同样质量的涂料产品，遮盖力高的，在相同的施工条件下可比遮盖力低的产品涂装更多的面积，优良的涂料应该具有较好的遮盖力。目前测试涂料产品遮盖力的方法是单位面积质量法——黑白格法。将试样均匀地涂布于黑白格玻璃板或木板上，在暗箱内用规定的光源目测至刚看不见黑白格为止，然后根据涂料用量来计算该涂料产品的遮盖力。测试涂料产品的遮盖力采用刷涂法或喷涂法均可，测试方法如下：

① 刷涂法。测定步骤：根据产品标准规定的黏度（如黏度稠无法涂刷，则将试样调至涂刷的黏度，但稀释剂用量在计算遮盖力时应扣除），在感量为 0.01g 的天平上称出盛有涂料的杯子和漆刷的总质量，用漆刷将涂料均匀地涂刷于玻璃黑白格板上，放在暗箱

内，距离磨砂玻璃片 15～20cm，有黑白格的一端与平面倾斜成 30°～45°交角，在 1 支或 2 支日光灯上进行观察，以刚看不见黑白格为终点。然后将盛有涂料的杯子和漆刷称重，求出黑白格板上的涂料质量。涂刷时应快速均匀，不应将涂料刷在板的边缘上。遮盖力按下式计算（以湿漆膜计）：

$$W = \frac{(W_1 - W_2) \times 10^4}{S} = 50(W_1 - W_2)$$

式中，$W$ 为遮盖力，$g/m^2$；$W_1$ 为未涂刷前盛有涂料的杯子和漆刷的总质量，g；$W_2$ 为涂刷后盛有余漆的杯子和漆刷的总质量，g；$S$ 为黑白格板的面积，$200mm^2$。

平行测定两次，结果之差不大于平均值的 5%，则取其平均值，否则必须重新试验。

② 喷涂法。测定步骤：将试样调至适于喷涂的黏度，按《漆膜一般制备法》（GB/T 1727—1992）喷涂法进行。先在感量 0.001g 天平上分别称重两块 100mm×100mm 的玻璃板，用喷枪薄薄地分层喷涂，每次喷涂后放在黑白格木板上，置于暗箱内距离磨砂玻璃片 15～20mm，有黑白格的一端与平面倾斜成 30°～45°交角，在 1 支或 2 支日光灯下进行观察，以刚看不见黑白格为终点。然后把玻璃板背面和边缘的漆擦净，各种喷涂漆类按固体含量中规定的焙烘温度烘至恒重。遮盖力按下式计算（以干膜计算）：

$$W = \frac{(W_1 - W_2) \times 10^4}{S} = 100(W_1 - W_2)$$

式中，$W$ 为遮盖力，$g/m^2$；$W_1$ 为未喷涂前玻璃板的质量，g；$W_2$ 为喷涂漆膜恒重后的玻璃板质量，g；$S$ 为玻璃板喷涂漆的面积，$100cm^2$。

两次结果之差不大于平均值的 5%，则取其平均值，否则需重新试验。

**(10) 耐水性检测**

涂料在实际使用中往往与潮湿的空气或水分直接接触，会发生起泡、变色、脱落、附着力下降等现象，影响产品的使用寿命。常用的耐水性测定方法有常温浸水法、浸沸水法、加速耐水法等。

常温水法适用于醇酸、氨基漆等绝大多数品种。按国家标准《漆膜耐水性测定法》（GB 1733—1993）规定，在玻璃水槽中加入蒸馏水或去离子水，调节水温（23±2）℃，并在整个实验过程中保持该温度，将三块试板放入其中，并使每块试板长度的 2/3 浸泡于水中，在产品规定的浸泡时间结束后，取出试板，用滤纸吸干，按产品标准规定的时间状态调节后检查试板，记录是否有失光、变色、起泡、起皱、脱落、生锈等现象和恢复时间。

浸沸水检测法用于盛有热水、热汤等器皿物件的涂膜，按国家标准《漆膜耐水性测定法》（GB 1733—1993）规定，测定时将涂漆样板 2/3 面积浸挂在沸腾的蒸馏水中，达到产品规定的时间后取出样板观察涂膜的变化状况，以此评定涂膜的耐水性。

加速耐水法可缩短检测时间。按国家标准《色漆和清漆耐水性的测定　浸水法》（GB 5209—85）规定，向槽中加入足够量的符合要求的去离子水，保持样板 3/4 浸泡于水中，然后开始槽内水的循环或通气，调节水温为（40±1）℃，并在整个实验过程中保持这个温度，取样检查槽中水的电导率，使其不大于 $2\mu S/cm$。

# 6.2　碳酸钙与胶黏剂

## 6.2.1　胶黏剂中的碳酸钙填充剂

胶黏剂是重要的精细化工领域之一，起到胶接（黏合、粘接、胶结、胶黏）作用，即通过界面的黏附和内聚等作用能将同质或异质物体表面用胶黏剂连接在一起，其应用几乎涉及所有的工业部门。胶黏剂按应用方法可分为热固型、热熔型、室温固化型、压敏型等；按应用对象分为结构型、非构型或特种胶；按形态可分为水溶型、水乳型、溶剂型以及各种固态型等；还可以可按黏料的化学成分来分类。

胶黏剂由黏料、固化剂、增韧剂、填料、溶剂、改性剂等组成。黏结物质或称黏料，它是胶黏剂中的主体和基本组分，起黏结作用，决定了胶黏剂的性能、用途和使用条件。一般多用各种树脂、橡胶类及天然高分子化合物作为黏结物质。固化剂是促使黏结物质通过化学反应加快固化的组分。固化剂的性质和用量对胶黏剂的性能起着重要的作用。有的胶黏剂中的树脂（如环氧树脂）若不加固化剂，其本身不能变成坚硬的固体。增韧剂是改善黏结层的韧性、提高其抗冲击强度的组分。常用的增韧剂有邻苯二甲酸二丁酯、邻苯二甲酸二辛酯等。填料一般在胶黏剂中不发生化学反应，它能使胶黏剂的稠度增加、热膨胀系数降低、收缩性减小、抗冲击强度和机械强度提高。常用的填料有滑石粉、石棉粉和铝粉等。溶剂，也称稀释剂，主要起降低胶黏剂黏度的作用，以便于操作，提高胶黏剂的湿润性和流动性。常用的稀释剂有机溶剂有丙酮、苯和甲苯等。此外还有改性剂，是为了改善胶黏剂的某一方面性能和以满足特殊要求而加入的组分。例如，为增加胶接强度，可加入偶联剂，还可以加入防腐剂、防霉剂、阻燃剂、稳定剂等。

纳米 $CaCO_3$ 已成为反应型胶黏剂、热熔性胶黏剂、氯丁橡胶胶黏剂、水基胶黏剂及密封胶的主要原料，不仅能大幅度降低胶黏剂的生产成本，且而提高了胶接性能。用表面进行相容性处理后的纳米 $CaCO_3$ 产品在胶黏剂中应用面较广。例如，加入 PVC 塑溶胶中，可以改善其流变性能；加入硅酮结构密封胶中，可以起到增强及降低成本的作用；加在热熔胶中，可以起到增量补强与耐热作用；加入水基胶黏剂中，可以起到增稠与增黏的作用。在胶黏剂与密封胶中应可以明显地降低成本，改善胶接性能。

$CaCO_3$ 在聚合物基质中表现出良好的分散性。由于其良好的性能（化学被动、无毒、高度纯净、无臭、无味），碳酸钙还被用于提高聚合物热强度和缺口冲击强度以及改善产品硬度和表面质量。在中密度聚乙烯（PE-MD）和等规聚丙烯（i-PP）双有机物黏合剂体系中，$CaCO_3$ 填料的分散表面自由能影响其性能[21]。想要得到更好性能的胶黏能力，使用阳离子改性的小粒径 $CaCO_3$ 填料增加分散表面自由能是一个非常有效的途径。

$CaCO_3$ 作为胶黏剂的填充剂能影响其触变性能、增强作用、掺和作用。影响 $CaCO_3$ 在胶黏剂中应用性能的因素有 $CaCO_3$ 粒径、晶型、筛余物、吸油值、pH 值、比表面积、水分以及表面改性、分散性等。其中影响交替触变性的因素主要是颗粒形态、吸油值、表面改性和 pH 值，影响增强作用的因素主要是粒径、分散性。

**(1) 粒径**

粒径太大，胶黏剂的触变性能差，易流挂，同时会影响制品的力学性能。碳酸钙颗粒粒径越小，表面越规整，分散性能越好，增韧效果越好，但是粒径太细，分散难度大，捏合时间长，分散性不好时容易引起胶的表面粗糙。一般以 $60 \sim 100nm$ 为宜[22]。

**(2) 晶型**

纳米 $CaCO_3$ 的晶型应与胶黏剂配方、加工技术及设备条件相适应。一般是立方体或菱形六面体，立方体部分呈现锁状晶型的适应性比较广泛。有实验研究表明[23]，使用等量的玫瑰形碳酸钙和常规碳酸钙对比，天然橡胶的综合物理机械性能得到了很大的提高，不仅作为填充剂，而且和橡胶相容性比较好，在混炼过程中，分散均匀且尺寸稳定。

**(3) 筛余物**

筛余物应小于 $0.15\%$（$45\mu m$ 筛）。筛余物过高是产生表面颗粒的主要原因，必须严加控制。

**(4) 吸油值**

吸油值是影响 $CaCO_3$ 在胶中浸润性的因素。不同的密封胶体系对纳米 $CaCO_3$ 吸油值的要求不同，要视具体情况而定。$CaCO_3$ 的吸油值过大一方面会使黏胶中的稀释剂、增塑剂的用量大为增加，反而增加成本；另一方面，吸油值大，也会出现发黏的现象，这会给胶黏剂的生产及应用带来不便。配胶后便可发现，吸油值较高的 $CaCO_3$ 的触变性和各种力学性能均比较理想，但胶的黏性大，不易调整[24]。

**(5) pH 值**

$CaCO_3$ 返碱是轻钙生产中较常见的现象，存在的碱会与胶料中的酸性成分生成水，水很容易使硅氧烷水解产生无机颗粒，由此在胶料中形成密布的微小颗粒，并导致胶体稳定性下降，出现"凝胶"现象，从而影响制品的表面性能。有时候，pH 值偏高也存在有利的一面，$CaCO_3$ 分子表面存在较多的羟基，有助于 $CaCO_3$ 分子和密封胶基料的接触界面形成氢键网络，有利于提高胶体的触变性。

**(6) 比表面积**

当比表面积过大时，密封胶的可挤压性显得较差。随着比表面积的增加，抗拉性能增大，但分散性能却下降。用于胶黏剂中的纳米 $CaCO_3$ 的比表面积以 $20 \sim 25m^2/g$ 为佳，可以获得理想的抗坍落度和可挤压性。有研究在探索碳酸钙比表面积及用量对填充硅酮密封胶弹性回复性能的影响时[25]，发现当碳酸钙含量固定时，无论含胶量高低，随着碳酸钙比表面积降低（即平均粒径增大），制得的硅酮胶弹性回复率均逐渐升高，但最大值和最小值相差不超过 $6.0\%$。这符合填料粒径越大，材料弹性回复率越高的一般规律。有研究认为，特别粗大的填料颗粒可能导致密封胶结构疏松，无助于弹性回复率的改善[26]。

**(7) 水分**

作为密封胶填充剂，纳米 $CaCO_3$ 的水分含量越低越好，一般必须小于 $0.5\%$。水分含量太高，加工过程中密炼时间长，动力消耗大，同时影响胶的后续工序质量；水分还可能使配方中的某些成分水解而产生无机颗粒，从而影响填料在胶中的掺和或使密封胶产生颗粒等。例如，在聚氨酯胶黏剂中有较多的异氰酸根基团容易发生水解[27]，若纳米 $CaCO_3$ 填料中水分过多，则会消耗部分异氰酸，并生成 $CO_2$ 使产品出现发泡现象。

### (8) 表面处理

$CaCO_3$ 表面改性影响其颗粒对胶体的掺和作用、触变性和力学性能。经表面改性处理能调节 $CaCO_3$ 产品的粒径分布、比表面积、吸油及吸水量等。$CaCO_3$ 表面改性能使纳米 $CaCO_3$ 在聚合物中具有良好的亲和性，但有时少量覆盖不完全的 $CaCO_3$ 粒子能吸附水，从而有助于在 $CaCO_3$ 粒子之间产生氢键网络，赋予密封胶凝胶特性。即在黏度降低后形成凝胶后，在剪切应力作用下，这种氢键网很容易被破坏，停止剪切应力后也能再次迅速复原，从而使应用这种纳米 $CaCO_3$ 作填充剂的密封胶具有独特的触变性能。纳米 $CaCO_3$ 粒径较小，通过表面有机化处理可以降低其表面活性（降低晶粒间的作用力），提高其在聚合物基体中的分散性；也可以改善填料与聚合物基体间的相容性，而填料与聚合物基体相容性越好，填充体系弹性回复率越高[28]。实验研究表明，用不同的表面处理剂处理纳米 $CaCO_3$ 时，可以得到性能不同的密封胶。采用硬脂酸钠与偶联剂复合改性时[29]，密封剂的强度与伸长率明显提高。有研究[30] 将含有氨基和巯基的两种硅烷并用，并用该体系对 $CaCO_3$ 的表面进行了处理，然后将表面处理过的 $CaCO_3$ 填充于 IR（异戊橡胶）后，制备了 IR 胶料。此研究发现硅烷处理层中的氨基与 $CaCO_3$ 表面上的离子相互作用，巯基在与 IR 反应的界面上形成化学键，使得胶料应力、拉伸强度和断裂伸长率等力学性能得到提高。

## 6.2.2　碳酸钙用于树脂胶黏剂

有研究[31] 比较了五种填料：平均粒径为 $4.97\mu m$ 的方解石，平均粒径为 $4.91\mu m$ 的滑石粉，平均粒径为 $4.76\mu m$ 的重晶石，平均粒径为 $0.7\mu m$ 的方解石，由 ERCIYES MIKRON 提供的平均粒径为 $0.9\mu m$ 的微米级和涂层方解石。对用于金属部件的环氧基黏合剂强度的实验研究表明，粒径为 $0.7\mu m$ 的方解石在高温固化和低温固化两种体系中均具有最高的剥离强度。有研究将纳米 $CaCO_3$ 在不同摩尔比的脲醛树脂胶黏剂调制阶段加入，实验结果表明[32]，随着纳米 $CaCO_3$ 的添加量升高，脲醛树脂中游离甲醛含量下降，摩尔比越大，树脂游离甲醛减少得越快；另外，纳米 $CaCO_3$ 的添加会导致脲醛树脂固化时间延长，摩尔比越小，树脂的固化时间越长，甚至树脂不能固化；当纳米 $CaCO_3$ 的加入量达到 10% 时，胶黏剂黏度很大，不易施胶；对于低摩尔比树脂，纳米 $CaCO_3$ 的加入量应控制在 5% 以下。

未经表面改性的纳米 $CaCO_3$ 在胶黏剂中常有明显的团聚现象，经过改性纳米 $CaCO_3$，其在胶黏剂中的分散性会得到改善。改性纳米 $CaCO_3$ 表面接枝有机物后，使纳米 $CaCO_3$ 填料由亲水性转变为亲油性，降低了纳米 $CaCO_3$ 的表面能，改进了其与胶黏剂的相容性。但是，纳米 $CaCO_3$ 是硬性材料，用量过大时会影响其纳米效应。例如，DL-$\alpha$-丙氨酸改性纳米 $CaCO_3$ 可以作为填料加入环氧胶黏剂中，DL-$\alpha$-丙氨酸以化学键合的方式吸附在纳米 $CaCO_3$ 的表面，改性纳米 $CaCO_3$ 在环氧胶黏剂中分散性良好，其填充的环氧胶黏剂，剪切强度提高了 2MPa，可以有效地提高胶黏剂的黏结性能[33]。还有研究发现，环氧树脂加入 DL-$\alpha$-丙氨酸改性纳米 $CaCO_3$ 填料后，环氧树脂胶黏剂的剪切强度明显高于未改性填料体系的剪切强度和耐蚀性能[34]；随着纳米 $CaCO_3$ 用量的增加，环氧树脂胶黏剂的剪切强度呈先升后降的趋势，当改性纳米 $CaCO_3$ 质量分数约等于 2.5% 时达到最大值。另外，由于氨基参与交联反应形成了—NH—键，而破坏该键能需要更多的能量，同时还使固化膜的交联密度更致密，从而使改性填料体系的高温稳定性明显提高。

采用十二烷基甜菜碱也可改性纳米 $CaCO_3$ 粉末并用于自制的酚醛树脂胶黏剂中[35]。在氯化钙溶液中，十二烷基二甲基甜菜碱作为表面活性剂的活化值很强，可以降低两相界面张力，两相极性的差异变小，界面张力变低，表面吸附量增大，进而可以起到表面改性剂的作用。这样得到的 $CaCO_3$ 表面能降低，酚醛树脂胶黏剂的加工性能、力学性能显著提高。其中十二烷基二甲基甜菜碱和裸露在 $CaCO_3$ 粒子外面的 $Ca^{2+}$ 反应生成难溶性盐，在 $CaCO_3$ 颗粒表面成核生长，在其表面形成一层膜，可进一步防止团聚，在有机溶剂中分散性有所提高。加入改性剂的纳米 $CaCO_3$ 后，体系的耐酸性、阻燃性有所改善；改性纳米 $CaCO_3$ 与酚醛树脂体系融合后热稳定性增强。

纳米 $CaCO_3$ 对环氧树脂结构胶的抗压强度也有提高作用[36]。当低分子聚酰胺和593环氧树脂固化剂为环氧树脂的 1/2，纳米 $CaCO_3$ 量为 7% 时，树脂浇铸体的抗压强度为71.34MPa，比基体抗压强度提高 12.6%。低掺量的纳米 $CaCO_3$ 对结构胶抗拉强度有提高作用，固化剂占环氧树脂的 1/3 时，3% 掺量的纳米 $CaCO_3$ 改性环氧树脂建筑结构胶抗拉强度为 40.24MPa，比基体抗拉强度提高 16.8%。其中，纳米碳 $CaCO_3$ 的加入代替了部分硅微粉，降低了结构胶的成本，符合工程施工中的经济性要求；纳米 $CaCO_3$ 与硅微粉（5000 目）两者 1:1 组合填料改性后的环氧树脂结构胶综合性能优良，满足建筑结构加固要求。

有研究[37] 比较了三种填料（纳米 $Al_2O_3$、纳米 $SiO_2$、纳米 $CaCO_3$）加到热固性聚氨酯胶黏剂中的性能，发现当纳米 $CaCO_3$ 添加量为 2.5%（质量分数）和 5%（质量分数）时，热固性聚氨酯胶黏剂的热性能和力学性能均有所提升；当添加量达到 10%（质量分数）时，可能因填料在胶黏剂体系中的分散性差或聚集，力学性能降低。

在聚氨酯-噁唑烷胶黏剂体系中添加轻质 $CaCO_3$，具有降低成本和增强作用。实验表明，轻质 $CaCO_3$ 填料的质量分数为 0、4.76%、9.09%、16.67% 和 23.08% 时，聚氨酯-噁唑烷胶黏体系的剪切强度分别为 43.39%、47.65%、65.36%、93.11% 和111.23MPa[38]。加入 $CaCO_3$ 填料后，$CaCO_3$ 填料可以填充预聚物中的间隙和空间，而且 $CaCO_3$ 可以一定程度地吸水，减少了游离—NCO 与水接触的机会，一定程度避免了 $CO_2$ 的产生，气泡减少，孔径减小，内部缺陷减少，使得添加轻质 $CaCO_3$ 的聚氨酯胶黏剂的断裂伸长率和拉伸强度均高于不含 $CaCO_3$ 填料的体系，显著提高了聚氨酯胶黏剂与木材的黏结强度。

### 6.2.3　碳酸钙用于水性胶黏剂

$CaCO_3$ 可用于水性胶黏剂。例如，张东阳等[39] 在装有搅拌器、温度计、回流管的烧瓶中加入去离子水、纳米 $CaCO_3$ 浆、聚氧乙烯辛基苯酚醚-10（OP-10）、十二烷基苯磺酸钠、聚乙烯醇（PVA），升温至 80℃，加入部分混合丙烯酸单体、苯乙烯及部分过硫酸铵，保温 0.5h。然后加入剩余的混合丙烯酸单体、苯乙烯及过硫酸铵，在 3~5h 内加完。保温 3h 后降温，即得到纳米 $CaCO_3$ 改性的含羟基的乳液。在上述乳液中按照一定比例加入多亚甲基多苯基多异氰酸酯（PAPI），搅拌均匀即可合成一种双组分环保型水性高分子黏合剂，适量的纳米 $CaCO_3$ 可以较明显地提高胶膜的黏结强度。但是 $CaCO_3$ 为硬质材料，随着用量的增大，性能有所下降，用量过大时胶膜反而变脆，黏结强度下降。该环保型水性高分子黏合剂在纳米 $CaCO_3$ 的加入量（相对于乳液中的不挥发分）为 2%～3% 时黏结强度以及耐水性能都较为理想。

## 6.2.4 碳酸钙用于淀粉胶黏剂

纳米 $CaCO_3$ 对淀粉胶黏剂有补强作用[40]。将硬脂酸钠改性的纳米 $CaCO_3$ 加入以木薯淀粉为原料经氧化后制成淀粉胶黏剂中，纳米 $CaCO_3$ 以及改性纳米 $CaCO_3$ 的加入均能提高淀粉胶黏剂的干强度和湿强度，纳米 $CaCO_3$ 的加入和表面改性明显改善淀粉胶黏剂的强度（表6-11）。

**表 6-11  添加纳米 $CaCO_3$ 对淀粉胶黏剂的影响**

| 纳米 $CaCO_3$ 用量（质量分数）/% | 干强度/MPa | | 湿强度/MPa | |
| --- | --- | --- | --- | --- |
| | 未改性 | 改性 | 未改性 | 改性 |
| 0 | 1.873 | 1.873 | 0.112 | 0.112 |
| 0.5 | 1.913 | 2.227 | 0.186 | 0.286 |
| 1 | 2.014 | 2.273 | 0.355 | 0.355 |
| 1.5 | 2.174 | 2.637 | 0.374 | 0.478 |
| 2 | 1.927 | 2.346 | 0.276 | 0.412 |
| 2.5 | 1.893 | 2.176 | 0.222 | 0.368 |

## 6.2.5 碳酸钙用于生物质基胶黏剂

纳米 $CaCO_3$ 添加到蛋白基胶黏剂中能引起黏结强度的变化[41]。当纳米 $CaCO_3$ 添加量为 1%～2% 时，随着加入纳米 $CaCO_3$ 量的增加，胶黏剂的剪切强度明显提高。溶液中的纳米 $CaCO_3$ 有较大的表面结合力，具有小尺寸效应：粒径小，表面积大，表面原子数增多，造成原子配位不足而具有很高的表面能。这势必与大豆蛋白结合，在材料中起到增强增韧的作用，使黏结强度增大。在 2%～3% 范围内，随着添加量的继续增大反而会破坏膜的结构，引起黏结强度的下降。进一步使用钛酸酯对纳米 $CaCO_3$ 进行改性，适量的偶联剂与纳米颗粒表面羟基之间很容易发生脱水缩合作用，连接在纳米颗粒表面的偶联剂阻隔了颗粒之间的团聚，使得纳米颗粒在溶液中具有良好的分散性，改性后粉体的活性逐渐增强，活化度逐渐增大。

用 $CaCO_3$ 作为填料接枝改性的大豆蛋白胶黏剂有良好的黏结强度和优越的耐水性。有研究报道[42] 用 100mL 3mol/L 的尿素溶液先将 4g 脱脂蓖麻籽粕在 50℃ 下预处理 50min；分别加入含有 0.2g 亚硫酸氢钠、0.44g 过硫酸铵的溶液，50℃ 反应 10min；加入 3g 接枝单体 3-苯基丙烯酸肉桂酯，在 50℃ 下反应 2h；依次加入 0.52g 对苯二酚饱和溶液、1.6g 羧甲基纤维素、0.28g 二甲基硅油和 4.8g 碳酸钙；最后喷雾干燥制成粉剂获得接枝改性蛋白基木材胶黏剂。将制得的胶液均匀地涂在木板上，在热压条件下热压 10min。用拉力试验机测得的剪切强度均大于 3.5MPa，耐水强度均大于 1.8MPa。

# 6.3  碳酸钙和建筑材料

## 6.3.1  碳酸钙用于混凝土

混凝土是由水泥、细骨料和粗骨料加水后形成的塑性拌合物，它主要是以水泥浆封堵砂浆中的孔隙，以砂浆填充粗骨料的间隙，凝结硬化而形成的人工石材。石灰石粉作为一类混凝土掺合料，能够在降低水泥用量的同时改善混凝土的和易性，降低水化热及减小收缩等。其中和易性是一项综合的技术性质，它与施工工艺密切相关，通常包含流动性、保水性和黏聚性等方面。另外，加入石灰石粉能够对混凝土或砂浆的掺和作业发挥多种效应，改善混凝土性能[43]。石灰石粉不完全是一种惰性混合材，其化学活性效应主要表现在水泥发生水化反应后生成的氢氧化钙能够与石灰石粉进一步发生反应并生成碱式碳酸钙。

$$Ca(OH)_2 + CaCO_3 == Ca_2(OH)_2CO_3$$

加入碳酸钙还能调节混凝土的力学性能、干燥收缩性能、抗冻性能、耐久性能等。由于水泥的水化产物中主要为纳米级的 CSH $[Ca(OH)_2 + SiO_2 + H_2O \longrightarrow CSH]$ 凝胶，加入纳米碳酸钙后，因纳米粒子的表面效应，使得 CSH 凝胶以纳米碳酸钙为晶核生长，使水化硅酸钙凝胶相互搭接，形成以纳米碳酸钙为中心的空间网络结构，使混凝土的内部结构更加均匀致密，进而提高混凝土的抗渗性、抗冻性能[44]。故而添加一定含量的纳米碳酸钙能够有效改善混凝土的力学性能。

石灰石粉作为混凝土或砂浆的混合材料能够发挥如下作用[18]：①微集料反应。混凝土或者砂浆均能在连续级配颗粒堆体系中作为一种掺合料存在，细集料能够有效填充粗集料生成的较大间隙，水泥颗粒能够有效填充细集料产生的较小间隙。②微晶核效应。混凝土、砂浆中分布有石灰石粉时，能够在水泥消化体系中发挥有效的微晶核效应，尤其是小于 0.01mm 的微粒，可以诱导水化物析晶，促使水泥组分中的硅酸三钙（C3S）和铝酸三钙（C3A）发生水化反应并加速反应过程，使水化产物有充裕的空间，进而促使水化产物均匀分布，提高水泥石结构的致密性。③形貌效应。石灰石粉作为一种超细矿物掺合料，其独特的表面形态还能够改善混凝土或砂浆性能，尤其是对新拌混凝土或砂浆的形貌效应更为显著。④比重效应。石灰石粉作为矿物掺合料使用时，一般是以等质量取代法进行掺和，等质量掺合料代替等质量水泥即可。当掺合料密度较小时，能够提高胶凝材料生成的浆体体积，进而改善拌合物流动功能。⑤分散效应。石灰石粉粒径显著低于水泥粒径，能够使水泥颗粒有效分散，增加颗粒间距，提高颗粒流动性。

但是纳米碳酸钙用量过多时不易分散，易发生团聚，在混凝土中形成缺陷，且包裹在胶凝材料表面，会抑制水化产物的扩散，使得混凝土基体强度下降[45]。

**(1) 纳米碳酸钙对混凝土和易性、抗折强度、抗压强度的影响**

石灰石粉作为一种粒径显著低于水泥粒径的超细掺合料，能够使水泥颗粒有效分散，增加颗粒间距，提高颗粒流动性；能够改善预拌砂浆的和易性，降低预拌砂浆的收缩率，并且可以改善抗压强度和抗冻性等多方面性能。纳米碳酸钙加入混凝土后，影响混凝土的早期强度和 28 天及以后的强度。

随着纳米碳酸钙掺量的增加，水泥浆的流动性会降低，但它能够激活早期水泥的水化。提高石灰石粉细度时，也会使砂浆、浆体及混凝土流动性增加。总体上说，应该存在一个纳米碳酸钙在混凝土中最适宜的掺入量，一般为 1%。

掺入纳米 $CaCO_3$，公路用水泥混凝土的和易性、抗折强度、抗压强度会发生变化（表 6-12 和表 6-13）[46]。随着纳米 $CaCO_3$ 掺入量的增加，新拌混凝土的坍落度会先升高后又降低。当纳米 $CaCO_3$ 掺量为 1.5% 时，混凝土拌和物的坍落度达到最大为 167mm，相比基准组提高幅度为 45mm；合适的纳米 $CaCO_3$ 的掺入能显著提高混凝土的流动性，增加混凝土的黏聚性和保水性，因此很适合泵送混凝土。随着纳米 $CaCO_3$ 掺入量从 0.5% 增加到 1.5%，混凝土 7 天和 28 天抗折强度都在提高，尤其 7 天抗折强度的增加要比 28 天抗折强度更明显增加。在水泥水化早期，石灰石粉对其具有加速作用，而在水泥水化后期，石灰石粉对强度的贡献主要来源于其活性效应，即碳铝酸盐的形成[47]。也有科研人员考察了纳米碳酸钙对钢纤维混凝土力学性能的影响，发现在适当掺入纳米碳酸钙时，会在一定程度上提高混凝土的抗压、抗折和抗劈裂强度[48]。

表 6-12　不同掺量纳米碳酸钙对混凝土坍落度影响的试验结果[46]

| 试验组号 | 0 | 1 | 2 | 3 | 4 | 5 | 6 |
| --- | --- | --- | --- | --- | --- | --- | --- |
| NC 掺量 | 0.0% | 0.5% | 1.0% | 1.5% | 2.0% | 3.0% | 4.0% |
| 坍落度/mm | 118 | 143 | 158 | 167 | 163 | 155 | 142 |
| 黏聚性 | 一般 | 较好 | 较好 | 好 | 好 | 较黏 | 过黏 |
| 保水性 | 有泌水 | 较好 | 较好 | 好 | 好 | 好 | 好 |

注：NC 代表纳米 $CaCO_3$。

表 6-13　纳米碳酸钙对混凝土抗折强度的影响试验结果[46]

| 试验组号 | NC 掺量/% | 抗折强度/MPa | |
| --- | --- | --- | --- |
| | | 7d | 28d |
| C-0 | 0 | 3.7 | 5.2 |
| C-1 | 0.5 | 4.0 | 5.4 |
| C-2 | 1.0 | 4.5 | 5.8 |
| C-3 | 1.5 | 5.2 | 6.1 |
| C-4 | 2.0 | 4.8 | 6.0 |
| C-5 | 3.0 | 4.4 | 5.6 |
| C-6 | 4.0 | 4.0 | 5.4 |

**（2）纳米碳酸钙对混凝土耐久性能的影响**

混凝土的耐久性能包括抗冻性、碳化、抗渗性、抗侵蚀性、碱骨料反应及混凝土中的钢筋锈蚀等性能。其中抗渗性、抗冻性是影响混凝土耐久性的两个重要方面，其优劣主要由混凝土内部的孔隙率大小、孔径和孔隙特征等因素决定。由于一般水泥浆及其混凝土中的细小孔隙不能完全被封堵，进而就导致了混凝土的抗渗性和抗冻性的劣化。在混凝土材料中加入纳米碳酸钙粉体材料后，能有效地减少水泥硬化浆体中的 5~150nm 微孔，并且纳米碳酸钙粉体材料与水化产物能够结合形成纳米微粉晶核，其表面还能形成水化硅酸钙凝胶相的网络状结构，因此能够改善混凝土的耐久性。

科研人员研究了不同纳米碳酸钙掺量对不同养护龄期下的粉煤灰混凝土抗冻融性能的影响（表 6-14）[49]，发现适量地加入纳米碳酸钙，能够优化孔径分布比例，细化孔径，有效改善混凝土的抗冻性能，延缓混凝土相对动弹性模量的衰减速率。当掺杂 1.5% 的纳米碳酸钙时，比未掺杂时提高了 23.89%，此时混凝土抗冻性能最佳。

**表 6-14　纳米 $CaCO_3$ 掺杂粉煤灰混凝土配合比[49]**

| 试件 | 水泥 /(kg/m³) | 粉煤灰 /(kg/m³) | 砂子 /(kg/m³) | 石子 /(kg/m³) | 纳米 $CaCO_3$ /(kg/m³) | 水 /(kg/m³) | 高效减水剂 /(kg/m³) |
|---|---|---|---|---|---|---|---|
| NCF0 | 345 | 115 | 757 | 1046 | 0 | 188.6 | 3.68 |
| NCF1 | 342.7 | 115 | 757 | 1046 | 2.3 | 188.6 | 3.68 |
| NCF2 | 338.1 | 115 | 757 | 1046 | 6.9 | 188.6 | 3.68 |
| NCF3 | 333.5 | 115 | 757 | 1046 | 11.5 | 188.6 | 3.68 |

**（3）纳米碳酸钙对蒸压加气混凝土力学性能和干燥收缩性能的影响**

在蒸压加气混凝土中掺入纳米碳酸钙能调节改良混凝土的力学性能和干燥收缩特性[50]。随着纳米碳酸钙掺量的增加，所有龄期试块的抗压强度均出现先上升后下降的趋势。其中纳米碳酸钙掺量为 1% 试块的抗压强度明显高于其他试块，出釜强度即比对照组试块高出 21.9%，其 7d 抗压强度比对照组试块高出 21.1%。其余掺量的试块早期强度较高，但掺量为 2% 和 3% 的试块后期强度反而有所降低。由于蒸压加气混凝土的高孔隙率，当吸附的水分蒸发时，其干燥收缩便十分明显。掺入纳米碳酸钙的试块的干燥收缩值均随着龄期的变化而变化，同时主要的水化产物托勃莫来石结晶情况良好，整体结构密实。

以石灰石和废玻璃为主要原料，经过 $CaO-SiO_2-H_2O$ 体系水热固化（≥200℃），使其成为一种坚硬的建筑材料，如天花板、地砖、墙砖等[51]。泡沫混凝土是一种新型的建筑保温材料，质量轻，具有优良的保温隔热性和防火性能，但泡沫混凝土存在强度偏低、韧性差、收缩大的缺陷。碳酸钙晶须作为一类纤维状单晶体，其直径处于亚微米和纳米级。段世荣[52] 将碳酸钙晶须作为纳米增韧材料填充到泡沫混凝土中，研究发现，碳酸钙晶须是呈三维乱向分布在泡沫混凝土中，当碳酸钙晶须掺量为 3% 时，劈拉强度和收缩率最优，并能有效提高泡沫混凝土的保温性能、抗压强度、抗拉强度，实现增韧、防开裂。

## 6.3.2　碳酸钙用于防水材料

碳酸钙可用作聚合物水泥防水材料的功能性填料。聚合物水泥防水材料是一种以聚丙烯酸酯乳液、乙烯-醋酸乙烯酯共聚乳液等聚合物乳液与各种添加剂如水泥、石英砂、无机填料组成的无机粉料通过合适配比、复合制成的一种水性建筑防水材料[53]。水泥防水涂膜既具有较高的强度，又具有一定的韧性。聚合物乳液失水而成为具有黏结性和连续性的弹性膜层，水泥吸收乳液中的水而硬化，从而使柔性的聚合物膜层与水泥硬化体相互贯穿而牢固地黏结成一个坚固而有弹性的防水层[54]。由于其良好的耐候性及施工简单、无施工环境污染等优点[55]，近年来被广泛应用于建筑行业中[56]。

采用柔性的聚合物填充在水泥硬化体的空隙中，使水泥硬化体更加致密而富有弹性，涂膜具有较好的延伸率；水泥硬化体又填充在聚合物相中，使聚合物具有更好的户外耐久性和更好的基层适应性。

## 6.3.3　碳酸钙用于木材复合材料

纳米碳酸钙作为填料，还可以用于木材无机纳米复合材料。例如，采用碳酸铵与氯化钙复分解法反应并添加十二烷基二甲基甜菜碱改性剂可以制备出平均直径为 50nm 左右的立方形纳米碳酸钙，将制得的纳米碳酸钙和载体酚醛树脂胶黏剂溶合在一起，通过不同方法加入速生杨木中，就可能制备出纳米碳酸钙/速生杨木复合材料[57]。试验发现，复合建筑模板热稳定性按优劣排序为 PF-$CaCO_3$ 预聚体法、扩散法、溶胶凝胶法；$CaCO_3$ 预聚体浸渍杨木单板制备的建筑模板在性能、加工工艺等方面优于扩散法、溶胶凝胶法。

## 6.3.4　石灰石粉混凝土的标准要求和分析方法

据欧洲 ENV197—1992 标准，石灰石粉在复合普通硅酸盐水泥中的取代率最高可达 35%。石灰石粉的掺量在德国生产的石灰石硅酸盐水泥中达到了 6%～20%。对于石灰石粉掺量，我国建材行业标准《石灰石硅酸盐水泥》（JC 600—2010）中规定值为 10%～25%[58]。

现行有效的石灰石粉混凝土国家标准有《石灰石粉混凝土》（GB/T 30190—2013），适用于除水工外的建设工程的石灰石粉混凝土（表 6-15）。石灰石粉，是指以一定纯度的石灰石为原料，经粉磨至规定细度的粉状材料。石灰石粉混凝土是指采用含有一定比例的胶凝材料配制的混凝土。石灰石粉混凝土配合比设计应按《普通混凝土配合比设计规程》（JGJ 55—2011）的规定执行。石灰石粉在混凝土中的掺量应通过试验确定（表 6-15～表 6-18）。此外，还有石灰石粉混凝土的凝结时间、石灰石粉混凝土含气量和水溶性氯离子含量等的要求。

**表 6-15　《石灰石粉混凝土》（GB/T 30190—2013）标准中石灰石粉技术要求[59]**

| 项目 | 技术指标 |
| --- | --- |
| 碳酸钙含量/% | ≥75 |
| 细度（45μm 方孔筛筛余）/% | ≤15 |
| 活性指数（7d）/% | ≥60 |
| 活性指数（718d）/% | ≥60 |
| 流动度比/% | ≥100 |
| 含水量/% | ≤1.0 |
| MB 值/% | ≤1.4 |

注：MB 指亚甲基蓝。

**表 6-16　《石灰石粉混凝土》（GB/T 30190—2013）标准中钢筋混凝土中石灰石粉最大掺量**

| 掺量料种类 | 水胶比 | 最大掺量（占胶凝材料用量的质量百分比）/% | |
| --- | --- | --- | --- |
| | | 采用硅酸盐水泥时 | 采用普通硅酸盐水泥时 |
| 石灰石粉 | ≤0.4 | 35 | 25 |
| | >0.4 | 30 | 20 |

表 6-17 《石灰石粉混凝土》（GB/T 30190—2013）标准中预应力钢筋混凝土中石灰石粉最大掺量

| 掺量料种类 | 水胶比 | 最大掺量（占胶凝材料用量的质量百分比）/% | |
| --- | --- | --- | --- |
| | | 采用硅酸盐水泥时 | 采用普通硅酸盐水泥时 |
| 石灰石粉 | ≤0.4 | 35 | 20 |
| | >0.4 | 30 | 15 |

表 6-18 《石灰石粉混凝土》（GB/T 30190—2013）标准中普通硅酸盐水泥掺加石灰石粉的影响系数

| 石灰石粉掺量/% | 石灰石粉影响系数 |
| --- | --- |
| 10 | 0.9 |
| 15 | 0.85 |
| 20 | 0.8 |
| 25 | 0.75 |

碳酸钙含量测定。为了能真实地反映产品中碳酸钙的实际含量，国家标准 GB/T 19281—2014 中规定，采用络合滴定法测定碳酸钙含量。以三乙醇胺作掩蔽剂，pH 值大于 12 时，以钙羧酸钠盐为指示剂，用 0.02mol/L 乙二胺四乙酸标准滴定溶液滴定。该方法是测定钙含量的经典方法，通过加入三乙醇胺掩蔽铁、铝等金属离子的干扰，再通过调节 pH 值大于 12 消除 Mg 的干扰，测定结果准确，操作简单，并已经实践证明。

# 6.4 碳酸钙、氧化钙与冶金

## 6.4.1 碳酸钙和氧化钙用于炼铁炼钢

### (1) 炼铁炼钢造渣作用和原理

石灰及石灰石在炼铁、炼钢及铁水预处理等方面广泛应用，用量居造渣料之首。炼铁时用的铁矿石，主要有赤铁矿石（主要成分是氧化铁）和磁铁矿石（主要成分是四氧化三铁），在铁矿石中还含有主要成分是二氧化硅（$SiO_2$）的脉石。炼铁时，被还原出的铁在高温下变成液体，而二氧化硅熔点很高的颗粒杂质混在炼出的铁水中。为了除去这种杂质，选用石灰石、白云石（$CaCO_3 \cdot MgCO_3$）等作熔剂，石灰石在高温下分解成氧化钙和二氧化碳，氧化钙在高温下与二氧化硅反应生成熔点比铁水温度还低的硅酸钙。液态硅酸钙密度比铁水小，且和铁水不混溶，便浮在铁水上。打开高炉上的出渣口，液态硅酸钙先流出去，凝固成高炉渣。

炼铁加入石灰石的化学反应式：

$$CaCO_3 \stackrel{=}{=} CaO + CO_2 \uparrow$$

$$CaO + SiO_2 \stackrel{=}{=} CaSiO_3$$

加入熔剂除可形成一定碱度的炉渣，还可除去生铁中的有害杂质硫，提高生铁质量。

### (2) 炼铁炼钢造渣对石灰石的一般要求

炼钢、烧结是消耗冶金石灰大户，其他少量用于铁水预处理、炉外精炼、水处理等。

冶炼技术如氧气顶底复合吹炼加炉外精炼，使冶炼钢种、优质钢和特种钢范围不断扩大；超高功率电炉炼钢和冶炼过程自动化控制的发展，要求炼钢石灰活性高、成分稳定、杂质含量低且精度合适。利用石灰完成造渣，石灰石经煅烧工序烧制成石灰，然后冷却送至转炉，这种炼钢工艺不仅造成了热量损失，而且对大气的污染物排放较高。采用石灰石造渣炼钢工艺后，省略了前期的煅烧工序，减少了 CaO 的使用量，因此石灰石升温、碳酸钙分解耗能、成渣耗能也相应减少，避免了热量损失和污染物排放。石灰石造渣炼钢工艺具有明显的节能减排效果。

石灰石中 CaO 的含量为 50%左右，此外还含有少量的 $MgCO_3$、$SiO_2$、$Al_2O_3$ 等。扣除中和 $SiO_2$ 所需的 CaO 后，石灰石中有效 CaO 的含量一般为 45%～48%。体积大于 $300m^3$ 的高炉，直接装入高炉的石灰石粒度范围应为 20～50mm；小于 $300m^3$ 的高炉，应为 10～30mm。入炉前应筛除粉末及泥土杂质。

对碱性熔剂的一般要求为 $w(CaCO_3 + MgO) > 50\%$，$w(SiO_2 + Al_2O_3) < 3.5\%$。石灰石一般硫含量为 0.01%～0.08%，磷含量为 0.0001%～0.003%。石灰石的强度高，粒度均匀，粉末少，直接装入高炉的石灰石粒度上限以其在达到 900℃ 温度区能全部分解为准。

一般的高炉渣主要由 $SiO_2$、$Al_2O_3$、CaO、MgO 四种氧化物组成（表 6-19）。在用普通矿冶炼炼钢生铁的情况下，它们的含量之和在 95%以上。此外还有少量的其他氧化物和硫化物。

表 6-19　高炉渣成分范围[59]

| 成分 | $SiO_2$ | $Al_2O_3$ | CaO | MgO | MnO | FeO | CaS | $K_2O + Na_2O$ |
|---|---|---|---|---|---|---|---|---|
| 质量分数/% | 30～40 | 8～18 | 35～50 | <10 | <3 | <1 | <2.5 | <1～1.5 |

炉渣碱度是判断炉渣冶炼性质的常用指标，通常把 $w(CaO)/w(SiO_2)$ 的值称为炉渣碱度，或称为二元碱度。把 $w(CaO + MgO)/w(SiO_2)$ 的值称为炉渣总碱度，或称为三元碱度。把 $w(CaO + MgO)/w(SiO_2 + Al_2O_3)$ 的值称为炉渣全碱度，或称为四元碱度。在一定的冶炼条件下，$Al_2O_3$ 和 MgO 含量变化不大。因此，实际生产中常用二元碱度 $w(CaO)/w(SiO_2)$，习惯上常把 $w(CaO)/w(SiO_2) > 1$ 的炉渣称为碱性渣，$w(CaO)/w(SiO_2) < 1$ 的炉渣称为酸性渣。对于石灰石，其有效熔剂性能用有效 CaO 含量来表示：

$$w_{有效}(CaO) = w(CaO) - Rw(SiO_2)$$

式中，$R$ 为炉渣碱度，即渣中 CaO 与 $SiO_2$ 质量分数比值；$w(CaO)$、$w(SiO_2)$ 分别为石灰石中 CaO、$SiO_2$ 的含量，%。

碳酸钙的加入量（碱度）影响钒钛磁铁精矿直接还原-熔分[60]，在低碱度（$R = 0$～0.7）范围内，碱度的增加有利于钒钛磁铁精矿的直接还原和熔分。熔分温度为 1600℃，熔分时间为 20min，试验样品在碱度为 0.5 时熔分状态良好，渣中几乎不带铁。提高碱度有利于钒钛磁铁精矿含碳球团的还原，因为碳酸钙高温分解产生的 CaO 阻碍 $xFeO \cdot SiO_2$ 的生成，改善还原条件。此外，因为碳酸钙高温分解产生的 $CO_2$ 促进碳的熔损反应，增加还原气 CO 含量。

### (3) 炼钢生石灰的表面处理技术

自从碱性炼钢技术确立以来，石灰一直是重要的炼钢辅助原料。近年来，随着对钢材质量要求日趋严格和炼钢工艺本身的发展，提高炼钢石灰质量成了生产中迫切要解决的问题。除了提高活性指标外，对石灰的表面质量要求有：低含水量和低吸湿性；低熔化温度和高脱硫能力；粉粒石灰的高流动性；机械强度高。因此，各种炼钢生石灰的表面处理技术随之应运而生，它们对提高钢的质量、减少消耗具有意义。这些表面处理技术大致可以分为四类，即用于处理块状石灰的碳酸钙生成法、氧化铁熔合法，用于处理石灰粉剂的有机溶剂包覆法以及吸湿、隔离法[61]。

碳酸钙生成法是指在一定的反应条件下，将生石灰块（粒）与 $CO_2$ 气体接触，通过化合反应在石灰的大部分或全部表面上生成一层不吸湿的碳酸钙被膜，使生石灰块（粒）的吸湿率降至普通石灰的 $1/10 \sim 1/20$。石灰石煅烧生成的生石灰表面粗糙且孔隙率较高，提供了吸收大气水分的有效表面积。据测定，在气温 $30℃$、相对湿度 $58\%$ 环境下，重烧石灰裸露 48h 后的吸湿量可达其质量的 $25\%$。夏季，从烘烤炉取出的石灰（粒径 $1 \sim 20mm$）15min 内吸湿量可达 $0.5\% \sim 5\%$。这些水分进入钢水后，钢中氢含量增加，容易诱发钢材的氢脆性。为使整炉石灰具有必要的防湿性，要求在石灰石烧制石灰工艺中采用正确的加热和合理的冷却处理气氛（如在合适的 $CO_2$ 气氛中冷却），使平均粒径 5mm 以下的石灰的 $CaCO_3$ 生成率达到 $2\%$ 以上。通过在生石灰表面形成一层坚固的 $CaCO_3$ 保护层，既有效地提高了生石灰的防湿性，又提高了它的表面强度。将处理过的石灰投入熔池后，$CaCO_3$ 层迅速吸热分解成 $CaO$ 和 $CO_2$ 气体。

氧化铁熔合法是在高温下向石灰表面渗入铁的氧化物，使它们与 $CaO$ 熔合后形成远低于 $CaO$ 熔点的铁酸盐，这能加速石灰的渣化。当炉料中转炉灰配比最佳时，可以降低天然气单位耗量 $17.6\%$，并将火焰温度提高到 $1510℃$。火焰温度为 $1450 \sim 1510℃$ 时，烧成铁石灰中氧化铁含量最高。装料量波动及炉温不稳定会导致高温区边界部炉壁生成炉瘤，但不影响铬镁砖的化学成分。该方法用于工业生产时，必须配置转炉灰供给、吸尘、自动装料等设备。

有机溶剂包覆法用于处理喷射冶金用石灰粉剂（包括石灰基粉剂）。用于铁水脱硫的石灰粉剂表面积大，吸湿率高。石灰粉剂的吸附水和表面潮解形成的 $Ca(OH)_2$ 不仅能增加颗粒间摩擦，还会诱发"滚雪球"效应，使粉剂结团。石灰粉剂流动性较差，造成料仓内粉剂"架桥"和管道、喷枪堵塞。用有机溶剂对石灰颗粒做表面包覆处理，能够抑制吸湿，改善表面性状，提高石灰颗粒自身的流动性。常用的有机溶剂有硅氧烷、硬脂酸。用 $25℃$ 时运动黏度为 $(60 \sim 350) \times 10^{-6} m^2/s$ 的各种硅氧烷流体处理石灰粉剂，处理剂的添加量为石灰粉剂质量的 $0.1\%$。可以用点滴法或喷雾法将处理剂加入置于混料机中的石灰粉内，然后中速搅拌 5min。经硅氧烷处理过的不同粒径的石灰粉剂，在相对湿度 $80\%$ 环境下贮存 75h 后的流动性为未处理时的 $2 \sim 10$ 倍，吸湿性也有改善。用喷雾法将硬脂酸的乙醇溶液加入置于密闭容器内的石灰粉剂中，并充分搅拌。拌匀后将密闭容器上盖打开，底部加微热，使乙醇蒸发掉，制成了表面包覆硬脂酸的石灰粉剂。硬脂酸的适宜添加量为石灰粉剂质量的 $0.5\% \sim 5\%$。过量添加会使粉剂凝结，添加量不足则无处理效果。当硬脂酸添加量为石灰粉剂质量的 $5\%$ 时，用本法处理过的石灰粉剂的流动性可比未作处理时提高 10 倍，处理后的石灰粉剂的吸湿量则比未作处理时降低 20%～50%（3～10 天）。

**（4）$CaCO_3$ 直接用于铁水预处理和炼钢工艺**

传统的观点认为，$CaCO_3$ 有两个缺点限制了其在炼钢过程中的应用。$CaCO_3$ 分解吸热，造成额外的热量消耗，影响炉子的利用效率；$CaCO_3$ 分解生成的 $CO_2$ 会对钢液产生氧化作用。近年来，随着钢铁冶金技术的不断发展，许多新技术已经出现并被广泛应用到钢铁冶金各工艺环节上，如喷射冶金、转炉顶底复合吹炼、真空处理和吹惰性气体处理等，这些技术在动力学方面的共同特点是通过搅拌及扩大反应相界面，改进了反应动力学条件。

直接利用 $CaCO_3$ 的总能耗低于先煅烧成石灰再入炉工艺的总能耗。现在炼钢和铁水预处理主要采用石灰为造渣材料。普通立窑生产石灰能量消耗为 100～1500kcal/kg 石灰，相当于一吨石灰的燃料消耗为 200～300kg 标准煤。以能量消耗最低的并流蓄热窑为例，生产 1mol 石灰能量消耗可达 45000～56000cal，远远高于在炼钢或铁水预处理上直接使用 $CaCO_3$ 的额外热量支出值 22087.5cal。从全面能量利用角度出发，直接利用石灰石比先将其煅烧成石灰再利用更为合理[62]。

煤氧枪、燃油氧枪、双流道氧枪等技术的采用，扩展了冶金炉的热量收入来源，给石灰石的直接利用提供了条件。对 $CaCO_3$ 在顶底复合吹炼上的应用进行研究，研究发现这种方法具有如下优点：① $CaCO_3$ 在炉内分解产生的 $CO_2$ 可强化对炉内钢水的搅拌。②喷吹 $CaCO_3$ 粉可防止底吹喷嘴在低气流量喷吹时发生堵塞。③喷吹 $CaCO_3$ 粉可对喷嘴附近耐火材料起保护作用，主要是其分解有适当的冷却作用。④可扩大底吹搅拌的控制范围，可通过调节固气比调节搅拌强度。对 $CaCO_3$ 在电炉炼钢上的应用进行研究，石灰石炼钢工艺由熔化期石灰石分解沸腾精炼、熔清后补充精炼、钢包脱氧和合金化组成。其核心是垫底石灰石在炉料熔化过程中逐渐放出 $CO_2$ 气及生成活性石灰共同参与钢液的物理化学反应。该工艺可以降低能耗，节省电能（精炼时间缩短），降低成本，减轻劳动强度。另外，在减轻环境污染及便于管理等方面均有明显的效果。

## 6.4.2　碳酸钙和氧化钙用于烧结和脱硫

现代高炉多用熔剂性熟料冶炼，一般不直接向高炉中加入熔剂。在烧结生产过程中熔剂先矿化成渣能够改善高炉内的造渣过程。近年来为了强化烧结、提高烧结矿产量和改善质量，在高碱度烧结矿生产中，用生石灰代替小粒石灰石，且质量要求不断提升[63]。

目前生产中普遍使用的铁水炉外脱硫剂多为苏打（$Na_2CO_3$）、电石（$CaC_2$）及石灰（$CaO$）等物质。但是，这些物质在使用中都存在一定的缺点，如苏打污染环境严重，脱硫率较低。尽管电石在铁水被强烈扰动时具有较高的脱硫率，但保存性差，使用也不够安全。另外，二者的成本都较高。虽然石灰成本低，但脱硫效果很差，因此国内外都在进一步研究开发成本低、效率高、使用方便的用于铁水炉外脱硫的新型脱硫剂。

从热力学角度看，$CaO$ 是具有足够的脱硫能力的，但是当它在脱硫时其颗粒表面会形成一层致密的 $2CaO\cdot SiO_2$ 硬壳，阻碍它继续参与脱硫。因此，可以设法添加某些物质来改善石灰脱硫时的这一问题。但是石灰本身的吸湿性不易改变，另外脱硫效率仍然较低。为此近来有人提出使用碳酸钙（$CaCO_3$）。含有 $CaCO_3$ 的物质如石灰石、大理石等，不会像 CaO 那样吸湿。$CaCO_3$ 在 900℃ 左右受热分解生成 CaO，可进行铁水脱硫[64]。

通常对钙基固硫剂（氧化钙、氢氧化钙、碳酸钙等）进行调质改性，使常规钙固硫剂具有更好的固硫效果，加入添加剂能够较大程度地促进固硫剂的固硫效果。将炼铜过程产生的铜渣（TZ）加入 $CaCO_3$ 中能形成复合固硫剂[65]。复合固硫剂在 900℃ 煅烧时，其中的 $Fe_2SiO_4$、$CaCO_3$、$Fe_3O_4$ 热解加剧；当 $CaCO_3$/TZ 复合固硫剂加热到 1000℃ 时，$Fe_2SiO_4$、$CaCO_3$、$Fe_3O_4$、$CaMg(CO_3)_2$ 全部热解，生成了 $Fe_2O_3$、CaO、MgO、$SiO_2$ 等物质，这些物质对脱硫具有积极作用。说明铜渣的加入有利于降低脱硫反应温度，扩大脱硫反应温度区间，延长脱硫反应时间，从而使固硫剂能够在较大温度范围、较长反应时间内对烟气进行脱硫。当复合固硫剂加入铜渣为 10%、煅烧温度为 900℃ 时，$CaCO_3$/TZ 复合固硫剂比表面积达到最大值 8.799$m^2$/g，这有利于烟气中 $SO_2$ 与固硫剂接触反应，对烟气固硫有促进作用，有利于烟气脱硫，使固硫剂的利用率提高，有利于提高烟气脱硫效率。

另外，石灰石作固硫剂用于低硫煤或者高硫煤炼焦[66]，所得焦炭耐磨强度和落下强度均比较好，与原配煤炼焦相差不大，并且由于固硫剂的加入，减少了可能进入大气中的硫量；由于固硫剂的加入，改变了炉内硫的分配动态，减轻了炉渣的脱硫负荷。

### 6.4.3  碳酸钙和氧化钙用于冶炼钨、稀土金属和硼

碳酸钙也用于其他金属冶炼的工艺过程。例如，采用碳酸钙煅烧法能够将黑钨矿人工合成为白钨（即钨酸钙矿）[67]。在有空气存在条件下，煅烧黑钨矿与碳酸钙反应的主要产物为 $CaWO_4$、$Fe_2O_3$、$Mn_2O_3$。反应分成两步进行：第一步生成 $CaWO_4$、FeO、MnO，第二步 FeO、MnO 氧化生成 $Fe_2O_3$、$Mn_2O_3$。反应起始的温度在 550℃ 左右，反应完全的温度在 800℃ 左右。在真空条件下黑钨矿与碳酸钙也能煅烧合成为白钨，反应的主要产物为 $CaWO_4$、FeO、MnO。这种工艺过程能提高金属收率、减少粉尘和节约能源。

有发明专利提出了一种钙化合物加掩盖剂焙烧转化分解氟碳铈稀土矿的方法[68]。该方法是将氟碳铈稀土矿磨细，加入钙化合物粉末混合，混合均匀后装入坩埚，再在裸露面铺掩盖剂掩盖，然后焙烧，使矿物中的氟化稀土转化为易溶于盐酸的稀土化合物。焙烧矿在加热的水里面搅拌混合并加盐酸浸取，得到氯化稀土溶液。稀土矿转化率达 98% 以上，稀土的浸取回收率达 97%。此工艺不需要碱转化和水洗，缩短了流程，矿中氟反应生成氟化钙，对大气和水体均无污染，氟化钙还可以再利用。

将硼镁石与碳酸钙混合料的煅烧，CaO 可置换出 $Mg_3B_2O_6$、$Mg_2B_2O_5$ 中的 MgO[69]，并且在真空铝热还原过程中形成 $Ca_{12}Al_{14}O_{33}$，有利于 MgO 的还原。碳酸钙与硼镁石以 1∶1.9 的质量配比混合，在 90MPa 压力下制团，在 1100℃ 下煅烧 120min 后，铝热还原的镁还原率可达 85% 以上，实现了硼、镁的有效分离。

### 6.4.4  冶金石灰的发展趋势和要求

对冶金石灰来说，今后除继续提高冶金石灰的产量和质量外，冶金石灰的生产应符合清洁生产的要求，以使我国冶金石灰工业能够可持续发展。在生产中应不断改进设计，使用清洁的能源，合理而有效地利用自然资源（石灰石原料），提高资源的利用率。采用先进的工艺技术和设备，改善管理，减少或避免生产和产品使用过程中污染物的产生和排

放，减轻或消除对人类健康和环境的危害。

**(1) 提高资源的利用率**

虽然石灰石分布广泛，但一般来说，很优质的石灰石资源并不丰富，应尽量提高石灰石的利用率。一般石灰石矿山产品，0～30mm 细粒级石灰石约占总量的 30%，0～10mm 约占总量的 10%。细粒石灰石得不到合理利用作只能作为廉价的建筑基石，这样就会造成优质石灰石资源的浪费。就石灰煅烧窑炉来讲，竖窑要求石灰石粒度为 30～150mm，带预热器回转窑要求石灰石粒度为 10～30mm。就石灰回转窑来讲，石灰石的粒度要求为 10～40mm，超出上限 40mm 及下限 10mm 的部分均不得超过 5%，粒度≤50mm。我国冶金石灰行业必须从破碎和煅烧石灰的设备上加大考虑利用石灰石资源的问题。冶金石灰企业应淘汰工艺落后、产品质量差的旧式竖窑，开发研制技术先进、能充分利用资源的设备，特别是可使用 10mm 以下粉料的新型窑炉等。

**(2) 研究石灰高效煅烧设备**

设计开发新型石灰窑仍然具有必要性，在产品品质和能源利用上均有重要意义。例如，并流蓄热式竖窑，窑结构为环形，双膛窑的生产能力为 150～500t/d，三膛窑最高可达 800t/d。当采用小直径窑时，石灰石粒度为 20～80mm 或 25～100mm，当采用大直径窑时，其粒度为 50～80mm。套筒式竖窑的生产能力为 150～300t/d，最高可达 500t/d，入窑石灰石粒度为 20～150mm，即最大与最小粒度之比控制在 (3∶1)～(4∶1)，热耗为 3971～4180kJ/kg 石灰。此外，新型竖窑还有双斜坡式、横流式等。双斜坡式竖窑窑体分上下两段倾斜部分，形成的空间位置与燃烧室相对应，上部直筒部分是预热带，中间倾斜部分是煅烧带，下部直筒部分是冷却带。物料（石灰石）在逆向双斜面上得到均匀加热，能克服直筒式窑体中热气流分布不均的缺点，能够煅烧粒度为 12～60mm 的石灰石，可使用焦炭、重油和煤气，热耗为 3971～4389kJ/kg 石灰，能产出质量稳定的活性石灰。横流式竖窑窑截面为矩形，中间为料柱，两侧为燃烧室和排气室。为使料柱两侧的物料煅烧均匀，上下两个烧嘴交替操作，高温气流按一定的时间间隔换向横穿料柱，因此，料柱两侧物料煅烧均匀。气室下部有专门排出沉积物的装置。

采用和改进回转窑也同样有发展空间。回转窑可煅烧小块石灰石，充分利用石灰石资源；由于窑体旋转，物料得以不断混匀，在滚动过程中，大块在上，小块在下，不同粒度石灰石都能得到均匀的煅烧，因此，石灰的过烧或生烧率低。石灰石在窑内停留时间短，可获得高活性石灰；可以方便地使用气体、液体和固体燃料；生产能力大，自动化程度高。但是，回转窑投资和活性石灰产品成本偏大，虽然配备先进的预热器和冷却器等，热耗较新型竖窑仍然偏高，可以考虑研究改进和克服这些弱点。

**(3) 清洁生产和废物利用**

冶金石灰的生产中，环保设施是生产线中重要的组成部分，生产环节废气排放和粉尘的治理必须达到国家环保的规定。应采用和加强研发除尘技术，并收集粉尘加以增值利用。

注意开发粉尘控制技术。在原料及成品的破碎筛分、运输过程中采取封闭抑尘措施，将产生粉尘的作业场所或设备置于封闭建筑或装置内，以达到向环境空气中不排或少排粉尘的目的。洒水抑尘是一种经济实用、简便易行、效果明显的粉尘控制措施。采取强制通风除尘，将尘源处产生的含尘气体抽出，经除尘器过滤、分离、净化后排出，达到净化空气的目的。在石灰生产系统中应用较广泛的除尘器有袋式除尘器、旋风除尘器、电除尘器等。绿化对控制冶金石灰粉尘也有着一定的控制作用，绿色植物不仅具有吸收二氧化碳制造氧气，而且具有吸收有害气体、吸附尘粒、杀菌、改善气候等多方面的长期和综合效果。

开发窑尾气控制、净化、回收和利用。例如，开发烟气专门脱硫措施，如石灰-石膏法脱硫系统、双碱法脱硫系统等。开发采取烟道气回流、降低燃烧的预热温度、二段燃烧、注入蒸汽或水等措施，保持适宜的火焰形状和温度，控制过剩空气量，确保原料量和燃烧量均匀稳定，可降低 $NO_x$ 的排放量。另外，还可以采取优化燃料燃烧条件、供给充分的空气、使燃料充分燃烧等手段来控制 CO 的排放[70]。

# 6.5　碳酸钙与钻井液

钻井液是钻井过程中使用的满足钻井工作需要的功能性循环流体的总称。钻井液漏失是钻井中常见的问题之一，会增加钻井成本和钻井风险。$CaCO_3$ 添加到钻井液中，能用于改善钻井液的性能。

## (1) 耐温和防塌防漏钻井液

高玉梅等[71] 发明了一种流变性好、能满足钻井过程中需要的携砂能力、抗温 180℃以上且渗透率恢复率 92% 以上的钻井液。主要制备过程如下：首先称取 300g 带鱼，人工去除其体内的内脏，随后置于含水量为 90%、含盐率为 18%～20% 活性污泥中浸泡 12h。然后转移至发酵罐中，再加入 2L 去离子水，搅拌均匀后，对其进行发酵，控制发酵温度为 40℃，发酵 6 天。待发酵结束，收集发酵液，将发酵液置于离心机中，在 5000r/min下离心 40min。收集上清液，将上清液加入烧杯中，随后置于超声波细胞粉碎机中粉碎 40min，过滤，收集得 1 号滤液，备用。量取 2L 造纸黑液加入烧杯中，再加入质量分数为 20% 的盐酸溶液调节 pH 值为 7.2，随后对烧杯进行加热直至烧杯中的混合物沸腾，保温 4h，再自然冷却至室温，静置 30min，过滤，收集得 2 号滤液。将 2 号滤液加入烧杯中，再依次加入 30mL 丙烯酸、30g 聚丙烯酰胺、8g 乙烯基三乙氧基硅烷，搅拌反应 2h。待反应结束，过滤，收集滤渣，将滤渣置于烧杯中，再加入 200mL 质量分数为 25% 的氨水，搅拌 10min。再加入 200mL 二甲基甲酰胺，搅拌 30min。随后在 6000r/min 转速下下离心 40min，收集上清液，将上清液置于喷雾干燥机中进行喷雾干燥，收集干燥物。称取 15g 海泡石、12g 凹凸棒土、8g $CaCO_3$，加入球磨机中球磨 2h。将得到的混合粉末加入烧杯中，再依次加入 400mL 质量分数为 20% 的 NaOH 溶液、3g 十二烷基苯磺酸钠、5g 黄原胶、8g 上述干燥物，搅拌 40min，得到基料。将上述基料中加入备用的 1 号滤液，搅拌 20min，再依次加入 20g 两性离子聚丙烯酰胺、15g 蓖麻油、8g 羧甲基纤维素、20g 蔗糖脂肪酸酯、8g 腐殖酸、5g 十六烷基三甲基溴化铵，搅拌 40min，即可得到钻井液。由于加入了 $CaCO_3$、海泡石、凹凸棒土的混合粉末以及十二烷基苯磺酸钠，此发明的钻井液具有良好的流变性能并能有效防止钻井液漏失。

陈华等[72] 采用超细碳酸钙（1250～4000 目）等为原料开发了一种适合于苏里格区

块地层特点的防塌防漏的钻井液体系，其每立方米的组成为：1.5～2kg 聚阴离子纤维素，20～30kg 钻井液抗盐降滤失剂，25～30kg 水分散乳化沥青粉，30～40kg 超细 $CaCO_3$，50～60kg 甲酸钠，1～1.5kg 氢氧化钠，30～40kg 氯化钾，余量为清水。该配方采用少盐低土相、强封堵、低密度的钻井液，可改善泥饼质量，使钻井液中含有一定的有用固相，能适当降低钻井液密度和排量，并能降低井漏概率。

**（2）微裂缝封堵**

$CaCO_3$ 可用于配制生产油基钻井液用微裂缝封堵剂等。例如，刘振东等[73] 发明了一种油基钻井液用微裂缝封堵剂，该封堵剂由基液 50%～60%（质量分数）、主封堵剂 20%～25%、辅助封堵剂 20%～25% 组成。制备时首先将阳离子乳化沥青、胶乳沥青和胶乳石蜡与司盘 80（主要成分为山梨糖醇酐单油酸酯）按比例配制成基液，并混合均匀放入反应釜中备用。将纳米级 $CaCO_3$ 和 500 目 $CaCO_3$、800 目 $CaCO_3$ 按质量比（4～3）:（1～2）:（1～2）混合均匀备用。然后将基液加热至 35～80℃，利用反应釜所带剪切泵将主封堵剂和辅助封堵剂按比例吹至反应釜中，搅拌混合均匀得到封堵剂。其能有效地对泥页岩地层微裂缝进行封堵，提高井壁稳定性，且和油基钻井液配伍性好，对油基钻井液流变性能影响较小。白杨等[74] 发明的一种页岩用强抑制性纳米封堵水基钻井液的原料的组分及含量为：膨润土 36～48g；$Na_2CO_3$ 1.8～2.4g；增黏剂 6.3～8.4g；聚丙烯酰胺钾盐 135～180g；降滤失剂 18～24g；降黏剂 0.45～0.6g；$CaCO_3$ 45～60g；润滑剂 18～24g；聚合醇（成分为多元醇和聚合多元醇混合物）45～60g；纳米二氧化硅 13.5～18g；KCl 18～24g；自来水 900～1200g。先配制好黏土基浆，在搅拌下加入增黏剂之后依次加入原料，调节体系 pH 值为 10～11，制得页岩用强抑制性纳米封堵水基钻井液，其中膨润土主要起造浆、提切、携带岩屑的作用，而 $CaCO_3$ 提供良好的封堵填充作用。

**（3）资源综合利用作为 Ca 源用于钻井液**

有发明提供了一种简易的造纸白泥钻井液的制备方法[75]。将钠基膨润土与 $Na_2CO_3$ 缓慢加入水中搅拌 10min，室温放置养护 24h 形成黏土钻井液基浆；向黏土钻井液基浆中依次加入造纸白泥苛化后形成的 $CaCO_3$ 粉末、增黏剂、降滤失剂、包被剂和抑制剂，搅拌 10min 后室温放置养护 16h 后得到造纸白泥钻井液。其中的 $CaCO_3$ 粉末是利用白泥苛化而产生，综合有效地利用了资源。

## 参考文献

[1] 李东光. 150 种乳胶漆配方与制作 [M]. 北京：化学工业出版社，2013.

[2] 王岩岩，张俭，盛嘉伟. 高遮盖力碳酸钙/钛白粉复合白色颜料研究 [J]. 现代涂料与涂装，2013，16（08）：10-12.

[3] Li X Y, Peoples J, Huang Z F, Zhao Z X, Qiu J, Ruan X L. Full daytime sub-ambient radiative cooling in commercial-like paints with high figure of merit [J]. Cell Reports Physical Science, 2020, 1 (10): 100221.

[4] 林宣益. 乳胶漆 [M]. 北京：化学工业出版社，2004.

[5] 梁涛，陈炳耀，陈明毅，颜燕桦，黄德，张熠. 影响内墙乳胶漆耐擦洗性能的因素 [J]. 电镀与涂饰，2014，33（18）：778-782.

[6] 王维录，靳涛，吕海亮，刘欣，张军. 改性纳米碳酸钙制备乳胶涂料研究 [J]. 山东科技大学学报（自然科学版），2013，32（03）：39-46.

[7] 马玉然，常英，李文志，刘金景，段文锋，李善法.重质碳酸钙对丙烯酸酯乳液改性乳化沥青防水涂料性能的影响 [J].中国建筑防水，2015，4：13-15.

[8] 李成吾，杜晓宁，刘艳辉.聚合物水泥防水涂料的制备及其拉伸性能 [J].新型建筑材料，2015，1：72-76.

[9] 闫小星，毛卫国，吴燕，徐伟.碳酸钙改性对 UV 固化水性木器涂料性能的影响 [J].林业科技开发，2013，27（06）：66-69.

[10] 曹京宜，杨光付，张锋，尹建平，孟宪林.纳米材料在舰艇防锈涂料中的应用研究 [J].涂料工业，2005，35（3）：316-320.

[11] 廖海达，秦燕，朱南洋，李青青.改性超细碳酸钙及其在水性塑胶涂料中的应用 [J].广西民族大学学报（自然科学版），2015（8）：92-96.

[12] 张华东，顾若楠，金林峰，张俊.碳酸钙在粉末涂料中的应用 [J].涂料技术与文摘，2003，24（4）：33-35.

[13] 王维录，靳涛，吕海亮，刘欣，张军.改性纳米碳酸钙制备乳胶涂料研究 [J].山东科技大学学报（自然科学版），2013，32（03）：39-46.

[14] 钟江海，黄伟雄，罗艳平.碳酸钙在粉末涂料中的应用 [J].涂料工业，2004，34（1）：38-39.

[15] 张华东.粉末涂料用改性碳酸钙的表面处理与涂膜性能 [J].上海涂料，2006，44（2）：36-37.

[16] 徐永华，邹勇，付俊祥，何佳康.不同重质碳酸钙在聚酯粉末涂料中的应用对比研究 [J].涂料技术与文摘，2017（5）：41-44.

[17] 宁月辉，王佳祥，刘静禹，李月梅.新型环保内墙腻子工艺参数研究 [J].黑龙江科学，2014，5（07）：43-44.

[18] 徐峰，王琳.新型粉状内墙腻子的研制 [J].新型建筑材料，2003（01）：57-59.

[19] 宁月辉，王佳祥，邢宇，李月梅.新型环保淀粉基内墙腻子的性能研究 [J].高师理科学刊，2014，34（06）：46-47.

[20] 管文，牛俊江，李成才.外墙柔性腻子可变形性能的影响因素分析及改善措施 [J].墙材革新与建筑节能，2014（12）：56-58.

[21] Rudawska A，Jakubowska P，Kloziński A. Surface free energy of composite materials with high calcium carbonate filler content [J].Polymer，2017，62（6）：434-440.

[22] 陆晓瞳，陈雪梅.超细碳酸钙颗粒形态对 PVC 复合材料性能的影响 [J].塑料工业，2015，43（08）：107-111.

[23] 孟程龙.玫瑰形碳酸钙对天然橡胶性能影响研究 [J].橡塑技术与装备，2013，39（01）：36-38.

[24] 赵春霞，满瑞林，余嘉耕.粘胶专用低吸油量纳米活性碳酸钙研制 [J].非金属矿，2003（03）：17-19.

[25] 朱勇，覃玲意，陈霞，莫英桂，蓝擎，张安将，徐禄波.碳酸钙填充硅酮密封胶弹性回复性能研究初探 [J].中国建筑防水，2017（17）：9-16.

[26] 秦演化，刘丽君，张大省.有机成核剂改善聚醚酯纤维弹性回复率的研究 [J].合成纤维工业，2004，27（2）：25-26.

[27] 李子东，李春惠，李广宇.硅烷偶联剂提升胶粘剂和粘接性能卓有成效 [J].粘接，2009，30（05）：30-35.

[28] Kakroodi A R，Rodrigue D. Reinforcement of maleated polyethylene/ground tire rubber thermoplastic elastomers using talc and wood flour [J].Journal of Applied Polymer Science，2014，131（8）：631-644.

[29] 刘亚雄.纳米碳酸钙在密封胶中的应用研究 [J].山东化工，2019，48（15）：24-26.

[30] 李汉堂.用经两种并用硅烷偶联剂表面处理的碳酸钙填充异戊橡胶之力学性能 [J].世界橡胶工业，2016，43（03）：15-20.

[31] Tuzun F Nihal，Tunalioglu M Safak. The effect of finely-divided fillers on the adhesion strengths of epoxy-based adhesives [J].Composite Structures，2015，121：296-303.

[32] 于红卫，付深渊，文桂峰，槐敏，何礼平.纳米碳酸钙影响 UF 树脂性能的研究 [J].中国胶粘剂，2002（06）：22-24.

[33] 高延敏，袁清峰，朱静燕，浦建光.纳米碳酸钙表面接枝改性对环氧胶粘剂性能的影响 [J].江

苏科技大学学报（自然科学版），2009，23（03）：213-216.

[34] 袁清峰，高延敏，朱静燕，吕伟刚. 改性纳米碳酸钙对环氧树脂胶粘剂性能的影响 [J]. 中国胶粘剂，2008（11）：5-8.

[35] 贾贞，王志伟，李国梁. 溶胶-凝胶法制备 PF-CaCO$_3$ 预聚体功能性材料 [J]. 功能材料，2013，44（16）：2425-2428.

[36] 刘纪艳. 环氧树脂建筑结构胶的改性与力学性能研究 [D]. 泰安：山东农业大学，2018.

[37] Rodríguez R，Pérez B，Flórez S. Effect of different nanoparticles on mechanical properties and curing behavior of thermoset polyurethane adhesives [J]. Journal of Adhesion，2014，90（10）：848-859.

[38] Liemei Yuan，Peirong Qiang，Jun Gao，Yiyuan Shi. Synthesis of oxazolidines as latent curing agents for single-component polyurethane adhesive and its properties study [J]. Journal of Applied Polymer Science，2018，135（4）：45722.

[39] 张东阳，李焕，张玉兴，陈斌. 纳米碳酸钙改性水性双组分胶粘剂的合成与性能研究 [J]. 中国胶粘剂，2007（10）：38-40.

[40] 邓丽娟，李志成，程昊，黄文艺. 改性纳米碳酸钙对淀粉胶粘剂剪切强度的影响 [J]. 化工设计通讯，2016，42（04）：52-53.

[41] 张学军. 纳米材料对大豆蛋白生物胶黏剂的影响研究 [D]. 无锡：江南大学，2008.

[42] 周益铭，张潇. 一种改性蛋白基胶黏剂的制备方法：200810123428X [P]. 2008-06-04.

[43] 韦维，肖海波. 石灰石粉在水泥、砂浆和混凝土中的应用综述 [J]. 居舍，2018（25）：49.

[44] 黄政宇，祖天钰. 纳米 CaCO$_3$ 对超高性能混凝土性能影响的研究 [J]. 硅酸盐通报，2013，32（6）：1103-1109，1125.

[45] Shaikh F U A，Supit S W M，Barbhuiya S. Microstructure and nanoscaled characterization of HVFA cement paste containing nano-SiO$_2$ and nano-CaCO$_3$ [J]. Journal of Materials in Civil Engineering，2017，29（8）：04017063.

[46] 乔维. 纳米碳酸钙对道路水泥混凝土性能影响的试验研究 [J]. 公路交通科技（应用技术版），2015（5）.

[47] 杨华山，方坤河，涂胜金，杨惠芬. 石灰石粉在水泥基材料中的作用及其机理 [J]. 混凝土，2006（6）：32-35.

[48] 杨杉，籍凤秋. 纳米碳酸钙对钢纤维混凝土物理力学性能的影响 [J]. 铁道建筑，2011（8）：133-135.

[49] 周艳华. 不同纳米碳酸钙含量对粉煤灰混凝土力学及抗冻性能的影响 [J]. 科学技术与工程，2016，16（28）：277-281.

[50] 应姗姗，钱晓倩，詹树林. 纳米碳酸钙对蒸压加气混凝土性能的影响 [J]. 硅酸盐通报，2011，30（6）：22-25.

[51] 裴鹏程，景镇子，刘子系，祁郁捷，苗嘉俊. 碳酸钙基建筑材料的水热法制备及硬化机理研究 [J]. 建筑材料学报，2018（2）.

[52] 段世荣. 碳酸钙晶须增韧泡沫混凝土性能试验研究 [J]. 新型建筑材料，2018（3）：41.

[53] 董孔祥，卢迪芬. 聚合物水泥基防水涂料性能的影响因素 [J]. 新型建筑材料，2006，5：19-21.

[54] 李成吾，杜晓宁，刘艳辉. 聚合物水泥防水涂料的制备及其拉伸性能 [J]. 新型建筑材料，2015.

[55] 周虎. 高性能聚合物水泥基防水涂料的研究 [D]. 武汉：武汉理工大学，2004.

[56] 赵春艳，孙顺杰，张琳，郭鹏，李宾宾. 聚合物水泥防水涂料拉伸性能影响因素分析 [J]. 新型建筑材料，2010，37（10）：70-72.

[57] 贾贞. 纳米碳酸钙/速生杨木复合材料及制作建筑模板的研究 [D]. 哈尔滨：东北林业大学，2012.

[58] 张聪. 石灰石混凝土的国内外研究现状 [J]. 世界家苑，2017，06.

[59] 刘焕章. 炼钢造渣原料中石灰石替代石灰的节能减排措施研究 [J]. 冶金管理，2020（17）：160-161.

[60] 丁闪，薛庆国，佘雪峰，王广，宁晓宇，王静松. 碳酸钙对钒钛磁铁精矿直接还原-熔分的影响 [J]. 钢铁，2014，49（8）：15-20.

[61] 朱健飞. 炼钢生石灰的表面处理技术 [J]. 上海金属（钢铁分册），1989（01）：35-38.

[62] 赵俊学. $CaCO_3$ 用于铁水预处理和炼钢工艺的探讨 [J]. 钢铁研究, 1991 (01): 5-8.

[63] 李道忠. 我国冶金石灰工业的现状和发展 [C] //2008 年耐火材料学术交流会论文集, 2008.

[64] 赵浩峰, 叶孔容, 李达. 铸铁用碳酸钙基复合脱硫剂的试验研究 [J]. 太原工业大学学报, 1993 (1): 12-17.

[65] 颜小禹, 李瑛, 张恒, 赖立践, 陈捷, 李范范. 碳酸钙/铜渣复合固硫剂热解性能分析研究 [J]. 材料导报, 2015, 29 (6): 93-97.

[66] 邹德余, 何生平, 许俊. $CaCO_3$ 固硫炼焦及其对生铁含硫量影响的实验室研究 [J]. 冶金能源, 2000, 19 (6): 11-13.

[67] 万林生, 舒柳飞, 赵立夫, 谌勇明, 李红超. 黑钨矿与碳酸钙人工合成白钨的反应过程和机理 [J]. 稀有金属与硬质合金, 2014 (2): 1-4.

[68] 李洪明. 钙化合物加掩盖剂焙烧转化分解氟碳铈稀土矿的方法: 2013101050268 [P]. 2013-03-29.

[69] 彭建平, 王耀武, 朱钢立, 冯乃祥. 硼镁石与碳酸钙混合煅烧-还原提镁研究 [J]. 东北大学学报 (自然科学版), 2015, 36 (7): 957-961.

[70] 彭涛嘉. 冶金石灰生产过程中产生的废气及控制措施分析 [J]. 化工管理, 2018 (02): 133.

[71] 高玉梅, 薛荣飞, 孟中立. 一种钻井液的制备方法: CN 106543987 A [P]. 2017-03-29.

[72] 陈华, 杨勇平, 石崇东, 王社利, 孙志强, 刘乃春, 贾彦强, 刘思远, 王凯, 侯博, 付红卫, 吴瑞鹏. 一种防塌防漏的钻井液及其施工方法: CN 104046338 A [P]. 2017-02-01.

[73] 刘振东, 李公让, 乔军, 周守菊, 侯业贵, 涂德洪. 一种油基钻井液用微裂缝封堵剂及制备方法: CN 104650825 A [P]. 2015-05-27.

[74] 白杨, 敬玉娟, 王平全, 陈婷, 陶鹏, 石昶, 李玉彬, 杨萍, 胡亚琴. 一种页岩用强抑制性纳米封堵水基钻井液: CN 106634900 A [P]. 2019-03-26.

[75] 刘洁, 李升军, 齐静, 徐明. 一种造纸白泥钻井液的制备方法: CN 105802594 A [P]. 2016-07-27.

# 第7章
# 碳酸钙与造纸、油墨、催化剂、新材料、环保、化肥

## 7.1 碳酸钙与造纸

### 7.1.1 造纸填料碳酸钙

造纸是用木材、芦苇、甘蔗渣、稻草、麦秸、棉秸、麻秆、棉花等原料制造纸浆并将纸浆制造成纸和纸板的制造业。造纸行业的增长与纤维原料或提高填料的加入量和留着率均有关。造纸过程中会向纸浆中加入不溶于水的固体颗粒作为填料：①填料是生产原纸的纸料中的第二大组分，通常为无机矿物材料，填料的价格比纤维便宜得多，纸中加过填料后，可节约 5%～30% 的纤维，有效减少纤维用量[1]；②加入填料的纸浆容易脱水、易干燥、可减少能源消耗，降低造纸成本；③加入填料可以改善纸张的不透明度、亮度、平滑度、印刷适应性（如提高吸收性、吸墨性）、柔软性、均匀性和尺寸稳定性。

造纸时如果不添加填料，那么纸张表面就会粗糙，均匀度低，这主要是由于纤维交织时会产生许多细小的空隙，而填料可以将这些空隙填平，从而提高纸张的均匀度并改善纸的手感。填料的折射率和白度比纤维的要高，能有效地提高纸张的不透明度和白度。填料的种类、形状、粒径对填料的散射系数也有着重要的影响作用[2]。

$CaCO_3$ 产品在酸性条件下都是不稳定的，因此要成功地以 $CaCO_3$ 为填料，造纸工艺通常都应从酸性条件转换成中性或碱性条件。近年来，随着造纸生产环境由酸性向碱性和中性方向发展，以及特种纸的发展和对纸张特殊性能的提高，非纤维填料在造纸应用中的比例逐年增大，$CaCO_3$ 成为一种重要的造纸填料：①相对于高岭土，$CaCO_3$ 能配制黏度较低和固含量较高的造纸涂料；②$CaCO_3$ 有较高的白度（造纸涂布用 $CaCO_3$ 白度一般在 93%ISO 以上）和不透明度；③$CaCO_3$ 自然界中的储量更加丰富，价格也低于高岭土；④$CaCO_3$ 可以取代一些昂贵的特种填料；④$CaCO_3$ 可以取代部分纤维原料，使纸机有更好的滤水性能，纸页更易干燥。对干燥能力有限的纸机，$CaCO_3$ 可以提高其生产效率。

造纸填料 $CaCO_3$ 对粒径、形貌和表面性能等均有特定要求。例如，对造纸填料 $CaCO_3$ 粉体的粒径，需要平均粒径配合粒径分布来评断其优劣。单一表示的平均粒径可能有粗者过粗、细者过细的情形，前者影响品质，后者造成黏着剂与操作的困难。片状 $CaCO_3$ 粉体添加至纸张中可提高纸张的光洁度、白度、不透明度和松厚度等性能[3]。

另外，$CaCO_3$ 表面改性后，可以形成更好的功能性造纸填料。纸张的强度主要来自

于纤维素分子间氢键的相互作用，因此对造纸中应用的 $CaCO_3$ 的改性需要将一些含有羟基的化合物包覆在 $CaCO_3$ 的表面。经包覆改性的 $CaCO_3$ 可以与纸中的纤维素和填料通过氢键加强相互作用，提高纸的强度和填料的留着率，有效克服填料增加而导致纸张强度下降的问题。例如，科研人员成功制备了淀粉包覆改性 $CaCO_3$ 造纸填料[4]，其中主要工艺过程如下：用玉米淀粉对 $CaCO_3$ 进行改性，先将普通玉米淀粉用去离子水配制成浓度为 3% 的悬浮液，再加入 $CaCO_3$ 填料，搅拌混合均匀，制成淀粉/$CaCO_3$ 混合物。把淀粉/$CaCO_3$ 混合物置于温度为 95℃ 以上的水浴中，时间为 3h，使淀粉糊化溶胀，在此期间不断搅拌淀粉/$CaCO_3$ 混合物，直至凝结成块状。把凝结成块状的淀粉/$CaCO_3$ 混合物捣碎、分散后，置于温度为 105℃ 的烘箱中干燥 6h，再用球磨机研磨至粒径为 600～800 目，即得淀粉包覆改性 $CaCO_3$ 造纸填料。这种淀粉改性 $CaCO_3$ 用于造纸中，提高了纤维素留着率和纸张强度。

采用水溶性的螯合型钛酸酯偶联剂对 $CaCO_3$ 进行处理，并经 550℃ 煅烧能制得钛酸钙包覆的改性 $CaCO_3$[5]。但此改性的 $CaCO_3$ 用于手抄纸的制造，由于 $CaCO_3$ 表面覆盖钛的化合物有增白作用，纸张的白度略有升高，力学性能有一定程度的下降，填料留着率没有明显的变化，由于改性没有引入羟基，钛酸钙对纤维素的相互作用比 $CaCO_3$ 更差，纸张强度没有明显提升。要提升纸张强度需要在 $CaCO_3$ 表面引入能和纤维素相互作用的基团，如用淀粉、瓜尔胶、壳聚糖等进行处理。用淀粉将碳酸钙填料包覆改性，可以提高纸页的抗剪切性能、抗张指数、耐破指数、撕裂指数和留着率[4]。高洪霞等[6] 利用硫酸铝和氯化钡反应生成的硫酸钡包覆 $CaCO_3$，提高 $CaCO_3$ 在松香施胶纸中的留着率，并提高纸张的灰分含量。与未改性的碳酸钙相比，改性 $CaCO_3$ 填料打浆度升高，浆料的滤水性能降低。此外，利用聚电解质复合原理对 $CaCO_3$ 改性也是一种常用的 $CaCO_3$ 改性方法。陈南男等[7] 利用阴离子聚丙烯酰胺、阳离子淀粉和阳离子聚丙烯酰胺形成的聚合电解质复合物对 $CaCO_3$ 进行包覆改性，改性后的 $CaCO_3$ 填料平均尺度变大到初始填料的 9 倍，且对纤维和纤维之间的氢键结合几乎没有影响，将其用于纸张加填抄造能够提高纸张的灰分含量。利用阳离子化壳聚糖和羧甲基纤维素对 $CaCO_3$ 改性，聚电解质在 $CaCO_3$ 表面沉积形成紧密的有机包覆结构，可使 $CaCO_3$ 颗粒粒径增大，能改善颗粒分布均匀性[8]。

### 7.1.2 新闻纸填料碳酸钙

新闻纸也叫白报纸，是报刊及书籍的主要用纸，适用于报纸、期刊、课本、连环画等正文用纸。新闻纸的特点是纸质松轻、有较好的弹性、吸墨性能好。常用于新闻纸的填料有三种，即高岭土、研磨 $CaCO_3$（GCC）和沉淀 $CaCO_3$（PCC）。这三种填料的优势分别是：①高岭土的白度（89%ISO）比 GCC、PCC（97%ISO）低，但具有松软、粒子大小分布集中、表面积小、保留好等优点。②GCC 是迄今为止在欧洲和亚洲新闻纸工业用得最多的 $CaCO_3$ 填料，可以供应不同粒度分布和表面电荷的 GCC 以满足用户的特殊要求。GCC 在不过度增加纸张孔隙度的同时，可赋予纸张优良的光学性能和印刷性能。现代研磨技术已经可以显著消除 GCC 的磨损问题。③应用 PCC、GCC 和高岭土相比，PCC 使纸张有更为开放的结构，因而具有优异的光学性能和印刷性能。

由于新闻纸加填量相对较少，一般新闻纸厂的填料是以泥浆方式用汽车或火车运到厂里，填料成本受运输距离和填料干度的影响。显然，干度越高运输成本越低，然而干度高通常意味着阴离子分散剂用量大，有较多的阴离子电荷[9]，在纸机运行时要添加更多的阳离子聚合物。因此需要全面权衡考虑填料的干度。

由于 $CaCO_3$ 优异的光学性质，添加 $2\%\sim4\%$ 的 $CaCO_3$ 常可以明显降低纸浆漂白药品的用量而保持纸张的白度。这样不但可以节约成本，而且可以提高不透明度。有意把产品升级为高白度新闻纸，以及采用原来添加 $CaCO_3$ 填料的废纸作为原料生产新闻纸，都可以向系统添加 $CaCO_3$。

新闻纸添加 $CaCO_3$，其最高添加水平主要取决于抄纸工艺和所生产的品种。一般加填量为：原生纤维标准新闻纸 $5\%\sim10\%$；废纸纤维标准新闻纸 $1\%\sim5\%$；高白度新闻纸 $5\%\sim18\%$；电话号簿纸 $1\%\sim5\%$。用废纸为原料的纸厂可从废纸原料中得到 $5\%$ 以上的矿物填料，这种浆就不能再加太多新的填料；而以原生纤维为原料的系统可多加填料。但是，加填量还要因定量、纤维种类、纸机设备、湿部化学而定。

新闻纸强度下降、掉粉和孔隙度增加都是限制过量加填的因素，然而通过采用不同磨浆方式，选用不同种类的 $CaCO_3$ 和条件可以把加填的负面影响减小。通常可以发现，在一个系统中上述控制参数优化后可以增加加填量。

与不含机械浆的产品相比，新闻纸的机械浆纸料在中性抄纸时可能会产生以下问题：在碱性条件下机浆的白度返黄；树脂和胶黏物的反应性；较高的"阴离子垃圾"量；微生物条件的变化。纸机类型、系统封闭程度、白水利用程度、木材种类、制浆方法和湿部化学等方面的不同，对这些问题的影响也不同。因此需要不断改进 $CaCO_3$ 产品。例如，开发出一些粒度分布很窄的 $CaCO_3$，使用新的分散剂使填料泥浆干度很高但阴离子电荷很低；开发具有很高比表面积的改性 $CaCO_3$，可以作为特种填料如沉淀二氧化硅的替代用品，用在低定量新闻纸等中[10]。将白云石与重质碳酸钙复配可替代少量的重质碳酸钙用于新闻纸生产，还能提高新闻纸的抗张指数、撕裂指数和不透明度[11]。

### 7.1.3 卷烟纸填料碳酸钙

卷烟是主要的烟草制品，卷烟辅料包括卷丝束、烟纸、接装纸、成型纸等。虽然卷烟纸重量仅约占整支卷烟重量的 $5\%$，但在卷烟制造过程中是必不可少的辅料之一。在卷烟的燃烧过程中，卷烟纸是除烟丝以外唯一直接参与燃烧过程的组分，对卷烟燃烧外观、烟气组分和抽吸品质有着直接影响。卷烟纸组分或卷烟纸燃烧后组分对烟气流烟气组分、扩散有直接影响；烟气组分与卷烟纸组分的反应，通过影响烟气气流速度来影响未燃烧段过滤效率。如何在满足卷烟外观的前提下，提高卷烟纸对卷烟燃烧积极的影响作用是卷烟纸行业普遍关注的问题之一[12]。卷烟纸作为一种特殊用纸，生产难度大，生产厂家少。目前全球主要卷烟纸生产商有法国的 Schweitzer-Mauduit、奥地利的 Trierenberg Group 等[13]。

$CaCO_3$ 是目前常用的卷烟纸填料，也有少量卷烟纸中还添加镁、锌的氧化物及碳酸盐。$CaCO_3$ 作为卷烟纸的填料对卷烟的影响有：①增加卷烟纸的白度；②提高纸张折射率，从而提高卷烟纸的不透明度，使烟丝不露底色；③调节卷烟纸的阴燃速率，使之与烟丝的阴燃速率一致，避免烟丝爆口或卷烟熄灭；④改善卷烟纸的包灰性能；⑤调节卷烟纸的透气度，在保证卷烟吸味的基础上降低烟气中焦油含量。

　　$CaCO_3$ 在卷烟纸中的加填量可高达 $30\%\sim40\%$，主要目的是降低卷烟纸的生产成本，并改善卷烟纸的性能[14]。但卷烟纸中 $CaCO_3$ 的添加量大时，卷烟纸容易掉粉，且对纸的物理性能有着不利影响[15]。卷烟纸用 $CaCO_3$ 粉体根据平均粒径（$d$）的大小，可分为微粒型（$d>5\mu m$）、微粉型（$1\mu m<d<5\mu m$）、微细型（$0.1\mu m<d\leqslant1\mu m$）、超细型（$0.02\mu m<d\leqslant0.1\mu m$）和超微细型（$d\leqslant0.02\mu m$）。不同粒径的 $CaCO_3$ 作为填料对卷烟纸的透气度、燃烧效果以及燃烧包灰和香烟吸味有不同的影响。例如，添加的轻质 $CaCO_3$ 粒径大时在卷烟纸中形成的自然孔隙大，有利于提高卷烟纸的透气度，但不利于卷烟纸的均匀性，而且透气度的波动性也大；添加的轻质 $CaCO_3$ 粒径小时对卷烟纸均匀性有利，但会堵塞卷烟纸的自然孔隙，不利于卷烟纸的抗张强度及透气度。有研究发现，添加轻质 $CaCO_3$ 的平均粒径在 $1.5\sim2.0\mu m$ 且粒径分布窄时对卷烟纸的均匀度影响最佳，可以降低高档卷烟纸透气度变异系数[16]。

　　根据 $CaCO_3$ 晶型的不同，还可以分为纺锤体、立体体、柱状体、针状络合体等。用作填料时，所用 $CaCO_3$ 的晶型对卷烟纸的品质也有重要影响。有针对 $CaCO_3$ 晶型、粒径范围及沉降速度对卷烟纸质量指标的影响的实验。研究发现，粒径在 $4.0\sim4.2\mu m$ 的纺锤体状轻质 $CaCO_3$ 用作卷烟纸填料时，卷烟纸的透气度和变异系数小，其他物理性能参数也能达到要求，但粒径小的轻质 $CaCO_3$ 的价格比重质 $CaCO_3$ 和粒径大的轻质 $CaCO_3$ 高[17,18]。相比其他晶体形状的 $CaCO_3$，纺锤体状 $CaCO_3$ 由几个至十几个粒子按一定方向结合而成，在卷烟纸中具有搭桥效应，形成空间立体结构，产生自然的孔隙，相比其他晶型的 $CaCO_3$ 更利于卷烟纸的透气度、白度及不透明度等（表7-1）[19]。另外，$CaCO_3$ 在卷烟纸中具有良好的分散性，纺锤形的链被打断时会形成价键连接，增加补强作用。因此，在实际生产卷烟纸用沉淀 $CaCO_3$ 过程中，要分析 $CaCO_3$ 粒子粒径大小，分散特性及结晶型态，对应的沉降体积是沉淀 $CaCO_3$ 的重要技术指标之一，能用来考虑对填充后产品的物理性质的影响。其中，沉淀体积值是以水为连续相，$CaCO_3$ 为分散相，分散均匀后，一定时间内每克样品所占有的体积即为沉降体积值大小，与 $CaCO_3$ 粒子粒径大小、分散特性及结晶型态相关。

表 7-1　轻质碳酸钙晶型对纸张性能的影响

| | 轻质碳酸钙结晶形状 | | | | | | | |
| | 纺锤体 | | | 针状络合体 | 立方体 | | 柱状体 | |
|---|---|---|---|---|---|---|---|---|
| 粒径/$\mu m$ | 0.15 | 0.30 | 0.50 | 2.50 | 0.15 | 0.30 | 0.1×0.8 | 0.25×2 |
| 定量/(g/m²) | 26.0 | 25.6 | 26.7 | 27.5 | 26.4 | 26.5 | 26.2 | 25.7 |
| W(灰分)/% | 18.9 | 18.3 | 18.8 | 18.5 | 18.7 | 18.8 | 18.1 | 18.4 |
| 不透明度/% | 85.5 | 85.3 | 82.5 | 82.1 | 84.3 | 85.2 | 85.7 | 87.5 |
| 白度/% | 87.5 | 87.5 | 89.5 | 87.5 | 87.3 | 87.0 | 89.5 | 90.0 |
| 抗张强度/(kN/m) | 1.22 | 1.23 | 1.18 | 1.17 | 1.17 | 1.10 | 1.20 | 1.10 |
| 透气度/[$\mu m$/(Pa·s)] | 0.53 | 0.51 | 0.76 | 0.34 | 0.36 | 0.34 | 0.17 | 0.63 |

### 7.1.4　涂布纸涂料用碳酸钙

涂布纸，例如印刷杂志、书籍等出版用纸和商标、包装、商品目录等印刷用纸，一般是经过在原纸上涂上一层涂料而生产的，这样纸张具有良好的光学性质及印刷性能。涂布纸正成为全球造纸界的热门产品。传统上，主要按照白度对涂布纸进行分类，分为等级 1~5（表 7-2）[20]。然而，这种分类方法在过去十几年间发生了重大变化。通过对涂布纸生产商的样品评测发现，为了保持产品的竞争力，特定等级的涂布纸白度越来越高，而不透明度越来越低，其主要原因是碱性原纸和涂料中 $CaCO_3$ 的用量均已增加。

表 7-2　涂布纸的传统分类

| 等级 | 用途 | 白度/% |
| --- | --- | --- |
| 特级 | 小册子 | >88 |
| No.1 | 年度报告 | 82~88 |
| No.2 | 昂贵的广告 | 78~82 |
| No.3 | 广告，高档杂志 | 76~82 |
| No.4 | 杂志 | 72~78 |
| No.5 | 登记簿，目录，杂志 | 68~72 |

注：白度（whiteness）表示物质表面白色的程度，以白色含有量的百分率表示。测定物质的白度通常以氧化镁为标准白度 100%。

涂布纸中的涂料基本是由颜料和胶黏剂组成的乳液及水溶性聚合物，其中除主要原料外，还加入了各种添加剂（见图 7-1[21]）。胶黏剂是使颜料粒子之间及涂料与原纸之间粘牢的必要成分，要有充分的流变性和稳定性。作为添加剂的有分散剂、消泡剂、湿润剂、防腐剂以及防水剂，这些是为了控制涂料的物理性能和改善涂布性能、涂布的适印性等。颜料的主要作用是提高印刷质量，涉及光泽性、平滑性、白度、覆盖性、吸油墨性等。一般采用无机的天然颜料（高岭土、$CaCO_3$、氧化钛），或采用合成颜料（轻质 $CaCO_3$）。提高白度是 $CaCO_3$ 的优点之一，$CaCO_3$ 天然具有偏蓝色调（蓝光和黄光是互补色，补充蓝色光可以防止泛黄增白），显白效果好，且易与增白剂结合。对于涂布纸填料 $CaCO_3$，

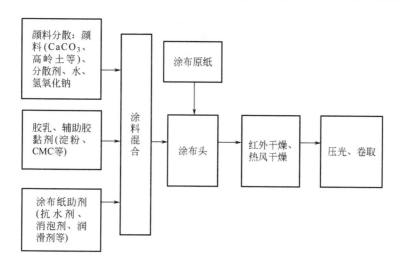

图 7-1　涂布加工纸的基本工艺流程图

当前的发展趋势是使用窄粒径分布的超细研磨 $CaCO_3$ 来提高光泽度，以及使用文石沉淀 $CaCO_3$ 改善涂层结构和光泽度。

$CaCO_3$ 矿源和加工工艺等不同，产品白度等不同。$CaCO_3$ 可分为以天然石灰石为原料，经粉碎后而成的重质 $CaCO_3$ 和用化学合成法制成的轻质 $CaCO_3$。重质 $CaCO_3$ 采用干法或湿法磨碎后，经分级制成粒径较粗、剪切黏度较低、浓度较高的涂料。近些年来，正在开发用湿法粉碎形成超微粒子的重质 $CaCO_3$，可用于光泽度要求高的、白度要求也高的纸种[22]。轻质 $CaCO_3$ 与重质 $CaCO_3$ 相比，有白度高、对油墨接受性好等优点，但由于流变性不好及价格较高，因而使用受到一定的限制[23]。现阶段的涂布 $CaCO_3$ 可分为预涂级与面涂级。当然也有针对光泽度或不透明度开发的产品。一般来说造纸用 $CaCO_3$ 的级别也是以 $2\mu m$ 的粒径来做指标。

二次其至三次涂布在逐渐盛行。二次涂布又称双层涂布，是指在原纸表面涂布后再次涂布。底涂指原纸上涂布第一层的过程，面涂则是在第一层之上的再次涂布。底涂都是为了覆盖原纸表面上的坑洼不平，以利于面涂，来提高涂布面的质量。底涂多采用价格便宜的重质 $CaCO_3$ 来降低成本。广义地说，除了表层与空气直接接触的层面外，第一道或内部的第二道都算预涂。预涂并不是直接显现的外观或功能，然而却可以给出面涂的最适合条件。通常预涂所起的作用是增进平滑度、细腻度与微粗糙度，因此 $60\%$ 粒径小于 $2\mu m$ 级别的细碳酸钙是最常用的预涂涂料。面涂是直接对纸张的应用性质、功能（对光泽度、平滑度、不透明度及印刷适性的种种要求）产生关键作用，一般成本较高。通常涂布 $CaCO_3$ 都是微细粒径，粒径 $90\%$ 以上小于 $2\mu m$，其至有 $98\%\sim100\%$ 都小于 $2\mu m$ 的产品。

**（1）$CaCO_3$ 涂布浆**

对于涂布 $CaCO_3$ 而言，较高的固含量是其较有利的应用条件。涂布级 $CaCO_3$ 与水混成泥浆状。泥浆状的 $CaCO_3$ 有很好的流变性，因此能在较高的固形物下进行涂布作业。这也是 $CaCO_3$ 被用在涂布的最初原因之一。根据 $CaCO_3$ 斜方晶系、各轴等长的特性，$CaCO_3$ 有使高剪切力黏度降低的倾向，因此其单一或组合的颜料能改善涂料的流变性。涂布 $CaCO_3$ 除干磨或需进口产品外，都是泥浆状。湿磨 $CaCO_3$ 可能有 $70\%\sim78\%$ 的固含量，即水分只占 $22\%\sim30\%$。沉淀型 $CaCO_3$ 则为 $70\%$ 的固含量，$30\%$ 水分。干粉 $CaCO_3$ 较瓷土疏水，通常水分含量在 $1\%$ 以下，干磨 $CaCO_3$ 在研磨完成后需要加水。$CaCO_3$ 粒子愈细，则黏度愈高。但是，$CaCO_3$ 的高剪切黏度很低，因此 $CaCO_3$ 可大量应用于高速刮刀式涂布机中。

理论上把沉淀型 $CaCO_3$ 置于水中，通常 pH 值会在 7 到 9.5 之间，且 $CaCO_3$ 解离形成缓冲溶液，其 pH 值也应在 9 左右，但若反应不完全，则熟石灰 $[Ca(OH)_2]$ 可能使 pH 值达到 12，会对其他不耐碱造纸化学品造成伤害。

**（2）涂布 $CaCO_3$ 的粒径**

涂布用 $CaCO_3$ 的粒径指标主要有 325 目筛余物、小于 $2\mu m$ 的比率、平均粒径、最大相对粒径及粒径分布等。通常，对于 325 目筛余物这一指标，在检验上较方便，为一般的验收标准。面涂使用的涂布 $CaCO_3$ 的筛余物要求在 $60\times10^{-6}$ 以下，愈低愈好。$2\mu m$ 的比率则是产品的指标，有 $98\%$ 其至 $100\%$ 小于 $2\mu m$ 的 $CaCO_3$ 产品。

在理论上，涂布 $CaCO_3$ 筛余物应是零才好，但因矿中有杂质，加上研磨的 $CaCO_3$，筒壁上干涸或延滞的情形，因此其测定值也稍有波动。对沉淀型 $CaCO_3$ 而言，杂质、反应时间及反应槽壁上的沉积也造成筛余物的升高。无论如何，筛余物高对品质有负面影响。目前，美国纸浆与造纸工业技术协会（TAPPI）规定的筛余物以 325 目为标准，即大于 $45\mu m$ 才会留在筛网上。通常标准要求在 $(40\sim 60)\times 10^{-6}$，但是优质的产品应在 $10\times 10^{-6}$ 以下。在需求较高的日本，工厂用 $20\times 10^{-6}$ 来测筛余物。

### （3）补充少量分散剂

只有完全分散才能保证涂布的正常操作与纸张的品质。$CaCO_3$ 的疏水性质与低表面自由能是其难分散的原因。不论湿磨型或沉淀型用于泥浆状涂布的 $CaCO_3$，通常在配成涂料时要补充少量分散剂，使 $CaCO_3$ 与其他颜料混合时效果更好。粉体涂布 $CaCO_3$ 则较不易分散，如喷雾干燥的粉体 $CaCO_3$ 需要高剪力与较高固含量（75%）分散，较瓷土更难分散。如只是干磨 $CaCO_3$，则分散剂量要加得更多。

### （4）磨耗

磨耗值往往成为现代高速纸机和涂布设备的首要考虑因素，也是高品质 $CaCO_3$ 的重要指标。一般来说，车速大于 $500m/min$ 的设备均对磨耗值有要求。随车速的提高，磨耗值要求更严格。干法加工的重质 $CaCO_3$，同等粒径时的产品一般磨耗值高于湿法加工产品。标准细度的重质 $CaCO_3$ 因形态上有棱角，一般高于同等细度的轻质 $CaCO_3$。现代湿磨技术生产的超细重质 $CaCO_3$ 产品，能达到与轻质 $CaCO_3$ 有相近的磨耗度。

### （5）$CaCO_3$ 形貌

片状 $CaCO_3$ 粉体添加至涂料中，可显著提高其流动性与分散性[3]。由于在涂布时产生的剪切力，会使片状 $CaCO_3$ 有平向沉积在纸表面的趋势，使纸张表面的光泽度和平滑度提高，从而提高纸的质量。

优质片状 $CaCO_3$ 生产中，有采用有机磷化物作控制剂的，也有采用硼化物作控制剂的[24]。由于有机磷价格昂贵，且毒性大，不宜采用。科研人员发现，采用一种有机酸作为控制剂也能制备片状 $CaCO_3$[25]，且改变片状 $CaCO_3$ 的用量得出三种涂布颜料配方（表7-3）。涂布试验表明，在片状 $CaCO_3$ 含量较高及分散良好的情况下，有助于纸张平滑度的提高；另外，片状 $CaCO_3$ 在纸张中形成大量的缝隙和微小空间，片状 $CaCO_3$ 粒径小，比表面积大，纸张透气度、油墨吸收性明显提高。

**表 7-3　三种含片状碳酸钙的涂布颜料配方、性能和涂布纸性能[25]**

| | 项目 | 1♯配方 | 2♯配方 | 3♯配方 |
|---|---|---|---|---|
| 组分 | 片状碳酸钙 | 30 | 50 | 70 |
| | 瓷土 | 70 | 50 | 30 |
| | SBR 胶乳 | 12 | 12 | 12 |
| | CMC | 0.5 | 0.5 | 0.5 |
| | 消泡剂 | 0.05 | 0.05 | 0.05 |
| | 抗水剂 | 0.5 | 0.5 | 0.5 |
| | 润滑剂 | 1 | 1 | 1 |
| | 固含量/% | 59.4 | 61.0 | 60.4 |

| 项目 | 1♯配方 | 2♯配方 | 3♯配方 |
|---|---|---|---|
| pH 值 | 9.1 | 9.3 | 8.7 |
| 涂布量/(g/m²) | 20.5 | 20.1 | 19.4 |
| 平滑度/s | 686 | 772 | 812 |
| 白度(ISO)/% | 79.1 | 80.7 | 82.3 |
| 透气度/[μm/(Pa·s)] | 8 | 12 | 20 |
| 光泽度/% | 68.0 | 73.6 | 65.4 |
| 油墨吸收性/% | 33.3 | 41.2 | 49.4 |
| 拉毛强度/(m/s) | 1.9 | 2.5 | 3.2 |

### (6) 涂布纸涂料

铜版纸 (art paper),即印刷涂布纸,是原纸涂布白色涂料后生产的纸面非常光洁平整、平滑度高、光泽度好的高级印刷纸。有研究提出,对于低亮度 (22%) 原纸,纸张产品的亮度随着底涂层中研磨 $CaCO_3$/高岭土比例增加而降低;而相反,对于中高亮度 (65.6%~84%) 原纸,纸张产品的亮度随着底涂层中研磨 $CaCO_3$/高岭土比例增加而升高[26]。纸张的亮度随着面涂层中研磨 $CaCO_3$/高岭土比例有类似的变化趋势。但是,面涂层颜料配比改变对成纸亮度的影响要比底涂层颜料配比的改变对成纸亮度的影响更大。这主要是由于研磨 $CaCO_3$ 自身的亮度要高于高岭土,而研磨 $CaCO_3$ 的光散射系数却比高岭土低。此外,有研究人员采用小粒径丁苯胶乳代替常规丁苯胶乳,面涂涂料使用无高岭土的全重质 $CaCO_3$ 配方,可以降低生产成本,提高涂料固含量,改善了涂料的流变性,与传统含高岭土面料涂料进行对比,使铜版纸涂布光泽度、压光光泽度和印刷光泽度得到了提升[27]。另外,在铜版纸印刷适性方面,全重质 $CaCO_3$ 的配方使得表面强度提高,油墨干燥速度快,印刷发花现象得到改善,更适应现代高速印刷的质量要求。有发明提出制备和利用 $CaCO_3$ 包覆二氧化硅加入纸张涂布液作为印刷铜版纸的吸墨介质材料[28],相应的铜版纸解决了传统印刷铜版纸存在的吸墨能力差的缺陷,发挥了 $CaCO_3$ 包覆二氧化硅吸墨介质材料较佳的黏性和稳定性,避免了高速印刷过程中出现的渗色、斑驳的问题,板面光滑,印刷品光洁度好。具体制作方法为:量取 40~50mL 无水乙醇,10~20mL 质量分数为 10% 的盐酸溶液,100~120mL 去离子水,20~30g 氯化钙,装入分散机中,以 300~400r/min 的转速搅拌 15~20min 后,将 30~40g 纳米二氧化硅分 2~3 次等量加入分散机中,并以 5000~6000r/min 的转速搅拌 30~50min,再加入 1.5~3.0g 硅烷偶联剂 KH-560,继续高速搅拌 30~50min,随后用 400 目滤布过滤,收集滤液即得改性分散液。向此改性分散液中以 1L/min 的速率持续通入 $CO_2$ 气体至无沉淀产生,静置 10~12h 后,用 200 目滤布过滤,收集滤渣,洗涤、干燥后得 $CaCO_3$ 包覆二氧化硅吸墨介质材料;称取 40~50g $CaCO_3$ 包覆二氧化硅吸墨介质材料,与 100~150mL 去离子水装入高速分散机中,以 6000~8000r/min 的转速搅拌 1~2h,加入 20~30g 聚乙烯醇 PVA-23、1~2g 羧甲基纤维素、40~50mL 羧基丁苯胶乳,继续高速搅拌 1~2h,随后用质量分数为 5% 的 NaOH 溶液调节 pH 值为 8.0~9.0,得纸张涂布液。用钢丝刮棒将纸张涂布液以 20~

$25g/m^2$ 的涂布量对原纸进行单面二次涂布、干燥、压光，制成高速喷墨印刷机用铜版纸。另外有发明提出的一种高松厚度铜版纸的制造方法中采用了下列配方（各组分以质量计）[29]：巴西瓷土 30 份，美国瓷土 30 份，重质 $CaCO_3$（GCC）40 份，胶乳 10～12 份，淀粉 3～5 份，荧光增白剂（OBA）2～3 份，羧甲基纤维素（CMC）0.1～0.2 份，涂料固含量 65%～67%。该配方用于高松厚度铜版纸涂布并采用软压光工艺，在一定的厚度要求下可以降低纸张定量，减少纤维用量，从而能节约成本。

### 7.1.5　纸品中与碳酸钙有关的性能和检测方法

纸张的性能指标主要包括外观和物理性能两大类。下面主要简要介绍一些与 $CaCO_3$ 有关的性能和检测方法。

#### （1）纸的外观

纸的外观是决定纸张质量的重要因素，它不仅影响纸的美观，某些外观缺陷还会影响纸的使用。$CaCO_3$ 填料的合理使用可以使纸张质地均一，外观没有明显疵点。

根据进出口纸和纸板检验规程（SN/T 0874—2010）[30] 规定，对纸的的检测可采用下列方法：①透射光检验。将纸张迎着光源照看或放在装有日光灯的玻璃台上照看，光线透过纸页检视纸的匀度、孔眼及半透光点等。②镜面发射光检验。将纸放在桌子上，在室内光线充足的条件下进行检查，眼睛距离纸面 35cm 左右，目光正对着纸面，检查是否有折子、皱纹、斑点、尘埃等。③反射光检验。将纸置于斜面上或用双手把纸的一面提高些，借反射光从不同角度检查各种条痕和纸面起毛等。④手感检验。用手摸纸面，检查如硬质块、浆疙瘩和白沙子等颜色和纸面一致、视检不易发现的纸病。

#### （2）纸的撕裂度

纸张撕裂度，是指在规定条件下，将预先切口的纸（或纸板）撕至一定长度所需力的平均值。$CaCO_3$ 填料的加入不仅可以保持纸张的白度，而且可以增加纸的撕裂度[31]。纸撕裂度的测定（GB/T 455—2002）[32] 可用如下方法：切取试样纸张大小为 $(75\pm2)$mm×$(63\pm0.5)$mm，要求按纵向和横向分别切取试样，如纸纵向与样品长向平行，则进行横向实验，反之则进行纵向试验，每个方向最少做五次有效的实验。撕裂度按下式计算：

$$a = \frac{SP}{n}$$

式中，$a$ 为撕裂度，mN；$S$ 为在试验方向上的平均刻度读数；$P$ 为换算因数，即刻度的设计层数；$n$ 为同时撕裂试样的层数。

通常，纸张撕裂度用埃莱门多夫法撕裂强度仪检测。埃莱门多夫撕裂法是指在规定加荷条件下使薄而软的片材或薄膜试样切出规定的裂口，测定其扩展规定长度所需的力。

#### （3）卷烟纸中 $CaCO_3$ 填料的检测方法

对卷烟纸中填料的检测方法有煅烧法[33]、电位滴定法[34] 及络合滴定法[35]。煅烧法以经高温煅烧后的产物占纸样的质量分数表示纸的灰分含量。但由于卷烟纸中除了 C、H、O、Ca 元素外，还有植物中常含有的各种矿质元素（如 K、Mg、Na、Si 等），这些对测定结果都有影响。电位滴定法根据酸碱滴定原理测定卷烟纸中的灰分含量，但纸中除 $CaCO_3$ 外可能还含有其他可溶于酸的物质（如 MgO 等），这使得电位滴定法测得的灰分数据产生误差。络合滴定法可以通过遮蔽剂消除其他高价金属离子的影响，因此采用络合滴定法定量测定卷烟纸中的 $CaCO_3$ 含量具有更高的准确性。

① 煅烧法。将空坩埚放入高温炉内，在 900℃ 条件下灼烧 30min，取出后在空气中自然降温 5min，然后放在干燥器中冷却至室温，称量空坩埚的质量 $m_1$。取 1～1.5g 卷烟纸于已称量的坩埚中，称量卷烟纸及坩埚总重 $m_2$。将装有卷烟纸的坩埚移入 900℃ 高温炉中，分别按以下程序进行煅烧。a. 25℃ 经 4h 升至 900℃，在 900℃ 下保持 1h；b. 25℃ 经 4h 升至 900℃，在 900℃ 下保持 2h；c. 25℃ 经 4h 升至 900℃，在 900℃ 下保持 3h；d. 25℃ 经 4h 升至 900℃，在 900℃ 下保持 2h，900℃ 经 30min 升至 1000℃，在 1000℃ 下保持 1h。重复 3～4 次。按下式计算灰分含量：

$$灰分含量 = \frac{m_3 - m_1}{m_2 - m_1} \times 100\%$$

式中，$m_3$ 为煅烧后物料和坩埚的总重。

② 电位滴定法测定卷烟纸中的 $CaCO_3$ 含量。取质量为 $m_1$（g）的卷烟纸，边搅拌边加入过量的浓度为 $c_1$（mol/L）的盐酸 $V_1$（mL）。反应完全后，在自动电位滴定仪上，以浓度为 $c_2$（mol/L）的 NaOH 溶液进行滴定，取 pH=4.5 处为滴定终点，此时消耗 NaOH 溶液为 $V_2$（mL）。按下式计算卷烟纸中 $CaCO_3$ 含量。

$$灰分含量 = \frac{(V_1 c_1 - V_2 c_2) \times 5 \times 10^{-2}}{m_1} \times 100\%$$

③ 络合滴定法测定卷烟纸中的 $CaCO_3$ 含量。取质量为 $m$ 的卷烟纸，边搅拌边向其中加入适量盐酸溶解纸中的 $CaCO_3$。反应完全后，加入 2～3 滴三乙醇胺，以浓度为 $c$ 的 $EDTANa_2$ 为滴定液，选用钙指示剂，在 pH=12.0 条件下测卷烟纸中钙离子的含量，滴定终点消耗 $EDTANa_2$ 的体积为 $V_c$。按下式卷烟纸中 $CaCO_3$ 含量。

$$灰分含量 = \frac{V_c \times 10^{-1}}{m} \times 100\%$$

其中煅烧法以经高温煅烧后的产物占纸样的质量分数表示纸的灰分含量。但由于卷烟纸中除了 C、H、O、Ca 元素外，还有植物中常含有的各种矿质元素（如 Mg、Na、Si 等），这使得煅烧法测得的灰分数据相比正常数据有所偏差。电位滴定法根据酸碱滴定原理测定卷烟纸中的灰分含量，但纸中除 $CaCO_3$ 外可能还含有其他可溶于酸的物质（如 MgO 等），这使得电位滴定法测得的灰分数据产生误差。

三种方法所得数据均具有较高的稳定性。但煅烧法无法消除 K、Na、Mg 等无机化合物对测定结果的影响，电位滴定法难以克服卷烟纸中其他金属氧化物和碳酸盐带来的影响，而络合滴定法可以通过遮蔽剂消除其他高价金属离子的影响，因此采用络合滴定法定量测定卷烟纸中的 $CaCO_3$ 含量具有更高的准确性。

**(4) $CaCO_3$ 的磨耗值**

磨耗值是现代高速纸机和涂布设备需要考虑的重要因素之一，也是高品质 $CaCO_3$ 的重要指标。高速涂布试验中，金属磨头在一定浓度的 $CaCO_3$ 分散体中与铜网反复平磨 2000 次，铜网磨后质量损失的毫克数即为 $CaCO_3$ 的磨耗值。一般来说，车速大于 500m/min 的设备均对磨耗值有要求。随车速的提高，磨耗值要求也更严格。国际上认可的磨耗值测定仪器为 Einlehner 磨耗仪。

### （5）CaCO₃ 的沉降体积值

碳酸钙的沉降体积值反映产品结晶粒子大小、粒度分布和结晶形态等差异[36]。沉降体积值以水为连续相，$CaCO_3$ 为分散相，分散均匀后，一定时间内每克样品所占有的体积即为沉降体积值大小。根据碳酸钙分析方法国家标准（GB/T 19281—2014）[37]，称取约 10g 试样，精确至 0.01g，置于盛有 30mL 水的带磨口塞的刻度量筒中，加水至刻度，上下振摇 3min（100～110 次/min），在室温下静置 3h，记录沉降物所占的体积。沉降体积以 $p$ 计，数值以每克沉降物所占体积表示，按下式计算沉降体积：

$$p = \frac{V}{m}$$

式中，$V$ 为沉降物所占体积的数值，mL；$m$ 为试料的质量，g。

# 7.2　碳酸钙与油墨

## 7.2.1　油墨用碳酸钙概况

### （1）油墨概述

印刷用油墨是由色料、连接料、助剂等材料均匀混合而成的浆状胶体，是一个多相分散体系。连接料俗称调墨油，主要成分为油类植物油和矿物油、树脂类及溶剂等；色料赋予印品丰富多彩的色调；填料赋予油墨适当的性质，使得油墨满足各种印刷过程的印刷适应性。显然，连接料是油墨质量好坏的基础，它在油墨中的作用：①颜料的载体及分散剂；②决定油墨的墨性；③赋予油墨一定的光泽、耐摩擦性、耐各种溶剂性，以及一定的耐冲击性等物理性能；④决定油墨的干燥类型和干燥速度。连接料在把颜料按需转印到承印物后，为使颜料稳定牢固地固着在承印物上，在借助外界的热、光能量的作用或溶剂的去除作用下，连接料发生由小分子到大分子的固化交联反应，包括聚合作用、氧化作用、缩合作用、异构化作用、酯化及酯交联作用。

### （2）油墨的颜料

油墨中使用的有色材料多数是颜料，也有用一些染料。颜料是油墨中的着色剂，是表现油墨颜色的主要原料。颜料一般不溶于水，也不溶于连接料，在溶剂中大部分呈悬浮状态。染料一般在介质中呈分子状态，即在连接料中是可溶的真溶液，能使物体全部着色。

油墨中使用的颜料颗粒是分子的聚集体，众多的颜料颗粒形成了宏观上可见的粉末状颜料。一般颜料粒子直径在几百纳米到几十微米的范围内。由于颗粒细小，组成的体系具有高比表面积，存在着相当可观的表面自由能。从热力学角度来看，系统是不稳定的，颗粒具有彼此聚集的趋势。

在油墨体系中，介质材料与颜料颗粒之间的相互作用十分重要。颜料分散的程度、与连接料结合的状态将对油墨的色彩、流变性能及贮存稳定性有很大影响。颜料颗粒分散于连接料中呈颗粒状态，成为悬浮体。颗粒的表面特性影响着颜料在连接料中的分散。由于颜料的表面特性，导致系统不稳定，因此表现为颜料和连接料不亲和。在这种情形下可以应用表面活性剂，以改变固液的润湿性质，提高油墨中颜料和连接料的亲和性。

### (3) 油墨的 $CaCO_3$ 填料

颜料的种类很多，分类方法也很多。一般可分为无机颜料、有机颜料和填料。填料是一种能均匀分散在连接料中的白色粉状物，其在油墨中的用量根据油墨颜料的用量、墨性要求来调节，能降低油墨成本、调节油墨的墨性等。油墨中使用的 $CaCO_3$ 填料一般是轻质 $CaCO_3$，其颗粒可以做到很小，能达到胶体粒子的范围，故有时也称之为胶质 $CaCO_3$，具有良好的透明度和光泽性。在油墨中按一定比例加入胶质 $CaCO_3$ 进行调配，能很好地改善油墨的流动性、光泽度、透明度等，而且一般不会产生不良的印刷故障。

① $CaCO_3$ 细度。细度是反映 $CaCO_3$ 及其他颜料的研磨程度和分散状况的指标。$CaCO_3$ 的粒径对油墨的光泽度和透明度均有重大影响。粒子越大，$CaCO_3$ 在油墨中分散得越不"均匀"，光泽度越差。粒子越大，遮盖力越强，透明度越差，油墨的套印性能越不理想。在油墨中一般需要添加纳米级 $CaCO_3$ 作为填充料。有关试验研究表明[38]，初级粒子直径在 $20\sim60nm$ 之间的 $CaCO_3$ 经表面处理后，应用于油墨具有较高的屈服值，能形成一定强度的胶质结构，可控制油墨渗入纸张纤维中，从而使较多的树脂留在纸张表面，所形成的墨膜光泽度高，透明性好。$CaCO_3$ 的粒径越大，油墨的黏度就越小。$CaCO_3$ 的粒径越小，油墨的黏度就越大。粒径为 $20\sim60nm$ 是高档油墨用 $CaCO_3$ 必须具备的基本条件。

② $CaCO_3$ 晶型。针对油墨用胶质轻质 $CaCO_3$ 的需要，还可以按需控制晶型以匹配或改善油墨性能。例如，立方形和球形的 $CaCO_3$ 粒子经表面处理后，应用于油墨中，具有较好的光泽；针状、柱状、链状、纺锤体状的轻质 $CaCO_3$ 由于存在锐边、尖端或长径比较大，在油墨中分散的"均匀"程度很差，极易造成墨膜发花，甚至粉化。立方形或球形也是高档油墨用 $CaCO_3$ 必须具备的条件。

③ $CaCO_3$ 透明度。透明度与粒径、晶型、产品的分散性等有关。一般粒径越小、透明度越好。油墨用 $CaCO_3$ 一般选择透明度不是最大的那一种，有较好的印刷适应性。选择的方法是将 $CaCO_3$ 与一定比例的调墨油研磨后，得到的膏状物不带灰色为宜。

④ 分散性。$CaCO_3$ 应尽可能不含机械杂质，盐酸不溶物含量应越低越好，而且要分散良好。油墨黏度与纳米 $CaCO_3$ 的用量、分散性和粒径有关[39]。$CaCO_3$ 在连接料中的分散性越好，油墨的黏度就越小。$CaCO_3$ 在连接料中分散性越差，油墨黏度越大。

⑤ $CaCO_3$ 填充量。对于同一种连接料而言，填充量越多，制成的油墨黏度越大；一般的 $CaCO_3$ 在油墨中的填充量为 $3\%\sim10\%$，并要求具有良好的分散性。

⑥ 油墨的流动度。油墨的流动度也与 $CaCO_3$ 的晶型、粒径等有关。油墨的流动度是黏度的倒数，表示油墨的稀稠度。一般粒径越大，流动度越大；粒径越小，流动度就越小。立方形或球形晶型一般表现出较大的流动度，而链状晶型通常表现出较小的流动度。

⑦ 油墨的光泽度。光泽度是大多数油墨的一项主要的特性指标。影响油墨光泽度的因素很多，但 $CaCO_3$ 粒径分布对光泽度的影响较大，一般以立方形和球形为主。链状或棒状 $CaCO_3$ 在油墨中填充，导致油墨涂层表面凹凸不平，使光线发生散射，只适用于消光型油墨的填充。

⑧ $CaCO_3$ 白度。用于油墨的 $CaCO_3$ 白度一般应大于 $80\%$，但也不必太高，白度太

高将影响其他颜料的遮盖力。

### 7.2.2　平版油墨用碳酸钙

平版油墨是适用于平版印刷方式的各种油墨的总称。平版印刷的版面各部分基本上处于一个平面，图纹处亲油，非图纹处亲水，利用油水相斥的原理进行印刷，故平版油墨必须具备抗水性能。在生产平版油墨时，为了调整油墨的流动性、黏度以及提高油墨的印刷适应性，通常需要采用 $CaCO_3$、黏土矿物、二氧化硅等无机颜料。相对而言，由于采用 $CaCO_3$ 更为经济，因此增大 $CaCO_3$ 的用量可以降低油墨的成本。但是，一方面，$CaCO_3$ 与颜料连接料混合后成为冲淡墨，在其加工研磨工序时，需要增加研磨次数才能将冲淡墨的细度控制在合格范围内，从而耗能和耗时，造成油墨生产效率低、成本高。另一方面，增大 $CaCO_3$ 的添加量时，会使油墨的光泽度、流动性等下降，实际印刷时容易出现糊版、堆墨等问题。平版油墨中要大量添加 $CaCO_3$ 尚很困难，应研究和开发更适应的 $CaCO_3$ 新产品。

一步捏合法可以生产含有 $CaCO_3$ 的平版油墨[40]，其步骤为：将 $CaCO_3$ 滤饼 15%～30%、着色颜料 10%～30% 和颜料连接料 20%～40% 分别加入捏合机或搅拌机中进行混合搅拌，搅拌时间为 20～30min，捏合温度为 50～80℃。然后静置一段时间使油水分离，将捏合机倾斜把上层的水倒出来。对捏合机进行抽真空，抽真空温度为 80～120℃、真空度为 0.06～0.1MPa，进一步挤出残留的水分。向捏合机中加入颜料连接料 30%～50%，并充分搅拌混合，搅拌时间为 60～120min、搅拌温度为 70～90℃，获得油墨混合物。将所述油墨混合物放入三辊机中进行研磨，研磨温度为 40～60℃，研磨至细度小于 7.5μm 后，获得混合基墨；再将此混合基墨 40%～80%、颜料连接料 10%～60%、抗摩擦助剂 0.5%～4% 和调墨油 2%～6%（组分比，质量分数）加入搅拌机内混合均匀，控制搅拌时间为 20～30min，搅拌温度为 40～60℃，获得平版油墨，调整油墨性状后装罐。其中，$CaCO_3$ 滤饼为经过脂肪酸或树脂酸处理的含水量为 30%～60% 的 $CaCO_3$ 滤饼。颜料连接料均由下列原料组成（质量分数）：树脂 30%～60%、矿物油 15%～30%、植物油 20%～40%、凝胶剂 0.5%～30%。

对 $CaCO_3$ 进行表面改性，改变固液的润湿性质，可提高其在油墨中和连接料的亲和性。例如，陈昕雄等[41] 发明了一种高浓度 $CaCO_3$ 平版油墨，其组成为 20%～40% $CaCO_3$ 冲淡墨、30%～50% 油墨基墨、10%～30% 松香改性酚醛树脂、1.5%～4% 抗摩擦助剂和 2%～6% 的油墨油。其中，$CaCO_3$ 冲淡墨的 $CaCO_3$ 含量可提高到 30%～45%，因为其制备方法中将 $CaCO_3$ 和松香改性酚醛树脂加入搅拌机中在 60℃ 进行混合搅拌，搅拌时间为 25min，然后将混合物用三辊研磨机在 60℃ 进行研磨以获得 $CaCO_3$ 冲淡墨。然后再将此 $CaCO_3$ 冲淡墨和预先制备的油墨基墨、颜料连接料、抗摩擦助剂和油墨油按照特定配方量加入搅拌机内，搅拌混合获得高浓度 $CaCO_3$ 的平版油墨。还发明了一种 $CaCO_3$ 含量高达 52%～55% 的平版油墨[42]，其组成按质量分数计为：$CaCO_3$ 52%～55%、油墨基墨 35%～45%、增滑剂 1.0%～1.2%、油墨油 1.2%～3%、颜料连接料 2%～15%、稀释剂 1%～3%。

目前市面上的胶印油墨具有一定刺激性气味，不符合环保的理念。徐乐高等[43] 利用碳酸钙作为标准填料发明了一种环保型平板胶印油墨，具体配方如下：胶体 35～45 份；石油树脂 15～30 份；十六酸甲酯 4～6 份；松香酯 3～5 份；颜料 15～20 份；防尘剂 1～3 份；抗氧化剂 1～3 份；丁醇 1～2 份；调墨油 6～8 份；消泡剂 1～2 份；标准填料 10～20 份；环保填料 15～40 份。这种环保型平版油墨的气味相对其他油墨明显降低。

### 7.2.3　凸版油墨用碳酸钙

凸版印刷时印刷版面着墨部分凸出于非着墨部分。凸版油墨即凸版印刷用的油墨。$CaCO_3$ 在凸版印刷油墨中多为填充剂作用。例如，在一种改良的凸印油墨发明中[44]，所用成分中就有 $CaCO_3$，具体配方为乙二醇 5.5 份、对苯二胺 6.5 份、硝化棉树脂 7 份、羧酸 2.6 份、色素炭黑 6 份、无水乙醇 10 份、聚乙烯醇缩丁醛树脂 17.5 份、白炭黑 6.5 份、吐温 8.5 份、聚环氧琥珀酸 8 份、聚乙烯微晶蜡 7 份、超细聚酰亚胺树脂 11 份、偶氮二异丁腈 7 份、$CaCO_3$ 5 份、桐油 2 份。碳酸钙和配方中其他材料毒性小的特性使得所制得的凸版油墨基本对人体和环境无害，同时印刷效果好、清晰度高，还能防止褪色。

还有科研人员发明创造了一种磁性凸印油墨[45]，其组成为 70% 的磁性颜料、2% 的 $CaCO_3$、5% 的由松香改性的壬基酚与甲醛缩合的松香改性酚醛树脂、5% 的由松香改性的苯酚与甲醛缩合的松香改性酚醛树脂、5% 的亚麻仁油、10% 的桐油、2% 的矿物油、0.5% 的具有表面氧化干燥功能和内部干燥功能的有机酸钴盐或有机酸锰盐、0.5% 的具有络合干燥功能的有机酸锆盐。制得的磁性凸版油墨在防涂改材质纸上具有印刷效果好、机读质量高等优点，可用于磁性油墨字符识别号码印刷和磁性防伪印刷等场景。

目前在有色涂炭复写纸和包装印刷品上印刷往往需要将固体状的涂炭的墨加热后使用，操作复杂，而且加热可能使油墨中有毒物质挥发，造成环境污染。杜金鹏等[46] 用碳酸钙作为填料发明了一种冷涂炭油墨，其配方如下：不干树脂 30～40 份；高黏度油 30～35 份；胶印树脂 5～15 份；颜料 10～15 份；填料 15～20 份；助剂 10～15 份。这种冷涂炭油墨可以像普通胶印油墨一样使用，不需要在使用前加热，这不仅提高了使用便利性，而且可以避免加热导致的油墨中的有毒物质挥发污染环境。

### 7.2.4　油墨用碳酸钙有关的性能和检测方法

#### (1) 油墨细度

油墨的细度表示油墨中颜料（包括填充料 $CaCO_3$）颗粒的大小与颜料颗粒分布在连接料中的均匀度（表示油墨颜料颗粒的最大直径的分布范围）。将油墨稀释后，用刮板细度剂测定颗粒研细程度及分散状况，记为油墨细度，以 $\mu m$ 表示。测试方法如下：

①　取墨。用吸墨管或调墨刀取一定量的受试油墨（例如 0.5mL）于玻璃板上。

②　加调墨油调节油墨流动度，根据流动度的大小用注射器加入 6 号调墨油进行稀释。稀释范围：流动度在 24mm 以下加 18 滴（或以每滴 0.02mL 计算，加上 0.36mL），流动度在 25～35mm 加 14 滴（或加 0.28mL），流动度在 36～45mm 加 10 滴（或加 0.20mL），流动度在 46mm 以上不加油。

③　刮墨。用调墨刀把油墨油与试样油墨充分调合均匀，挑取已稀释均匀的油墨，置于刮板细度仪凹槽深度约 50$\mu m$ 处，将刮刀垂直横置于细度仪凹槽处的油墨之上，刮刀保

持垂直，双手均匀用力自上而下徐徐刮至零点处停止，使油墨充满刮板细度仪凹槽。

④ 细度观测。刮好后即将细度仪表面以 30°角斜对光源。用 5～10 倍放大镜检视颗粒密集点数值（在一个刻度范围内超过 15 个颗粒的算深刻度数值，不超过 15 个颗粒的算浅刻度数值）。

**（2）油墨黏着性和飞墨**

油墨黏着性是油墨涂层在分离时产生的抵抗的力。黏性仪在旋转的情况下测试阻止油墨薄层分离或被扯开的阻力力矩，用力臂的大小表示，仪器只给出这个力的相对大小，故没有量纲，单位为 1，以数字表示之。

油墨飞墨是观察在印刷时油墨脱离墨辊的离散情况。实验测定油墨飞墨是利用黏着性仪运转时，油墨层分裂，墨滴飞离墨辊进入空气中，观察油墨黏性仪横梁上白纸的粘墨情况。

这两种油墨性能均可采用油墨黏着性测试仪测定。

**（3）油墨颜色**

油墨颜色测定方法如下：用调墨刀取标样及试样各约 5g，置于玻璃板上，分别将其调匀；用调墨刀取样约 0.5g 涂于刮样纸的左上方，再取试样约 0.5g 涂于刮样纸的右上方，两者应相邻不相连；将刮片置于涂好的油墨样品上方，使刮片主体部分与刮样纸呈 90°。用力自上而下将油墨于刮样纸上刮成薄层，至黑色横道下 15mm 处时，减少用力。使刮片内侧角度近似 25°，使油墨在纸上涂成较厚的墨层。刮样纸上的油墨薄层称为面色；刮样纸下部的油墨进取层称为墨色；刮样纸上的油墨薄层对光透视称为底色。油墨颜色检验完毕，将玻璃纸覆盖在厚墨层上。

# 7.3　碳酸钙与催化剂

## 7.3.1　生物柴油生产用钙基催化剂

生物柴油是指植物油（如菜籽油、大豆油、花生油、玉米油、棉籽油等）、动物油（如鱼油、猪油、牛油、羊油等）、废弃油脂或微生物油脂与甲醇或乙醇经酯交换反应而形成的脂肪酸甲酯或脂肪酸乙酯，其中酯交换反应可以通过多相或均相酸碱催化法、酶催化法和超临界法来实现。超临界法的优点是反应迅速，不需要催化剂，油脂转化率高，但需要在高温高压下完成，对反应设备要求高，生产成本高。酶催化法虽然反应条件温和，脂肪酶选择性好，催化活性高，但寻找高效的酶也不易，若重复使用问题解决不好也导致成本高。酸碱催化法能克服上述制备方法中的成本问题。均相酸碱催化法对设备腐蚀性强，后续的分离过程复杂，产生大量的废酸、废碱，对环境污染严重。非均相酸碱催化法可以较好地解决催化剂与产物分离的问题，同时能减少环境污染，实现催化剂的循环使用。

**（1）CaO 及表面改性的固体碱催化剂**

已经有研究发现，对于催化大豆油和甲醇酯反应制备生物柴油的酯交换反应，$CaCO_3$

几乎无催化活性，Ca(OH)$_2$ 催化活性较一般，CaO 则表现出较高的催化活性[47]。其原因可能是 CaO 易于和甲醇反应生成催化活性更高的甲氧基钙。轻质 CaCO$_3$ 在焙烧温度低、时间短的条件下难以完全分解形成 CaO，影响催化活性；随着温度的升高，时间的延长，分解趋于完全，有效催化成分增多，催化活性就高。由于 CaO 极易受到空气中水和 CO$_2$ 的侵蚀而失活，因此有研究人员提出以溴代正丁烷的甲醇溶液为表面改性剂对 CaO 进行表面改性[48]。改性后催化剂吸湿率明显降低。增加改性剂用量能够促进 CaO 表面疏水层的形成，使其表面具有良好的疏水性，从而减少催化剂制备过程中少量水对 CaO 表面造成的毒化，提高 CaO 固体超强碱的稳定性。但随着改性剂用量增加，吸湿率会重新增大，因为过多的改性剂会造成大量溴化钙生成，这类物质均属于强吸水性物质，导致 CaO 吸湿率增加。

任立国等[49] 用鸭蛋壳为原料制备了一种用于生物柴油生产的氧化钙固体碱催化剂。催化剂制备方法如下：用去离子水浸泡鸭蛋壳 24h，剧烈搅拌除去表面的有机物，在 110℃下干燥 24h，粉碎至 100 目筛以下，在 700～1000℃下焙烧 4h。反应结果表明，900℃下焙烧的鸭蛋壳制备的氧化钙固体碱催化剂催化性能最佳，在反应温度 90℃、甲醇与大豆油摩尔比 9∶1、催化剂用量 3%、正庚烷用量 30% 和反应时间 4h 条件下，生物柴油收率可达 99.1%。重复使用 12 次后，生物柴油收率仍然可达 97%，重复使用性好。

### (2) CaO 负载型固体碱催化剂

姜利寒等[50] 研究了负载型固体碱催化剂（CaO/SiO$_2$、CaO/Al$_2$O$_3$ 和 CaO/MgO 体系）在生物柴油制备中的不同反应特点。作者以 Ca(Ac)$_2$ 为前驱体，采用等体积浸渍法制备了不同酸碱特性氧化物（SiO$_2$、Al$_2$O$_3$、MgO）作为载体的催化剂。表征导电性能的禁带宽度及表征酸碱性能的电子亲和力的大小，决定着金属和载体间相互作用效应的大小。MgO 为一较强的碱性载体；Al$_2$O$_3$ 的表面以酸为主，同时具有碱中心；SiO$_2$ 的酸性和碱性均极弱。所以载体对活性组分作用的强弱顺序为：MgO＞Al$_2$O$_3$＞SiO$_2$。CaO/Al$_2$O$_3$ 和 CaO/MgO 系列催化剂具有一定的抗酸和抗水能力，具有更宽松的原料适应能力。

郭伟等[51] 以不同前驱体为原料，通过高温煅烧得到负载型固体碱催化剂（CaO/Al$_2$O$_3$）。采用等体积浸渍的方法，将 Al$_2$O$_3$ 分别浸渍于不同浓度的 Ca(NO$_3$)$_2$、Ca(Ac)$_2$ 和 CaCl$_2$ 水溶液中搅拌 1h，然后将按反应摩尔比配制的 Na$_2$CO$_3$ 水溶液倒入浸渍有 CaCl$_2$ 的 Al$_2$O$_3$ 中继续搅拌 1h，陈化 4h 后过滤，将负载有 Ca(NO$_3$)$_2$、Ca(Ac)$_2$ 和 CaCO$_3$ 的 Al$_2$O$_3$ 在 90℃环境下烘干 12h 后在不同温度下煅烧，制得不同前驱体的 CaO/Al$_2$O$_3$ 固体碱催化剂。Ca(Ac)$_2$ 溶液浸渍的催化剂以及用 CaCl$_2$ 和 Na$_2$CO$_3$ 浸渍反应制备的 CaO 负载催化剂具有较高的反应活性。当负载量过大时，Ca(Ac)$_2$ 采用等体积浸渍非常困难，同时由于活性组分团聚，钙组分晶粒度增大，降低了催化剂活性和比表面积。CaCl$_2$ 和 Na$_2$CO$_3$ 浸渍反应在高浓度时已不仅仅在 Al$_2$O$_3$ 表面进行，此部分的反应物可能无法负载在 Al$_2$O$_3$ 上，从而降低了催化剂活性。用 Ca(NO$_3$)$_2$ 溶液浸渍的催化剂在不同煅烧温度下催化活性一直较低，不适用于催化酯交换反应。

常飞琴等[52] 以丙烯酸甲酯为改性剂，对 CaO 表面进行改性，研究丙烯酸甲酯改性

CaO 催化油脂-甲醇酯交换体系制备生物柴油的性能。将 $CaCO_3$ 在 900℃下煅烧 6h 制得 CaO，以环己烷为溶剂配制浓度为 $1×10^{-1}mol/L$、$1×10^{-2}mol/L$、$1×10^{-3}mol/L$、$1×10^{-4}mol/L$、$1×10^{-5}mol/L$、$1×10^{-6}mol/L$ 的丙烯酸甲酯溶液，在 65℃下恒温搅拌回流 4h。待其冷却后抽滤，在 105℃下干燥。改性前 CaO 颗粒由于表面具有强极性，因此主要分布在下层水相。经过表面改性后 CaO 颗粒从水相转移到水-酯两相的界面处，其表面特性发生变化，由亲水表面转化为亲油表面，从而确保 CaO 在含水反应体系中的稳定性；改性后 CaO 吸附平均孔径、孔体积以及 BET 比表面积均增大，使反应物与催化剂表面接触更充分，为提高非均相反应体系的反应效率提供了良好的基础；而且丙烯酸甲酯为疏水亲油物质，在反应体系中促使反应物分子向催化剂表面集中，加快反应体系速率。

周瑞等[53] 以碳酸钾作为活性组分，氧化钙作为载体，制备了一种用于生物柴油生产（甲醇-油脂-碳酸二甲酯三组分反应体系）的高活性催化剂。具体操作为：将 100～200 目市售氧化钙在 930℃马弗炉中焙烧 6h，放入干燥皿，将氧化钙静置于碳酸钾的水溶液中一定时间后取出，在 110℃下烘干 2h 后放入马弗炉焙烧 6h，得到高活性的负载型固体碱催化剂 $K_2CO_3/CaO$。催化反应结果表明，在浸渍时间 8h，焙烧温度 600℃，常压回流，油、酯、醇摩尔比为 1∶1∶8，碳酸钾负载量 5% 的催化剂用量为 15%。反应时间 60min，时生物柴油产率可达 97.88%。实验结果表明，碳酸钾的加入可明显提高生物柴油生产收率。

## 7.3.2　氧化钙修饰费-托合成催化剂

费-托合成（Fischer-Tropsch synthesis，FTS）是将合成气（$CO+H_2$）在催化剂作用下转化为烃类产物的反应，所有第八族元素都对费-托合成有活性，但目前主要以 Fe、Co、Ni 和 Ru 为主。CaO 可以修饰费-托合成催化剂或其催化剂载体。

$$(2n+1)H_2+nCO \longrightarrow C_nH_{2n+2}+nH_2O$$

CaO 修饰 $Co/Al_2O_3$ 催化剂，提高了催化剂对费-托合成反应的催化活性和选择性[54]。其中 CaO 修饰 $Al_2O_3$ 可以采用等体积浸渍法，例如先将 $Al_2O_3$ 载体预先在 600℃下焙烧 6h，再将一定量的 $Ca(NO_3)_2$ 溶液浸渍到 $Al_2O_3$ 载体上，将浸渍完的样品放入旋转蒸发器中，真空条件下缓慢升温至 90℃，并保持 4h 将水分尽量蒸干。之后，再将抽干水分的样品放在空气中阴干 12h，在 120℃下烘干 12h，在 550℃下焙烧 6h 可得到 CaO 修饰 $Al_2O_3$ 载体，然后再通过两次浸渍负载 Co。研究认为添加 CaO 能够促进还原，尤其是对于 $Co_3O_4$ 的第二步还原 $CoO→Co^0$ 促进作用显著，使得催化剂表面的单质钴的量增多，产生更多的活性位，进而增加 CO 的转化率和选择性。

## 7.3.3　氧化钙用于合成氨催化剂

合成氨指合成氨原料气（氮氢混合气）在高温、高压和催化剂存在下直接合成为氨的工艺过程。氨合成常采用添加有助催化剂的铁催化剂。Ca 是碱土金属，其氧化物 CaO 和碳酸盐 $CaCO_3$ 可以用作氨合成催化剂的助催化剂。合成氨反应如下：

$$N_2(g)+3H_2(g) \Longleftrightarrow 2NH_3(g)$$

助催化剂的添加可以提高催化剂的机械性能和催化活性。刘化章等[55] 发明了一种氧化亚铁基氨合成催化剂，该催化剂由氧化亚铁与氧化铝、氧化钙等金属氧化物助催化剂组成。催化剂各组分的质量百分含量为：氧化亚铁 $92\%\sim95\%$，氧化铝 $1.5\%\sim2.5\%$，氧化钾 $0.3\%\sim1.2\%$，氧化钙 $1.2\%\sim2.5\%$，氧化镁 $0.4\%\sim1.5\%$，以及其他金属氧化物 $0.1\%\sim3.5\%$。该催化剂在低温低压下有很高的催化活性、优良的耐热抗毒等性质。韩文锋等[56] 发明的一种铁钌复合氨合成催化剂中，以金属钌作为活性组分，铁基催化剂作为载体，碱金属、碱土金属（包括 $CaCO_3$）和过渡金属的一种或几种组成助催化剂。具体配方为：$KNO_3$ 13.1g，$BaCO_3$ 2.6g，$Al_2O_3$ 18.1g，$CaCO_3$ 32.0g，MgO 7.5g，铁粉 23g，精选磁铁矿粉 940g，$Fe_3O_4$ 基催化剂 8g，$Ru_3(CO)_{12}$ 0.1281g。

## 7.3.4 有机物裂解用钙催化剂

CaO 可用于煤和生物质等有机物的催化裂解的催化剂。煤的低温裂解是洁净煤技术之一，核心技术之一是找到合适的催化剂来控制反应的方向和速度，并达到过程清洁化。煤催化热解的催化剂的种类及用量、粒度、比表面积影响产物的组成及产率。CaO 催化剂能够促进煤中芳香烃类化合物的热解。

### (1) 低温催化干馏

何选明等[57] 研究了 $Fe_2O_3$/CaO 混合二元体系催化剂对低阶煤（内蒙古神木长焰煤）低温催化干馏的影响，发现随着 $Fe_2O_3$、CaO 单组分添加比例增大，煤热解半焦、热解水、煤气产率均呈上升趋势，焦油产率略有下降。随着 $Fe_2O_3$/CaO 混合物添加比例的增大，热解水、半焦呈显著上升的趋势，说明氧化铁和 CaO 都具有催化一次热解产物中重质组分转化的作用，可以使煤焦油产率降低，气态产物产率增加。$Fe_2O_3$/CaO 混合物对焦油裂解的催化效果大于单组分作为催化剂时的催化效果，在催化煤热解过程中 $Fe_2O_3$ 和 CaO 的催化作用具有协同性。

### (2) 流化床催化气化

朱廷钰等[58] 发现 CaO 可作为催化剂用于流化床煤温和气化，并能控制焦油的组成。在不添加 CaO 时，焦油产率在 650℃ 左右达到最大值，焦油中的脂肪烃主要是 $C_{14}\sim C_{20}$；添加 CaO 后，焦油产率则在 550℃ 达到最大值，焦油中的脂肪烃主要是 $C_8\sim C_{15}$。贾永斌等[59] 考察了不同停留时间对流化床反应器中细粉 CaO（化学纯粉末氧化钙）催化裂解焦油的影响。在 650℃ 时，CaO 的加入促进焦油中苯、甲苯、萘以及酚等较难热解组分的裂解，随着停留时间的延长，CaO 影响程度增强，焦油产率的下降；在 750℃，CaO 对焦油催化裂解的活性增加。但是，当停留时间大于 3s 时，CaO 对焦油产率的影响则开始迅速减小。可能的原因是：温度升高后，一方面提高了 CaO 对焦油催化裂解的活性，另一方面也使焦油热裂解程度开始增大，随着停留时间的延长，热裂解的影响逐渐占主导地位，即 CaO 的催化作用在经过一段时间后下降。

周宏仓等[60] 在小型常压流化床气化炉（图 7-2）上于 900℃ 进行空气和水蒸气存在条件下的煤部分气化试验，研究了石灰石和白云石等催化剂对煤气组分、热值、煤气产率和碳转化率的影响。试验发现，石灰石加入气化炉后，在高温下煅烧裂解形成 CaO，由于 CaO 粒子对气化生成的焦油的裂解具有催化作用，煤气和半焦产率增加，显著地提高了煤气 CO、$H_2$ 和 $CH_4$ 的含量。同时，石灰石在煤-水蒸气气化过程中具有催化作用，它对煤-水蒸气也具有催化活性。白云石提高气体产率是以消耗液体产物为代价的，其作用就是催化分解大分子碳氢化合物，当有大量氧化铁存在时，这种催化作用会更加剧烈。相比之下，白云石对煤部分气化的催化作用却较石灰石弱，表明氧化镁对煤部分气化的催化作用没有 CaO 强。

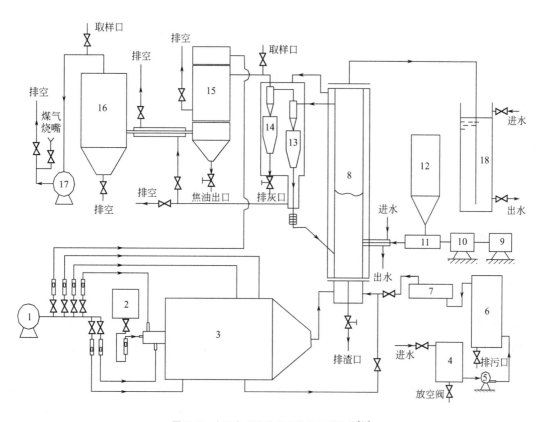

**图 7-2　小型常压流化床实验装置系统图[60]**

1—罗茨风机；2—油箱；3—启动燃烧室；4—水箱；5—水泵；6—蒸汽锅炉；7—蒸汽过热器；8—流化床气化炉；
9—电机；10—减速器；11—螺旋加料器；12—加料斗；13——级旋风分离器；14—二级旋风分离器；
15—除焦油塔；16—布袋除尘器；17—引风机；18—防爆塔

## 7.3.5　有机合成用钙催化剂

Aldol 反应，又称羟醛缩合，是指在催化剂的作用下，含有活性 $\alpha$-氢原子的化合物如醛、酮、羧酸和酯等与羰基化合物发生亲核加成生成 $\beta$-羟基醛或酸，或进一步脱水得到 $\alpha$，$\beta$-不饱和醛酮或酸酯的反应。如图 7-3 所示。酸和碱对于此反应都是有效的催化剂。研究人员发现 CaO（100～200 目）的粉末可以作为催化剂催化苯乙酮和苯甲醛的 Aldol 反应[61]。可能原因是 CaO 表面的 $Ca^{2+}$ 能够活化反应物苯乙酮上的羰基，其表面的 $O^{2-}$ 活化苯甲醛上的醛基，从而促进该类型的缩合反应。例如，取 10mmol 苯乙酮和 11mmol 取代苯甲醛溶于30mL 甲醇中，加入 CaO 催化剂（添加量在 20%），在 60℃下搅拌反应，产率达到 80.8%。过量的催化剂会导致副反应的发生，如发生苯乙酮自身的羟醛缩合，或苯乙酮与生成的查尔酮继续发生反应；过多的催化剂还能造成产物在其表面的吸附而降低收率。

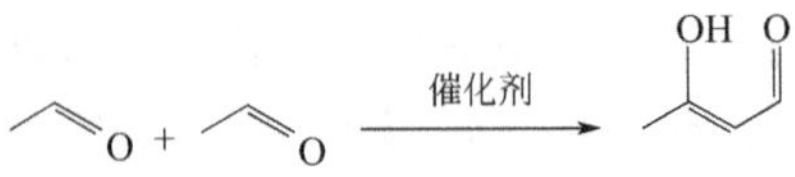

图 7-3　Aldol 反应（以两分子乙醛缩合为例）

### 7.3.6　碳酸钙用于光催化剂

在光催化领域中，直接使用纳米 $TiO_2$ 等光催化剂存在容易团聚、难以发挥纳米尺寸和活性表面的缺点，因此有研究将 $TiO_2$ 粉体负载在 $CaCO_3$ 上制成光催化剂。例如，李林贵[62] 使用高速混合法和溶胶-凝胶法制备了 $CaCO_3$ 负载 $TiO_2$ 催化剂，其在可见光下催化降解盐酸四环素反应时表现出了良好的可见光降解性能。通过溶胶-凝胶法，分别将不同质量的 $CaCO_3$（91.1g、45.55g、30.3g、22.8g、18.22g）加入 100mL 钛胶（100mL 的钛胶经煅烧后得到 2.733g 的 $TiO_2$）中，在常温下搅拌 2h，待搅拌均匀后将混合溶液放置在微波炉中快速烘干。得到的凝胶放在马弗炉中以 5℃/min 的升温速率升温到 200℃ 和 250℃ 下煅烧，得 $CaCO_3$ 负载的 $TiO_2$ 光催化剂。而在高速混合法中，称取 2kg 的 $CaCO_3$ 粉体加入高速混合机中高速搅拌。取一定量的钛酸正丁酯分几次逐渐加入高速混合机中，高速搅拌 10min 后进行均匀负载。将负载后的 $CaCO_3$ 粉体取出，摊开放置 10h 充分水解。将水解的 $CaCO_3$ 负载粉体放入恒温干燥箱中，于 80℃ 下干燥 8h。将干燥好的 $CaCO_3$ 负载粉体放入马弗炉中，于一定的温度下煅烧，得 $CaCO_3$ 负载 $TiO_2$ 光催化剂。在此反应中，$CaCO_3$ 能电离出 $OH^-$ 和 $Ca^{2+}$：一方面，$OH^-$ 与盐酸四环素溶液电离出的 $H^+$ 发生酸碱中和反应，利于稳定溶液的 pH 值在 9.0 左右，利于盐酸四环素的光降解；另一方面，$Ca^{2+}$ 能和盐酸四环素溶液电离出的盐酸四环素离子发生络合反应，生成易于可见光降解的中间产物。此外，$CaCO_3$ 表面能吸附富集盐酸四环素，也利于表面负载的 $TiO_2$ 的光催化降解。

$ZnO$ 和 $TiO_2$ 结构和性能相似，具有良好的光学性能，而且 $ZnO$ 的价格相对 $TiO_2$ 较低。然而，普通的 $ZnO$ 光催化材料对太阳光利用率低，在可见光下的催化效率差。罗思瑶等[63] 研究发现，$ZnO$ 与 $CaCO_3$ 复合后的材料呈现优异的光催化性能和抗老化能力。通过低温水热法制得可见光响应 $ZnO$ 纳米棒，采用水相机械球磨将 $ZnO$ 纳米棒与碳酸钙复合，获得 $ZnO/CaCO_3$ 复合粉体。当 $ZnO$ 与 $CaCO_3$ 质量比为 1：17.5 时，在紫外线下将有机染料罗丹明 B 溶液完全降解需 30min，在可见光下罗丹明 B 溶液完全降解需 40min。

## 7.4　碳酸钙与电、磁、光新材料

### 7.4.1　碳酸钙用于电子材料

#### (1) $CaCO_3$ 导电粉体

导电粉作为一种功能材料，其制品具有屏蔽电磁波、导电性、抗静电等功能，广泛应用于化工、石油、纺织、汽车、电子、通信、军事、航空等领域[64]。导电填料是决定高分子复合屏蔽材料（如电磁屏蔽橡胶）的屏蔽效能和适用频率范围的重要因素。$CaCO_3$ 粉体是不导电的粉体，要赋予导电性，必须进行表面包覆处理，获得 $CaCO_3$ 导电粉，就可以进一步用于生产导电涂料等。

① 无机导电物包覆 $CaCO_3$。例如，为了获得高导电性电磁屏蔽材料填料，胡圣飞等[65] 采用无钯活化粉体化学镀银技术制备了银包碳酸钙导电粉体。实验发现，碳酸钙粉体经 WD-50 硅烷偶联剂（$\gamma$-氨丙基三乙氧基硅烷）表面处理后，在碳酸钙表面生成的银粒子粒径较小，对碳酸钙粒子的包覆均匀致密。随着镀液 pH 值的升高，银的析出量增大，粉体表观颜色变浅。调节镀液 pH 值至 13.0，得到了镀层结合强度高的银包碳酸钙复合粉体；包覆银后的碳酸钙复合粉体表观颜色灰白，可作为浅色电磁屏蔽制品的理想填料。法文君等[66] 用壳聚糖溶液和聚苯乙烯磺酸钠（PSS）溶液交替组装控制聚电解质层数，制得核-壳结构的纳米 $CaCO_3@(PEs)_n$，使其在弱酸性条件下稳定存在。在弱酸性环境下以这种纳米 $CaCO_3$ 作为基料，在其表面包覆一层锡掺杂氧化铟（ITO），从而制备出一种淡黄色的纳米碳酸钙基导电粉。制备的 $CaCO_3@(PEs)_n@ITO$ 复合粉末呈浅黄色，纳米 $CaCO_3$ 的含量大于 80%，有效降低了工业生产成本；产品的电阻率达到了 $10^3$ 数量级，能够满足浅色导电粉的要求。

② 有机导电物包覆 $CaCO_3$。将导电聚合物膜包裹在纳米或微米 $CaCO_3$ 外部可以提高聚合物膜的有效面积，从而提高材料的导电性。为了改进具有优异的导电性能的聚苯胺在生物传感器领域的应用，董文举等[67] 采用层层组装的方法依次组装上带正电荷的壳聚糖和带负电荷的 PSS 聚电解质（PEs）包裹 $CaCO_3$ 微球，再通过苯胺原位聚合在 $(PEs)_6/CaCO_3$ 微球上形成了聚苯胺层（PAN）。与纯 $CaCO_3$ 微球相比，复合物微球的导电性得到了提高，该 $PAN/(PEs)_6/CaCO_3$ 修饰电极对多巴胺显示了很好的电催化能力。周勇[68] 通过在包裹了聚电解质的碳酸钙微球（交替组装的壳聚糖和苯乙烯磺酸钠）上原位聚合苯胺，制成导电性能良好的聚苯胺-聚电解质-碳酸钙微球，该复合材料具有良好的电催化活性，制备简单、重现性良好，可以构建测定多巴胺的传感器。赵兴等[69] 以碳酸钙为基质，正硅酸乙酯为硅源，采用溶胶-凝胶法制得 $CaCO_3-SiO_2$ 复合粉体。然后在弱酸性环境下，将 $CaCO_3-SiO_2$ 复合粉体与 PANI（聚苯胺）复合，从而制备出 $CaCO_3-SiO_2-PANI$ 导电复合粉体。其中，对碳酸钙进行 $SiO_2$ 包覆改性后，可使其在弱酸性环境下稳定存在，该导电复合粉体在温度 200℃ 以下具有良好的耐热性和较高的电导率。

**(2) 添加 $CaCO_3$ 的压敏电阻**

压敏电阻是指对加在电阻两端的电压变化敏感的一类电阻。$TiO_2$ 压敏陶瓷在高能密度电容器方面存在潜在的应用价值[70]。巩云云等[71] 研究了掺入不同 $CaCO_3$ 含量对固相烧结 $TiO_2$ 压敏陶瓷性能的影响，实验结果发现，在 1300℃ 烧结条件下，掺入 0.50%（摩尔分数）$CaCO_3$ 的样品具有非常致密的微观结构，晶粒的均匀性最好；除 $TiO_2$ 金红石晶相外，还存在着第二相 $Ca_3Nb_2Ti_3O_{14}$；显示出低的压敏电压、高的非线性系数（$\alpha = 3.35$）、高的介电常数和相对低的介电损耗。此外，将压敏陶瓷进行退火热处理可明显改变压敏陶瓷材料的压敏性能。康昆勇等[72] 研究了退火对 $TiO_2-Ta_2O_5-CaCO_3$ 压敏陶瓷压敏性能的影响。采用传统氧化物混合法通过行星式球磨机球磨获得 $TiO_2-Ta_2O_5-CaCO_3$ 压敏陶瓷，并用压敏直流参数仪测试样品的非线性系数 $\alpha$、压敏电压 $E_B$。结果表明，适宜温度下退火，可使晶粒进一步生长，晶粒粒度分布更加均匀，此外还可减少气孔和提高致密度。退火过程中，半径较大的受主离子获得动能进一步向晶界偏析，增大晶界受主态密度，从而提高非线性系数 $\alpha$。晶粒生长导致晶界数量和晶界总面积减小，有助于减小压敏电压和提高致密度。掺杂浓度为 0.20%（摩尔分数）、烧结温度为 1350℃、700℃退火 3h 的 $TiO_2$-$Ta_2O_5$-$CaCO_3$ 压敏陶瓷有最高的非线性系数和较低的压敏电压（$\alpha = 8.6$，$E_B = 22.5V/mm$），优于没有退火样品。

### （3）利用 $CaCO_3$ 作为硬模板制备电子材料

适宜的多孔碳材料适合制备超级电容器的电极。钟存贵[73] 以纳米碳酸钙为硬模板，利用其占位和热分解双重效应，成功制备出沥青基纳米孔性碳材料。试验测试表明，采用碳酸钙模板剂制备的碳材料比电容远高于不加模板剂的炭材料，且具有良好的循环稳定性。

## 7.4.2  碳酸钙用于磁性材料

### （1）MnZn 铁氧体中添加 $CaCO_3$

MnZn 铁氧体具有高磁导率、高电阻率、高饱和磁感应强度和低损耗等特性，是电子和信息工业的重要基础材料，广泛应用在功率变压器、扼流线圈、脉冲宽带变压器、磁偏转装置和传感器元器件中。在 MnZn 铁氧体中适量添加 $CaCO_3$ 可以改善材料的微观结构。例如，刘治等[74] 以 $Fe_2O_3$、$Mn_3O_4$ 和 ZnO 为原料，按照分子式 $Mn_{0.7}Zn_{0.24}Fe_{2.06}O_4$ 配料，通过氧化物陶瓷工艺制备 MnZn 铁氧体材料，并在预烧料中添加市售 $CaCO_3$ 与 $SiO_2$（$n_{CaCO_3} : n_{SiO_2} = 1:1$）。实验得到的 MnZn 铁氧体在晶界形成 $Ca_2ZnSi_2O_7$ 包裹层，可阻止晶粒生长，从而形成均匀的显微结构。适量添加 $CaCO_3$-$SiO_2$ 添加剂可以提高 MnZn 铁氧体的起始磁导率，降低损耗。杨涛等[75] 用 $Fe_2O_3$、$Mn_3O_4$ 和 ZnO 为原料，按照铁氧体分子式 $Zn_{0.16}Mn_{0.73}Fe_{2.11}O_4$ 进行配料。MnZn 功率铁氧体采用传统陶瓷工艺进行制备。在预烧粉体中加入市售的 $CaCO_3$（掺杂量分别为 0、0.02%、0.04%、0.06%、0.08%，以质量分数表示）。实验表明，微量（0.06%）$CaCO_3$ 掺杂不影响 MnZn 功率铁氧体的晶体结构，但对微观结构的影响较为显著，不仅能够降低 MnZn 功率铁氧体的损耗，而且能够改善材料其他的磁特性。Wu 等[76] 利用 $CaCO_3$ 的阻碍效应和 $V_2O_5$ 的加速效应，为了降低 MnZn 铁氧体在高频（3MHz）下的磁芯损耗，在锰锌铁氧体中加入不同含量的 $CaCO_3$ 和 $V_2O_5$ 添加剂，采用固态反应法制备锰锌铁氧体。结果表明，在 298K 时，0.1%（质量分数）$CaCO_3$ 和 0.01%（质量分数）$V_2O_5$ 共添加的 MnZn 铁氧体试样磁芯损耗分别被抑制到 $46kW/m^3$ 和 $664kW/m^3$，相当于 3MHz 10mT 和 3MHz 30mT。

### （2）锶铁氧体中添加 $CaCO_3$

锶铁氧体（$SrFe_{12}O_{19}$）因其原料价格低廉、耐氧化性能优异、具有较高的矫顽力和磁能积、具有单轴磁晶各向异性和相对较高的居里温度等优点，被广泛用作永磁材料。针对如何进一步提高锶铁氧体永磁材料的磁性能，Huang 等[77] 研究了 $CaCO_3$ 和 $SiO_2$ 添加剂对 M 型锶铁氧体磁性和物理性能的影响。实验以 $Fe_2O_3$ 和 $SrCO_3$ 为原料，采用常规陶瓷技术制备锶铁氧体，$CaCO_3$ 的加入促进了其致密化，晶粒生长均匀。添加 1.1%（质量分数）$CaCO_3$/0.4%（质量分数）$SiO_2$ 与 $Co_3O_4$ 有利于增强锶铁氧体的剩磁和矫顽力。

这种制造方法不用稀土元素镧，能降低成本。黄风[78]采用传统陶瓷法制备工艺，通过对复合添加剂（$CaCO_3$、$SiO_2$、$H_3BO_3$、$C_{12}H_{22}CaO_{14} \cdot H_2O$ 等）的组合使用，制备出非稀土、非贵金属掺杂高性能 M 型永磁锶铁氧体，并发现复合添加剂起到提高样品的剩磁而又不改变矫顽力的作用。

李志杰等[79]为了改善锶铁氧体在磁选设备和衬板中的应用，提高锶铁氧体磁性能和力学性能，以永磁铁氧体预烧料（$SrFe_{12}O_{19}$）作为原料，添加葡萄糖酸钙、$CaCO_3$、$Al_2O_3$、$SiO_2$，在烧结温度 1240℃、恒温 2h 条件下，采用陶瓷法制备锶铁氧体。发现在纳米级添加剂 $CaCO_3$、$Al_2O_3$ 和 $SiO_2$ 含量分别为 0.5%（质量分数）、0.5%（质量分数）和 0.3%（质量分数）时，锶铁氧体永磁中的磁性能最佳，为 $B_r = 406.7mT$，$H_{cj} = 336.7kA/m$，$(BH)_{max} = 35.58kJ/m^3$。微米级添加剂 $CaCO_3$、$Al_2O_3$ 和 $SiO_2$ 含量分别为 0.5%（质量分数）、0.5%（质量分数）和 0.3%（质量分数）时，最佳磁性能为 $B_r = 402.3mT$，$H_{cj} = 294.5kA/m$，$(BH)_{max} = 34.25kJ/m^3$。

**（3）$CaCO_3$ 用于预还原和熔分钒钛磁铁矿**

丁闪等[80]通过钒钛磁铁精矿在配加石墨还原剂和碳酸钙的条件下进行预还原和熔分研究了碳酸钙的加入量（碱度）以及冷却工艺对直接还原和熔分的影响，发现在低碱度（$R = 0 \sim 0.7$）范围内，碱度的增加有利于钒钛磁铁精矿的直接还原和熔分。在 Fe-Ti-O 系统中，平衡状态下钛磁铁矿的还原矿物转变路径如下：

$$Fe_{3-x}Ti_xO_4 \longrightarrow FeO + Fe_2TiO_4 \longrightarrow Fe + Fe_2TiO_4 \longrightarrow$$
$$Fe + FeTiO_3 \longrightarrow Fe + FeTi_2O_5 \longrightarrow Fe + TiO_2$$

## 7.4.3 碳酸钙用于光学材料

碳酸钙有三种晶型，方解石、文石和球霰石，其中三种结晶形态分别对应于三方、正交和立方晶系，它们的热力学稳定性依次降低。表 7-4 列出了碳酸钙三种晶型的性质[81]。碳酸钙是一种发冷光的物质，以它为基质掺杂稀土离子可以得到很好的发光强度和发光效率。

**表 7-4 碳酸钙的三种晶型光学性质**

| 性质 | 方解石 | 文石 | 球霰石 |
|---|---|---|---|
| 晶体结构 | 三方晶系 | 正交晶系 | 立方晶系 |
| 颜色 | 白色到浅黄色 | 白色/透明 | 白色/透明 |
| 折射系数 | 1.49~1.66 | 1.7~1.8 | 1.55~1.65 |
| 发光 | 弱 | 强 | 强 |

碳酸钙的性质与它的形貌、粒径、比表面积、吸油值、亮度和化学纯度等有关。例如，刘炳杉[81]研究了 $CaCO_3$ 晶型和形貌改变对发光强度的影响。以羧甲基纤维素钠为晶型控制剂，通过氯化钙和碳酸钠溶液的沉淀反应，制备出粒径约 $1 \sim 3\mu m$ 的球形 $CaCO_3$ 微粒；并用碳化法合成立方体和纺锤形碳酸钙，考察了反应温度、$Ca(OH)_2$ 浆液浓度、$N_2$ 流速和 $CO_2$ 流速对产物碳酸钙的影响。结果表明，球形碳酸钙掺杂三价铕发光最强，立方形次之，纺锤形最弱。原因可能是球形碳酸钙的表面缺陷少，因此导致非辐射复合和发光猝灭的概率小，而且球形产物的堆积密度高，减少了光的散射，更有利于发光强度的

提高；而立方形碳酸钙的粒度小，表面缺陷增多，所以铕掺杂的立方形碳酸钙发光强度有所降低；纺锤形碳酸钙是由小的立方体组装而成的，所以相对于立方形碳酸钙，其产物粒径的均一性和均相性比较差，所以产生更多表面缺陷、表面破裂和颗粒之间的弹性应变，所以铕掺杂的纺锤形碳酸钙的发光强度最低。

**（1）光学玻璃专用碳酸钙**

姜志光等[82]采用酸解-除杂-复分解的工艺步骤，利用碱土金属硫化物对重金属（成色元素）进行全面分离制得了一种光学玻璃专用碳酸钙，实现了碳酸钙产品中成色元素的低成本分离，并且实现了原料和合成剂的工艺循环。

**（2）$CaCO_3$ 用于荧光粉**

发光材料受到光的辐射等外界能量的激发后，会将自身的部分能量以光的形式发射出来，广泛应用于照明、显示器、安全标示以及生物医学等领域[83]。

刘金智[84]基于重质碳酸钙，通过掺杂不同的稀土离子（如 $Eu^{3+}$、$Ce^{3+}$ 等）或其他过渡金属激活离子（如 $Mn^{2+}$、$Bi^{3+}$ 等），使用高温固相法或其他方法制备了不同发光性能荧光粉。李荣秋等[85]采用微波辅助共沉淀法合成 $CaCO_3$：$RE^{3+}$（RE＝Eu、Tb、Ce）荧光粉，然后与聚丙烯（PP）密炼制备成 $CaCO_3$：$RE^{3+}$/PP 可调色复合材料，发现荧光粉能均匀分布在 PP 中，且荧光粉含量为 5％时，复合材料的综合力学性能和发光性能最佳。$CaCO_3$：$Eu^{3+}$/PP、$CaCO_3$：$Tb^{3+}$/PP 和 $CaCO_3$：$Ce^{3+}$/PP 在紫外灯照射下分别发出红色、绿色和紫色光。通过改变不同荧光粉的含量能够有效调节复合材料发光颜色；改变激发波长同样能达到对复合材料调色的目的。程淇俊等[86]采用挥发成膜法将碳酸钙、稀土和聚乳酸（PLA）等原料制备成一系列可调色荧光复合材料（$CaCO_3$：$Eu^{3+}$/PLA、ACA-$CaCO_3$：$Eu^{3+}$/PLA、橙粉/PLA 和绿粉/PLA），并研究粉体的添加量对复合材料荧光性能的影响。结果表明，随着粉体的添加量增加，荧光强度随之增强。使用挥发成膜法制备了多种荧光的聚乳酸复合材料。通过改变粉体组成和激发波长，有效地调节了复合材料的发光颜色。由于复合的聚乳酸在日光下为白色或者无色，这些复合材料具有高度的隐蔽性，可以应用在防伪领域。

**（3）$CaCO_3$ 用于光固化涂料**

水性 UV 固化涂料能对木制品和木家具表面起到保护性和装饰性的作用，但此类涂料往往力学性能差、光泽度高，严重影响了其在木材表面的应用。蔺秀媛等[87]将 $CaCO_3$ 作为助剂加入涂料，实验发现，水性 UV 固化木器漆的性能在很大程度上取决于 $CaCO_3$ 的含量。随着碳酸钙含量的增加，涂膜的光泽度降低。赖俊伟[88]以丁二酸酐（SAA）、2-羟基-4-(2-羟基乙氧基)-2-甲基苯丙酮（D2959）和环氧油酸（EOA）为原料，合成了一种具有感光性的脂肪酸用于碳酸钙的改性中。与以油酸（OA）改性碳酸钙进行对比发现，这种感光性脂肪酸对碳酸钙的改性效果与 OA 相当，但 $CaCO_3$ 经感光性脂肪酸改性后具有一定的光活性，能参与 UV 涂料的固化，改善了固化膜的硬度、耐水性等。

**（4）$CaCO_3$ 用于光敏药物**

光敏药物是在适当波长光激发下一种本身或其代谢产物能选择性浓集于作用部位的化学物质[89]。武美霞等[90]以叶绿素为光敏药物模型和碳酸钙为药物载体，采用一次成型的工艺方法制备了具有生物相容性的包覆光敏药物的 $CaCO_3$ 微粒。实验发现，当叶绿素质量浓度为 0.025g/mL 时，其包封率最高达 95%，制得的 $CaCO_3$/叶绿素复合粒子无毒，具有很好的生物相容性和稳定性。

# 7.5　碳酸钙与水质净化和水产养殖

## 7.5.1　碳酸钙用于水质净化

天然无毒无害的矿物质作为水体净化剂，具有很好的生态相容性。$CaCO_3$、$Ca(OH)_2$ 和 CaO 能中和酸性污染物，有时也能起到富集、沉淀污染物的作用，常和各种功能净水材料复合配合使用。例如，李宝全等[91] 发明了一种以矿物质为基础的净水剂，由活性物质与活性炭混合而成。活性物质按质量分数计，包括：氧化镁（400～1000 目）30%～54%、氢氧化钙（400～800 目）19%～38%、碳酸钙（400～800 目）11%～28% 和二氧化钛（200～2000 目，金红石型或锐钛矿型晶型）1%～10%。活性物质中的氧化镁和二氧化钛能分解大部分有机污染物，$Ca(OH)_2$ 和 $CaCO_3$ 能中和酸性污染物，活性炭能显著提高净水剂对污染物的吸附能力。

一般水中磷浓度超过 0.02mg/L 时，水体就会富营养化。$CaCO_3$ 本身也是一种优良的去除磷酸盐的矿物材料。徐楠等[92] 发明了一种新型碳酸钙铝净水剂，将乙酸钙水溶液加入乙二醇中配成溶液 A 备用；将 $Na_2CO_3$ 水溶液加入乙二醇中配成溶液 B 备用。然后将一定量的氯化铝加入溶液 A，搅拌溶解，在 75℃ 条件下迅速与溶液 B 混合反应 1h，立即将产物用无水乙醇反复润洗，取出在 40～60℃ 条件下干燥即得净水剂。应用试验表明，将净水剂在含磷废水（pH=5～12）中作用 2h，静置一段时间后，合成的碳酸钙铝净水材料颗粒沉淀，能使废水中高浓度磷污染物的去除率达到 99% 以上，达到深度除磷作用，可减缓和抑制水体富营养化。

## 7.5.2　碳酸钙用于淡水水产养殖

在淡水水产养殖时，不当管理水质和池塘底质时，水体中的氨氮、亚硝酸盐、硫化氢、磷浓度等失控，易引发爆发性病菌感染死亡，造成养殖损失和失败。苏兴[93] 发明了一种水产养殖用的池塘底质改良剂，其原料成分（质量份）为纳米银 20～30 份、轻质 $CaCO_3$ 15～25 份、稀土 5～15 份、腐殖酸钾 20～30 份、葡萄糖酸钙 5～10 份。其中轻质 $CaCO_3$、稀土、腐殖酸钾、葡萄糖酸钙组合有效地改良了水质，能快速修复池底的养殖生态环境，为水产养殖生物营造良好的水体环境。

水体中大量青苔生长会消耗水体中的营养盐类，影响以摄食底栖藻类和有机碎屑为主的贝类的生长，高温时青苔在池中泛起，其死亡分解过程会大量消耗氧气并产生有毒有害物质，又易引起虾、蟹、贝缺氧、中毒死亡。例如，针对青苔大量生长的问题，黄忠平[94] 发明了一种能有效杀灭养殖池塘中青苔的制剂。这种制剂的配方比例按质量份数计包括：西草净 5～30 份、扑草净 0～20 份、载体（包括沸石粉、硅藻土、滑石粉、碳酸钙或元明粉）55～80 份。颗粒制剂可以直接撒在青苔上面，操作简单，用量少，青苔迅速枯萎、死亡。

### 7.5.3　碳酸钙用于海水水产养殖

$CaCO_3$、$CaO$ 可用于海水净化和海水养殖。例如，郭书斐[95] 发明了一种水产养殖用纳米环保净水剂，主要原料成分按质量分数计为：壳聚糖 0.1%～1%、纳米 $CaCO_3$ 40%～50%、纳米级氧化物 1%～10%、水合硅酸镁超细粉赋形剂 5%～20%、水 30%～50%。制作时将壳聚糖粉碎过 100 目筛，加入适量的水，用胶体磨磨浆，再将壳聚糖胶体、纳米 $CaCO_3$、纳米级氧化物、水合硅酸镁超细粉赋形剂按一定质量百分比加入配料桶中，加水搅拌得净水剂膏体。使用后能降低海水中的氨氮、亚硝酸盐，可螯合重金属离子，防霉杀菌除臭。由于含有纳米 $CaCO_3$，还可作为补钙剂，增加海水中的钙离子浓度比例，改善养殖水环境，促进海参、鲍鱼、海鱼、贝类、虾蟹等水生动物的生长。

在海水养殖中有时需要添加有机肥来增加养殖海水中的氮、磷、钾以及微量元素含量，促进海水养殖中藻类、微生物、有益菌、海洋植物的生长，丰富鱼类食物。然而，有机肥的加入会使养殖海水的氨含量和氧含量升高，导致海洋植物以及藻类生长速度过快等，不利于海水养殖鱼类的生长。有科研人员发明了配合有机肥使用的海水养殖用脱硫石膏[96]，其组成为：石灰石粉 300 份（质量份）、熟石灰粉 450 份、脱硫石膏粉 1000 份（二水硫酸钙的含量大于90%，包括二氧化硅、氧化钠、$CaCO_3$、亚硫酸钙、氯化钙和氯化镁）、鸡粪 800 份、休眠硝化细菌粉 20 份。熟石灰粉入水后轻微溶解，对海水值稳定具有一定的缓冲作用，减轻了加入肥料后由于海洋植物的生长速度加快而造成海水溶解氧过高或过低的影响，同时脱硫石膏和熟石灰粉的钙元素以及石灰石粉中的 $CaCO_3$ 有利于海水中甲壳类生物甲壳的生成，有利于消除海水养殖添加有机肥的不利影响。

### 7.5.4　碳酸钙用于盐碱地水产养殖

$CaCO_3$ 还可用于盐碱地水产养殖水质的调节和管理。盐碱地水质问题造成的养殖生物生长缓慢、水产品质量下降、病死等制约了盐碱地养殖业的发展。王胜[97] 发明了一种絮凝剂，其组分（质量份）比例为：氧化铝 15～25 份、硅土 25～35 份、沸石 15～25 份、丙烯酰胺与丙烯酰胺丙基三甲基氯化铵的反应产物 10～15 份、三羟甲基丙烷油酸酯 10～15 份、粉煤灰 5～10 份、轻质 $CaCO_3$ 5～10 份、重质 $CaCO_3$ 4～8 份、硫铝酸钙 4～8 份、稀盐酸 1～5 份、缓释剂 1～5 份。由于添加了轻质 $CaCO_3$ 和重质 $CaCO_3$，比表面积大，可以对盐碱地水质絮凝进行充分而有效的净化。

# 7.6　碳酸钙与土壤调理和修复

土壤酸碱性、重金属控制等是土壤调理和修复的重要方面。重金属和 As 等在土壤中的迁移慢、残留时间长、隐蔽性强等，经过作物富集后，通过食物链对人类健康产生危害。土壤重金属污染可能来自采矿、冶炼、电镀、化工等的排放以及污水灌溉、污泥农用、农药和化肥的施用等。向土壤中加入改良剂或修复剂，改变土壤的酸碱性、化学反应性、微生物构成等性质，通过吸附、沉淀、固定、价态转化等作用，可以降低土壤中重金属的迁移能力和生物有效性，达到治理土壤重金属和 As 污染及避免作物吸收而进入食物链的目的。例如，Ramola 等[98] 开发了一种生物炭-矿物（膨润土/方解石 $CaCO_3$）复合材料（BC-CM），这种复合材料同时起着催化剂和吸附剂的作用，生物炭和矿物的复合可以显著提高对水溶液中铅的去除效果（最高可达 99%）。

### 7.6.1　施用碳酸钙对土壤重金属和 As 的迁移性及生物有效性的影响

重金属和 As 的生物毒性不仅与其总量有关，在本质上更与重金属和 As 的形态及分布有关。不同 As 的形态分布影响重金属的毒性、迁移性及在自然界的循环性。土壤中重金属的可交换态可以直接被植物吸收利用，可还原态和可氧化态属于潜在利用态，残渣态则相对稳定，不能被植物吸收利用。有实验研究发现，对 Cu、Pb、Cr 复合污染的土壤中施用 $CaCO_3$ 后，随着时间的延长，土壤中铜、铅、铬三种重金属的可交换态含量均有所减少，可还原态和残渣态含量有所增加，可氧化态含量则无明显变化，说明 $CaCO_3$ 对三种重金属均有较好的钝化效果[99]。但 $CaCO_3$ 对三种重金属的钝化机制存在差异。$CaCO_3$ 对土壤 Cu 和 Pb 的钝化机制主要有以下两个方面：首先，$CaCO_3$ 在土壤中虽具有较低的溶出性，但仍有可能与土壤中的 Cu 和 Pb 发生化学反应生成含 Cu 和 Pb 的碳酸盐沉淀。其次，碳酸盐可提高土壤 pH 值，一方面其可提高土壤对 Cu 和 Pb 的吸附性能；另一方面其可促进 Cu 和 Pb 生成 $Cu_3(OH)_2(CO_3)_2$ 等氢氧化物沉淀，促进土壤中 Cu 和 Pb 的钝化。而 $CaCO_3$ 对土壤中 Cr 的钝化机制主要是土壤的吸附作用。

$CaCO_3$、$Ca(OH)_2$、$CaO$ 都可以用于调控土壤重金属及 As 的迁移能力及生物有效性，作用效果存在差异，可以选择使用。例如，任露陆等[100] 探究了 $CaCO_3$ 和 $Ca(OH)_2$ 在重金属污染土壤修复过程中的差异作用。添加 $CaCO_3$ 与 $Ca(OH)_2$ 后，可交换态重金属含量降低，残渣态比例增加，且两者对土壤 Cd、Cu、Pb 和 Zn 赋存形态的影响基本一致，说明 $CaCO_3$ 与 $Ca(OH)_2$ 均可用于重金属污染土壤的修复。但它们对重金属的修复效果存在着一定差异，添加 4g/kg 或 8g/kg 碳酸钙可显著降低可交换态含量，将其转化为残渣态，修复效果优于同样添加量的氢氧化钙。因此，应首先选择 $CaCO_3$ 作为固化剂，建议添加量为 4~8g/kg。

### 7.6.2　施用碳酸钙对作物中重金属与 As 含量的影响

已经有研究表明，施用 $CaCO_3$ 可有效地降低土壤中交换态重金属含量，并且能改善作物的土壤生长环境，可以用于土壤改良和修复。交换态含量在一定程度上能够反映土壤重金属和 As 的生物有效性。因此，依据在土壤中添加 $CaCO_3$ 前后的交换态重金属和 As 含量的变化，可以判断 $CaCO_3$ 对土壤重金属和 As 的生物有效性的调控作用。例如，周航等[101] 试验研究了对重金属复合污染的土壤施用不同水平的 $CaCO_3$ 时 Pb、Cd、Zn 交换态含量的变化以及在大豆植株中的累积分布。结果表明，$CaCO_3$ 添加前土壤中 Pb、Cd、Zn 的总量分别为 1105.09mg/kg、7.05mg/kg、242.47mg/kg，分别为国家土壤环境质量三级标准（GB 15618—2018[102]）的 2.21、7.05、0.48 倍；随着 $CaCO_3$ 施用量的增加，土壤中 Pb、Cd、Zn 交换态含量明显降低，与对照相比，交换态 Pb 降低了 1.4%~13.7%，交换态 Cd 降低了 26.1%~52.2%，交换态 Zn 降低了 41.3%~78.8%。另外也发现，在供试土壤中随着 $CaCO_3$ 施用量的增加，大豆植株的根、茎、叶、豆荚和籽粒等部位生物量明显增加。与对照相比，根的生物量增加了 32.3%~51.0%，茎的生物量增加了 7.5％～59.4％，叶的生物量增加了 1.0％～21.2％，豆荚的生物量增加了 14.1％～40.8％，籽粒的生物量增加了 11.5％～47.5％。这些实验表明在供试土壤中增加施用 $CaCO_3$ 量，逐渐降低了土壤中重金属对大豆植株的毒性作用，改善了大豆的生长环境，减少了大豆植株根对土壤中 Pb 的吸收量，相应的籽粒中 Pb 含量降低。但是试验中也发现大豆叶中 Pb 含量仍然保持较高水平，茎和豆荚中 Pb 含量变化不大。

土壤中施用 $CaCO_3$ 能使土壤 pH 值升高，使土壤颗粒表面负电荷增加，对 Pb、Cd 等重金属离子吸附增强。土壤 pH 值升高还有利于重金属离子形成氢氧化物或碳酸盐结合态，因而沉淀或固定而不易被作物吸收。曾敏等[103] 研究了在重金属（Pb、Cd、Zn）和 As 复合污染土壤中添加 $CaCO_3$ 对土壤改善及水稻生长的作用。试验表明，土壤 pH 值随着 $CaCO_3$ 添加量的增加而显著升高，$CaCO_3$ 使土壤 pH 值最大提高至 7.75。土壤 pH 值的变化可能会对其中重金属的赋存形态产生影响。添加 $CaCO_3$ 显著降低了土壤中交换态重金属和 As 的含量，交换态 Pb、Cd、Zn 和 As 含量分别降低了 98.35％、93.72％、98.52％和 69.48％。

土壤中的离子环境对 As 的吸附和固定有明显影响。添加 Ca 能与土壤中的 As 生成土壤难溶性的物质，使土壤砷向结合态和残渣态转移，可有效降低砷的交换态含量[104]。然而，一项关于施加 $CaCO_3$ 对水稻重金属（Pb、Cd 和 Zn）和 As 含量影响的研究[105] 表明，尽管在供试土壤中添加 $CaCO_3$ 后，土壤中交换态的重金属含量显著降低，但对降低水稻吸收的重金属含量效果有限。与对照组相比，添加 $CaCO_3$ 的土壤培育的水稻根和谷壳中 Pb、Cd 和 Zn 含量有降低，但 As 含量没有降低趋势；在水稻糙米中 Pb、Cd、Zn 和 As 含量并无明显降低趋势。$CaCO_3$ 的施用可以抑制根系对重金属及 As 的吸附，但对其在植株内部的传递无明显作用。

### 7.6.3　施用碳酸钙对土壤酸度的影响

由于酸性土壤严重的活性铝、锰毒害，较强的固磷能力，以及其他有效养分的失衡，极大限制了作物产量与品质。石灰改良是缓解酸性土壤酸害、促进作物的营养吸收、提高作物产量及品质的重要措施。施加 $CaCO_3$、$Ca(OH)_2$、CaO 均会明显改变土壤酸碱性。黄振瑞等[106] 研究了石灰施用对湛江蔗区酸性土壤养分状况和甘蔗生长的影响。研究发现，石灰施用量与供试酸性土壤 pH 值呈显著正相关，通过合理施用石灰，可以显著提高土壤 pH 值和改善土壤各有效养分状况，从而提高酸性土壤生产力。值得注意的是，大量或长期施用石灰不仅可能引起土壤板结而形成"石灰板结田"，可能还会引起土壤钙、钾、镁等元素的平衡失调而导致减产。此外，周富忠等[107] 利用加拿大碳酸钙火山盐岩（SRC）对利川市的酸性土壤进行改良试验。试验结果表明，增施碳酸钙火山盐岩可降低土壤交换性铝含量，减轻酸性土壤铝毒害；提高土壤阳离子交换量，增强土壤的供肥、保肥能力。在常规施肥的基础上适量增施 SRC 可明显提高甘蓝单产，施用 $1200kg/hm^2$，甘蓝增产超过 5％；施用 $1800kg/hm^2$，甘蓝增产超过 10％。

### 7.6.4　施用碳酸钙对土壤微生物的影响

微生物种类和活性是影响土壤可溶性有机碳（DOC）产生和释放的重要因素。施加 $CaCO_3$、$Ca(OH)_2$ 或 CaO 能显著影响土壤微生物种类和活性，进而影响土壤的硝化作用和土壤碳循环、土壤氮素循环。已经有研究表明，在酸性土壤中使用石灰可有效降低土壤酸性及提高土壤酶活性[108]。还有实验研究表明，对酸性土壤施加适量 $CaCO_3$，能增加土壤的 DOC[109]，其中可能的原因是施加 $CaCO_3$ 后，土壤微生物量及其活性增加；但是，过量的 $CaCO_3$ 施加，土壤 DOC 含量开始显著下降。与此类似，仅在一定施加量范围内 $CaCO_3$ 对土壤的硝化作用有促进作用，过多便会抑制土壤硝化作用，土壤反硝化作用对不同 $CaCO_3$ 施加量的响应较为复杂。因此，最佳的 $CaCO_3$ 施加量为 $2.25 \sim 4.5 t/hm^2$。

### 7.6.5　碳酸钙用于制备人工合成土壤和绿化材料

传统上城市绿化使用的几乎都是天然土壤，然而这种方法是以牺牲其他地方的绿化为代价的。现代绿化对人工"清洁"化、"智慧"化土壤和绿化材料产生了需求，这类土壤材料急需被开发，市场前景广阔。Flores-Ramirez 等[110] 以铁的氢氧化物作为涂层包覆沙子作为城市绿化材料，而 $CaCO_3$ 作为涂层制备的原料疏浚砂中的成分之一，与涂层的稳定性有关，有助于修复酸性土壤，改善土壤的 pH 值及聚集和吸附性能。

## 7.7　碳酸钙与化肥和植保

### 7.7.1　碳酸钙提供植物营养元素

钙是植物结构组分元素，其生理功能与细胞壁组分有关，是植物生长发育所必需的营养元素。在植物生理作用上，钙是液泡内抗毒的主要物质，中和代谢过程中产生的有机酸，也具有对酶的辅助功能。①钙的抗毒功能。细胞壁果胶酸钙的多少与真菌侵染组织的敏感性和果实成熟早晚有关，这对果品在储藏期间降低病害感染也有明显的作用。钙离子能降低原生胶体的分散度，调节原生质的胶体状态，使细胞的充水度、黏滞性、弹性以及渗透性等适合于正常作物生长。钙可促进硝态氮吸收，与氮代谢有关，它有助于减少植物中的硝酸盐，中和植物中的有机酸，对代谢过程中产生的有机酸有解毒作用。如钙可与产生的草酸形成草酸钙结晶，避免草酸过多的不良影响。②钙能中和代谢过程中产生的有机酸，形成草酸钙、柠檬酸钙、苹果酸钙等不溶性有机酸钙，调节 pH 值，稳定细胞内环境。③钙对酶的辅助功能。钙与环状多肽结合而成的化学物质钙调素，在控制植物细胞膜的功能和酶的活性方面起重要作用。钙也是一些重要酶类的活化剂。

虽然钙在土壤中的含量可能很大，有时比钾大 10 倍，但钙的吸收量却远远小于钾，主要是因为只有幼嫩根尖能吸收钙。缺钙会造成植物顶芽和根系顶端不发育，呈"断脖"症状，幼叶失绿、变形、出现弯钩状。严重时生长点坏死，叶尖和生长点呈果胶状。缺钙时根常常变黑腐烂。在化肥中添加一定的 $CaCO_3$ 作为补钙物质，有利于植株的生长。下面介绍一些新发明的肥料中应用 $CaCO_3$ 的情况，作为 $CaCO_3$ 用于提供矿物营养元素的示例。

#### (1) 大樱桃肥料

若大樱桃的肥料没有缓释功能和营养元素不全面，就会导致樱桃在生长过程中没有匹配的营养元素吸收和利用，从而导致后期营养不良，导致大樱桃产量低。潘宏成等[111] 发明的一种大樱桃用化肥就包含 $CaCO_3$，该肥料具体组分如下：尿素 $30 \sim 80$ 份、磷酸二氢钾 2～10 份、硫酸钾 30～80 份、硼砂 1～5 份、硫酸亚铁 2～8 份、纯品锌肥 1～5 份、铝酸铵 2～8 份、$CaCO_3$ 2～10 份、树脂包膜剂 2～5 份。这种大樱桃的专用肥料通过树脂包膜剂加入，肥料能够获得缓释功能，使得肥料的各种元素分时期缓慢释放供给大樱桃生长需要的营养元素。施用时，根据大樱桃周期发育过程分别在合适的时期对不同部位喷施肥料。

### （2）苹果树肥料

吴来佩[112] 发明了苹果树的肥料。肥料配方按质量份数为：尿素 50～80 份、淀粉 20～30 份、甲醛 15～30 份、五氧化二磷 8～20 份、硫酸钾 10～30 份、硼砂 4～15 份、硫酸亚铁 5～10 份、硫酸锌 10～15 份、铝酸铵 5～10 份、硫酸铜 2～10 份、$CaCO_3$ 30～50 份、树脂包膜剂 2～5 份、固化剂 2～10 份、水 100～200 份。树脂包膜剂的加入使得肥料获得缓释功能，肥料的各种元素分时期缓慢释放供给苹果树的生长需要。

### （3）杨梅肥料

杨梅快速膨大期之前的施肥多为无机肥叶面喷施或土施，无机肥营养单一，叶面喷施肥力低，长期土施也会造成土壤破坏和水污染。郑金土等[113] 发明了一种杨梅增色增糖用肥料，其中各组分的质量份数为：腐熟羊粪 100～150 份，硫酸钾 650～750 份，$CaCO_3$ 50～70 份，硫酸亚铁 30～50 份，硫酸镁 25～40 份，硼砂 20～40 份，硫酸锌 10～20 份。

### （4）桑树肥料

桑园管理中施肥仅施农家肥及少量单质肥，桑叶产量和质量都不高。赵启华[114] 发明了一种添加了改性水溶性纳米级硅溶胶、轻质 $CaCO_3$ 和硅灰石粉作为填充料的桑树肥料。相比其他肥料，这种新型肥料的吸附结构数目增多，还可以防止肥料结块，增加肥料的分散性，有利于肥效的有效释放、作物充分吸收。成分如下（质量份）：菇类废弃物 28～32 份、草炭 20～25 份、饼粕 18～22 份、硫酸锌 2～4 份、硼酸 0.3～0.6 份、碳酸氢铵 0.7～0.9 份、硫酸镁 1.3～1.5 份、腐殖酸 2～4 份、微量元素肥料 1～2 份、改性水溶性纳米级硅溶胶 3～5 份、轻质 $CaCO_3$ 5～7 份、硅灰石粉 2～4 份、脂肪醇聚氧乙烯醚硫酸盐 1～3 份、木质素磺酸钙 0.8～1.2 份、壳聚糖醋酸溶液 2～3 份、木醋液 1～3 份、肉桂油 4～6 份、冬青油 1～3 份和羧甲基纤维素 0.9～1.1 份。与添加普通肥料的对照实验组相比，添加这种新型肥料的桑树产量显著提升（同比提升 39.5%～58.6%）。

## 7.7.2　碳酸钙用于化肥防结和缓释

### （1）$CaCO_3$ 用于化肥防结

化肥结块是指化肥颗粒黏结在一起形成块状物的现象。化肥结块问题严重影响着生产企业的运输与储存，同时降低化肥肥效，给用户的机械化施肥带来不便[115]。化肥结块与否也就成了衡量化肥产品质量的标准之一。使用防结块剂是防治化肥结块的有效方法，当前防结块剂可分为粒内添加防结块处理剂、粒外防结块处理剂、内外防结块处理剂[116]。粒外防结块剂有惰性型防结块剂、表面活性剂型防结块剂、高分子-表面活性剂型防结块剂、惰性物-表面活性剂复合型防结块剂、疏水性物质型防结块剂[117]。

$CaCO_3$ 不仅可以在化肥中起到给植株补钙的作用，还能有效防止化肥结块。重质 $CaCO_3$ 粉末具有高表面积，既不溶于水，一般也不与肥料发生化学反应，可以用作粒外防结块处理剂。使用时以适当的比例对肥料颗粒进行扑粉，使之吸附在肥料颗粒表面，可以在有限的范围内阻止肥料颗粒之间或肥料与大气之间进行水汽交换，从而减轻肥料的结块性，但不能在肥料颗粒表面形成一个连续的惰性层而阻止结块的发生。

直接对化肥表面扑粉成本较低，粉尘量大，操作环境恶劣，而且效果欠佳，现已很少使用。现在研究开发采用的化学防结剂，其中也可以加入 $CaCO_3$。例如，吕庆淮等[118]研究发明了一种液体石蜡包膜涂覆重质 $CaCO_3$ 粉体的防结块剂。液体石蜡对肥料颗粒表面进行包膜可形成疏水层，同时，液体石蜡是一种缓效肥料，可在土壤中微生物作用下缓慢分解，因此不会造成环境污染。少量的 $CaCO_3$ 粉体既可起到肥料颗粒间的隔离作用，同时也有一定的破膜作用，促使肥料的养分释放。还有发明[119]使用混合酸溶液对 $CaCO_3$ 进行表面处理后用作防结块剂，与天然研磨 $CaCO_3$ 或沉淀 $CaCO_3$ 相比，这种表面反应处理过的 $CaCO_3$ 具有更优异的防结块特性。

**（2）$CaCO_3$ 用于化肥缓释**

$CaCO_3$ 在缓释型肥料的配方中能作为一种包覆材料。例如，常婷婷等[120]发明了一种纳米缓释肥料，以化学肥料作为内芯，将淀粉胶黏剂、海藻渣与纳米 $CaCO_3$ 按照 1 :（3~5）:（0.1~1）的质量比混合，作为裹料。将裹料充分包裹内芯后，加工成粒径 15~30mm 的球体形缓释肥料。工艺简单、成本较低，可控制肥料释放速率，提高了肥料利用率，能减少化学肥料在土壤中的累积。其中包覆材料中含有的纳米 $CaCO_3$ 也可以缓慢释放到土壤中为作物补充必需的有效钙。$CaCO_3$ 可以与其他缓释材料配合使用。例如，张毅功[121]发明一种由质量比为（2~8）:（1~5）:（82~75）:（15~12）的草药、缓释剂、肥料和有机物料的组成的缓释型杀虫拟菌肥料。其中草药的组成为（质量份）：甘草 20~60 份，黄连、贯众、金银花、黄芩、薄荷、蒲公英、连翘和板蓝根为 5~10 份；缓释剂的组成为（质量份）：轻质 $CaCO_3$ 5~10 份、聚丙烯酰胺 2~5 份、玉米糊精 93~85 份；肥料的组成为（质量份）：尿素 30~35 份、磷酸二铵 25~30 份、硫酸钾 40~30 份、硫酸亚铁、硫酸锌、硫酸镁、硫酸锰和硼砂 1 份；有机物料的组成为（质量份）：生化黄腐酸 15~20 份、干牛粪 45~50 份、干鸡粪 40~30 份。这样的肥料兼具杀虫拟菌作用、养分齐全、缓释，养分持续均匀供应植物生长，肥料利用率高。

## 7.7.3　碳酸钙用于防治病虫害

下面介绍在一些新发明的肥料中应用 $CaCO_3$ 的情况，作为 $CaCO_3$ 用于防治病虫害的示例。

**（1）大蒜**

施用钙素肥料能显著降低大蒜软腐病平均病株率、平均病叶率和平均病情指数，其中施用硫酸钙处理防效优于其他施钙处理。王志坚等[122]以早熟蒜"苍白一号"为试验材料，研究了 $CaCO_3$、硫酸钙和氯化钙钙素肥料对大蒜腐霉根腐病、软腐病、二次生长的影响。结果表明，$CaCO_3$ 对大蒜腐霉根腐病的防效为 74.8%，对软腐病的防效为 71.41%，对二次生长的防效为 63.82%；氯化钙对大蒜腐霉根腐病的防效为 49.03%，对软腐病的防效为 55.6%，对二次生长的防效为 54.25%；硫酸钙对大蒜腐霉根腐病防效可达 89.69%，对软腐病防效可达 84.50%，对二次生长防效可达 70.59%。综合而言，每公顷土地施用 300kg 硫酸钙对大蒜腐霉根腐病和软腐病的防治效果显著高于 $CaCO_3$、氯化钙和不施用时的效果。

**（2）黄瓜**

饶霜[123] 发明了一种防治黄瓜真菌病害的液体微生物肥料，有效解决了黄瓜种植中有害物质或农药残留、病原菌产生抗药性及环境污染等问题，并能有效提高黄瓜抗病性，防治真菌病害。其组成为（质量份）：细黄链霉菌发酵液 50～100 份、$CaCO_3$ 60～80 份、硫酸镁 10～40 份、硼砂 0.5～1 份、硫酸铁 0.5～1 份、硫酸锰 0.1～0.5 份、硫酸锌 0.001～0.01 份、硫酸铜 0.001～0.007 份、钼酸铵 0.001～0.005 份。其制备中涉及超声辅助酶解制备海藻提取液，再将制备的海藻提取液配制成发酵培养基，在一定条件下培养细黄链霉菌，最后将发酵液与中微量元素复配，制得液体微生物肥料。

**（3）玫瑰**

在种植玫瑰时，施用单一的有机或者无机肥料，难以满足植株生长需要；此外病害的问题比较严重，导致大规模种植生长不均衡，玫瑰产量低，玫瑰花瓣瑕疵等问题。因此，张东军[124] 发明了一种防治玫瑰花病害的复合肥，其组成（质量份）为：发酵木薯渣 45～55 份、草木灰 30～45 份、豆粕 15～20 份、磷酸二氢钾 10～16 份、氯化锌 8～12 份、硫酸铵 12～15 份、明胶粉 5～10 份、生石灰 7～10 份、$CaCO_3$ 5～8 份、板蓝根粉 4～10 份、甜叶菊干叶 5～9 份、螺旋藻藻渣 4～9 份、硼砂 5～8 份、混合菌种 5～10 份、植物纤维 5～8 份和药用防治剂 3～6 份。这种复合肥料可以疏松活化土壤，有机养分全面均衡，无机养分吸收高效快速，提高玫瑰植株对各种营养物质的吸收率，种植的玫瑰的质感好。此外添加各种辅料，玫瑰花在生长过程中抗病害能力强，提高植株成活率。

**（4）树干涂白剂**

树干涂白是指人为地在 1.2～1.5m 高度的树干上涂一层白色的液体。涂白可以反射太阳光，减少树干吸收的热，从而预防树干因为昼夜温差大而开裂。此外，涂白还可起杀菌和防虫作用。传统的涂白剂由生石灰（CaO）、水、黏合剂等混合制备而成，但是传统的涂白剂黏着性和防虫害效果较差，不耐雨水冲刷，附着力差，需要反复多次涂刷。王维等[125] 发明了一种树干涂白剂，这种涂白剂的组成按质量份包括：防冻保护剂 0.5～0.8 份，防虫活性剂 0.1～0.5 份，生物黏附剂 0.5～1 份，药效保持剂 0.1～0.3 份，灰粉复合剂（包括石灰）15～20 份。相对于传统的树干涂白剂，这种新型的、添加防虫保护剂、生物黏附剂等活性成分的涂白剂杀虫性、黏附性明显提高。

## 参考文献

[1] 卢振华, 李敏, 刘红娟. 有关造纸填料的简单介绍 [J]. 湖北造纸, 2010 (04): 40-44.
[2] 王永忠. 填料的表面改性及对纸张性能的影响 [D]. 天津: 天津科技大学, 2008.
[3] 赵丽娜, 刘冬雪, 王悦, 陈浩. 片状碳酸钙粒子的制备及表征 [J]. 化学工程师, 2012, 26 (10): 11-13.
[4] 郑斌, 马晓娟, 黄六莲, 陈礼辉, 曹石林. 淀粉改性碳酸钙填料提高复印纸性能的研究 [J]. 纸和

造纸，2016，35（02）：23-28.

[5] 刘振华，谢玮 . $Ti^{4+}$ 对碳酸钙的表面掺杂包覆改性及其用作造纸填料的研究 [J] . 硅酸盐通报，2017，36（03）：916-919.

[6] 高洪霞，代晓洁，陈朝霞，于德翔，许小朋 . 沉淀碳酸钙改性及其在造纸中的应用研究 [J] . 纸和造纸，2020，39（03）：11-14.

[7] 陈南男，王立军，黄珏，田清泉，姚献平 . 三元聚合电解质改性碳酸钙及其在造纸中的应用 [J] . 浙江科技学院学报，2017，29（05）：353-357.

[8] 杨永涛，田英姿，潘思源，韦世鹏 . 轻质碳酸钙的改性工艺优化及其在造纸工业的应用 [J] . 造纸科学与技术，2017，36（05）：20-25，46.

[9] 宋德龙，邝仕均，张睿玲，陈守勤，林一亭，陈德强 . 低定量新闻纸工艺技术的研究 [J] . 中国造纸，2002（05）：3-6.

[10] 邝仕均 . 关于新闻纸加填 [J] . 中国造纸，2003（11）：48-52.

[11] 车元勋，景宜，张凤山 . 湿法研磨白云石用作新闻纸填料的研究 [C] //中国造纸学会第十六届学术年会论文集 . 中国造纸学会，2014：6.

[12] 赵宏 . 卷烟纸对卷烟燃烧性能的影响 [J] . 黑龙江造纸，2006（2）：42-43.

[13] 周春平 . 卷烟纸特性对主流烟气成分的影响研究 [D] . 上海：华东理工大学，2011.

[14] 詹剑桥，袁志伦 . 造纸填料用改性剂、造纸填料以及制备方法和应用：CN1510213.8 [P] .2004-07-07.

[15] 刘丽敏 . 卷烟纸表面掉粉的影响因素 [J] . 西南造纸，2005，34（5）：48-49.

[16] 焦观厚 . 降低高档卷烟纸透气度变异系数的研究 [D] . 南京：南京林业大学，2005.

[17] 李洪艳 . 碳酸钙在卷烟纸生产中的应用 [J] . 造纸化学品，2008，20（4）：42-44.

[18] 张富有，梁冰，李党国 . 不同碳酸钙在卷烟纸中应用 [J] . 造纸装备及材料，2017，46（04）：20-22.

[19] 周莉莉 . 卷烟纸中纤维、$CaCO_3$ 填料、助剂的分析检测及差异性研究 [D] . 广州：华南理工大学，2012.

[20] Charles P Klass，彭建军 . 涂布纸、涂布方法及原料的最新进展 [C] //2005 中国造纸学会学术报告会论文集 . 美国 E. J. Krause 公司，美国制浆造纸技术协会，中国造纸学会，2005.

[21] 顾丽丽 . 脱墨再生纸制造环保型涂布纸 [D] . 天津：天津科技大学，2015.

[22] 樊慧明，王硕，刘建安，张成 . 改性重质碳酸钙的粒径大小对纸张性能的影响 [J] . 造纸科学与技术，2015，34（01）：24-28.

[23] 张新元 . 关于涂布纸生产技术的探讨 [J] . 湖南造纸，2014（04）：3-7.

[24] 周锐，郭子坤，谢宇鹰 . 沉淀碳酸钙在涂布白纸板涂料上的应用研究 [J] . 造纸科学与技术，2007（4）：54-58.

[25] 王森，毛二林 . 片状碳酸钙的制备及其在造纸涂布中的应用 [J] . 中华纸业，2009，30（20）：59-61.

[26] 刘利琴，高海明，安兴业，臧永华 . 颜料配比与原纸对铜版纸性能的影响 [J] . 纸和造纸，2015，34（10）：1-7.

[27] 张凤山，杨路明，张金芝，张彩虹，曹春昱，刘忠，查瑞涛 . 铜版纸全研磨碳酸钙面涂涂料配方的优化研究 [J] . 中国造纸，2015，34（07）：13-17.

[28] 许斌，宋豪，陆娜 . 一种高速喷墨印刷机用铜版纸的制备方法：CN 106337322 A [P] .2017-01-18.

[29] 朱宏伟，冀振华，刘成良，李丹，艾广龙，刘春景，李甘霖，林本平 . 一种高松厚度铜版纸的制造方法：CN 107012738 A [P] .2017-08-04.

[30] SN/T 0874-2010. 进出口纸和纸板检验规程 [S] . 中华人民共和国出入境检验检疫行业标准 .

[31] 王硕 . 粉煤灰填料的改性及其在造纸中的应用研究 [D] . 广州：华南理工大学，2016.

[32] GB/T 455—2002.

[33] GB/T 742—2018.

[34] 彭丽娟，王淑华，李苓，朱自忠，胡群 . 电位滴定法测定卷烟纸灰分 [J] . 烟草科技，2008（3）：40-42.

[35] 周明松，孙章建，周莉莉，张优茂，邱学青．卷烟纸中 $CaCO_3$ 的定量方法比较及形貌表征研究 [J]．分析测试学报，2012，31（02）：200-205.

[36] 王良金．沉淀碳酸钙碳化工艺参数与成品沉降体积值 [J]．无机盐工业，1998（01）：3-5.

[37] GB/T 19281—2014.

[38] 刘迅廷．纳米技术改善油墨性能 [J]．广东印刷，2011（03）：35-38.

[39] 万里．天然黏土改性的水性油墨复合树脂连结料的制备及其性能研究 [D]．广州：华南理工大学，2017.

[40] 荒木隆史，建入实，吴国蓬．一步捏合法生产含有碳酸钙的平版油墨的制备方法：CN 103087587 A [P]．2013-05-08.

[41] 陈昕雄，王珊珊．一种高浓度碳酸钙平版油墨的制备方法：CN 106147379 A [P]．2016-11-23.

[42] 张一帆．一种高碳酸钙平版油墨：CN 104449029 A [P]．2015-03-25.

[43] 徐乐高，侯正云．一种环保型平板胶印油墨及其制作方法：CN111154325A [P]．2020-05-15.

[44] 王璐．一种改良的凸印油墨：CN 105385231 A [P]．2016-03-09.

[45] 骆存盛，张继卿，冯文，马长生，柴立新，夏春，陈勇，史力，张虹．一种磁性凸印油墨：CN 1712466 [P]．2005-12-28.

[46] 杜金鹏，鲁涛，黄岩，赵贵彬．一种冷涂炭油墨及使用该冷涂炭油墨的凸版印刷机：CN105419474A [P]．2016-03-23.

[47] 何理，周长行．氧化钙固体碱催化剂的制备及在制备生物柴油中的应用 [J]．科学技术与工程，2014，14（06）：234-236.

[48] 王珊珊，程栖桐，汤颖，张洁，王小莉，许亮红．表面改性氧化钙高效催化菜籽油制备生物柴油 [J]．中国油脂，2014，39（11）：61-65.

[49] 任立国，姜妞，高文艺，余济伟．鸭蛋壳制备的 CaO 固体碱催化大豆油制备生物柴油 [J]．中国油脂，2016，41（12）：88-91.

[50] 姜利寒，颜姝丽，梁斌．非均相固体碱催化剂（CaO 体系）用于生物柴油的制备 [J]．工业催化，2006（05）：34-38.

[51] 郭伟，马晓建，韩秀丽．负载型氧化钙固体碱催化剂用于棉籽油制备生物柴油的研究 [J]．粮油加工，2008（03）：63-66.

[52] 常飞琴，张黎，李华锋，王珊珊，汤颖．丙烯酸甲酯改性氧化钙催化制备生物柴油的研究 [J]．应用化工，2017，46（03）：532-536.

[53] 周瑞，程栖桐，童源，唐殿宝，李华锋，张洁，汤颖．超强钙基固体碱催化三组分体系高效制备无甘油生物柴油 [J]．中国油脂，2017，42（02）：50-55.

[54] 阿古达木．氧化钙、氧化钡对钴基费-托合成催化剂的影响 [D]．武汉：中南民族大学，2009.

[55] 刘化章，李小年，岑亚青．一种氧化亚铁基氨合成催化剂：CN102909030A [P]．2013-02-06.

[56] 韩文锋，刘化章，程田红，唐浩东，李瑛．一种铁钌复合氨合成催化剂及其制备方法：CN105772024B [P]．2019-03-05.

[57] 何选明，方嘉淇，潘叶．$Fe_2O_3/CaO$ 对低阶煤低温催化干馏的影响 [J]．化工进展，2014，33（02）：363-367.

[58] 朱廷钰，张守玉，陈富艳，王洋．流化床煤温和气化焦油性质研究 [J]．燃料化学学报，2000（02）：152-156.

[59] 贾永斌，黄戒介，王洋．停留时间对氧化钙催化裂解焦油的影响 [J]．燃烧科学与技术，2004（06）：549-553.

[60] 周宏仓，金保升，仲兆平，肖睿，黄亚继．催化作用下流化床中煤部分气化的试验研究 [J]．动力工程，2006（05）：699-702.

[61] 汤颖，路勇，于欣．氧化钙在催化 Aldol 反应中的应用 [J]．化学世界，2011（12）：708-710.

[62] 李林贵．碳酸钙负载二氧化钛及其塑料功能母料的制备与应用研究 [D]．福建：福建师范大学，2016.

[63] 罗思瑶，陈传盛．ZnO 纳米棒改性 $CaCO_3$ 的光催化性能 [J/OL]．南京工业大学学报（自然科学版）：1-10 [2020-12-15].

[64] Zhang P，Hong R Y，Chen Q，Feng，W G，Badami D. Aluminum-doped zinc oxide powders：syn-

thesis, properties and application [J]. Journal of Materials Science Materials in Electronics, 2014, 25 (2): 678-692.

[65]　胡圣飞，张冲，赵敏，彭少贤．碳酸钙粉体无钯活化化学镀银研究 [J]．湖北工业大学学报，2010，25（02）：79-82，91.

[66]　法文君，王笑阳，王振宇，王初哲，卢晓娅，李鹏．纳米碳酸钙基浅色导电粉的制备及性能研究 [J]．人工晶体学报，2013，42（9）.

[67]　董文举，席君兰，路雅惠，李中华，张培培．核壳结构聚苯胺-聚电解质-碳酸钙微球复合材料的制备、表征和应用 [J]．应用化学，2011，28（1）.

[68]　周勇．一种核壳结构聚苯胺聚电解质碳酸钙微球复合材料制备方法：CN201410744297.2 [P]．2015-05-20.

[69]　赵兴，廖其龙，王辅，刘来宝，余洪滔．碳酸钙基导电复合粉体的制备与性能 [J]．中国粉体技术，2017，23（02）：93-98.

[70]　Chao S，Dogan F．Processing and dielectric properties of $TiO_2$ thick films for high-energy density capacitor applications [J]．International Journal of Applied Ceramic Technology，2011，8（6）：1363-1373.

[71]　巩云云，初瑞清，徐志军，张宪楠，曾文静，窦同福，李国荣．$CaCO_3$ 对 $TiO_2$ 系压敏陶瓷性能的影响 [J]．陶瓷学报，2017（2）.

[72]　康昆勇，朱刚，徐开蒙．退火对 $TiO_2$-$Ta_2O_5$-$CaCO_3$ 陶瓷结构及压敏性能的影响 [J]．人工晶体学报，2020，49（04）：694-699.

[73]　钟存贵．碳酸钙模板法制备沥青基多孔炭材料及电化学性质研究 [J]．功能材料，2015，46（24）.

[74]　刘治，兰中文，孙科，余忠，李堃．$CaCO_3$-$SiO_2$ 添加对 MnZn 铁氧体物相及性能的影响 [J]．磁性材料及器件，2011，42（1）：32-35.

[75]　杨涛，许启明，郝利军．$CaCO_3$ 掺杂对 MnZn 功率铁氧体微观结构和性能的影响 [J]．热加工工艺，2011，40（20）：83-86.

[76]　Wu G H，Yu Z，Tang Z D，Sun K，Guo R D，Zou X，Jiang X，et al. Effect of $CaCO_3$ and $V_2O_5$ composite additives on the microstructure and magnetic property of MnZn ferrites [J]. IEEE Transactions on Magnetics，2018，54（11）.

[77]　Huang C C，Jiang A H，Hung Y H，Liou，C H，Wang Y C，Lee C P，et al. Influence of $CaCO_3$, and $SiO_2$, additives on magnetic properties of M-type Sr ferrites [J]. Journal of Magnetism and Magnetic Materials，2018（451）：288-294.

[78]　黄凤．复合添加高性能锶铁氧体的制备与干压成型研究 [D]．合肥：安徽大学，2015.

[79]　李志杰，吕犇，于忠淇，田鸣，李旭，赵骞．纳米添加剂对锶铁氧体磁性能的影响 [J]．磁性材料及器件，2013（5）：70-72.

[80]　丁闪，薛庆国，佘雪峰，王广，宁晓宇，王静松．碳酸钙对钒钛磁铁精矿直接还原-熔分的影响 [J]．钢铁，2014，49（8）：15-20.

[81]　刘炳杉．$Eu^{3+}$ 掺杂不同形貌碳酸钙的制备及其发光性质研究 [D]．长春：吉林大学，2013.

[82]　姜志光，华东，高月飞，蒋友良．一种光学玻璃专用碳酸钙的制备方法及该碳酸钙：CN201310328452.8 [P]．2013-11-13.

[83]　孙阳艺，罗思媛，费慧龙，陈洪，尚淑娟，王永钱．铕掺杂无机红色荧光材料的研究进展 [J]．电子元件与材料，2010，29（5）：75-78.

[84]　刘金智．基于重质碳酸钙荧光材料的制备与发光特性的研究 [D]．杭州：浙江工业大学，2013.

[85]　李荣秋，康明，程淇俊，张丽，牟永仁，王峰，等．稀土掺杂碳酸钙/聚丙烯可调色复合材料的制备及性能 [J]．硅酸盐学报，2016，44（5）.

[86]　程淇俊．可调色荧光防伪功能复合材料的制备及性能研究 [D]．绵阳：西南科技大学，2015.

[87]　蔺秀媛，钱星雨，李雯，闫小星，毛紫燕，孙楚楚，等．碳酸钙改性对水性 UV 固化涂料力学及光学性能影响 [J]．科技创新与应用，2018（1）.

[88]　赖俊伟．碳酸钙表面感光修饰及其在 UV 涂料中的应用 [J]．影像科学与光化学，2013（01）：10-17.

[89] Lovell J F, Liu T W, Chen J, et al. Activatable photosensitizers for imaging and therapy [J]. Chemical Reviews, 2010, 110 (5): 2839 -2857.

[90] 武美霞, 高艳丽, 韩璇, 郭永. 碳酸钙包覆光敏药物叶绿素的制备 [J]. 山西大同大学学报（自然科学版）, 2013, 29 (5): 48-50.

[91] 李宝全, 唐波. 一种以矿物质为基础的净水剂: CN 106186102 A [P]. 2016-12-07.

[92] 徐楠, 王云龙, 周凯荣, 谭锦, 徐小婷, 刘诚, 冯刚. 一种新型碳酸钙铝净水剂制备方法及除磷工艺: CN 105056872 A [P]. 2015-11-18.

[93] 苏兴. 一种水产养殖用的纳米银池塘底质改良剂: CN 106277240 A [P]. 2017-01-04.

[94] 黄忠平. 一种杀灭养殖池塘中青苔的制剂及其制备方法: CN 101703052 A [P]. 2010-05-12.

[95] 郭书斐. 一种水产养殖用纳米环保净水剂及其制作使用方法: CN 103159265 A [P]. 2013-06-19.

[96] 王胜. 一种配合有机肥使用的海水养殖用脱硫石膏及其制备方法: CN 106187474 A [P]. 2016-12-07.

[97] 王胜. 一种盐碱地养殖水质絮凝净化剂: CN 105692832 A [P]. 2016-06-22.

[98] Ramola S, Belwal T, Li C J, et al. Improved lead removal from aqueous solution using novel porous bentonite and calcite-biochar composite [J]. Science of The Total Environment, 2019, 709: 136171.

[99] 马荣生, 陈杰, 夏鹏, 王学江. 碳酸钙对铜铅铬复合污染土壤的修复机制 [J]. 西北农林科技大学学报（自然科学版）, 2017, 45 (01): 119-123.

[100] 任露陆, 吴文成, 陈显斌, 刘谓承, 李云标, 宋清梅. 碳酸钙与氢氧化钙修复重金属污染土壤效果差异研究 [J]. 环境科学与技术, 2016, 39 (05): 22-27.

[101] 周航, 曾敏, 刘俊, 廖柏寒, 石卉. 施用碳酸钙对土壤铅、镉、锌交换态含量及在大豆中累积分布的影响 [J]. 水土保持学报, 2010, 24 (04): 123-126.

[102] GB 15618—2018.

[103] 钟倩云, 曾敏, 廖柏寒, 李婧菲, 孔晓燕. 碳酸钙对水稻吸收重金属（Pb、Cd、Zn）和 As 的影响 [J]. 生态学报, 2015, 35 (04): 1242-1248.

[104] 韦璐阳, 陈晓明, 刘丽君. 钙镁铁肥降低小白菜对土壤砷吸收的研究 [J]. 广西热带农业, 2007 (6): 18-20.

[105] 钟倩云, 曾敏, 廖柏寒, 李婧菲, 孔晓燕. 碳酸钙对水稻吸收重金属（Pb、Cd、Zn）和 As 的影响 [J]. 生态学报, 2015, 35 (04): 1242-1248.

[106] 敖俊华, 黄振瑞, 江永, 邓海华, 陈顺, 李奇伟. 石灰施用对酸性土壤养分状况和甘蔗生长的影响 [J]. 中国农学通报, 2010, 26 (15): 266-269.

[107] 周富忠, 朱学祝, 刘仁波. 加拿大碳酸钙火山盐岩（SRC）对酸化土壤的改良作用及在甘蓝上的应用效果 [J]. 湖北农业科学, 2020, 59 (22): 91-96.

[108] 于宁, 关连珠, 娄翼来, 马莹, 颜丽. 施石灰对北方连作烟田土壤酸度调节及酶活性恢复研究 [J]. 土壤通报, 2008 (04): 849-851.

[109] 郭安宁, 段桂兰, 赵中秋, 唐仲, 王杨扬, 王伯勋. 施加碳酸钙对酸性土壤微生物氮循环的影响 [J]. 环境科学, 2017, 38 (08): 3483-3488.

[110] Eleonora Flores-Ramirez, Peter Dominik, Martin Kaupenjohann. Coating a dredged sand with recycled ferrihydrites to create a functional material for plant substrate [J]. Journal of Soils and Sediments, 2018, 18 (2): 534-545.

[111] 潘宏成, 闫永奇, 李东辉. 一种大樱桃专用肥料及其制备方法和应用: CN 104045451 A [P]. 2014-09-17.

[112] 吴来佩. 一种苹果树专用肥料及其制备方法和应用: CN 104058867 A [P]. 2014-09-24.

[113] 郑金土, 张同心, 樊树雷, 邱宝才. 一种杨梅增色增糖用肥料及其施肥方法: CN 104892063 A [P]. 2015-09-09.

[114] 赵启华. 一种含有改性水溶性纳米级硅溶胶的桑树肥料及其制备方法: CN102992889 A [P]. 2013-03-27.

[115] 张春霞, 张应军, 徐扬, 徐德林. 表面活性剂在化肥防结块剂中的应用 [J]. 日用化学工业, 2002 (06): 44-48.

[116] 陈秋雪，石元亮，苏壮，王晶．化肥防结块剂的类型及应用 [J]．磷肥与复肥，2006（06）：76-79.

[117] 谢华丽，周春晖，潘炎峰，李小年，葛忠华．复混肥防结块技术的研究和开发 [J]．化工生产与技术，2006（01）：36-39.

[118] 吕庆淮，林秋华，孙维波．液体石蜡包膜涂覆重质碳酸钙粉体对复合颗粒肥料防结块的研究 [J]．化工生产与技术，2004（01）：16-18.

[119] 塔尼娅·布德．用作防结块剂的经表面反应的碳酸钙：CN 107072284 A [P]．2017-08-18.

[120] 常婷婷，杨绪，秦恒基，彭怀风，邵孝侯，张展羽，战培林，李作梅．一种纳米缓释肥料的制备方法和应用：CN 106007918 A [P]．2016-10-12.

[121] 张毅功，薛培英，刘会玲，周亚鹏．一种缓释型杀虫拟菌肥料及其制备方法技术：CN 106565384 A [P]．2017-04-19.

[122] 王志坚，王崇华，杨爱华，王崇菲，张佳佳．三种钙素肥料对大蒜病害的防治效果 [J]．中国瓜菜，2016，29（7）：33-35.

[123] 饶霜．一种防治黄瓜真菌病害的液体微生物肥料及其制备方法：CN 107353121 A [P]．2017-11-17.

[124] 张东军．一种防治玫瑰花病害的复合肥：CN 107285870 A [P]．2017-10-24.

[125] 王维，刘凯洋，王英杰，丁见坤，赵明明，师国增．树干涂白剂：CN111961413A [P]．2020-11-20.

CHAPTER 8

# 第8章
# 碳酸钙与饲料、食品、日化、生物医药产品

## 8.1　碳酸钙与饲料

矿物质饲料指添加天然矿物质或工业合成类似物以及多种矿物质配成的饲料。现代科学技术开发的矿物质饲料可以提供常量或微量营养元素，提高家畜的成活率，减少疾病的发生，加快其成长速度，提高动物产量，提高肉质品质等。

饲料级碳酸钙也是一种饲料添加原料，在饲料中有着许多作用，能改善饲料加工性能，如调节黏度、流变性能，能提供和补充微量元素，能预防动物疾病、调节肉类肉质等。饲料级碳酸钙在应贮存在阴凉、干燥处，防止雨淋、受潮，严禁与有毒、有害物质共存。运输过程中应有遮盖物，也要防止日晒、雨淋、受潮，严禁与有毒、有害物质混运。

### 8.1.1　禽类饲料

鸡肉为人类提供优质蛋白质、必需脂肪酸等营养物质，是一种重要的动物产品。人类对鸡肉的要求已经开始从量的要求逐渐提升为对质的要求，这对饲料也就提出了要求。在禽类饲料中，碳酸钙一般用于调节肉类肉质、补充微量元素、预防疾病、提高蛋壳质量等。

**（1）提高肉鸡口感的饲料添加剂**

为了提高肉鸡的口感，可以在饲料中添加碳酸钙。例如，有研究报道的肉鸡饲料配方质量比例为：玉米200～400份，磷酸氢钙5～6份，石粉3～7份，大豆粉200～250份，鼓皮20～40份，碳酸钙80～100份，鱼粉5-10份，植物油3～8份[1]。该饲料能够促进鸡较快生长，提高了鸡的免疫能力，减少疾病的发生，减少了抗生素等兽药的使用；碳酸钙补充了钙元素，减少了畜产品的药物残留量，显著改善了鸡肉的品质。

**（2）提高鸡肉中共轭亚油酸含量的饲料**

共轭亚油酸是组成脂肪的多种脂肪酸中的一种，是一种广泛存在于反刍动物产品中的保健性脂肪酸。它具有抗动脉粥样硬化、抑制癌发生、抗糖尿病、免疫系统调节、骨组成调节及减少体脂肪等有益作用。亚油酸是人类不可缺少的脂肪酸之一，但是人类无法自身合成，因此必须从食物中摄取。肉仔鸡仅能依靠消化道内的微生物合成微量的共轭亚油酸。为了提高鸡肉中共轭亚油酸含量，研究人员[2]发明一种由共轭亚油酸、维生素E、玉米、玉米蛋白粉、大豆粕、鱼粉、麦鼓、牛脂、石灰石、磷酸三钙、L-赖氨酸、矿物

质、维生素、食盐和胆碱组成的饲料，将饲料饲喂给肉仔鸡，同时提供充足的饮水和表面喷洒维生素 E 的砂粒，饲喂至少 11 天。饲喂该饲料得到的鸡肉中顺 9、反 11 共轭亚油酸含量为 3.73%～6.48%，反 10、顺 12 共轭亚油酸含量为 2.29%～4.28%。

**（3）起颉颃作用的鸭饲料添加剂**

颉颃作用亦称颉颃现象或对抗作用，是指两个因素同时对某现象起作用时，其作用互相对抗而抵消，这种现象称为两种因素的颉颃作用。添加碳酸钙可起到颉颃作用。肉鸭对所需的钙和磷营养，既存在互作关系，又存在竞争关系。例如，高钙日粮能降低磷的吸收，导致鸭群发生磷缺乏症[3]。在鸭饲料中添加碳酸钙、石粉、贝壳粉、蛋壳粉、骨粉、磷酸氢钙等，钙水平提高[3]。由于受消化道竞争性机制的作用，高水平钙离子将竞争性地抑制微量元素铁、铜、锰、锌等元素的吸收和利用，减轻或避免食物的副作用。

**（4）生产鸭肥肝的添加剂**

在鸭子的养殖过程中为了使鸭肝肥大，可以在饲料中添加碳酸钙。杨玉峰等[4] 将鸭肥肝生产分为预饲期、填饲期，设计了饲料配方。预饲期采用低能量高纤维的预饲饲料，包含玉米、大豆粕、菜籽粕、米糠粕、棕榈粕、食盐、磷酸氢钙、碳酸钙、大豆磷脂粉、赖氨酸硫酸盐、蛋氨酸、预混料、复合酶、防腐剂、抗氧化剂；填饲期饲料采用高能量低蛋白的填饲饲料，包含玉米、玉米淀粉、食盐、磷酸氢钙、碳酸钙、小苏打、大豆磷脂粉、大豆油、预混料、防腐剂、复合酶、抗氧化剂，碳酸钙起到了补钙作用，并降低了成本。此发明饲料显著提高了鸭肝的重量和品质，提高了产肝效率。

**（5）对蛋鸡蛋壳质量的作用**

饲料对蛋壳的质量有着重要作用。蛋壳的主要成分是碳酸钙，因此在饲料中添加的碳酸钙量对蛋壳的影响较大。因此，需要控制饲料中钙的含量、形式、钙源的粒度和溶解度，保持口粮中合理的钙含量，并要根据蛋鸡的产蛋量来调整口粮中钙的含量。有研究表明，一般情况下蛋鸡口粮中钙的含量应为 3.2%～3.5%；在产蛋高峰期，当产蛋率达到 75%～80% 时，应提高口粮中钙的含量到 3.6%～3.85%。可以使用石灰石作为主要的钙源，同时适当添加一些贝壳粉有利于钙的吸收[5]。此外，还要保持钙源适宜的粒度和溶解度，石灰石粒度通常为 1400～5600μm，溶解度为 1%～11% 时，对于提高蛋壳的质量有益。

**（6）鹅饲料**

在鹅的养殖过程中，可以添加碳酸钙成分用来促进成长，包括添加骨粉、贝壳粉、蛋壳粉、石灰石等。例如，一种鹅饲料的参考配方（质量分数）：玉米面 55%（或有 15% 稻谷）、麦麸 19%、米糠 10%、菜籽饼 11%、鱼料 3.7%、骨粉 1%、食盐 0.3%[6]。在尽量使用青绿饲料时，添加含碳酸钙矿物质饲料，可以有效补充微量元素，成本低，生产的肉等产品属于绿色食品。

## 8.1.2　猪饲料

矿物质是猪正常生长和发育不可缺少的营养物质，长期过量或不足，将导致代谢紊乱，轻者增重减慢，严重的发生缺乏症或死亡。为了促进猪的生长发育，除了增加猪的食欲，也要在饲料中添加更多的营养物质。在猪饲料中，碳酸钙适用于乳猪、成年猪、母猪妊娠期等，可以起到补充营养元素、促进生长、调节睡眠的作用，能提高家畜的成活率，减少疾病的发生，以及提高肉质品质。

**（1）乳猪养殖饲料**

现代养猪生产要求高生产效率，其中用到仔猪早期断奶技术。但如何饲养断奶仔猪、减少早期断奶仔猪的腹泻、降低仔猪死亡率又成为关键问题。据估计，我国每年断奶仔猪由于腹泻的死亡头数超过 1 亿头，直接经济损失超过 200 亿元，直接导致我国母猪生产力低下。全国每年每头母猪生产的商品猪仅约为 13 头，而发达国家可达 25～30 头。仔猪断奶后腹泻主要由断奶应激引起，仔猪断奶时从吃母乳过渡到吃饲料对胃肠道是最大的应激，直接导致胃肠道变态反应而出现腹泻[7]。碳酸钙可以用于乳猪养殖的饲料。例如，一种饲料各组分质量比为玉米：豆粕：发酵豆粕：进口鱼粉：乳清粉：豆油：食盐：碳酸钙：磷酸氢钙：乳猪专用预混料=62：18：5：3：5：2：0.2：0.6：1.2：3[8]。食用该饲料的仔乳猪成活率高、断奶整齐、后期好饲养管理。

也有发明提出了断奶仔猪抗应激专用饲料，配方如下[7]：膨化玉米 400～500g/kg，豆粕 150～300g/kg，发酵豆粕 50～70g/kg，膨化大豆 50～60g/kg，鱼粉 50～60g/kg，乳糖 40～70g/kg，乳青粉 50～70g/kg，酸制剂 1～4g/kg，植物油 20～30g/kg，抗氧化剂 0.5～1.5g/kg，氯化胆碱 1～2g/kg，碳酸钙 5～10g/kg，磷酸氢钙 7～10g/kg，1％预混合饲料添加剂 8～12g/kg。该组成营养和功能全面，效果显著，可降低仔猪脂质过氧化损伤，从而可以提高仔猪的抗氧化能力，有保护肠道屏障功能，能消除仔猪肠道病原菌，维持肠道菌群微生态平衡，缓解应激造成的仔猪消化力减弱，还能提高仔猪免疫力，缓解应激造成的免疫抑制。

**（2）猪的生长育肥饲料**

猪的体重达 20～60kg 时为生长期[9]，在 60kg 到出栏这一阶段为肥育期[10]。对于猪的生长育肥阶段，有发明提出了一种饲料，由玉米、豆粕、米糠粕、棉粕、次粉、豆油或菜籽油、赖氨酸、蛋氨酸、苏氨酸、矿物质添加剂、氯化钠、碳酸钙、磷酸氢钙按一定比例组成[11]。这是不添加任何激素的饲料，其中碳酸钙的加入不仅降低了成本，而且减少了排泄物中钙、磷的浓度，又减少了排泄物对环境的污染，提高了经济效益。碳酸钙也被用于一种健胃消食并提高免疫力的猪饲料中[9]。该饲料气味芳香、适口性及消化吸收率好，营养全面均衡，加入多味健脾消食的中药，进一步促进中猪的消化吸收。其原料组成（质量份）为：玉米粉 40～43 份，高粱粉 10～13 份，麦麸 10～12 份，发酵豆渣 14～16 份，发酵豆粕 10～15 份，菜籽粕 7～9 份，酵母 1～3 份，全脂鱼粉 20～25 份，滑石粉 8～9 份，蒙脱石粉 5～6 份，维生素 A 0.5～0.8 份，维生素 E 0.7～1.1 份，碳酸氢钙 8～9 份，碳酸钙 10～12 份，甲酸钙 3～4 份，赖氨酸 0.3～0.4 份，谷氨酸钠 0.1～0.2 份，食盐 0.3～0.5 份，奶酪香精 0.05～0.08 份，甜味剂 1～3 份，中药粉末 4～6 份。

为了提高黑猪的出肉率，研究人员发明了一种黑猪饲料，组成为大麦、糙米、荞麦、高粱、糜子、草粉、豌豆、胡麻饼、骨粉、苜蓿粉、碳酸钙、复合维生素、复合多种矿物等核心添加剂[12]。其中，核心添加剂由以下组分制成：大蒜、洋葱、生姜、地榆、黄芪、白术、黄芩、麻黄。由以下重量份的组分制成：大麦 30～40 份、糙米 20～30 份、荞麦 15～25 份、高粱 15～25 份、糜子 8～12 份、草粉 4～6 份、豌豆 4～6 份、胡麻饼 4～6

份、骨粉 4～6 份、苜蓿粉 2～4 份、碳酸钙 0.5～1.5 份、复合维生素 0.5～1.5 份、复合多矿 0.5～1.5 份、核心添加剂 2～4 份。其中，每 10 份核心添加剂由以下质量份的组分制成：大蒜 3～5 份、洋葱 3～5 份、生姜 1～3 份、地榆 0.5～1.5 份、黄芪 0.5～1.5 份、白术 0.5～1.5 份、黄芩 0.5～1.5 份、麻黄 0.5～1.5 份。该饲料不仅能够提供黑猪基础营养物质，保证黑猪的生长效率，提高黑猪的育肥效率，同时通过优化饲料配方并加入核心添加剂，能改善黑猪的肉质，安全性高、原料来源广、生产经济性好。

为了增加猪的摄食行为，市售的诱食类饲料添加剂多为被动调节动物摄食行为的产品，以甜味剂和香味剂为主，通过刺激动物的感官引发动物的摄食行为。有发明提供了一种增强诱食效果的猪饲料添加剂[10]，各组分质量分数为：硫酸铜 10%～12%、硫酸锌 14%～16%、硫酸亚铁 16%～18%、碳酸钙 8%～14%、磷酸氢钙 8%～10%、亚硒酸钠 4%～6%、谷氨酸钠 15%～20%、甘氨酸 10%～14%、柠檬酸 5%～10%、蛋氨酸 4%～8%、苏氨酸 4%～6%、维生素 $B_1$ 0.06%～0.08%、维生素 E 0.23%～0.52%、维生素 $K_3$ 0.25%～0.43%。该发明以无机盐为主，富含了各种微量元素，还包含了多种圈养猪很容易缺乏的维生素，这不仅能遮盖饲料的异味，增加诱食效果，还能促进猪进入深层次睡眠，同时提高其血液循环速度，加快其生长的速度，提高猪的抗病能力。

**（3）母猪妊娠期的饲料**

在母猪妊娠期矿物质元素不足，容易使胚胎发育异常，所以需要加入碳酸钙等矿物元素。在母猪妊娠期的饲料中添加碳酸钙可以满足繁殖需要，也可以满足猪生长的需要。例如，一种用于母猪妊娠期的饲料质量配比组成为[13]：黄玉米 58%，苜蓿 4%，黄豆 4%，豆粕 8%，槐叶粉 2%，红薯 5%，蚕蛹 10%，鱼粉 3.5%，肉骨粉 4%，蛋壳粉 0.5%，食盐 0.3%，碳酸钙 0.3%，磷酸氢钙 0.1%，维生素添加剂 0.2%，硫酸亚铁 0.05%，硫酸锌 0.02%，赖氨酸 0.01%，蛋氨酸 0.01%，土霉素 0.01%。该母猪妊娠期的饲料能量和蛋白质水平都比较高，而且营养比较平衡。

**（4）促进猪的睡眠的饲料**

碳酸钙可用于配制促进猪睡眠的饲料，例如由以下质量份原料制成饲料：苹果渣 90～95 份、干苜蓿草粉 4～5 份、麸皮 3～4 份、玉米面 3～5 份、豆饼 5～6 份、菜籽饼 2～4 份、棉籽饼 3～4 份、啤酒糟 2～5 份、食碱 0.8～0.9 份、氨水 0.5～0.7 份、碳酸钙 0.2～0.3 份、硫酸铵 0.1～0.4 份、磷酸二氢钾 0.2～0.3 份。该饲料具有增强发酵产物中的蛋白酶、脂肪酶、淀粉酶活性的作用，促进饲料中营养素降解，使牲畜对饲料的吸收利用更加充分，且具有促睡眠、保健的特点[14]。

**（5）提高中猪体型的饲料**

饲养业中习惯把中猪（30～80kg 阶段）称为"架子猪"，即此时期猪以"拉架子"为主，长肉为辅。若这个阶段的猪"架子"增长好，体型达到了才能满足尽量增肥的需要，则有利于后期育肥。有发明[15] 提供了一种提高中猪体型的饲料，组成包括玉米、豆粕、麦麸和预混料。所述预混料包括如下组分：复合微量元素、微生物元素、复合维生素、氯化钾、支链氨基酸、谷氨酰胺、磷酸二氢钙和碳酸钙。复合微量元素包括碱式氯化铜、甘氨酸铁、蛋氨酸锌、甘氨酸锰，降低了传统硫酸盐的强氧化作用对饲料中其他营养成分的破坏。氯化钾，调节动物体内电解质平衡，减少超量钠离子对动物体的危害。磷酸二氢钙和复合维生素促进钙、磷吸收，加快骨骼发育。支链氨基酸、多种微生态制剂和谷氨酰胺抑制病原微生物生长、产生消化酶、激活免疫功能、促进快速生长。使用该饲料后中猪的体型明显增长，有利于饲养后期增肉。

## 8.1.3 牛饲料

碳酸钙适用于犊牛、奶牛、肉牛养殖的饲料，用于补充生长中所需要的营养元素，可以起到促进生长、预防疾病等作用。

**(1) 犊牛养殖**

为了使犊牛生长更快，有发明提出了下列质量份组成的饲料：花生秸秆 50～60 份、红豆草 25～35 份、柑橘叶 20～25 份、土豆皮 15～20 份、笋壳 10～15 份、中药渣 5～10 份，鸭粪 10～15 份、发酵剂 1～2 份、大麦粉 45～55 份、米糠 20～25 份、玉米胚芽饼 15～20 份、软糖添加剂 6～8 份、山楂粉 3～5 份、凹凸棒石 5～10 份、芝麻油 4～6 份、海藻酸钠 2～4 份、碳酸钙 2～3 份、磷酸氢钠 1～2 份、食盐 0.3～0.5 份[16]。该饲料含有犊牛生长所需要的各种营养，碳酸钙起到补钙和保健作用，提高了犊牛的生长速度。

**(2) 奶牛养殖**

碳酸钙也可用于奶牛养殖的饲料。例如，用于奶牛养殖的一种饲料[16]，其质量份组成为：甘蔗秸秆 45～55，串叶松香草 25～30，香蕉叶 20～25，花生秧 15～20，废糖蜜 10～15，啤酒糟 10～20，甜菜渣 10～15，发酵剂 1～2，大麦粉 40～50，玉米皮 20～30，花生粕 15～25，软糖添加剂 4～6，向日葵花盘粉 3～5，硅藻土 5～10，栗米油 3～6，海藻酸钠 2～4，磷酸氢钙 1～1.5，碳酸氢钠 0.5～1，食盐 0.3～0.5。该饲料含有奶牛生长所需要的各种营养，提高了奶牛的健康和生长速度。

**(3) 肉牛养殖**

碳酸钙也可用于肉牛养殖的饲料，包括育肥前期饲料和育肥期饲料。例如，一种育肥前期（0～14 周）饲料组分（质量分数）：玉米粉 30%～35%、酒糟 5%～8%、菜籽饼 4%～6%、豆饼 4%～6%、添加剂 1%～2%、食盐 0.2%～0.5%、瘤胃素 0.01%～0.03%、骨粉 2%～3%、碳酸钙 1%～2%、芒硝 1%～2%、秸秆粉 38%～42%[17]；育肥期（14 周以上）饲料组分（质量分数）：玉米粉 40%～45%、酒糟 10%～15%、菜籽饼 6%～8%、豆饼 6%～8%、添加剂 2%～3%、食盐 0.5%～0.8%、瘤胃素 0.03%～0.05%、骨粉 3%～5%、碳酸钙 2%～3%、芒硝 2%～3%、秸秆粉 18%～25%。这种饲料精、粗饲料混合，喂育肉牛后，易于消化、吸收，营养丰富，不仅可提高肉牛重量，还可大幅度降低养殖成本。

**(4) 用于牛的青贮饲料添加剂**

青贮饲料是由水分多的植物性饲料经过密封、发酵后形成，主要用于喂养反刍动物。常用青贮原料禾本科的有玉米、黑麦草、无芒雀麦；豆科的有苜蓿、三叶草、紫云英；其他根茎叶类有甘薯、南瓜、苋菜、水生植物等。在青贮饲料中加碳酸钙不但可以补充钙，而且可以缓冲饲料的酸度。例如，在每吨青贮饲料碳酸钙的加入量为 4.5～5kg，添加 4% 食盐，可使乳酸含量增加，醋酸含量减少，丁酸更少，从而使青贮品质改善，适口性也更好[18]。

### (5) 预防肥育牛尿石症

近年来，肉牛育肥多采用大群集中饲养法，粗饲料喂量减少，乳糜饲料喂量增加，从而导致牛尿石症发病增多。尿石症是肥育牛的重要代谢性疾病，尤其是去势肥育牛发病频繁，育肥后期更易发生，给养牛业带来严重经济损失，所以预防尿石症的发生颇为重要。有研究表明，将维生素 $AD_{35}$ 和碳酸钙作为添加剂，碳酸钙的添加对血清钙的补充具有重要意义，能较有效地预防肥育牛尿石症[19]。

## 8.1.4 鼠饲料

钙对大鼠骨代谢有重要影响，且研究表明，纳米碳酸钙、微晶体磷灰钙、乳钙、酶解牛骨粉、超微酶解牛骨粉、酶解鱼骨粉六种钙剂对大鼠体内的钙吸收及骨代谢状况有不同的影响[20]。采用纳米碳酸钙低、高剂量的饲料的大鼠钙表观吸收率（68.16%、61.30%）在所有上述受试物中最高，纳米碳酸钙具有增加骨密度的作用。

## 8.1.5 鱼虾饲料

水产养殖中，经常会用到钙离子，钙在水体中能够供给水生生物生长发育所需要的钙质，对外壳以及骨骼的形成有着积极的作用。有研究表明可以用虾壳粉 20～60 份（质量份，下同）、碳酸钙 10～30 份、R-葡聚糖 5～15 份、低聚木糖 5～15 份、维生素 C 1～10份、维生素 K 1～10 份、植酸酶 3～20 份、芽孢杆菌 1～20 份、产酶硝化细菌 1～10 份来配制对虾养殖饲料的添加剂[21]，既可以为对虾生长提供必需的矿物质及少量碳水化合物和蛋白质，促进对虾生长，提高对虾抗病能力，还可以降低养殖水体中的污染物，特别是氮磷排放，净化养殖水体。一种夹心适口鲤鱼饲料可以用荞麦 20～30 份、高粱 15～20份、黄豆粕 20～25 份、松花粉 4～5 份、艾叶粉 5～6 份、蚕蛹粉 4～6 份、石灰石粉 2～3份、芝麻油渣 5～6 份、苍术 1～2 份、广木香 1～2 份、哈蟆油 4～5 份、红糖 4～5 份、花生油 1～2 份、杨梅酒 9～13 份、诱食剂 3～5 份、水适量[22] 来配制。这种鱼饲料含有丰富的蛋白质、多种维生素和微量元素，营养均衡、全面，诱食性好，保证鱼体生长发育所需的营养，能够提高鲤鱼的成活率，增强鲤鱼的免疫力和抗病力，提高饲料利用率，节约饲料成本，同时还改善水质，减少环境污染。

## 8.1.6 饲料级碳酸钙的检测

现行有效的饲料级碳酸钙标准有（表 8-1）：辽宁省地方标准《饲料级　石粉》（DB21/T 1751—2009），以及湖南省地方标准《饲料级石粉（碳酸钙）》（DB43/T 699—2012）等，分别适用于石灰石、方解石、大理石为原料和天然碳酸钙石头为原料，经过破碎、碾磨、过筛等加工而成的饲料原料产品。碳酸钙作为饲料加工中钙的补充剂。饲料级碳酸钙的感官要求为白色或灰白色粉末，均匀一致，无结块，无肉眼可见杂质。

### (1) 离子的鉴别与含量鉴定

碳酸根离子的鉴别：取 0.1g 试料，加 15% 的盐酸溶液后应有气体生成；将生成的气体通入 3g/L 氢氧化钙溶液中，应有白色沉淀生成。钙离子的鉴别：取 0.1g 试料，滴加15% 盐酸溶液溶解试料，加水至 25mL。用 10% 氨水溶液调至中性，用中速滤纸过滤。向滤液中滴加 42g/L 草酸铵溶液 5mL，应有白色沉淀生成。

表 8-1    一些地方标准中的饲料级石粉（碳酸钙）产品指标要求[23]

| 项目 | | 指标 | | |
|---|---|---|---|---|
| | | 辽宁省地方标准：《饲料级石粉》DB21/T 1751—2009 | | 湖南省地方标准：《饲料级　石粉（碳酸钙）》DB43/T 699—2012 |
| | | 一级 | 二级 | |
| 钙(Ca)含量/% | ≥ | 38.0 | 35.0 | 38.0 |
| 砷(以总砷计)含量/(mg/kg) | ≤ | 2.0 | | 2.0 |
| 铅(以 Pb 计)含量/(mg/kg) | ≤ | 10 | | 10 |
| 氟(以 F 计)含量/(mg/kg) | ≤ | 2000 | | 2000 |
| 汞(以 Hg 计)含量/(mg/kg) | ≤ | 0.1 | | 0.1 |
| 镉(以 Cd 计)含量/(mg/kg) | ≤ | 0.75 | | 0.75 |
| 盐酸不溶物/% | ≤ | 0.2 | | 0.2 |
| 粒度/% | | ≥90（通过孔径为 0.9mm 的试验筛） | | =100（通过孔径为 0.84mm 的分析筛）≤5（通过孔径为 0.52mm 的分析筛） |

钙含量的测定：在试验溶液中加入过量的乙二胺四乙酸二钠溶液与钙络合，以酸性铬蓝 K-萘酚绿 B 为指示剂，用氯化锌标准滴定溶液滴定过量的乙二胺四乙酸二钠，根据颜色变化判断反应的终点。具体分析步骤：称取 1g 试料（精确至 0.0002g），置于三角瓶中，加少许水润湿，慢慢滴加 20%盐酸溶液 4mL，使试料全部溶解。移入 250mL 容量瓶中，加水至刻度，摇匀，用滤纸过滤，弃去初滤液。用 25mL 移液管移取过滤液 25.00mL，置于 250mL 三角瓶中。准确加入 25.00mL、0.05mol/L 乙二胺四乙酸二钠溶液。加 50mL 水，10mL 氨-氯化铵缓冲溶液（pH=10），放置 5min。加 4 滴酸性铬蓝 K-萘酚绿 B 混合指示剂。在 25mL 酸式滴定管中加入 $c(ZnCl_2)=0.1mol/L$ 氯化锌标准滴定溶液并滴定至溶液由蓝色变为紫色，30s 紫色不褪为终点。与分析试料同样的操作步骤，进行空白试验。以质量分数表示的钙（Ca）含量（$X_1$）按式（8-1）计算：

$$X_1 = \frac{c(V_0-V) \times 0.04008}{m \times 25/250} \times 100 = \frac{c(V_0-V) \times 40.08}{m} \tag{8-1}$$

式中，$c$ 为氯化锌标准滴定溶液浓度，mol/L；$V_0$ 为空白试验滴定时消耗氯化锌标准滴定溶液的体积，mL；$V$ 为滴定时消耗氯化锌标准滴定溶液的体积，mL；$m$ 为试料的质量，g；0.04008 为与 1.00mL 氯化锌标准滴定溶液 $[c(ZnCl_2)=1.000mol/L]$ 相当的以克表示的钙的质量。取平行测定结果的算术平均值为测定结果。

**（2）水分的测定**

将试样在 105～110℃烘至恒重，根据加热前后的减量确定水分含量。称取约 2g 试样（精确至 0.0002g），置于已恒重的 $\phi$60mm×30mm 称量瓶中，移入电热恒温干燥箱内。在 110℃下干燥至恒重。以质量分数表示的水分含量（$X_2$）按式（8-2）计算[23]：

$$X_2 = \frac{m_1-m_2}{m} \times 100 \tag{8-2}$$

式中，$m_1$ 为称量瓶和试样干燥前的质量，g；$m_2$ 为称量瓶和试样干燥后的质量，g；$m$ 为试样的质量，g。

**（3）盐酸不溶物含量的测定**

方法提要：用盐酸溶解试样，过滤，洗涤。将不溶物于（875±25）℃灼烧至恒重。称取 1g（精确至 0.01g）试样，置于高型烧杯中，用少量水润湿，加 2 滴甲基橙指示液，盖上表面皿，徐徐加入盐酸溶液至溶液由黄色变为红色，再过量 5mL，加热至沸，趁热用中速定量滤纸过滤，用热水洗涤沉淀至滤液无氯离子（用硝酸银溶液检验），将滤纸连同不溶物移入已恒重的瓷坩埚中，灰化，在（875±25）℃灼烧至恒重。以质量分数表示的盐酸不溶物含量（$X_3$）按式（8-3）计算：

$$X_3 = \frac{m_1 - m_2}{m} \times 100 \tag{8-3}$$

式中，$m_1$ 为灼烧后坩埚和不溶物的质量，g；$m_2$ 为坩埚的质量，g；$m$ 为试样的质量，g。

**（4）粒度测定**

称取 50g 试样（精确至 0.01g），置于试验筛中，盖上筛盖和筛底进行筛分。筛完后将筛上留存物称重（精确至 0.01g）。

结果计算：以质量分数表示的细度（$X_4$）按式（8-4）计算：

$$X_4 = \frac{m - m_1}{m} \times 100 \tag{8-4}$$

式中，$m_1$ 为筛上留存物的质量，g；$m$ 为试样的质量，g。

**（5）重金属含量的测定**

在微酸性介质中，重金属离子与 $S^{2-}$ 反应，产生稳定的棕色悬浮液，和标准比对溶液比较。称取（1±0.01）g 试样，置于烧杯中，用少量水润湿，盖上表面皿，缓缓加入盐酸溶液至试样全部溶解，加热至沸，冷却。全部移入比色管中，加 20mL 水和 1 滴酚酞指示液，用氨水溶液中和至微红色，加 0.5mL 冰醋酸溶液和 0.5g 抗坏血酸，加入 10mL 饱和硫化氢溶液，摇匀。在暗处放置 1.0min，其颜色不得深于标准比色溶液。标准比色溶液是用移液管移取 3mL 铅标准溶液作为标准，除不加试样外，与试样同时同样处理。

**（6）砷含量的测定**

试样经处理后，用碘化钾、氯化亚锡将高价砷还原为二价砷，然后由与金属锌和酸反应生成的新生态氢作用生成砷化氢，砷化氢在溴化汞试纸上形成砷斑，与标准砷斑进行比较，确定试样中的砷含量。称取约（1±0.01）g 试样，置于测砷瓶中，加 30mL 水溶解，加 10mL 盐酸溶液，摇匀，加 2mL 碘化钾溶液、1mL 氯化亚锡溶液，摇匀，放置 15min。加 3g 无砷锌粒，立即装好装置，置于 25～40℃暗处放置。

**（7）钡含量的测定**

在 pH 值为 5～6 的试液中，加入铬酸钾，生成铬酸钡沉淀，与标准比浊溶液比较。称取（1±0.01）g 试样，置于烧杯中，加 10mL 水，盖上表面皿，缓缓加入 8mL 盐酸溶液，使其全部溶解，加热煮沸 1min，滴加氨水溶液至 pH 值约为 8（用 pH 试纸试验），再加热至沸，冷却，用慢速滤纸过滤于比色管中，用少量水洗涤，加 2g 无水乙酸钠、1mL 冰醋酸溶液、1mL 铬酸钾溶液，加水至刻度，放料 15min 进行比浊，试样所呈浊度不得深于标准比浊溶液。标准比浊溶液是取 3mL 钡标准溶液，加 3mL 盐酸溶液，以下操作与试样同时同样处理。

**(8) 钙表观吸收率测定**

钙表观吸收率是一种摄入食物中钙成分消化吸收程度的指标：钙的表观吸收率＝（摄入钙－粪钙）/摄入钙×100%。测定一段时间的进食量、粪重。用原子吸收分光光度计测定饲料中的含钙量与经消化后粪便中含钙量[24]。

# 8.2　碳酸钙与食品

钙是人体中含量最高的无机元素，约占体重的 1.5%[25]（约 1200～1400g）。体内钙99%存于骨骼中，正常血浆钙浓度[26] 为 2.25～2.75mmol/L。钙对骨骼形成、维持神经与肌肉的正常兴奋性、参与凝血机制、降低毛细血管通透性具有作用。在甲状旁腺激素、降钙素及维生素 D 的调节下，机体存钙量相对恒定。

通常每日从食物中摄取的钙量仅约为需要量的 1/2。在食品中合理添加钙可供给人体对钙的需要。碳酸钙作为重要的钙源已被广泛应用到食品行业，主要以食品添加剂的方式加入食品当中，作为食品营养强化剂、改良剂等。用于食品添加剂的碳酸钙可以是沉淀法制成的食品级碳酸钙，也可以是粉碎石灰石、方解石和牡蛎壳等制成的重质碳酸钙。常见的含钙食品有高钙奶、高钙饼干、高钙挂面、钙糖果、营养强化小麦粉等。在面粉中添加碳酸钙，除了可以起到钙强化的作用，还可以起到面粉增白的作用，改善面粉外观。配制复合膨松剂时也可添加适量碳酸钙。在酒类生产过程中，碳酸钙还能用于脱酸。

## 8.2.1　食品钙分类

各种食品中采用不同钙含量和钙源，可以调节机体吸收钙的程度（表 8-2）。第一代为各种无机钙，动物或鱼类鳞骨、贝壳、珍珠壳或碳酸钙矿石加工后以各种无机盐形式存在的钙剂。这类原料易得，钙剂化学结构不一，多为碳酸钙、氧化钙和氢氧化钙等。但要被机体较好地吸收则需较多的胃酸分解碳酸钙，产品主要有活力钙、活性钙、强力钙、长效钙等。第二代为各种有机钙盐，如柠檬酸钙、乳酸钙、葡萄糖酸钙等。这类钙盐溶解性比第一代好，对胃肠道刺激性较小。但有机钙盐的酸根也有对人体不利的一面，如乳酸累积会引起乏力。钙含量比较低，对长期或需补钙量较大的患者易造成困难。第三代为生物活性的有机钙盐，如生物活性的氨基酸螯合钙，代表性产品有甘氨酸钙，吸收率高、副作用小，生物利用率高，但价格比第一代、第二代的含钙食品高。人体在服用氨基酸螯合钙时不仅补充了钙元素，同时钙剂也提供了人体所需的氨基酸。国内上市的氨基酸螯合钙种类有美国矿维公司生产的"乐力"复方氨基酸螯合钙胶囊等[27]。现在在第三代的基础上又有了新型钙制剂——微粉化及超细化（纳米化）碳酸钙[27]，其制备是将碳酸钙原料进行微粉化处理形成微米级（粒径为 $10^{-6}$m）或纳米级（粒径为 $10^{-9}$m）颗粒，增大了药物的溶解度和表面积，从而对药物的吸收率也有所增加，提高了药物的生物利用率。

表 8-2 含钙食品的钙分类及相关指标对比

| 分类 | 品名 | 钙含量/% | 肠吸收量/% | 溶解性 | 半衰期/h |
|------|------|----------|------------|--------|----------|
| 第一代 | 氯化钙 | 27 | | 易溶 | |
| | 氢氧化钙 | 64 | | 不溶 | |
| | 磷酸氢钙 | 23.3 | | 难溶 | |
| | 碳酸钙 | 40 | 39 | 不溶 | 0.34 |
| 第二代 | 葡萄糖酸钙 | 9 | 27 | 可溶 | 2.66 |
| | 柠檬酸钙 | 21.1 | 30 | 易溶 | |
| | 醋酸钙 | 24.3 | 32 | 可溶 | 0.3 |
| | 乳酸钙 | 13 | 32 | 可溶 | |
| 第三代 | 氨基酸螯合钙 | 27.5 | 80～90 | 易溶 | |
| | 纳米钙 | 40 | ＞39 | 可溶 | 0.34 |

## 8.2.2 由天然生物矿化物生产食品级碳酸钙

一般此类天然含钙食品及食品添加剂可以分为生物质源和矿物质源。

天然含有碳酸钙的生物物质经过一定的加工处理后，变成含碳酸钙的食品。如利用水产生物来研制和开发各种增钙、补钙类食品。例如，利用扇贝壳生产碳酸钙、乳酸钙，利用沙丁鱼制作增钙片剂，利用鱼椎骨加入鲜鱼松中生产增钙鲜鱼松食品，利用鱼鳞作原料生产增钙溶液等。

有报道日本科研人员开发采用[28]湿式球磨机将蛋壳制造成超细钙粉，钙粉平均粒径极其细小，完全可以与其他食品成分混合，天然钙含量高达 37%，且含磷量极低，仅为0.1%左右；同时，由于蛋壳粉的结构疏松多孔，构成蛋壳基质的蛋白质与胃蛋白酶的反应能使蛋壳粉迅速分解，因此其吸收率比其他类型的碳酸钙高。我国学者也有利用蛋壳中高含量的碳酸钙制备新型食品防腐剂丙酸钙，主要步骤如下：首先将收集的蛋壳洗净、风干、机械粉碎、过筛，再将蛋壳粉放在烧杯内，加入水与分离剂，充分搅拌 1.5h 后静置。上层溶液内悬浮出被分离的蛋膜，沉淀物质即是被分离的蛋壳，抽滤得到蛋壳。将此蛋壳粉按照 1:10（g:mL）的比例与水混合，60℃水浴下边搅拌边添加丙酸，6h 后过滤。所得滤液置于蒸发皿中，加热蒸发、浓缩，制得白色鳞片状结晶丙酸钙。

## 8.2.3 由天然矿物生产食品级碳酸钙

对天然碳酸钙矿物，采用各种工艺方法除去矿物质中的各种有害物质，如重金属离子等，制备成较为纯净的碳酸钙，作为各种食品的添加剂。目前市场上这类食品添加剂产品较多，价格便宜。

生石灰用水消化生成石灰乳。沉降后除去上清液，分离锶、钡等杂质。氢氧化锶、氢氧化钡在热水中的溶解度远大于氢氧化钙的溶解度（表 8-3）。例如，在 80℃温度下的溶解度分别为 20.2g/cm³、101g/cm³、0.086g/cm³。经过沉降分离的石灰乳溶解于氯化铵溶液中，分离不溶性的镁、铁、铝、铜、铅、锰和硅化合物等杂质，得到精制氯化钙溶液，再对氯化钙溶液进行碳酸化反应，沉淀出碳酸钙，经过滤、干燥得到食品级碳酸钙产品。

表 8-3　不同温度下不同物质的溶解度对比

| 溶解度 | 氢氧化钙 | 氢氧化锶 | 氢氧化钡 |
|---|---|---|---|
| 溶解度(20℃)/(g/100cm³) | 0.173 | 1.77 | 3.89 |
| 溶解度(80℃)/(g/100cm³) | 0.086 | 20.2 | 101 |

有研究通过以下技术方案得到了食品级碳酸钙[29]；将天然大理石送入颚式破碎机破碎至颗粒粒径≤40mm，再用制砂机和直线振动筛制成40目以下的粉末。向粉末中加入水、分散剂后在20～45℃温度下泡浆25～40min，再加入高级混合硬脂酸表面处理剂，混合均匀后浸泡30～60min得浆料。将浆料输入研磨机中进行湿法研磨，然后将湿法研磨的浆料中通入除尘的二氧化硫烟气，通过浆液洗涤器除去二氧化硫，经氧化转化为硫酸钙，得脱硫石膏溶液。向脱硫石膏溶液中加入18%～25%（质量分数）的氯化铵溶液，搅拌生成硫酸钙溶液。向生成的硫酸钙溶液中加入纯度为97%的碳酸钠溶液，所得碳酸钙沉淀过滤、干燥、粉碎后即为食品级碳酸钙。

### 8.2.4　营养剂

奶制品含钙量丰富，而且丰富的维生素 D 可以促进钙的吸收和利用。适当补充碳酸钙作为钙剂，有利于降低血压。碳酸钙可以添加在奶粉中[30]。例如以牛乳或其他乳为主要原料的降压奶粉，其主要成分为鲜牛奶、脱盐乳清粉、麦芽糊精、饴糖、精炼油（大豆油）、植物油（棕榈油）、酪蛋白水解产物、柠檬酸钾、碳酸钙、低聚果糖、乳酸亚铁、维生素 A、维生素 D、维生素 E 等。此配方具有高蛋白、低脂肪、低糖等特点，可以辅助降低血压和平稳血压、改善睡眠、增进食欲、促进消化等。

有研究人员开发了一种新型的钙剂——超微钙营养剂[31]。该营养剂的组分：45%～70%超微细碳酸钙（颗粒度<1μm）；30%～55%（质量分数）的柠檬酸、酒石酸、葡萄酸或天门冬氨酸中的一种；0～0.5%（质量分数）甜菊糖及适量的维生素 D。该营养剂与一般钙剂相比，具有含钙量充足、生物利用率高等优势。此营养剂制成袋装冲剂、片剂、胶囊、咀嚼片、口服液等，可混入牛奶粥、果珍、面粉中制成饮品或面食。

### 8.2.5　膨松剂

复合膨松剂是生产油炸类食品必不可少的原料之一，这是由于它可以持续性释放气体，能使产品酥、脆和膨松。添加适量碳酸钙配制复合膨松剂（表 8-4），可以起到增白和膨松的作用。在实际生产中目前所采用的复合膨松剂多为市售发酵粉和泡打粉等，生产出的产品在质地、口感、膨松度和形状方面均有某些不足（表 8-5）。因此研究人员探究了碳酸钙对复合膨松剂膨松效果的影响。但也有研究结果表明，在复合膨松剂中碳酸钙添加量为 3% 时，产品膨松度略有改变，食品硬度下降，口感变酥[32]。

表 8-4　不同 CaCO₃ 复合膨松剂配方[32]　　　　单位：%

| 配方 | NaHCO₃ | 钾明矾 | CaCO₃ | 淀粉 |
|---|---|---|---|---|
| 1 | 35 | 40 | 0 | 25 |
| 2 | 35 | 40 | 3 | 22 |
| 3 | 35 | 40 | 6 | 19 |

表 8-5　不同 $CaCO_3$ 复合膨松剂油炸小食品感官评分[32]

| 配方 | 色泽 | 风味 | 质地 | 口感 | 膨松剂 | 形状 | 总分 |
|------|------|------|------|------|--------|------|------|
| 1 | 13.5 | 12 | 12 | 12 | 16 | 9 | 74.5 |
| 2 | 13.5 | 12 | 12 | 20 | 17 | 9 | 83.5 |
| 3 | 13.5 | 12 | 12 | 12 | 16 | 8 | 73.5 |

1989 年世界卫生组织把铝确定为食品污染物之一，要求加以控制。在传统油条加工中通常使用明矾和小苏打。明矾 $[KAl(SO_4)_2 \cdot 12H_2O]$ 是一种以硫酸铝为主要成分的复合盐类，长期食用此类油条会导致铝摄食超标。无铝膨松剂油条是在面粉中加入小苏打、磷酸二氢钙、酸式焦磷酸盐、碳酸钙、食盐和水等物质，调制成面团，经炸制而成。由于加工中不使用明矾，避免了含铝物对人体的损害。例如，有研究报道的速冻油条膨松剂质量配比为：碳酸氢钠 2.57%，葡萄糖酸内酯 1.80%，磷酸二氢钙 1.86%，柠檬酸 0.16%，酸式焦磷酸盐 0.1%，碳酸钙 0.4%[33]。

## 8.2.6　酒类脱酸剂

我国发酵工业和酒类产品历史悠久。《诗·小雅·鹿鸣》："我有旨酒，以燕乐嘉宾之心"。《战国策》记载："仪狄作酒而美，进之禹"。酿造葡萄酒时对酸度（1.5%以上）过高的果汁，可用碳酸钙除去部分酸，原理是碳酸钙与酒石酸形成酒石酸钙，沉淀与酒桶底部，从而将酒石酸与酒分离。

研究人员[34] 以陕西发酵生成的贵人香干白葡萄酒为样本，对其进行不同剂量碳酸钙降酸处理，降酸 0.5g/L 的酒样最大程度保留了对照酒样的香气，整体感官质量得分最高；降酸 1.0g/L 和 1.5g/L 酒样的甜香气味增加，葡萄酒果香降低，整体感官质量得分降低；降酸 2.0g/L 酒样香气特征最弱，整体感官质量得分最低。采用质量浓度为 0.5g/L 的碳酸钙对此葡萄酒降酸效果较佳。但是，也有研究人员[35] 认为碳酸钙只适合轻度降酸和发酵前的降酸，试验操作不当可能会使葡萄酒中含有石灰味，影响酒体的整体结构。

碳酸钙也可用于葡萄汁降酸。有研究发现，随着碳酸钙添加量的增加，碳酸钙对刺葡萄汁的降酸速率和降幅增加[35]。添加量为 1.0g/L 时，总酸降幅仅为 3.30%，果香浓郁，入口较酸，稍涩；当添加 2.0g/L 的碳酸钙时，总酸降幅达到 30.77%，降酸后的刺葡萄汁果香浓郁，入口稍酸，较涩；碳酸钙的添加量为 4.0g/L 时，总酸降幅为 69.64%，酸味损失严重，严重影响果汁的糖酸比。随着碳酸钙添加浓度不断增大，刺葡萄汁中的石灰味越来越重，严重破坏了果汁的结构和口感，从而导致商品性下降。因此，碳酸钙降酸效果明显，成本较低，操作简单，对果汁或果酒的品质影响较小，但注意比较适合适度降酸。

## 8.2.7　微生物培养基

在多黏菌素 B 的发酵培养基加入碳酸钙可以对培养进行优化[36]。碳酸钙能促进肝素黄杆菌发酵产酶[37]。研究表明，碳酸钙一方面通过调节 pH 值发挥作用，另一方面分解产生的 $Ca^{2+}$ 对产酶有促进作用，$CO_3^{2-}$ 能刺激菌体生长。培养乳酸杆菌和酸奶发酵，也可添加碳酸钙[38]。为了降低培养基的成本、提高活菌数且便于菌体分离，采用 6% 的酶解脱脂乳为基础培养基，通过添加乳清粉补充碳源和部分氮源，添加酵母粉补充多种促生长因子，添加碳酸钙中和发酵液中的乳酸，从而实现菌体的高密度培养。

### 8.2.8 食品包装和可食膜

食品包装被称为"特殊食品添加剂"，它是现代食品工业的最后一道工序，在一定程度上，食品包装已经成为食品不可分割的重要组成部分，其在原材料、辅料、工艺方面的安全性将直接影响食品质量，继而对人体健康产生影响。因此，选择并制备合适的食品用包装材料非常重要。碳酸钙可用于食品包装复合材料。

研究人员发明了一种食品用环保复合材料[39]，主要成分（质量份）为：聚乙烯 55~65 份、碳酸钙 30~40 份、色料添加剂 0~0.1 份、助剂填料 2.5~3.5 份。其中碳酸钙、色料添加剂及助剂填料均为食品级原料。在符合 GMP（生产质量管理规范）与 HACCP（危害分析和关键控制点体系）条件下，将碳酸钙、助剂、填料、聚乙烯树脂搅拌制得混合料，再经造粒制成食品用环保复合粒料，产品符合食品包装的要求，力学性能优良，绿色环保性增加。

有研究人员开发提供了一种具有抑菌活性的明胶-碳酸钙可食膜[40]。研究添加 0%、1%、3% 姜精油的明胶-碳酸钙可食膜的厚度、机械性能、水溶性、水蒸气透过系数、色泽、透明度和透光率、抑菌活性、表面形态微观结构及可食膜在冷藏温度为 4℃ 时对冷鲜肉的保鲜效果等特性。结果表明：通过添加姜精油，姜精油与明胶相互作用导致可食膜的外观颜色变暗，抗拉强度、水溶性和水蒸气透过系数均有所降低，而可食膜的厚度、断裂伸长率、抑菌活性均有所提高；随着姜精油浓度的增加，可食膜表面更粗糙；对冷鲜肉的保鲜实验表明，随着姜精油添加量的增加，可食膜对冷鲜肉的保鲜效果变好，在食品包装方面具有潜在的应用价值。

### 8.2.9 食品级碳酸钙的检测

在食品级碳酸钙中，纯度和某些有害杂质的含量为主要鉴定指标（表 8-6）。现行有效的食品级碳酸钙国家标准（表 8-7）有《食品添加剂碳酸钙（包括轻质和重质碳酸钙）》（GB 1886.214—2016），适用于沉淀制得的食品添加剂轻质碳酸钙和粉碎石灰石、方解石以及牡蛎壳制得的食品添加剂重质碳酸钙。

表 8-6　《食品添加剂碳酸钙》感官要求[41]

| 项目 | 要求 | 检验方法 |
|---|---|---|
| 色泽<br>状态 | 白色或灰白色<br>粉末 | 取适量试样置于 50mL 烧杯中，<br>在自然光下观察色泽和状态 |

表 8-7　《食品添加剂碳酸钙》理化指标[41]

| 项目 | | 指标 |
|---|---|---|
| 碳酸钙（$CaCO_3$）含量（以干基计,质量分数）/% | | 98.0~100.5 |
| 盐酸不溶物（质量分数）/% | ≤ | 0.2 |
| 游离碱 | | 通过试验 |
| 镁和碱金属（质量分数）/% | ≤ | 1 |
| 干燥减量（质量分数）/% | ≤ | 2.0 |

续表

| 项目 | | 指标 |
|---|---|---|
| 钡（Ba）/（mg/kg） | ≤ | 300 |
| 镉（Cd）/（mg/kg） | ≤ | 2.0 |
| 氟（F）/（mg/kg） | ≤ | 50 |
| 砷（以 As 计）/（mg/kg） | ≤ | 3.0 |
| 铅（Pb）/（mg/kg） | ≤ | 3.0 |
| 汞（Hg）(mg/kg) | ≤ | 1.0 |

① 钙离子、碳酸盐、盐酸不溶物的鉴别的具体分析原理和方法同前面章节所述。

② 游离碱的测定。分析步骤：称取（3.00±0.01）g 试样，置于 100mL 烧杯中，加入 30mL 新煮沸放冷的水，摇匀。3min 后干过滤，用移液管移取 20mL 滤液，加 2 滴酚酞指示液，加入 0.20mL 盐酸标准滴定溶液，红色消失即为通过试验。

③ 镁和碱金属的测定。称取约 1g 试样，精确至 0.0002g，置于 250mL 烧杯中，加水润湿后缓慢加入 30mL 盐酸溶液溶解试样，煮沸并除去二氧化碳，冷却后加氨水溶液中和，加入 60mL 草酸铵溶液，于水浴上加热 1h。冷却后全部转移至 100mL 容量瓶中，加水至刻度，摇匀，过夜，过滤。用移液管移取 50mL 滤液，置于已于 800℃±25℃ 下灼烧至质量恒定的瓷坩埚中，加入 0.5mL 硫酸，蒸发至干，于（800±25）℃ 下灼烧至质量恒定。镁和碱金属含量的质量分数 $w_3$ 按式（8-5）[23] 计算：

$$w_3 = \frac{m_5 - m_6}{m_7 \times \frac{50}{100}} \times 100\%$$
(8-5)

式中，$m_5$ 为坩埚和残渣的质量，g；$m_6$ 为空坩埚的质量，g；$m_7$ 为试样的质量，g；50 为移取试样溶液的体积，mL；100 为容量瓶的容积，mL。

试验结果以平行测定结果的算术平均值为准。在重复性条件下获得的两次独立测定结果的绝对差值不大于 0.2%。

④ 干燥减量的测定。用已于（200±5）℃ 下干燥至恒重的称量瓶称取约 2g 试样，精确至 0.0002g。于（200±5）℃ 下干燥 4h，冷却至室温，称量，精确至 0.0002g。干燥减量的质量分数 $w_4$ 按式（8-6）[23] 计算：

$$w_4 = \frac{m_8 - m_9}{m_{10}} \times 100\%$$
(8-6)

式中，$m_8$ 为干燥前称量瓶和试样质量，g；$m_9$ 为干燥后称量瓶和试样质量，g；$m_{10}$ 为试样的质量，g。

试验结果以平行测定结果的算术平均值为准。在重复性条件下获得的两次独立测定结果的绝对差值不大于 0.1%。

⑤ 钡（Ba）的测定。方法提要：在微酸性介质中，铬酸根离子与钡离子生成铬酸钡沉淀，与标准比浊溶液比较。称取（1.00±0.01）g 试样，置于烧杯中。加水润湿后缓慢加入 8mL 盐酸溶液溶解，移入 50mL 纳氏比色管中。移取 3mL 钡标准溶液于另一个纳氏比色管中，各加水至 20mL。分别加入 2g 乙酸钠、1mL 冰乙酸溶液和 0.5mL 铬酸钾

溶液，加水至刻度，放置 15min 后比较其浊度。试验溶液所呈浊度不应深于标准比浊溶液。

⑥ 镉（Cd）的测定。试样经处理后，在酸性溶液中镉离子导入原子吸收光谱仪中，原子化以后，吸收 228.8nm 共振线，其吸收量与镉含量成正比，与标准系列比较定量。试验溶液和空白试验溶液的制备：称取（1.00±0.01）g 试样，置于 150mL 烧杯中，用水润湿（盖上表面皿），滴加盐酸溶液至溶解，加热沸腾，冷却；全部移入 50mL 容量瓶中，用水稀释至刻度。同时制备空白试验溶液。标准工作溶液的制备：用移液管移取 0.00mL、0.50mL、1.00mL、2.00mL、3.00mL、4.00mL 镉标准溶液，分别置于 6 个 50mL 容量瓶中，用移液管分别加入 5mL 盐酸溶液，用水稀释至刻度，摇匀，此系列溶液为镉标准工作溶液。使用乙炔-空气火焰，在波长 228.8nm 处将原子吸收分光光度计调至最佳工作状态，以水为参比，测量吸光度。以镉质量为横坐标，吸收值为纵坐标，制作工作曲线。按式（8-7）[23] 计算镉（Cd）的质量分数 $w_5$：

$$w_5 = \frac{(m_{11} - m_{12}) \times 1000}{m_{13}} \tag{8-7}$$

式中，$m_{11}$ 为从工作曲线上查出的试验溶液中镉的质量，mg；$m_{12}$ 为从工作曲线上查出的空白试验溶液中镉的质量，mg；1000 为换算因子；$m_{13}$ 为试样的质量，g。

试验结果以平行测定结果的算术平均值为准。在重复性条件下获得的两次独立测定结果的绝对差值不大于 0.2mg/kg。

⑦ 肠吸收量测定。目前，研究药物在肠道吸收的方法主要分为体内法、体外法、在体法。在体法中的在体肠灌流法是目前用于研究口服药物肠吸收应用最为广泛的方法。在体肠灌流法[42] 的方法步骤如下：受试者禁食一夜（10h）后，于翌晨空腹经口插入三腔小肠灌注管，在透视下定位，达预定位置后，即以输液泵，以 10mL/min（9.8mL/min±1.34mL/min）的速度恒速向空肠肠腔内泵入小肠灌注液，同时利用虹吸作用以 1.5mL/min（1.5mL/min±0.2mL/min）的恒速分别从近、远端管口收集肠液标本。每组试液先平衡 30min 后，再采样 1h。近端管开始及结束采样时间均比远端管提前 10min。记录泵入及采样的液体量，肠液标本当日离心（2000r/min，15min），小塑料管分离后于 −70℃ 保存以测定近端和远端肠液中的钙浓度。肠液中钙的浓度测定采用原子吸收光谱法。

# 8.3　碳酸钙与日化产品

人类使用化妆品历史悠久，洗净用、毛发用、护肤用和美容用化妆品等种类繁多，发展趋势是疗效性、功能性、天然性，化妆品新产品开发同生活、医疗、生理等密切联系，是交叉综合科学技术。碳酸钙具有天然性、加工颗粒细、可生产高纯度产品的优势，在化妆品中添加纳米级碳酸钙使制品细腻、光滑，提高了制品的使用性能及产品档次，在牙膏等行业中作为填料、磨料等。

自古至今，珍珠就是理想的美容佳品。《本草纲目》卷六四记载："珍珠味咸，甘寒无毒。镇心点目。涂面，令人润泽好颜色。涂手足，去皮肤逆胪，坠痰，除面斑，止泄"。

现代科学研究发现，海水珍珠层是由许多文石（$CaCO_3$）晶质薄层与有机质的薄层交替累积而成的。文石单晶长 $3\sim5\mu m$，宽 $2\sim3\mu m$，厚 $0.2\sim0.5\mu m$，为不规则多边形的扁平平板状，由有机质黏结，有机质厚约 $0.1\sim0.3\mu m$。整个海水珍珠层结构好像"砖墙"结构，由一层"砖块"（文石）加上一层"泥灰"（有机质）经重叠为上千层累积而成。文石含量大于 90%，有机质占 1.2%～3.3%[43]。海水珍珠层中的有效活性成分有水解氨基酸、微量元素、类胡萝卜素、牛磺酸和钙离子等[43]。这些成分可增强人体表皮细胞活力、促进新陈代谢，进而起到延缓衰老的作用。将纳米珍珠层粉与其他具有营养、吸附、润滑和成膜作用的粉末，如火山岩粉、滑石粉、熟石膏粉、钛白粉和淀粉等混合，经消毒杀菌后制成粉状面膜，目的在于利用各组分的协同作用，促进珍珠有效成分的充分利用，达到最佳的美容护肤功效[43]。

### 8.3.1 香粉和除臭止汗剂

婴儿香粉包括痱子粉、扑身粉、扑面粉等。以往香粉的主要成分是滑石粉，容易飞散，成分中又含硅酸，婴儿吸入会影响健康。为了消除滑石粉的亮度，可加入粒度细的碳酸钙，但沉降碳酸钙遇皮肤纹中的水分容易引起膨润。再者，沉降碳酸钙属于碱性，有容易侵酸等缺点。鸡蛋等的蛋壳是拥有许多微细气孔的天然多孔物质，干燥蛋壳粉除具有优良的吸湿性、良好的吸附能力、对皮肤无刺激外，还有较大的附着力，抹在皮肤上，不像滑石粉那样有明显的闪闪发光的不自然感觉[44]。一种干燥细蛋壳粉的制造方法如下[44]：在 200～300℃中，把蛋壳加热、干燥、杀菌 5～10min，防止腐败、变质，在锤磨机中粉碎，得平均粒径 150$\mu m$ 的颗粒，然后经超声速喷射粉碎机，制成细粉末。按作用领域筛选不同粒径的粉体：用在痱子粉、扑身粉上最好是 5～40$\mu m$；用在扑面粉上最好是 2～20$\mu m$。科研人员研制了一种含有干燥细蛋壳粉的婴儿香粉[44]，其组成为：碳酸钙（91.0%）、碳酸镁（1.5%）、磷酸镁（0.2%）、蛋白质（5.0%）、水分（1.0%）和其他（1.3%）。试验结果表明，鸡蛋等蛋壳干燥细粉末，系有许多微细气孔的天然多孔物质，吸湿性比滑石粉更优越。但干燥细蛋壳粉的滑性比滑石粉差。在婴儿香粉配方中，与50%～90%滑石粉并用是比较合适的。由于干燥蛋壳粉有较大的吸附能力，也可把它作为香料载体，改进滑石的吸附性，例如添加在剃须后的擦面香粉中，并在擦面粉中给予"霜起"作用。

在除臭止汗剂中也可以加入碳酸钙[45]。例如，一种除臭粉的配方为滑石粉 84%、碳酸钙 12%、硼酸 3%、Hexachloro-phenum·（G-11）0.5%、鲸蜡醇 0.5%、香料适量。

### 8.3.2 面膜

在美容保养面膜中添加碳酸钙，能起到一定的摩擦和吸附作用，可以除去皮肤的角质及污垢，从而清洁肌肤。对于粉刺（又称痤疮），一直没有一种较好的治疗和预防用品，一般用普通的面膜不能起到很好的治疗和预防作用。有发明提供了一种用于治疗和预防粉刺及美容护肤系列的防粉刺专用面膜[46]，配方成分（质量份）为：硫化钙 20 份、硅酸镁铝 22 份、轻质碳酸钙 26 份、丙三醇 8 份、吐温 60 2.5 份、氧化锌 20 份、橄榄油 3 份、尼泊金甲酯 0.2 份、香精 0.5 份。其中硫化钙是主要有效成分，硅酸镁铝用作胶黏剂及增稠剂，轻质碳酸钙用作按摩剂，丙三醇用作保湿剂，尼泊金甲酯用作防腐剂，吐温 60 用作洗涤剂，氧化锌用作杀菌剂，橄榄油用作润肤剂。这种防粉刺专用面膜可以有效地提高按摩效果，除去皮肤的角质及污垢，以达到降低皮脂腺分泌及治疗粉刺的目的。

还有研究以抹茶为主要功效成分（表 8-8）开发了一款绿色天然、使用便捷、外观新颖，并具有一定美白、保湿等功效的剥离型凝胶面膜[47]。试验表明，在抹茶粉添加量 0.05g、海藻酸钠添加量 0.12g、碳酸钙添加量 0.11g 的条件下，抹茶凝胶面膜具有较高的感官品质和功效评分[47]。其中，碳酸钙溶解后释放的 $Ca^{2+}$ 对海藻酸钠的凝结起着重要作用。海藻酸钠与 $Ca^{2+}$ 的反应非常迅速，会导致局部凝胶过快，生成不连续胶体，从而影响整个体系的均匀性。同时，凝胶速度过快，也会给产品的使用带来诸多不便。在海藻酸钠与 $Ca^{2+}$ 凝胶体系中添加螯合剂（如葡萄糖酸-δ-内酯），可使其与多余阳离子螯合，防止海藻酸钠持续快速与 $Ca^{2+}$ 反应，从而调控凝胶强度和凝胶时间。

表 8-8　抹茶凝胶面膜粉初始配方[47]

| 配料 | 添加量/g | 质量占比/% |
|---|---|---|
| 碳酸钙 | 0.11 | 28.8 |
| 海藻酸钠 | 0.10 | 26.2 |
| 抹茶粉 | 0.04 | 10.5 |
| 葡萄糖酸-δ-内酯 | 0.06 | 15.7 |
| 玉米淀粉 | 0.020 | 5.2 |
| 茶氨酸 | 0.002 | 0.5 |
| 高岭土 | 0.020 | 5.2 |
| 山梨醇 | 0.030 | 7.9 |

一种新发明的氧化石墨烯面膜成分中也包括碳酸钙[48]，其配方中的原料及质量份是：氧化石墨烯 0.05～7.2 份、水 45～83.8 份、高分子胶 0.8～9.1 份、碳酸镁 0～4.5 份、碳酸钙 0～3.2 份、季铵盐类表面活性剂 0～1.5 份、香料 0.01～0.08 份。氧化石墨烯不但可以通过对细菌细胞膜的插入进行切割，还可以通过细胞膜上磷脂分子的大规模直接抽取，氧化石墨烯巨大的比表面积可以方便地将杀死的螨虫吸附到石墨烯的表面，达到从面部毛孔深处清除螨虫的目的。

### 8.3.3　牙膏

市面上的牙膏种类有很多，基本原料为摩擦剂、润湿剂、增稠剂、甜味剂、表面活性剂和香料等，其中摩擦剂可清除牙斑、食物残渣，使牙齿磨光且不伤及牙釉；牙齿上的蛋白质膜也需要摩擦剂清除，否则牙齿就会变黄。一般用于牙膏摩擦剂的有碳酸钙、磷酸氢钙（磷酸氢钙二水盐 $CaHPO_4 \cdot 2H_2O$ 和磷酸氢钙无水盐 $CaHPO_4$）、焦磷酸钙（$Ca_2P_2O_7$）、氢氧化铝 [$Al(OH)_3$]、水合硅酸（$SiO_2 \cdot nH_2O$）等。

碳酸钙是目前国内生产的牙膏采用的主要摩擦剂，其相对密度为 0.75，莫氏硬度为 3，结晶为平行四边形[49]。摩擦剂在牙膏中用量一般为 20%～60%。当用碳酸钙作摩擦剂时，一般为 50%。国内采用的牙膏级摩擦剂中碳酸钙的摩擦值最大。摩擦剂的形状对摩擦值有影响，形状不规则的粒子与形状规则的粒子相比有较大的摩擦值，粒度通常在 2～15μm 较为适宜。碳酸钙也是一种生物活性材料，能促进口腔硬组织的生物矿化[50]。

**（1）重质碳酸钙摩擦剂**

以方解石经研磨制取的 GCC（重质碳酸钙）就可用于牙膏中作摩擦剂[51]。为保证牙膏膏体的质量，可选择"分切"工艺来加工生产基本均一粒度的方解石粉[49]。"分切"后的粉料，其粒度基本均一，且牙膏膏体外观指标的白度有所提高，同时可以部分代替价格较贵的磷酸氢钙、氢氧化铝摩擦剂，提高经济效益。但 GCC 存在着硬度较高、粒度分布不均、作摩擦剂口感欠佳等不足。

**（2）轻质碳酸钙摩擦剂**

也有使用 PCC（轻质碳酸钙）作牙膏摩擦剂。以 PCC 作牙膏摩擦剂比其他摩擦剂价格低，具有微碱性，对牙斑细菌的酸性代谢产物（如柠檬酸）可降低口腔 pH 值至 5.5 左右，具有清除酸性牙斑和中和口腔内酸性代谢产物的双重作用[51]。但普通 PCC 因比表面积和吸水量等原因，与牙膏膏体 K12（十二烷基硫酸钠）配伍性很差，制成的牙膏易结粒和返粗，这就对 PCC 制造提出新要求，如降低比表面积，使其粒度不能过细，也不能过粗[51]。晶型为不规则的纺锤形，以增大摩擦力；另外 PCC 碱度必须严格加以控制等。

**（3）$CaCO_3/SiO_2$ 核-壳结构摩擦剂**

除此之外，近年来利用混合摩擦剂或摩擦剂复配等制备牙膏的方法开始增多。如某高效脱敏牙膏所使用的摩擦剂就是由 42% 的方解石粉（碳酸钙）和 5% 的沉淀水合二氧化硅混合而成的 51，该牙膏的摩擦值降低了 40%，减少了对牙齿的磨损，但该牙膏中碳酸钙与氟化钠相容性的问题依然存在。因此，近来有一些研究利用二氧化硅包覆微米级球形碳酸钙颗粒，制备单分散的 $CaCO_3/SiO_2$ 核-壳复合结构粒子作为牙膏摩擦剂[52]。例如将纳米碳酸钙加入浓度为 5%～70% 的硅酸钠水溶液中进行超声分散，经硅酸盐发生水解-缩合反应生成溶胶，从而沉积在纳米碳酸钙表面，形成具有核-壳结构的纳米 $CaCO_3/SiO_2$ 复合粒子[53]。也可以先行制备出粒径为 3～15μm 的球形碳酸钙粒子作为模板，正硅酸乙酯作为硅源，在氨水的催化作用下通过溶胶-凝胶方法将二氧化硅包覆在球形碳酸钙粒子表面，最终获得单分散的、核-壳型 $CaCO_3/SiO_2$ 复合结构粒子[52]。这种核-壳型 $CaCO_3/SiO_2$ 球形粒子作为牙膏摩擦剂使用时与氟化物的相容性好，去污效果和摩擦能力与市售的 $SiO_2$ 摩擦剂牙膏相当。还有人提出利用 2% 或 4% 的硅酸盐溶液并通入 $CO_2$ 气体对碳酸钙进行表面处理，从而提高碳酸钙粒子的耐酸性及其与氟化物的相容性[54]。

**（4）表面调控与修饰碳酸钙牙膏摩擦剂**

对价格低廉的碳酸钙摩擦剂进行形态和表面的调控与修饰，可以提高碳酸钙摩擦剂在牙膏中的耐酸性及与氟化物的相容性，并降低其对牙面的磨损[52]。在形态方面，以碳酸钠和氯化钙为反应物，分别利用聚苯乙烯-丙烯酸和聚苯乙烯磺酸钠的调控作用合成出粒径为 2～8μm 的球形碳酸钙粒子[55,56]。在表面修饰方面，可将硬脂酸钠等疏水性物质涂覆在碳酸钙粒子的表面，以改善与牙膏中氟化物的相容性。该方法对碳酸钙与氟化物相容性问题的解决仍不理想[52]。

## 8.3.4　日化产品对碳酸钙的要求和检测

一般说来，化妆品用的天然碳酸钙是方解石型[54]的，其白度至少为 90%，粒度小于

325目。外观要求一般为白色结晶粉末。GB/T 23957—2009适用于牙膏工业用轻质碳酸钙，轻质碳酸钙在牙膏中用作摩擦剂（表8-9）。

表8-9　《牙膏工业用轻质碳酸钙》要求[54]

| 项目 | | 指标 |
|---|---|---|
| 碳酸钙($CaCO_3$)含量(以干基计)/% | ≥ | 98.5 |
| 钙含量(以干基计)/% | ≥ | 39.2 |
| pH(20%悬浊液) | | 8.5～10.0 |
| 白度/度 | ≥ | 94.0 |
| 细度($45\mu m$ 筛余物)/% | ≤ | 0.2 |
| 105℃挥发物/% | ≤ | 0.5 |
| 水分含量/% | ≤ | 1.0 |
| 盐酸不溶物含量/% | ≤ | 0.2 |
| 重金属(以 Pb 计)含量/% | ≤ | 0.001 |
| 镁(Mg)含量/% | ≤ | 0.3 |
| 砷(As)含量/% | ≤ | 0.0003 |
| 铅(Pb)含量/% | ≤ | 0.0003 |
| 铁(Fe)含量/% | ≤ | 0.015 |
| 氟化物(以 F 计)含量/% | ≤ | 0.005 |
| 沉降体积/(mL/g) | | 1.7～2.1 |
| 硫化物 | | 通过试验 |
| 细菌总数/(个/g) | ≤ | 300 |
| 类大肠杆菌 | | 不得检出 |
| 金黄色葡萄球菌 | | 不得检出 |
| 霉菌及酵母菌总数/(个/g) | ≤ | 100 |
| 钡盐(以 Ba 计)含量/% | ≤ | 0.030 |

① 碳酸钙、白度、细度、盐酸不溶物、重金属等含量的测定，具体分析的原理和方法同前面章节所述。

② pH值的测定。称取（10.0±0.1）g试样，置于150mL烧杯中，再加入25℃、100mL无二氧化碳的水，充分搅拌10min后，按GB/T 23769—2009的分析步骤测定pH值。取平行测定结果的算术平均值为测定结果，两次平行测定结果的绝对差值不大于0.2。

③ 铁含量的测定。使用4cm比色皿，绘制铁质量为0.01～0.1mg的工作曲线。称取1g试样，精确至0.0002g，置于100mL烧杯中，加10mL水、5mL盐酸溶液，加热煮沸2min，取下冷却至室温。全部转移至100mL容量瓶中，用水稀释至刻度，摇匀。干过滤，弃去20mL初始滤液，保留其余滤液。用移液管移取20mL滤液，置100mL容量瓶中，以下按GB/T 3049—2006中6.4从"必要时，加水至60mL"开始进行操作。同时同样处理空白试验溶液。从工作曲线上查出相应的铁的质量。铁含量以铁（Fe）的质量分

数 $\omega$ 计, 数值以％表示, 按式 (8-8)[54] 计算:

$$\omega = \frac{m_1 - m_0}{m \times \dfrac{V}{100}} \times 100 \tag{8-8}$$

式中, $m_1$ 为从工作曲线上查得被测试液 Fe 的质量; $m_0$ 为从工作曲线上查得试剂空白溶液中 Fe 的质量; $m$ 为吸取试样溶液相当于试样的质量; $V$ 为取样量。

④ 表面粗糙度。有研究人员提出了一种评价牙膏磨损性能的新方法——表面粗糙度法[57]。该方法利用具有刷磨压力、全程可控及实时显示的刷磨仪作为刷磨仪器, 聚甲基丙烯酸甲酯 (PMMA) 磨块作为代替牙本质的实验材料。在刷磨测试前后用表面粗糙度仪测定 PMMA 磨块表面的 $Ra$ 值, 通过 PMMA 磨块表面 $Ra$ 值的差值评价牙膏试样对 PMMA 磨块的磨损性。具有方法操作简单、刷磨过程压力可控、检测仪器性价比高、数据重复性好、实验误差小、测试结果不易被牙膏配方中的磷酸盐等组分干扰等优点。

# 8.4 碳酸钙与抗菌材料

抗菌材料是指自身具有杀灭或抑制微生物生长能力的一类功能材料。碳酸钙可应用于抗菌涂料、膜、砧板、橡胶等领域。自然界中有不少金属离子具有杀灭、抑制病原体的作用, 多数都是对人体有害的元素, 如 Hg、Pb、Ni 和 Co 等。只有少数几种如 Ag、Cu、Zn 等对人体少或无毒副作用。通过控制碳酸钙生产条件、调节产品粒度及粒子形状, 可以制成多孔结构的碳酸钙材料, 作为载体可担载银、铜、锌金属; 金属的质量可为碳酸钙粉体质量的 0.001％～10.0％。例如, 也可与许多无机或有机产品配合, 来制成具有长期优良的抗菌作用、防霉作用的产品。生物质碳酸钙也能用于开发抗菌材料。例如, 牡蛎壳的成分中含有大量碳酸钙和部分甲壳素[58], 它具有抗菌能力, 并降解农药残留, 抑制水分的蒸发, 提高保鲜质量, 延长保鲜时间, 减少果品损耗。其中甲壳素脱乙酰基后形成的壳聚糖具有很强的杀菌能力, 可用于果蔬的保鲜; 牡蛎壳的纳米级微孔结构则更利于乙烯气体向孔隙的深层扩散并容易被反应表面吸收, 吸附乙烯则更利于食品保鲜。纳米碳酸钙材料可以安全地添加在义齿基托材料中, 并且放入口腔中[59]。

## 8.4.1 抗菌涂料

抗菌涂料是指在涂料中加入抗菌剂, 使涂料具有抗菌性能。盐酸处理可以活化牡蛎壳, 清除牡蛎壳微观孔隙中的杂质, 甚至可以和牡蛎壳中的碳酸钙发生化学反应, 使得牡蛎壳物理、化学性质均发生一定的变化。不同浓度的盐酸处理后使得牡蛎壳发生不同程度的变化, 最终导致不同的抑菌效果。球磨的主要功能是粉碎牡蛎壳, 增大其接触面积, 其抑菌效果增强; 高温煅烧会改变牡蛎壳的化学性质, 碱性增强, 抑菌有效成分碳酸钙部分丧失, 以致抑菌能力降低。例如, 有研究发现, 牡蛎壳粉能够有效抑制意大利青霉、黑曲霉、匍枝根霉的生长。其中, 0.4％酸处理和 1.4％碱处理的牡蛎壳粉对黑曲霉和匍枝根霉抑制效果最好, 而抑制意大利青霉较好的牡蛎壳处理方式是 0.6％酸处理和 1.2％碱处理[58]。

有发明提出了一种防潮抗菌涂料，其组成为[60]：羟乙基纤维素 18～20 份、环烯烃共聚物 13～18 份、银锌二氧化钛 15～22 份、磷酸三丁酯 12～14 份、聚丙烯 8～14 份、碳酸钙 6～10 份、抗氧剂 4～7 份、分散剂 2～3 份、增稠剂 2～5 份。这种防潮抗菌涂料能够很好地附着在各种底材上，防潮能力优越，抗菌能力好，而且不会危害人体健康，不会因为外界的其他因素而产生剥落和褪色。碳酸钙也可用于一种抗碱抗菌环保底漆[61]，其配方质量份组成为：云母粉 1250 目 2～5 份、高岭土 4000 目 3～5 份、硅灰石粉 12～50 目 5～8 份、重质碳酸钙 800 目 15～20 份、水 25～30 份、杀菌剂 0.1～0.2 份、分散剂 0.4～0.6 份、润湿剂 0.05～0.1 份、消泡剂 0.3～0.5 份、锐钛钛白粉 8～10 份、丙二醇 0.2～0.4 份、滑石粉 8～12 份、膨润土 6～9 份、改性丙烯酸乳液 35～42 份、增稠剂 0.2～0.5 份、成膜助剂 0.5～1.0 份、流平剂 0.1～0.5 份。该底漆不仅具有高渗透性能，还具有高效抗菌防霉性能、抗碱净化强等优点。

### 8.4.2　抗菌膜

方解石粉体经过改性后可以用于抗菌型透气膜[62]。工艺过程为：方解石原矿洗净、风干、粉碎、分级，再利用湿法无机功能改性和干法有机改性完成双层包覆。即将溶胶磨磨出的功能型无机物氧化锌或氧化锌溶胶与干法粉碎得到的重质碳酸钙及水、研磨分散剂复配研磨，将氧化锌或氧化钛溶胶包覆于重质碳酸钙表面，干燥后再将粉体置于打散改性一体机中，加入丁腈橡胶粉末搅拌一段时间后再加入钛酸酯偶联剂改性，对重质碳酸钙形成双层包覆。这样解决了与基体的结合问题，并赋予了功能特性，在添加到透气膜中起填充增容作用的同时，还能够使其黄度较添加等量普通重质碳酸钙透气膜降低 50％以上，并能使透气膜产品的加工流动性、拉伸强度及透气率均匀性都明显得到改善。添加此碳酸钙基功能复合粉的透气膜还具备抗菌特性。还有发明提出了一种金铃大枣保鲜膜、袋[63]。其生产的原料组分质量份为：线型聚乙烯树脂（LLDPE）100 份、高压聚乙烯树脂（LDPE）50～100 份、乙烯-醋酸乙烯树脂（EVA）15～25 份、10％防雾滴母粒（MD/PE）5～10 份、20％含银抗菌母粒（Ag/PE）5～10 份、20％碳酸钙母粒（CaCO$_3$/PE）5～15 份、油酸辛酯 0.2～1 份。相应的膜、袋具有 O$_2$ 和 CO$_2$ 双向调节能力，进行大枣小包装贮藏时，可利用自发气调原理，有效地调节气体指标，使之保持相对稳定的最佳状态，达到气调贮藏的结果和目的；有较好的防雾和透湿性能，可以保持（袋内）基本不结露；对 O$_2$、CO$_2$、水蒸气、乙烯气体等有较强的吸附作用和透过能力；薄膜性能和结构稳定，可抗氧化和防老化；透明度、抗拉性、柔软性、开口性良好。

用聚丙烯树脂、碳酸钙和珠光颜料等混合后经双向拉伸可制成珠光膜[64]。由于具有一定的珠光效果，常常用在冷饮包装中，如冰激凌、热封标签、甜食、饼干、风味小吃包装等。有发明提出了一种包括上层抗菌剂层、中间 PP 层、下层镀铝膜层的 BOPP 珠光膜[64]，上层抗菌剂层与中间 PP 层还设有聚乙烯膜。上层抗菌剂层的原料组成（质量份）如下：PE 料 70～80 份、碳酸钙 10～15 份、云母 8～12 份、抗菌剂 1～5 份。中间 PP 层的原料组成（质量份）如下：PP 料 65 份、珠光母料 20 份、碳酸钙 15 份。该珠光膜光泽度高，具有良好的抗热性能、优异的附着力，能用于雪糕、糖果、香皂、洗衣粉等物品的包装。

## 8.4.3　抗菌砧板

碳酸钙可用于能杀灭大肠杆菌、金黄色葡萄球菌、白色念珠菌的抗菌塑料砧板[65]。抗菌塑料砧板是在聚乙烯或聚丙烯塑料基料中加入 $0.3\%\sim1.5\%$ 抗菌粉剂 XK-SM-01。碳酸钙主要加在塑料基料中，其配方（质量份）：聚乙烯或聚丙烯 100 份、活性轻质碳酸钙 $40\sim60$ 份、二氧化硅 $4\sim7$ 份、钛酸酯偶联剂（三异硬脂酰基铁钛酸异丙酯）0.5 份、苯甲酸钠 0.25 份、2,6-二叔丁基对甲酚 0.2 份、硬脂酸钙 2 份、五氯苯酚 1 份。在 50kg 塑料基料中加入 0.25kg（质量比）抗菌粉剂 XK-SM-01，均匀搅拌不少于 10min。在 50℃环境下烘干 6h，在注塑机中加工成型。由于抗菌剂加到制造砧板的塑料基料中，使普通塑料具有杀灭有害细菌的功能。选用的抗菌剂用量既要保证产品的抗菌效果，同时又不影响塑料自身的物理机械性能及加工性能等。

## 8.4.4　抗菌橡胶

采用纳米活性碳酸钙的复合材料可用于抗菌橡胶，并改善其加工性能和耐候性。例如，一种复合包覆二氧化硅和氧化锌的抗菌抑霉硅橡胶的工业化制备方法中[66]，在碳化后的纳米碳酸钙浆料中加入硅酸盐和锌盐，通入窑气并控制一定的反应温度，在硅酸盐和锌盐的协同作用下，水解得到的硅溶胶和氢氧化锌均匀包覆于纳米碳酸钙表面，形成以纳米碳酸钙为核、表面均匀包覆一层具有耐候性的二氧化硅和抑菌防霉功能的纳米氧化锌为壳的核-壳型结构的纳米碳酸钙。然后进行硬脂酸活化处理，过滤、干燥后可作为硅橡胶的功能填料，表现出良好的触变性，又兼具抗菌抑霉功能、耐候性。

## 8.4.5　载银碳酸钙抗菌材料

将高活性纳米碳酸钙组装球与纳米银结合，可制备纳米碳酸钙/纳米银复合材料[67]。将其作为无机纳米复合杀菌剂，既具有强有力的吸附性能，也能降低传统银杀菌剂对银的消耗。不同形貌的结构对负载有影响，球形结构的碳酸钙负载纳米银后，复合产物具有更好的表面"光滑度"，更加容易流动。棱状或片状结构的碳酸钙负载后的产物基本保持原来的棱状或片状组装体结构，如果作为杀菌剂使用，在流动性、悬浮性等方面将不如球形结构好。不同工艺制备的载银碳酸钙无机抗菌剂，对常见的大肠杆菌有抑制、灭菌作用[68]，效果与制备工艺和银存在形式有关。氯化钙溶液与碳酸钠溶液反应生成碳酸钙沉淀，其间加入的 $Ag^+$ 即以 AgCl 沉淀形式混匀于碳酸钙沉淀中，烘干后制得白色的载银碳酸钙粉。采用氢氧化钙时还须加入氯化钙或氯化钠溶液使 $Ag^+$ 沉淀完全，且由于体系的碱性较强，仍有部分 $Ag^+$ 是以 $Ag_2O$ 形式存在。

抑菌效果取决于银离子的释放、银离子的存在形式和状态。银处于粉体表面，银离子释放越快，抑菌作用越明显。但银离子过快释放也会造成抗菌剂失效快。研究人员采用原位还原法制了使银大部分沉积于纳米碳酸钙表面的抗菌剂[69]，其显示出优异的抑菌效果。可以采用不同的硅烷偶联剂对纳米碳酸钙粉体进行表面改性，得到疏水效果良好的纳米碳酸钙，再将活性纳米 $CaCO_3$ 与纳米银复合，得到 $CaCO_3/Ag$ 复合抗菌粉体[69]。该抗菌粉体可以与细胞体内的蛋白质发生作用，阻碍其合成的进行和能量来源，进而使代谢受阻，抑制细菌的繁殖。

### 8.4.6 抗菌材料的检测方法

**(1) 抑菌环法**

抑菌环法为定性试验方法[70]，多用于对溶出性抑菌剂与含有溶出性抑菌剂产品的鉴定。利用抗菌剂不断溶解，经琼脂扩散形成不同浓度梯度，以显示其抑菌作用。试验时灭菌生理盐水调至浓度为 108 个/mL，与营养液混合固化成试验平板，把材料加工成直径一定的圆片，置于平板中央，在此圆片周围出现菌生长禁止区（抑菌圈）。经 37℃ 培养 18h后，比较抗菌材料与参比材料抑菌圈的面积，评价抗菌材料的性能。

**(2) 薄膜密着法[70]**

该方法适用于检测抗菌型硬质表面的塑料、陶瓷、橡胶、金属制品的抗菌性能。将抗菌制品制成一定面积的供试片，未加抗菌剂的制品制成同样大小的参比片，滴上一定菌液，使菌液在试片上铺开成膜，于菌膜上覆盖 PE 薄膜，37℃ 恒温条件下保存 18～24h，之后用磷酸缓冲液将菌液洗下，采用菌落计数法测生存菌数，计算供试片与参比片的增减值差，评价抗菌制品的抗菌力。

**(3) 振荡烧瓶法[70]**

该方法适用于检测非溶出性抗菌织物、纤维等表面粗糙的制品的抗菌性能。将 0.75g 样片放入 250mL 三角烧瓶中，分别加入 70mL 磷酸缓冲溶液（PBS）和 5mL 菌悬液，使菌悬液在 PBS 中的浓度为 $1\times10^4$～$2\times10^4$ cfu/mL，将三角烧瓶以 300r/min 的速度振荡 1h，取 0.5mL 振摇后的样液接种平皿，进行活菌培养计数。通过样品在液体中快速长时间振荡，增加微生物与抗菌产品内抑菌剂的接触，以显示其抑菌作用。

**(4) 浸渍法[70]**

该方法适用于检测溶出性抗菌织物的抗菌性能。将试样和对照织物分别放于三角瓶中，用含有肉汤培养基的试验菌悬浊液接种于试样和对照织物上，在 37℃ 环境下培养 20h后，分别将培养前后试样上的细菌洗下，测定细菌的数量，计算出试样上细菌减少的百分率。

**(5) 滴下法[70]**

本方法适用于检测具有吸水性的抗菌制品的抗菌性能。菌液采用倍数为 1/500 的培养液稀释成浓度为 104 个/mL 的悬浊液，滴 1 滴或数滴该悬浊液在试验片上，使菌液以液滴形式存在，在 37℃ 下恒温保存 18～20h，测生存菌数，计算增减值差，评价抗菌制品的抗菌力。

**(6) 统一试验法[70]**

该方法主要适用于检测疏水性制品的抗菌性能。把材料切成 18（f）长的试验片，称取 0.4g 放入 300mL 广口瓶中，在压力消毒锅中于 121℃ 灭菌 15min。菌液经培养后以 1/20 倍数的培养液稀释，调成浓度为 105 个/mL 的悬浊液，在试验片上滴菌悬浊液 0.2mL，使菌液以菌滴形式存在，恒温 35～37℃ 培养 18h 后，测定生存菌类，比较灭菌率。

**(7) 盖玻片法[70]**

该法是针对光催化型抗菌制品的检测。具体方法是将试样铺上菌液放于平皿中，罩上可滤过紫外光的石英玻璃罩，在非灭菌型紫外线灯下光照一定时间后测定菌数，计算增减值差，评价光催化型抗菌制品的抗菌力。

# 8.5 碳酸钙与医药

钙有"生命元素"之称，缺钙会降低软组织的弹性和韧性，还会阻碍身体的发育等。临床上碳酸钙或含钙药品主要用于预防和治疗钙缺乏症，如甲亢、骨质疏松、妊娠和哺乳期妇女、绝经期妇女钙的补充（表8-10）。碳酸钙一般可作为药品或医用材料的填料、吸附剂、固定剂等。

表8-10 市场上碳酸钙药品介绍

| 药品 | 生产厂家 | 主要成分 | 功能和主治 |
| --- | --- | --- | --- |
| 钙尔奇 | 惠氏制药有限公司 | 碳酸钙、维生素D | 用于妊娠、哺乳妇女、更年期妇女、老年人等的钙补充剂，帮助防治骨质疏松 |
| 小儿碳酸钙D$_3$颗粒 | 美国安士制药有限公司 | 碳酸钙、维生素D | 儿童钙补充 |
| 朗迪 | 北京康远制药有限公司 | 碳酸钙、维生素D | 用于儿童、妊娠和哺乳期妇女、更年期妇女、老年人等的钙补充剂，并帮助防治骨质疏松症 |

## 8.5.1 治疗骨质疏松的药品

钙参与骨骼的形成及骨折后骨组织的再建、维持传导和肌肉收缩，降低毛细血管的渗透性，维持其正常渗透压，还参与凝血机制，保持血液的酸碱平衡等。钙制剂是治疗骨质疏松症的基础治疗药物，其中碳酸钙D$_3$为应用最广泛的药物。含有碳酸钙的牡蛎碳酸钙颗粒用于儿童、妊娠或哺乳期妇女、绝经期妇女及老年补充钙质。此药品的不良反应有可见嗳气、便秘、腹部不适，偶见高血钙、肾功能不全。过量长期服用可能会引发反跳性胃酸分泌过多。此外，高钙血症、高钙尿症以及肾结石患者禁用。对该药品过敏的患者也禁用。并且儿童必须在成人监护下使用。肾功能不全者慎用，此药品性状发生改变时警用。除此之外，在治疗原发性骨质疏松症的方法上，除了补充钙和维生素D$_3$，对女性也采用雌激素补充疗法[71]。研究人员应用阿仑膦酸钠联合碳酸钙治疗老年性骨质疏松症[72]，骨痛明显得到缓解，总体效率达到90%，治疗6个月后患者腰椎和股骨颈骨密度值显著高于对照组，提高了老年性骨质疏松症患者的骨量，从而降低骨折的危险。

骨质疏松症是绝经后妇女常见的全身骨代谢障碍疾病，主要表现为腰背疼痛、身长缩短、驼背、骨折等症状，患者腰椎骨密度（BMD）、血清雌二醇（E$_2$）水平明显降低，白细胞介素6（IL-6）、骨碱性磷酸酶（BAP）及氨基端中段骨钙素（N-BGP）的水平明显增高[71]。该病发病率呈逐年增长趋势，严重影响中老年人的健康及生活质量。该病主要因卵巢功能下降使雌激素分泌减少，破骨细胞的骨吸收大于成骨细胞的骨形成作用，影响骨吸收及骨形成，导致骨微细结构破坏，引起骨质疏松，钙摄入不足也是引起骨质疏松的原因之一。缓解症状、防止骨折是治疗绝经后骨质疏松症的主要目标。西医治疗的药物主要包括减少骨吸收的药物和促进骨形成的药物，钙制剂加维生素 D 是西医治疗的常用药物之一[71]。雷洛昔芬联合碳酸钙 $D_3$ 治疗 PMO（绝经后骨质疏松症）能促进患者骨密度升高，改善骨痛症状，提高疗效，且较安全[71]。还有研究结果显示，独活寄生汤联合钙尔奇 D 能够有效协同提高妇女绝经后骨质疏松症患者的骨密度及调节钙磷代谢，抑制 IL-6 活性，显著改善症状，是防治绝经后骨质疏松症的良好方法[73]。

生命早期阶段的骨密度值是预测后期骨骼状况的最佳指标。孕期补充充足的钙剂可提高新生儿的体质量及骨密度，对新生儿今后的生长发育及骨骼健康有重要意义[74]。妊娠期胎儿形成骨骼所需的钙完全来源于母体，当母体钙摄入不足时，不但会影响胎儿的生长发育，而且会影响女性绝经前骨量的积累和围绝经期的骨丢失。因此，增加孕妇的钙摄入已成为孕期保健的重要内容[74]。孕期补充足量钙剂不但能降低孕妇腓肠肌痉挛发生率，又能维持孕产妇骨密度。我国膳食以植物性食物为主，钙摄入较低，对母体骨钙含量有一定影响，因此提倡孕期积极补钙。复方碳酸钙颗粒采用包合技术，提高维生素 $D_3$ 的溶解度和溶出速率，从而提高维生素 $D_3$ 的生物利用度。复方碳酸钙颗粒在水中溶解时在体外释放二氧化碳，不发生嗳气、腹胀的副作用，在肠道中钙离子不产生二次沉淀，不降低钙离子有效性，更不影响肠道碱性环境，不致便秘，有利于人体钙质的吸收和利用，更适用于孕期补钙。

临床研究表明，老年糖尿病患者会合并出现钙、磷代谢紊乱和骨质疏松症。因此，对于老年糖尿病合并骨质疏松症的患者需积极地给予治疗，减少患者的骨丢失。有研究应用阿法骨化醇加碳酸钙 $D_3$ 片治疗老年糖尿病合并骨质疏松症取得了一定的临床疗效[75]。阿法骨化醇加碳酸钙 $D_3$ 片疗法能够显著降低患者血碱性磷酸酶和甲状旁腺素，同时对患者的骨密度也有一定的改善作用，是临床治疗老年糖尿病合并骨质疏松症较为理想的疗法。

甲状腺功能亢进症简称为甲亢，此病病因复杂，以 Graves 病（Graves disease，GD）最常见，约占所有甲亢患者的 85%，多见于成年女性。典型病例表现为甲状腺毒症、甲状腺肿，尚伴有不同程度的眼病。甲状腺毒症对骨密度有很大的影响，正常成人的骨转换（骨吸收和骨形成）周期为 150～200 天，甲亢可使骨转换周期缩短至正常人的一半，骨转换增加，其净效应是骨吸收增加，引起骨质疏松和骨折。未经治疗、病程长的甲状腺毒症出现骨质疏松症和骨折的风险增加。研究表明，对甲亢合并骨质疏松患者给予甲巯咪唑、碳酸钙 $D_3$ 的基础治疗即可提高骨密度，加用阿仑膦酸钠治疗的可以更好地改善患者的骨密度情况[76]。

股骨骨折是常见骨科疾患之一，该疾患发生的原因不一，在手术或其他复位等疗法后，患者需要长期恢复过程，在此过程中最常见的临床不适症状之一为疼痛，如果不能及时缓解疼痛，有诱发其他疾患的可能。常见止痛药双氯芬酸合用碳酸钙片，对股骨骨折后的止痛及骨折恢复有较优疗效，能促进骨折愈合[77]。对桡骨远端骨折性患者采竹塑夹板联合碳酸钙治疗，在骨量的增加上明显有优势，是治疗骨质疏松女性桡骨远端骨折的理想方法[77]。

## 8.5.2 骨修复材料

替代骨缺损的生物材料众多，但各有优缺点。钙基陶瓷如羟基磷灰石（hydroxyapatite，HA）作为骨替代材料时，能起到细胞支架作用，并有良好的成骨诱骨活性、生物相容性和可降解性[78]。临床上，人工珊瑚基碳酸钙陶瓷已被成功用于矫形外科和口腔颌面外科骨缺损的修复。目前，据科研人员报道了一种新的生物陶瓷——多孔碳酸钙陶瓷（porous calcium carbonate ceramics，PCCC）材料，其气孔率、孔径和孔的连通性可以凭借生产过程中 NaCl 的含量、颗粒分布方式来加以调控，较传统的碳酸钙陶瓷更有利于引导骨再生，不产生局部的或全身的毒性反应，无炎症反应和排斥现象，具有良好的细胞相容性，符合植入人体生物材料的相关要求；植入机体后，能与机体的骨组织直接结合，两者间无纤维组织形成[79]。

目前关于多孔生物陶瓷的制备方法很多，如纤维表面固化胶体制备技术、超声波烧结技术、柠檬酸盐胶体高温分解法、溶胶铸造技术、苊烯冷冻铸造法、PMMA 法以及几种混合使用方法等。有研究通过盐析法[80] 制备了一种多孔碳酸钙陶瓷。首先 $CaCO_3$、生物玻璃（BG）的粉体经气流磨过 300 目筛，将 $CaCO_3$、BG、NaCl 以一定的质量比混匀，压制成型，放在炉中快速升温到 500℃，保温 10min，在坩埚壁上有白色晶体析出，得到的块体冷却后在水中煮沸 12h，得到多孔 $CaCO_3$ 陶瓷。相关研究对 PCCC 修复骨缺损后的生物力学性能进行了评价[81]，尽管多孔碳酸钙陶瓷材料的初始强度较致密材料低，但植入体内后，随着时间的延长，骨髓来源的肉芽组织及血管长入陶瓷中，血管伸入整个陶瓷相互交通的孔洞中，陶瓷被破骨细胞吸收。研究表明，用多孔碳酸钙修复重建兔桡骨骨缺损后宿主骨获得了良好的力学性能。

### 8.5.3　治疗高磷血症和高血压症的药品

实验研究和临床观察均证实高磷血症是维持性透析患者心血管并发症和死亡的独立危险因素，因此有效控制血磷水平是慢性肾脏病治疗的重要措施。磷结合剂是治疗高磷血症的主要措施。对于维持性血液透析患者高磷血症的疗效观察，有研究发现，口服醋酸钙比口服碳酸钙治疗维持性血液透析（MHD）患者的高磷血症具有更好的短期疗效和安全性[82]。慢性肾脏病矿物质与骨代谢紊乱是继发于慢性肾衰竭和透析治疗所致的代谢性骨病，是透析患者的重要并发症之一。随着钙剂及活性维生素 D 的使用，低钙血症的发生已逐渐得到控制。高磷血症患者中有很多血钙水平正常或升高，限制了含钙磷结合剂的使用。对存在非低血钙、高磷血症的血液透析患者，研究人员发现采用透析日碳酸钙口服联合非透析日碳酸镧口服的方法控制血磷，不仅能够快速有效控制血磷，而且血钙升高的风险小，避免转移性钙化的发生[82]。

$Ca^{2+}$ 拮抗剂临床上常用于高血压的治疗，它通过与血管平滑肌细胞膜上的 $Ca^{2+}$ 通道结合，竞争性抑制 $Ca^{2+}$ 通过，减少了细胞外钙内流，降低了血管平滑肌细胞内游离钙水平。妊娠高血压综合征（妊高征，PIH）常见于临床上妊娠 20 周后发生的以高血压、水肿和蛋白尿为特征的一组症候群，发病率为 5%～10%，是导致孕产妇和围生儿率和病死率的重要原因，严重威胁着母婴的生命安全和健康。研究显示，低血钙可能是诱发妊高征的原因之一。妊高征发病机制也表明 $Ca^{2+}$ 有重要作用[83]。补充钙剂是提高血钙含量的重要途径之一。采用补充钙剂治疗轻中度妊高征患者可以取得良好效果[84]。常用的钙剂主要是葡萄糖酸钙和碳酸钙，因钙的吸收易受多种因素影响，故补充钙应选用含有维生素

D 等促进钙吸收成分的钙剂。为避免对胎儿产生不良影响，对于轻中度低血钙的妊高征患者，应把补充钙剂作为首选措施推荐使用，在促进胎儿发育的同时预防妊高征的发生。

## 8.5.4  治疗儿童不安腿综合征的药品

钙离子是机体各项生理活动不可缺少的离子，它对于维持细胞膜双侧的生物电位的稳定，维持正常的神经传导功能，维持正常肌肉的伸缩与舒张功能以及神经-肌肉传导功能都有重要的作用。目前虽然尚未有相关研究提示不安腿综合征与离子通道有关，但已有相关研究文献证实不安腿综合征患儿缺钙、锌等微量元素，应当相应补充，并取得较好疗效。例如，对于儿童不安腿综合征，使用碳酸钙联合铁剂治疗[83]，对治疗有较好的作用且较安全，无不可耐受的不良反应，无药物依赖和耐药性，临床应用方便快捷，经济实惠。

## 8.5.5  抗酸药

碳酸钙可用于治疗胃酸分泌过多而引起的胃烧灼感、反酸及胃痛和胃肠胀气。管剑龙[85] 研究出的碳酸钙甘氨酸胶囊可以缓解胃酸分泌过多引起的上述症状。每粒含碳酸钙210mg，甘氨酸 90mg。其中碳酸钙为抗酸药，口服后可以中和胃酸，使胃内 pH 值升高，从而减少胃烧灼感以及反酸等症状，并缓解疼痛。并且碳酸钙可降低环丙氟哌酸和氟哌酸的吸收。对于碳酸钙甘氨酸微胶囊中碳酸钙含量的测定，采用滴定法，由于颜色的干扰难于判定滴定结果。研究[86] 采用原子吸收分光光度法测定样品中钙的含量，操作简便、专属性好、结果准确。

## 8.5.6  吸附剂和固定剂

齐墩果酸系肝病辅助药，临床用于治疗传染性急性黄疸型肝炎，还可用于银屑病、风湿性关节炎、肝硬化腹水、急慢性肝炎、胃痛淋浊、血崩、腰膝酸软等症。将轻质碳酸钙作为齐墩果酸固体分散体的载体，能显著改善齐墩果酸的溶出，且其稳定性较好[87]。馨月舒胶囊由当归、肉桂等四味中药组成，主治妇女寒湿凝滞、气滞血瘀引起的痛经和月经不调等症。馨月舒生产工艺为药材水提后浓缩，浸膏喷雾干燥后填装入胶囊供临床应用。由于馨月舒喷雾干燥粉体粒径和松密度较小，比表面积大，因而粉体粒子间易吸附、结团，黏结性强，粉体流动性很差，需要应用助流剂加以改善。将纳米碳酸钙加入馨月舒喷雾干燥粉体中，由于纳米碳酸钙粒径小，分散性好，可以稳定地分布于粉体中或吸附于粉体表面，减小了粉体流动时的摩擦力，显著改善了其流动性，其效果与常用的助流剂微粉硅胶相当[88]。阿魏酸（4-羟基-3-甲氯基肉桂酸）是弱有机酸，化学稳定性不高，易受温度、湿度、酸度、光照及放置时间的影响。加入纳米碳酸钙前后，馨月舒胶囊中阿魏酸的溶出和稳定性均未发生显著性变化，粉体的吸湿性也没有显著改变，因此，就馨月舒胶囊而言，纳米碳酸钙是相容性辅料。

泡腾片指含有有机酸和碳酸氢钠、遇水可产生气体而呈泡腾状的片剂。由于泡腾片具有特殊的崩解剂，口服泡腾片在冷水中即可迅速崩解，溶解速度快，分布均匀，生物利用度高，利于吸收并兼具固体制剂和液体制剂的优点。同时由于口感较好，易于为人们接受。泡腾片的特点要求原辅料必须溶解性好和具备一定的可压性，且在相同条件下保证钙的含量。有研究结果表明，采用柠檬酸钙溶解性达不到要求，葡萄糖酸钙溶解性好，可压性也很好，但钙含量不够；生物碳酸钙、苹果酸钙溶解性都不好，碳酸钙含量高，但溶解性一般。因此，综合溶解性、可压性及钙含量三种因素，适宜采用葡萄糖酸钙/碳酸钙（3∶1）作为钙源，其溶解性、可压性及钙含量可以达到要求[89]。

### 8.5.7　碳酸钙微球控释药品

药物缓释是指药物活性分子与高分子载体以物理、化学方法结合后，将药物传递到生物活性体内，再通过扩散、渗透等方式，将其以适当的浓度和持续时间释放出来，从而达到充分发挥药物疗效的目的。碳酸钙具有良好的生物相容性，具有较大的孔隙率、大比表面积以及在相对温和环境下可迅速降解等特性，合成工艺稳定可控，可作为一种安全的药物运输载体。近年来多孔碳酸钙、碳酸钙微球、纳米碳酸钙作为新型药物缓释载体更备受关注。

碳酸钙微球不仅可携载不同类型的药物和生物大分子，而且因其制备方式不同，携载方式也不尽相同[90]。例如，研究人员制备出了负载肝素的球形碳酸钙微囊[91]，药物装载率高，且其药物的缓释性能具有 pH 值依赖性，在酸性条件下显示出良好的缓释效果。其中 HEP/CaCO$_3$ 药物微囊的制备工艺如下：将 0.2mol/L Na$_2$CO$_3$ 溶液（含有一定量的 HEP）加入 25mL 单口烧瓶中，以 1200r/min 的速率搅拌 10min。然后快速加入等体积的 0.2mol/L 氯化钠溶液，加入瞬间，溶液立刻变为白色，继续搅拌 30min。将上述溶液静置 10min 后，用 0.1mol/L 氯化钠溶液稀释离心，以 2000r/min 的速率离心 4min 分离复合物，并用去离子水洗涤 2 次，冷冻干燥。微球碳酸钙还可以复合化用于药物运输。制备纳米碳酸钙/羧甲基壳聚糖复合微米和纳米球后用于负载水溶性抗癌药物盐酸阿霉素[92,93]，结果显示，负载在微球上的盐酸阿霉素的释放是一种有效的持续释放。

碳酸钙可用于负载生物大分子材料。国外有研究人员制备出平均粒径为 4.75$\mu$m 的多孔碳酸钙微球[94]，研究显示，微球中的蛋白负载量受颗粒孔隙分散限制影响，且依赖于蛋白质分子量及蛋白和碳酸根表面间的相互作用。另外，碳酸钙对负载非甾体类抗炎药物也表现出良好的缓释性能。例如，科研人员制备出纳米结构碳酸钙空心球后进行布洛芬（BU）药物的装载和缓释。研究结果表明，CaCO$_3$/BU 多孔空心微球药物传输体系不仅具有较高的药物装载量，且明显地延长药物释放时间，持续时间达 50h 以上，具有良好的药物缓释性能[95]。对于载体携载药物的缓释性能，在体内不同器官中则可能表现出不同的缓释效果。同样是药物布洛芬负载，有研究结果显示，装载在碳酸钙微球多孔结构中的布洛芬，在胃液中可得到快速释放，在肠液中却是缓慢释放[96]。

在负载和缓释方面表现出优越性的碳酸钙微球对开发抗癌药物有重要作用。有实验结果显示：制备的碳酸钙微粒具有能够响应肿瘤组织和溶酶体酸性环境的 pH 值的结构，可实现定位药物释放[97]。通过添加适量藻朊酸盐改性修饰碳酸钙微球，可有效提高碳酸钙微球负载抗癌药物阿霉素（DOX）的药物运输效率[98]。碳酸钙微球不仅能携载亲水性抗癌药物 DOX，作为一种传递非水溶性抗癌药物的运输载体同样具有巨大的应用前景。例如，有研究用牛血清蛋白（BSA）作为添加剂，合成具有良好稳定性球霰石晶型的多孔CaCO$_3$ 微球（CCMS），并用其携载非水溶性抗癌药物喜树碱[99]。研究发现，负载在 CC-MS 上的喜树碱在 pH＝4～6 酸性条件下可持续完全地释放。

中空结构纳米碳酸钙材料是一种新设计的药物运输载体。譬如，有科研人员成功制备了碳酸钙中空纳米管（CCNTs）并用其负载抗癌药物鬼臼毒素，作为药物运输和缓释载体[100]。该 CCNTs 具有较大的表面积和良好的生物相容性，能够负载非水溶性药物，并具有很高的包裹效率，可用作安全无毒的药物运输载体。

### 8.5.8　医药级碳酸钙的制备

国家药品标准 WS-10001-（HD-1034）—2002 规定，医药级牡蛎碳酸钙为无污染的牡蛎壳经高温煅烧、转化制得的碳酸钙（$CaCO_3$），钙含量应为 39.4%～40.4%。采用向活性钙水溶液中通入二氧化碳气体（$CO_2$）的方法进行转化，或者向活性氢氧化钙中添加柠檬酸、苹果酸，或者将活性钙或牡蛎壳经高温煅烧后直接用有机酸如醋酸、柠檬酸、苹果酸、葡萄糖酸等水溶液中和，或者采用向活性钙包装内加入干冰等方法，都不能生产出完全符合国家药品标准的医药级牡蛎碳酸钙。有发明提供了如下生产方法：取 1mol 符合原药品标准的活性钙，放入一带有夹层的双层密闭不锈钢容器内（可以是回转真空干燥机或混合机），由顶部通过压力表和减压阀直接充入食品级或医药级二氧化碳气体（$CO_2$），夹层内用冷水或热水控制温度为 35～90℃，充分反应 3～24h 以后可得到符合国家药品标准的医药级牡蛎碳酸钙[101]；或者取 1mol 食品级碳酸氢铵，放入一带有夹层的双层密闭反应釜内，加 2.5 倍水溶解后，加入符合原药品标准的活性钙，控制温度为 35～90℃，充分反应 3～24h 以后，搅拌并冷水降温至 25℃，过滤沉淀，洗涤干燥即可得到符合国家药品标准的医药级牡蛎碳酸钙。

医药发酵碳酸钙的制备方法包括以下步骤[102]：原料石灰石加入水进行消化；一次消化后的浆液进行一次陈化，直至浆液中氧化钙全部分解；浆液进行一次碳化；一次碳化停止后，浆液进行二次陈化；二次陈化完成后，向浆液中加入蔗糖，开始二次碳化，期间加入稀磷酸再碳化 10min；一次碳化步骤中一次碳化在浆液的 pH 值达到 8.0～9.0 时停止；二次碳化步骤中稀磷酸在浆液的 pH 值达到 7.5 时加入；二次碳化步骤中蔗糖的添加量为石灰石总质量的 0.1%～0.5%。此方法解决了现有技术中生产低游离碱含量的医药发酵碳酸钙难度大，且游离碱含量不稳定的问题。

### 8.5.9　医药用多孔碳酸钙的制备

碳酸钙主要有无定形和结晶型两种形态。结晶型碳酸钙主要有方解石、文石、球霰石，结晶型分为斜方晶系和六方晶系两类[103]。多孔碳酸钙的制备方法及工艺过程影响碳酸钙的结构、性能和应用。通过选择适当的合成方法以获得特定的晶型、结构，来拓宽碳酸钙的应用领域。多孔碳酸钙的常用制备方法主要有模板法、乳状液膜法、共沉淀法、溶剂/水热法等。

#### （1）模板法

将选好的模板剂通过一定的方法在其表面包覆一层碳酸钙，使其形成核壳结构，继而通过溶剂溶解、高温煅烧或化学反应等方法将模板剂去除，最终得到中空结构粒子。模板法有软、硬模板法两种，在制备多孔碳酸钙时主要以软模板法为主。可以使用小分子表面活性剂等有机溶剂作为模板制备，大分子或（高）分子有机聚合物作为模板制备的碳酸钙微粒以球霰石晶型居多。

有研究以多种软模板剂制备了 3D 介孔碳酸钙[104]。其中以聚乙二醇（PEG）为软模板，在 240℃、72h 的水热条件下制备得到的多孔碳酸钙具有较高的比表面积，以软模板法制备得到的多孔碳酸钙主要有方形、球形等形貌。与软模板剂不同，硬模板剂常用生物组织作为模板。采用硬模板剂制备多孔碳酸钙，其形貌主要受模板剂的影响，结构相对固定，在研究特定形貌合成过程中优势明显，但硬模板剂在除模板时存在较大困难，致使其发展较为受限。

**（2）乳状液膜法**

乳状液膜法是将两种互不相溶的溶剂在表面活性剂的作用下形成乳液，在微泡中经成核、聚结、团聚、热处理后得到纳米粒子。乳状液膜法是制备多孔结构纳米碳酸钙的有效工艺方法。通过控制工艺过程和反应条件，能得到一些特殊形貌的多孔碳酸钙，如花瓣状、核壳状等。有研究[105] 以碳酸钠和氯化钙为反应原料，将乳状液膜法与沉淀反应相结合，利用聚乙烯吡咯烷酮（PVP）以及表面活性剂吐温 80 在选择性溶剂（正己烷与水）中形成的球状自组装体为模板，通过沉淀反应制备出碳酸钙微球。

**（3）共沉淀法**

共沉淀法是指在电解质溶液中加入合适的沉淀剂，继而反应生成粒度小、分散均匀的沉淀。该方法原理简单、操作便捷、颗粒可控。但以碳酸钠和氯化钙为原料，采用共沉淀法制备得到的近球形多孔碳酸钙微粒颗粒聚集较严重，为了改善这种现象，有研究建议使用超声波的方式将其分散[106]。

**（4）溶剂/水热法**

该方法最初在高温高压下以水作为溶剂进行反应，能实现沉淀、结晶、合成等过程。类似水热法，改用有机溶剂代替水可实现对水敏感材料的制备，一般称为溶剂热法。溶剂热法有效地解决了在其他方法制备纳米材料过程中的团聚现象。

在制备特殊形貌的多孔碳酸钙方面，郁平等[107] 将氯化钙水溶液与混有结晶控制剂硫酸的碳酸氢铵水溶液进行撞击反应，制得了疏松均匀的多孔性超细球形碳酸钙粉体。在溶液中制备多孔碳酸钙过程中，碳酸钙存在再结晶过程，会造成孔道再次堵塞。为了避免碳酸钙再结晶，溶胶凝胶法、电沉积、胶体聚合等方法被研发出来，丰富了多孔碳酸钙的制备方法，为科研人员提供了更多的选择。

## 8.5.10　医药级碳酸钙的检测

药用碳酸钙按干燥品计算，含 $CaCO_3$ 不得少于 98.5%[108]，为白色极细微的结晶性粉末，无臭，在水中几乎不溶，在乙醇中不溶，在含铵盐或二氧化碳的水中微溶；遇稀醋酸、稀盐酸或稀硝酸即发生泡沸并溶解。

一般鉴别是取铂丝，用盐酸湿润后，蘸取样品在无色火焰中燃烧，火焰即显砖红色。或者取样品约 0.6g，加稀盐酸 15mL，振摇，滤过，滤液加甲基红指示液 2 滴，用氨试液调至中性，再滴加稀盐酸至恰呈酸性，加草酸铵试液，即生成白色沉淀，分离，沉淀在醋酸中不溶，但在盐酸中溶解；或者取样品适量，加稀盐酸即泡沸，产生二氧化碳气体，将气体导入氢氧化钙试液中，即生成白色沉淀。

氯化物的检测。取样品 0.10g，加稀硝酸 10mL，加热煮沸 2min，放冷，必要时滤过，依法检查（2015年版中国药典通则0801），与标准氯化钠溶液3.0mL制成的对照液比较，不得更浓（0.03%）。

硫酸盐的检测。取样品0.10g，加稀盐酸2mL，加热煮沸2min，放冷，必要时滤过，依法检查（2015年版中国药典通则0802），与标准硫酸钾溶液2.0mL制成的对照液比较，不得更浓（0.2%）。

酸中不溶物的检测。取样品2.0g，加水10mL，混合后，滴加稀盐酸，随滴随振摇，待沸腾停止，加水90mL，滤过，滤渣用水洗涤，至洗液不再显氯化物的反应，干燥后烧灼至恒重，遗留残渣不得超过0.2%。

干燥失重检测。取样品，在105℃干燥至恒重，减失重量不得超过1.0%（2015年版中国药典通则0831）。

镉的检测。取样品0.5g两份，精密称定，分别置于50mL量瓶中，一份加8%硝酸溶液溶解并稀释至刻度，摇匀，作为供试品溶液；另一份加标准镉溶液[精密量取镉单元素标准溶液适量，用水定量稀释制成1mL中含镉（Cd）1μg的溶液]1.0mL，加8%硝酸溶液溶解并稀释至刻度，摇匀，作为对照品溶液。按照原子吸收分光光度法（2015年版中国药典通则0406第二法），在228.8nm波长处分别测定吸光度，应符合规定（0.0002%）。

汞的检测。取样品1.0g两份精密称定，分别置于50mL量瓶中，分别加8%盐酸溶液30mL使溶解后，一份加5%高锰酸钾溶液0.5mL摇匀，滴加5%盐酸羟胺溶液至紫色恰消失，用水稀释至刻度，摇匀，作为供试品溶液；另一份加汞标准溶液[精密量取汞单元素标准溶液适量，用水定量稀释制成1mL中含汞（Hg）0.5μg的溶液]1.0mL后，自上述加5%高锰酸钾溶液0.5mL起，同法制备，作为对照品溶液。按照原子吸收分光光度法（2015年版中国药典通则0406第二法），在253.6nm的波长处分别测定吸光度，应符合规定（0.00005%）。

重金属的检测。取样品0.50g，加水5mL，混合均匀，加稀盐酸4mL煮沸5min，放冷，滤过，滤器用少量水洗涤，合并洗液与滤液，加酚酞指示液1滴，并滴加适量的氨试液至溶液显淡红色，加稀醋酸2mL与水制成25mL加维生素C0.5g，溶解后，依法检查（2015年版中国药典通则0821第一法），含重金属不得过百万分之三十。

## 参考文献

[1] 谢春梅. 提高肉鸡口感的肉鸡饲料：2013102748972 [P] . 2013-10-23.
[2] 王涛，孙泽威，仲庆振，钟荣珍. 一种提高鸡肉中共轭亚油酸含量的饲料及其饲喂方法 2013106993969 [P] . 2014-03-05.
[3] 程士祥. 鸭营养中有颉颃作用的饲料添加剂 [J] . 中国饲料添加剂，2014（6）：4.
[4] 杨玉峰，高庆，冯光德，周磊，杜懿婷. 用于生产鸭肥肝的鸭饲料：2012104731986 [P] . 2014-06-04.
[5] 崔玉华. 影响蛋鸡蛋壳质量的饲料因素及其调控措施 [J] . 现代畜牧科技，2017（3）：48.
[6] 陈孝辉. 鹅的饲料及其加工利用 [J] . 养殖技术顾问，2008（6）：56-57.
[7] 穆淑琴，李千军，王文杰，闫峻，郑梓，李平，李泽青. 一种断奶仔猪抗应激专用饲料及其应用：2015109420116 [P] . 2019-11-12.
[8] 李云. 一种乳猪饲料及其制备方法：2012103411213 [P] . 2013-01-16.

[9] 汪柏惠．一种健胃消食并提高免疫力的猪饲料：2014103475534 [P] ．2014-12-03．

[10] 陈炳林．一种增强诱食效果的猪饲料添加剂：2012104241154 [P] ．2014-05-14．

[11] 印遇龙，范明哲，黄瑞林，李铁军，方热军，张平．一种猪饲料及制备方法：2005100187733 [P] ．2007-01-01．

[12] 袁友顺，李松玲，袁富安．一种黑猪饲料及其制备方法与应用：201410348588X [P] ．2014-12-03．

[13] 潘忠珍．一种母猪妊娠期饲料：2014107898171 [P] ．2015-04-08．

[14] 武为照．苹果渣酶解生物蛋白酸枣仁促睡眠猪饲料及其制备方法：2015101714338 [P] ．2015-07-29．

[15] 陈孝富．一种提高中猪体型的组合物及其应用：2014101963478 [P] ．2014-07-23．

[16] 陈福狮．一种育肥牛饲料及其制备方法：2013101056546 [P] ．2013-08-07．

[17] 凌启良．一种用于肉牛养殖的营养饲料：2016106652239 [P] ．2017-01-04．

[18] 张勤．青贮饲料添加剂 [J] ．农家参谋，2005 (9)：25．

[19] 许耀臣，中隆文．添加维生素 AD-3 和钙剂预防肥育牛尿石症 [J] ．中国畜牧兽医，1984 (5) ．

[20] 周倩．比较多种钙剂对大鼠骨代谢的影响 [A] ．中国营养学会．中国营养学会第十一次全国营养科学大会暨国际 DRIs 研讨会学术报告及论文摘要汇编（下册）——DRIs 新进展：循证营养科学与实践学术 [C] ．杭州：中国营养学会，2013．

[21] 薛胜慧．一种对虾养殖的饲料添加剂：2013106967926 [P] ．2014-03-26．

[22] 齐国兵．一种夹心适口鲤鱼饲料及其制备方法：2014100966799 [P] ．2014-07-23．

[23] DB 43/T 699—2012．

[24] 赵要武，张裕曾，许继取，朱清华．牦牛骨粉中钙表观吸收率实验研究 [J] ．公共卫生与预防医学，2005，16 (3) ．

[25] 张煜．钙与人体健康 [J] ．科技信息（学术研究），2008 (27)：128．

[26] 陈建兵．碳酸钙在补钙食品中的利用和开发 [J] ．资源开发与市场，2007 (09)：847-848．

[27] 王若曦．浅谈钙制剂分类及应用 [J] ．中学化学教学参考，2019 (06)：75-76．

[28] 小高．蛋壳可制超细钙粉 [J] ．食品科技，2001 (02)：75．

[29] 彭贵明，陈华平，雷礼强，李林富，王晓洪．一种食品级碳酸钙的生产方法：2015108954366 [P] ．2016-03-02．

[30] 石励．降压奶粉的营养价值与医疗保健效用 [J] ．中国保健营养，2016，26 (28) ．

[31] 柴之芳，陈求浩．超微钙营养剂：1996961009845 [P] ．1996-12-11．

[32] 张春红，刘英杰，王军，侯兆波．复合膨松剂研制 [J] ．粮油食品科技，1999 (02)：22-23．

[33] 程丽英，任红涛，杨艳，冯冲，张晓宇．无铝速冻油条膨松剂的研究 [J] ．中州大学学报，2015，32 (05)：121-124．

[34] 张瑞锋，安然，程彬皓，严斌陶，永胜．化学降酸量对杨凌贵人香干白葡萄酒感官品质的影响 [J] ．食品科学技术学报，2015，33 (1)：38-42．

[35] 罗彬彬．湖南刺葡萄酒降酸技术研究 [D] ．长沙：湖南农业大学，2011．

[36] 马川川，魏晓东，赵波，那可，赵文杰．多黏菌素 B 发酵培养基的优化 [J] ．中国医药工业杂志，2014，45 (6)：531-533．

[37] 马小来，袁勤生．$CaCO_3$ 促进肝素黄杆菌产肝素酶机理的研究 [J] ．中国医药工业杂志，2005，36 (4)：204-207．

[38] 王伟．德氏乳杆菌发酵性能研究及发酵工艺优化 [D] ．哈尔滨：东北农业大学，2012．

[39] 费金华．一种食品用环保复合材料及其制备方法：2015103135664 [P] ．2015-08-26．

[40] 王跃猛，刘安军，李鑫，韩悦，滕安国，王丽霞．姜精油对明胶-$CaCO_3$ 可食膜理化及抑菌特性影响的研究 [J] ．现代食品科技，2015 (2)：57-62．

[41] GB 1886.214—2016．

[42] 徐伟端．人空肠钙、镁、锌吸收的研究 [D] ．北京：中国协和医科大学，1989．

[43] 童银洪，杜晓东，陈敬中．粉状纳米珍珠面膜的研制 [J] ．纳米科技，2007 (2)：60-63．

[44] 李汉源．含有细蛋壳粉的婴儿香粉 [J] ．精细与专用化学品，1987 (10)：22．

[45] 彭君洋．除臭止汗剂 [J] ．日用化学工业，1987 (5)：37．

[46] 叶玲．防粉刺专用面膜：201410190020 [P] ．2014-07-23．

[47] 左小博，孔俊豪，苏小琴，杨秀芳，谭蓉 . 响应面法优化抹茶凝胶面膜的开发 [J] . 农产品加工，2017（13）：1-6.

[48] 张建刚，张重静，王兰芳 . 一种氧化石墨烯面膜及其制备方法：2015107889976 [P] . 2016-02-03.

[49] 俞志华，冯蔚，曹勇 . 采用均一粒度碳酸钙以降低牙膏的摩擦值 [J] . 日用化学工业，1990（2）：18-20.

[50] 丁观军，程吉平，陈海锋，张凯 . 含磷酸氢二钠和微米级碳酸钙无水牙膏对脱矿牙釉质和脱矿牙本质的修复 [J] . 口腔护理用品工业，2017，27（02）：8-12.

[51] 胡庆福，刘宝树，胡晓波 . 牙膏级轻质碳酸钙的市场与开发 [J] . 日用化学品科学，2002，25（6）：1-4.

[52] 王吉会，李英，董青 . 核壳型 $CaCO_3/SiO_2$ 牙膏摩擦剂的制备方法：2009100702516 [P] . 2009-08-27.

[53] 曾汉民，刘国军 . 纳米 $CaCO_3/SiO_2$ 核-壳结构粒子的制备方法：2002021150281 [P] . 2002-11-06.

[54] Müller S，Ehlis T，Giesinger J，Kreyer G. Light protecting-effective cosmetic or dermatological preparations：US9656103 [P] . 2017-05-23.

[55] 金达莱，岳林海，徐铸德 . 纳米碳酸钙复合的微球体制备及其尺寸控制 [J] . 无机化学学报，2004，20（1）：21-25.

[56] 雷鸣，李培刚，杨慧，郭艳峰，郭嘉 . 单分散球形碳酸钙粒子的简易合成 [J] . 常熟理工学院学报，2006，20（2）：23-27.

[57] 陈健芬，施裔磊 . 一种评价牙膏磨损性能的方法研究 [J] . 口腔护理用品工业，2016（4）：6-13.

[58] 李小霞 . 牡蛎壳粉在水果保鲜中的应用研究 [D] . 福州：福建农林大学，2009.

[59] 王冬霞，赵嘉珩，刘明达 . 纳米碳酸钙对口腔义齿基托材料抗老化性的研究 [J] . 黑龙江医药科学，2018：33-34.

[60] 沈雪芬 . 一种防潮抗菌涂料：2016105908712 [P] . 2016-10-12.

[61] 曹兴 . 一种抗碱环保底漆：201410747744X [P] . 2015-02-18.

[62] 胡坤，乐毅，乐力 . 透气膜用低黄度抗菌型碳酸钙功能复合粉的制备方法：CN102675918B [P] . 2014-06-18.

[63] 王淑琴，陈丽，赵春燕，颜廷才，谢红，张佰清，王新一 . 金铃大枣保鲜专用膜、袋：2007100110251 [P] . 2007-09-26.

[64] 叶春会，王泽平 . 一种 BOPP 珠光膜：2014104200581 [P] . 2014-12-24.

[65] 施春海 . 用于砧板的抗菌塑料 [J] . 技术与市场，2002（12）：19-20.

[66] 赵敏 . 一种抗菌抑霉硅橡胶用纳米碳酸钙的工业化制备方法 [J] . 橡胶工业，2010（2）：105.

[67] 杨小红，陈幸达，刘金库，卢怡，吴庆生 . 简易合成高活性碳酸钙/纳米银复合球 [J] . 稀有金属材料与工程，2009，38（3）：532-535.

[68] 张昭，王向东，曾光远，焦秀娟，彭少方 . 含银无机抗菌剂的研制和抗菌性能初探 [J] . 稀有金属，2002，26（5）：401-404.

[69] 曾蕾 . 无机氧化物载银纳米抗菌材料的制备及抑菌性能研究 [D] . 株洲：湖南工业大学，2010.

[70] 葛伟青，苑少强，郝斌 . 无机抗菌材料的应用及其抗菌性能测试和评价 [J] . 陶瓷，2007（7）：53-55.

[71] 郑惠珍 . 雷洛昔芬联合碳酸钙 $D_3$ 治疗绝经后骨质疏松症效果观察 [J] . 中国乡村医药，2016，23（10）：31-32.

[72] 沈屹，冯萍 . 阿仑膦酸钠联合碳酸钙 $D_3$ 咀嚼片治疗老年性骨质疏松症 [J] . 中国基层医药，2012，19（2）：261-262.

[73] 冉金伟，江恒，曹洪辉，代震宇 . 独活寄生汤联合碳酸钙/维生素 $D_3$ 治疗绝经后骨质疏松症的疗效观察 [J] . 中国基层医药，2013，20（18）：2818-2819.

[74] 刘丽，陈育梅 . 孕期给予复方碳酸钙颗粒对孕妇与新生儿的影响 [J] . 医药导报，2012，31（10）：1327-1328.

[75] 丁美 . 阿法骨化醇加碳酸钙 $D_3$ 片治疗老年糖尿病合并骨质疏松症的临床疗效分析 [J] . 中国医药指南，2016，14（2）：128.

[76] 刘美英 . 甲亢合并骨质疏松的药物治疗观察 [J] . 临床医药文献电子杂志，2016，3（44）：8857.

[77] 胡谷丰，刘安平．竹塑夹板联合碳酸钙 $D_3$ 治疗女性骨质疏松桡骨远端骨折临床观察 ［J］．中医药临床杂志，2013（2）：135-136.

[78] 徐晶，谭金海，魏任雄，熊健，熊亮．多孔碳酸钙陶瓷生物安全性评价 ［J］．武汉大学学报（医学版），2006，27（5）：624-625.

[79] 魏任雄，张翼，谭金海，蔡林，金伟．多孔碳酸钙陶瓷与干细胞源性成骨细胞的相容性 ［J］．中国组织工程研究，2011，15（42）：7822-7826.

[80] 黄志红，陈晓明，李建华．多孔碳酸钙陶瓷——人造珊瑚的初步研究 ［J］．陶瓷学报，2003（03）：149-151.

[81] 熊亮，谭金海，方芙蓉，杨帆．多孔碳酸钙陶瓷修复骨缺损的生物力学评价 ［J］．武汉大学学报（医学版），2008（01）：13-16.

[82] 王家顺，范金斌．透析日碳酸钙联合非透析日碳酸镧治疗维持性血液透析非低钙高血磷患者疗效观察 ［J］．中国实用医药，2016，11（24）：168-169.

[83] 何馨．碳酸钙对儿童不安腿综合征的辅助治疗作用 ［C］．苏州：全国儿科神经学术会议，2013.

[84] 范金华．钙剂治疗轻中度妊高征临床应用分析 ［J］．中国医药导报，2010，07（20）：52-53.

[85] 管剑龙．氟喹诺酮类抗菌药与其他药物的交互作用 ［J］．国外医药抗生素分册，1991（3）．

[86] 隗笑，阚微娜，杨宏伟，姜玉明．原子吸收分光光度法测定甘氨酸碳酸钙胶囊中碳酸钙的含量 ［J］．中国药师，2013，16（03）：374-375.

[87] 严红梅，张振海，贾晓斌，蒋艳荣，孙娥．基于轻质碳酸钙的齐墩果酸固体分散体的研究 ［J］．中国中药杂志，2015，40（10）：1935-1938.

[88] 蒋艳荣，张振海，崔莉，贺俊杰，胡绍英，贾晓斌．纳米碳酸钙在馨月舒胶囊中应用的初步研究 ［J］．中药材，2012，35（11）：1846-1850.

[89] 黄晓燕，彭元香，陈文瑜，张小芹．维 C 佳钙泡腾片的处方工艺研究 ［J］．中国医药导报，2008，5（15）：38-40.

[90] 韩华锋，徐阳，孔祥东．基于纳米碳酸钙的药物缓释载体研究 ［J］．纳米技术，2013，3（4）：41-46.

[91] 刘新荣，黄先洲，陈学宏，刘睿颖．肝素/碳酸钙微囊的制备及其药物缓释性能 ［J］．材料导报，2011，25（22）：29-31.

[92] Wang J，Chen J S，Zong J Y，Zhao D，Li F，Zhuo R X，Cheng S X. Calcium carbonate/ carboxymethyl chitosan hybrid microspheres and nanospheres for drug delivery ［J］．Journal of Physical Chemistry C，2010，114（44）：18940-18945.

[93] Peng C，Zhao Q，Gao C. Sustained delivery of doxorubicin by porous $CaCO_3$，and chitosan/ alginate multilayers-coated $CaCO_3$，microparticles ［J］．Colloids & Surfaces A Physicochemical & Engineering Aspects，2010，353（2-3）：132-139.

[94] Volodkin D V，Larionova N I，Sukhorukov G B. Protein encapsulation via porous $CaCO_3$ microparticles templating ［J］．Biomacromolecules，2004，5（5）：1962.

[95] Liang L，Zhu Y J，Cao S W，Ma M Y. Preparation and drug release properties of nanostructured $CaCO_3$ porous hollow microspheres ［J］．Journal of Inorganic Materials，2009，24（1）：166-170.

[96] Wang C，He C Z，Liu X，Ren B，Zeng F. Combination of adsorption by porous $CaCO_3$ microparticles and encapsulation by polyelectrolyte multilayer films for sustained drug delivery ［J］．International Journal of Pharmaceutics，2006，308（1 - 2）：160-167.

[97] Wei W，Ma G H，Hu G，Yu D，Mcleish T，Su Z G，Shen Z Y. Preparation of hierarchical hollow $CaCO_3$ particles and the application as anticancer drug carrier ［J］．Journal of the American Chemical Society，2008，130（47）：15808-15810.

[98] Zhao D，Zhuo R X，Cheng S X. Alginate modified nanostructured calcium carbonate with enhanced delivery efficiency for gene and drug delivery ［J］．Molecular Biosystems，2012，8（3）：753.

[99] Qiu N，Yin H，Ji B，Klauke N，Glidle A，Zhang Y K，Song H，Cai L L，Ma L，Wang G C，Chen L J，Wang W W. Calcium carbonate microspheres as carriers for the anticancer drug camptothecin ［J］．Materials Science & Engineering C，2012，32（8）：2634-2640.

[100] Tang J，Sun D M，Qian W Y，Zhu R R，Sun X Y，Wang W R，Li K，Wang S L. One-step bulk

preparation of calcium carbonate nanotubes and its application in anticancer drug delivery [J]. Biological Trace Element Research，2012，147（1-3）：408-417.

[101] 李卫平．医药级牡蛎碳酸钙的生产方法：2004100308837 [P]．2005-01-12.

[102] 康和义．医药发酵碳酸钙的制备方法：201610741243X [P]．2017-02-01.

[103] 周绿山，赖川，王芬，何畔．多孔碳酸钙的制备及应用研究进展 [J]．化工进展，2018，37（01）：159-167.

[104] 戴洪兴，邓积光，张磊，赵振璇，王国志，刘彩欣，李惠宁．软、硬模板合成多孔氧化镁、氧化钙和碳酸钙 [J]．无机盐工业，2011，43（05）：18-20，54.

[105] 杨辉，李欢．多孔超细碳酸钙微球的制备 [J]．陕西科技大学学报（自然科学版），2013，31（05）：111-115.

[106] Zhao Z X，Zhang L，Dai H X，Du Y C，Meng X，Zhang R Z，Liu Y X，Deng J G. Surfactantassisted solvo- or hydrothermal fabrication and characterizationof high-surface-area porous calcium carbonate with multiple morphologies [J]. Microporous and Mesoporous Materials，2011，138：191-199.

[107] 郁平，朱贤，陶建伟．多孔性球形超细碳酸钙制备及其生成机理 [J]．上海交通大学学报，2006，40（11）：1979-1982.

[108] 国家药典委员会．中华人民共和国药典 [M]．三部．北京：中国医药科技出版社，2015：1500-1501.

# CHAPTER 9

# 第9章
# 含钙无机化合物产品

## 9.1　金属钙、钙氧化物和硫化物

### 9.1.1　金属钙

金属钙（Ca，calcium），质地很软的银白色金属，密度为 $1.55g/cm^3$，熔点 $851℃$[1]。晶胞为面心立方晶胞，每个晶胞含有 4 个金属原子。化学性质活泼，能与水、酸反应，有氢气产生。常温下，放置在空气中，钙表面会形成一层氧化物或氮化物薄膜，可减缓进一步腐蚀。加热时，它能与大多数非金属直接反应[2]。

$$Ca+2H_2O \longrightarrow Ca(OH)_2+H_2$$

金属钙的制备主要有热还原法和熔盐电解法。

**（1）热还原法**

热还原法（图 9-1）主要是使用金属铝在真空和高温下还原石灰，再经精馏而得钙。铝热还原法冶炼金属钙具有设备投资少、节能、减排的优点，但还原剂铝的价格较高[3]。热还原法逐渐成为生产金属钙的主要方法。为改善生产金属钙的技术经济指标，也有研究者[4] 提出利用硅铁制镁生产工艺的相似性来冶炼金属钙。

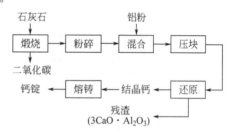

图 9-1　热还原法制钙工艺流程

$$6CaO+2Al \longrightarrow 3Ca+3CaO \cdot Al_2O_3$$
$$2CaO+Si(Fe) \longrightarrow 2Ca+SiO_2(Fe)$$

**（2）熔盐电解法**

以含钙 $10\%\sim15\%$ 的铜钙合金液体作阴极，石墨电极作阳极，无水 $CaCl_2$ 与 $KCl$ 的混合物作为电解质，蒸馏获得金属钙。电解氯化钙熔体制得富含钙的钙-铜合金和副产品氯气。以钙-铜合金作阴极在低于 $700℃$ 的电解温度下进行，可获得含钙 $65\%$ 的钙-铜合金。由于含钙 $65\%$ 的钙-铜合金的密度比电解质大，所以停留在电解槽的底部。在电解时，金属钙从槽底析出，在电解槽下面形成钙-铜合金。所得钙铜合金经蒸馏后获得金属钙，工业上液体阴极法依然存在成本较高的问题[5]。

$$CaCO_3+2HCl \longrightarrow CaCl_2+H_2O+CO_2 \uparrow$$
$$CaCl_2 \longrightarrow Ca+Cl_2 \uparrow$$

表 9-1    金属钙产品牌号和化学成分

| 牌号 | Ca 不小于 | 化学成分/% | | | | | | | | |
|---|---|---|---|---|---|---|---|---|---|---|
| | | 杂质含量,不大于 | | | | | | | | |
| | | Cl | N | Mg | Cu | Ni | Mn | Si | Fe | Al |
| Ca-04 | 99.99 | 0.005 | 0.005 | 0.0005 | 0.0005 | 0.0005 | 0.0005 | 0.0005 | 0.0005 | 0.0005 |
| Ca-03 | 99.90 | 0.065 | 0.01 | 0.012 | 0.005 | 0.001 | 0.001 | 0.002 | 0.001 | 0.001 |
| Ca-1 | 99.50 | 0.15 | 0.02 | 0.03 | 0.01 | 0.002 | 0.004 | 0.004 | 0.005 | 0.01 |
| Ca-2 | 99.00 | 0.20 | 0.05 | 0.10 | 0.03 | 0.004 | 0.008 | 0.008 | 0.02 | 0.02 |
| Ca-3 | 98.50 | 0.35 | 0.10 | 0.30 | 0.08 | 0.005 | 0.02 | 0.01 | 0.03 | 0.03 |

金属钙产品有对应的品牌号和组分规定,如表 9-1 所示[6]。在钢铁工业中,金属钙的主要用途是加工成金属钙粒,然后制成金属钙单独包覆的纯钙包芯线,或者将金属钙与铁按一定比例混合包覆制成钙铁包芯线,最终用于钢铁的炉外精炼。其作用是脱硫、脱氧,增加钢水的流动性,促进钢水中夹杂物的快速上浮,一般用于优质钢的生产[7]。

## 9.1.2    氧化钙

氧化钙 (CaO,calcium oxide),俗称生石灰,呈白色或带灰色块状或颗粒,溶于酸类、甘油和蔗糖溶液,几乎不溶于乙醇。密度 $3.35g/cm^3$,熔点 $2572℃$,沸点 $2850℃$,折射率 $1.838$。氧化钙为碱性氧化物,对湿敏感,具有吸湿性,易从空气中吸收 $CO_2$ 及水分。与水反应产生大量热,生成 $Ca(OH)_2$,并有腐蚀性。

$$CaO + H_2O =\!=\!= Ca(OH)_2 \quad (\Delta H = -81896J/mol)$$

工业 CaO 主要通过 $CaCO_3$ 煅烧制备[8]。

$$CaCO_3 \longrightarrow CaO + CO_2\uparrow$$

一种制备精细氧化钙的方法是,先将 $CaCO_3$ 与盐酸反应生成 $CaCl_2$,再加入氨水进行中和,静置沉淀,过滤,再加入 $NaHCO_3$ 反应生成 $CaCO_3$ 沉淀,经离心分离脱水,干燥后,进行煅烧,经粉碎、筛选,最后制得 CaO 成品。

$$CaCO_3 + 2HCl =\!=\!= CaCl_2 + CO_2\uparrow + H_2O$$
$$CaCl_2 + 2NH_3 \cdot H_2O =\!=\!= Ca(OH)_2 + 2NH_4Cl$$
$$Ca(OH)_2 + NaHCO_3 =\!=\!= CaCO_3\downarrow + NaOH + H_2O$$
$$CaCO_3 =\!=\!= CaO + CO_2\uparrow$$

CaO 的应用较为广泛,可用作制造电石[9]、水泥[10] 的原料,可用来制备 $CO_2$ 吸附剂[11]、催化还原焦油[12],还可用于发酵[13],也可以用作耐火材料[14]、干燥剂[15],用作钙肥[16]、脱色剂[17]、填充剂[18] 等。

通过表面改性可以改变 CaO 的耐水性能。例如,以溴代正丁烷作为改性剂对 CaO 进行表面改性,可使 CaO 表面疏水性发生变化,提高耐水性,可以更好地作为固体碱催化剂催化菜籽油酯交换反应制备生物柴油[19]。用丙烯酸甲酯改性剂对 CaO 进行表面改性也能提高固体碱催化剂对反应体系中水分的抵御能力。以丙烯酸甲酯改性剂(用量 0.5%)改性的 CaO 作为固体碱催化剂催化油脂和甲醇之间的酯交换体系制备生物柴油,在反应温度为 65℃、醇油摩尔比为 20∶1、催化剂用量为 15%、反应时间 2h 条件下,生物柴油产率达 96.6%,与未改性 CaO 相比,相同条件下生物柴油产率提高 16.2%;在体系含水量 1%条件下催化制备生物柴油产率仍能达到 81%[20]。

### 9.1.3 过氧化钙

过氧化钙（$CaO_2$，calcium peroxide），又称二氧化钙，为白色四方结晶粉末,工业品呈淡黄色。无臭,几乎无味。难溶于水,不溶于乙醇、乙醚等有机溶剂。密度为 $2.92g/cm^3$。常温下干燥品很稳定,工业品在 300℃时（纯品在 375℃）分解,完全分解的温度为 400～425℃。$CaO_2$ 能溶于稀酸生成钙盐和 $H_2O_2$。$CaO_2$ 在湿空气或水中会逐渐缓慢地发生反应,在 145℃时开始放出氧气。

$$CaO_2 + CO_2 + H_2O \longrightarrow CaCO_3 + H_2O_2 \text{（室温）}$$

$$CaO_2 + CO_2 + H_2O \longrightarrow CaCO_3 + H_2O + 1/2O_2 \uparrow \text{（高温）}$$

目前,$CaO_2$ 的制备方法主要有钙盐法、CaO 法和 $Ca(OH)_2$ 法三大类[21]。

**（1）钙盐法**

将可溶性钙盐如 $CaCl_2$ 或 $Ca(NO_3)_2$ 等溶于水中,搅拌条件下加入 $H_2O_2$ 和稳定剂 [如三乙醇胺,主要抑制副反应（3）、（4）],再加入氨水进行反应,然后将沉淀物分离、洗涤、干燥,得到 $CaO_2$ 产品。

主反应：$CaCl_2 + H_2O_2 + 2NH_3 \cdot H_2O + 6H_2O \longrightarrow CaO_2 \cdot 8H_2O + 2NH_4Cl$     (1)

副反应：$H_2O_2 \longrightarrow H_2O + [O]$     (2)

        $2[O] \longrightarrow O_2$     (3)

        $CaO_2 + H_2O_2 \longrightarrow Ca(OH)_2 + O_2$     (4)

加入氨水的目的是中和副产物 HCl,以保证反应能连续进行。但氨水的加入会导致 $CaO_2$ 产品中存在较难闻的氨味,且铵盐的存在会使 $CaO_2$ 分解而降低有效成分含量。低温反应可降低 $H_2O_2$ 和 $CaO_2$ 的分解损失,提高 $H_2O_2$ 的利用率和产品中 $CaO_2$ 含量。但在 5℃左右的低温下需要制冷设备,工艺复杂且成本高。目前普遍采用加入稳定剂在常温下制备的方法,以减少 $H_2O_2$ 和 $CaO_2$ 的分解损失,提高其利用率,并降低成本。在制备过程中要控制合适的反应时间,时间过短,反应不完全;时间过长,则增加 $CaO_2$ 在液相中的停留时间而造成分解损失。钙盐法存在工艺过程简单、技术成熟、设备单一等优点,但由于是采用稀溶液生产,母液中 $H_2O_2$ 分解损失大,$CaO_2$ 产品含量不高,一般仅为 50%～60%。

**（2）CaO 法**

采用 CaO 为原料直接与 $H_2O_2$ 反应制备 $CaO_2$。加入稳定剂,可以使反应在常温下进行。稳定剂如磷酸盐,可以防止 $H_2O_2$ 的自分解,提高 $H_2O_2$ 的利用率和产物的性能。该工艺原料廉价,操作方便,设备简单,不需要加入氨水等其他物质,基本没有三废排放问题。

**（3）$Ca(OH)_2$ 法**

可分为传统法、空气阴极法和喷雾干燥法。

① 传统 $Ca(OH)_2$ 法。用 50%的 $Ca(OH)_2$ 乳液和 70% $H_2O_2$ 溶液按照一定的比例反

应，制得 $CaO_2$ 泥浆，再经过喷雾干燥制成产品。

由于工业所用的氢氧化钙、氧化钙等物质中含有铁等其他金属元素，这些金属离子对双氧水的分解产生催化作用，使得双氧水的利用率降低，加入稳定剂可以提高双氧水的利用率和产品的稳定性能，且可使反应在室温下进行。常用的稳定剂有氯化铵、磷酸盐、碳酸盐以及硅酸钠等。

② 空气阴极法。在碱性条件下，空气中的氧和水在特制的阴极下反应得到 $H_2O_2$，再由碱性 $H_2O_2$ 水溶液和 $Ca(OH)_2$ 反应制得过 $CaO_2$ 产品。此法生产能力比较小，只适用于小规模生产。

③ 喷雾干燥法。可用 30% 的 $H_2O_2$ 溶液喷洒于 $Ca(OH)_2$ 粉末中，制成半干状态的粉末，经过干燥，再用 $H_2O_2$ 溶液喷洒，再干燥，反复多次，直至达到所需要的指标为止。采用高浓度的 $H_2O_2$ 和固体 $Ca(OH)_2$ 直接反应，由于物料中水分较少，可减少 $H_2O_2$ 损失。采用喷雾脱水干燥，气流雾化的气源来自于脱水、脱油及脱 $CO_2$ 的干燥 $N_2$。

$CaO_2$ 可用于改良稻田土壤、农田土壤的修复、水产养殖、污泥和污水处理[22,23] 等。在食品加工方面可用作面粉处理剂、氧化剂，用于食品及果蔬的保鲜[24]、消毒等。$CaO_2$ 亦可用于纤维的漂白和洗涤剂，还可用于生产甲酸钙 $[Ca(HCO_2)_2]$、超氧化钙 $[Ca(O_2)_2]$ 和医药等。

在农业方面，$CaO_2$ 配施硅钙肥可以改良稻田土壤[25]，改善土壤养分供应状况和土壤结构，可以明显提高水稻产量、降低潜育化稻田的潜育化程度。$CaO_2$ 用于大豆、棉花播种，由于其释放活性氧，可以杀菌，并提高种子萌发率。用于马铃薯种植，可防止疫霉苗，并控制土豆病害。

在水产养殖业中，它是理想的供氧剂，将 $CaO_2$ 投入水中可以增加水中含氧量，并氧化水塘底部的剩余饲料和鱼类排泄物，杀菌灭藻，改善水质。

$CaO_2$ 在水中溶解时可释放 $H_2O_2$，因此 $CaO_2$ 可以看作是一种良好的 $H_2O_2$ 的固体载体[26]，克服了液体 $H_2O_2$ 的储存和运输成本高的问题。$CaO_2$ 用于水处理可原位产生 $H_2O_2$，比使用液体 $H_2O_2$ 简便实用[27,28]。水体缺氧是导致城镇水体黑臭污染的主要原因，$CaO_2$ 在黑臭水体原位治理过程中具有高效释氧、强化微生物活性及释放羟基自由基等特性，可以通过羟基自由基的强氧化作用分解去除黑臭水体中的有机物，通过过氧化钙在水中的强氧化性和碱性，使某些金属离子形态发生变化，如 $As^{3+}$ 氧化为毒性较低的 $As^{5+}$。另外，也可以通过过氧化钙与水作用产生的氢氧根与金属离子结合生成沉淀去除重金属，过氧化钙可以抑制河道淤泥的氮、磷、硫污染物的释放，并通过其强氧化性分解氮、磷营养元素及硫化物等污染物，达到水体生态修复治理的效果。

### 9.1.4 硫化钙

硫化钙（CaS，calcium sulfide），分子量为 72.14，氯化钠结构立方晶系晶体，一般呈浅黄色至灰色，密度为 $2.60g/cm^3$，熔点为 2400℃。干燥空气中高温加热时可被氧化。具有吸湿性，微溶于水，遇水或湿气可发生水解。微溶于醇，遇酸迅速分解而释出硫化氢气体。与氯、碘反应析出硫。制备可采用 $CaSO_4$ 与 C 反应法和 $CaSO_4$ 与 CO

反应法。

① $CaSO_4$ 和 C 固相反应法：在氮气保护气氛下，以焦炭、煤和木炭为碳源，C 和 $CaSO_4$ 的摩尔比为 0.5～1.0，在 1000～1150℃反应，得到收率较高的硫化钙[29]。

$$CaSO_4 + 2C \longrightarrow CaS + 2CO_2$$

② $CaSO_4$ 与 CO 气固法：采用 Fe-Ni 复合催化剂，将 CO、$N_2$、$CO_2$ 三者混合为还原剂，加入烟气脱硫石膏，在温度 650℃反应，硫化钙的生成率可达 95% 以上[30]。

$$CaSO_4 + 4CO \longrightarrow CaS + 4CO_2$$

③ 硫黄还原分解磷石膏来制得硫化钙。例如，首先将硫黄在气化炉中气化为 $S_2(g)$，然后随载气 $N_2$ 通入装有磷石膏的反应炉中，800℃下反应 2h，磷石膏分解率达到 98%[31]。

$$CaSO_4 + S_2 \longrightarrow CaS + 2SO_2$$

硫化钙可用作分析试剂及荧光粉的基质，经稀土元素铕掺杂后用作电致发光材料[32]；还可通过分解产生的硫化氢气体灭除病菌和虫螨[33]。硫化钙可作还原剂，在以甲醇为反应介质的反应中用于二氧化硫的脱除，产生硫黄[34]。在工业应用中，硫化钙也可作为废水处理的硫化剂、鞣革脱毛剂、润滑剂的添加剂等[35]。

# 9.2　钙的氢化物、卤化物和磷化物

## 9.2.1　氢化钙

氢化钙（$CaH_2$，calcium hydride），分子量为 42.10，白色单斜晶体。工业品呈灰色，约 600℃分解，熔点为 816℃（氢气中）。与水、羧酸、低碳醇（乙醇）作用分解生成氢气。常温下不与干燥的氧、氮、氯反应，但在高温下可反应，分别生成 CaO、$Ca_3N_2$、$CaCl_2$[36]。

$$CaH_2 + 2H_2O \longrightarrow Ca(OH)_2 + 2H_2 \uparrow$$
$$CaH_2 + 2CH_3COOH \longrightarrow (CH_3COO)_2Ca + 2H_2 \uparrow$$
$$2CH_3CH_2OH + CaH_2 \longrightarrow (CH_3CH_2O)_2Ca + 2H_2 \uparrow$$

实验室制备高纯度氢化钙可以向不锈钢法兰反应器中加入钙，抽真空到 $10^{-1}$ mmHg（1mmHg=133.322Pa），加热到 400～450℃熔融，通入净化后的氢气进行氢化反应生成高纯度的氢化钙[37]。工业上可以通过电解法制得金属钙后，再与氢气反应来制备氢化钙。

$$Ca + H_2 \longrightarrow CaH_2$$

在实验室中，氢化钙是一种可以从晶体水合物中带走水分的干燥剂，它在碳氢化合物、醚类和其他溶剂的干燥中非常有效。氢化钙可代替吡啶作酸吸收剂，除去在生成聚对苯二甲酰对苯二胺纤维时放出的氯化氢[38]；也可作为还原催化剂，用于碱木质素热裂解的中间产物酮类、酸类、醛类等物质的还原和转化[39]。氢化钙还用于粉末冶金，当加热至 600～1000℃时，可将锆、铌、铪等金属氧化物还原，而得到相应的金属粉末。

$$2CaH_2 + ZrO_2 \longrightarrow Zr + 2CaO + 2H_2 \uparrow$$

### 9.2.2　氟化钙

氟化钙（$CaF_2$，calcium fluoride）的晶体结构为立方晶系，呈立方体、八面体或者十二面体。无色结晶或白色粉末。天然矿石中含有杂质，略带绿色或紫色，加热时发光。密度 3.18g/$cm^3$；熔点 1402℃，沸点 2497℃，折射率 1.434。极难溶于水；可溶于盐酸、氢氟酸、硫酸、硝酸和铵盐溶液；不溶于丙酮；溶于铝盐溶液时形成络合物 $AlF^{2+}$、$AlF_2^+$、$AlF_3$、$AlF_4^-$、$AlF_6^{2-}$、$AlF_6^{3-}$；溶于铁盐溶液时形成络合物 $FeF_3$、$FeF_4^-$、$FeF_5^{2-}$。

$CaF_2$ 和浓 $H_2SO_4$ 在铅制容器中反应生成 HF。

$$CaF_2 + H_2SO_4 =\!=\!= 2HF \uparrow + CaSO_4$$

将 $CaCO_3$ 或 $Ca(OH)_2$ 用氢氟酸溶解，将所得溶液浓缩，或向钙盐水溶液中加入氟离子，得到氟化钙的胶状沉淀，经精制可得 $CaF_2$。实验室一般用 $CaCO_3$ 与氢氟酸或用浓盐酸和氢氟酸反复处理萤石粉来制备 $CaF_2$。

$$CaCO_3 + 2HF =\!=\!= CaF_2 + H_2O + CO_2 \uparrow$$
$$CaF_2 + 2HCl =\!=\!= CaCl_2 + 2HF \uparrow$$

目前 $CaF_2$ 主要用于冶金、建材、化工、轻工、光学、雕刻和国防工业。

在钢铁工业中，当 $CaF_2$ 与石灰共用时，可以在很大程度上降低钢材中的磷、硫等的含量，提高钢材的性能；氟化钙可以作为助熔剂，以降低熔点，增加渣的流动性。$CaF_2$ 具有良好的去氢效果，$CaF_2$ 高温分解产生的 F 和电弧中的 H 反应，生成高温下稳定的 HF，减少了氢含量，所以可以使焊缝中气孔等缺陷减少，提高焊接接头质量，在不锈钢的水下湿法焊接中被普遍采用[40]。

在化学工业上，$CaF_2$ 可以作为制造氢氟酸的原料，继而合成有机、无机氟化合物。在化学反应中也可以直接用作催化剂，比如含有 5%$CaF_2$ 的还原催化剂在工业上可以用来催化石化行业重油精炼加氢脱硫过程中产生的失活催化剂，从而提取其中的有价金属，对 Mo、Co、Ni 的回收率可以达到 95% 以上[41]。此外，在室温下，在 $CaF_2$ 存在下，可以使用 30% 的 $H_2O_2$ 将硫化物氧化为相应的有机合成中间体亚砜，使用 $CaF_2$ 催化更便宜、更高效、更绿色、选择性更高[42]。

在陶瓷工业中，$CaF_2$ 可用于制作陶瓷、搪瓷釉的组分等；在 $CaF_2$ 中掺杂镱可以制备出透光性好的透明陶瓷；钠钙玻璃粉末中添加 $CaF_2$，可以制备出玻璃陶瓷[43]。

采用阴离子染料废水弱酸性绿 GS（$C_{20}H_{13}N_2NaO_5S$）为原料（提供有机配体），以 $CaF_2$ 为无机骨架材料，采用"有机/无机杂化法"可以合成一种微纳米级球形杂化吸附材料。该吸附材料对阳离子染料吸附具有选择性，试验用于阳离子废水时表现为吸附快，去除效果明显，沉降快[44]。

在医药方面，将 $CaF_2$ 引入透明质酸（HA）基复合水凝胶，$CaF_2$ 可以释放 $Ca^{2+}$ 和 $F^-$ 影响细胞增殖和抑制细菌生长，能改善复合水凝胶的生物相容性和抗菌性能，适合于开发多功能伤口敷料。此外，以 $CaF_2$ 为主的紫石英被用作一种中药，具有镇心、安神的作用[45]。$CaF_2$ 也可以作为牙齿修复材料的添加剂来改善其力学性能[46]，还可以作为核磁共振成像的造影剂[47]。

### 9.2.3 氯化钙

氯化钙（$CaCl_2$，calcium chloride），无色立方结晶体，白色或灰白色。微毒、无臭、味微苦。可制成粒状、蜂窝块状、圆球状、不规则颗粒状、粉末状。$CaCl_2$ 吸湿性极强，暴露于空气中极易潮解。易溶于水，同时放出大量的热（$CaCl_2$ 的溶解焓为 $-81868J/mol$），其水溶液呈微酸性。溶于醇、丙酮、醋酸。低温下溶液结晶而析出六水合物（$CaCl_2 \cdot 6H_2O$），逐渐加热至 30℃ 时则溶解在自身的结晶水中，继续加热逐渐失水，至 200℃ 时变为二水物（$CaCl_2 \cdot 2H_2O$），再加热至 260℃ 则变为白色多孔状的无水 $CaCl_2$。

$$CaCl_2 + 6H_2O = CaCl_2 \cdot 6H_2O$$
$$CaCl_2 \cdot 6H_2O = CaCl_2 \cdot 2H_2O + 4H_2O \ (200℃)$$
$$CaCl_2 \cdot 2H_2O = CaCl_2 + 2H_2O \ (260℃)$$

$CaCl_2$ 与 $NH_3$ 和 $C_2H_5OH$ 作用分别生成 $CaCl_2 \cdot 8NH_3$ 和 $CaCl_2 \cdot 4C_2H_5OH$ 络合物。

$$CaCl_2 + 8NH_3 = CaCl_2 \cdot 8NH_3$$
$$CaCl_2 + 4C_2H_5OH = CaCl_2 \cdot 4C_2H_5OH$$

$CaCl_2$ 按级别分为：工业级 $CaCl_2$ 和食品级 $CaCl_2$[48]。无水 $CaCl_2$ 的制备方法有以下几种：

**（1）脱水干燥法**

由 $CaCO_3$（石灰石）与盐酸作用而得 $CaCl_2$ 溶液。

$$CaCO_3 + 2HCl = CaCl_2 + H_2O + CO_2 \uparrow$$

在 300℃ 热气流下进行 $CaCl_2$ 溶液喷雾干燥脱水，制得无水氯化钙粉末状成品。

$$CaCl_2 \cdot 2H_2O \longrightarrow CaCl_2 + 2H_2O$$

将已除去砷、重金属的精制的达到食用级 $CaCl_2$ 溶液，通过喷嘴从喷雾干燥塔上方喷成雾状，与 300℃ 热气流进行逆流接触达到脱水干燥，得到食用级粉末状无水氯化钙成品。也可将食用 $CaCl_2 \cdot 2H_2O$ 于 200～300℃ 下进行脱水干燥，制得食用无水 $CaCl_2$ 成品。

**（2）由索尔维法生产碳酸钠的副产品来精制 $CaCl_2$ 的母液法**

氨碱法制纯碱时的母液加石灰乳而得 $CaCl_2$ 水溶液，经蒸发、浓缩、冷却、结晶、干燥，可得到 $CaCl_2$。

索尔维法反应式：$NaCl + NH_3 + CO_2 + H_2O = NaHCO_3 + NH_4Cl$
$$2NaHCO_3 = Na_2CO_3 + CO_2 \uparrow + H_2O$$

制取 $CaCl_2$ 反应式：$Ca(OH)_2 + 2NH_4Cl \longrightarrow CaCl_2 + 2NH_3 + 2H_2O$

$CaCl_2$ 遇水发热且凝点低，通常用于道路、停车场、码头、机场、高尔夫球场等冬季的融雪和除冰；因吸水性强，可用作干燥剂。在农业上，$CaCl_2$ 可用于水果、蔬菜的保鲜[49,50]，还可用于提高花卉的花期和品质[51]。例如，有研究用 2%$CaCl_2$ 浸泡处理新鲜切碎的卷心菜 5min，随后进行干燥处理并将切碎的卷心菜包装在 35$\mu$m 厚的聚丙烯薄膜袋中。结果显示，在 8℃ 下保存 18 天后卷心菜的整体质量在可接受范围内且表现出了良好的抗氧化性[52]。食品级 $CaCl_2$ 主要用于食品加工的稳定剂、稠化剂、吸潮剂、口感改良剂等。

## 9.2.4　碘化钙

碘化钙（$CaI_2$，calcium iodide），分子量为 293.89，一般为无色或浅黄色六方结晶或粉末，味苦。密度为 $3.96g/cm^3$，熔点为 42℃（分解），沸点为 160℃。具有潮解性，易溶于水，微溶于乙醇、丙酮。其水溶液呈中性，溶于酸而分解生成碘或氢碘酸。在空气中吸收二氧化碳，分解出游离碘，渐呈黄色。碘化钙有 $CaI_2 \cdot 6H_2O$、$CaI_2 \cdot 6.5H_2O$、$CaI_2 \cdot 8H_2O$ 和 $CaI_2 \cdot 8H_2O$ 四种结晶水形式[53]。其中 $CaI_2 \cdot 6H_2O$ 在干燥氮气流中加热脱水、急速冷却、粉碎，可制得无水碘化钙。

$$CaI_2 \cdot 6H_2O \longrightarrow CaI_2 + 6H_2O$$

### (1) 直接制备法

可采用质量配比 $I_2$：$H_2SO_4$：$Na_2S$：$CaO$：$H_2O$＝1：0.75：0.75：1：3.3，先将硫化钠加水制成 30% 溶液，然后在搅拌下滴入 50% 稀硫酸，至呈微酸性（pH＝6），生成的 $H_2S$ 气体用蒸馏水洗涤。

$$Na_2S + H_2SO_4 \longrightarrow Na_2SO_4 + H_2S\uparrow$$

将碘加入蒸馏水中，边搅拌边通入硫化氢，压力保持在 0.049MPa 以下，吸收温度 25～30℃，使碘完全溶解，并与 $H_2S$ 反应，生成乳白色 HI 溶液，吸收器外用水冷却。

$$I_2 + H_2S \longrightarrow 2HI + S$$

将 HI 溶液过滤，再加入预制好的 $Ca(OH)_2$ 至呈碱性（pH＝7.5～8），经过滤，得到 $CaI_2$ 溶液。加入活性炭进行脱色，过滤，加热至 200℃进行浓缩，然后用水稀释至相对密度 1.54，静置过夜。过滤，再加热至 218～230℃蒸发浓缩，急速用冰水冷却（速度宜快，否则变黄），破碎后，制得 $CaI_2$ 成品。

$$2HI + Ca(OH)_2 \longrightarrow CaI_2 + 2H_2O$$

### (2) 碘化亚铁法

将蒸馏水加入反应器中，在搅拌下加入铁屑，分次加入碘，反应过程中控制温度不超过 40℃，直至碘完全溶解，然后加入蒸馏水，缓慢加热至沸，使碘和铁屑充分反应。

$$Fe + I_2 \longrightarrow FeI_2$$

然后分次加入消石灰至 pH 值为 14。再加热至沸，搅拌 1h，使碘化亚铁和氢氧化钙充分反应，生成 $CaI_2$。冷却至 50℃放料，经离心分离后得到滤液和滤饼。将滤饼与一倍量的水混合、煮沸、冷却、离心分离。合并两次滤液进行精制，用氢碘酸调节 pH 值至 2～3，于 220～230℃下蒸发浓缩、冷却、破碎，制得 $CaI_2$ 成品。

$$FeI_2 + Ca(OH)_2 \longrightarrow CaI_2 + Fe(OH)_2$$

$CaI_2$ 主要用于生物医药，是碘化钾的代用品，同时也可用于治疗动物的放线菌病[54]。还可用于照相行业中的感光乳化剂、配制灭火剂、催化剂、作为碘化氢的干燥剂及分析试剂等[55]。

## 9.2.5　磷化钙

磷化钙（$Ca_3P_2$，calcium phosphide），分子量为 182.18，红棕色晶体，属正方晶系。密度为 $2.51g/cm^3$，熔点为 1600℃。遇湿空气或水分解并放出剧毒、强烈燃烧的磷化氢气体。不溶于乙醇、乙醚和苯。

$$Ca_3P_2 + 6H_2O \Longrightarrow 2PH_3\uparrow + 3Ca(OH)_2$$

① 采用封闭反应管，用氢或氩气把磷蒸气往金属钙上输送，反应温度最初保持在300℃左右，再缓缓升温到750℃，并长时间保持此温度，反应生成磷化钙。也有研究将金属钙（纯度99.5%）和红磷粉（纯度98.9%）以5∶3的化学计量比混合，然后密封在钽管中，加热到1200℃下反应2h，制得蓝黑色粉末状的磷化钙，具有六方 $Mn_5Si_3$ 型的晶体结构[56]。

$$3Ca + 2P \longrightarrow Ca_3P_2$$

② 用金属铝还原磷酸三钙。例如，将232g干燥的 $Ca_3(PO_4)_2$ 和108g Al粉混合均匀，在氩气流中放入已经预热到500℃的坩埚中进行反应，制得磷化钙。

$$3Ca_3(PO_4)_2 + 16Al \longrightarrow 3Ca_3P_2 + 8Al_2O_3$$

③ 黄磷石法生产磷化钙。将块状生石灰加热至750℃，再将在贮磷装置中的磷加热（60~80℃）至液态黄磷，然后在贮磷装置下部输入灼热生石灰，液态黄磷立刻气化，与生石灰生成磷化钙[57]。

$$24CaO + 16P \Longrightarrow 5Ca_3P_2 + 3Ca_3(PO_4)_2$$

磷化钙可用于制备磷化氢、制造信号弹和烟火，也可用于制备灭鼠剂[58]和杀虫剂[59]。有报道显示 $Ca_3P_2$ 可用于制备半导体纳米InP晶体[60]。

# 9.3　氰氨化钙和硫氰酸钙

## 9.3.1　氰氨化钙

氰氨化钙 [$Ca(CN)_2$，calcium cyanamide]，也称石灰氮，无色六方晶体。不纯品呈灰黑色，有特殊臭味。密度2.29g/mL，熔点1340℃，$Ca(CN)_2$ 在大于1150℃时开始升华。不溶于水，有吸湿性，遇水分解生成乙炔和 $NH_3$，不宜久存。能溶于盐酸，在水中生成氰胺。对人体有毒性作用，长期吸入氰氨化钙粉尘对皮肤黏膜、神经系统、心血管系统等造成慢性毒性作用，特别是对呼吸中枢及血液的毒性作用，会发生自主神经衰弱综合征，引起内分泌器官和基础代谢的功能障碍。

$Ca(CN)_2$ 是有机合成工业及塑料工业的基本原料，可用于生产硫脲[61]、双氰胺、三聚氰胺和氰熔体（氰化钙、氯化钠和氧化钙等物质熔融后的混合物）等。$Ca(CN)_2$ 是一种碱性肥料[62,63]和土壤改良剂[64]（图9-2）。$Ca(CN)_2$ 的分解过程较长，在土壤中与水分反应生成 $Ca(OH)_2$ 和 $CH_2N_2$，$CH_2N_2$ 水解形成尿素，进一步水解形成铵态氮，直接供作物吸收利用。因此，$Ca(CN)_2$ 能作为作物长效氮肥，减少土壤铵态氮淋溶[65]。此外，$(Ca)CN_2$ 能有效地中和酸性土壤，降低硝酸盐在土壤及植物中的累积等。在碱性土壤中，$CH_2N_2$ 水解变慢，此时 $CH_2N_2$ 更有利于聚合形成双氰氨。

$Ca(CN)_2$ 是高效低毒广谱性杀菌剂多菌灵，农药的主要原料之一，可用作除草剂、杀菌剂、杀虫剂[66]，可预防根腐病、流胶病[67]、白霉病，可杀死钉螺、蚂蟥等，防止血

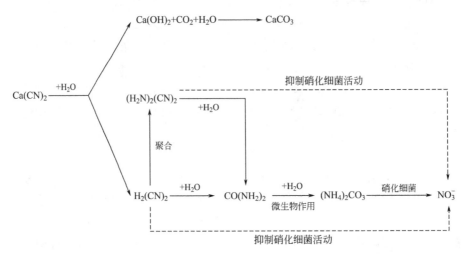

图 9-2   $Ca(CN)_2$ 在土壤中的分解过程[69]

吸虫病的蔓延，还可用作棉花落叶剂[68]。$Ca(CN)_2$ 在土壤中分解形成有毒物质氰氨和双氰氨，对土壤中微生物、昆虫有很强的杀灭和驱避作用，但它对鱼和蜜蜂没有毒性，并且在土壤中没有残留，属于环境友好型消毒剂。

### 9.3.2   硫氰酸钙

硫氰酸钙 $[Ca(SCN)_2$，calcium thiocyanate]，分子量为 156.24，白色吸湿性结晶或粉末，可溶于水、醇、丙酮，熔点为 42.5～46.5℃，加热到 160℃ 以上分解。其结晶水形式有 $Ca(SCN)_2 \cdot 3H_2O$ 和 $Ca(SCN)_2 \cdot 8H_2O$。

将硫氰酸铵溶液与氢氧化钙溶液进行复分解反应，生成三水的硫氰酸钙。在氨液中经结晶分离得硫氰酸钙成品。其化学反应式为：

$$2NH_4SCN + Ca(OH)_2 \longrightarrow Ca(SCN)_2 + 2H_2O + 2NH_3 \uparrow$$

硫氰酸钙可用作角蛋白纤维化的溶剂[70]、腈的光聚合反应的催化剂、聚氯乙烯悬浮聚合中的锅垢防止剂、混凝土的早强剂[71,72]。硫氰酸钙水溶液可作为纤维素的溶剂，用于制备纤维素气凝胶[73,74]，还可与冠醚类物质发生络合反应；与多元醇的络合物可作为有机材料的抗静电剂，也可用于硫酸纸和纺织工业。

# 9.4   非金属元素含氧酸钙

### 9.4.1   硼酸钙

硼酸钙 $[Ca_3(BO_3)_2$，calcium borate]，白色晶体状或无定形状粉末，加热容易熔融，形成透明的玻璃状物。通常以含结晶水的化合物形式存在，可分为二元二硼酸盐（$CaO \cdot B_2O_3 \cdot nH_2O$）、二元四硼酸盐（$CaO \cdot 2B_2O_3 \cdot nH_2O$）、四元六硼酸盐（$2CaO \cdot 3B_2O_3 \cdot nH_2O$），二元六硼酸盐（$CaO \cdot 3B_2O_3 \cdot nH_2O$）。各种硼酸钙都能被强酸分解，游离出硼酸。

$Ca_3(BO_3)_2$ 可分为天然和合成的两类。工业上的天然 $Ca_3(BO_3)_2$ 包括硬硼钙石 ($2CaO \cdot 3B_2O_3 \cdot 5H_2O$) 和钠硼解石 ($Na_2O \cdot 2CaO \cdot 3B_2O_3 \cdot 16H_2O$)。天然 $Ca_3(BO_3)_2$ 矿物的缺点是含有杂质。合成的 $Ca_3(BO_3)_2$ 主要以二元二硼酸盐和二元六硼酸盐形式存在。$Ca_3(BO_3)_2$ 的制备方法可分以下四种[75]：

**(1) $H_3BO_3$ 和石灰乳中和反应的方法**

将 $CaO$ 调成石灰乳，加到 $H_3BO_3$ 中，调节体系的 pH 值大于 11 时，反应产物以二硼酸钙形式存在，反应方程式如下：

$$2H_3BO_3 + CaO + (n-3)H_2O = CaB_2O_4 \cdot nH_2O \quad (n=2,4,6)$$

中和反应工艺简单，反应在 30℃ 以下、常压下进行，可设计成封闭循环的工艺流程，不存在废液回收问题。

**(2) 硼酸铵和石灰乳反应的方法**

在用碳氨法加工硼矿制取硼酸的工艺过程中，氨解液的主要组成是硼酸铵，还有剩余少量碳酸铵，将氨解液在加热下用压缩空气脱去碳酸铵，溶液中剩下的主要是硼酸铵，用石灰乳直接同氨解液反应，在 pH 值达 12 以上时，将氨赶出来。

碳氨法制取硼酸：$CO_2 + NH_3 + H_2O = NH_4HCO_3$

$$2MgO \cdot B_2O_3 \cdot H_2O = Mg_2B_2O_5 + H_2O$$

$$Mg_2B_2O_5 + 2NH_4HCO_3 + H_2O = 2(NH_4)H_2BO_3 + 2MgCO_3$$

$$(NH_4)H_2BO_3 = H_3BO_3 + NH_3$$

$Ca_3(BO_3)_2$ 的制备：$2NH_4H_2BO_3 + Ca(OH)_2 = CaO \cdot B_2O_3 \cdot 4H_2O + 2NH_3 \uparrow$

**(3) $CaO$ 和 $H_3BO_3$ 水热反应法**

以活性 $CaO$ 和 $H_3BO_3$ 为原料经过水热反应可以生成硼酸钙。例如，通过控制反应温度和 $CaO$、$H_3BO_3$ 原料比，以熔融硼酸作介质，可合成 $2CaO \cdot B_2O_3 \cdot H_2O$、$2CaO \cdot B_2O_3 \cdot 1.5H_2O$、$2CaO \cdot 2B_2O_3 \cdot H_2O$、$2CaO \cdot 5B_2O_3 \cdot 5H_2O$、$2CaO \cdot 3B_2O_3 \cdot H_2O$、$3CaO \cdot 10B_2O_3 \cdot 12H_2O$、$\beta$-$4CaO \cdot 5B_2O_3 \cdot 7H_2O$ 等 7 种硼酸钙[76]。有研究以硼砂、硝酸钙为原料经水热法制得纳米 $Ca_3(BO_3)_2$[77]；进一步还可用油酸对 $Ca_3(BO_3)_2$ 进行表面修饰。

**(4) 微乳液法制备纳米硼酸钙**

耿佳佳等[78]采用十六烷基三甲基溴化铵（CTAB）微乳体系制备纳米硼酸钙，反应温度在 30℃ 以下，水相与 CTAB 质量比小于 0.75，陈化时间在 9～48h，可以制备出不同粒径（十几到上百纳米）的球形纳米级硼酸钙微粒。

由于 $Ca_3(BO_3)_2$ 具有挥发率低、硼和钙的含量高、无杂质等特点，能应用于无碱玻璃纤维以提高熔制质量、降低熔化温度、降低熔制过程的挥发率等[79]，加入陶瓷中使瓷色均匀、提高光洁度，也可以应用于阻燃剂[80]，可以使非线性光学材料的光学性能得到提高[81]，在农业上也有应用，如塑料杀虫剂[82]。近来有研究表明，纳米 $Ca_3(BO_3)_2$ 是一种绿色环保、性能优异的润滑油添加剂，在油品中具有良好的分散性、稳定性和提高抗磨减摩性能[83]。

## 9.4.2　硅酸钙

硅酸钙（$CaSiO_3$, calcium silicate），无味无毒，溶于强酸，不溶于水、醇及碱，多为针状晶体。

　　通常用溶液反应法、静态/动态水热合成水化硅酸钙、沉淀法合成多孔硅酸钙，用微乳液法或化学沉淀法制备纳米硅酸钙，用模板法合成介孔硅酸钙等。例如：①以 $Ca(OH)_2$、水玻璃（$Na_2SiO_3 \cdot 9H_2O$）为原料，采用水热合成工艺制备硅酸钙。有报道采用电石渣［主要是 $Ca(OH)_2$］在 950℃ 煅烧活化，然后消化 2h，按照钙硅摩尔比（$CaO/SiO_2$）1.0 加入水玻璃，在 105℃、搅拌速度 800r/min 条件下进行水热合成反应制得多孔硅酸钙[84]。②用生石灰（$CaO$）和石英砂（$SiO_2$）作为原材料制备 $CaSiO_3$。例如，按钙与硅的摩尔比为 1∶1 和水固质量比为 5∶1 配料置于 50L 的高压反应釜内，转速为 88r/min，在 2h 内升温至（$120\pm5$）℃，恒温 10h，降温 2h，水热反应压力为 0.198MPa，制得的产物经过滤、干燥后得到水化硅酸钙超细粉体（图 9-3）[85]。

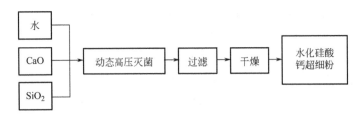

图 9-3　水化硅酸钙超细粉体制备工艺流程图

　　硅酸钙具有密度小、孔隙率高、热导率小、比表面积高和吸附性强等特点[86]，可应用于医药[87]、造纸[88]、塑料[89] 和环保[90] 等领域（图 9-4）。硅酸钙材料具有多种结构形式，主要包括 C-S-H（水化硅酸钙）、活性硅酸钙、硬硅钙石、多孔硅酸钙等。C-S-H 是一种无定形的物质，在常温条件下呈凝胶态，比表面积大、孔径均匀、无毒环保，是硅酸盐水泥成分中的主要水化产物。硅酸钙也可以作为污水重金属吸附材料。

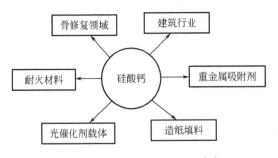

图 9-4　硅酸钙的主要应用领域[91]

　　活性硅酸钙是高铝粉煤灰提取氧化铝后产生的一种工业副产品，具有粒度细、密度低、比表面积大、活性高等特点，化学结构式为：$Ca_6Si_6O_{17}(OH)_2 \cdot 5H_2O$。晶体呈针状结构，表面经过改性处理以后，常用于橡胶等领域。细轻质硅酸钙可以作为造纸填料。纸张中加入硅酸钙填料有助于提升其整饰性、白度、松厚度、不透明度、平滑度、油墨吸收性和填料保留，降低加填纸张的相对密度。在粉煤灰提取氧化铝工艺中有副产非晶态氧化硅，可以用来和石灰乳反应生成多孔 $CaSiO_3$（图 9-5）[92]。该硅酸钙副产品具有比表面积大、沉降体积高、相对密度小、磨耗值低和白度稳定性好等特征。可用作纸张填料。另有研究采用了粉煤灰联产新型活性硅酸钙[93]，硅酸钙粒子呈蜂窝状，具有多孔性，比表面积较大，平均粒径为 $10.63\mu m$，吸油值为 $2.178g/g$，沉降体积为 $4.0mL/(10g \cdot 24h)$，白度为 $90.5\%$，较适于作为造纸填料；与商品碳酸钙（PCC）填料相比，在同等加填量（30%）下，纸张白度和抗张指数基本相当，不透明度低 5.1 个百分点，撕裂指数高 $1.3mN \cdot m^2/g$（表 9-2）。

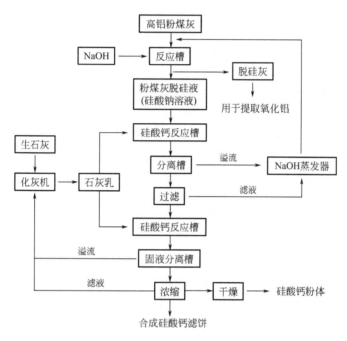

**图 9-5 粉煤灰脱硅液合成硅酸钙工艺流程示意图**

**表 9-2 活性硅酸钙和商品轻质碳酸钙（PCC）的纸张加填性能对比**

| 填料类型 | 加填量/% | 定量/(g/m²) | 白度/% | 不透明度/% | 抗张指数/(N·m/g) | 撕裂指数/(mN·m²/g) |
| --- | --- | --- | --- | --- | --- | --- |
| 活性硅酸钙 | 30 | 60 | 83.4 | 90.0 | 32.3 | 9.4 |
| 商品 PCC | 30 | 60 | 83.3 | 95.1 | 32.1 | 8.1 |

硬硅钙石化学式为 $6CaO \cdot 6SiO_2 \cdot H_2O$，纤维状或针状结晶矿物，是一种硅酸钙类矿物，可以人工合成，在自然界中也存在天然矿物，耐热温度高，常用作保温和阻燃材料。硅酸钙板由白水泥、胶水、玻璃纤维等复合而成，具有防火、防潮、隔音、隔热等性能，常用作建筑材料。多孔硅酸钙材料具有密度小、强度高、耐高温、耐腐蚀以及具有较高的表面积等优点，常用作光催化剂。$CaSiO_3$ 作为骨修复材料具有良好的生物活性和生物相容性，将 $CaSiO_3$ 植入体内后能与活骨组织产生牢固的化学结合[94]。

### 9.4.3 亚硝酸钙

亚硝酸钙 [$Ca(NO_2)_2$，calcium nitrite]，分子量为 132.09，六方结晶，是不含结晶

水的白色粉末，纯品为无色至淡黄色，无味，易潮解，易溶于水呈浅黄色溶液。工业生产中主要以 $Ca(NO_2)_2$、$Ca(NO_2)_2 \cdot H_2O$、$Ca(NO_2)_2 \cdot 2H_2O$、$Ca(NO_2)_2 \cdot 4H_2O$ 等产品形式存在。

① 工业上主要采用石灰乳吸收 $NO_x$ 生产亚硝酸钙。利用稀硝酸生产过程中排出的含硝尾气（$NO+NO_2$ 含量 0.5%～1.5%），或用气氨经空气氧化制取 5%～10% $NO_x$ 的混合气体，控制 NO 和 $NO_2$ 的摩尔比为 1.5 左右，在 40～70℃下通入一级反应器内，经气、液充分混合接触，使石灰乳不断吸收原料气中的 $NO_x$，直至出口气体中的 $NO_x$ 的含量在 1.5% 以下。接着送入空塔氧化器，在 75～100℃ 和 2～10kgf/cm² （1kgf = 9.80665N）压力下，通入氨气与过量的 $NO_2$ 进行反应，降低 $NO_2$ 的含量。在二级反应器内，一次中和液继续吸收一级反应器尾气，直至 $NO_x$ 的含量降至 0.3% 以下，溶液 pH 值控制在 11 以上，得到含亚硝酸钙 33.5% 的二次中和液，过滤，将滤液蒸发浓缩、冷却结晶、离心分离、干燥，制得亚硝酸钙成品 [$Ca(NO_2)_2 \cdot H_2O$]。工业亚硝酸钙产品的质量指标要求见表 9-3。

$$Ca(OH)_2 + NO + NO_2 \longrightarrow Ca(NO_2)_2 \cdot H_2O$$

$$8NH_3 + 6NO_2 \longrightarrow 7N_2 + 12H_2O$$

表 9-3　工业亚硝酸钙产品的质量指标

| 项目 | | 指标 | |
|---|---|---|---|
| | | 一等品 | 合格品 |
| 亚硝酸钙（以干基计，质量分数）/% | ≥ | 92.0 | 90.0 |
| 硝酸钙（以干基计，质量分数）/% | ≤ | 5.5 | 6.5 |
| 水分（质量分数）/% | ≤ | 0.5 | 1.0 |
| 水不溶物（质量分数）/% | ≤ | 1.0 | 1.0 |

② 离子交换法。向阴离子交换树脂中加入 $CaCl_2$ 溶液，再向阳离子交换树脂中加入 $NaNO_2$ 溶液，之后将两个交换柱的流出液混合即生成亚硝酸钙[95]。

$$2ROH + CaCl_2 \longrightarrow 2RCl + Ca^{2+} + 2OH^-$$

$$2H^+ + 2OH^- \longrightarrow 2H_2O$$

$$2RH + 2NaNO_2 \longrightarrow 2RNa + 2H^+ + 2NO_2^-$$

$$Ca^{2+} + 2NO_2^- \longrightarrow Ca(NO_2)_2$$

亚硝酸钙广泛应用于钢筋混凝土工程中，能够均匀地分散在混凝土中，用作水泥硬化促进剂和防冻阻锈剂，对所有的钢筋表面提供保护。在众多阻锈剂中，亚硝酸钠和亚硝酸钙与混凝土之间存在较好的物理化学兼容性，但是，亚硝酸钠的使用不仅降低混凝土强度，还提高了碱骨料反应发生的危险，使用亚硝酸钙则避免了上述不足[96]。另外，亚硝酸钙可以用于镰刀状细胞治疗，减少循环血细胞的黏附[97]，也可用于润滑油的腐蚀抑制剂制备。

### 9.4.4　硝酸钙

硝酸钙 [$Ca(NO_3)_2$, calcium nitrate]，分子量 164.09，无色立方晶体，密度

$2.504g/cm^3$，熔点 561℃。在空气中潮解。易溶于水，可形成 $Ca(NO_3)_2 \cdot H_2O$ 和 $Ca(NO_3)_2 \cdot 4H_2O$。$Ca(NO_3)_2 \cdot H_2O$ 是颗粒状物质，熔点约 560℃。$Ca(NO_3)_2 \cdot 4H_2O$，分子量 236.15，无色透明单斜晶体，有 α 型和 β 型两种。α 型密度 $1.896g/cm^3$，β 型密度 $1.82g/cm^3$。α 型熔点 42.7℃；β 型熔点 39.7℃，在 132℃ 分解。$Ca(NO_3)_2 \cdot 4H_2O$ 易潮解，溶于甲醇和丙酮。

$Ca(NO_3)_2$ 灼热时分解生成 $Ca(NO_2)_2$ 并放出 $O_2$，有强氧化性，跟硫、磷、有机物等摩擦、撞击能引起燃烧或爆炸。

$$Ca(NO_3)_2 = Ca(NO_2)_2 + O_2 \uparrow$$

工业生产 $Ca(NO_3)_2 \cdot 4H_2O$ 的方法主要是酸碱中和法[98]。然而传统方法的能耗高，成本高。改进后的工艺利用生石灰和硝酸反应生产硝酸钙。石灰石经石灰窑烧制成生石灰后，经化灰机生成悬浮状氢氧化钙，和 40%（质量分数）的稀硝酸混合反应完全后，中和液呈中性，然后经沉清、过滤、蒸发结晶后得到硝酸钙。

传统的酸碱中和法： $Ca(OH)_2 + 2HNO_3 = Ca(NO_3)_2 + 2H_2O$

改进后的 CaO 的方法： $CaO + 2HNO_3 = Ca(NO_3)_2 + H_2O$

$Ca(NO_3)_2$ 主要应用于配制金属表面磷化处理液、织物染色媒染剂、橡胶工业絮凝剂，用于制造烟火、电子管等。在农业上可用作肥料[99,100]。$Ca(NO_3)_2$ 可以显著提高花生产量和品质；显著增加花生叶片中水溶性钙组分，促进全生育期花生对钙的均衡吸收和合理分配。$Ca(NO_3)_2$ 是植物无土栽培营养液[101] 的主要成分，提供植物生长所需的氮、钙元素。$Ca(NO_3)_2$ 和氨制成硝酸钙氨合物 $Ca(NO_3)_2 \cdot nNH_3$（简称 CNN），作为高浓度氮肥[102]。

$Ca(NO_3)_2$ 可应用于污泥处理。投加 $Ca(NO_3)_2$ 是目前河道黑臭底泥原位治理常用的方法，对底泥硫化物有明显的去除效果[103]。Yamada 等[104] 研究发现，硝酸钙可以作为电子受体，提供化合态的氧，促进底泥中反硝化细菌的繁殖，一方面可以抑制硝化细菌的生长，另一方面可以将底泥中的硫化物氧化为硫酸盐，从而达到消除臭味的目的。另外，投加 $Ca(NO_3)_2$ 会促进富营养水体底泥有机物的降解，加速底泥氨氮的释放[105]。

将 $Ca(NO_3)_2$ 和 $NaNO_3$ 按摩尔比 3:7 可以制备一种 217℃ 左右的相变蓄热材料[106]。该混合盐腐蚀性小，与不锈钢和铝合金具有良好的相容性，在相变蓄热方面具有应用前景。

$Ca(NO_3)_2$ 可用于制备硝酸钙氨基聚合物钻井液[107]，例如，对下列基本配方体系，3%硝酸钙＋清水＋0.5%NaOH＋（1%～1.5%）氨基聚合物 G319-FTJ＋（0.3%～0.4%）提黏切剂 G310-DQT＋（0.8%～1%）降滤失剂 G307-KGJ＋（1.0%～1.5%）植物油润滑剂 G303-WYR＋0.5%防泥包清洁剂 TRE-100＋重晶石粉，室内评价显示，该体系润滑性能稳定，抑制页岩膨胀和水化分散性好，有利于井壁的稳定，16h 泥岩岩心膨胀量只有 0.47mm，岩屑一次回收率高达 96%，二次回收率为 88%，固相容量高，抗污染能力强，能抗 6%黏土污染或 8%的钻屑污染，对钻具腐蚀性小（腐蚀速率为 0.0585mm/a），无毒易降解。

Kumar 等[108] 用超细磨碎的粒状高炉矿渣（ground granulated blast furnace slag,

GGBS）作为矿物掺合料，用硝酸钙作为化学外加剂改性普通硅酸盐水泥，能显著阻滞钢筋的腐蚀和提高混凝土的抗压强度。

### 9.4.5 磷酸钙

磷酸钙 $[Ca_3(PO_4)_2$，calcium phosphate]，白色、无臭、无味的晶体或无定形粉末，不溶于乙醇和丙酮，微溶于水，易溶于稀盐酸和硝酸。

$Ca_3(PO_4)_2$ 的生产一般使用磷酸三钠法和磷酸法[109]。

① 氯化钙-磷酸三钠复分解。将磷酸三钠溶液在过量氨存在下与适量氯化钙饱和溶液进行复分解反应，生成不溶性的磷酸三钙沉淀，经过滤和洗涤，加入分散润湿剂（烷基苯磺酸钠，加入量为磷酸三钙的 0.2% 到 0.5%）、助分散剂（苯乙烯-顺丁烯二酸酐共聚物），经搅拌均匀、干燥，制得磷酸三钙成品。

$$2Na_3PO_4 + 3CaCl_2 = Ca_3(PO_4)_2\downarrow + 6NaCl$$

② 磷酸-石灰乳直接反应。在饱和的石灰乳溶液中，加入热的磷酸溶液，生成磷酸三钙沉淀，控制沉淀组成中 $CaO/P_2O_5$ 的摩尔比为 3 左右，经过过滤和洗涤，加入分散润湿剂、助分散剂，再搅拌均匀、干燥，即制得磷酸三钙成品。

$$3Ca(OH)_2 + 2H_3PO_4 = Ca_3(PO_4)_2\downarrow + 6H_2O$$

$Ca_3(PO_4)_2$ 可用于制造乳色玻璃、陶瓷、涂料、媒染剂、塑料稳定剂、糖浆澄清剂、肥料、家畜饲料添加剂、牙膏、化妆品[110] 和药物等，可以用作抗结剂、酸度调节剂、营养增补剂、增香剂、稳定剂、水分保持剂。

近年来，$Ca_3(PO_4)_2$ 在医疗方面应用研究主要集中在骨愈合、牙釉质等牙体硬组织的再矿化方面。近期研究发现，磷酸钙陶瓷材料能促进兔骨髓基质干细胞增殖和向成骨方向分化[111]；可注射性磷酸钙骨水泥能够促进兔腱骨愈合，改善腱骨界面抗拉脱强度，掺锶磷酸钙骨水泥的效果更优[112]；骨髓间充质干细胞复合双相磷酸钙陶瓷能促进幼年大鼠软骨损伤的修复[113]。

$Ca_3(PO_4)_2$ 也可应用在环保领域。介孔二氧化硅-磷酸钙复合纳米粒子可以作为水溶液中镉离子去除的有效吸附剂[114]。羟基磷酸钙结晶法还可用于猪场废水除磷[115] 和水生植物发酵液中的磷回收[116]。

### 9.4.6 磷酸氢钙

磷酸氢钙（$CaHPO_4$，calcium hydrogen phosphate），分子量为 136.06，是白色单斜晶系结晶性粉末，相对密度 2.31，无臭，无味。溶于稀盐酸、稀硝酸、醋酸，微溶于水，不溶于乙醇。通常以 $CaHPO_4 \cdot 2H_2O$ 的形式存在，在空气中稳定，加热至75℃开始失去结晶水成为无水物，高温则变为焦磷酸盐。工业产品分为饲料级磷酸氢钙和药用磷酸氢钙等，其中 2017 年最新的饲料级磷酸氢钙的标准见表 9-4。

工业上一般将黄磷在熔磷池中熔化成液态的黄磷，然后通过液压将黄磷喷射进黄磷电炉燃烧生成 $P_2O_5$，$P_2O_5$ 和 $H_2O$ 反应生成 $H_3PO_4$，再用石灰乳中和 $H_3PO_4$ 制得饲料级磷酸氢钙（$CaHPO_4 \cdot 2H_2O$）。

$$Ca_5F(PO_4)_3 + 7C + 5SiO_2 \longrightarrow 5CaSiO_3 + 7CO\uparrow + 3P + 1/2F_2\uparrow$$

$$2P + 5O_2 \longrightarrow P_2O_5$$

$$P_2O_5 + 3H_2O \longrightarrow 2H_3PO_4$$

$$H_3PO_4 + Ca(OH)_2 \longrightarrow CaHPO_4 \cdot 2H_2O \downarrow$$

饲料级磷酸氢钙的生产也可采用湿法磷酸加工法，用无机强酸萃取磷矿石制得粗磷酸，再用氨水、氧化钙、碳酸钙、石灰乳等中和粗磷酸得到饲料级磷酸氢钙（$CaHPO_4 \cdot 2H_2O$）。根据萃取工艺，所用的无机强酸的种类又分为盐酸法[117]、硫酸法、磷酸法[118]、硝酸法[119] 等。

$$Ca_5F(PO_4)_3 + 10HCl \longrightarrow 3H_3PO_4 + 5CaCl_2 + HF \uparrow$$

$$Ca_5F(PO_4)_3 + 5H_2SO_4 \longrightarrow 3H_3PO_4 + 5CaSO_4 + HF \uparrow$$

$$Ca_5F(PO_4)_3 + 10HNO_3 \longrightarrow 3H_3PO_4 + 5Ca(NO_3)_2 + HF \uparrow$$

$$3Ca_5F(PO_4)_3 + H_3PO_4 \longrightarrow 5Ca_3(PO_4)_2 + 3HF \uparrow$$

饲料级磷酸氢钙的生产还可以采用直接混合反应法：将含 $70\% \sim 80\%$ $H_3PO_4$ 的热法磷酸加热至 $40 \sim 50^\circ C$，与 100 目含 $95\%CaCO_3$ 的方解石粉一同加入混合器中混合，发生剧烈反应生成磷酸氢钙和磷酸二氢钙混合物。物料经切碎、熟化后，物料中剩余的碳酸钙和磷酸二氢钙尽可能转化为磷酸氢钙。然后再送到回转窑烘干至含游离水 $3\%$ 以下，再经粉碎制得饲料级磷酸氢钙。

$$2H_3PO_4 + 2CaCO_3 \longrightarrow 2CaHPO_4 \cdot 2H_2O + 2CO_2 \uparrow$$

表 9-4　GB 22549—2017《饲料添加剂　磷酸氢钙》国家标准

| 项目 | | $w$[总磷(P)]/% | $w$[构溶性磷(P)]/% | $w$[水溶性磷(P)]/% | $w$(Ca)/% | $w$(F)/(mg/kg) | $w$(Pb)/(mg/kg) | $w$(As)/(mg/kg) | $w$(Cd)/(mg/kg) | $w$(Cr)/(mg/kg) | $w$(游离水分)/% | 细度（质量分数）/% | |
|---|---|---|---|---|---|---|---|---|---|---|---|---|---|
| | | | | | | | | | | | | 粉状（粒度<0.5mm) | 粒状（粒度<2mm) |
| 指标 | Ⅰ型 | ≥16.5 | ≥14.0 | — | ≥20.0 | ≤1800 | ≤30 | ≤20 | ≤10 | ≤30 | ≤4.0 | ≥95 | ≥90 |
| | Ⅱ型 | ≥19.0 | ≥16.0 | ≥8.0 | ≥15.0 | | | | | | | | |
| | Ⅲ型 | ≥21.0 | ≥18.0 | ≥10.0 | ≥14.0 | | | | | | | | |

生产药用磷酸氢钙可采用复分解法。经脱氟、除砷和除重金属的合格磷酸与食用纯碱溶液进行中和反应，得到磷酸二氢钠、磷酸氢二钠混合液，送入带有高速搅拌装置的反应器中。再在高速搅拌下把经提纯脱色的氯化钙溶液加入，进行复分解反应。然后再加入经提纯脱色的纯碱溶液进行中和。反应结束后，经过漂洗、离心脱水、干燥，粉碎，制得药用磷酸氢钙成品。

$$4H_3PO_4 + 3Na_2CO_3 \longrightarrow 2Na_2HPO_4 + 2NaH_2PO_4 + 3H_2O + 3CO_2 \uparrow$$

$$2NaH_2PO_4 + CaCl_2 \longrightarrow Ca(H_2PO_4)_2 + 2NaCl$$

$$Ca(H_2PO_4)_2 + Na_2CO_3 \longrightarrow CaHPO_4 + Na_2HPO_4 + H_2O + CO_2 \uparrow$$

$$Na_2HPO_4 + CaCl_2 \longrightarrow CaHPO_4 + 2NaCl$$

一般磷酸氢钙生产也可采用水萃普通过磷酸钙法。该法是以农用普通过磷酸钙为原料，经多段水浸萃取、脱氟、石灰乳中和而得。用水（固液比为 $1.0 \sim 4.1$）将过磷酸钙中的可溶性五氧化二磷经多段萃取从固相中萃取出来。萃取的同时加入钠盐（氯化钠和硫酸钠）或活性二氧化硅，进行脱氟净化。然后用板框压滤除去磷石膏渣。滤液用含 CaO 6%～8% 的石灰乳中和，中和液静置后过滤、干燥得成品（$CaHPO_4 \cdot 2H_2O$）。该法具有原料消耗少、设备投资小、经济效益高等优点；但是由于在水浸萃取的过程中只回收了可溶性的磷，不溶性的磷残留在滤渣中；另外，用石灰乳直接中和，引起产物结晶细小，难以分离，导致出现磷的回收率低、产品质量低、产品氟含量高、分离回收困难等问题[120]。

磷酸氢钙可作为面包、强化饼干的膨松剂和营养剂，也可用于婴幼儿配方食品，用于骨骼补钙。磷酸氢钙作为饲料添加剂，可以补充禽畜饲料中的磷、钙元素，能促使饲料消化[121]，使家禽体重增加，以增加产肉量、产乳量、产蛋量，还可治疗牲畜的佝偻病、软骨病、贫血症等。磷酸氢钙还用于分析试剂、塑料稳定剂以及在高级牙膏中作为摩擦剂，也可用于合成羟基磷灰石纳米晶[122]。

## 9.4.7　磷酸二氢钙

磷酸二氢钙〔$Ca(H_2PO_4)_2$：calcium dihydrogen phosphate〕，分子量为 234.05，白色三斜晶系结晶或粉末或颗粒，相对密度 2.220。微溶于水，水溶液呈弱酸性。溶于稀盐酸、硝酸、醋酸，不溶于乙醇。在 109℃ 失去结晶水，加热至 203℃ 时分解生成偏磷酸钙〔$Ca(PO_3)_2$〕。过磷酸钙一般是指用硫酸分解磷矿直接制得的磷肥，主要有用组分是磷酸二氢钙的水合物 $Ca(H_2PO_4)_2 \cdot H_2O$ 和少量游离的磷酸，还含有对缺硫土壤有用的无水硫酸钙组分。

生产上主要以碳酸钙和磷酸为主要原料，区别在于磷酸的来源，如湿法磷酸[123]和热法磷酸。例如，向中和反应釜中加入磷酸，搅拌，同时加入碳酸钙，控制碳酸钙进料速度为 0.2～0.3kg/s。待碳酸钙浆料完全加完后，控制反应温度为 80～100℃，控制反应终点 pH 值为 2.8～3.5，熟化 15～30min。用离心机分离固液，将湿料干燥，烘干后即可得到产品[124]。

$$CaCO_3 + 2H_3PO_4 \longrightarrow Ca(H_2PO_4)_2 + H_2O + CO_2\uparrow$$

磷酸二氢钙可用于水产养殖动物[125]和畜禽养殖动物的饲料添加剂[126]（表 9-5），还可用作食品膨松剂、酒的调味剂、酵母养料、塑料稳定剂等[127]。

表 9-5　GB 22548—2017《饲料添加剂　磷酸二氢钙》国家标准

| 项目 | w[总磷(P)]/% | w[水溶性磷(P)]/% | w(Ca)/% | w(F)/(mg/kg) | w(Pb)/(mg/kg) | w(As)/(mg/kg) | w(Cd)/(mg/kg) | w(Cr)/(mg/kg) | w(游离水分)/% | 细度(粒度<0.5mm粒子,质量分数)/% | pH(2.4g/L水溶液) |
|---|---|---|---|---|---|---|---|---|---|---|---|
| 指标 | ≥22.0 | ≥20.0 | ≥13.0 | ≤1800 | ≤30 | ≤20 | ≤10 | ≤30 | ≤4.0 | ≥95 | 3～4 |

## 9.4.8　磷酸三钙

磷酸三钙，常称为磷酸钙〔$Ca_3(PO_4)_2$，tricalcium phosphate，TCP〕，分子量为 310.18，白色晶体或无定形粉末。按晶型可分为低温 β 相（β-TCP）和高温 α 相（α-TCP）。β-TCP 为三方晶系，理论密度为 3.07g/cm³；α-TCP 为单斜晶系，理论密度为

$2.86g/cm^{3[128]}$；发生相转变温度为 $1120 \sim 1170 ℃$。熔点 $1670 ℃$。溶于酸，不溶于水和乙醇。生产方法主要有如下几种：

**（1）热法磷酸和石灰乳直接反应法**

把经除砷后的热法磷酸溶液加入反应器中，在搅拌下加入经提纯除去砷和铅等杂质的精制饱和石灰乳溶液，进行中和反应，当 pH 值在 8.1 以上时，控制沉淀的 $CaO/P_2O_5$ 摩尔比为 3 左右，产物是磷酸三钙沉淀，经过滤、用水洗涤、离心脱水、干燥，制得食用磷酸三钙成品。

$$3Ca(OH)_2 + 2H_3PO_4 \longrightarrow Ca_3(PO_4)_2 \downarrow + 6H_2O$$

**（2）氯化钙和磷酸三钠复分解法**

在过量氨存在下，调节溶液的 pH 值，将磷酸三钠溶液与氯化钙饱和溶液进行复分解反应，生成不溶性的磷酸三钙沉淀，经过滤、洗涤，加入分散润湿剂（如烷基苯磺酸钠或烷基磺酸钠等，加入量为磷酸三钙的 $0.2\% \sim 0.5\%$）、助分散剂（如苯乙烯-顺丁烯二酸酐共聚物等），经搅拌均匀、干燥，制得活性磷酸三钙成品。

$$2Na_3PO_4 + 3CaCl_2 \longrightarrow Ca_3(PO_4)_2 \downarrow + 6NaCl$$

**（3）磷矿石熔融脱氟法**

将磷矿石 [主要成分：$Ca_5F(PO_4)_3$]、硅砂等配料在高温下熔融，在熔融状态下脱出磷灰石中的氟，熔融体经水淬呈玻璃态，得到脱氟磷酸钙。但由于 $P_2O_5$ 含量低，产品质量很难达到饲料级磷酸钙的要求，现已基本淘汰[129]。

$$2Ca_5F(PO_4)_3 + H_2O + SiO_2 \longrightarrow 3Ca_3(PO_4)_2 + CaSiO_3 + 2HF \uparrow$$

工业上，为适当降低配料熔点和促进磷矿中氟的脱出，将磷矿石粉配以磷酸、少量硅石和纯碱、芒硝，经双轴混合器混合，再经造粒后送入回转炉（或沸腾炉）进行烧结，用天然气或煤气加热至 $1200 ℃$ 以上，经 1h 烧结后，磷矿中氟呈 HF 和 $SiF_4$ 逸出。烧成品经冷却后，粉碎，得到饲料级脱氟磷酸钙成品。高温烧结法因原料成分的不同，又分为高硅法、低硅法等[130]。

**（4）化学沉淀法**

以 $Ca(NO_3)_2$ 为钙源，以 $(NH_4)_2HPO_4$ 为磷源，在不断搅拌的过程中将 $(NH_4)_2HPO_4$ 溶液缓慢滴加到 $Ca(NO_3)_2$ 溶液中，滴加的过程要用氨水调节 pH 值使其保持稳定，得到白色絮状的非晶态磷酸三钙，经过陈化、过滤、洗涤、干燥和煅烧后得到 TCP 粉末。根据不同的 Ca/P 摩尔比和不同的煅烧温度等条件，可以分别获得 β-TCP[131]粉末与 α-TCP 粉末[132]。

$$3Ca(NO_3)_2 + 2(NH_4)_2HPO_4 + 2NH_4OH \longrightarrow Ca_3(PO_4)_2 \downarrow + 6NH_4NO_3 + 2H_2O$$

**（5）固相反应法**

以 $CaHPO_4$ 为磷源、$CaCO_3$ 或 $Ca(OH)_2$ 为钙源，经球磨混合原料后在高温下煅烧，发生固相反应生成 TCP 粉末。根据煅烧温度等条件的不同，可以分别获得 β-TCP 粉末与 α-TCP 粉末[133]。

**（6）醇化合物法**

采用钙乙二醇化合物为钙源，$n$-丁醇与 $P_2O_5$ 反应得到的溶液为磷源，加入醋酸，增加体系酸度，并控制 Ca/P 摩尔比为 1.5，随后将溶剂蒸发得到干胶状粉末，煅烧后获得

β-TCP 粉末[134]。

磷酸三钙是一种安全的营养强化剂，主要添加在食品中强化钙的摄入。也可作为饲料添加剂[135]（表9-6）。TCP 本身具有良好的生物相容性、生物活性和生物降解性，其结构与成分和天然脊柱的矿物质相似，因此，α-TCP[136] 和 β-TCP[137] 都可应用于骨组织修复或骨支架材料方面。由于人体骨骼中的羟基磷灰石主要是纳米级针状晶体结构，近年来纳米 TCP 受到了关注[138]。

表9-6　GB 34457—2017《饲料添加剂　磷酸三钙》国家标准

| 项目 | $w$(Ca) /% | $w$[总磷(P)]/% | 干燥减量/% | $w$(F) /(mg/kg) | $w$(Pb) /(mg/kg) | $w$(As) /(mg/kg) | $w$(Cr) /(mg/kg) | 细度(粒度<0.5mm 粒子,质量分数)/% | $w$(酸不溶物) /% | $w$[硫酸盐(以$SO_4^{2-}$计)]/% |
|---|---|---|---|---|---|---|---|---|---|---|
| 指标 | ≥30.0 | ≥18.0 | ≤1.0 | ≤200 | ≤30 | ≤10 | ≤30 | ≥95.0 | ≤10.0 | ≤5.0 |

### 9.4.9　焦磷酸钙

焦磷酸钙（$Ca_2P_2O_7$, calcium pyrophosphate），分子量为 254.10。白色晶体粉末，无臭无味，在25℃下密度为 3.09g/mL。熔点为1353℃。在不同温度下形成三种不同晶型：530～750℃时为 γ 型；750～900℃时为 β 型；1210℃时为 α 型。不溶于水，可溶于稀盐酸和硝酸。

生产方法主要有高温固相反应法和复分解法。

**(1) 磷酸二氢钙和工业级生石灰高温固相反应法**

磷酸二氢钙与氧化钙配比为 5.5∶1，煅烧温度为950℃，可制备出产率约为 81.1% 的 $Ca_2P_2O_7$[139]。高温固相法工艺相对简单，投资少，经济性好。

$$Ca(H_2PO_4)_2 + CaO \Longrightarrow Ca_2P_2O_7 + 2H_2O$$

**(2) 复分解法**

将工业级无水焦磷酸钠溶解于蒸馏水中进行重结晶，然后溶解配成焦磷酸钠溶液。另外，将工业无水氯化钙溶解后加漂白粉脱色，除铁过滤，制得氯化钙溶液。将氯化钙溶液置于反应器中，在搅拌下缓慢加入上述焦磷酸钠溶液，于90℃进行复分解反应，生成无水焦磷酸钙。排出上层清液，对固体进行水洗、离心，并重复水洗至经氯酸根检验合格。物料经干燥、煅烧到呈所需的晶型，粉碎至通过325目筛，制得焦磷酸钙成品。

$$Na_4P_2O_7 + 2CaCl_2 \Longrightarrow Ca_2P_2O_7 \downarrow + 4NaCl$$

焦磷酸钙在食品工业中能用作营养增补剂、酵母养料、缓冲剂等，用于饲料、涂料填料、电工器材荧光体等；也用作金属磨蚀剂、牙膏摩擦剂、搪瓷、陶器、玻璃等的原料。

此外，还有酸式焦磷酸钙（$CaH_2P_2O_7$, calcium dihydrogen pyrophosphate），分子量为 216.04，白色晶体或结晶性粉末。难溶于水，但可以溶于稀盐酸或稀硝酸。加热其无机酸溶液，则水解成磷酸。酸式焦磷酸钙可作为食品面包、糕点的膨松剂（表9-7），亦可作为食品强化剂，提供矿物质元素。生产主要是以氧化钙、氢氧化钙及磷酸为原料反应来制得。

$$CaO + Ca(OH)_2 + 4H_3PO_4 \Longrightarrow 2CaH_2P_2O_7 + 5H_2O$$

表 9-7　酸式焦磷酸钙的理化指标[140]

| 项目 | 指标 |
| --- | --- |
| 酸式焦磷酸钙含量(质量分数)/% | 95.0～100.5 |
| 灼烧减量(质量分数)/% | 10.0 |
| 总砷(以 As 计)/(mg/kg) | 3 |
| 铅(Pb)/(mg/kg) | 2 |
| 氟(F)/(mg/kg) | 50 |

### 9.4.10　羟基磷灰石

羟基磷灰石 $[Ca_{10}(PO_4)_6(OH)_2$，hydroxyapatite，HAP]，分子量为 1004，为自然骨和牙齿等硬组织中的主要成分。HAP 晶体为六方晶系，结构为六角柱体，单位晶胞中含有 10 个 $Ca^{2+}$、6 个 $PO_4^{3-}$ 和 2 个 $OH^-$，这些离子之间通过配位形成的网络结构具有良好的稳定性。理论密度是 $3.156g/cm^3$。微溶于水，溶于水中呈弱碱性，易溶于酸，难溶于碱。主要制备方法如下：

① 固相反应法。将钙离子和磷离子的固体盐类物质 $[例如 Ca(NO_3)_2$ 和 $Na_3PO_4]$ 在容器内混合均匀，通过高温加热，使容器内的各物质发生固相反应，然后向容器内通入水蒸气制得 HAP 颗粒[141]。该法制备的 HAP 具有结晶度高、无晶格缺陷等优点。但是反应速率缓慢，制备耗时较长，容易引入杂质，晶体颗粒直径较大（通常大于 1mm）。

$$10Ca(NO_3)_2 + 6Na_3PO_4 + 2H_2O \longrightarrow Ca_{10}(PO_4)_6(OH)_2 + 18NaNO_3 + 2HNO_3$$

上述反应方程式的反应若在水热条件下进行，则变成水热制备法[142]。在水热产生的高温高压条件下，不溶或难溶的物质溶解并重结晶，从而加快反应速率，可以用来制备单晶体，而且制备的晶体颗粒纯度高、结晶完整，但水热法对设备强度要求较高，导致制备成本增高。

② 共沉淀法。将磷酸氢二铵和四水硝酸钙分别配成溶液，将磷酸氢二铵溶液用恒流泵缓慢滴加到硝酸钙溶液中，在温度为 90℃下快速搅拌充分反应，用氨水调节 pH 值在 10～11 之间；滴加完毕后继续反应，待反应完毕在 90℃下陈化，经抽滤洗涤和 80℃下干燥、研磨得到 HAP 粉末[143]。

$$6(NH_4)_2HPO_4 + 10Ca(NO_3)_2 \cdot 4H_2O + 8NH_4OH \longrightarrow Ca_{10}(PO_4)_6(OH)_2 + 20NH_4NO_3 + 10H_2O$$

③ 溶胶-凝胶法。以亚磷酸三甲酯和硝酸钙作为磷和钙的前驱体，按钙和磷摩尔比 1.67∶1 配料；在强烈搅拌下将亚磷酸三甲酯加入一定量的酸化的去离子水中，使其水解。达到预定的水解时间后再加入硝酸钙-无水乙醇溶液，继续搅拌 10min，室温下静置陈化 24h。将反应容器置于 70℃干燥箱中，挥发溶剂至形成白色干凝胶，干凝胶在不同温度下进行热处理，制得 HAP 粉末[144]。

在上述溶胶-凝胶法的基础上可以改进成为自蔓燃烧法，通过硝酸盐与羧酸的反应生成凝胶，并蒸发形成干凝胶，再使干凝胶自发燃烧，快速生成白色的羟基磷灰石前驱体粉末。此方法大幅缩短制备周期，操作简单易行、污染少，节约时间和能源，产物颗粒团聚少、纯度高等[145]。

$$C_6H_8O_7 + Ca^{2+} \longrightarrow C_6H_6O_7Ca + 2H^+$$

④ 微乳液法。利用环己醇为油相，将 $CaCl_2$ 与 $(NH_4)_2HPO_4$ 分别制成微乳液，能制备出粒径为 20～40nm 的 HAP 粉体[146]。

$$6(NH_4)_2HPO_4 + 10CaCl_2 + 2H_2O \longrightarrow Ca_{10}(PO_4)_6(OH)_2 + 12NH_4Cl + 8HCl$$

⑤ 超声波制备法。使用钙和磷摩尔比为 2∶1 的 $Ca(NO_3)_2$ 和 $(NH_4)_2HPO_4$，加入尿素水溶液，调节 pH 值，在超声波作用下在水中发生均匀沉淀反应，制备出片状纳米 HAP[147]。

⑥ 仿生制备法。模拟人体内 HAP 形成及生长所需要的原始物质和环境，在与体液相近的溶液中，保证相似的温度和酸碱度，利用相应的钙源和磷源作为反应物，使 HAP 在类似于人体体内的环境下生长，从而制备相应的 HAP 粉体[148]。例如，采用枯草芽孢杆菌法合成羟基磷灰石，其中磷源来自枯草芽孢杆菌生长过程产生的磷酸酶，钙源来自添加的硝酸钙溶液[149]。该法能有效解决传统制备方法中所需 pH 值过高的问题，制备的 HAP 也具有接近人体骨愈合时的 pH 值，同时具有更好的相纯度、均匀度和生物相容性[150]。

羟基磷灰石（HAP）是一种无毒、环境友好的材料，具有较强的离子交换能力、多位点吸附和可调控的酸碱性质，可作为吸附材料用于废水处理、污染土壤治理等[151]。可作为非贵金属催化剂，用于甲醛氧化[152]。羟基磷灰石是自然骨骼和牙齿的主要矿物成分，具有良好的生物相容性、生物活性、生物降解性，可用于骨修复、牙齿疾病治疗[142]、癌症治疗[153] 等。

### 9.4.11　氟磷酸钙

氟磷酸钙 [$Ca_5F(PO_4)_3$，fluorapatite]，分子量为 504.30。具有玻璃光泽且有多种颜色，但以绿色为多。一般为柱状或厚板状晶体、粗粒到致密块状或瘤状。

氟磷酸钙材料的主要制备方法：

① 直接制备法：采用 $Ca_3(PO_4)_2$、$CaF_2$、$MgCO_3$、$Al_2O_3$ 为原料，将原料粉磨干燥后在 204MPa 下等静压成型，在 1485℃下烧结制成氟磷酸钙。

② 分步置换法：在水溶液中将 $F^-$ 引入羟基磷灰石中取代羟基而形成氟磷酸钙[154]。

$$Ca_{10}(PO_4)_6(OH)_2 + 2F^- \rightleftharpoons 2Ca_5(PO_4)_3F + 2OH^-$$

③ 微乳液法：将烷基酚聚氧乙烯醚、异辛烷、正癸醇混合至澄清液体，缓慢滴入 0.6mol/L 的 $(NH_4)_2HPO_4$ 溶液，温度升到 37℃，用磁力搅拌器以 20r/s 的速率搅拌 10min，然后滴入 0.2mol/L 的 KF，再搅拌 10min，得到浑浊乳液，最后向乳液中缓慢滴加 $Ca(NO_3)_2$ 溶液制备成氟磷酸钙[155]。

$$3(NH_4)_2HPO_4 + 5Ca(NO_3)_2 + KF + 3NaOH \rightleftharpoons Ca_5(PO_4)_3F + KNO_3 + 6NH_4NO_3 + 3NaNO_3 + 3H_2O$$

④ 沉淀法：将 $(NH_4)_2HPO_4$ 和 $NH_4F$ 溶液混合均匀，调节等体积 $Ca(NO_3)_2$ 溶液的 pH 值，然后将 $(NH_4)_2HPO_4$ 和 $NH_4F$ 混合液滴入 $Ca(NO_3)_2$ 溶液中，滴速为 1 滴/s，直至混合液滴完，期间不停搅拌。用硝酸和氨水对混合液的 pH 值进行调整，24h 后过滤、洗涤沉淀、干燥后得到氟磷酸钙[156]。

在自然界中氟磷酸钙见于各种火成岩中，在沉积岩、沉积变质岩及碱性岩中可形成有巨大工业价值的矿床[157]。规模巨大的氟磷酸钙矿床主要为浅海成因，或由它们再经变质作用形成的沉积变质矿床，以一种具有胶状构造的细分散相磷灰石为主，如中国湖北襄阳、云南昆阳、贵州开阳磷矿[158]。

氟磷酸钙可用作涂层，改善涂层与基板结合强度下降过快的问题。还用作口腔材料，减少细菌的黏附，同时可利用氟离子的抑菌作用来防止锯齿，也是制磷和磷肥的最主要原料。氟碳酸钙晶体则可作激光发射材料[154]。

## 9.4.12　硫酸钙

硫酸钙（$CaSO_4$，calcium sulfate）呈单斜结晶或结晶性粉末，无气味，有吸湿性。在热水中溶解度很低，一般只有 0.2g/100g 水，溶于酸、硫代硫酸钠和铵盐溶液，极慢溶于甘油，几乎不溶于乙醇和多数有机溶剂。大理石遇稀 $H_2SO_4$ 时因生成微溶 $CaSO_4$ 包于大理石表面，可以阻碍与酸的接触使反应停止。

$$CaCO_3 + H_2SO_4 =\!=\!= CaSO_4 + H_2O + CO_2 \uparrow$$

1200℃以上可以分解：

$$2CaSO_4 =\!=\!= 2CaO + 2SO_2 \uparrow + O_2 \uparrow$$

在自然界中硫酸钙以生石膏矿（$CaSO_4 \cdot 2H_2O$）形式存在，为白、浅黄、浅粉红至灰色的透明或半透明的板状或纤维状晶体，性脆，128℃失 $1.5H_2O$，163℃失 $2H_2O$。

1200℃下 $CaSO_4$ 跟 C 作用可生成 CaS 和 $CO_2$。

$$CaSO_4 + 2C =\!=\!= CaS + 2CO_2 \uparrow$$

$CaSO_4$ 可通过直接开采石膏矿生产和通过化学反应制备。磷酸盐工业[159,160] 和其他工业如石膏生产工业产生副产品 $CaSO_4$。要制取无水硫酸钙，可将 $CaSO_4 \cdot 2H_2O$ 在 200℃加热至恒重。

$$CaSO_4 \cdot 2H_2O =\!=\!= CaSO_4 + 2H_2O$$

① 采用天然石膏为原料生产。可分露天开采和地下开采，前者多为山坡露天，台阶式采矿；地下开采方法多数矿山采用竖井开拓或斜井开拓，并以房柱采矿法为主，其次为全面采矿法。我国绝大多数石膏矿山采用手选法，有的矿山生产矿石不加任何选别，采出矿石即为矿产品。

② 氨碱法制碱的副产物（$CaCl_2$）中加入 $NaSO_4$，生成物经精制后得 $CaSO_4 \cdot 2H_2O$。

氨碱法：　　　$NaCl + NH_3 + CO_2 + H_2O =\!=\!= NaHCO_3 + NH_4Cl$

$$2NH_4Cl + CaO =\!=\!= 2NH_3 \uparrow + CaCl_2 + H_2O$$

反应制硫酸钙：　　　$Na_2SO_4 + CaCl_2 =\!=\!= CaSO_4 \downarrow + 2NaCl$

③ 制造某些有机酸时的副产物。例如：制造草酸时有副产物草酸钙，对其用硫酸分解，经精制后得 $CaSO_4 \cdot 2H_2O$。

$$CO + NaOH =\!=\!= HCOONa$$

$$2HCOONa =\!=\!= (COONa)_2 + H_2$$

$$(COONa)_2 + Ca(OH)_2 =\!=\!= (COO)_2Ca + 2NaOH$$

$$(COO)_2Ca + H_3SO_4 =\!=\!= (COOH)_2 + CaSO_4$$

④ 将氯化钙加到 $(NH_4)_2SO_4$ 水溶液中进行反应，待沉淀完全后，静置澄清，吸滤、水洗沉淀 5～6 次至溶液 $NH_4^+$ 含量合格（用奈氏试剂检验），于 60～70℃干燥，即得化学纯 $CaSO_4$。

硫酸钙晶须有无水硫酸钙（$CaSO_4$）晶须、半水硫酸钙（$CaSO_4 \cdot 0.5H_2O$）晶须和二水硫酸钙（$CaSO_4 \cdot 2H_2O$）晶须。硫酸钙晶须的制备方法[161] 有：

① 水热法。将天然石膏精制后得到的 $CaSO_4 \cdot 2H_2O$ 配制成水溶液，放入水热容器中，在130℃左右和常压下，制得硫酸钙晶须。水热法是制备硫酸钙晶须的主要工艺方法，但目前市场上水热法生产硫酸钙晶须大都采用非连续生产工艺，自动化程度较低，能耗较高。

② 常压酸化法。将天然石膏或石灰乳与硫酸反应生成的 $CaSO_4 \cdot 2H_2O$，在130℃左右和较低的 pH 条件下，转化为针状或纤维状半水硫酸钙晶须。常压酸化法由于对设备材质要求太高及含酸废水处理问题而很少被采用。

硫酸钙晶须具有耐高温、抗化学腐蚀、韧性好、强度高、易表面处理、与塑料橡胶等聚合物亲和力强等优点，价格相对便宜，原料易得，在复合材料、沥青改性、造纸、生物医药等领域有很好的应用[162]：

① 复合材料。硫酸钙晶须可以作为塑料、橡胶、金属及陶瓷材料的增强组元，在复合材料中起到骨架作用[163]，能对材料增强增韧，有效提高材料的抗压强度、拉伸强度及弹性模量。

② 沥青改性。钛酸酯偶联剂 NDZ-201、硬脂酸与硫酸钙晶须的表面作用效果好，表面改性硫酸钙晶须与沥青基体相容性好，添加后的沥青的高温稳定性、低温抗裂性、抗剥落性以及抗疲劳老化性等性能明显改善。

③ 造纸。硫酸钙晶须在造纸过程中具有颗粒的填充性能，可以改善纸张平滑度、不透明性、白度、适印性等性能，还能在基本保持纸张强度的前提下对植物纤维进行部分替代，降低植物纤维消耗，节约成本。硫酸钙晶须在浆水体系中的溶解不仅造成填料的流失，而且可能导致白水成分的复杂化难以处理，因此用于纸张抄造时，必须对硫酸钙晶须的溶解性进行抑制表面改性处理。不同改性体系均对硫酸钙晶须溶解性有一定的抑制作用，其中六偏磷酸钠改性效果最好[164]；当反应温度为70℃，六偏磷酸钠浓度为20mg/L时，改性硫酸钙晶须溶解度低，分散性较好；改性硫酸钙晶须在纸张中加填后与未改性硫酸钙晶须相比，填料留着率提高了 2.6～3 倍。

④ 医疗。创伤、关节置换术、骨肿瘤等引起的骨缺损的修复需要理想的骨修复材料。硫酸钙骨水泥作为骨修复材料已有较长历史，有着显著的优势。但其降解过快的缺点影响了治疗效果，限制了应用范围。近来，有研究人员发现掺锶硫酸钙表面成骨细胞呈多角形或梭形生长，胞浆丰富，细胞状态活跃，说明材料具有优良的成骨细胞生长活性，有望成为一种理想的骨替代材料[165]。

⑤ 其他应用：硫酸钙晶须可以用作酯合成的催化剂，比如对催化合成醋酸正丁酯、三羟甲基丙烷三丙烯酸酯等酯合成反应的催化效率高；还可以作为聚酯粉末的填料以提高其硬度、光泽度等；在制备乳胶漆时添加硫酸钙晶须可以显著提高漆膜的对比率、弹性、附着力和耐洗刷性能等[166]。

### 9.4.13　碘酸钙

碘酸钙［$Ca(IO_3)_2$, calcium iodate］，分子量为389.89，白色或乳黄色结晶粉末，

无臭味。相对密度（水＝1，15℃）为4.52。碘酸钙在450℃前保持稳定，熔点为540℃；微溶于水，不溶于醇，溶于硝酸，化学性质稳定。

碘酸钙的生产方法主要有：

① 碘酸钾和硝酸钙复分解反应法。将碘酸钾加入盛有蒸馏水的反应器中，在搅拌下缓慢加入硝酸钙溶液进行反应，生成碘酸钙和硝酸钾，过滤除去硝酸钾。把滤液蒸发浓缩，经冷却结晶、离心分离、干燥后制得食用碘酸钙成品。

$$Ca(NO_3)_2 \cdot 4H_2O + 2KIO_3 + 2H_2O = Ca(IO_3)_2 \cdot 6H_2O\downarrow + 2KNO_3$$

② 两步反应法。在盐酸存在下，采用$KClO_3$作氧化剂，将碘氧化为碘酸，然后加入计量的$Ca(OH)_2$中和，经过滤、洗涤、干燥后制得$Ca(IO_3)_2$[167]。

$$I_2 + 2KClO_3 + 2HCl = 2HIO_3 + 2KCl + Cl_2$$
$$2HIO_3 + Ca(OH)_2 = Ca(IO_3)_2\downarrow + 2H_2O$$

③ 电解法。用KOH溶液溶解工业碘，然后采用带离子膜电解槽电解氧化制备碘酸钾，与氯化钙反应得到碘酸钙。电解法制备碘酸钙收率高，产品后处理简单，易得到合格的饲料级碘酸钙[168]。

$$2KIO_3 + CaCl_2 = 2KCl + Ca(IO_3)_2$$

④ 微波辐射法：将碘和氧化剂过氧化氢加入500mL平底磨口烧瓶中，用硝酸调节溶液使其pH值为1～2，放入微波炉中，用微波辐射，反应完毕将溶液冷却至室温，用氢氧化钙中和至pH值为10，再经冷却结晶、过滤、干燥后得到碘酸钙[169]。该方法制备碘酸钙的选择性高、反应时间短、无污染、产率和纯度高。

$$I_2 + 5H_2O_2 = 2HIO_3 + 4H_2O$$
$$2HIO_3 + Ca(OH)_2 = Ca(IO_3)_2 + 2H_2O$$

碘酸钙主要用于食品添加剂，在食品工业中用作小麦面粉处理剂、面团调节剂，制面包时加入小麦面粉中作为面团的速效性氧化剂[170]；食品及饲料中的营养碘或碘的补充剂；饲料级碘酸钙产品要求$Ca(IO_3)_2 \geqslant 95.0\%$（质量分数）和以I计$\geqslant 61.8\%$（质量分数）。此外，也用作防腐去臭剂、漱口剂和药物等。

## 9.4.14 次氯酸钙

次氯酸钙 [$Ca(ClO)_2$，calcium hypochlorite]，俗称漂白粉，白色粉末，有极强的氯臭。溶于水，溶液为黄绿色半透明液体。在100℃下分解。$Ca(ClO)_2$是强氧化剂，遇水或潮湿空气会引起燃烧和爆炸；与碱性物质混合能引起爆炸；接触有机物有引起燃烧的危险。受热、遇酸或日光照射会分解放出刺激性的氯气，因此$Ca(ClO)_2$不可暴露在空气中，否则易失效：

$$Ca(ClO)_2 + H_2O + CO_2 = CaCO_3\downarrow + 2HClO$$

$Ca(ClO)_2$的制备方法分为钙法、钠法和次氯酸法[171]。

**(1) 钙法**

在反应器中石灰乳与$Cl_2$反应，反应结束后的浆料经分离、干燥、冷却后得到成品。该法生产的产品多为不规则颗粒或粉末，有效氯一般为60%～62%；产品中含有约10%吸湿性强的$CaCl_2$，同时产品中还有约20%未反应的$Ca(OH)_2$，产品稳定性差，使用后残渣多。采用该生产工艺每生产 1t Ca(ClO)$_2$ 需 2.9t 石灰石、2t Cl$_2$；每吨产品排放约 10t 废液，含有效氯约 10%，且较难处理。

$$2Ca(OH)_2 + 2Cl_2 \rightleftharpoons Ca(ClO)_2 + CaCl_2 + 2H_2O$$

**（2）钠法**

工艺路线示意图见图 9-6。

一次氯化步骤：

$$2NaOH + Cl_2 \rightleftharpoons NaClO + NaCl + H_2O$$

二次氯化步骤：

$$2Ca(OH)_2 + 2Cl_2 \rightleftharpoons Ca(ClO)_2 + CaCl_2 + 2H_2O$$

$$2NaClO + CaCl_2 \rightleftharpoons Ca(ClO)_2 + 2NaCl$$

一次氯化工艺条件为：温度 20～25℃，时间 2.5～3.0h。二次氯化工艺条件为：温度 10～15℃，时间 1.5～2.0h。该法工艺基本稳定，产品有效氯含量可达 70%，其他技术指标也基本达到要求。

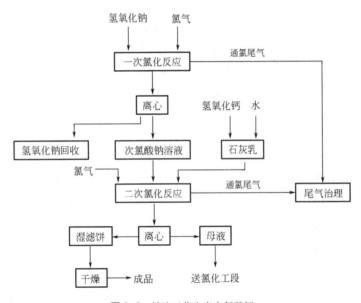

图 9-6　钠法工艺生产次氯酸钙

**（3）次氯酸法**

该法用预先制备的 HClO 氯化石灰乳得到 Ca(ClO)$_2$，产品中杂质更少，产品纯度更高，其产品的有效氯可达 75% 以上，产品更稳定，使用也更安全方便，生产中三废易得到很好的处理。次氯酸的腐蚀性很强，因此相关设备的材质需用抗腐蚀能力强的钽材，其价格是钛材的 10 倍左右，相应的设备投资高，增加了产品成本。

Ca(ClO)$_2$ 主要用于纸浆、棉、麻、丝纤维织物的漂白[172]，也用于城乡饮用水、游泳池水等的杀菌消毒。对于工业废水，Ca(ClO)$_2$ 联用其他化学品可以起到净化效果。有研究用硫酸亚铁络合-次氯酸钙氧化两步法静态和联合动态处理高炉煤气高浓度含氰洗涤废水，处理后的废水可以稳定达到污水综合排放要求[173]。有研究采用聚合双酸铝铁

PAFCS（poly aluminum ferric chloride sulfate，聚合氯化铝 PAC，聚合硫酸铁 PFS）和次氯酸钙联用处理玉米淀粉废水；实验采用聚合双酸铝铁投加量为 0.6g/L、$Ca(ClO)_2$ 投加量为 6g/L，搅拌后静置 120min，水样 COD 去除率为 74.55%，处理后水样清澈透明，pH 值 6～7[174]。还有研究采用 $Ca(ClO)_2$-$FeSO_4$ 分解两步法静态处理钨冶炼工艺中高浓度含氨氮和含砷废水，在 pH=7.6、次氯酸钙与氨氮之比 15:1、常温搅拌 20～25min 的条件下，氨氮和砷去除率均达 99% 以上，处理后的废水中 As<0.05mg/L、氨氮<0.15mg/L，出水水质达到排放要求[175]。也有研究用 $Ca(ClO)_2$ 氧化处理含甲醛废液，发现 pH 值有显著影响；最佳处理条件是 pH 值为 3，废液体积与 $Ca(ClO)_2$ 的用量比为 5:1（$v/m$），时间为 120min，甲醛去除率为 90.27%。实验显示该工艺方法对处理含少量甲醛废液较稳定有效[176]。

在医疗方面，$Ca(ClO)_2$ 可用于真菌的抑制。近来有研究表明，$Ca(ClO)_2$ 具有抗真菌作用，能杀灭常见皮肤浅部致病真菌，抑制常见皮肤深部致病真菌，临床应用效果确切、安全并且副作用小[177]。

### 9.4.15　卤磷酸钙：锑、锰

卤磷酸钙：锑、锰，（calcium halophosphate photofluorescent powder），俗称日光粉、卤粉、荧光粉。化学式为 $Ca_{10}(PO_4)_6Ca(F,Cl)_2$：Sb，Mn。卤粉呈白色粉末状，无味、无毒、无放射性、无腐蚀性，难溶于水，非可燃物，非易爆物，密度为 3.14～3.17g/cm³。通常用作制造日光色荧光灯或制造 TLED 玻璃管的光扩散原料。

卤粉被称为无机物磷灰石的变异，磷灰石的理论组成为 $Ca_{10}F_2P_6O_{24}$，它能够在其组成发生很大变化的情况下结构只发生微变。在荧光粉中磷灰石的一部分 $Ca^{2+}$ 被主激活剂 $Sb^{2+}$ 和第二激活剂 $Mn^{2+}$ 取代，约 20%（摩尔分数）的氟离子被氯离子取代。只含有 $Sb^{3+}$ 时，仅发射峰值波长为 480nm 的蓝光，$Sb^{3+}$、$Mn^{2+}$ 同时存在时蓝光受到抑制，在 580nm 产生橙色光，随着 $Sb^{3+}/Mn^{2+}$ 含量比例变化，会产生蓝白色到橙黄色的一系列不同的荧光色，$Mn^{2+}$ 含量增加会使橙黄色增强，蓝色光减弱。常用的色温有 6500K 日光色、4200K 冷白色、3500K 白色和 3000K 暖白色。为了改进卤粉的光通维持率，可用镉离子取代部分钙离子，生成锑、锰激活的卤粉，其组成为 $(Ca_{0.8}Cd_{0.2})_5(PO_4)_3(F,Cl)$：Sb，Mn。

卤粉在应用过程中除了应具有发光效率高、发光光谱和色坐标适宜的性能外，还应具备以下良好的热稳定性、辐照稳定性[178]。卤粉中 Mn、Sb 的含量对辐照稳定性有一定影响，紫外线 185nm 破坏了卤粉的 Mn 中心，引起卤粉发光亮度降低，随 Sb 量增加，辐照稳定性逐步提高，部分 185nm 紫外线辐射直接被 Sb 中心吸收，且不引起 Mn 中心的破坏。卤粉中小粒径颗粒愈多，发光亮度损失愈大；表面越光滑，反射率越低，卤粉的发光亮度越强。

生产方法有高温固相合成法、全湿法、吸附包覆法等

**（1）高温固相合成法**

将磷酸氢钙、碳酸钙、氯化铵、三氧化二锑、碳酸锰按一定摩尔比在球磨机中充分混合均匀，装入带盖的素瓷坩埚中，在氮气气氛中于 1100～1200℃灼烧一定时间，冷却后粉碎，磨细后用稀盐酸和去离子水洗涤，经表面处理、烘干、过筛制得产品。

**(2) 全湿法**[179]

分别将 $CaCl_2$、$NH_4F$、$MnCl_2 \cdot 4H_2O$ 溶解、过滤，配成溶液；将 $H_3PO_4$ 及 $NH_3 \cdot H_2O$ 用去离子水稀释，将稀释后的磷酸缓慢地倒入稀氨水中，并充分搅拌，使其反应完全。

$$2(NH_3 \cdot H_2O) + H_3PO_4 = (NH_4)_2HPO_4 + 2H_2O$$

将制备好的 $NH_4F$ 溶液加入 $CaCl_2$ 溶液中，并充分搅拌，即有白色沉淀析出，获得含 $CaF_2$ 沉淀的 A 液。

$$CaCl_2 + 2NH_4F = CaF_2\downarrow + 2NH_4Cl$$

将 $MnCl_2$ 溶液加入 $(NH_4)_2HPO_4$ 溶液中，获得含 $NH_4MnPO_4$ 沉淀的 B 液。

$$MnCl_2 + (NH_4)_2HPO_4 = NH_4MnPO_4\downarrow + NH_4Cl + HCl$$

在 A 液中加入 $Sb_2O_3$，充分搅拌制得悬浊液，然后将悬浊液缓慢加入 B 液中，边加边搅拌，能够获得由 $CaF_2$、$CaHPO_4$、$Ca_3(PO_4)_2$、$Sb_2O_3$、$NH_4MnPO_4$ 组成的混合物沉淀。

$$CaCl_2 + (NH_4)_2HPO_4 = CaHPO_4 + 2NH_4Cl$$

陈化后的沉淀经分离、洗涤、烘干，装入瓷蒸发皿中，在 1060℃ 左右焙烧 1h，即得卤磷酸钙荧光体，再经选粉、浸泡、球磨、过筛、烘干即得产品。

**(3) 吸附包覆法**

将 $CaHPO_4$、$CaCO_3$、$Sb_2O_3$、$MnCO_3$、$NH_4Cl$ 按一定比例混合后烧结制得荧光粉块，然后磨成荧光粉，再将活性氧化铝和荧光粉在水中混合成悬浮液，随后倒入含 $Al^{3+}$ 的水溶液，制得吸附包覆荧光粉悬浮液，最后将吸附包覆荧光粉悬浮液过滤、水洗后脱水、烘干、焙烧，制得氧化铝包膜荧光粉。例如，采用 pH 值处于 4.5~6.0 之间的共轭酸碱体系配成缓冲溶液且其浓度为 0.1~2mol/L，按 $Al_2O_3$ 与荧光粉质量之比（0.25~20）:100 称取相应量的水溶性铝盐并配制成浓度为 0.01~1.0mol/L 的水溶性铝盐溶液；将荧光粉放入缓冲溶液，配成浓度为 0.2%~5% 的荧光粉悬浮液，搅拌，超声分散，使荧光粉充分分散在缓冲液中；将荧光粉悬浮液加热至 20~60℃，以 100~300r/min 的速度搅拌，并将水溶性铝盐溶液滴入荧光粉悬浮液中，滴加速度为 5~500mL/min，然后继续保温和搅拌 30~120min，最后用碱溶液调节母液 pH 值至 6~7，得氧化铝水合物包膜；经分离、水洗、脱水后，在 60~120℃ 下烘干，使包膜荧光粉的含水率小于 0.25%，200~400℃ 灼烧 1~3h，随炉空冷，得到氧化铝包膜荧光粉[180]。

卤磷酸钙荧光粉的品质和性能主要体现在颗粒度、分散性、发光亮度方面[181]。$CaHPO_4$、$CaCO_3$ 是卤磷酸钙日光粉的主要基料，$CaHPO_4$ 又是卤粉晶体的骨架成分，其晶型、颗粒大小直接影响日光粉的晶型及粒度。粉碎后的荧光粉晶体表面沉积一定量的 $Sb$、$Mn$ 离子，同时由于粉碎过程中产生少量微细粉粒，因此粉碎后的荧光粉还需要酸洗、氨洗、分散处理、光色的互补与调配等加工处理。高温煅烧后冷却至 200℃ 的过程中，物料中的 $Sb^{3+}$、$Mn^{2+}$ 会被氧化，不能保证有足够量 $Sb^{3+}$、$Mn^{2+}$ 进入晶格，特别是被氧化成 $MnO_2$，使荧光粉块呈粉红状，锰发射带变小，荧光粉的亮度降低，发生光色改变。制得高质量的荧光粉，需要严格控制原料中杂质元素 $Fe$、$Co$、$Ni$、$Pb$、$Cu$ 的含量，并要求原料磷酸氢钙的晶型是完整片状或块状，粒径 $D_{50}$ 5~7μm。也有研究报道，在卤磷酸钙荧光粉基质里加入 (2~30)×$10^{-6}$ 的 $Al$，可明显提高初始发光效率和动态特性[182]。

# 9.5　金属元素含氧酸钙

## 9.5.1　铝酸钙

铝酸钙（$m\mathrm{CaO} \cdot n\mathrm{Al_2O_3}$，calcium aluminate），由氧化钙和氧化铝在高温下烧结而成的无机化合物，硬度大、熔点高。

铝酸钙根据 $\mathrm{Al_2O_3}$ 的含量高低可分为优等品、一等品、合格品三个等级（表9-8）。铝酸钙的生产方法有水热制备法和共沉淀法。

表 9-8　铝酸钙的等级分类标准

| 等级 | $\mathrm{Al_2O_3}$ | CaO |
|---|---|---|
| 优等品 | $\geqslant 53\%$ | $29\% \sim 31\%$ |
| 一等品 | $49\% \leqslant \mathrm{Al_2O_3} < 53\%$ | $29\% \sim 31\%$ |
| 合格品 | $45\% \leqslant \mathrm{Al_2O_3} < 49\%$ | $29\% \sim 31\%$ |

① 水热制备法。将 $\mathrm{CaCO_3}$ 在 $950 \sim 1000℃$ 预烧 2.5h、$\mathrm{Al(OH)_3}$ 在 $600℃$ 预烧 1h 后，分别生成高活性的 CaO 和 $\mathrm{Al_2O_3}$。以 CaO 和 $\mathrm{Al_2O_3}$ 为原料，CaO：$\mathrm{Al_2O_3}$ 摩尔比为 1：2 左右，水热反应制备 2h 制备生料，在 $1250℃$ 左右烧成熟料，保温 2h[183]。水热处理能提高铝酸钙的活性，降低纯铝酸钙水泥的烧成温度。

$$\mathrm{CaO + 2Al_2O_3 \Longrightarrow CaO \cdot 2Al_2O_3}$$

② 共沉淀法。选用 $\mathrm{Ca(OH)_2}$ 饱和溶液和 $\mathrm{AlCl_3}$ 溶液为初始原料，按 $\mathrm{Al^{3+}}$ 与 $\mathrm{Ca^{2+}}$ 的摩尔比为 2.2 配成混合溶液，在常温、高 pH 值下，先制备铝酸钙水化沉淀物前驱体，再经 $1100℃$ 煅烧制成高活性、高纯度的铝酸钙粉体[184]。

铝酸钙产品主要用作水处理剂、炼钢除渣剂、高铝水泥、耐火材料[185]，也因其吸热脱水作用，可作为阻燃剂[186]（表9-9和表9-10）。

表 9-9　水处理剂用铝酸钙执行标准

| 指标名称 | 指标 | |
|---|---|---|
| | 优等品 | 合格品 |
| 氧化铝(以 $\mathrm{Al_2O_3}$ 计)含量/% | 58.0 | 55.0 |
| 可溶氧化铝(以 $\mathrm{Al_2O_3}$ 计)含量/% | 55.0 | 50.0 |
| 氧化钙(CaO)含量/% | $27.0 \sim 36.0$ | |
| 过滤时间/min | 5.0 | 10.0 |
| 酸不溶物含量/% | 15.0 | 20.0 |
| 铅(Pb)含量/% | 0.003 | |
| 铬[Cr(Ⅳ)]含量/% | 0.002 | |
| 砷(As)含量/% | 0.0003 | |
| 镉(Cd)含量/% | 0.0001 | |

表 9-10　铝酸钙水泥化学组成成分

| 类型 | $Al_2O_3/\%$ | $SiO_2/\%$ | $Fe_2O_3/\%$ | $Na_2O+0.658K_2O/\%$ | $S/\%$ | $Cl/\%$ |
|---|---|---|---|---|---|---|
| CA-50 | $\geqslant 50,<60$ | $\leqslant 8.0$ | $\leqslant 2.5$ | | | |
| CA-60 | $\geqslant 60,<68$ | $\leqslant 5.0$ | $\leqslant 2.0$ | $\leqslant 0.40$ | $\leqslant 0.1$ | $\leqslant 0.1$ |
| CA-70 | $\geqslant 68,<77$ | $\leqslant 1.0$ | $\leqslant 0.7$ | | | |
| CA-80 | $\geqslant 77$ | $\leqslant 0.5$ | $\leqslant 0.5$ | | | |

注：CA 是以铝酸钙为主的铝酸盐水泥熟料磨细制成的水硬性胶凝材料。

## 9.5.2　钛酸钙

钛酸钙（$CaTiO_3$，calcium titanate），也称三氧化钛钙，黄色晶体，属于立方晶系；密度为 3.98g/mL(25℃)，熔点为 1980℃。难溶于水。常温常压下稳定，高热分解排出有毒含钙和钛烟雾。钛酸钙晶体结构见图 9-7。

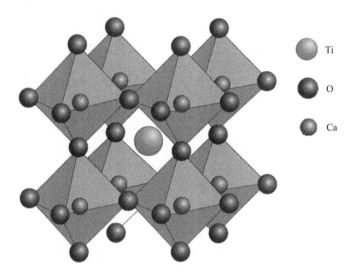

图 9-7　钛酸钙晶体结构示意图

$CaTiO_3$ 的制备方法主要有干法和湿化学法。其中干法包括高温固相法和熔盐法；湿化学法包括共沉淀法、溶胶-凝胶法等。

① 高温固相法。将等摩尔量的 CaO、$TiO_2$ 进行干磨，待完全混合后加入无水乙醇进行润湿，混匀后干燥，最后经研磨后挤压成型，再于 1350℃煅烧，然后将其冷却、粉碎、研磨即得 $CaTiO_3$ 产品。也有报道将 $TiO_2$ 与 CaO 于水中混合，在充分搅拌下加入草酸溶液，然后分离、洗涤、干燥，并于 925℃煅烧生成 $CaTiO_3$[187]。

② 熔盐法。将 $CaCO_3$ 和 $TiO_2$ 按摩尔比 1∶1 进行配料，并与 $CaCl_2$ 进行混合。将混合物在球磨机中研磨 10min，然后在 800℃加热 3h 左右。将产物水洗直到没有 $Cl^-$ 为止，将所得沉淀烘干得到 $CaTiO_3$[188]。

③ 共沉淀法。将 $H_2O_2$ 和氨水以及 $H_2TiO_3$ 在冰浴条件下反应，25min 后将 $Ca(NO_3)_2$ 加入其中，将得到的沉淀水洗至无 $Ca^{2+}$，最后烘干、研磨、煅烧得到 $CaTiO_3$[189]。

④ 溶胶-凝胶法。将钛酸丁酯 $Ti(OC_4H_9)_4$ 和无水乙醇混合、搅拌，再缓慢滴入浓 $HNO_3$；另将硝酸钙和无水乙醇混合、搅拌，在 60℃ 下溶解。之后将硝酸钙无水乙醇溶液滴加到钛酸丁酯无水乙醇溶液中，同时加少量浓 $HNO_3$ 和乙酸的混合溶液，加入少量分散剂搅拌形成溶胶，之后置于 60℃ 水浴中得到凝胶。最后将凝胶在 80℃ 下干燥，得到的粉体煅烧后得到 $CaTiO_3$[190]。$CaTiO_3$ 具有较好的化学稳定性[191,192] 和潜在的生物活性。在骨组织植入体钛及钛合金表面涂覆 $CaTiO_3$，可以增强钛及钛合金植入体与骨组织的结合能力和结合强度[193,194]，克服了钛和钛合金植入物的生物惰性[195]，防止钛和钛合金植入物脱落。有研究人员采用纯钛片、钛酸四丁酯、氧化钙、正丁醇为原料，经过水热反应将产物在 100℃ 左右干燥、650℃ 煅烧 1h 后制得具有 $CaTiO_3$ 涂层的钛片。实验发现，$CaTiO_3$ 涂层的钛片无明显的致突变性和溶血现象，对成骨细胞无明显毒副作用，可促进成骨细胞的增殖[196]。

另外，$CaTiO_3$ 可用于制作中、高压陶瓷电容器[197]，正温度系数热敏电阻 PTC 等精密电子元器件。纯 $CaTiO_3$ 很难烧结成陶瓷，可加入 $1\%\sim2\%ZrO_2$。介孔 $CaTiO_3$ 可以用作催化剂催化油脂和甲醇进行酯交换反应生成生物柴油[198]。在真空条件下，以多孔 $CaTiO_3$ 为原料和钙蒸气在 1000℃ 下发生放热反应，经过 6h 的自烧结获得多孔钛[199]。

$$1/2CaTiO_3 + Ca(g) =\!=\!= 1/2Ti + 3/2CaO$$

$$CaTiO_3 + Ca(g) =\!=\!= TiO + 2CaO$$

### 9.5.3　锆酸钙

锆酸钙（$CaZrO_3$，calcium zirconate），分子量为 179.3。锆酸钙具有熔点高、化学稳定性好、机械强度高、热膨胀系数较小、抵抗碱性炉渣侵蚀能力强等特点[200]。

锆酸钙材料生产方法有以下几种（表 9-11）：

① 高温固相反应法。以 CaO 和 $ZrO_2$ 为原料，经足够长时间的混合球磨后压坯，将坯体在 1200～1450℃ 煅烧，对试样进行预制备。将预制备的试样粉碎后再次球磨压坯，在 1600℃ 以上经几十小时的烧结后得到致密的陶瓷烧结体[201]。

$$CaO + ZrO_2 =\!=\!= CaZrO_3$$

② 溶胶-凝胶法。以丁醇锆和乙酸钙作为前驱体分别溶于乙酸，均匀混合两溶液体系，利用旋转涂布的方法将溶液沉积在 $Pt/Ti/SiO_2/Si$ 基体上，并将沉积薄膜干燥处理后在 550～700℃ 温度下进行煅烧，经过 1h 的煅烧即可得到 $CaZrO_3$ 薄膜[202]。

③ 熔盐反应法。以 $ZrO_2$、$CaCl_2$、$NaCO_3$ 为原料，以 $NaCl-Na_2CO_3$ 提供的熔融盐为反应介质，在 1050℃ 下反应 5h 制备 $CaZrO_3$[203]。

④ 水热反应法。用超细 $ZrO_2$ 粉体和 $Ca(OH)_2$ 为原料，温度在 450℃ 以上，水热法制备 $CaZrO_3$[204]。

$$ZrO_2 + Ca(OH)_2 =\!=\!= CaZrO_3 + H_2O$$

⑤ 燃烧反应法。a. 以 $ZrOCl_2 \cdot 8H_2O$、$Ca(NO_3)_2$ 为原料，柠檬酸作络合剂，以尿素为燃料和氧化剂，通过燃烧法反应制得了 $CaZrO_3$ 粉体，并经过 1500℃ 烧结制得致密度 98% 以上的陶瓷[205]。b. 以 $ZrOCl_2 \cdot 8H_2O$、$CaCl_2 \cdot 2H_2O$、$GdCl_3$ 作为反应原料，将反应物溶于蒸馏水后，以尿素作为燃烧反应的氧化剂和燃料添加到反应物中，混合均匀后得

到均一的溶液体系。将溶液体系在500℃下保温15min即可制得疏松的网络状的无定形粉体,粉体再经1200℃煅烧后可得纯相的$CaZrO_3$材料[206]。

表9-11　几种锆酸钙材料生产方法的优缺点

| 生产方法 | 原料 | 温度 | 优点 | 缺点 | 参考文献 |
|---|---|---|---|---|---|
| 高温固相反应法 | 氧化钙<br>二氧化锆 | 1200~1450℃ | 材料易得,原理简单,操作方便 | 制备产物中难以得到微观上均一相的材料,需要较高的温度,反应时间较长,易造成所得产物晶粒的异常长大;机械性能和电学性能较差 | [201] |
| 溶胶-凝胶法 | 丁醇锆<br>乙酸钙<br>乙酸 | 550~700℃ | 产物具有较高的均匀度,降低反应所需温度和缩短反应的时间 | 反应物价格较为昂贵,反应过程较复杂,且产量较小 | [202] |
| 熔盐反应法 | 二氧化锆<br>氯化钙<br>碳酸钠 | 1050℃ | 与传统的固相反应温度(1500℃)相比温度降低了很多,制备产物化学成分均一稳定,晶体形貌好 | 消耗大量的熔盐,反应完成后的后续处理较为烦琐,工艺较复杂 | [203] |
| 水热反应法 | 二氧化锆<br>氢氧化钙 | 450℃ | 分散性好,粒子纯度高,晶型好 | 原料气在450℃以上的温度会发生分解,产生有毒气体,对反应釜要求高 | [204] |
| 燃烧反应法 | $ZrOCl_2 \cdot 8H_2O$<br>硝酸钙<br>钙盐<br>有机物(如尿素) | 1500℃/1200℃ | 降低了反应能耗,产物粒度细小且均匀 | 单次反应产量小,在反应体系中加入有机物后增加了成本 | [205]<br>[206] |

　　锆酸钙主要用于制作薄膜、高温耐火材料和高温结构陶瓷[207]。氧化铟掺杂的锆酸钙在含氢或水蒸气的氛围下,具有质子导电性,可用于氢分离器、氢传感器和氢同位素的分离[208]。在连铸工序中,向浸入式水口添加一定量的$CaZrO_3$制得的水口具有较好的使用性能,并且能够防止氧化铝的结瘤,很好地延长了浸入式水口的使用寿命[209]。

### 9.5.4　钒酸钙

　　钒酸钙($CaO-V_2O_5$, calcium vanadate)[210],以$CaO \cdot V_2O_5$[偏钒酸钙,$Ca(VO_3)_2$]、$2CaO \cdot V_2O_5$(焦钒酸钙,$Ca_2V_2O_7$)、$3CaO \cdot V_2O_5$[正钒酸钙,$Ca_3(VO_4)_2$]形式存在。

　　主要是基于碱性钒溶液中的钒酸根离子与钙离子作用生成钒酸钙。

$$2NaVO_3 + CaCl_2 = Ca(VO_3)_2 \downarrow + 2NaCl$$
$$2NaVO_3 + Ca(OH)_2 = Ca(VO_3)_2 \downarrow + 2NaOH$$
$$2Na_3VO_4 + 3CaO + 3H_2O = Ca_3(VO_4)_2 \downarrow + 6NaOH$$
$$2NaVO_3 + 2CaCl_2 + 2NaOH = Ca_2V_2O_7 \downarrow + 4NaCl + H_2O$$

此外,还可以由固相反应法、水热法和溶胶-凝胶法制备钒酸钙。

　　① 固相反应法。将$CaCO_3$和$V_2O_5$置于烧杯中,在红外灯下烘一个小时,去除吸附

的水分。$V_2O_5$ 的用量为过量约 2%，即 $V_2O_5$ 约占原料总质量的 62%。将称量好的原料放入刚玉研钵中，倒入适量的乙醇，研磨 1.5h。在研磨过程中视情况随时加入乙醇，且注意研磨好的料在烧结之前一定要把乙醇烘干并用少量蒸馏水调均压片成形，然后放入马弗炉中先在 850℃烧结 8h，再升至 1000℃烧结 8h。烧结完毕得到白色的块状原料，将得到的白色块状原料再进行二次研磨、烘干、压片、烧结，得到反应完全的白色块状正钒酸钙晶体[211]。

$$3CaCO_3 + V_2O_5 \xrightarrow{\text{混匀,高温}} Ca_3(VO_4)_2 + 3CO_2 \uparrow$$

② 水热法。将乙酸钙与钒酸钠溶于蒸馏水内，搅拌混合均匀，将混合均匀的溶液放于聚四氟乙烯内衬的不锈钢反应釜内，密封反应釜，放入烘箱，反应温度为 80~180℃，保温 0.5~24h，在空气气氛下自然冷却至室温，用蒸馏水将反应釜内的沉淀物清洗、离心并重复数次，然后将固体放于烘箱内于 60℃在空气中干燥数小时，可获得钒酸钙纳米棒[212]。

③ 溶胶-凝胶法。将碳酸钙、偏钒酸钙和柠檬酸作为原料，溶于蒸馏水中，在 70℃下搅拌，反应得到凝胶。然后将凝胶放入 120℃烘箱中烘干，最后将干凝胶放入 600℃的马弗炉中煅烧 2h，除去干凝胶中残留的有机物，得到钒酸钙[213]。

钒酸钙具有高效电子传输的小尺寸结构[214] 和催化特性，在光学器件、锂离子电池、电化学传感器和催化领域等都有应用[215]。

### 9.5.5　铬酸钙

铬酸钙（$CaCrO_4$，calcium chromate），分子量为 156.06。黄色单斜棱形结晶。熔点在 200℃，相对密度大于 1，铬酸钙难溶于水，不溶于醇，但溶于稀酸。

铬酸钙的生产方法：

① 铬酸水溶液与氨水溶液反应生成铬酸铵，再加入石灰乳沉淀出铬酸钙[216]。氨可以回收循环利用，但分离铬酸钙后的母液需要蒸发，需要处理氢氧化钙等废渣，并不经济环保。

$$H_2CrO_4 + 2(NH_3 \cdot H_2O) =\!=\!= (NH_4)_2CrO_4 + 2H_2O$$
$$Ca(OH)_2 + (NH_4)_2CrO_4 =\!=\!= CaCrO_4 \downarrow + 2(NH_3 \cdot H_2O)$$

② 以含铬工业废水为原料，利用过滤器除去废液中的固体，过滤后的废液在 85℃的烘箱中烘干，向烘干后的固体中加入氨水溶液，共沉淀生成铬和钙的氢氧化物，然后在 400℃马弗炉中加热沉淀物，得到铬酸钙产物。

$$2Ca(OH)_2 + 2Cr(OH)_3 + 3/2O_2 =\!=\!= 2CaCrO_4 + 5H_2O$$

③ 铬酸钠与氯化钙在水溶液中反应沉淀出铬酸钙[217]，工艺简单，但是难以得到高纯度的铬酸钙。

$$Na_2CrO_4 + CaCl_2 =\!=\!= CaCrO_4 \downarrow + 2NaCl$$

④ 碳酸钙与重铬酸钠溶液在常压沸腾状态下反应，生成铬酸钙沉淀并放出 $CO_2$。固液分离、洗涤、干燥之后可得纯度为 99.5%的铬酸钙[218]。

$$CaCO_3(s) + Na_2Cr_2O_7(aq) =\!=\!= CaCrO_4(s) + Na_2CrO_4(aq) + CO_2(g)$$

铬酸钙常用作金属底漆、防腐剂、防腐涂料添加剂、电池极化抑制剂等[219]。在电解池中可作为阴极材料[220]。也可在光致发光、光敏作用、拉曼散射、催化剂、光电导介质材料、湿敏电阻、颜料、固体润滑、工业废水处理等领域中应用[221]。

### 9.5.6　钼酸钙

钼酸钙（$CaMoO_4$，calcium molybdate），分子量为 200.02，白色粉末状结晶。能够溶于无机酸，不溶于乙醇、乙醚或水。

① 软溶液制备多晶钼酸钙薄膜。以醋酸钙和钼酸铵为原料，分别采用乙二醇、1,2-丙二醇、丙三醇为溶剂，按照钼离子和钙离子 1∶1 的摩尔比分别把醋酸钙和钼酸铵溶解在三种溶剂中，使之形成透明、均相溶液。然后在室温下将相同溶剂的醋酸钙和钼酸铵溶液混合，加入适量的冰醋酸，搅拌 30min 使之形成无色透明且稳定的胶体。利用旋涂技术把胶体旋涂在单晶硅基片或载玻片上，然后进行烘干，烘干温度在 40～50℃ 之间，甩一层烘干一次，甩 6 次，最后得到钼酸钙薄膜[222]。

$$Ca(CH_3COO)_2 + (NH_4)_2MoO_4 =\!=\!= CaMoO_4 + 2CH_3COONH_4$$

② 反相微乳液制备纳米钼酸钙。采用体积比为 3∶2∶8 的 TritonX-100（聚乙二醇辛基苯基醚）/正辛醇/环己烷作为油相体系，分别制备水相为钼酸钠和氯化钙的两种微乳液，室温下将两种微乳液混合，搅拌 30min 后，静置 48h，所得白色产物经丙酮、去离子水和无水乙醇多次洗涤、离心后，在 60℃ 真空干燥，得到纳米钼酸钙[223]。

③ 溶剂热法。将钼酸铵溶解于蒸馏水中，然后加入 $N,N$-二甲基甲酰胺和乙醇，再加入 $Ca(NO_3)_2$，搅拌 15min 后放入反应釜中，在 170℃ 下反应 8h 后冷却至室温，用无水乙醇洗涤并过滤，在 60℃ 烘箱中干燥，制得钼酸钙[224]。

钼酸钙常可作为激光基质材料、发光材料[225]、微电子、催化剂[226]、能量存储与转化[224]、钢铁的钼合金添加剂[227]。

### 9.5.7　铁酸钙

铁酸钙（$CaFe_2O_4$，calcium ferrite），是熔剂型烧结矿的主要黏结相（$CaO\text{-}Fe_2O_3$），这种体系的黏结相主要有三种[228]：铁酸半钙（$CaO \cdot 2Fe_2O_3$，熔点 1226℃）、铁酸一钙（$CaO \cdot Fe_2O_3$，熔点 1216℃）以及铁酸二钙（$2CaO \cdot Fe_2O_3$，熔点 1449℃）。

当烧结混合料中存在一定量的含铝、含硅的化合物时，铁酸钙熔体会与其反应形成复杂的多元系含铁矿物，统称为复合铁酸钙体系。比如，三元系铁酸钙有 $CaO\text{-}Fe_2O_3\text{-}SiO_2$ 体系、$CaO\text{-}Al_2O_3\text{-}Fe_2O_3$ 体系、$CaO\text{-}Fe_2O_3\text{-}FeO$ 体系等，四元系铁酸钙有 $CaO\text{-}Fe_2O_3\text{-}Al_2O_3\text{-}SiO_2$。这些含钙、铝、硅的铁酸盐也称为复合铁酸钙（$xFe_2O_3 \cdot ySiO_2 \cdot zAl_2O_3 \cdot 5CaO$，SFCA）。

传统的固相合成 $CaFe_2O_4$ 方法包括高温煅烧法、微波法和球磨法。

① 高温煅烧法。将 $Fe_2O_3$ 和 $CaO$ 按照摩尔比 1∶2 均匀混合研磨，1190℃ 连续加热，经固相反应后冷却结晶，生成 $CaFe_2O_4$。

反应方程式如下：

$$CaO + H_2O =\!=\!= Ca(OH)_2$$
$$Ca(OH)_2 + CO_2 \uparrow =\!=\!= CaCO_3 + H_2O$$
$$2CaCO_3 + Fe_2O_3 =\!=\!= Ca_2Fe_2O_5 + 2CO_2 \uparrow$$

② 微波法。例如，将 0.1mol/L Fe(NO₃)₃ 和 Ca(NO₃)₂ 溶液按比例均匀混合，加入草酸铵络合剂络合，再用氨水调节 pH 值，生成乳状浊液，在 180℃ 温度下微波水热反应 45min 后，经水洗、醇洗、干燥研磨，焙烧 3h，得到 $Ca_2Fe_2O_5$ 粉。微波法升温速度快，烧结时间短，能源利用率高，安全系数大。

③ 球磨法。例如，将 $CaCO_3$ 和 $Fe_2O_3$ 按照摩尔比 2：1 混合，用湿法球磨法按照料：球：酒精＝1：5：1 装罐，在 400r/min 转速下球磨 40min。在 40℃ 下烘干后，再稍加研磨，然后在 800℃ 下进行烧结，得到 $Ca_2Fe_2O_5$ 粉体。

影响铁矿石的铁酸钙生成特性的因素较多，主要是烧结工艺参数如烧结温度、烧结气氛和配碳量等，另外还有铁矿石自身的性质如铁矿粉的种类、粒度组成、致密性、碱度化学成分等。在炼钢工业中，$CaFe_2O_4$ 称为预熔型炼钢造渣剂，主要成分为 CaO、$Fe_2O_3$/FeO、$SiO_2$、$Al_2O_3$、MgO，使用 $CaFe_2O_4$ 可以优化炼钢冶炼过程中的成渣条件，$CaFe_2O_4$ 的成渣速度快。在冶炼过程中，加入的预熔型炼钢造渣剂（$CaFe_2O_4$）形成液态渣后，其后加入的活性石灰在液渣中接触面积大，冶炼初期的化渣条件改善，可以提高石灰的使用效率，节省石灰消耗；$CaFe_2O_4$ 中有较高含量的氧化铁，能迅速降低氧化钙的熔点，促进了石灰的快速熔解。这样无须再用萤石助熔，实现无氟炼钢，并且炉衬侵蚀减少，对环境的污染减轻。$CaFe_2O_4$ 化渣好，也创造了炉内良好的脱磷条件，实现前期脱磷的目的，脱磷率提高 3%～5%。

纳米 $CaFe_2O_4$ 是一种窄带隙半导体材料，带隙值约为 1.89eV，对甲基蓝染料降解具有高的光催化活性[229]。Kamaraj 等[230] 报道了一种涂覆有超顺磁性 $CaFe_2O_4$ 的香草醛-壳聚糖的姜黄素杂化纳米颗粒。首先通过席夫碱反应制备功能性改性的香草醛-壳聚糖，以提高疏水性药物的包封效率；然后将纳米 $CaFe_2O_4$ 颗粒添加到香草醛改性的壳聚糖中以改善生物相容性，最后加入离子凝胶剂三聚磷酸钠（TPP）获得香草醛-壳聚糖-铁酸钙杂化纳米颗粒载体。该产物可以作为药物的载体用于水处理和医药领域。

# 参考文献

[1] 常文保. 化学词典 [M]. 北京：科学出版社，2008.
[2] 田庆华，李栋. 金属元素大探秘 [M]. 北京：冶金工业出版社，2018.
[3] 王世栋，高晓雷，李权，吴志坚. 金属钙、钙合金的制备与应用研究进展 [J]. 材料导报，2012，26（4）：1-6.
[4] 徐祥斌，李军亮，霍强. 硅热法镁厂生产钙的可行性分析 [J]. 轻金属，2014，3：40-47.
[5] 胡志方，尹延西，江洪林，田丽森，薛红霞，王力军. 金属钙及高纯钙制备技术 [J]. 矿冶，2013，22（2）：66-67.
[6] 郭海军. 金属钙生产及合金应用 [J]. 世界有色金属，2006，1：20-23.
[7] 杨兆林，宋超，钙铁包芯线的制作及其在钙处理中的应用 [J]. 安徽冶金，2009（02）：33-37.
[8] 马林凤，朱建华. 利用电石渣代替石灰石制备氧化钙的可行性分析 [J]. 聚氯乙烯，2017，45（7）：39-43.
[9] 王治帅，公旭中，王志，刘文礼. 电石渣制备高强度氧化钙及其含碳球团循环生产电石 [J]. 中国氯碱，2017（1）：42-46.
[10] 李凯斌，周春生，李仲谨，崔孝炜. 氧化钙对硬脂酸系列发泡水泥性能的影响 [J]. 能源化工，2017，38（3）：64-67.
[11] Dasgupta D，Mondal K，Wiltowski T. Robust，high reactivity and enhanced capacity carbon dioxide

removal agents for hydrogen production applications [J]. International Journal of Hydrogen Energy, 2008, 33 (1): 303-311.

[12] Knutsson P, Cantatore V, Seemann M, Tam P L, Panas I. Role of potassium in the enhancement of the catalytic activity of calcium oxide towards tar reduction [J]. Applied Catalysis B Environmental, 2018, 229: 88-95.

[13] 王星，李强，周正，贺静，邓雅月，张敏，尹小波．蒸汽爆破/氧化钙联合预处理对水稻秸秆厌氧干发酵影响研究 [J]．农业环境科学学报，2017，36 (2)：394-400.

[14] 赵三团，王威，徐俊．CaO 耐火材料的抗水化研究进展 [J]．耐火材料，2005 (05)：364-367，370.

[15] 殷锦捷，马海云，王琳．干燥剂填料对 EVA 热熔胶性能的影响 [J]．化学与粘合，2004 (02)：74-75，99.

[16] 朱云勤，冯岳刚，廖明娥，马武权，徐逸心．钾钙肥中钙的溶出行为研究 [J]．化肥工业，2001 (02)：30-32，60.

[17] 赵芯，朱义年，陆燕勤，廖雷，张学洪．微生物蛋白酶水解液的脱色条件实验研究 [J]．氨基酸和生物资源，2006 (02)：41-44.

[18] 刘英俊，陈庆华．钙化合物（碳酸钙、氧化钙、氢氧化钙）填充塑料的可环境消纳性及其环保意义 [C]//中国塑料加工工业协会改性塑料专业委员会二〇〇五年年会，无机粉体材料在塑料中应用技术进展研讨会论文集，2005：88-95.

[19] 王姗姗，程栖桐，汤颖，张洁，王小莉，许亮红．表面改性氧化钙高效催化菜籽油制备生物柴油 [J]．中国油脂，2014，39 (11)：61-65.

[20] 常飞琴，张黎，李华锋，王姗姗，汤颖．丙烯酸甲酯改性氧化钙催化制备生物柴油的研究 [J]．应用化工，2017，46 (3)：532-536.

[21] 葛飞，李权，刘海宁，吴志坚．过氧化钙的制备与应用研究进展 [J]．无机盐工业，2010，42 (2)：1-4.

[22] 白润英，陈湛，张伟军，王东升．过氧化钙预处理对活性污泥脱水性能的影响机制 [J]．环境科学，2017，38 (3)：1151-1158.

[23] Zhang A, Wang J, Li Y. Performance of calcium peroxide for removal of endocrine-disrupting compounds in waste activated sludge and promotion of sludge solubilization [J]. Water Research, 2015, 71: 125-139.

[24] 周绿山，向文军，唐涛，钱跃，王芬．过氧化钙的制备及其保鲜性能研究 [J]．化学工程师，2016，30 (7)：72-74.

[25] 余喜初，李大明，黄庆海，柳开楼，叶会财，徐小林．过氧化钙及硅钙肥改良潜育化稻田土壤的效果研究 [J]．植物营养与肥料学报，2015，21 (1)：138-146.

[26] Xue Y, Rajic L, Chen L, Lyu S, Alshawabkeh A N. Electrolytic control of hydrogen peroxide release from calcium peroxide in aqueous solution [J]. Electrochemistry Communications, 2018, 93: 81-85.

[27] 李亮，武成辉，陈涛，林翰志，晏波，肖贤明．过氧化钙在城镇黑臭水体修复中的作用 [J]．化工进展，2016，35 (s2)：340-346.

[28] Zhai J, Jiang C H. Synthesis of calcium peroxide microparticles and its application in glyphosate wastewater pretreatment [J]. Advanced Materials Research, 2014, 881-883: 1139-1143.

[29] Ma L, Ning P, Zheng S, Niu X, Zhang W, Du Y. Reaction mechanism and kinetic analysis of the decomposition of phosphogypsum via a solid-state reaction [J]. Industrial & Engineering Chemistry Research, 2010, 49 (8): 3597-3602.

[30] 李红剑，庄亚辉．烟气脱硫石膏催化还原为硫化钙的研究 [J]．化工环保，2001，21 (2)：63-65.

[31] 杨校铃，刘荆风，王辛龙，张志业，杨林，杨秀山．硫黄分解磷石膏制硫化钙工艺研究 [J]．无机盐工业，2015，47 (3)：45-48.

[32] 费朝阳，郝红，周跃，王严力．硫化钙在铈激活下发光性能的研究 [J]．沈阳建筑工程学院学报，2003，19 (1)：48-49.

[33] Wu S Y H, Tseng C L, Lin F H. A newly developed Fe-doped calcium sulfide nanoparticles with

magnetic property for cancer hyperthermia [J] . Journal of Nanoparticle Research，2010，12（4）：1173-1185.

[34] 王海波 . 硫化钙的制备及其与二氧化硫的反应过程研究 [D] . 长沙：中南大学，2014.

[35] 陈明，黄万抚，倪文 . 含铜酸性废水硫化沉淀高浓度调浆的试验研究 [J] . 金属矿山，2006（09）：81-83.

[36] 杨健，杨祖望，廖承军，杨敏，程新平，陈德水 . 一种活性氢化钙的制备方法及装置：CN102826511A [P] .2012-12-19.

[37] Bulanov A D，Troshin O Y，Balabanov V V. Synthesis of high-purity calcium hydride [J] . Russian Journal of Applied Chemistry，2004，77（6）：875-877.

[38] 孙力力，许甲，罗文，郭澄龙，庹新林，王晓工 . 添加氢化钙合成高分子量聚对苯二甲酰对苯二胺的研究 [J] . 高分子学报，2012（1）：70-74.

[39] 耿晶，王文亮，任学勇，常建民 . 添加剂氢化钙对碱木质素热裂解特性的影响 [J] . 中国科技论文，2015，10（12）：1450-1454.

[40] 王征，桂赤斌，王禹华 . 高强度钢焊缝金属氢控制研究进展 [J] . 焊接，2008（02）：7-10，69.

[41] 王成彦，杨成，张家靓，马保中，陈永强 . 废加氢催化剂还原熔炼回收有价金属试验 [J] . 有色金属（冶炼部分），2019（09）：12-17.

[42] Rostami A，Pourshiani A，Gheisarzade S. CaF₂ catalyzed chemoselective cxidation of culfides to sulfoxides with hydrogen peroxide under solvent-free conditions [J] . Letters in Organic Chemistry，2016，13（3）：201-205.

[43] 司伟，丁超，章为夷，王修慧，高宏 . 氟化钙对钠钙玻璃反应析晶制备玻璃陶瓷性能的影响 [J] . 硅酸盐学报，2012，40（12）：1703-1707.

[44] 赵丹华 .CaF₂-WAGGS 杂化吸附材料的制备及应用研究 [J] . 水处理技术，2012，38（8）：51-54.

[45] 朱传静，常琳，康琛，李曼玲，罗永明 . 紫石英研究概况 [J] . 中国实验方剂学杂志，2011（14）：306-311.

[46] Takav P，Banijamali S，Zadeh A S A H，Mobasherpour I. Influence of TiO₂ content on phase evolution，microstructure and properties of fluorcanasite glass-ceramics prepared through sintering procedure for dental restoration applications [J] . Ceramics International，2018（6）：1-13.

[47] 孟凡强，刘燕，吴勇杰，陶可，孙康 .19F 磁共振成像造影剂研究进展 [J] . 影像科学与光化学，2020（05）：753-762.

[48] 王忠华 . 氯化钙的制备工艺及应用 [J] . 乙醛醋酸化工，2017（4）：21-24.

[49] 王艳颖，刘程惠，田密霞，李婷婷，胡文忠 . 氯化钙处理对鲜切芹菜生理与品质的影响 [J] . 食品安全质量检测学报，2015，6（7）：2458-2463.

[50] 韩斯，孟宪军，汪艳群，李斌，李冬男，韦石 . 氯化钙处理对速冻蓝莓冻藏期品质的影响 [J] . 食品科学，2014，35（22）：310-314.

[51] 孙位，潘远智，杨亚男，文亚迪，姜贝贝，刘光立，刘庆林 . 氯化钙种球浸泡和叶面喷施提高香水百合花期和品质的研究 [J] . 植物营养与肥料学报，2017，23（1）：196-207.

[52] Ranjitha K，Sudhakar D R，Shivashankara K S，Roy T K. Integrating calcium chloride treatment with polypropylene packaging improved the shelf life and retained the quality profile of minimally processed cabbage [J] . Food Chemistry，2018，256：1-10.

[53] Hennings E，Schmidt H，Voigt W. Crystal structures of hydrates of simple inorganic salts. Ⅱ . water-rich calcium bromide and iodide hydrates：CaBr₂ · 9H₂O，CaI₂ · 8H₂O，CaI₂ · 7H₂O and CaI₂.₆ · 5H₂O [J] . Acta Crystallogr Section C-Struct Chem，2014，70（9）：876-881.

[54] 张丽 . 静脉注射碘化钙溶液治疗天山马鹿放线菌病 [J] . Chinese Journal of Animal Husbandry and Veterinary Medicine，2011（9）：89.

[55] Tada N，Ishigami T，Cui L，Ban K，Miura T，Itoh A. Calcium iodide catalyzed photooxidative oxylactonization of oxocarboxylic acids using molecular oxygen as terminal oxidant [J] . Tetrahedron Letters，2013，54（3）：256-258.

[56] Xie L S，Schoop L M，Seibel E M，Gibson Q D，Xie W，Cava R J. A new form of Ca₃P₂ with a

ring of Dirac nodes [J]. APL Materials, 2015, 3 (8): 083602.

[57] 黄磷石灰法生产磷化钙 [J]. 四川粮油科技, 1976 (02): 29-33.

[58] 武什肯, 哈文光, 李宏, 霍芝敏, 邓新疆, 萨依拉吾, 木克松, 赵德良, 吐尔逊, 哈里木拉提, 玛依拉. 应用磷化铝、磷化钙杀灭鼹形田鼠的效果试验 [J]. 新疆畜牧业, 2002 (4): 43-44.

[59] 仇欢, 王开运. 26%磷化钙块剂作为溴甲烷替代剂对土壤根结线虫的影响 [C] //中国植物保护学会2010年学术年会论文集. 北京: 中国农业科学技术出版社, 2010: 906.

[60] Li L, Protière M, Reiss P, Economic synthesis of high quality InP nanocrystals using calcium phosphide as the phosphorus precursor [J]. Chemistry of Materials, 2008, 20 (8): 2621-2623.

[61] 何运昭, 何礼达, 彭双飞. 尿素-氰氨化钙法生产硫脲产业化试验 [J]. 广东化工, 2013, 40 (15): 31-32.

[62] 唐利忠, 刘思超, 李超, 石泉, 易镇邪, 周文新. 氰氨化钙颗粒肥在水稻栽培中的应用效果初探 [J]. 作物研究, 2016, 30 (4): 381-386.

[63] 程雨贵, 童玥, 方华明, 宋发菊, 吕敏, 张晓玲. 氰氨化钙在油菜上的施用效果分析 [J]. 湖北农业科学, 2016, 55 (17): 4444-4446.

[64] 翁艳梅, 王敏, 伍壮生, 肖日新. 不同用量氰氨化钙对茄子品质及土壤养分的影响 [J]. 江苏农业科学, 2013, 41 (1): 182-183.

[65] Gioia F D, Gonnella M, Buono V, Ayala O, Cacchiarelli J, Santamaria P. Calcium cyanamide effects on nitrogen use efficiency, yield, nitrates, and dry matter content of lettuce [J]. Agronomy Journal, 2016, 109 (1): 354-362.

[66] 周义生, 彭国华, 胡主花, 冯小武, 朱蓉, 魏望远, 郭家钢. 氰氨化钙合成药物对血吸虫虫卵形态学影响 [J]. 中国血吸虫病防治杂志, 2015, 27 (1): 56-58.

[67] 范永强, 杨燕, 焦圣群, 穆清泉, 樊青峰. 氰氨化钙防治桃树流胶病的技术研究 [J]. 山东农业科学, 2011 (8): 87-89.

[68] 章忠梅, 任莉, 章钢明. 氰氨化钙清园消毒对芦笋生产的影响 [J]. 中国园艺文摘, 2015 (9): 11-13.

[69] 贾海燕. 氰氨化钙防治黄瓜根腐病及对土壤微生物种群效应的研究 [D]. 沈阳: 沈阳农业大学, 2014.

[70] 柴山干生, 李维贤. 羊毛角蛋白及其复合物的纤维化技术 [J]. 国外纺织技术, 2001 (09): 4-10.

[71] 潘先文, 陈云松, 李光明. 一种聚羧酸减水剂用早强剂、复配物及其制备方法: CN107555830-A [P]. 2018-01-09.

[72] Wise T, Ramachandran V S, Polomark G M. The effect of thiocyanates on the hydration of portland-cement at low-temperatures [J]. Thermochica Acta, 1995, 264: 157-171.

[73] Hattori M, Koga T, Shimaya Y, Saito M. Aqueous calcium thiocyanate solution as a cellulose solvent, structure and interactions with cellulose [J]. Polymer Journal, 1998, 30 (1): 43-48.

[74] Jeong M J, Lee S, Yang B S, Potthast A, Kang K Y. Cellulose degradation by calcium thiocyanate [J]. Polymers, 2019, 11 (9): 1494.

[75] 曹春娥, 曹惠峰, 卢希龙, 余峰, 沈华荣, 熊春华. 硼酸钙的研究现状及其应用 [J]. 中国陶瓷, 2007, 43 (1): 12-15.

[76] 左传凤. 水合硼酸钙的合成及其热化学研究 [D]. 西安: 陕西师范大学, 2005.

[77] 纪献兵, 陈银霞. 纳米硼酸钙的水热法制备及摩擦学性能研究 [J]. 润滑与密封, 2015, 40 (7): 75-77.

[78] 耿佳佳. 微乳液法制备纳米硼酸钙及其润滑性能的研究 [D]. 大连: 大连理工大学, 2006.

[79] 付少博, 彭天祥, 李梁君, 王青伟, 吕晓刚, 张映辉, 陈宝玖. Sm$^{3+}$掺杂含银硼酸钙玻璃的制备及光谱性质 [J]. 中国稀土学报, 2014, 32 (4): 403-409.

[80] 左佳. 硼酸钙纳米材料的制备、表征及阻燃性能研究 [D]. 西安: 陕西师范大学, 2011.

[81] 武文, 宣亚文, 王小桐, 尹江龙, 陈巧飞, 张祎, 孙彦, 赵地. 稀土离子掺杂硼酸钙发光材料的合成与光谱性质 [J]. 化工新型材料, 2014, 42 (10): 155-157.

[82] 张晓华, 程广生. 二硼和六硼酸钙的合成方法的探析 [J]. 中国陶瓷, 2010 (02): 3-5, 12.

[83] 李久盛, 郝利峰, 徐小红, 张立. 表面修饰纳米硼酸钙的制备及摩擦学性能 [J]. 中国表面工程,

2010，23（3）：29-32.

[84] 周金华，伍泽广，易重庆，唐凯永，杨静. 电石渣制备多孔硅酸钙实验研究 [J]. 矿业工程研究，2016，31（4）：66-69.

[85] 彭小芹，赵会星，蒋小花，许国伟. 水化硅酸钙超细粉体制备及表面改性 [J]. 硅酸盐学报，2008，36（s1）：176-179.

[86] 秦泽敏，董黎明，张艳萍，赵钰，周恋彤. 硅酸钙粒径分析及吸附去除水中六价铬的研究 [J]. 硅酸盐通报，2014，33（11）：2828-2833.

[87] 胡露，魏坤，邹芬. 聚乳酸-羟基乙酸共聚物/硅酸钙三维多孔骨组织工程支架的构建与性能 [J]. 中国组织工程研究，2016，20（47）：6997-7005.

[88] 王玉珑，刘艳新，唐春霞，王玥，王成海，陈杨. 多孔硅酸钙性能分析及其预处理造纸脱墨废水的研究 [J]. 中华纸业，2016，37（23）：70-74.

[89] 蒲维. 粉煤灰制取活性硅酸钙及其塑料高填充改性研究 [D]. 贵阳：贵州大学，2016.

[90] 曾丽娟，解新路，邓权学，关超文，冯海祥，陈镭云，等. 环保节能硅酸钙聚氨酯复合保温墙体系的施工工艺研究 [J]. 中国新技术新产品，2016（12）：103-105.

[91] 周春晖，边亮，储茂全，刘海波，刘明贤，欧阳静，王文波，周岩民，朱润良主编. 非金属矿科学前沿和绿色高新技术 [M]. 北京：中国农业科学技术出版社，2018：215-216.

[92] 魏晓芬，孙俊民，王成海，宋宝祥，彭建军，张权. 新型硅酸钙填料的理化特性及对加填纸张性能的影响 [J]. 造纸化学品，2012，24（6）：24-30.

[93] 吴盼，张美云，王建，宋顺喜. 粉煤灰联产新型活性硅酸钙作为造纸填料的可行性探讨 [J]. 中国造纸，2012，31（12）：27-31.

[94] 朱海霖，吴斌伟，冯新星，陈建勇. 丝素蛋白/硅酸钙复合纳米纤维的结构与性能 [J]. 纺织学报，2011，32（6）：1-6.

[95] 高铁生. 用离子交换法制备亚硝酸钙的实验设计 [J]. 辽宁化工，2008，37（1）：31-33.

[96] 曹忠露，肖鹏，日比野诚. 亚硝酸钙阻锈剂的应用研究综述 [J]. 原材料及辅助物料，2011，10：49-54.

[97] Wajih N, Basu S, Jailwala A, Kim H W, Ostrowski D, Perlegas A, Bolden C A, Buechler N L, Gladwin M T, Caudell D L, Rahbar E, Alexander-Miller M A, Vachharajani V, Kim-Shapiro D B. Potential therapeutic action of nitrite in sickle cell disease [J]. Redox Biology，2017，12：1026-1039.

[98] 冯青松. 对硝酸钙生产的工艺改进及节能效果 [J]. 杭州化工，2003，33（2）：29-30.

[99] 周卫，林葆，朱海舟. 硝酸钙对花生生长和钙素吸收的影响 [J]. 土壤通报，1995，26（5）：225-227.

[100] 吴旋，卜玉山，刘亚楠，张吴平，刘奋武. 硝酸钙泥、硝酸镁泥肥料化的土壤效应 [J]. 天津农业科学，2014，20（6）：86-89.

[101] 何鑫，张存政，刘贤金，卢海燕，梁颖. 外源硝酸钙对水培生菜生长及矿质元素吸收的影响 [J]. 核农学报，2016，30（12）：2460-2466.

[102] 梁强，王茹. 硝酸磷肥生产中副产品硝酸钙应用开发研究 [J]. 化肥工业，2005，32（6）：21-23.

[103] 王霖，种云霄，余光伟，龙新宪. 黑臭底泥硝酸钙原位氧化的温度影响及微生物群落结构全过程分析 [J]. 农业环境科学学报，2015，34（6）：1187-1195.

[104] Yamada T M, Sueitt A P, Beraldo D A, Botta C M, Fadini P S, Nascimento M R. Calcium nitrate addition to control the internal load of phosphorus from sediments of a tropical eutrophic reservoir: microcosm experiments [J]. Water Research，2012，46（19）：6463-6475.

[105] 陈磊，王凌云，刘树娟，张锡辉，胡江泳，陶益. 硝酸钙对深圳河底泥臭味及生物化学特性的影响 [J]. 哈尔滨工业大学学报，2013（06）：107-113.

[106] 纪育楠，赵长颖，徐治国. 硝酸钙与硝酸钠二元相变蓄热材料的制备与性能 [J]. 化工进展，2014，33（s1）：228-232.

[107] 郑玉辉，蒋振伟，凡帆. 硝酸钙氨基聚合物钻井液技术 [J]. 钻井液与完井液，2016，33（2）：50-54.

[108] Kumar M P, Mini K M, Rangarajan M. Ultrafine GGBS and calcium nitrate as concrete admixtures for improved mechanical properties and corrosion resistance [J]. Construction and Building Materials, 2018, 182: 249-257.

[109] 薛宇波, 戴志明, 杨国明. 饲料级脱氟磷酸钙制备的研究 [J]. 饲料工业, 2007, 28 (5): 55-56.

[110] Epple M. Review of potential health risks associated with nanoscopic calcium phosphate [J]. Acta Biomaterialia, 2018, 77: 1-14.

[111] 王哲, 敖俊, 赵彦禹, 张志敏, 吴明松, 李学英. 不同磷酸钙陶瓷对兔骨髓基质干细胞增殖及成骨分化相关基因表达的影响 [J]. 遵义医学院学报, 2017, 40 (5): 510-514.

[112] 林奇生, 王一民, 江正康, 邱宇辉, 魏杰, 覃超. 可注射性磷酸钙骨水泥对兔腱骨愈合的促进效果分析 [J]. 中国现代药物应用, 2017, 11 (18): 195-197.

[113] 李国威, 郭远清, 陈涛, 张奎渤, 于兵, 张大卫, 张荣凯. 骨髓间充质干细胞复合双相磷酸钙陶瓷对幼年大鼠软骨损伤修复的影响 [J]. 中国组织工程研究, 2017, 21 (30): 4781-4786.

[114] He Y J, Luo L Y, Liang S Q, Long M Q, Xu H. Synthesis of mesoporous silica-calcium phosphate hybrid nanoparticles and their potential as efficient adsorbent for cadmium ions removal from aqueous solution [J]. Journal of Colloid and Interface Science, 2018, 525: 126-135.

[115] 王东豪, 郑平, 邱琳, 邓正栋. 羟基磷酸钙联合生物介质结晶除磷新工艺 [J]. 中国环境科学, 2017, 37 (11): 4117-4124.

[116] 于忆潇, 郭琼, 高燕, 王楚楚, 宋晓骏, 杨柳燕. 羟基磷酸钙结晶法回收大型水生植物发酵液中磷酸盐研究 [J]. 水资源保护, 2017 (6): 161-166.

[117] 段利中, 范宝安, 颜家保. 盐酸法制备低氟含量饲料级磷酸氢钙的工艺研究 [J]. 化学研究, 2010, 21 (5): 21-24, 29.

[118] 范宝安, 段利中, 颜家保. 磷酸浸取磷矿制磷酸氢钙除氟工艺研究 [J]. 化工矿物与加工, 2011 (3): 1-4.

[119] 晏明朗. 国内磷酸氢钙生产的现状及发展 [J]. 磷肥与复肥, 1997, 12 (1): 50-54.

[120] 段利中, 黄国虎. 饲料级磷酸氢钙生产工艺的研究进展 [J]. 饲料工业, 2013, 34 (5): 12-15.

[121] 徐刚. 饲料级磷酸氢钙Ⅲ型在畜禽配合饲料中的应用 [J]. 饲料博览, 2011 (2): 18-20.

[122] 李东旭, 耿艳丽, 李延报. 磷酸氢钙水解法合成羟基磷灰石纳米晶 [J]. 无机化学学报, 2008, 24 (01): 83-87.

[123] 周斌. 饲料级磷酸二氢钙生产新工艺 [J]. 工艺与设备, 2003 (3): 22-23.

[124] 李戈华, 田大林, 戴中超. 一种磷酸二氢钙的制备方法: CN201810100249.8 [P]. 2018-08-28.

[125] 罗琳, 吴秀峰, 薛敏, 曹海宁, 柏文东, 姚斌. 中性植酸酶在豆粕型饲料中替代磷酸二氢钙对花鲈生长及磷代谢的影响 [J]. 动物营养学报, 2007, 19 (1): 33-39.

[126] 莫桂英, 贾振宇. 湿法磷酸干法直接生产饲料级磷酸二氢钙 (MCP) 中试试验研究 [J]. 湖北化工, 2002 (6): 42-43.

[127] 黄惠芝, 马蕃. 膨松剂综述 [J]. 广州食品工业科技, 1998 (02): 54-56.

[128] 蔡舒, 王彦伟, 李金有, 关勇辉, 姚康德. 分散介质和矿化剂CaF₂对合成α-磷酸钙的影响 [J]. 无机材料学报, 2004, 19 (4): 852-858.

[129] 薛宇波, 戴志明, 杨国明. 饲料级脱氟磷酸钙制备的研究 [J]. 饲料工业, 2007, 28 (5): 55-56.

[130] 黄康胜, 周贵云. 酸热烧结法制备饲料级脱氟磷酸钙的研究 [J]. 磷肥与氮肥, 2009, 24 (1): 23-25.

[131] 杨洪, 赵培正. 液相沉淀法制备β-磷酸三钙 [J]. 河南师范大学学报 (自然科学版), 2007, 35 (1): 122-124.

[132] 杨洪, 傅山岗. 共沉淀法制备α-磷酸三钙 [J]. 化学通报, 2007, 5: 392-395.

[133] 范业勤. 磷酸三钙的制备与应用研究 [J]. 广州化工, 2011, 39 (1): 25-29.

[134] 张大海, 阚红华, 翁文剑, 杨辉. 醇化合物法合成钙磷酸盐 [J]. 硅酸盐通报, 1998, 6: 9-12.

[135] 王飞. 发展饲料级脱氟磷酸三钙的重要意义及长远影响 [J]. 企业技术开发, 2013, 32 (12): 174-176.

[136] 肖渝，李彦林，高寰宇，王国梁，夏萍. α-磷酸三钙骨移植材料在骨科领域应用的研究与进展 [J]. 中国组织工程研究，2016，20（43）：6494-6500.

[137] 丁义，赵刚，赵爽. β-磷酸三钙/胶原支架材料骨组织工程研究和应用进展 [J]. 河北北方学院学报（自然科学版），2016，32（10）：52-55.

[138] 薛媛，但年华，但卫华. 纳米 β-磷酸三钙-胶原/硫酸软骨素支架复合材料的制备与表征 [J]. 复合材料学报，2017，34（4）：881-889.

[139] 徐平. 高温固相法制备焦磷酸钙工艺研究 [J]. 广州化工，2017，45（24）：73-75.

[140] 关于批准酸式焦磷酸钙等 3 种食品添加剂新品种等的公告 [J]. 中国食品添加剂，2013（04）.

[141] 冯杰，曹洁明，邓少高. 纳米结构羟基磷灰石的微波固相合成新方法 [J]. 无机化学学报，2005，21（6）：801-804.

[142] 韩纪梅，李玉宝，梁新杰，张利，杨维虎，莫利蓉，周少雄. 纳米羟基磷灰石与牙无机质的比较研究 [J]. 功能材料，2005，7（36）：1069-1071.

[143] 胡家朋，吴代赦，肖丽盈，刘瑞来，饶瑞晔，赖文亮. 羟基磷灰石的制备及其对水中氟离子的吸附 [J]. 环境工程学报，2015，9（4）：1823-1830.

[144] 陈少波，孙挺，王明华. 溶胶-凝胶法制备羟基磷灰石粉体 [J]. 陶瓷，2010，6：39-40.

[145] 王欣宇，韩颖超，李世普，闫玉华. 自燃烧法制备纳米羟基磷灰石粉的机理探讨及影响因素 [J]. 硅酸盐学报，2002，30（5）：564-568.

[146] Lim G K，Wang J，Ng S C，Gan L M. Nanosized hydroxyapatite powders from microemulsions and emulsions stabilized by a biodegradable surfactant [J]. Journal of Materials Chemistry，1999，9（7）：1635-1639.

[147] Jevtić M，Mitrić M，Škapin S，Jančar B，Ignjatović N，Uskoković D. Crystal structure of hydroxyapatite nanorods synthesized by sonochemical homogeneous precipitation [J]. Crystal Growth & Design，2008，8（7）：2217-2222.

[148] 曹宁，李木森，沈翔，王成祥，白允强. 纳米羟基磷灰石粉体的合成与分散技术进展 [J]. 2006，3（6）：48-53.

[149] 夏旭. 仿生合成法制备羟基磷灰石及其性能研究 [D]. 绵阳：西南科技大学，2019.

[150] 程宏飞，孙义高，安帅，乔军杰. 羟基磷灰石的合成及应用研究进展 [J]. 人工晶体学报，2017，46（9）：1740-1746.

[151] 夏祥华，屈啸声，李刚，钟桃珍. 羟基磷灰石在环境治理中的应用进展 [J]. 湖南生态科学学报，2016，3（3）：52-57.

[152] Xu J，White T，Li P，He C，Han Y F. Hydroxyapatite foam as a catalyst for formaldehyde combustion at room temperature [J]. Journal of the American Chemical Society，2010，132（38）：13172-13173.

[153] Li D J，Nie W，Chen L，McCoul D，Liu D H，Zhang X，Ji Y，Yu B Q，He C L. Self-assembled hydroxyapatite-graphene scaffold for photothermal cancer therapy and bone regeneration [J]. Journal of Biomedical Nanotechnology，2018，14（12）：2003-2017.

[154] 曲海波，程逵，沈鸽，翁文剑，韩高荣. 氟磷灰石材料及其在生物医学方面的应用 [J]. 硅酸盐通报，2000，5：52-56.

[155] 龙剑平，郝孝丽，林金辉. 氟磷灰石的微乳液法制备及其表征 [J]. 材料工程，2013，7：83-86.

[156] 逯峙. 沉淀法制备氟磷灰石纳米粉体 [J]. 材料导报 B：研究篇，2016，30（12）：113-117.

[157] 孙田. 地下水诱导结晶法除氟研究 [D]. 西安：西安建筑科技大学，2013.

[158] 赵珊茸，边秋娟，王勤燕. 结晶学与矿物学 [M]. 北京：高等教育出版社，2009.

[159] 杨荣华，宋锡高. 磷石膏的净化处理及制备硫酸钙晶须的研究 [J]. 无机盐工业，2012，44（4）：31-34.

[160] 谢占金，石文建，金翠霞，于杰，秦军. 晶种及晶型助长剂对磷石膏制备硫酸钙晶须的影响 [J]. 环境工程学报，2012，6（4）：1348-1352.

[161] 徐卫华. 硫酸钙晶须制备及应用概况 [J]. 腐蚀与防护，2018，39（1）：247-249.

[162] 张连红. 硫酸钙晶须制备及应用研究 [D]. 沈阳：东北大学，2010.

[163] 伍小沛. 硫酸钙基多孔复合支架材料的制备及其性能研究 [D]. 昆明：昆明理工大学，2013.

[164] 张迎，冯欣，王钢领，施利毅 . SHMP 改性硫酸钙晶须纸张加填研究 [J] . 中国造纸，2013，32 (8)：23-27.

[165] 张春丽，赵彦涛，侯树勋，衷鸿宾，李忠海，刘彦等 . 新型掺锶硫酸钙材料的成骨细胞生长活性研究 [J] . 中国骨伤，2014，27 (5)：415-418.

[166] 匡勇娇，曾松峰，李岸芷 . 硫酸钙晶须的制备现状及应用 [J] . 广东化工，2013 (11)：64，91.

[167] 钟国清 . 饲料承加剂碘酸钙的研制 [J] . 粮油食品科技，2000，4：31-32.

[168] 莫炳辉，韦少平，柯敏，张丽娟，许朝芳，李致宝 . 新工艺合成碘酸钙的研究 [J] . 化工技术与开发，2007，36 (10)：13-14.

[169] 钟国清 . 微波辐射制备饲料添加剂碘酸钙 [J] . 科技视野，2007，11：27-28.

[170] 王远成，卢艳，瞿水志 . 各国面粉氧化剂的使用 [J] . 粮食与油脂，1996 (02)：16-17.

[171] 康永 . 漂粉精的合成工艺及研究进展 [J] . 精细化工原料及中间体，2012 (10)：18-22.

[172] 柯贵珍，郭徐易，李晓芳 . 次氯酸钙和双氧水联合处理对羊毛织物性能的影响 [J] . 成都纺织高等专科学校学报，2016 (02)：103-105.

[173] 肖江平，沈毅 . 硫酸亚铁络合-次氯酸钙氧化法联合处理高炉煤气含氰洗涤废水 [J] . 工业安全与环保，2011，37 (7)：8-10.

[174] 王俊，崔俊峰，唐启，张富强，罗亚敏 . 聚合双酸铝铁-次氯酸钙联用处理淀粉废水的研究 [J] . 河南科学，2013，31 (4)：505-508.

[175] 欧阳婷，樊华，王涛 . 次氯酸钙-硫酸亚铁处理钨冶炼含砷含氨氮废水 [J] . 有色金属 (冶炼部分)，2017 (2)：63-66.

[176] 卜鑫珏，王驰，袁建勇，任学状，靳红卫 . 用次氯酸钙处理含甲醛废液研究 [J] . 化工时刊，2016，30 (6)：5-7.

[177] 杨光河 . 次氯酸钙抗真菌的体外实验与临床应用 [J] . 医药导报，2001，20 (12)：753-755.

[178] 唐明道 . 卤磷酸钙荧光粉的应用特性 [J] . 发光快报，1986 (04)：1-5.

[179] 胡斌 . 提高卤磷酸钙荧光粉抗光衰性能的有效方法 [J] . 广东化工，1998 (02)：26-31.

[180] 毛向辉，陈林阶，欧阳勋 . 全湿法日光粉与其发光 [J] . 湖南师范大学自然科学学报，1986 (01)：53-56.

[181] 李绍荣，许绍伦 . 改善卤磷酸钙荧光粉发光和分散性能的有效途径 [J] . 中国照明电器，1995 (03)：21-24.

[182] 文雨水 . 卤磷酸钙荧光粉 [J] . 发光快报，1988 (Z1)：10-11.

[183] 秦景燕，王玉江，任和平，汪开泰 . 低温烧成纯铝酸钙水泥的机理研究 [J] . 硅酸盐通报，2002，3：51-54.

[184] 陈峰，洪彦若，孙加林，卜景龙，李玉山 . 高纯铝酸钙粉体化学合成 [J] . 耐火材料，2004，38 (4)：245-248.

[185] 裴春秋，石干，徐建峰 . 六铝酸钙新型隔热耐火材料的性能及应用 [J] . 工业炉，2007 (01)：45-49.

[186] 李亚兰，周卫平 . 阻燃剂铝酸钙的应用及合成 [J] . 化工进展，1993 (03)：27-30.

[187] Manik S K, Pradhan S K. Microstructure characterization of ball milled prepared nanocrystalline perovskite CaTiO$_3$ by Rietveld method [J] . Materials Chemistry and Physics, 2004 (2)：284-292.

[188] 陈万兵，张少伟，王周福，王玺堂，方斌祥 . 熔盐合成法制备 CaTiO$_3$ 粉体的研究 [J] . 武汉科技大学学报 (自然科学版)，2007 (06)：581-583，591.

[189] 彭子飞，汪国忠，张伟，张立德 . 化学共沉淀法制备纳米级 CaTiO$_3$ 粉体 [J] . 功能材料，1996，27 (05)：429-430.

[190] 张启龙，王焕平，杨辉 . CaTiO$_3$ 纳米粉体溶胶-凝胶法合成、表征及介电特性 [J] . 无机化学学报，2006 (09)：1657-1662.

[191] Li H, Khor K A, Cheang P. Titanium dioxide reinforced hydroxyapatite coatings deposited by high velocity oxy-fuel (HVOF) spray [J] . Biomaterials, 2002, 23 (1)：85-91.

[192] Lynn A K, Duquesnay D L. Hydroxyapatite-coated Ti-6Al-4V part 1：the effect of coating thickness on mechanical fatigue behaviour. Biomaterials，2002，23 (9)：1937-1946.

[193] Ohtsu N，Ito A，Saito K，Hanawa T. Characterization of calcium titanate thin films deposited on titanium with reactive sputtering and pulsed laser depositions [J]. Surface & Coatings Technology，2007，201 (18)：7686-7691.

[194] Wei D，Zhou Y，Jia D，Wang Y. Structure of calcium titanate/titania bioceramic composite coatings on titanium alloy and apatite deposition on their surfaces in a simulated body fluid [J]. Surface & Coatings Technology，2007，201 (21)，8715-8722.

[195] Hou Z，Li C，Ma P，Li G，Cheng Z，Peng C. Electrospinning preparation and drug-delivery properties of an up-conversion luminescent porous $NaYF_4$：$Yb^{3+}$，$Er^{3+}$ @ silica fiber nanocomposite [J]. Advanced Functional Materials，2011，21 (12)：2356-2365.

[196] 王春风，孙敏，吴占敖，吴晓亮，姜涛. 钛表面钛酸钙涂层的制备及其生物安全性能的初步研究 [J]. 医学研究生学报，2015，28 (5)：480-485.

[197] 李文兴，王蓉江. 钛酸钙、钛镁酸镧及钛锌酸镧系微波介质陶瓷材料研究 [J]. 电子元件与材料，2017，36 (3)：21-25.

[198] Yahya N Y，Ngadi N，Wong S，Hassan O. Transesterification of used cooking oil (UCO) catalyzed by mesoporous calcium titanate：kinetic and thermodynamic studies [J]. Energy Conversion & Management，2018，164：210-218.

[199] Lei X，Xu B，Yang G，Shi T，Liu D，Yang B. Direct calciothermic reduction of porous calcium titanate to porous titanium [J]. Materials Science & Engineering C，2018，91：125-134.

[200] 凌继栋. 锆酸钙耐火材料简介 [J]. 硅酸盐通报，1986，5 (3)：26-30.

[201] 蔡艳华. 中低热固相反应研究进展 [J]. 化工技术与开发，2009，38 (6)：22-28.

[202] Yu T，Zhu W，Chen C，Chen X，Krishinan R. Preparation and characterization of sol-gel derived $CaZrO_3$ dielectric thin films for high-k applications [J]. Phsica B，2004，348：440-445.

[203] Li Z，Lee W. Low-temperature synthesis of $CaZrO_3$ powder from molten salts [J]. Journal of the American Ceramic Society，2007，90 (5)：364-368.

[204] Kutty T，Vivekanandan R，Philip S. Hydrothermal preparation of $CaZrO_3$ fine powders [J]. Journal of Materials Science，2005，16 (7)：409-413.

[205] Prasanth C S，Padma Kumar H，Pazhani R. Synthesis，characterization and microwave dielectric properties of nanocrystalline $CaZrO_3$ ceramic [J]. Journal of Alloys and Compounds，2008，464 (1-2)：306-309.

[206] Erkin Gonenli I，Cüneyt Tas A. Chemical synthesis of pure and gd-doped $CaZrO_3$ Powders [J]. Journal of the European Ceramic Society，1999，19 (13)：2563-2567.

[207] 韩金铎，温兆银，张敬超. 锆酸钙基高温质子导体材料 [J]. 化学进展，2012，24 (9)：1845-1856.

[208] Yajima T，Iwahara H，Koide K，Yamamoto K. $CaZrO_3$-type hydrogen and steam sensors：trial fabrication and their characteristics [J]. Sensors and Actuators B：Chemical，1991，5 (1-4)：145-147.

[209] 高配亮. 锆酸钙的合成与应用研究 [D]. 鞍山：辽宁科技大学，2014.

[210] 王永刚. 钒酸钙冶炼中钒铁工艺研究 [J]. 铁合金，2009，5：15-20.

[211] 谢勇平，林树坤，李黎婷，熊巍. 正钒酸钙晶体原料的合成与生长 [J]. 人工晶体学报，2004，33 (1)：28-33.

[212] 魏天，马健，余素春，裴银强，裴立宅. 钒酸钙纳米棒的生长调控及其电化学特性 [J]. 铜业工程，2014，130 (6)：38-43.

[213] 陈凤英，肖丽，杨翠霞，庄林. 钙钛矿型复合氧化物 $CaVO_3$ 的制备及对氧还原反应的电催化性能 [J]. 物理化学学报，2015，31 (12)：2310-2315.

[214] Pei L，Pe Y，Xie Y，Fan C，Li D，Zhang Q. Formation process of calcium vanadate nanorods and their electrochemical sensing properties [J]. Journal of Materials Research，2012，27 (18)：2391-2400.

[215] 张绍岩，杨玉茹，牟微，钒酸钙膜及其制备方法和应用：CN201610010555 [P]. 2016-06-01.

[216] Dillard B M. Calcium chromate synthesis process [J]. Chemica Scripta，1977，11 (3)：111-116.

[217] Dunn H E，Crafon，O'Brien E J. Process of precipitating substantially anhydrous calcium chromate：US，2745715 [P] .1956-05-15.

[218] 王天贵，李佐虎 . 重铬酸钠溶液分解碳酸钙制取铬酸钙 [J] . 过程工程学报，2005，5（2）：166-169.

[219] 丁翼，纪柱 . 铬化合物生产与应用 [M] . 北京：化学工业出版社，2003：209.

[220] Lee Y M，Nassaralla C L. Heat Capacities of calcium chromate and calcium chromite [J] . Thermochimica Acta，2001，371（1）：1-5.

[221] El-Sheikh S M，Rabah M A. Optical properties of calcium chromate 1D-nanorods synthesized at low temperature from secondary resources [J] . Opticacl Materials，2014，37：235-240.

[222] 胡国兵，肖定全，田云飞，刘洋，郭吾卿，余萍 . 钼酸钙多晶薄膜的制备及特性表征 [J] . 功能材料，2006，37：4-7.

[223] 马昭，范高超，王路得 . 钼酸钙纳米饼的热力学性质 [J] . 科学通报，2013，58（33）：3398-3402.

[224] 韩素平，周水清，白紫兰，刘俊宁，邢宪荣，李群芳 . 钼酸钙微米材料的合成及表征 [J] . 广东化工，2020，47（21）：31-32.

[225] Jeong H R，Jong W Y，Chang S L，Won C O，Kwang B S. Microwave-assisted synthesis of CaMoO$_4$ nano-powders by a citrate complex method and its photoluminescence property [J] . Journal of Alloys and Compounds，2005，390（1-2）：245-249.

[226] Anukorn Phuruangrat，Titipun Thongtem，Somchai Thongtem. Preparation，characterization and photoluminescence of nanocrystalline calcium molybdate [J] . Journal of Alloys and Compounds，2009，48（1-2）：568-572.

[227] 常贺强，侯勇，何凯，乌红绪，周国治，张国华 . 含钼炼钢添加剂的发展 [J] . 中国钼业，2020，44（01）：1-5.

[228] 张国柱，杨锦涛，闫龙飞，胡长庆 . 铁酸钙及其复合体系的研究进展 [J] . 铸造技术，2017，38（3）：497-500.

[229] 薛红艳 . 纳米铁酸钙的光催化活性与催化机理研究 [J] . 无机盐工业，2017，49（9）：87-90.

[230] Sriram K，Maheswari P U，Begum K M M S，Arthanareeswaran G，Antoniraj M G，Ruckmani K. Curcumin drug delivery by vanillin-chitosan coated with calcium ferrite hybrid nanoparticles as carrier [J] . European Journal of Pharmaceutical Sciences，2018，116：48-60.

# 第10章
# 含钙有机化合物产品

## 10.1　短碳链有机钙化合物

### 10.1.1　甲酸钙

甲酸钙［$(HCOO)_2Ca$，calcium formate］，分子量 130.11，呈细结晶粉末，略有吸湿性，味微苦，中性，无毒，溶于水，不溶于醇。

$(HCOO)_2Ca$ 的制备方法有：

① 碳酸钙和甲酸反应法。碳酸钙与甲酸反应，反应结束后加入石灰乳调节 pH 值至 7～8，添加硫化物使溶液中的重金属离子完全沉淀，经过滤、浓缩结晶、离心分离、干燥即可得到甲酸钙[1]。

$$CaCO_3 + 2HCOOH \Longrightarrow Ca(HCOO)_2 + CO_2 \uparrow + H_2O$$

② 氢氧化钙法。氢氧化钙与甲酸反应生成甲酸钙，边搅拌边缓慢向甲酸中加入石灰乳，反应终点 pH 值控制在 7～8。通过添加硫化物沉淀剂，可使溶液中的重金属离子完全沉淀，再经过滤、滤液浓缩结晶、离心分离、干燥即得到甲酸钙。

$$Ca(OH)_2 + 2HCOOH \Longrightarrow Ca(HCOO)_2 + 2H_2O$$

③ 将甲醛、乙醛、氢氧化钙按摩尔比（4.2～8）:1:（0.5～0.6）进行缩合反应，反应温度控制在 16～80℃，反应时间为 1.5～4h，溶液 pH 为中性时结束反应，所得溶液经加压蒸馏、真空浓缩、离心干燥后得到甲酸钙。由离心母液可得到副产季戊四醇[2]。

$$2CH_3CHO + 8HCHO + Ca(OH)_2 \Longrightarrow 2C(CH_2OH)_4 + Ca(HCOO)_2$$
$$2CH_3CH_2CHO + 6HCHO + Ca(OH)_2 \Longrightarrow 2CH_3C(CH_2OH)_3 + Ca(HCOO)_2$$

④ 复分解法生产甲酸钙。甲酸钠与硝酸钙或亚硝酸钙进行复分解反应，经分离、洗涤、干燥得主产品甲酸钙。滤液经加热浓缩、冷却结晶、分离、干燥得副产品硝酸钠或亚硝酸钠[3]。

$(HCOO)_2Ca$ 可以用作高硫烟气脱硫剂[4]，也可作为制备乙二酸（草酸）的中间体。$(HCOO)_2Ca$ 还可以作为饲料添加剂[5]，例如，在奶牛饲料中加入甲酸钙和乳酸钙，能显著提高泌乳奶牛乳蛋白率、乳脂率和乳钙含量[6]。在种植行业，$(HCOO)_2Ca$ 可以用于保护植物生长[7]。另外，通过在土壤中添加 $(HCOO)_2Ca$ 溶液能促使土壤交换态 Cd 转化为生物有效性相对更低的碳酸盐结合态 Cd[8]。在建筑行业中，$(HCOO)_2Ca$ 可掺入早强剂使用[9]。研究人员发现早强剂中甲酸钙含量增加到 0.8% 时，改善低温环境下套筒灌浆料性能的效果最佳。

### 10.1.2  二甲基钙

二甲基钙 [$Ca(CH_3)_2$，dimethylcalcium]，颜色较浅，暴露在空气或二氧化碳气氛中燃烧，发出白炽光；在真空中加热到400℃也可以保持稳定；二甲基钙不溶于烃类化合物如正己烷、正戊烷、苯和甲苯，能一定量溶于四氢吡喃（THP）和四氢呋喃（THF）[10]。

Payne 和 Sanderson 在1958年第一次宣布制备了二甲基钙[10]，在氩气气氛下，颗粒状的钙迅速与无水吡啶中的碘甲烷反应产生沉淀，之后用吡啶多次萃取该固体，最后在室温下抽真空制得二甲基钙，但其制备过程始终没能得到复制。最近，德国科学家再一次成功地制备了二甲基钙[11]，其方法是将含有约0.10mmol LiCl的MeLi加入乙醚（1.00mL，1.68mmol）中，然后用 $Et_2O$ 稀释至5mL，之后在剧烈搅拌下，非常缓慢地逐滴加入含有 $K[N(SiMe_3)_2]$（20mg，0.10mmol）的 $Et_2O$（3mL）溶液，最后生成非常细小的沉淀。在室温下搅拌15min后，用Teflon过滤器过滤，得到无色透明的溶液。将该溶液逐滴添加到含有 $Ca[N(SiMe_3)_2]_2$（361mg，1.00mmol）的 $Et_2O$（5mL）溶液中，再添加约90%的MeLi溶液后生成白色沉淀。将所得悬浮液在环境温度下搅拌5min，然后通过过滤器套管除去溶剂。将残留的白色固体用乙醚（4×5mL）彻底洗涤并在减压下干燥，得到二甲基钙，收率为84%。二甲基钙的制备能为制备重格式试剂如 $[(thf)_3Ca(Me)(I)]_2$ 和 $[(thp)_5Ca_3(Me)_5(I)]$ 及末端钙甲基化合物 $[(thp)_5Ca_3(Me)_5(I)]$ 提供新途径。

### 10.1.3  草酸钙

草酸钙（$CaC_2O_4$，calcium oxalate），分子量128.10，相对密度2.20，白色粉末。不溶于水、醋酸，溶于浓盐酸或浓硝酸。灼烧时转变成碳酸钙或氧化钙。

$$CaC_2O_4 \xrightarrow{800℃} CaCO_3 + CO\uparrow \qquad CaC_2O_4 \xrightarrow{1000℃} CaO + CO\uparrow + CO_2\uparrow$$

$CaC_2O_4$ 的制备方法有：

① 利用植物制备草酸钙晶体。含水量小于10%、含有草酸钙晶体的植物如大黄、甘草根、黄柏等，粉碎成植物粉末后，加入氢氧化钠溶液解离植物组织、器官，除去杂质，经煎煮15~60min，放置6~24h后离心过滤得一次沉淀物，再向其加入氢氧化钠溶液，煎煮15~60min，放置6~24h后离心过滤得二次沉淀物，加纯化水离心清洗直到沉淀为中性后，加入无水乙醇，洗涤，离心过滤，在40~120℃下干燥得到草酸钙晶体[12]。

② 利用电石渣制备草酸钙。将电石渣 [$Ca(OH)_2$] 磨成粗粉，置于反应器中与水充分混合，向反应器中投入过量的盐酸，过滤后将滤液与过量碳酸溶液反应产生沉淀，过滤得到碳酸钙滤饼；再加入草酸，过滤分离、干燥、粉碎得到草酸钙[13]。

$$Ca(OH)_2 + 2HCl =\!=\!= CaCl_2 + 2H_2O$$
$$CaCl_2 + H_2CO_3 =\!=\!= CaCO_3\downarrow + 2HCl$$
$$CaCO_3 + H_2C_2O_4 =\!=\!= CaC_2O_4 + H_2CO_3$$

此外，还有研究人员提出了制备光谱纯试剂草酸钙[14]、纳米草酸钙纳米片[15] 和多级结构草酸钙[16] 等的工艺方法。

$CaC_2O_4$ 可以作为涂料[17]、防火耐水材料的添加剂[18]，也用于保护石质文物[19,20] 和制备草酸。添加 $CaC_2O_4$ 作颜料和填料来制造无光表面纸，因其具有优异的光学性能，可采用纸压机压光而无需使用单独的离线压光机。$CaC_2O_4$ 能作为发泡板的材料，增加其含量能够有效提高发泡板的耐水性。另外，$CaC_2O_4$ 也可作为保护石质文物的材料。例如，纳米草酸钙与硬脂酸钠质量比 1∶0.4 在反应温度 50℃ 条件下反应 2h，得到的改性纳米草酸钙能在石质文物表面构造微纳凸起，具有仿荷叶疏水效果。

## 10.1.4　醋酸钙

醋酸钙 $[Ca(CH_3COO)_2$，calcium acetate]，即乙酸钙，分子量 158.17，呈白色松散细粉，无臭，味微苦；易吸潮；易溶于水，微溶于乙醇。加热至 160℃ 分解成 $CaCO_3$ 和丙酮。

$$Ca(CH_3COO)_2 \xrightarrow{160℃} CaCO_3 + C_3H_6O$$

$Ca(CH_3COO)_2$ 的制备方法有：

① 碳酸钙与醋酸反应法。碳酸钙与醋酸反应生成 $Ca(CH_3COO)_2$ 粗品，经脱色、过滤、洗涤、减压浓缩、干燥后得到 $Ca(CH_3COO)_2$ 纯品。

$$CaCO_3 + 2CH_3COOH \longrightarrow Ca(CH_3COO)_2 + CO_2\uparrow + H_2O$$

② 石灰乳与焦木酸反应法。在木材干馏过程产生的液体冷凝后即为焦木酸，其中含醋酸 5%～6%、甲醇 2.8%、木醇油 2%、焦油 2% 等。将焦木酸用石灰乳中和后，滤取溶液，分离去不溶于水的焦油等物质，然后减压蒸馏除去甲醇等低沸点物质。经浓缩、冷却、结晶、过滤得到灰色 $Ca(CH_3COO)_2$ 粗品。再用纯水进行溶解、重结晶，经脱色、浓缩、结晶、干燥、粉碎即可得纯品。

$$Ca(OH)_2 + 2CH_3COOH \longrightarrow Ca(CH_3COO)_2 + 2H_2O$$

③ 蛋壳粉或牡蛎壳等与醋酸反应法。采用蛋壳粉与醋酸在常温常压下发生中和反应可制备 $Ca(CH_3COO)_2$。例如，当蛋壳粉投料量为 2.5g、醋酸（99.5%）2.25mL、蛋壳粉与水的质量比为 1∶16 时，反应时间为 3.0h，可得 2.91g $Ca(CH_3COO)_2$，纯度为 71.0%[21]。将废弃牡蛎壳与醋酸反应，壳粉与醋酸的质量比为 0.75∶1，蒸馏水与壳粉的质量比为 21∶1，反应时间为 140min，醋酸钙收率达 93.72%，产物中醋酸钙含量可达 99.63%[22]。最近有研究将贻贝壳在 220℃ 下加热 48h 后与 5% 的醋酸在常温下反应 24h 制得了醋酸钙[23]。

$Ca(CH_3COO)_2$ 可用作食品稳剂定[24]、腐蚀阻抑剂[25]、新型环保的融雪剂[26]，也用于保护稻草的生产[27] 和乙酸盐的制备。在医疗中，降低患者的血清磷、甲状旁腺激素和血清碳酸氢盐，用来治疗高磷血症[28]。$Ca(CH_3COO)_2$ 抗烧结能力强，煅烧后比表面积和孔容大，微观形貌有利于 $CO_2$ 流通，工业上可用作吸收剂[29]，配合燃煤产生的飞灰所制备的复合材料还可以用来脱硫脱硝[30]。另外，与醋酸镁合成钙镁质量比为 5∶1 的醋酸钙镁混合物，因其溶解性、溶解热等理化性质，有着良好融冰性能，而且其钙离子能在钢铁表面形成络合物保护层增强钢铁耐腐蚀性[26]。在农业上，喷洒 $Ca(CH_3COO)_2$ 溶液到稻草叶面，可以减少臭氧对稻草叶细胞的氧化损伤，同时可以调节稻草体内的抗氧化物酶、抗坏血酸过氧化物酶、还原型辅酶Ⅱ（NADPH）的含量来缓解由臭氧和高温的联合作用导致的产量减少。$Ca(CH_3COO)_2$ 还可用于制备纳米多孔材料。例如，通过热解间苯二酚甲醛树脂和醋酸钙的复合物，然后酸蚀刻和碱活化，可以制备二维（2D）多孔碳纳米片[31]；其中，$Ca(CH_3COO)_2 \cdot H_2O$ 受热分解生成 $CO_2$ 气体后，球壳破裂，形成二维碳纳米结构；$Ca(CH_3COO)_2$ 分解的 $CaO$ 不仅作为成孔模板，而且 $CaO$ 是碳化生成石墨碳的催化剂。

## 10.1.5 丙二酸钙

丙二酸钙（$C_3H_2O_4Ca$，calcium malonate），分子量 142.12，密度 $1.546g/cm^3$，闪点 201.9℃、386.8℃（760mmHg）。$CH_2(COO)_2Ca$ 的特征是在两个羧酸基团之间有一个相当活跃的亚甲基[32]。

$CH_2(COO)_2Ca$ 通常可以以一氯乙酸与氢氧化钙或者氧化钙、氰化钙（氢氰酸＋氢氧化钙或氧化钙）为原料经中和、氰化、碱解、固液分离得到[33]。

$CH_2(COO)_2Ca$ 可以制备高纯（≥99.5%）固体丙二酸。$CH_2(COO)_2Ca$ 经硫酸或磷酸酸化、固液分离、氢氧化钡脱硫或脱磷、脱色、离子交换精制提纯后制取得高纯固体丙二酸。$CH_2(COO)_2Ca$ 可以诱导 β 晶型聚丙烯的形成，当加入 0.40% $CH_2(COO)_2Ca$ 时，β 型聚丙烯晶体最大值达到 73.48%[34]。

## 10.1.6 丙酸钙

丙酸钙 [$(CH_3CH_2COO)_2Ca$，calcium propionate]，分子质量 186.22，白色轻质鳞片状晶体，或白色晶体、粉末或颗粒，无臭或微带丙酸气味。用作食品添加剂的丙酸钙为一水盐，对水和热稳定，有吸湿性，易溶于水，溶解度为 39.9g/100mL（20℃），不溶于乙醇、醚类。$Ca(C_3H_5O_2)_2$ 呈碱性，其 10% 水溶液的 pH 值为 8～10。在 10% 的丙酸钙水溶液中加入同量的稀硫酸，加热能放出丙酸。

$$Ca(C_3H_5O_2)_2 + H_2SO_4 = 2CH_3CH_2COOH + CaSO_4$$

① 氢氧化钙与丙酸反应法。工业上一般用 $Ca(OH)_2$ 为原料，在反应釜中将 $Ca(OH)_2$ 调成悬浮液，加入丙酸，保持反应温度 70～100℃，反应 2～3h，反应终点 pH 值控制在 7～8，再把反应物料过滤、浓缩、冷却、结晶、分离、干燥即得成品。

$$2CH_3CH_2COOH + Ca(OH)_2 = (CH_3CH_2COO)_2Ca + 2H_2O$$

② 蛋壳粉与丙酸反应法。有实验研究采用水热法以鸡蛋壳和丙酸为原料在密闭条件下反应制备丙酸钙[35]，将 1g 蛋壳粉加入 20mL 水中，当蛋壳粒度为 0.125mm，常温常压下反应时间 3h，再在 130℃下烘干，丙酸钙的产率达 90% 以上。也有实验研究采用超声波辅助鸭蛋壳和丙酸水溶液反应制备苹果酸钙[36]，最佳反应条件为鸭蛋壳粒度为 50目、反应时间为 2h，反应温度为 61.5℃、超声波功率为 351.6W、除杂剂氢氧化钙（除去蛋壳中的 $Mg^{2+}$）与丙酸钙样品的质量比为 1：5，除杂温度为 70℃，此时鸭蛋壳转化率达到 94.05%，丙酸钙纯度达到 95.42%。

③ 蚝壳粉与丙酸反应法。有实验采用牡蛎壳为钙源与丙酸反应，将 1g 牡蛎粉加入 17mL 水与 1.1mL 丙酸中，当反应时间为 3.0h，中和时间 30min 时，丙酸钙收率达 98.15%，纯度达 97.71%[37]。

$(CH_3CH_2COO)_2Ca$ 可用作食品添加剂[38]，是世界卫生组织（WHO）和联合国粮农组织（FAO）批准使用的安全可靠的食品防霉剂[39,40]和保鲜剂[41]。$(CH_3CH_2COO)_2Ca$还有优良的保鲜防腐功效。鲜切香蕉片，通过$(CH_3CH_2COO)_2Ca$和壳聚糖溶液浸泡、晾干后，能保留较高的抗坏血酸含量、较高的总抗氧化活性和较高的总酚类化合物，从而降低褐变，降低多酚氧含量[42]。丙酸钙可以抑制腐败菌的生长、繁殖[43]。近来，有研究人员为了有效延长汉堡的保质期，研究了在加工过程中添加质量分数为 2%、3%、4%的丙酸钙，分别将汉堡置于常温（20±1）℃和低温（4±1）℃条件下贮藏。实验发现，常温和低温贮藏条件下，添加 3%丙酸钙处理保鲜效果最佳，能保持较好的感官质量及卫生品质，显著抑制贮藏期间酸度、比体积（反映面团体积膨胀程度及保持能力）上升，抑制霉菌和大肠菌数量增长，菌落总数显著降低；低温贮藏能有效延长汉堡的保质期，但贮藏后期感官品质下降较快，口感较差[44]。

在养殖行业，$(CH_3CH_2COO)_2Ca$作为奶牛的饲料添加剂[45]，主要能通过防霉作用来延长饲料的保质期，有抑制饲料霉变、缓解能量负平衡、促进犊牛瘤胃上皮发育的效果，其$Ca^{2+}$可以预防产后瘫痪[45]。$(CH_3CH_2COO)_2Ca$作为食欲抑制剂添加到肉鸡饲料中，可以诱导肉鸡仔消极情绪状态，降低食欲，从而避免肉鸡仔肥胖[46]。丙酸钙在进入动物机体后，能够水解为丙酸和钙离子，从而提供丙酸和钙源。另外，由于丙酸钙是一种弱碱性的有机钙盐，故其可以提高瘤胃液 pH 值，缓解瘤胃酸中毒[47]。$C_6H_{10}CaO_4$对霉菌有显著的抑制作用，可以延长湿玉米纤维保存期[39]。湿酿酒谷物（wet brewers grain，WBG）是酿造过程的副产物（酒糟），由于其丰富的营养物质和低廉的价格被用作奶牛和肉牛的替代饲料，但是其贮藏和保存是一个问题。有研究[48]在每千克新鲜啤酒糟加入 3g 丙酸钙，将处理后的啤酒糟装入发酵袋中，随后用真空包装机除去空气，在室内环境温度（20±2）℃下保存 20 天，表明丙酸钙可以在一定程度上提高啤酒糟长期保存后的品质。其中，在发酵时丙酸钙提供的丙酸有着良好的抗菌特性，可以抑制一些不良菌落的生长如梭菌；此外，添加丙酸钙后可以提高碳水化合物、蛋白质等在动物体内的降解效果。

丙酸钙是一种很有前景的钙基吸收剂，可以用来减少工业排放的$NO_x/SO_x$[49,50]。例如，丙酸钙在 400~500℃煅烧时分解产生还原性有机质$CH_x$和$CaCO_3$，其中$CH_x$与 NO反应生成 HCN，在含有较少$O_2$的气氛下，HCN 与$O_2$反应生成$N_2$，即达到还原氮氧化物的目的。在 700~900℃下进一步煅烧碳酸钙，能得到具有很高活性的多孔 CaO，其在$O_2$气氛下与$SO_2$反应生成$CaSO_4$，可以除去$SO_x$[51]。

还原$NO_x$：

$$Ca(C_3H_5O_2)_2 \longrightarrow CaCO_3 + CH_x (400 \sim 500℃)$$
$$CH_x + NO \longrightarrow HCN$$
$$HCN + O_2(少量) \longrightarrow N_2$$

还原$SO_x$：

$$CaCO_3 \longrightarrow CaO + CO_2$$
$$CaO + SO_2 + O_2 \longrightarrow CaSO_4$$

## 10.1.7　丙酮二酸钙

丙酮二酸钙（$C_6H_6O_{12}Ca$, calcium mesoxalate），分子量 310.18，白色粉末，沸点

405.2℃（760mmHg）。可以用丙酮二酸和氢氧化钙中和反应制得，可以作为精细化学品、医药中间体、材料中间体。

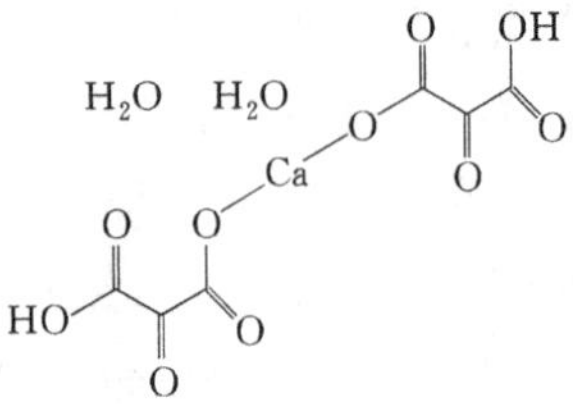

## 10.1.8　甘油磷酸钙

甘油磷酸钙（$C_3H_7CaO_6P$，calcium glycerophosphate），分子量210.14，白色粉末，无臭，几乎无气味，稍有苦味，有吸潮性，温度较低时更易溶于水，水溶液呈碱性，柠檬酸或乳酸能提高其在水中的溶解度，几乎不溶于沸水，不溶于乙醇。

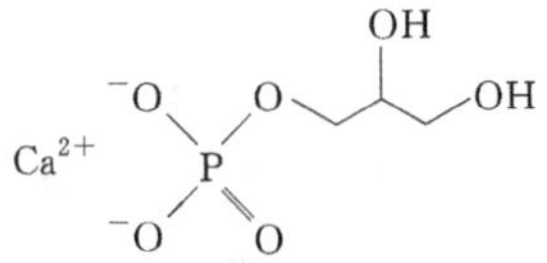

$C_3H_7CaO_6P$ 的制备方法有：

① 牙膏添加剂甘油磷酸钙的新合成工艺。冰浴下，以甘油与 $POCl_3$ 摩尔比为 1:(1.2~1.5) 混合后加入离子液体改性的硅胶负载焦磷酸催化剂，自然恢复至室温，搅拌反应 5~6h，加饱和碳酸氢钠溶液调 pH 值至 8.0~9.0 后，加入氯化钙，室温下搅拌反应 10~12h 后，过滤，收集滤液，向滤液中加入无水乙醇，搅拌 0.5~1.0h 后，过滤，沉淀干燥即得甘油磷酸钙[52]。

② 高钙含量的甘油磷酸钙的制备。将甘油:磷酸二氢钙:磷酸摩尔比为 1.5:(0.1~0.2):1 的原料投入反应釜中，同时加入上述反应物总重的 1%~3% 的柠檬酸。先在常压、温度 80℃ 下反应 0.5h，后在真空度 0.08MPa、温度 140℃ 下反应 7.5h 得到酯化产物，将其冷却至 80℃ 左右后加入 4 倍重的水稀释，加入质量分数为 4% 的氢氧化钙溶液调节 pH 值至 8~9，保存 3h 后过滤除去沉淀物，浓缩，加入乙醇得到含甘油磷酸钙沉淀的混合物。将混合物输入喷雾干燥机，分离可得乙醇和纯水，收集干燥后的白色固体粉末，即为甘油磷酸钙[53]。

$C_3H_7CaO_6P$ 可作为牙膏添加剂[52]、食品添加剂[54]，治疗呼吸系统病症如哮喘、鼻炎、扁导体炎等[55,56]。添加 $C_3H_7CaO_6P$ 到牙膏中，可以提高牙釉质的再矿化，提高氟化物的吸收，预防龋齿的发生；添加 $C_3H_7CaO_6P$ 到软饮料中可以减少牙釉质侵蚀[54]。

## 10.1.9　丙酮酸钙

丙酮酸钙 [$(CH_3COCOO)_2Ca$，calcium pyruvate]，分子量214.19，白色结晶粉末，无味，性质稳定，显极弱的碱性，几乎为中性，微溶于水，不溶于乙醇、丙酮。

$(CH_3COCOO)_2Ca$ 的制备方法有：

① 丙酮酸和氢氧化钙反应法。丙酮酸加入反应釜后，均匀加入石灰乳，$80\sim90℃$ 下搅拌至中和反应结束，转入冷却釜冷却至 $30℃$ 以下，经洗涤、抽滤、脱色除杂、纯化、蒸发结晶、干燥即得丙酮酸钙[57]。

$$CaCO_3 \Longrightarrow CaO + CO_2 \uparrow$$
$$CaO + H_2O \Longrightarrow Ca(OH)_2$$
$$2CH_3COCOOH + Ca(OH)_2 \Longrightarrow (CH_3COCOO)_2Ca + 2H_2O$$

② 鸡蛋壳与丙酮酸反应法。鸡蛋壳粉碎后，加入 $3.2mol/L$ 乙酸作为壳膜分离剂，在室温下持续搅拌至反应结束，然后加入 $5\%(150U/g)$ 胃蛋白酶提取蛋壳膜中的胶原蛋白，$1h$ 后使用半透膜分离胶原蛋白，然后在残液中加入定量丙酮酸溶液进行酸置换反应可得丙酮酸钙[58]。

③ 鲍鱼壳与丙酮酸反应法。鲍鱼壳粉末经水飞法处理得钙源鲍鱼壳粉，加入 $80\%\sim95\%$ 酒精在 $20\sim30℃$ 搅拌、浸提 $12h$ 后过滤得滤渣和浸提清液，往滤渣中加入丙酮酸和蒸馏水，于 $60\sim70℃$ 搅拌、保温 $3\sim4h$ 后，经过滤、浓缩、结晶、干燥得丙酮酸钙，滤液经减压浓缩即得鲍鱼壳浸膏[59]。

$(CH_3COCOO)_2Ca$ 可作为膳食补充剂[60]、饲料添加剂[61]、治疗结肠炎的药物等[62]。在保健品行业，$(CH_3COCOO)_2Ca$ 有减肥清脂、增加耐力等功效[60]。在养殖行业，添加 $(CH_3COCOO)_2Ca$ 到断奶猪仔饲料中，可以减轻低蛋白对断奶猪仔胃肠道的负面影响，降低腹泻率[61]。在医疗行业，$(CH_3COCOO)_2Ca$ 能明显降低急性运动引起的心肌 NO 和线粒体 $Ca^{2+}$ 浓度，减轻心肌运动损伤[63]。

## 10.1.10　乳酸钙

乳酸钙 $[Ca(CH_3CHOHCOO)_2$，calcium lactate]，分子量 308.3，白色颗粒或粉末，几乎无臭无味。在冷水中溶解缓慢，常温下在水中的溶解度为 $5g/100mL$，易溶于热水形成透明或微浑浊的溶液，水溶液的 pH 值为 $6.0\sim7.0$。不溶于乙醇、氯仿和乙醚。$Ca(CH_3CHOHCOO)_2 \cdot 5H_2O$ 含有五个结晶水，$100℃$ 时失去三个水分子形成 $Ca(CH_3CHOHCOO)_2 \cdot 2H_2O$，加热至 $120℃$ 失去全部结晶水形成 $Ca(CH_3CHOHCOO)_2$。

$$Ca(CH_3CHOHCOO)_2 \cdot 5H_2O \Longrightarrow Ca(CH_3CHOHCOO)_2 \cdot 2H_2O + 3H_2O(100℃)$$
$$Ca(CH_3CHOHCOO)_2 \cdot 2H_2O \Longrightarrow Ca(CH_3CHOHCOO)_2 + 2H_2O(120℃)$$

乳酸钙的制备方法有发酵法、酸碱中和法以及高温煅烧法。

① 高温煅烧法。可以将鸡蛋壳等含钙物质先通过清洗、干燥、粉碎等步骤进行预处理以除去表面的杂质，如泥土等。再通过高温煅烧将其分解，根据不同的钙源选择不同的温度，一般在 $1000℃$ 左右，充分煅烧 $1\sim2h$ 后将灰粉与水制成石灰乳，再加入乳酸进行反应，反应结束后通过干燥、浓缩、重结晶等方法提纯得到白色粉末状乳酸钙制品[64]。

② 酸碱中和法。有研究通过超声波辅助制备乳酸钙，将蛋壳清洗、干燥、粉碎后，再加入蒸馏水并超声使壳膜分离，之后加入乳酸并在超声波细胞粉碎机中超声，没有气泡产生说明反应完全，经浓缩抽滤、洗脱干燥、除杂等操作后得到乳酸钙制品[65]。此外，

有研究采用高速剪切结合微量加入表面表活性剂的方法制得纳米乳酸钙[66]。

③ 发酵法。虽然发酵法制备乳酸钙更绿色，但是其制备效率相对于其他方法较低。有研究通过固定化细胞技术将蒙氏肠球菌固定在载体海藻酸钠-活性炭（SA-C）上，其产乳酸钙能力与游离细胞相当，重复使用 18 次后仍可以维持高产率。与游离细胞相比，固定化细胞的操作稳定性、温度、pH 值以及贮存稳定性都有明显的提高[67]。相对于只用一种乳酸菌的发酵制备方式，利用复合乳酸菌制备有着更大的优势，利用不同乳酸菌的生理生化特点，可以相互提供适宜的生长环境，并且可以互补代谢产物。例如，有研究选取了乳酸产量较高的蒙氏肠球菌、保加利亚乳杆菌、嗜热链球菌和干酪乳杆菌 4 种乳酸菌复合发酵蛋壳制备乳酸钙。将用蒸馏水清洗后的蛋壳干燥、粉碎、过筛，然后与活化后的复合乳酸菌在 37℃、厌氧条件下发酵。最佳工艺条件为：发酵温度 37℃、发酵时间 72h、初始 pH 6.5、复合菌接种量 8.0%。在此条件下，乳酸钙产量达 (40.01±0.035)g/L，纯度为 92.65%[68]。

乳酸钙可用作水果保鲜剂、食品添加剂[69]、饲料添加剂[70]。

例如，有实验研究发现，双孢蘑菇在乳酸钙 0.048mol/L、真空度 0.05MPa 的条件下处理 2.0min 后，可以有效保持双孢蘑菇的白度，减缓其开伞（蘑菇变老的表现）和失重现象，抑制其呼吸强度、多酚氧化酶（polyphenol oxidase，PPO）的活性，降低细胞膜透性，延缓细胞的膜脂过氧化进程[71]。还有研究发现，虽然单独使用热水处理过的柿子可以提高柿子在长时间冷藏后的硬度、抗氧化性能和品质，但是若热水与乳酸钙结合使用可以更好地保持柿子的质量，这是因为乳酸钙处理增加了柿子组织中的钙含量[72]。乳酸钙也是一种很好的食品钙强化剂，吸收效果比无机钙好，可用于婴幼儿食品，使用量一般为 23～46g/kg；在谷类及其制品中为 12～24g/kg；在饮液和乳饮料中为 3～6g/kg。乳酸钙也可作为面包发酵粉中的膨松剂和缓冲剂[73]。

奶牛饲料中用乳酸钙和甲酸钙替换部分石粉，可以显著提高牛奶的乳蛋白率、乳脂率和乳钙含量，显著提高钙、磷表观消化率，减少钙、磷排放量[76]。

在工程方面，基于微生物矿化沉积的裂缝自修复技术能够有效地实现混凝土裂缝的自诊断和自修复。有研究采用科式芽孢杆菌（*Bacillus cohnii*，一种耐高碱、抗机械力强的真菌）为自修复剂，以膨胀珍珠岩为修复剂载体，掺入乳酸钙作为科式芽孢杆菌的营养剂，并与水、水泥、石子、砂子配制出了一种新型裂缝自修复混凝土；经过修复养护 28d 后，该自修复混凝土表现出很好的裂缝自修复能力，最大修复裂缝宽度达到 0.67mm，为普通混凝土最大裂缝修复宽度的 2.23 倍[74]。

在农业方面乳酸钙也有应用。豆芽中富含多种营养物质，如蛋白质、多糖、膳食纤维等，但是大豆中含有大量抗营养因子——植酸（$C_6H_{18}O_{24}P_6$），会影响生物对营养物质的利用。在豆芽的生长过程中添加乳酸钙使得植酸酶和磷酸酶的活性得到提高，促进了植酸的降解。同时，乳酸钙促进了生长激素的合成，从而促进豆芽的生长。此外，乳酸钙可以增强豆芽中能量合成和能量代谢相关酶的活性，使豆芽可以充分利用植酸降解产生的磷元素[75]。

## 10.1.11 马来酸钙

马来酸钙（$C_4H_2O_4Ca$，calcium maleate），也称顺丁烯二酸钙，分子量 154.13，熔

点 210℃，易燃，与强氧化剂氨不相容。

## 10.1.12　延胡索酸钙

延胡索酸钙（$C_4H_2O_4Ca$, calcium fumarate），也称富马酸钙、反顺丁烯二酸钙，分子量 154.13，沸点 355.5℃（760mmHg）。

## 10.1.13　丁二酸钙

丁二酸钙（$C_4H_6O_5Ca$, calcium succinate）也称琥珀酸钙，分子量 174.16，白色粉末，沸点 236.1℃（760mmHg）。

## 10.1.14　DL-2-羟基丁二酸钙

DL-2-羟基丁二酸钙（$CaC_4H_4O_5$, calcium malate），也称为苹果酸钙，分子量为172.15，为白色结晶颗粒或粉末，微溶于水。

苹果酸钙结构式

苹果酸钙主要是通过苹果酸和不同的钙源反应得到的，其中的苹果酸主要通过化学法制备，也有采用酶催化法制备。直接发酵法较少见，主要是通过微生物如细菌、酵母和真菌等发酵糖类制备苹果酸[76]。制备苹果酸钙的钙源来源很广泛，例如无机碳酸盐、贝壳、鸡蛋壳等。

化学合成法一般通过加热马来酸得到苹果酸，酶催化法主要通过富马酸酶转化富马酸得到苹果酸。有研究利用贝壳经高温煅烧后得到 CaO，再把 CaO 直接加到苹果酸中，进行中和反应，可以制得苹果酸钙。例如，在 20mL 质量浓度为 0.10g/mL 的苹果酸中，加入煅烧后的贝壳灰分 1.4g，于 60℃ 下中和反应，苹果酸钙的收率为 94.35%，纯度为 99.18%[77]。

$$CaCO_3（贝壳）\longrightarrow CaO + CO_2 \uparrow（高温煅烧）$$
$$CaO + C_4H_6O_5 \longrightarrow CaC_4H_4O_5 + H_2O$$

以鸡蛋壳为钙源与苹果酸反应也可制备苹果酸钙。例如，先将鸡蛋壳用水清洗除去表面的杂质，再用热水浸泡 20～30min 使其壳膜分离，洗净后干燥，再将蛋壳磨成粉并且加入足量的盐酸溶解，将反应后的混合液减压抽滤，之后加入氢氧化钠中和至 pH＝11，除去蛋壳中的 $Mg^{2+}$，将过滤得到的滤液加热析出氢氧化钙固体，通过减压抽滤、干燥、研磨后得到氢氧化钙粉末，最后加入苹果酸，且在超声辅助下反应制得苹果酸钙。在超声时间 3min、反应时间 30min 的条件下，苹果酸钙的产率达到 85.46%[78]。

Khan 等[79] 研究发现，从海藻中分离的代号为 152 的苹果青霉菌（*Penicillium viticola* 152）可以用来直接发酵制备苹果酸钙。反应液由 140g/L 的葡萄糖、0.5%（体积分数）的玉米浆、0.1g/L 的磷酸二氢钾、0.1g/L 的硫酸镁、0.5g/L 的氯化钾和 40.0g/L 的碳酸钙组成，再加入相当于反应液体积 0.5% 的葡萄青霉菌培养溶液，发酵 96h。结果发现，反应液中 93.4% 的糖分被用于苹果酸钙的生产。

苹果酸钙主要用于食品添加剂和医药。可以作为具有良好果味的钙质补充剂、钙营养强化剂添加于食品[80]、保健品[81]、医药[82] 中，吸收利用率高、味道好。将由钙、柠檬酸和苹果酸按一定比例反应生成的复合盐作为新型的钙营养强化剂，具有高溶解性、高吸收利用性、减少铁吸收阻碍、良好的风味、安全无毒等特点[83]。有研究在肉鸡的饮水和饲料中分别添加 4~6mL/L 和 4~12g/kg 的聚苹果酸钙，研究证明，添加了聚苹果酸钙后肉鸡的钙含量得到显著增加，这有助于肉鸡的生长[84]。苹果酸钙还是一种重要的原料，可以用于合成其他高附加值的产物。例如有研究在室温、钙磷摩尔比为 1.67、pH 值为 9 的条件下，由苹果酸钙和磷酸氢铵水溶液制备了低结晶度纳米羟基磷灰石，该产物可应用于骨再生材料[85]。

## 10.1.15　酒石酸钙

酒石酸钙（$C_4H_4O_6Ca$, calcium tartrate），分子量 188.15，白色粉末，沸点 399.3℃（760mmHg），易溶于水。

$C_4H_4O_6Ca$ 的制备方法有：

① 利用蜗牛壳废料合成四水合酒石酸钙单晶。在 1000℃下粉状蜗牛壳煅烧后，与 1.5mol/L 盐酸反应至全部溶解，通过蒸发浓缩、放入冷水浴后分离得到白色沉淀，在烤箱（±110℃）中干燥 3h 得 $CaCl_2$ 固体，配制成 $CaCl_2$ 溶液。将 $CaCl_2$ 溶液沿玻璃管内壁缓慢倒入酒石酸与硅酸钠制备的凝胶中，反应在室温下静置 2 周。当凝胶 pH 值为 3.50 和 $CaCl_2$ 浓度为 0.45mol/L 时，产率达到 69.37%[86]。

② 表面活性剂介导的湿化学方法合成酒石酸钙纳米颗粒。室温下，混合 20mL 1mol/L 酒石酸溶液、5mL 聚乙二醇辛基苯基醚和 20mL 1mol/L 氯化钙溶液，在不断搅拌下滴加 20mL 偏硅酸钠溶液，用去离子水冲洗，然后风干即得酒石酸钙纳米颗粒[87]。

$C_4H_4O_6Ca$ 可以作为钙补充剂[88]、葡萄酒稳定剂[89]，可以用于回收酒石酸。以 $C_4H_4O_6Ca$ 为主要原料制备的含柠檬酸盐、维生素等成分的钙剂，在水、酒中具有高的溶解度，能对人体进行有效补钙，同时具有解酒功效[89]。$C_4H_4O_6Ca$ 作为晶核诱导葡萄酒中酒石酸钙形成后，利用冷冻处理的方式来降低葡萄酒中钙和钾的含量[90]。

## 10.1.16　丁酸钙

丁酸钙 [$(CH_3CH_2CH_2COO)_2Ca$, calcium butyrate]，分子量 214.27，白色粉末，略带酸臭味，呈弱碱性。

制备 $(CH_3CH_2CH_2COO)_2Ca$ 一般采用酸碱中和反应方法。例如，将丁酸 88.11g 分

5 批溶解于 200mL 含 45.0g 氢氧化钠的水溶液中，缓慢滴加 200mL 含氯化钙 108.5g 的水溶液，投料完毕继续搅拌反应 1h，加热反应液升温至 70℃继续反应 0.5h，趁热抽滤，滤饼用热水洗涤至滤液呈中性，50℃减压干燥得丁酸钙 155.77g，产率 72.7%[91]。

$(CH_3CH_2CH_2COO)_2Ca$ 可作为饲料添加剂。例如，添加 $(CH_3CH_2CH_2COO)_2Ca$ 到肉鸡饲料中，能改善十二指肠发育，增加营养，增加肉鸡的体重和摄食[92]。添加胶囊型 $(CH_3CH_2CH_2COO)_2Ca$ 到断奶前的小母牛饲料中，断奶后出现滞后效应，有助于犊牛生长[93]。添加 $(CH_3CH_2CH_2COO)_2Ca$ 到鹌鹑的饲料中，有助于鹌鹑的体重增加，减少大肠杆菌和产气荚膜菌的数量，还具有抗炎/抗氧化作用[94]。

### 10.1.17　3-羟基丁酸钙

3-羟基丁酸钙（$[CH_3CH(OH)CH_2COO]_2Ca$，calcium 3-hydroxybutyrate），分子量 246.27，白色粉末，具有光学活性，纯态可结晶，其羟基基团能缔合，由于极性基团 —OH 的存在，其酸性增强，与醇或酸均易发生酯化反应。

$[CH_3CH(OH)CH_2COO]_2Ca$ 的制备方法有：

① 铝镍合金催化法。例如，向 132.8g 98%的乙酰乙酸乙酯中加入占其质量 1.0%的铝镍合金催化剂 1.33g，在常压、80℃下进行酰基加氢反应，反应时间为 14h，反应完毕后抽滤，得到 3-羟基丁酸乙酯 130.84g，收率为 99.0%[95]。

② 酶催化法。向 3-羟基丁酸乙酯水溶液中加入酯酶，酶解后过滤取滤液，加入氢氧化钙成盐，再浓缩、析晶、抽滤，得到 3-羟基丁酸钙[96]。

3-羟基丁酸通常以各种盐的形式存在，其具有营养价值和治疗疾病的作用，$[CH_3CH(OH)CH_2COO]_2Ca$ 可以作为食品添加剂和药物[97]。$[CH_3CH(OH)CH_2COO]_2Ca$ 也可以用来生产生物降解型的脂肪族聚酯塑料。

### 10.1.18　L-苏糖酸钙

L-苏糖酸钙（$C_8H_{14}O_{10}Ca$，calcium L-threonate），分子量 310.27，白色颗粒，无味，易溶于水，不溶于醇、醚及氯仿，耐酸、碱性好，热稳定性强。

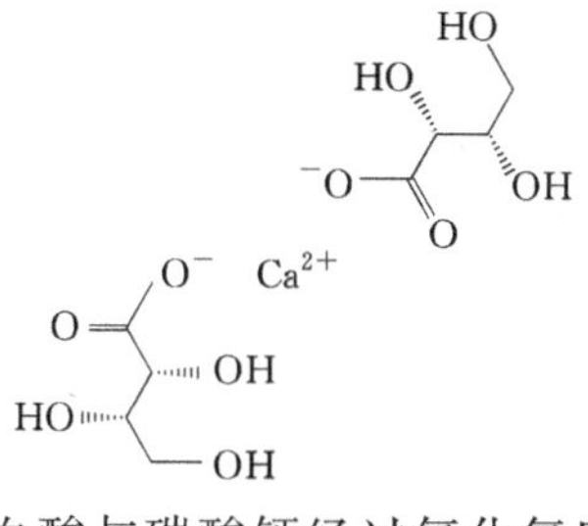

$C_8H_{14}O_{10}Ca$ 通常由 L-抗坏血酸与碳酸钙经过氧化氢反应、浓缩、结晶制取。

$C_8H_{14}O_{10}Ca$ 可以改善骨质疏松[98]，可以辅助治疗牙周病[99]。$C_8H_{14}O_{10}Ca$ 使骨吸收陷窝面积及上清液 CTx 浓度减少，具有抑制体外兔破骨细胞骨吸收活性的作用[98]，还具有使用安全和钙生物利用率高的特点，通过作用于成骨细胞而促进骨形成，提高骨密度，改善骨的生物力学参数，进而达到有效预防和抑制骨松变的目的[100]。$C_8H_{16}O_{10}Ca$ 与维生素、柑橘类黄酮联用有助于减少牙龈下牙周病原体和巴尔病毒的数量。

### 10.1.19 乙酰丙酮钙

乙酰丙酮钙（$C_{10}H_{14}O_4Ca$，calcium acetylacetonate），分子量 238.29，白色粉末，易溶于酸，微溶于甲醇和水，具有耐老化性、热稳定性高和无毒性。

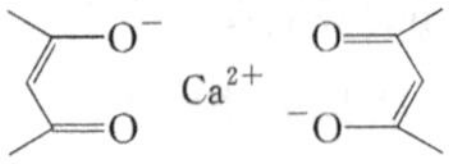

$C_{10}H_{14}O_4Ca$ 的制备方法有：

① 乙酰丙酮：$Ca(OH)_2$ 摩尔比为 1.50：1，采用二甲苯作为分散剂，用量为 100mL 二甲苯/0.1mol $Ca(OH)_2$，反应温度 110℃，反应 1h 即得乙酰丙酮钙[101]。

② 干法。乙酰丙酮与研磨后的固体 $Ca(OH)_2$ 摩尔比为（2～4）：1，在温度 20～30℃下进入雾化设备反应，得到湿品乙酰丙酮钙，干燥后得最终产品乙酰丙酮钙[102]。

③ 固相法。乙酰丙酮、氢氧化钙粉末和水以质量比为（42%～44%）：（12%～17%）：（41%～44%）的比例添加到高剪切反应装置中，剪切搅拌反应 1.5～2h，在负压强 0～0.1MPa 下，温度 50～80℃真空干燥，即得乙酰丙酮钙[103]。

④ PVC 热稳定剂专用乙酰丙酮钙的制备。按乙酰丙酮：$Ca(OH)_2$：硬脂酸：水的质量份比 100：（38.5～41）：（1.0～1.2）：（8～10）反应，预先将 $Ca(OH)_2$ 和部分水反应进行活化处理，再加入乙酰丙酮反应，期间缓慢补加剩余水，于 15～70℃下搅拌，得到乙酰丙酮钙，然后加入硬脂酸，料温提高至 90～110℃搅拌至水分蒸发完，即得改性乙酰丙酮钙[104]。

$C_{10}H_{14}O_4Ca$ 是新型无毒的塑料剂[102]、PVC 卤化物的环保型热稳定剂[103]。$C_{10}H_{14}O_4Ca$ 因其无毒性，作为塑料不仅延长塑料制品的使用寿命、保持其原有色彩和透明度，其性价比还优于有机锡系列稳定剂，是替代含铅助剂的环保型产品[102]。$C_{10}H_{14}O_4Ca$ 作为 PVC 的热稳定剂，具有稳定效率高、不析出、无黄变等优点，使其应用量正在快速增长[103,104]。

### 10.1.20 $\beta$-羟基-$\beta$-甲基丁酸钙

$\beta$-羟基-$\beta$-甲基丁酸钙（$C_{10}H_{18}O_6Ca$，calcium beta-hydroxy-beta-methylbutyrate），简称 HMB-Ca，分子量 292，沸点 242.8℃(760mmHg)，易溶于水。

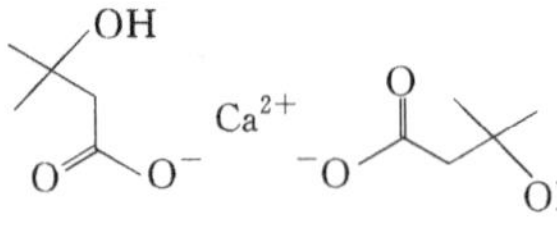

$C_{10}H_{18}O_6Ca$ 的制备方法有：

① 以氯乙酸乙酯和丙酮为原料，将二者加入乙醇溶剂中，加乙醇钠乙醇溶液进行缩合反应后，通过加入氢氧化钠溶液、酸化、加氢制得 $\beta$-羟基-$\beta$-甲基丁酸（HMB），在 $\beta$-羟基-$\beta$-甲基丁酸的有机溶液中加入水、硫酸钙和氧化钙反应，然后经过滤、打浆、烘干后制得成品 $\beta$-羟基-$\beta$-甲基丁酸钙[105]。

② HMB 溶于水，加入钙盐，搅拌、过滤、浓缩得 HMB-Ca 粗品后加入醇溶剂，搅拌、过滤、浓缩后加入有机溶剂，搅拌、过滤、固体烘干得 HMB-Ca 产品[106]。

③ 次氯酸钠与二丙酮醇进行反应，酸化并用乙酸乙酯萃取，加入氢氧化钙成盐，经

冷析釜和板框压滤机纯化制得 $\beta$-羟基-$\beta$-甲基丁酸钙[107]。

④ 饲料添加剂 $\beta$-羟基-$\beta$-甲基丁酸钙的制备。将硫酸、冰醋酸、过氧化氢混合后进行一次恒温反应，蒸馏收集的过氧乙酸，与二丙酮醇和乙酸甲酯混合进行二次恒温反应，蒸馏收集 $\beta$-羟基-$\beta$-甲基丁酸并加水，调节溶液 pH 值为 $5.8\sim6.2$ 后，加热溶解、过滤，向滤液中加入氯化钙，搅拌反应，调节 pH 值至 $6.3\sim6.7$，再经过滤，烘干，得到 $\beta$-羟基-$\beta$-甲基丁酸钙[108]。

$C_{10}H_{18}O_6Ca$ 可以作为饲料添加剂[109]、食品添加剂[110]、保健品和药品[106]。$C_{10}H_{18}O_6Ca$ 添加在饲料中能显著提高畜禽免疫力，促进生长，降低死亡率[111]。$C_{10}H_{18}O_6Ca$ 作为食品添加剂，能帮助人体补充钙，维持体内蛋白质水平[105]。$C_{10}H_{18}O_6Ca$ 作为保健品能降低人的体脂率，减少肌肉蛋白质消耗，有助于肌肉恢复和减少因过度劳累导致的肌肉损伤，并可提高运动强度和耐力[112]。

## 10.1.21 (+)-L-阿糖酸钙

(+)-L-阿糖酸钙（$C_{10}H_{18}O_{12}Ca$, calcium l-arabonate），又称 L-阿拉伯糖酸钙，分子量 370.32。

## 10.1.22 4-甲基-2-氧代戊酸钙

4-甲基-2-氧代戊酸钙（$C_{12}H_{18}O_6Ca$, calcium 4-methyl-oxovalerate dihydrate），分子量 298.35，白色粉末，沸点 190.5℃（760mmHg）。

## 10.1.23 抗坏血酸钙

抗坏血酸钙 [$Ca(C_6H_7O_6)_2$, calcium ascorbate]，呈白色至浅黄色结晶性粉末，无臭，溶于水，10%水溶液的 pH 值为 $6.8\sim7.4$。稍溶于乙醇，不溶于乙醚。

工业中通常以碳酸钙或磷酸钙和抗坏血酸反应来生产抗坏血酸钙，但是该方法能耗高、工艺过程长、设备投资高。有研究以 20g 抗坏血酸、4.2g 氢氧化钙和 5mL 水为原料，不断进行机械搅拌，反应完毕后，加入 50mL 无水乙醇并电磁搅拌 1min，减压过滤后用 20mL 无水乙醇洗涤产品，所得滤饼干燥后得到产物抗坏血酸钙，产率达到 98% 以上[113]。此外，有研究以海洋产品废弃物贝壳为原料，经粉碎、水洗等过程去除杂质后在 1000℃左右煅烧 3～5h 得到半成品，再将半成品在 100℃、一个大气压下进行"微粒子化处理"得到活性钙，再以活性钙和抗坏血酸为原料反应生成抗坏血酸钙。该方法可以大幅度降低抗坏血酸钙的生产成本[114]。

抗坏血酸钙比维生素 C 稳定，在体内具有维生素 C 的全部作用，吸收效果好，且抗氧化作用优于维生素 C；含钙也增强了其营养强化作用。

抗坏血酸钙组成结构中含有钙和还原性双重功能成分，在食品工业中既可作补钙剂，又可作抗氧化剂[115]。例如，作为抗氧化剂可用于火腿、肉类及荞麦粉等[116]。可作为保鲜剂用于水果、蔬菜的保鲜[117]。

此外，抗坏血酸钙还可作为非离子表面活化剂和营养剂用于护肤养发产品，作为杀菌剂用于镜片的清洗。抗坏血酸钙作为钙盐，可以预防骨质疏松[118]。此外，抗坏血酸钙可以阻止癌细胞的 DNA 的复制，对恶性肿瘤有抑制作用，可用于癌症的临床辅助治疗，用在茶及饮料中可降低血压[119]。有研究发现，抗坏血酸钙有与抗坏血酸相当的抗氧化活性，但它可以减弱由抗坏血酸引起的胃高酸度，适合用于需要改善抗坏血酸的副作用的情形[120]。

### 10.1.24 葡萄糖酸钙

葡萄糖酸钙 [$Ca(C_6H_{11}O_7)_2$，calcium gluconate]，白色结晶性或颗粒性粉末，无臭，无味，熔点 201℃。略溶于冷水（3g/100mL，20℃），易溶于沸水（20g/100mL），水溶液 pH 值约 6～7。不溶于乙醇或乙醚等有机溶剂。

葡萄糖酸钙的生产方法有发酵法和氧化法。

① 发酵法制备葡萄糖酸钙。生物发酵法制备葡萄糖酸钙一般选用黑曲霉作为生产菌种。有研究用黑曲霉作为发酵菌种，葡萄糖 26kg、磷酸二氢钾 0.56g、硫酸镁 5.6g、尿素 2.8g 等作为原料在 50L 发酵罐下进行反应并用 $Ca(OH)_2$ 维持体系 pH 值在 5.5 左右，结果显示，葡萄糖酸钙收率可以达到 87.21%[121]。

② 氧化法制备葡萄糖酸钙。例如，在反应釜中加入水、葡萄糖及催化剂，通入空气，恒温 45℃并搅拌，滴加 9～10mol/L 的 NaOH 溶液，调节反应液 pH 值在 9.5 到 10 范围内制备中间产物葡萄糖酸钠；反应结束后，静置反应液，随后过滤，滤液在 732 阳离子树脂（强酸性苯乙烯系阳离子交换树脂）作用下将葡萄糖酸钠的 $Na^+$ 置换为 $H^+$ 得到葡萄糖酸，收集交换液，去离子水淋洗交换柱；量取交换液并置于恒温水浴锅的反应器内，升温至 50℃时开始缓慢加入碳酸钙，用石灰乳调节反应液 pH 值在 6.5～7.0。升温至 80℃，加入活性炭适量脱色 1h，过滤，滤液在 60mmHg 下浓缩至相对密度为 1.10 左右，置于结晶器内，加入晶种适量，自然冷却结晶，经抽滤、干燥得到葡萄糖酸钙[122]。

葡萄糖酸钙可作为药物、食品添加剂。作为药物可降低毛细血管渗透性，维持神经与肌肉的正常兴奋性[123]，加强心肌收缩力[124]，有助于骨质形成[125] 等。适用于过敏疾患，如荨麻疹、湿疹、皮肤瘙痒症、接触性皮炎等[126]；也适用于血钙过低所致的抽搐和镁中毒，也用于预防和治疗缺钙症等[127]。对于轮状病毒性肠炎（一种较为常见的消化系统疾病，多发于婴幼儿）的患者，经葡萄糖酸钙锌口服溶液（一种复方制剂，每 10mL 含葡萄糖酸钙 600mg、含葡萄糖酸锌 30mg、盐酸赖氨酸 100mg）联合消旋卡多曲（一种婴幼儿止泻药）的治疗，不仅能够有效地改善患者的临床症状，而且还能够提高总有效率[128]。葡萄糖酸钙凝胶治疗手足部氢氟酸烧伤也有效果，能有效缓解疼痛，降低尿氟水平[129]。还有实验研究发现，葡萄糖酸钙通过抑制细胞外调节蛋白激酶磷酸化而起抑制小鼠中脂多糖（LPS）诱导的急性肺损伤（ALI）作用[130]，有治疗急性气道炎症方面的应用前景。此外，有研究将葡萄糖酸钙填充于 PCEC 多孔聚合物［聚(ε-己内酯)-聚乙二醇-聚(ε-己内酯)，PCL-PEG-PCL，简写为 PCEC］并置于藻酸盐溶液中，葡萄糖酸钙释放钙离子从而形成水凝胶，该水凝胶在治疗软骨组织时可以提供一个 3D 支架来完美地适应缺损。软骨受损的白鼠注射该水凝胶 18 周后几乎完全修复，且软骨细胞恢复了正常的组织结构[131]。

葡萄糖酸钙用作食品添加剂，可作为缓冲剂、固化剂、螯合剂、营养增补剂。例如：向豆浆中投入葡萄糖酸钙粉末可制成豆花。按我国卫生部颁布的《食品营养强化剂使用卫生标准》规定，葡萄糖酸钙可用于谷类制品、饮料中，用量 18～38g/kg。同时葡萄糖酸钙也是一种重要的化工原料，用于生产葡萄糖酸铁、葡萄糖酸锌、葡萄糖酸内酯等[132]。

## 10.1.25　柠檬酸钙

柠檬酸钙 $[Ca_3(C_6H_5O_7)_2$, calcium citrate$]$，工业柠檬酸钙通常指的是柠檬酸三钙（又称枸橼酸钙），分子式为 $Ca_3(C_6H_5O_7)_2 \cdot nH_2O$ ($n=0～4$)。一般呈白色结晶状粉末，无臭。稍有吸湿性，微溶于水（0.1g/100mL，25℃），能溶于酸，几乎不溶于乙醇。加热至 100℃ 渐渐失去结晶水，120℃ 时完全失水。柠檬酸钙盐有柠檬酸一钙 $[CaH_4(C_6H_5O_7)_2]$、柠檬酸氢钙 $[CaH(C_6H_5O_7) \cdot 3H_2O]$ 和柠檬酸三钙 $[Ca_3(C_6H_5O_7)_2 \cdot nH_2O$, ($n=0～4$)$]$ 3 种类型[133-135]。

制备柠檬酸钙的主要原理是 $CaCO_3$、石灰乳或氧化钙和柠檬酸反应生成柠檬酸钙。用 $CaCO_3$ 或石灰乳直接与柠檬酸反应制备柠檬酸钙是一个快速、简单的反应过程，其 pH 值操作曲线简单，终点突跃明显，易于操作控制[136]。利用蛋壳为钙源和柠檬酸反应制备柠檬酸钙的方法如下：首先将鸡蛋壳用水清洗，粉碎后用清水浸泡 1h，去除蛋壳膜，过滤得洁净蛋壳。180℃ 烘干后用研钵磨细，制成过 300 目筛子的蛋壳粉。将盛有蛋壳粉的烧杯放于 60℃ 恒温水浴锅，边搅拌边缓慢加入 1.0mol/L 的盐酸至无气泡产生。将抽滤所得滤液放于 60℃ 水浴锅中，加入 1.0mol/L 氢氧化钠溶液至 pH 值为 11 时过滤。向滤液中继续滴加氢氧化钠溶液得到大量白色沉淀，再加入 1.0mol/L 柠檬酸溶液至沉淀溶解，得到柠檬酸钙溶液。浓缩、结晶、抽滤、洗涤、干燥得柠檬酸钙白色粉末[137]。也有研究人员以四角蛤蜊贝壳为钙源与柠檬酸反应制备柠檬酸钙，收率可以达到 91.93%，纯度为 99.03%[138]。

柠檬酸钙是优质的钙源，其生物活性高于葡萄糖酸钙、乳酸钙、磷酸钙和碳酸钙等[139]。食品工业中柠檬酸钙可作为强化剂、凝固剂、乳化盐[140-142]。柠檬酸钙作为食品钙强化剂，吸收效果比无机钙好。柠檬酸钙作为饲料添加剂[143]，能同时充当酸化剂和钙源。此外，医药工业中可作为钙质强化剂。含柠檬酸钙的复合材料可以促进骨腱愈合。例如，有动物实验研究表明，将可注射型海藻酸钠-明胶-柠檬酸钙注入成年日本大白兔的右侧骨腱隧道中，发现可注射型海藻酸钠-明胶-柠檬酸钙对兔的骨腱愈合具有明显的促进作用[144]。目前，自体移植是临床修复牙齿、颅面和骨头的主要解决方案，但是自体移植会造成二次伤害，柠檬酸钙因其高塑性、自固化性和良好的生物活性被广泛应用于骨再生材料[145]。

### 10.1.26　海藻酸钙

海藻酸钙 [$Ca(C_6H_7O_6)_{2n}$，calcium alginate]，白色至浅黄色粉末状，无臭无味，不溶于水。

主要是以天然海藻中提取的海藻酸钠和钙源为反应原料来制备海藻酸钙，并能通过适当的工艺制成海藻酸钙微胶囊、纤维、海绵等[146]。例如，有研究报道利用锐孔法（使溶液经过锐孔形成胶囊状小液滴）制备海藻酸钙微胶囊。方法如下：先将水温升至60℃左右，边快速搅拌边将海藻酸钠均匀加入，以防分散不及而结成团块。再将乳化剂吐温 60 加入海藻酸钠水溶液中，混合均匀。然后将萃取剂 P507（酸性磷型萃取剂，2-乙基己基磷酸单-2-乙基己基酯）均匀加入到不断搅拌的海藻酸钠水溶液中进行乳化。将乳化液装入注射针筒中，用步进器（用于定量控制滴入的液体）经锐孔将其滴入不断搅拌的氯化钙溶液中，形成微胶囊。将制得的微胶囊过滤，用水洗去表面吸附的钙离子，得到海藻酸钙微胶囊[147]。此外，有研究利用内源乳化法制备海藻酸钙，将海藻酸钠和纳米级碳酸钙制成悬液再分散到油相中形成 W/O 型（油包水型）乳化液，通过酸的加入引发难溶钙盐中钙离子的解离，后者在乳化液滴内部与海藻酸钠作用生成海藻酸钙微胶囊[148]。

有研究用冷冻干燥法制备海藻酸钙海绵：将 2%（质量分数）的海藻酸钠水溶液注入制备模具中，−30℃预冻处理 5h，然后在 10Pa 真空中于 −56℃冷冻干燥 12h 得到海藻酸钠海绵，再将海藻酸钠海绵浸泡在室温氯化钙/甘油/乙醇溶液（质量比 7:3:90）中处理 5h，然后 80℃干燥至恒量，得到海藻酸钙海绵[149]。

另有研究利用湿法纺丝法制备海藻酸钙纤维。使海藻酸钠在水中充分溶胀、搅拌使其溶解成为清澈透明的溶液，用氮气压力将溶液经过滤器压入贮浆桶，然后真空脱泡 24h，制得混合均匀的纺丝原液；控制纺丝液的温度为 35℃，在氮气压力作用下纺丝液经过计量泵、过滤器后从喷丝头挤入 40℃的质量分数为 4.5%的氯化钙凝固浴中，再经过拉伸、水洗、卷绕、干燥后得到海藻酸钙纤维[150]。

海藻酸钙主要应用于组织工程及医药领域[151]。海藻酸钙微球在酸性介质中几乎不溶胀，可保护酸敏感性药物免受胃液的影响；碱性介质中溶胀，可作为药物的缓释载体。口服无毒性；可生物降解，降解产物无毒，对人体无副作用。海藻酸钙纤维和海藻酸钙海绵具有高吸湿性、优异的胶凝特性及抗菌性能，作为伤口敷料使用时具有独特的性能，可用于治疗手术伤口、烧烫伤创面等各种类型的皮肤创伤[152]。此外，由于海藻酸钙结构中含有大量的—COOH 和—OH 基团，与重金属离子有着良好的结合能力，因此也被用于重金属离子如 $Cd^{2+}$ 的吸附[153]。

## 10.1.27　葡庚糖酸钙

葡庚糖酸钙（$C_{14}H_{26}O_{16}Ca$，calcium glucoheptonate），分子量 490.42，白色或暗黄色粉末，沸点 727.8℃（760mmHg），稍有酸味。

葡萄糖庚酸钙是一种具有较高的相对生物利用性，且耐受性良好的有机钙盐[154]，对成骨细胞具有增殖作用，释放的钙能增强胶原-1、骨钙素和骨桥蛋白的表达，从而促进骨矿化和成骨[155]。

## 10.1.28　异辛酸钙

异辛酸钙（$C_{16}H_{30}O_4Ca$，calcium isooctanoate），分子量 326.48，淡黄色透明液体，不溶于水。

复合 $C_{16}H_{30}O_4Ca$ 的制备方法：取硫酸放于反应釜中，加入氧化钙、丙酸酐，在微波下加热至 82～86℃反应 1～1.5h，加入异辛酸，在微波下加热至 125～132℃，反应 2～2.6h，在减压反应釜中进行减压反应回收丙酸、硫酸，并制得复合异辛酸钙[156]。

$C_{16}H_{30}O_4Ca$ 主要用作涂料的催干剂和不饱和聚酯树脂的促进剂，也可作为日化原料[157,158]。例如：可与环烷酸锌、环烷酸钙、环烷酸锰等混合形成提高柴油燃烧效率的添加剂[157]；也可以魔芋淀粉、异辛酸锰、异辛酸钙和去离子水为原料合成快干胶印油墨[158]。

## 10.1.29　葡乳醛酸钙

葡乳醛酸钙（$C_{18}H_{34}O_{20}Ca$，calcium glubionate hydrate），分子量 610.53，白色结晶，沸点 864.7℃（760mmHg）。可作为化学试剂、精细化学品、医药和材料中间体。

## 10.1.30　乳糖酸钙

乳糖酸钙（$C_{24}H_{42}O_{24}Ca$，calcium lactobionate），分子量 754.65，呈白色至奶油色流动状粉末，无臭，味道清凉；易同氯化物、溴化物和葡萄糖酸盐（或酯）形成复盐；易溶于水，不溶于乙醇和乙醚。

$C_{24}H_{42}CaO_{24}$ 可用作固化剂；制药方面，乳糖酸钙仅作中间体。

### 10.1.31  溴化乳糖醛酸钙

溴化乳糖醛酸钙 [$C_{24}H_{38}O_{24}Ca \cdot Br_2Ca$, calcium bis(4-$O$-(beta-D-galactosyl)D-gluconate) calcium bromide (1∶1)]，分子量 950.50，也称乳糖醛酸钙溴化物，沸点 864.7℃（760mmHg）。可作为医药和材料的中间体、食品添加剂。

# 10.2  长碳链有机钙化合物

### 10.2.1  月桂酸钙

月桂酸钙（$C_{24}H_{46}O_4Ca$，calcium laurate），也称十二酸钙，分子量 438.7，白色带荧光的针状结晶，熔点 182℃，微溶于水，溶于乙醇。

$C_{24}H_{46}O_4Ca$ 的制备方法：将月桂酸加入乙醇水溶液中，恒温水浴加热并搅拌，加入氢氧化钠、氯化钙搅拌，待反应完成后，经抽滤回收沉淀；将得到的沉淀加入丙酮溶液中，在室温下搅拌 5min，抽滤、干燥即可得白色粉末[159]。

$C_{24}H_{46}O_4Ca$ 具有选择性杀菌作用，在 pH 为 6.0 和 7.0 时具有选择性杀菌活性，能有效地抑制金黄色葡萄球菌和痤疮杆菌，可以添加至肥皂和化妆品中[159]。

### 10.2.2  油酸钙

油酸钙（$C_{36}H_{66}O_4Ca$，calcium oleate），分子量 602.98，黄色粉末，不溶于水，溶于乙醇。

可以通过油酸钠与氢氧化钠溶液反应制得。将油酸钠溶于水中并加热至 90℃，然后，滴加氢氧化钙溶液，得到白色沉淀，滤出，用蒸馏水洗至无氯离子存在。抽干，并在置有无水氯化钙的干燥器中进行干燥。若在加热到 105℃ 的烘箱中烘干，则转变为淡黄色、透明的固体。

### 10.2.3　硬脂酸钙

硬脂酸钙（$C_{36}H_{70}O_4Ca$，calcium stearate），也称十八酸钙，分子量 607.02，不溶于水、冷的乙醇和乙醚，溶于热的苯、甲苯和松节油，微溶于热的乙醇和乙醚，与强酸分解为硬脂酸和相应的钙盐。

$C_{36}H_{70}O_4Ca$ 的制备方法如下。

① 一步水相法。在反应釜中加入氢氧化钙、水、表面活性剂，温度控制在 43~50℃ 搅拌 5min 后，30~40min 内加入硬脂酸，打开蒸汽加热至 58~60℃ 后关闭蒸汽阀门，继续循环搅拌 2~3h，再经过滤、干燥、包装即可得硬脂酸钙[160]。

② 硬脂酸、氢氧化钙、双氧水或氨水按质量比（70%~80%）∶（10.7%~12.5%）∶（4.5%~18%）全部一次性加入捏合机，控制温度在 80~100℃，捏合时间 1.6~2.4h；捏合过程中，当硬脂酸全部熔融后，向投料口加入双氧水或氨水作催化剂，进行酸碱中和反应，再经脱水得到粉状硬脂酸钙[161]。

③ 水性硬脂酸钙分散液的制备。将聚乙烯醇、水加入反应釜中，在 90~95℃ 下充分溶解后加入硬脂酸铵、乳化剂，恒温搅拌 0.5~2h，再加入以纯水、熟石灰和聚丙烯酸钠为原料配制的悬浮液，于 80℃ 下搅拌反应 2h，反应完毕冷却至 60℃，过均质机，加入聚二甲基硅氧烷或聚醚-硅氧烷共聚物消泡，搅拌均匀，出料即得水性硬脂酸钙分散液[162]。

$C_{36}H_{70}O_4Ca$ 能提高氯化聚乙烯橡胶胶料的交联密度和硫化速率，进而提高硫化胶的综合性能，可用作氯化聚乙烯橡胶的活性促进剂[163]。

$C_{36}H_{70}O_4Ca$ 可作 PVC 热稳定剂、改性剂[164]、防水剂[165]、抗结剂[166] 和作 PVC、

涂布加工纸和涂料的润滑剂[162]。$C_{36}H_{70}O_4Ca$ 改性剂能够有效降低蒙脱土（MMT）的表面亲水性，改性 MMT 添加到聚碳酸酯和丙烯腈-丁二烯-苯乙烯混合制备的合金中能够有效提高材料的拉伸强度和热稳定性[164]；$C_{36}H_{70}O_4Ca$ 作防水剂，采用电沉积方法在氧化镁合金电极表面形成硬脂酸钙基疏水性涂层，使得电极具有良好的耐蚀性[165]；$C_{36}H_{70}O_4Ca$ 作润滑剂，在加工过程中降低 PVC 的黏度、减小物料剪切摩擦产生的热[167]；$C_{36}H_{70}O_4Ca$ 作抗结剂来防止颗粒或粉状食品聚集结块[166]。

# 10.3　含氨基酸根的有机钙化合物

## 10.3.1　氨基酸螯合钙

氨基酸螯合钙 $[Ca(RC_2H_3NO_2)_2$，amino acid chelated calcium]，是多种氨基酸与无机钙盐反应而生产的一类有机钙物质，一般呈米黄色或类白色颗粒、粉末。可分食品级、饲料级、肥料级复合氨基酸螯合钙[168]。

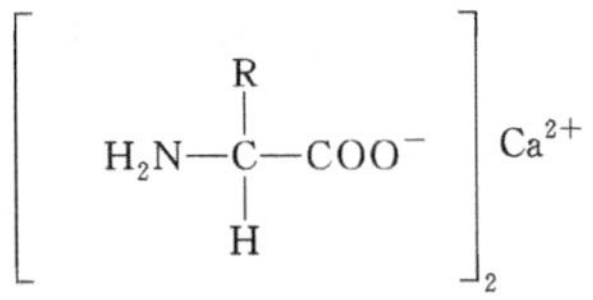

$$\left[\begin{array}{c} R \\ | \\ H_2N-C-COO^- \\ | \\ H \end{array}\right]_2 Ca^{2+}$$

氨基酸螯合钙主要是通过氨基酸和钙源反应生成。常见的钙源有无机钙盐 [如 $CaCl_2$、$Ca(OH)_2$ 等]、骨钙（如鱼骨粉、各种畜禽骨）、壳钙（如文蛤壳、鸡蛋壳等），常见的氨基酸原料有纯的氨基酸、水解动物蛋白制得的氨基酸复合液、水解植物蛋白制得的氨基酸复合液 3 类。利用以上原料制备氨基酸螯合钙的方法有：

**（1）酶水解蛋白质法**

有研究人员采用罗非鱼骨粉为原料，加入原料质量 1.5%～2% 的风味蛋白酶和胰蛋白酶复合酶（质量比 1:3）酶解罗非鱼骨粉得到钙源，再与复合氨基酸液进行螯合反应，可得到氨基酸螯合钙。实验结果发现：pH 值为 7.0、反应时间 90min、反应温度 60℃、氨基态氮质量浓度为 1.6g/L 时，产品螯合率为 57.22%[169]。

**（2）离子交换法**

用无机钙离子将阳离子交换树脂转换成钙离子，然后用氨基酸与氢氧化钠混合溶液在常温下上柱，收集流出液后真空浓缩、结晶得氨基酸螯合钙[170]。

**（3）电解法**

在电解槽中维持一定的电压，让钙离子选择性透过膜进入含氨基酸溶液的阴极室，在阴极室中钙离子与氨基酸形成氨基酸钙螯合物。例如，有研究利用电解法制备了甘氨酸钙。该方法得到的产物钙离子和氨基酸的配比比较固定，但是能耗大且离子透过膜再生困难[171]。

**（4）高压流体纳米磨技术**

高压流体纳米磨技术是利用气穴在外加高压（200MPa）下压缩坍塌时产生的高温、高压和超频声波，为化学反应创造一个独特的环境，在声波频率达到或接近分子的振动频率时，可使氨基酸分子自由基和钙离子螯合合成氨基酸螯合钙。如有研究用谷氨酸 184g、氧化钙 72g、水 700g 混合后放入蒸馏水中搅拌并反复经过高压流体纳米磨，最终反应得到的谷氨酸螯合钙的收率为 87.6%[172]。

**（5）微波固相法**

微波固相法具有能耗少、反应时间短、污染少、效率高等优点。例如，有研究用人工养殖鲟鱼皮水解得到复合氨基酸，再在微波辅助下与硫酸钙进行反应制得氨基酸螯合钙。最佳反应条件为：反应体系 pH 值为 12，微波功率为 120W，螯合时间为 10min，氨基酸和硫酸钙配位比为 2∶1。在此条件下得到的复合氨基酸螯合钙的产率为 69.58%[173]。

在农业方面，氨基酸螯合钙有延长水果贮藏期的作用[174]；作为新型微肥能改善作物品质、降解农药、保护生态环境等。

在食品工业上，氨基酸螯合钙可以作为抗氧化剂，可以用于降低肉制品钠含量。例如复合氨基酸螯合钙对猪油、豆油和鱼油均有较强的抗氧化能力[175]。

在畜牧业上可以用作家禽、反刍动物、鱼类养殖的饲料添加剂。林玉才等[176] 研究发现，对产后奶牛灌服复方氨基酸螯合钙口服液，能提高分娩后奶牛外周血嗜中性粒细胞趋化功能、吞噬功能，降低产后奶牛免疫抑制程度和隐性乳腺炎发病率，适合作为产后奶牛专用保健品。

在医疗上，氨基酸螯合钙具有稳定性好、吸收率高、生物效价高、抗病抗应激毒性小、适口性好、使用少与维生素无禁忌等优点[177]，能用于治疗和预防小儿佝偻病、老年骨质疏松症[178]，降低妊娠高血压发生率[179]。

## 10.3.2　L-天门冬氨酸钙

L-天门冬氨酸钙（$C_4H_5NO_4Ca$，calcium L-aspartate），分子量 171.16，是氨基酸螯合钙，其化学结构稳定，脂溶性好，吸收率高。

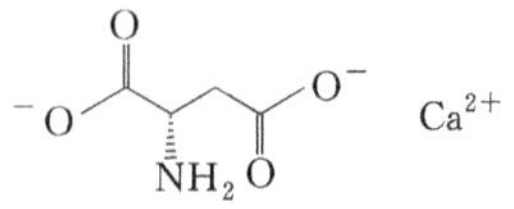

$C_4H_5NO_4Ca$ 的制备方法：

① 中和法。天门冬氨酸与碳酸钙混合后，在 75～85℃下搅拌反应，反应完全后在 25℃下放置过滤出上清液，再经纯化、干燥后即可得 $C_4H_5NO_4Ca$ 粉末[180]。

② 以牡蛎壳为钙源制备。将烘干后的牡蛎壳粉碎，L-天门冬氨酸和过筛牡蛎壳粉按摩尔比 2∶1 配料，加入 5 倍配料总质量的蒸馏水，在 50℃和 pH 值为 5.0 条件下，恒温搅拌 90min，再经过滤、减压浓缩、乙醇沉淀、离心收集沉淀、冷冻干燥得到 L-天门冬氨酸钙[181]。

$C_4H_5NO_4Ca$ 可作为医药中间体，也可用作食品添加剂[182]。例如，与发酵的蛹虫草粉组合成的保健品，有助于钙的吸收，同时降低 L-天门冬氨酸钙的毒性。

## 10.3.3　羟基蛋氨酸钙

羟基蛋氨酸钙 [$C_{10}H_{18}O_6CaS_2$，calcium 2-hydroxy-4-(methylthio) butyrate]，分子量 338.45，也称为 2-羟基-4-甲硫基丁酸钙，浅褐色粉末，有含硫化合物的特殊臭气，可溶于水。

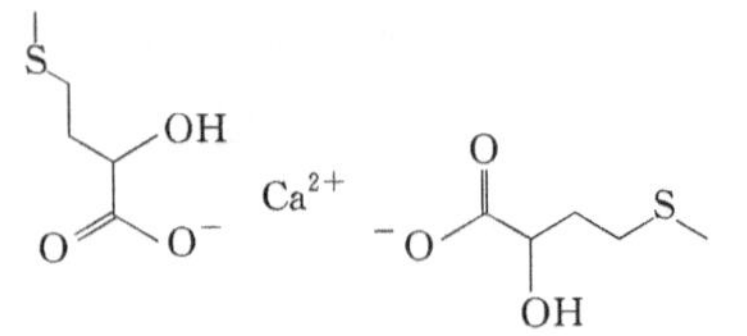

$C_{10}H_{18}O_6CaS_2$ 的制备方法有：

① 中和反应法。羟基蛋氨酸与碳酸钙或氢氧化钙悬浊液反应，温度控制在25～35℃，反应完全后滤去过量的碳酸钙或氢氧化钙，滤液用乙醚萃取，将水层浓缩，冷却，即可得羟基蛋氨酸钙，纯度可达99%[183]。

$$CH_3—S—(CH_2)_2—\underset{\mid \atop OH}{C}HCOOH \xrightarrow[25\sim35^{\circ}C]{CaCO_3\ \text{或}\ Ca(OH)_2} \left(CH_3—S—(CH_2)_2—\overset{OH \atop \mid}{C}H—COO^-\right)_2 Ca^{2+}$$

② 药用消旋羟基蛋氨酸钙的制备。羟基蛋氨酸中加入甲醇等有机溶剂后加入活性炭，然后升温至75～85℃回流，保温0.5h后过滤收集滤液，向滤液中滴加醋酸钙水溶液后回流分水，然后在75～78℃下保温3～8h后降温、过滤得到消旋羟基蛋氨酸钙粗品。在消旋羟基蛋氨酸钙粗品中加入醇溶剂后经回流、降温、过滤、干燥得到消旋羟基蛋氨酸钙精品，含量为99%，纯度为99.5%[184]。

$C_{10}H_{18}O_6CaS_2$ 是蛋氨酸添加剂，可用作饲料添加剂[185,186]。例如，$C_{10}H_{18}O_6CaS_2$ 作为哺乳期山羊饲料添加剂，能够减轻山羊哺乳期体质量（ADG）的损失，提高山羊乳质量；含0.15% $C_{10}H_{18}O_6CaS_2$ 的泌乳奶牛饲料，能有效提高生产性能以及乳品质，提高饲料的消化利用率。$C_{10}H_{18}O_6CaS_2$ 是α-酮酸片的主要成分[184]，制成的复方α-酮酸片可治疗因慢性肾功能不全而造成的损害，并可作为治疗尿毒症的特效药。

## 10.3.4 消旋酮异亮氨酸钙

消旋酮异亮氨酸钙（$C_{12}H_{18}O_6Ca$，calcium 3-methyl-2-oxovalerate），分子量298.35，白色结晶性粉末，沸点190.5℃（760mmHg）。

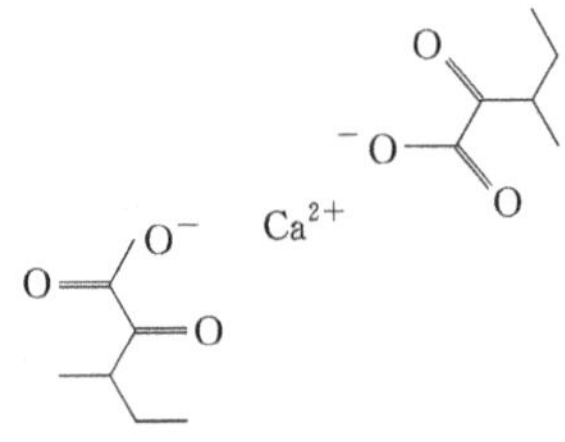

$C_{12}H_{18}O_6Ca$ 的制备方法有：

① 一步法制备消旋酮异亮氨酸钙。以海因和丁酮为原料，在单乙醇胺的存在下反应，反应后加入氢氧化钠水解、成盐、结晶，再经溶解、过滤、析晶和干燥得到消旋酮异亮氨酸钙[187]。

② 将草酸二乙酯滴入醇钠的醇溶液中，然后滴加2-甲基丁醛，25℃下保温搅拌，加入氢氧化钠等碱溶液，保温结束后，加盐酸调节pH值至1.0～4.0，萃取，再将萃取液加入一定量的水，然后加入氢氧化钠等碱溶液调节pH值至5～8，滴加氯化钙水溶液成盐得消旋酮异亮氨酸钙粗品，将其倒入纯化水和甲醇等有机溶剂的混合溶剂中精制，得到

消旋酮异亮氨酸钙[188]。

$C_{12}H_{18}O_6Ca$ 可以添加到食品和化妆品中，也是复方 α-酮酸片的主要成分之一，其可治疗因慢性肾功能不全而造成的损害，并可作为治疗尿毒症的特效药[189]。

### 10.3.5　L-5-甲基四氢叶酸钙

L-5-甲基四氢叶酸钙（$C_{20}H_{23}O_6CaN_7$，calcium levomefolate），分子量 497.52，属于叶酸族维生素。它是叶酸的一种辅酶形式，是叶酸最具生物活性和功能的形式，比普通叶酸更容易吸收。

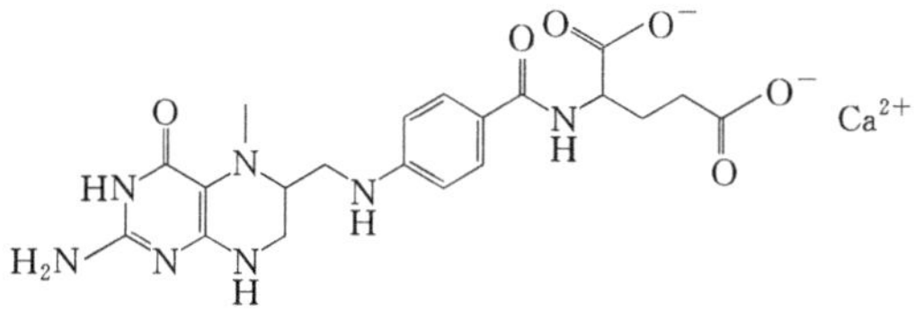

$C_{20}H_{23}O_6CaN_7$ 可以作为叶酸补充剂，添加至避孕药中可以提高女性血浆和红细胞（RBC）的叶酸水平，降低同型半胱氨酸水平，并有助于正常细胞增殖[190]。

### 10.3.6　左亚叶酸钙

左亚叶酸钙（$C_{20}H_{21}N_7O_7Ca$，calcium levofolinate），分子量 511.5，白色结晶粉末，具有药理学活性。

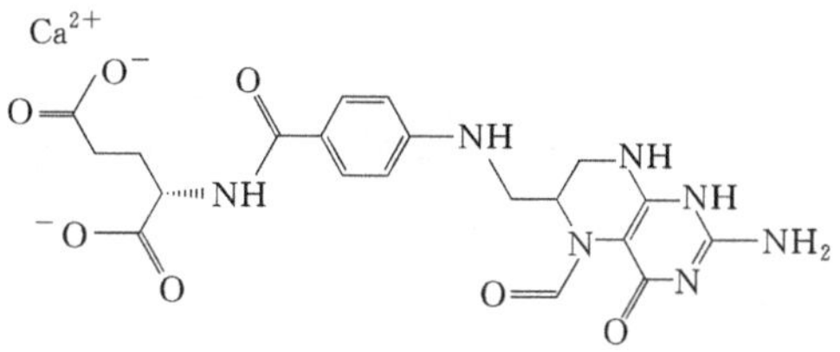

$C_{20}H_{21}N_7O_7Ca$ 的制备方法有：

① 以三氟乙酸为催化剂，四氢叶酸与甲酸反应后加入氢卤酸，经过复溶、重结晶得到纯化的 5,10-亚甲基四氢叶酸的氢卤酸盐；将 5,10-亚甲基四氢叶酸的氢卤酸盐溶液加入哌嗪溶液调节 pH 值至 5.5～7.5，经过加热水解后加入无水氯化钙并调节 pH 值至 5.5～8.5，放置过滤，即可得到左亚叶酸钙[191]。

② 注射用左亚叶酸钙冻干粉针的制备。在配液罐中加入 40～50℃的 90%需求量的注射用水，按质量计加入 1 份甘露醇搅拌至溶解，保持药液温度为 40～50℃，加入 1 份左亚叶酸钙原料药搅拌至溶解，降低药液温度至 20～30℃，调节 pH 值至 7.8～8.2，加入注射用水定容至 1000 份，除菌过滤，灌装，冻干后，得制剂产品[192]。

$C_{20}H_{21}N_7O_7Ca$ 可用于治疗叶酸拮抗相关的症状，还可用来治疗叶酸缺乏引起的巨细胞贫血，也可和氟尿嘧啶联合使用来延长进展期结肠癌患者的生存期或缓解症状，常常作为多药联合治疗方案的一员来使用[192]。左亚叶酸钙、5-氟尿嘧啶联合表柔比星治疗胃癌患者具有良好的临床疗效，不仅可以改善患者血清 VEGF 水平，还可以提高患者的生命质量，降低不良反应的发生率及机体应激反应，具有广泛的应用前景[193]。伊立替康联合 5-FU 和左亚叶酸钙，能降低血清肿瘤标志物水平和增强免疫力，用于晚期结肠癌的治疗[194]。

### 10.3.7 硬脂酰乳酸钙

硬脂酰乳酸钙（$C_{42}H_{82}O_6Ca$，calcium stearyl lactylate），分子量 723.17，白色或黄白色粉末，熔点 44～51℃，有特殊臭味，难溶于水，易溶于乙醇，溶于热植物油。

将乳酸和碳酸钙在 55～65℃下搅拌反应 1～1.5h，加入硬脂酸和聚乙二醇-400，然后在温度 160～180℃、真空度 0.07～0.09MPa 下反应 2～3h，待反应完全使用无水乙醇重结晶和真空干燥后即可得 $C_{42}H_{82}O_6Ca$。

$C_{42}H_{82}O_6Ca$ 是表面活性剂，也是洗涤剂中的分散剂[195]、面粉类食物添加剂[196]，还可作乳化剂[197]。$C_{42}H_{82}O_6Ca$ 用作面粉类食物的添加剂，作用表现在：加入到小麦面粉中提高面粉的稳定时间，降低弱化度，提高面粉的抗延阻力和拉伸面积[196]；加到切面等非发酵食品，有效降低制品在水煮过程中的淀粉溢出，使制品耐煮耐泡，口感光滑劲道有弹性[196]；加到馒头类制品中能够提高面团的持气性能，增大馒头体积，改善内部组织结构的细腻均匀性，使口感柔和有弹性[197]。

# 10.4 有机磺酸钙化合物

### 10.4.1 三氟甲磺酸钙

三氟甲磺酸钙（$C_2F_6O_6S_2Ca$，calcium triflate），分子量 338.22，灰白色粉末，易吸潮，易溶于水。

通常将过量的氧化钙加入三氟甲磺酸水溶液中，该水溶液以体积比 1∶1 配制，加热并保持产物回流，至溶液中性停止反应，冷却至室温，过滤除去未反应的氧化钙，旋转蒸发滤液，得到三氟甲磺酸钙成品[198]。

$$CaO + 2HOTf \longrightarrow Ca(OTf)_2 + H_2O$$

$C_2CaF_6O_6S_2$ 在有机反应催化剂领域的应用十分广泛，与传统的氯化铝等 Lewis 酸催化剂相比，三氟甲磺酸钙不仅催化活性高，而且可回收性好[199]。例如：$C_2CaF_6O_6S_2$ 在 Friedel-Crafts 酰基化反应中有着重要的应用[200]，还可催化甲苯硝化的反应[201]。

## 10.4.2　环己基氨基磺酸钙

环己基氨基磺酸钙（$C_{12}H_{24}N_2O_6S_2Ca$，calcium cyclamate），分子量 396.53，呈白色结晶性粉末，微臭，味甜，易溶于水，微溶于乙醇，极微溶于苯、氯仿和乙醚。

$C_{12}H_{24}N_2O_6S_2Ca$ 的制备方法：首先将环己胺与氨基磺酸置于 pH 值 6.8～7.2 和温度低于 80℃的环境下进行反应；将所得产物浓缩，与环己胺在 135～142℃下进行反应生成环己基氨基磺酸，向其中加入氢氧化钙和水进行置换反应得到包含产物的混合物，从其中回收得环己基氨基磺酸钙产物[202]。

$C_{12}H_{24}N_2O_6S_2Ca$ 是重要的甜味食品添加剂之一，根据所要添加的食品种类，食品安全国家标准分别规定了不同的添加剂量。

## 10.4.3　2，5-二羟基苯磺酸钙

2,5-二羟基苯磺酸钙 [$(C_6H_5O_5S)_2Ca$, calcium dobesilate]，又称羟苯磺酸钙，分子量 418.41，呈白色或类白色结晶性粉末，无臭，味苦，遇光易变质，易吸潮，极易溶于水，易溶于乙醇或丙酮，极微溶于氯仿或乙醚。

$(C_6H_5O_5S)_2Ca$ 一般采用对苯二酚磺化成盐结晶反应法制备。首先由对苯二酚与浓硫酸发生磺化反应得到 2,5-二羟基苯磺酸，再由 2,5-二羟基苯磺酸与碳酸钙发生中和成盐反应得到 $(C_6H_5O_5S)_2Ca$ 成品。例如：在冷却条件下，向反应罐中以 1∶4 的摩尔比加入对苯二酚、90%浓硫酸，逐步加热到 80℃后进行搅拌反应 3h，冷却至室温得 2,5-二羟基苯磺酸；加适量水溶解后，边搅拌边倒入碳酸钙中和，调节 pH=4，真空抽滤分离出硫酸钙，将滤液移至浓缩釜中，在 60～65℃/20mmHg 条件下减压浓缩脱水，至有固体析出时停止加热，静置 10h 析晶，得到 2,5-二羟基苯磺酸钙粗品；将粗品于 100℃下溶解于水中，其中水与 2,5-二羟基苯磺酸钙粗品的质量比为 1∶5，再静置 12h 重结晶，离心过滤，用少量冷乙醇洗涤，真空干燥，得 2,5-二羟基苯磺酸钙[203]。

$$C_6H_4(OH)_2 + H_2SO_4 \longrightarrow C_6H_6O_5S + H_2O$$

$$2C_6H_6O_5S + CaCO_3 \longrightarrow (C_6H_5O_5S)_2Ca + CO_2 + H_2O$$

$(C_6H_5O_5S)_2Ca$ 主要用于糖尿病、肾病的治疗。传统糖尿病主要采用血管紧张素受体拮抗剂或者转换酶抑制剂来降低尿蛋白水平，但是在疗程中经常会有咳嗽以及高钾血症等药物副反应发生，而用 $(C_6H_5O_5S)_2Ca$ 替代拮抗剂或抑制剂，能够在降低糖尿病、肾病蛋白尿水平的同时减少药物副作用，改善患者舒适度。另外，2,5-二羟基苯磺酸钙药物是目前临床工作中新型的血管保护剂，在一定程度上降低血小板激活因子的合成率，使血管内活性物质的合成得到控制，有效防治血栓[204]。

### 10.4.4 甲酚磺酸钙

甲酚磺酸钙（$[CH_3C_6H_3(OH)SO_3]_2Ca$，calcium cresolsulfonate），又称 5-甲基苯酚-2-磺酸钙，分子量 414.46，呈白色结晶性粉末，易溶于水。

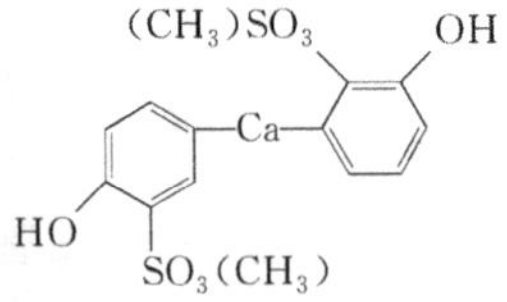

$[CH_3C_6H_3(OH)SO_3]_2Ca$ 一般采用间甲酚磺化成盐法制备。首先由间甲酚与硫酸发生磺化反应得到甲酚磺酸（2-羟基-4-甲基苯磺酸），再由甲酚磺酸与碳酸钙经成盐反应得到 $[CH_3C_6H_3(OH)SO_3]_2Ca$。例如：取经过蒸馏处理的甲酚 26g 置于烧瓶中，加入硫酸并及时用木塞堵住瓶口（防止硫酸吸潮稀释）并充分振摇烧瓶。随后将烧瓶置于 50℃ 水浴中加热 6h 反应，得到淡红色的甲酚磺酸溶液。通过加入轻质碳酸钙将甲酚磺酸溶液中和，再由减压蒸馏过滤除去硫酸钙杂质，得到的均匀混悬体甲酚磺酸钙置于 80℃ 真空干燥箱中干燥，得到灰白色的甲酚磺酸钙颗粒。收率可达 97.59%[205]。

$$CH_3C_6H_4OH + H_2SO_4 \longrightarrow CH_3C_6H_3(OH)SO_3H + H_2O$$

$$2CH_3C_6H_3(OH)SO_3H + CaCO_3 \longrightarrow [CH_3C_6H_3(OH)SO_3]_2Ca + CO_2 + H_2O$$

$[CH_3C_6H_3(OH)SO_3]_2Ca$ 主要用于治疗慢性支气管炎，是常见的祛痰止咳药。一般市售止咳药中甲酚磺酸钙的含量少，这种止咳药的缺点是用量较大，且止咳效果不突出。

### 10.4.5 十二烷基苯磺酸钙

十二烷基苯磺酸钙（$C_{36}H_{58}O_6S_2Ca$，calcium dodecylbenzene sulfonate），分子量 691.05，呈浅黄色至深棕色固体，有毒，微溶于水，热分解排出有毒硫氧化物烟雾。

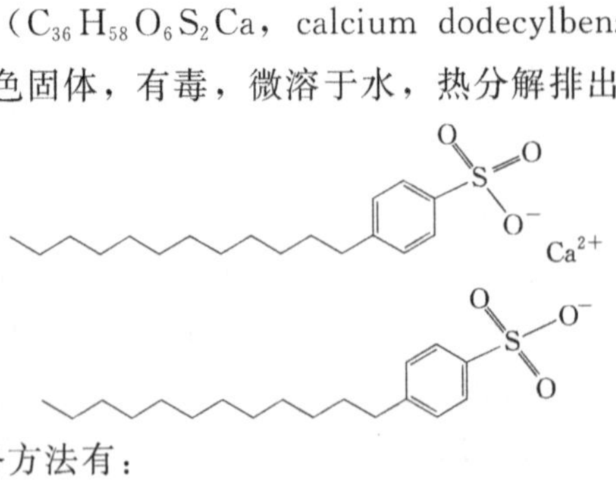

$C_{36}H_{58}CaO_6S_2$ 的制备方法有：

① 苯烷基化磺化中和成盐法。首先将苯投入反应釜中，以投料比 1：100 加入三氯化铝和十二碳烯，温度控制在 60~70℃，反应 1.6h，然后脱去苯，减压至 9.8kPa 进行精馏，得到烷基苯；将烷基苯投入反应釜，在 20℃ 下滴加发烟硫酸，滴加完毕后于 25~

30℃下反应 1h，再加水静置 6h，分离多余硫酸；最后用石灰水的乙醇溶液中和至 pH 值 7～8，过滤除去多余沉淀，浓缩滤液并使乙醇蒸发，得到十二烷基苯磺酸钠。

② 双膜磺化法。首先在反应器中通入 $SO_3$ 和干燥空气，混合至反应器中 $SO_2$ 体积浓度为 4%。将混合气体通入双膜反应器中，同时将 30～35℃的重烷基苯通入其中，重烷基苯与 $SO_3$ 的摩尔比为 1:1.05，将反应器温度调至 40～45℃生成烷基苯磺酸。加入相当于磺酸量 0.5%～1%的水，分解磺酸酐并发生水解反应得到烷基苯磺酸，在 30℃下边搅拌边加入石灰水至 pH 值 7～8，继续搅拌 1h，浓缩结晶干燥得到十二烷基苯磺酸钠。

$C_{36}H_{58}CaO_6S_2$ 是一种阴离子型表面活性剂，常与非离子型表面活性剂混合配制成混合型农药乳化剂，还可用于制造纺织油剂、瓷砖净洗剂、研磨油剂、水泥分散剂等。

### 10.4.6　木质素磺酸钙

木质素磺酸钙（$C_{20}H_{24}O_{10}S_2Ca$，calcium lignosulfonate），又称木钙，分子量 528.61，呈浅黄色至深棕色粉末，略有芳香气味，无毒，微酸性，易溶于水。

$C_{20}H_{24}O_{10}S_2Ca$ 一般采用亚硫酸盐纸浆法制备。首先向含木质素的亚硫酸盐纸浆废液中投入石灰乳进行碱化，并将 pH 值调节到 7.5 与 9.0 之间，得到木质素磺酸钙沉淀；沉降并过滤过量的氢氧化钙，剩余沉淀物采用硫酸酸处理得到纯化的木质素磺酸钙溶液；将所得溶液通过超滤膜提纯，除去低分子量的还原糖及小分子无机盐如葡萄糖，浓缩干燥得到木质素磺酸钙[206]。

$C_{20}H_{24}O_{10}S_2Ca$ 是一种阴离子表面活性剂，能显著降低固液界面表面能，形成一定厚度的单分子膜，并对水泥有良好的润湿、吸附以及分散作用，可作为水泥及混凝土减水剂。它与木质素磺酸钠、木质素磺酸镁统称为木质素系减水剂[207]。但木质素磺酸钙减水剂的用量限制十分严苛，过量添加会导致混凝土强度降低。

$C_{20}H_{24}O_{10}S_2Ca$ 还可用于化肥的合成，如含木质素和木质素磺酸钙的复合肥，该复合肥富含高浓度的营养元素，具有高活性、速效和缓释性能优异等特点，并且稳定性好，易造粒成型，利于大规模生产[208]。$C_{20}H_{24}O_{10}S_2Ca$ 还可制备性能优异的滤膜，所得滤膜具有高通量和出色的耐溶剂性能[209]。

# 10.5　其他含脂环类有机钙化合物

### 10.5.1　莫维普利钙

莫维普利钙 [$(C_{19}H_{29}N_2O_5S)_2Ca$，moveltipril calcium]，分子量 835.17。

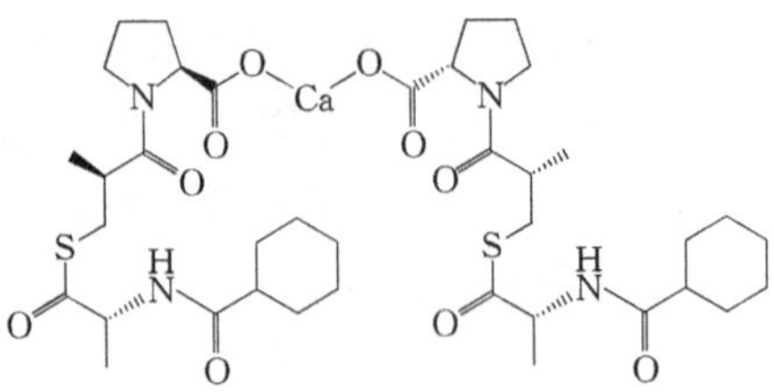

## 10.5.2　松香酸钙皂

松香酸钙皂（$C_{40}H_{58}O_4Ca$，calcium resinate），又称石灰松香，分子量642.96，呈淡黄色至棕色黏稠物，不溶于水。

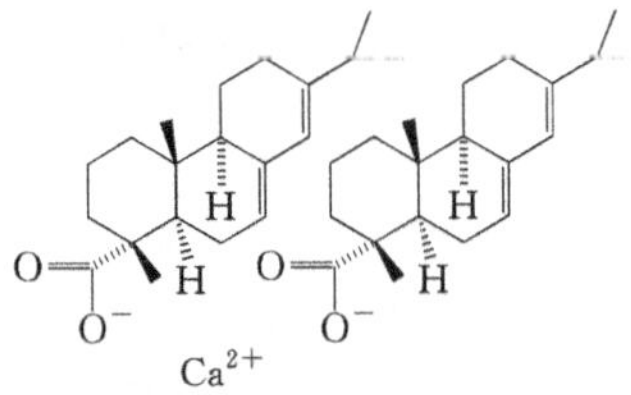

$C_{40}H_{58}O_4Ca$通常由松香与氧化钙在高温下反应制得，是一种常用的漆用松香加工树脂，可与干性植物油制成油漆，防水性能优异。

# 10.6　其他含苯环有机钙化合物

## 10.6.1　苯甲酸钙

苯甲酸钙（$C_{14}H_{10}O_4Ca$，calcium benzoate），分子量282.31，白色粉末，微溶于水，易溶于热水，在常温下非常稳定。

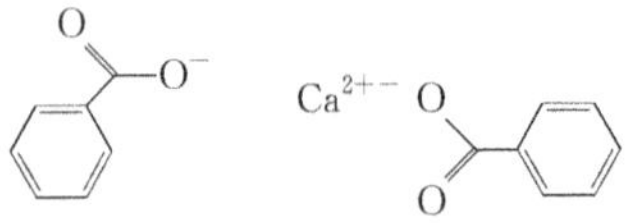

$C_{14}H_{10}O_4Ca$的制备方法有：

① 饲料级苯甲酸钙的制备。室温下搅拌，苯甲酸122.2g，分5批溶解于100mL含45g氢氧化钠的水溶液中，再向此反应液缓慢滴加200mL含氯化钙108.5的水溶液，逐渐有白色固体析出，再经搅拌，抽滤，滤饼用水洗涤至滤液呈中性，50℃减压干燥得苯甲酸钙233.5g，产率82.7%[210]。

② 低温合成苯甲酸钙。将苯甲酸钙75kg、氢氧化钙30kg、水400kg加入反应釜中，以2kg三乙醇二硬脂酸酯、乙烯基二硬脂酰胺、乙烯基双月桂酰胺为催化剂，控制温度80℃，反应3h后加入隔离剂12kg，搅拌0.5h后过滤、烘干即得苯甲酸钙，产率99.5%。

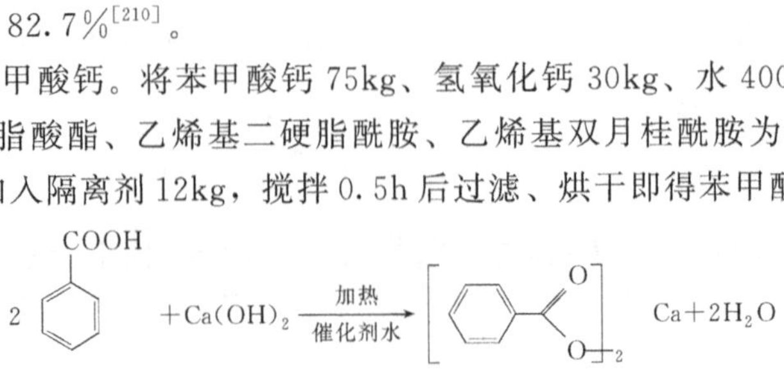

$C_{14}H_{10}O_4Ca$可作防腐剂[211]、饲料添加剂[210]、抑菌添加剂[212]，也可作为PVC热稳定添加剂[214]。$C_{14}H_{10}O_4Ca$可以作为食品的防腐剂，也可以与热塑性聚氨酯弹性体、

聚氯乙烯等材料合成具有耐磨性和耐老化性的电缆材料[211]；$C_{14}H_{10}O_4Ca$ 作为断奶猪仔、肉鸭的饲料添加剂，可以明显降低动物腹泻的发病率[210]；$C_{14}H_{10}O_4Ca$ 因其具有抑菌的作用，可以与苯甲酸铁、苯甲酸铝、苯甲酸钡组合成苯甲酸盐，其具有抑制污着生物连接或沉降至物体表面、除去与物体表面连接的污着生物和抑制污着生物的生长的作用[212]。

### 10.6.2　对氨基水杨酸钙

对氨基水杨酸钙（$C_{14}H_{12}N_2O_6Ca$, calcium $p$-aminosalicylate），分子量 344.33，白色粉末，无臭，近似丙酮气味；易溶于碳酸氢钠，微溶于乙醇、乙醚和丙酮，极微溶于水和苯。

通常采用 Klob-Schmidt 反应向间氨基酚的苯环上引入羧基得到对氨基水杨酸，再与氢氧化钙反应，盐酸中和，过滤干燥可得 $C_{14}H_{12}N_2O_6Ca$。

$C_{14}H_{12}N_2O_6Ca$ 常用于肺结核、结核性脑膜炎和甲状腺功能亢进等疾病的治疗。

### 10.6.3　水杨酸钙

水杨酸钙（$C_{14}H_{10}O_6Ca$, cacalcium salicylate），也称二(2-羟基苯甲酸)钙，分子量 314.30，白色单斜系晶体或粉末，溶于水和乙醇中，其水溶液呈弱酸性，加热至 120℃时失去结晶水。

$C_{14}H_{10}O_6Ca$ 通常用碳酸钙与水杨酸水溶液在水浴上加热，待二氧化碳几乎不再产生后，加入热水使其全部溶解，再经过滤后冷却即得。

### 10.6.4　非诺洛芬钙

非诺洛芬钙（$C_{30}H_{26}O_6Ca \cdot 2H_2O$, fenoprofen calcium），分子量 558.63，呈白色结晶性粉末，无臭，无味，易溶于乙醇，微溶于甲醇，极微溶于水，不溶于氯仿。

非诺洛芬钙的重排合成工艺是以苯丙酮为起始原料，经溴化、Ullmann 缩合、重排、水解、合成非诺洛芬，再转化为钙盐[213]。非洛芬粗品的制备方法如下：首先称取无水三氯化铝（167g，1.25mol）于 30℃下搅拌，滴加苯丙酮（67g，0.5mol）于 30min 内加入完毕，在 65～70℃下反应 1.5h，加入铁粉（3g）继续搅拌并冷却至 40℃，滴加溴（96g，

0.60mol），在 50min 内滴加完毕，在 45～50℃下反应 3.5h。反应物倒入冰（1kg）与浓盐酸（10mL）的混合物中，搅拌 30min，分出油层，水层用二氯乙烷提取。油层和提取液合并，依次用 5％碳酸氢钠溶液、水洗涤，以无水硫酸镁干燥，经减压蒸馏，收集沸点 135～140℃/0.80～0.933kPa 的馏分并冷却固化，以石油醚（60～90℃）重结晶，得到 3-溴苯丙酮。然后再将氢氧化钾（14.6g，0.26mol）溶解后，加入苯酚（26.4g，0.28mol），搅拌 30min 后加入二甲苯（150mL），共沸脱水 1.5h 后依次加入活性铜粉（2.5g），PEG-400（5.0g）和 3-溴苯丙酮（42.6g，0.20mol），加热回流 6h。反应完毕后冷却至室温，过滤后滤液以 5％盐酸、水、5％氢氧化钠溶液和水依次洗涤，油相以无水硫酸镁干燥。减压蒸馏，收集沸点 150～160℃/1.2～1.47kPa 的馏分，可得 3-苯氧基苯丙酮液体。再将 3-苯氧基苯丙酮（45.2g，0.20mol）、原甲酸三乙酯（160mL，0.968mol）混合，于室温下依次加入碘（50.8g，0.20mol）、氧化亚铜（2.27g，0.016mol）后搅拌 4h，待冷却至室温后，加入 10％硫代硫酸钠溶液搅拌 30min，用氯仿提取。提取液依次用饱和氯化钠溶液、水洗涤，以无水硫酸钠干燥。减压回收溶剂，向剩余物中加入甲醇（150mL）、30％氢氧化钾溶液（140mL），搅拌回流 30min。加入活性炭（1.0g），继续搅拌回流 30min。加水过滤，滤液用 10％盐酸调至 pH 1～2，分出水层用甲苯提取，油层依次用饱和氯化钠、水洗涤，以无水硫酸钠干燥。减压回收试剂后，冷却至室温，得非洛芬粗品。取非洛芬粗品（24.2g，0.1mol）和氢氧化钠溶液（100mL，1.0mol/L）混合搅拌 20min，用 10％盐酸调节 pH 为 9，再滴加 1.0mol/L 氯化钙溶液（50mL），搅拌后析出白色固体，经过滤、干燥，乙醇/乙酸乙酯/水 [0.5：1：0.5（体积比）] 重结晶，活性炭脱色，干燥后得非洛芬钙。

## 10.6.5　氯环己苯酰丙酸钙

氯环己苯酰丙酸钙 $[(C_{16}H_{18}ClO_3)_2Ca$，calcium bucloxic acid]，又称布氯酸钙，分子量 626.90，结晶性固体，微毒，可作消炎镇痛药。

## 10.6.6　米格列奈钙

米格列奈钙（$C_{38}H_{48}N_2O_6Ca \cdot 2H_2O$，mitiglinide calcium），分子量 704.91，白色固体。

$C_{38}H_{48}N_2O_6Ca \cdot 2H_2O$ 的制备方法：

① "一锅法"合成。首先将 (S)-2-苄基丁二酸酐、氢化钙和二氯甲烷加入反应瓶中，冰盐浴冷却至 $-10 \sim -4 \, ^\circ\!C$；缓慢滴加顺式全氢异吲哚的二氯甲烷溶液，搅拌反应后，保持 $0 \, ^\circ\!C$ 以下继续搅拌 3~4h，静置使内温升至常温，继续搅拌 6h；过滤，滤液旋蒸脱溶剂，得到米格列奈钙粗品，再用 95% 乙醇重结晶得米格列奈钙纯品[215]。

② 琥珀酸合成法。首先将无水乙醇和甲醇钠加入反应罐中搅拌溶解，加入丁二酸二乙酯，加热升温至回流，滴加苯甲醛，蒸出甲醇，再慢慢加入氢氧化钠溶液，加入水和二氯甲烷搅拌 30~60min，滴加浓盐酸，得亚苄基琥珀酸沉淀；用无水乙醇溶解沉淀，通入氢气和 10% 的钯碳进行氢化反应，得苄基琥珀酸；将苄基琥珀酸加入反应罐中与无水乙醇搅拌混合，加入 (R)-α-苯乙胺，冷却析晶，在 $50 \sim 60 \, ^\circ\!C$ 下烘干，得 (S)-苄基琥珀酸-(R)-α-苯乙铵盐；将所得盐与氢氧化钠和二氯甲烷加入反应罐，混合搅拌，分离除去有机相，水相用二氯甲烷洗涤，滴加浓盐酸调节 pH 值，离心水洗并烘干，得 (S)-苄基琥珀酸；在 $0 \, ^\circ\!C$ 下滴加氯化亚砜至 (S)-苄基琥珀酸中，再滴加顺式六氢异吲哚，搅拌得 2(S)-二氢异吲哚丁酸；加入无水乙醇搅拌溶解，加入 4% 氢氧化钠溶液，再加入氯化钙溶液，溶液离心烘干，得米格列奈钙[216]。

$C_{38}H_{48}N_2O_6Ca \cdot 2H_2O$ 是一种 ATP 依赖性钾离子通道阻滞剂，临床上可用于治疗 II 型糖尿病[217,218]。$C_{38}H_{48}N_2O_6Ca \cdot 2H_2O$ 可促使胰岛 β 细胞上的 $K^+$-ATP 通道关闭，使 $Ca^{2+}$ 浓度上升，刺激胰岛素分泌，故 $C_{38}H_{48}CaN_2O_6 \cdot 2H_2O$ 还有"体外胰腺"之称[219]。

## 10.6.7　亚叶酸钙

亚叶酸钙（$CaC_{20}H_{21}N_7O_7$，calcium leucovorin），又叫甲酰四氢叶酸钙、甲叶钙、叶醛酸钙等，为类白色至微黄色结晶或无定形粉末，无臭。在水中溶解，在乙醇或乙醚中几乎不溶，在 0.1mol/L 氢氧化钠溶液中溶解。

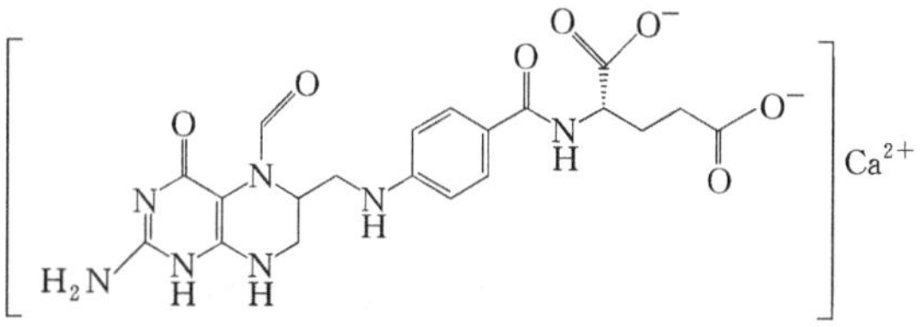

亚叶酸钙结构式

亚叶酸钙是叶酸还原型的甲酰化衍生物，系叶酸在体内的活化形式，作用与叶酸相似，主要用于叶酸拮抗剂（如甲氨蝶呤、乙胺嘧啶、甲氧苄啶等，是一类抗肿瘤药物）的解毒剂[220]，以及用于因叶酸缺乏所引起的巨幼细胞贫血等。亚叶酸钙还可作为抗癌药辅助用药。例如，奥沙利铂、亚叶酸钙及氟尿嘧啶联合应用是临床常用的针对晚期结肠癌患者术后结直肠癌的经典化疗方案，此方案也被美国国家综合癌症网络（NCCN）推荐作为此类患者辅助化疗的首选方案[221]。由于亚叶酸钙可以绕过叶酸在人体的转运系统，被用于研究治疗自闭症儿童患叶酸受体自身抗体疾病（损害叶酸从血液到脑脊液的正常运输），临床显示具有一定的效果[222]。

## 10.6.8　瑞舒伐他汀钙

瑞舒伐他汀钙（$C_{44}H_{54}F_2N_6O_{12}S_2Ca$，rosuvastatin calcium），又称罗苏伐他汀钙，分

子量 1001.14，呈白色至灰白色结晶性粉末，无臭，味微苦，微溶于甲醇，难溶于乙醇。

$C_{44}H_{54}F_2N_6O_{12}S_2Ca$ 的制备方法。以（$S$）-4-氯-3-羟基丁腈作为起始原料，经过硅烷保护，锌粉增长碳链后，得到 6-氯-（$3R$，$5S$）-二羟基己酸叔丁酯；再以酶为催化剂进行还原反应、乙酰化反应，得到侧链（$4R$-$cis$）-6-甲醛基-2,2-二甲基-1,3-二氧六环-4-乙酸叔丁酯；以碳酸铯为碱，以二甲基亚砜为溶剂，侧链与母核发生 Wittig 反应，经酸解、碱解后，以异丙醇和丙酮为混合溶剂，在 −5～0℃ 下结晶生成甲铵盐化合物，最后得瑞舒伐他汀钙[223]。

$C_{44}H_{54}F_2N_6O_{12}S_2Ca$ 是一种抗高血脂症药，属于选择性 HMG-CoA 还原酶抑制剂；瑞舒伐他汀钙以肝脏为靶向器官，选择性抑制肝脏中的 HMG-CoA 还原酶，进而减少肝脏脂蛋白的产生以及增加 LDL-胆固醇受体的表达。$C_{44}H_{54}F_2N_6O_{12}S_2Ca$ 主要通过这两种方式降低血浆中的胆固醇水平，降血脂能力优于其他他汀类药物，且安全性更佳[224,225]。

### 10.6.9 阿托伐他汀钙

阿托伐他汀钙（$C_{66}H_{68}F_2N_4O_{10}Ca$，atorvastatin calcium），分子量 1155.36，呈白色或类白色结晶性粉末，易溶于甲醇，可溶于乙醇，微溶于水、pH 值为 7.4 的磷酸盐缓冲液和乙腈。

$C_{66}H_{68}F_2N_4O_{10}Ca$ 一般采用 Paal-Knorr 合成法制备。首先以异丁酰乙酰苯胺为原料，通过缩合反应得到 $\alpha$，$\beta$-不饱和酮，再通过 Stetter 反应得到中间体 M-4；再以 $R$-(-)-4-氰基-3-羟基丁酸乙酯为原料，在以 LDA（二异丙基氨基锂）为催化剂的条件下进行脱质子缩合，再经过 $NaBH_4$ 的选择性还原生成顺式二醇化合物；经双羟基保护后，通过 Raney-Ni（雷尼镍）还原氰基得到侧链 ATS-9；中间体 M-4 与侧链 ATS-9 以正庚烷-甲苯-四氢呋喃为混合溶剂，在 90℃条件下反应 20h，再经过羟基保护和酯水解反应得到阿托伐他汀钙。

$C_{66}H_{68}F_2N_4O_{10}Ca$ 是一种调节血脂药，属于选择性 HMG-CoA 还原酶抑制剂；与瑞舒伐他汀钙相似，阿托伐他汀钙也是通过抑制肝脏 HMG-CoA 还原酶以及上调肝细胞 LDL 受体来降低胆固醇、甘油三酯以及低密度脂蛋白水平，从而调节血脂[226]；$C_{66}H_{68}F_2N_4O_{10}Ca$ 还可治疗动脉粥样硬化，使患者颈动脉厚度减少，使粥样斑块稳定，延缓动脉粥样硬化进展[227]。

# 10.7　其他含氮、含硫的有机钙化合物

## 10.7.1　巯基乙酸钙

巯基乙酸钙（$C_4H_6O_4S_2Ca$，calcium thioglycolate），分子量 222.3，类白色结晶性粉末，溶于水，微溶于醇，有巯基化合物的特殊气味，遇铁、铜等金属离子显红色。

$C_4H_6O_4S_2Ca$ 通常用异硫脲代乙酸与氢氧化钙反应，经放置、过滤、干燥可得[228]。$C_4H_6O_4S_2Ca$ 可以作为还原剂、脱毛剂。例如：$C_4H_6O_4S_2Ca$ 可以与甘油、酒精、氨水、香精和去离子水制成洗发液[229]；$C_4H_6O_4S_2Ca$ 与甘油硬脂酸酯、棕榈酸乙基己酯、鲸蜡硬脂醇等制成脱毛膏[230]。

## 10.7.2　阿坎酸钙

阿坎酸钙（$C_{10}H_{20}N_2O_8S_2Ca$，acamprosate calcium），又称乙酰氨基丙烷磺酸钙，分子量 400.48，白色粉末，无味，易溶于水，难溶于无水乙醇和二氯甲烷。

$C_{10}H_{20}N_2O_8S_2Ca$ 的制备方法。首先将氢氧化钙和水加入三口瓶中，室温下边搅拌边加入醋酸，然后加入高牛磺酸；将温度保持在 25～40℃加入醋酸酐，反应 2h；减压浓缩至阿坎酸钙粗品析出，加入水中溶解，边搅拌边滴加乙醇，待大量固体析出，过滤得阿坎酸钙纯品[231]。

$C_{10}H_{20}N_2O_8S_2Ca$ 是一种 GABA 受体激动剂和谷氨酸系统调节剂，在中枢神经系统中与谷氨酸和 GABA 神经递质系统作用，恢复神经系统的兴奋和抑制平衡，从而减少人和

动物的酒精摄入量[232]，因此常用于酒精依赖病人的戒断治疗[233]。$C_{10}H_{20}N_2O_8S_2Ca$ 还可作为 SARS 治疗的有效药物，在非典型肺炎疫情期间，科技人员发现阿坎酸钙对以 SARS 冠状病毒为例的冠状病毒主蛋白酶有出色的抑制作用[234]。

### 10.7.3 泛酸钙

泛酸钙 $[Ca(C_9H_{16}NO_5)_2$，calcium pantothenate]，又叫 $N$-(2,4-二羟基-3,3-二甲基丁酰基)-$\beta$-氨基丙酸钙、右旋泛酸钙、本多生酸钙等，呈白色粉末，无臭、味微苦。有吸湿性，易溶于水和甘油，不溶于酒精、氯仿和乙醚。泛酸钙具有手性碳原子，因此可有三种形式存在[235]：DL-泛酸钙（外消旋体）、D-泛酸钙（右旋体）和 L-泛酸钙（左旋体），其中右旋体具有生物活性，左旋体无生物活性，外消旋体只有 50% 的生物活性。

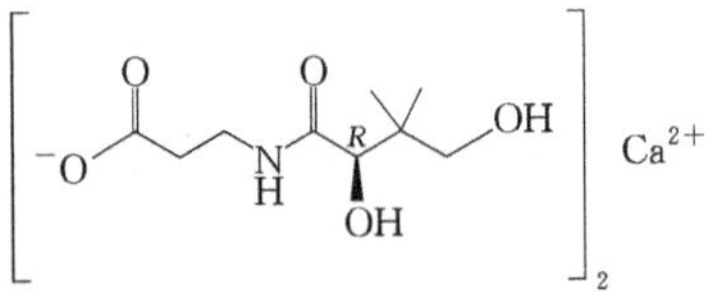

泛酸钙结构式

一般制备法得到的均是 DL-泛酸钙。若要生产 D-泛酸钙，需要通过光学拆分 DL-泛酸钙，也可以通过拆分 DL-泛解酸内酯，由 D-泛解酸内酯直接制备 D-泛酸钙。例如，用泛解酸内酯与 $\beta$-氨基丙酸钙缩合而制备泛酸钙的反应如下[236]：

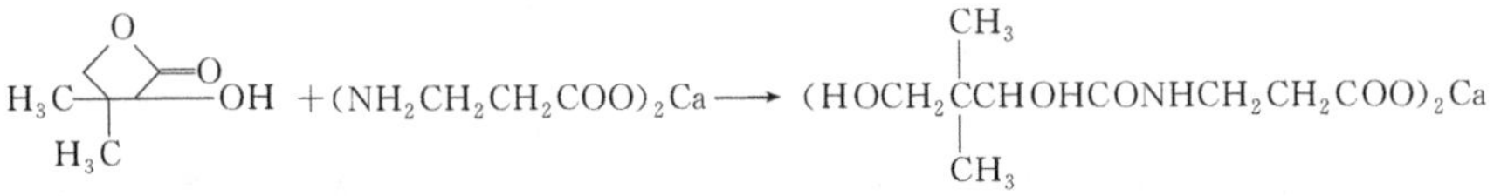

泛酸钙是辅酶 A 的组成部分，参与蛋白质、脂肪、糖代谢，起乙酰化作用。在医药方面，可用于维生素 B 缺乏症、神经炎、手术后肠绞痛、厌食症的治疗[237]。近来有研究发现，复方 D-泛酸钙糖浆有调理脾胃的功能[238]。

泛酸钙亦用作食品、饲料添加剂。D-泛酸钙具有补充人体内维生素 B 需求和增强食品风味的功效，可用于营养保健食品[239]。D-泛酸钙有较高的生物活性，可加在饲料中，以避免畜禽因缺乏泛酸钙而引起生长发育迟缓、贫血及代谢、神经、肠胃紊乱等症状[240]。

# 10.8    其他含磷有机钙化合物

### 10.8.1 磷霉素钙

磷霉素钙（$C_3H_5O_4PCa$，fosfomycin calcium），分子量 176.12，呈白色结晶性粉末，无味，有毒，微溶于水，极微溶于甲醇，不溶于丙酮、三氯甲烷、乙醚及苯。

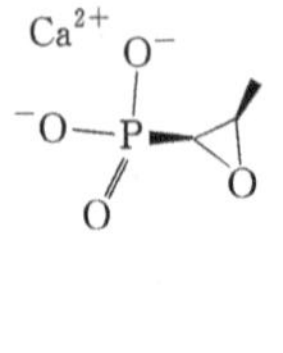

$C_3H_5O_4PCa$ 的制备方法：

① 碱式反应法。首先将氢氧化钙与左磷右铵盐投入三口瓶中，加入水，并在 30～40℃下搅拌反应 6h，过滤，滤饼用 40℃热水冲洗至无苯乙胺残留，将滤饼干燥，得到磷霉素钙[241]。

② 绿色合成法。将磷霉素（R)-1-苯乙铵盐分 3～5 次加入 10～20℃的氢氧化钠水溶液中，每次间隔 5min，在室温下搅拌均匀，得到混合溶液Ⅰ；升温至 50～60℃反应 1h，降至常温，静置分液，有机相用纯水洗涤一次，与水相合并，并向水相中加入纯水和缓冲盐，搅拌均匀得到混合溶液Ⅱ；继续升温至 65～75℃，缓慢滴加氯化钙溶液，恒温反应 0.5～1.5h，缓慢滴加氯化铵溶液，搅拌 30min，随后抽滤，滤饼用纯水洗涤三次，干燥得磷霉素钙[242]。

$C_3H_5O_4PCa$ 主要用于家禽的大肠杆菌病、沙门氏菌病、克雷伯氏病和头肿胀综合征等常见疾病，以及鱼虾的巴氏杆菌、弧菌、链球菌以及其他革兰氏阴性菌引起的感染。

## 10.8.2　果糖-1,6-二磷酸一钙盐

果糖-1,6-二磷酸一钙盐 [$C_6H_{16}O_{12}P_2Ca$，D-fructofuranose, 1, 6-bis ( dihydrogen phosphate),calcium salt（1∶1)]，分子量 382.18，白色粉末，易溶于水。

CaH₂

$C_6H_{12}O_{12}P_2Ca$ 的制备方法。首先由 1,6-二磷酸果糖和 $CaCl_2$、$Ca(NO_3)_2$ 在 pH＝2.0～6.5 的条件下充分搅拌并反应，结晶干燥得果糖-1,6-二磷酸一钙盐。

$C_6H_{12}O_{12}P_2Ca$ 是预防骨质疏松症药物的重要成分之一，口服进入胃肠道，在小肠液中呈离子状态，显著增加了机体对钙的吸收；同时母体 FDP 作为高能基质提供金属离子钙，并通过主动运输进入组织细胞，为细胞提供能量[243]。

## 10.8.3　植酸钙

植酸钙（$C_6H_6O_{24}Ca_6P_6$，calcium phytate），分子量 888.41，白色粉末，无臭，溶于盐酸、硝酸、硫酸，不溶于水及碱。

$C_6H_6Ca_6O_{24}P_6$ 通常用稀酸加碱沉淀法制备。用稀无机酸或有机酸浸泡米糠、菜籽、玉米等富含植酸的植物，然后用氢氧化钙、氨水、氢氧化钠等碱性溶液中和、沉淀、分离即可得到水膏状植酸钙[244,245]。

植酸可促进血红蛋白中氧的释放，改善血红细胞功能，也可以作为螯合剂、抗氧化剂和发酵促进剂等，但是植酸在植物体内不是以游离状态而是以钙镁复盐形式存在。$C_6H_6Ca_6O_{24}P_6$ 可以作为改性剂[248]，促进骨愈合[249]，也可用来制备植酸[250]。$C_6H_6Ca_6O_{24}P_6$ 和聚磷酸铵组成的膨胀阻燃剂加入聚乳酸/不饱和聚酯共混物中（TPLA），提高了其高温残炭量，使 TPLA 的峰值热释放速率和总热释放分别下降 57.5% 和 69.5%，表现出优异的阻燃性能[248]。采用化学沉积法在钛表面制备具有生物活性的纳米 $C_6H_6Ca_6O_{24}P_6$ 涂层，能快速释放钙离子，促进钛种植体周围新骨的形成，加速了种植体与宿主骨界面的骨整合[249]。

### 10.8.4  钙敌畏

钙敌畏（$C_{10}H_{15}Cl_6O_{12}P_3Ca$，calvinphos），分子量 672.93，白色或淡黄色蜡状固体，易溶于水、乙醇和乙醚。

$C_{10}H_{15}Cl_6O_{12}P_3Ca$ 通常由敌敌畏与氯化钙成盐、络合得到。将无水 $CaCl_2$ 溶于甲醇，加入敌敌畏原油，水浴控温 55℃ 下反应，经减压蒸馏、过滤、结晶得钙敌畏[251]。

$C_{10}H_{15}Cl_6O_{12}P_3Ca$ 是一种高效、广谱、低毒的有机磷杀虫驱虫剂，其杀虫效果优于敌敌畏，且对家畜的毒性低，易于降解，无滞留无公害。

### 10.8.5  5-胸苷酸钙盐

5-胸苷酸钙盐（$C_{10}H_{13}N_2O_8PCa$，5′-thymidylic acid calcium salt），分子量 360.27。

# 参考文献

[1] 娄伦武，陆廷雷，万本军，陈铭. 甲酸钙生产工艺技术现状 [J]. 化肥工业，2018，45（06）：17-20，56.

[2] 赵永杰，张洁，马金芳，谷同军，程丽敏. 制备甲酸钙的方法：CN1762963 [P]. 2006-04-26.

[3] 李智光，吴晖，张景香，郭玉川，李怀然. 一种制作甲酸钙和副产硝酸钠或亚硝酸钠的方法：CN101239896 [P]. 2008-08-13.

[4] 赵保安. 甲酸钙作为电厂脱硫添加剂的研究 [J]. 宁波化工，2018（04）：20-23.

[5] Bampidis V，Azimonti G，de Lourdes Bastos M，Christensen H，Dusemund B，Durjava M K，Kouba M，Lopez-Alonso M，Puente S L，Marcon F，Mayo B，Pechova A，Petkova M，Ramos F，Sanz Y，Villa R E，Woutersen R，Brozzi R，Galobart J，Lucilla Gregoretti，Lopez-Galvez G，Vettori M V，Sofianidis K，Innocenti M L. Efficacy of calcium formate as a technological feed additive (preservative) for all animal species [J]. EFSA Journal，2020，18（5）：e06137.

[6] 张舒，卢娜，王雅晶，邵伟，李胜利，母智深. 甲酸钙和乳酸钙对泌乳奶牛生产性能、乳成分、血液生化指标及钙磷代谢的影响 [J]. 动物营养学报，2018，30（10）：3950-3957.

[7] Gryndler M，Beskid O，Hujslová M，Konvalinková T，Bukovská P，Zemková L，Hršelová H，Jan Jansa. Soil receptivity for ectomycorrhizal fungi：tuber aestivum is specifically stimulated by calcium carbonate and certain organic compounds，but not mycorrhizospheric bacteria [J]. Applied Soil Ecology，2017：117-118.

[8] 蔡珂航，黄斌，史奕，陈欣. 采用浇灌方式施用甲酸钙消减当季叶菜镉污染 [J]. 生态学杂志，2017，36（06）：1643-1649.

[9] 杨杨，卢旭峰，刘金涛. 低温型套筒灌浆料性能试验研究 [J]. 新型建筑材料，2020，47（10）：49-52.

[10] Payne D A，Sanderson R T. Calcium dimethyl，strontium dimethyl，and barium dimethyl [J]. Journal of the American Chemistry Society，1958，80：5324.

[11] Wolf B M，Stuhl C，Maichle M C，Anwander R. Dimethylcalcium [J]. Journal of the American Chemical Society，2018，140（6）：2373-2383.

[12] 王明伟，李波. 一种植物中草酸钙晶体的制备工艺：CN109734576A [P]. 2019-05-10.

[13] 马艳荣. 一种用电石渣生产草酸钙的方法：CN102115440A [P]. 2011-07-06.

[14] 林利成. 一种光谱纯试剂草酸钙的制备方法：CN107778163A [P]. 2018-03-09.

[15] 蒋央芳. 一种草酸钙纳米片的制备方法：CN108164412A [P]. 2018-06-15.

[16] 刘燕，毛慧渊，郭荣. 一种多级结构草酸钙的制备方法：CN103936579A [P]. 2014-07-23.

[17] 张菊仙. 草酸钙应用于涂料的研究 [J]. 中华纸业，2020，41（06）：31-34.

[18] 李战发，陈天剑，王自福，陈凯，张兴福，崔洪涛，王明英. 一种耐水防火无机轻质保温发泡板：CN102964110A [P]. 2013-03-13.

[19] 闫永艳. 灰岩类石质文物抗侵蚀保护试验研究 [D]. 焦作：河南理工大学，2017.

[20] Zhang Y，Wu F S，Su M，He D P，Ma W X，Wang W F，Feng H Y. Research progress on the bioweathering and controlling of stone cultural relics [J]. YingYong Sheng Tai Xue Bao：The Journal of Applied Ecology，2019，30（11）：3980-3990.

[21] 王襄宾，饶链. 用鸡蛋壳制备醋酸钙的工艺研究 [J]. 农产品加工·学刊，2007（9）：38-40.

[22] 范峥，杨栩，关嘉庆，张佳，乔璐，常晓亚. 以废弃牡蛎壳为原料制备食品级醋酸钙 [J]. 食品工业科技，2015，36（10）：254-258.

[23] Murphy J N，Schneider C M，Hawboldt K，Kerton F M. Hard to soft：biogenic absorbent sponge-like material from waste mussel shells [J]. Matter，2020，3：1-13.

[24] 刘敏，郭宇，武月，殷慧敏，王嘉翊，王得武，孟令章，周冰玉. 食品补强剂醋酸钙的制备工艺研究 [J]. 天津化工，2017，31（4）：19-22.

[25] 程川海，刘凯，路新瀛. 醋酸钙镁代替食盐作为融雪剂对钢筋腐蚀性问题的研究 [J]. 公路，2005（12）：137-139.

[26] 严钊，梁纪，穆荣芳，孟晓荣，张倩.钙镁比对矿粉 CMA 产物融冰性能和耐腐蚀行为的影响研究 [J].应用化工，2019，48（05）：1122-1126，1131.

[27] Lakaew K，Akeprathumchai S，Thiravetyan P. Foliar spraying of calcium acetate alleviates yield loss in rice（Oryza sativa L.）by induced anti-oxidative defence system under ozone and heat stresses [J].Annals of Applied Biology，2020：1-13.

[28] 于芳.醋酸钙对透析前慢性肾脏疾病患者血清磷浓度的影响 [J].中国临床药理学杂志，2013，29（5）：334-336.

[29] 李英杰，赵长遂，李庆钊，段伦博.作为新型 $CO_2$ 吸收剂的乙酸钙循环碳酸化特性 [J].中国电机工程学报，2008，28（8）：65-70.

[30] 李范范.醋酸钙/飞灰脱硫脱硝性能分析研究 [D].昆明：昆明理工大学，2016.

[31] Cai C，Sui Q，She Z，Kraatz H B，Xiang C，Huang P，Chu H，Qiu S，Xu F，Sun L，Shah A，Zou Y. Two dimensional holey carbon nanosheets assisted by calcium acetate for high performance supercapacitor [J].Electrochimica Acta，2018，283：904-913.

[32] Varughese P A，Saban K V，George J，Paul I，Varghese G. Crystallization and structural properties of calcium malonate hydrate [J].Journal of Materials Science，2004，39（20）：6325-6331.

[33] 龙智，高春燕，李宽义.一种丙二酸钙制取高纯固体丙二酸的生产方法：CN111620774A [P].2020-09-04.

[34] Dou Q，Lu Q L. Effect of calcium malonate on the formation of βcrystalline form in isotactic poly （propylene）[J].Polymers for Advanced Technologies，2008，19（11）.

[35] 邢晓轲.利用蛋壳制备丙酸钙的工艺研究 [J].黑龙江生态工程职业学院学报，2014，27（6）：35-36.

[36] 胡波平.以废弃鸭蛋壳为原料制备丙酸钙与乳酸钙的工艺研究 [D].南昌：南昌大学，2014.

[37] 蓝尉冰，韩鑫，覃银松，苗建银，陈美花，甘雄，张自然.牡蛎壳制备丙酸钙的工艺研究 [J].钦州学院学报，2014，29（2）：1-3.

[38] 叶晗，李啸，张小龙，肖泽涛，许超群，黄聪.基于转录组学分析的丙酸钙对酿酒酵母的抑菌机制 [J/OL].微生物学通报：1-18 [2020-11-21].https：//doi.org/10.13344/j.microbiol.china.200244.

[39] 许丽，陈旭，许灵敏，刘文娟，王楠，郭照宙，宋建楼.丙酸钙对湿玉米纤维保鲜效果、瘤胃液体外培养主要发酵指标及防腐保鲜效果影响 [J].东北农业大学学报，2016，47（01）：66-73.

[40] 蒋硕，杨福馨，张燕，黄志英，欧丽娟，杨辉.丙酸钙改性聚乙烯醇包装薄膜性能研究 [J].食品工业科技，2015，36（2）：308-312.

[41] 刘文娟.双乙酸钠或丙酸钙添加水平及环境温度对湿玉米纤维饲料保鲜效果的研究 [D].哈尔滨：东北农业大学，2014.

[42] Amin M，Babak M，John B G. Suitability of combination of calcium propionate and chitosan for preserving minimally processed banana quality [J].Journal of the Science of Food & Agriculture，2017，97（11）：3706-3711.

[43] 张鹏，叶盛德，朱艳华，李江阔，颜廷才.ε-聚赖氨酸复配丙酸钙对樱桃萝卜低温贮藏期品质及风味物质的影响 [J].食品科技，2017，42（10）：33-39.

[44] 王海蓝，马亭，石晶盈.丙酸钙处理对汉堡保鲜效果的影响 [J].食品科学，2014，35（10）：218-222.

[45] Zhang F，Nan X，Wang H，Guo Y，Xiong B. Research on the applications of calcium propionate in dairy cows：a review [J].Animals，2020，10（8）：1336.

[46] Aitor A，Stephanie T. Conditioned place avoidance using encapsulated calcium propionate as an appetite suppressant for broiler breeders [J].Plos One，2019，14（7）：e0206271.

[47] 张心壮，鲁琳，孟庆翔，赵丽萍，任丽萍.丙酸钙对高精料底物瘤胃体外发酵产气量、发酵参数和干物质降解率的影响 [J].动物营养学报，2013，25（12）：2906-2912.

[48] Lv J Y，Fang X P，Feng G Z，Zhang G N，Zhao C，Zhang Y G，Li Y. Effects of sodium formate and calcium propionate additives on the fermentation quality and microbial community of wet brewers grains after short-term storage [J].Animals，2020，10（9）：1608.

[49] Nimmo W，Patsias A A，And W J H，Williams P T. Characterization of a process for the in-furnace reduction of $NO_x$，$SO_2$，and HCl by carboxylic salts of calcium [J]．Industrial & Engineering Chemistry Research，2005，44 (12)：4484-4494.

[50] Patsias A A，Nimmo W，Gibbs B M，Williams P T. Calcium-based sorbents for simultaneous $NO_x$/$SO_x$，reduction in a down-fired furnace [J]．Fuel，2005，84 (14-15)：1864-1873.

[51] 周飞．丙酸钙脱硝特性与机理分析 [D]．济南：山东大学，2012.

[52] 韦玲，陈柯全，左志芳，罗志臣．一种牙膏添加剂甘油磷酸钙的合成新工艺：CN108516988B [P]．2020-04-07.

[53] 朱昱，王红，王晶，郑楠．一种高钙含量的甘油磷酸钙的制备方法：CN102127107A [P]．2011-07-20.

[54] Silveira B C，Guimarães M L，Thiemi K M，Correia S F，Rabelo B M A. Calcium glycerophosphate supplemented to soft drinks reduces bovine enamel erosion [J]．Journal of Applied Oral Science：Revista FOB，2012，20 (4)．

[55] Edward S S，Mary H，Michael S，Margaret W. Calcium Glycerophosphate Nasal Spray Reduces Rhinitis Symptoms [J]．Journal of Allergy and Clinical Immunology，2015，135 (2S)．

[56] A·E·克里格曼．用于治疗和预防呼吸疾病或病症的甘油磷酸钙：CN101842318A [P]．2010-09-22.

[57] 勾继彬．丙酮酸制备丙酮酸钙的纯化工艺 [J]．石河子科技，2011 (03)：14-15.

[58] 覃一峰．鸡蛋壳为原料制备丙酮酸钙并提取胶原蛋白整体工艺研究 [D]．南宁：广西大学，2013.

[59] 魏玉西，于佳，胡迎芬，齐宏涛，黄莺莺．一种利用鲍鱼壳为钙源合成丙酮酸钙同时提取浸膏的方法：CN107118094A [P]．2017-09-01.

[60] 林金新．膳食补充剂丙酮酸钙的合成工艺研究 [J]．食品安全导刊，2018 (30)：147-148.

[61] Wan K，Li Y，Sun W，An R，Tang Z，Wu L，Chen H，Sun Z. Effects of dietary calcium pyruvate on gastrointestinal tract development，intestinal health and growth performance of newly weaned piglets fed low-protein diets [J]．Journal of Applied Microbiology，2020，128 (2)：355-365.

[62] Alba R N，Francesca A，Teresa V，José G M，José Alberto M T，María Elena R C，Pilar U M，Ivo P，Julio G. Calcium Pyruvate Exerts Beneficial Effects in an Experimental Model of Irritable Bowel Disease Induced by DCA in Rats. [J]．Nutrients，2019，11 (1)：140.

[63] 陈永亮，吕国枫，刘丽红，张美，佟梦紫，孙娇，方静．补充丙酮酸钙对急性力竭运动小鼠心肌损伤的保护机制 [J]．中国康复，2011，26 (03)：171-173.

[64] 李逢振，马美湖．利用蛋壳制取有机钙的方法 [J]．中国家禽，2008 (04)：55-56.

[65] 刘德婧，马美湖．超声辅助法制备蛋壳源乳酸钙 [J]．中国食品学报，2017 (06)：90-96.

[66] 徐霞，杨邦伟，蔡燕萍，刘书来，刘建华，丁玉庭．贝壳源纳米乳酸钙的制备与表征 [J]．食品与发酵工业，2020 (02)：66-72.

[67] 赵静丽，刘远远，马美湖．不同载体固定化蒙氏肠球菌发酵蛋壳制备乳酸钙 [J]．食品科学，2020 (02)：80-86.

[68] 黄翔，陶蕾，杨燃，黄群，安凤平，黄茜，马美湖．复合乳酸菌发酵蛋壳制备乳酸钙 [J]．食品科学，2019 (20)：159-165.

[69] 龚恕，阚斐．乳酸钙的纯化工艺及对腌菜品质的影响 [J]．湖北农业科学，2015，54 (11)：2702-2706.

[70] 师红伟．碳酸钙、甲酸钙、乳酸钙、柠檬酸钙与酸化剂组合对饲料 pH 和系酸力的影响 [J]．饲料博览，2016 (4)：40-42.

[71] 陈丽娟，王赵改，杨慧，张乐，王晓敏，史冠莹．真空与乳酸钙处理对双孢蘑菇采后贮藏品质的影响 [J]．中国农业科学，2015，48 (14)：2818-2826.

[72] Naser F，Rabiei V，Razavi F，Khademi O. Effect of calcium lactate in combination with hot water treatment on the nutritional quality of persimmon fruit during cold storage [J]．Scientia Horticulturae，2018，233：114-123.

[73] 韩晓梅，王晨笑，杨鑫，王博，桑亚新，孙纪录．利用蟹壳制备乳酸钙和甲壳素的技术研究 [J]．食品研究与开发，2018 (11)：65-70.

[74] 冯涛，张家广，李珠，周梦君，赵林．乳酸钙掺量对基于微生物矿化沉积的混凝土裂缝自修复效果的影响［J］．科学技术与工程，2017，17（31）：1671-1815.

[75] Hui Q R，Yang R Q，Shen C，Zhou Y L，Gu Z X. Mechanism of calcium lactate facilitating phytic acid degradation in soybean during germination［J］. Journal of Agricultural and Food Chemistry，2016，64（27）：5564-5573.

[76] 姜绍通，李兴江．苹果酸生物炼制研究进展［J］．食品科学技术学报，2019（02）：1-9.

[77] 潘荣楷，文健，林丽丽，石晓波．以贝壳为原料制备苹果酸钙的研究［J］．现代食品科技，2009，25（7）：790-792.

[78] 李伟，熊健，洛桑，朱音迪，朱健．藏鸡蛋壳制备苹果酸钙的工艺探究［J］．轻工科技，2017（6）：8-9.

[79] Khan I，Nazir K，Wang Z P，Liu G L，Chi Z M. Calcium malate overproduction by penicillium viticola 152 using the medium containing corn steep liquor［J］. Applied Microbiology & Biotechnology，2014，98（4）：1539-1546.

[80] 李杏元，张鸣圣．柠檬酸、苹果酸钙的制备与应用研究［J］．黄冈职业技术学院学报，2003，5（1）：40-45.

[81] 王丽艳．利用高压脉冲电场技术制备蛋壳有机酸钙及其补钙功能特性的研究［D］．长春：吉林大学，2012.

[82] 郭光美．柠檬酸-苹果酸钙（CCM）泡腾片的生产工艺研究［J］．食品科技，2003（1）：83-84.

[83] 刘洪玲．柠檬酸-苹果酸钙复合盐的制备和应用［D］．泰安：山东农业大学，2007.

[84] 赵芝琼，鲍文梅，杨林，李正华，李锦锦，王立克，王翔．聚苹果酸钙对肉鸡血清钙、磷含量的影响［J］．安徽科技学院学报，2019，33（06）：12-16.

[85] Safronova T V，Putlyaev V I，Knot'ko A V，Shatalova T B，Savinova V Y. Synthesis of the nanoscale calcium hydroxyapatite from calcium malate and ammonium hydrophosphate［J］. Inorganic Materials：Applied Research，2019，10（4）：841-845.

[86] Sakdi I，Tjahjanto R T，Khunur M M，Prananto Y P，Basori M C. Utilization of snail (*Achatina fulica*) shell waste for synthesis of calcium tartrate tetrahydrate ($CaC_4H_4O_6 \cdot 4H_2O$) single crystals in silica gel［J］. Journal of Tropical Life Science，2012，2（1）.

[87] Tarpara U，Vyas P，Joshi M J. Synthesis and characterization of calcium tartrate dihydrate nanoparticles［J］. International Journal of Nanoscience，2015，14（4）.

[88] 薛晓武，卿宁．一种酒石酸钙剂及其制备方法：CN110074417A［P］.2019-08-02.

[89] 于清琴．加酒石酸钙晶核稳定葡萄酒的试验［J］．中外葡萄与葡萄酒，2000（04）：55-56.

[90] 汪陈平，刘鑫．配制酒中酒石酸钙沉淀去除方法［J］．食品与发酵工业，2013，39（12）：110-113.

[91] 彭险峰．丁酸钙在制备动物用抗腹泻型饲料添加剂中的应用：CN105724785A［P］.2016-07-06.

[92] Pineda-Quiroga C，Atxaerandio R，Ruiz R，García-Rodriguez A. Effects of dry whey powder alone or combined with calcium butyrate on productive performance，duodenal morphometry，nutrient digestibility，and ceca bacteria counts of broiler chickens［J］. Livestock Science，2017，206：65-70.

[93] Malau-Aduli A E O，Balogun R O，Otto J R，Verma S，Wehella M，Jones D. Novel encapsulated calcium butyrate supplement enhances on-farm dairy calf growth performance and body conformation in a pasture-based dairy production system［J］. Animals，2020，10（8）.

[94] El-Wahab A A，Mahmoud R E，Ahmed M F E，Salama M F. Effect of dietary supplementation of calcium butyrate on growth performance，carcass traits，intestinal health and pro-inflammatory cytokines in Japanese quails［J］. Journal of Animal Physiology and Animal Nutrition，2019，103（6）.

[95] 李玉喜，徐强，徐海，姜娜，周慧萍．一种 3-羟基丁酸盐的制备方法：CN109796326A［P］.2019-05-24.

[96] 徐强，李玉喜，周慧萍，徐海，姜娜．一种 3-羟基丁酸盐的制备方法：CN109825535A［P］.2019-05-31.

[97] 呼延旺．一种制备 3-羟基丁酸盐的方法：CN109369372A［P］.2019-02-22.

[98] 何建华，童南伟，李华琦，吴江．L-苏糖酸盐对破骨细胞骨吸收功能影响的体外研究［J］．四川大

学学报（医学版），2005（02）：225-228.

[99] Amaliya A，Laine M L，Loos B G，Van der Velden U. Java project on periodontal diseases：effect of vitamin C /calcium threonate/citrus flavonoids supplementation on periodontal pathogens，CRP and HbA1c [J]．Journal of Clinical Periodontology，2015，42（12）：1097-1104.

[100] 于凯，寇福平，王志文. L-苏糖酸钙研究进展 [C] //全国老年骨质疏松专题学术研讨会论文汇编 [C]．中华医学会、中华预防医学会：中华预防医学会，2000：4.

[101] 李兑，张宏量，王艳，陈新华，张国靓. 乙酰丙酮钙的合成研究 [J]．塑料助剂，2013（01）：18-21.

[102] 李道先，曹长峰，张延华，刘强，李宗园. 一种乙酰丙酮钙的制备方法：CN110922318A [P]．2020-03-27.

[103] 沈云飞，杨中伟，张依轩，褚祖礼. 一种固相法生产乙酰丙酮钙的工艺及装置：CN107056598A [P]．2017-08-18.

[104] 宝玉，郭向荣，刘鑫. PVC 热稳定剂专用乙酰丙酮钙的制备方法：CN109575469A [P]．2019-04-05.

[105] 刘亚明. 一种 $\beta$-羟基-$\beta$-甲基丁酸钙的制备方法：CN111410605A [P]．2020-07-14.

[106] 不公告发明人. 一种 HMB-Ca 生产工艺方法：CN108129294A [P]．2018-06-08.

[107] 黄辉其，印建国，黄艳. 一种 $\beta$-羟基-$\beta$-甲基丁酸钙的制备及纯化方法：CN108558641A [P]．2018-09-21.

[108] 汤素葵. 一种 $\beta$-羟基-$\beta$-甲基丁酸钙的制备方法：CN107954855A [P]．2018-04-24.

[109] 郭俊清. 亮氨酸及 $\beta$-羟基-$\beta$-甲基丁酸钙对绒山羊免疫机能和生产性能影响的研究 [D]．呼和浩特：内蒙古农业大学，2009.

[110] 批准翅果油和 $\beta$-羟基-$\beta$-甲基丁酸钙为新资源食品的公告 [J]．食品与发酵工业，2011，37（01）：93.

[111] 周应培，刘继根，杨德军. 饲料添加剂 $\beta$-羟基-$\beta$-甲基丁酸钙的制备方法：CN103694107A [P]．2014-04-02.

[112] 马友彪，张海军，王晶，武书庚，齐广海. $\beta$-羟基-$\beta$-甲基丁酸在畜禽营养中作用的研究进展 [J]．中国畜牧兽医，2016，43（10）：2608-2614.

[113] 杜宝安，杜艳君，王利娟，王茂生，高慧颖，董丽新. 用机械化学制备法制备抗坏血酸钙 [J]．食品工业科技，2002，23（12）：38-39.

[114] 杜宝安，王茂生，王丽娟，杜艳君，石少慧，郑宏，等. 抗坏血酸钙的制备及钙剂活性的实验研究. 盐业与化工，2001，30（6）：9-11.

[115] 马忠国，石秀梅. L-抗坏血酸钙在食品中的应用. 牡丹江医学院学报，1997，18（2）：89-90.

[116] 周友亚，李冀辉，高风格，黎梅. 抗坏血酸钙的制备及抗氧化作用 [J]．河北师范大学学报（自然科学版），1999，23（1）：94-96.

[117] 诸永志，王静，王道营，徐为民，汪志君，曹建民. 抗坏血酸钙对鲜切牛蒡褐变及贮藏品质的影响 [J]．江苏农业学报，2009，25（3）：655-659.

[118] 潘建春，赵侠，库宝善. 赖氨酸、脯氨酸和抗坏血酸钙对去卵巢大鼠骨质疏松的预防作用 [J]．中华老年医学杂志，2004，23（3）：188-191.

[119] 马忠国，石秀梅. L-抗坏血酸钙在食品中的应用 [J]．牡丹江医学院学报，1997（02）：89-91.

[120] Lee J K，Jung S H，Lee S E，Han J H，Myung C S. Alleviation of ascorbic acid-induced gastric high acidity by calcium ascorbatein vitroandin vivo [J]．Korean Journal of Physiology & Pharmacology，2018，22（1）：35-42.

[121] 周生民，冯文红，赵伟. 响应面法优化黑曲霉发酵产葡萄糖酸钙 [J]．生物加工过程，2016（02）：17-21.

[122] 郭茂祥. 葡萄糖酸钙的制备 [J]．化学世界，1989（6）：253-255.

[123] 韩风华，张金玉. 10%葡萄糖酸钙联合盐酸山莨菪碱佐治婴儿喘息性肺炎 28 例 [J]．临床医药文献电子杂志，2014（05）：803-804.

[124] 林惠香，王巧云，史建琴. 新生儿静脉使用葡萄糖酸钙不良反应的预防及护理体会 [J]．实用医技杂志，2008（11）：1476-1477.

[125] 梁静娟，李筱瑜，官威，庞宗文，麦志茂. 产葡萄糖氧化酶黑曲霉的诱变选育及葡萄糖酸钙发酵条件的研究 [J]. 食品工业科技，2010 (12)：218-220.

[126] 李怡然，朱明慧，朱志玲，姚静，山广志. 定量核磁共振波谱法测定葡萄糖酸钙原料药的绝对含量 [J]. 中国医药生物技术，2020 (01)：71-73.

[127] 黄小泰，黄琦. 葡萄糖酸钙诱发婴儿阵发性室上性心动过速一例 [J]. 海南医学，2012 (17)：137-138.

[128] 叶永芝，区远赵，贺道机. 葡萄糖酸钙锌联合消旋卡多曲在轮状病毒性肠炎治疗效果 [J]. 海峡药学，2016，28 (8)：187-188.

[129] 蔡亮，金阿平. 葡萄糖酸钙凝胶外敷治疗手足部氢氟酸烧伤 20 例效果 [J]. 中国乡村医药，2017，24 (22)：14-15.

[130] Liu L，Xu D，Liu P，Liu F Y，Dai L Q，Yan H，Wen F Q. Effects of calcium gluconate on lipopolysaccharide-induced acute lung injury in mice [J]. Biochemical and Biophysical Research Communications，2018，503 (4)：2931-2935.

[131] Liao J F，Wang B Y，Huang Y X，Qu Y，Peng J R，Qian Z Y. Injectable alginate hydrogel cross-linked by calcium gluconate-loaded porous microspheres for cartilage tissue engineering [J]. ACS Omega，2017，2 (2)：443-454.

[132] 薛晶，南楠，许鸣镝. 浅析葡萄糖酸钙片的一致性评价方法 [J]. 中国药学杂志，2018 (20)：1794-1798.

[133] 陈连蔚，陆杰. 柠檬酸氢钙水合物的制备与表征 [J]. 应用化工，2015，44 (2)：199-202.

[134] 张勇，周建群，高丽红，何旭孔，杨林. 饲料添加剂柠檬酸钙质量剖析及质量指标的设定 [J]. 粮食与饲料工业，2014 (8)：40-42.

[135] Kaduk J A. Crystal structures of tricalcium citrates [J]. Powder Diffraction，2018，33 (2)：98-107.

[136] 颜鑫，刘小忠，李玉茶，傅国新. 以石灰乳为中和剂的柠檬酸钙制备反应过程与机理研究 [J]. 非金属矿，2012，35 (4)：49-51.

[137] 石静，马小琴，杨文远，韩晓霞. 鸡蛋壳直接制备柠檬酸钙的研究 [J]. 黑龙江畜牧兽医，2014 (19)：116-118.

[138] 陈士勇，王令充，刘睿，嵇晶，吴皓，吴秋惠. 四角蛤蜊贝壳制备柠檬酸钙的工艺研究 [J]. 中国海洋药物，2011，30 (6)：18-22.

[139] 龚玉琼，钟国清. 柠檬酸钙的制备与应用进展 [J]. 精细与专用化学品，2016 (07)：12-16.

[140] 张海翔，郭宇，李佳励，白纯斯，殷淑美，李丽，梁晨武. 食品补钙添加剂柠檬酸钙的合成工艺研究 [J]. 天津化工，2016，30 (3)：8-10.

[141] Krupakozak U，Altamiranofortoul R，Wronkowska M，Rosell C M. Breadmaking performance and technological characteristic of gluten-free bread with inulin supplemented with calcium salts [J]. European Food Research & Technology，2012，235 (3)：545-554.

[142] Bristow S M，Gamble G D，Stewart A，Horne L，House M E，Aati O. Acute and 3-month effects of microcrystalline hydroxyapatite, calcium citrate and calcium carbonate on serum calcium and markers of bone turnover：a randomised controlled trial in postmenopausal women [J]. British Journal of Nutrition，2014，112 (10)：1611-20.

[143] 孙玉丽，潘喜春，陶俊，孙铁虎，李义，陈博，佟毅. 柠檬酸钙制备及在动物生产中的应用进展 [J]. 粮食与饲料工业，2019 (03)：40-44.

[144] 安涛，陈庆玉，李苏，周英勇，赵志蓉，彭磊. 柠檬酸钙复合材料促进骨腱愈合的实验研究 [J]. 创伤外科杂志，2015，17 (3)：247-251.

[145] Marc B，Laetitia G，Nicola D. Calcium phosphate bone graft substitutes：failures and hopes [J]. Journal of the European Ceramic Society，2012，32 (11)：2663-2671.

[146] 朱平，张传杰. 海藻酸纤维制备及在医用材料上的应用 [J]. 中国组织工程研究与临床康复，2008 (32)：6397-6400.

[147] 廖艳华，马献力，李成海，赵丽娅. 海藻酸钙微胶囊的制备 [J]. 化工技术与开发，2003 (06)：17-19.

[148] 王艳，管斌，孔青，郑君. 内源乳化凝胶法制备微米级海藻酸微胶囊的研究 [J]. 食品与发酵工业，2007 (12)：76-78，82.

[149] 张传杰，徐琪，熊春华，冉建华，刘云，朱平. 海藻酸钙海绵的结构与性能 [J]. 高分子材料科学与工程，2012 (09)：24-27.

[150] 张传杰，朱平，郭肖青. 高强度海藻酸盐纤维的制备 [J]. 合成纤维工业，2008 (02)：28-32.

[151] 李兆清. 海藻酸钙基生物医用材料的制备与性能研究 [D]. 哈尔滨：哈尔滨工程大学，2014.

[152] 李双停，李洪昌. 海藻酸钙纤维性能及其在伤口敷料上的应用 [J]. 上海纺织科技，2016 (08)：1-4.

[153] 王爽. 功能化海藻酸钙基水凝胶吸附剂的合成及其性能研究 [D]. 开封：河南大学，2020.

[154] Wiria M，Tran H M，Nguyen P H B，Valencia O，Dutta S，Pouteau E. Relative bioavailability and pharmacokinetic comparison of calcium glucoheptonate with calcium carbonate [J]. Pharmacology Research & Perspectives，2020，8 (2).

[155] Kumar M P，Ashwini P，Bhandary Y P，Sudheer S P，Aparna H，Priya E S，Renjith P J，Prasad D S，Sahil V，Punchappady-Devasya R. Effect of calcium glucoheptonate on proliferation and osteogenesis of osteoblast-like cells in vitro [J]. PloS one，2019，14 (9).

[156] 郭向荣，王海. 一种复合异辛酸钙制备方法及应用：CN111718655A [P]. 2020-09-29.

[157] 王诗影. 一种可以提高柴油燃烧效率的添加剂：CN106675677A [P]. 2017-05-17.

[158] Gao Y，Meng Z，Xue L. Preparation of quick-drying offset printing ink involves mixing konjac starch，manganese isooctanoate，calcium isooctanoate and deionized water，adding *n*-butyl titanate to obtain mixed sol，ball milling and sieving to obtain drier：CN106336727A [P]. 2017-01-18.

[159] Morikawa T，Yamamoto Y，Nonomura Y. Effect of pH on bactericidal activities of calcium laurate [J]. Journal of Oleo Science，2018，67 (7)：859-862.

[160] 郭霞，王文德，张军城，史立文，葛赞，芮兴良，方银军. 一种一步水相法生产硬脂酸钙的工艺：CN110950753A [P]. 2020-04-03.

[161] 李机旻. 一种硬脂酸钙的制备工艺及其制备设备：CN108558643A [P]. 2018-09-21.

[162] 施晓旦，段鹏真，沈安成. 一种水性硬脂酸钙分散液及其制备方法：CN110699163A [P]. 2020-01-17.

[163] 王峰，马妍，康鑫，郭磊，王宗浩. 硬脂酸盐对氯化聚乙烯橡胶性能的影响 [J]. 橡胶科技，2020，18 (07)：392-395.

[164] 吴会敏，时少坤，王军，龚维，陈卓，尹晓刚. 硬脂酸钙改性蒙脱土对 PC/ABS 复合材料性能的影响 [J]. 塑料，2020，49 (05)：20-23，71.

[165] Zhang Y F，Tang S W，Lin T G，Liu G Y，Hu J. Corrosion properties of calcium stearate-based hydrophobic coatings on anodized magnesium alloy [J]. Acta Metallurgica Sinica (English Letters)，2019，32 (09)：1111-1121.

[166] 宋慧慧. 枸杞干燥与制粉技术及品质分析研究 [D]. 北京：中国农业科学院，2018.

[167] 郭云龙，吴茂英，曹先贵. PE 蜡和硬脂酸钙对 PVC 的树脂润滑作用——OPE 蜡的影响与机理 [J]. 塑料，2020，49 (01)：94-96，100.

[168] 薛荣涛，李翠芹，何腊平. 复合氨基酸螯合钙的研究进展 [J]. 食品工业科技，2014，35 (21)：390-394.

[169] 胡振珠，杨贤庆，马海霞，李来好，吴燕燕，石红. 罗非鱼骨粉制备氨基酸螯合钙及其抗氧化性研究 [J]. 食品科学，2010，31 (20)：141-145.

[170] 甘林火，翁连进，邓爱华. 制备氨基酸螯合钙的研究进展 [J]. 氨基酸和生物资源，2008 (01)：44-46.

[171] Ashmead H H. Preparation of pharmaceutical grade amino acid：US4830716 [P]. 1989.

[172] 陈睿妍，黄雨荪. 氨基酸螯合钙的研制 [J]. 中国药业，2004 (10)：51.

[173] 户业丽，王珂，刘汉桥，程波，吕中，蓝泽桥. 微波法制备人工养殖鲟鱼皮复合氨基酸螯合钙工艺的研究 [J]. 饲料工业，2009 (22)：32-36.

[174] 文旭，王燕凌，热衣扎·朱木斯别克，杨文英，覃伟铭，李疆. 氨基酸螯合钙对库尔勒香梨果实品质的影响 [J]. 新疆农业大学学报，2011，34 (6)：482-485.

[175] 张亚丽，王震环．复合氨基酸螯合钙络合物抗氧化性研究［J］．黑龙江商学院学报，1998，14
(3)：42-45.

[176] 林玉才，王建发，贺显晶，武瑞．复方氨基酸螯合钙对产后奶牛 PMN 功能和乳腺炎发病率的影
响［J］．黑龙江畜牧兽医月刊，2016 (6)：148-150.

[177] Marchetti M，Ashmead H D W，Tossani N，Marchetti S，Ashmead S D. Comparison of the rates
of vitamin degradation when mixed with metal sulphates or metal amino acid chelates［J］. Journal
of Food Composition & Analysis，2000，13 (6)：875-884.

[178] 梁义男．仙灵骨葆与乐力复方氨基酸螯合钙胶囊治疗骨质疏松症临床对比研究［J］．中外医疗，
2010，29 (27)：116.

[179] 唐广艳．应用氨基酸螯合钙治疗轻度妊娠高血压疾病 50 例体会［J］．内蒙古医学杂志，2009，
41 (1)：89-90.

[180] 刘世领，徐腾，韦建国，孙光福．一种 L-天门冬氨酸钙的制备方法：CN108976142A［P］.2018-
12-11.

[181] 王真，姜岁岁，张帆，王润芳，冯雪，汪瑞，李诗洋，赵元晖．太平洋牡蛎壳制备 L-天冬氨酸螯
合钙的工艺优化及表征［J］．食品科学，2020，41 (10)：238-245.

[182] 郭景龙．一种具有补钙作用的药物组合物：CN101791321A［P］.2010-08-04.

[183] Predieri G，Elviri L，Tegoni M，Zagnoni I，Cinti E，Biagi G，Ferruzza S，Leonardi G. Metal
chelates of 2-hydroxy-4-methylthiobutanoic acid in animal feeding. Part 2：further characterizations，
in vitro and in vivo investigations［J］. J Inorg Biochem. 2005，99 (2)：627-636.

[184] 赵翠然，李培鸿，程瑶，董文弟，张晓彩，邱玉敏．一种药用消旋羟蛋氨酸钙的制备方法：
CN103951596A［P］.2014-07-30.

[185] 李录明，张恩平，高亚伟，李金朋．饲粮中 2-羟基-4-甲硫基丁酸异丙酯添加水平对哺乳期山羊生
长性能及氨基酸代谢的影响［J］．西北农业学报，2018，27 (12)：1745-1753.

[186] 黄杰，马婷婷，陈志远，贡笑笑，赵国琦. N-羟甲基蛋氨酸钙水平对泌乳奶牛生产性能、瘤胃发
酵和营养物质消化的影响［J］．草业科学，2020，37 (08)：1598-1607.

[187] 袁明华，章永强，洪荣川，丁东，张雄，车瑶，罗浩．一步法制备消旋酮异亮氨酸钙：
CN110627637A［P］.2019-12-31.

[188] 邢亚军，黄希，傅小明．一种消旋酮异亮氨酸钙的制备方法：CN103044238A［P］.2013-04-17.

[189] 王振刚．消旋酮异亮氨酸钙的生产工艺：CN106045843A［P］.2016-10-26.

[190] Rapkin R B，Creinin M D. The combined oral contraceptive pill containing drospirenone and ethinyl
estradiol plus levomefolate calcium［J］. Expert Opinion on Pharmacotherapy，2011，12 (15)．

[191] 邹美香，李祎亮，孙歆慧，单淇，刘钫，石玉，郭建锋，侯文彬，周福军，华洁．一种制备高纯
度左亚叶酸钙的方法：CN104045640A［P］.2014-09-17.

[192] 屈倩倩，史宣宇，李方年，田欣欣．一种注射用左亚叶酸钙冻干粉针的生产工艺：
CN108392470B［P］.2019-09-10.

[193] 刘岩峰，郭辉，孙喜艳．左亚叶酸钙、5-氟尿嘧啶联合表柔比星对胃癌患者应激反应及 VEGF 水
平的影响［J］．国际肿瘤学杂志，2019 (08)：475-479.

[194] 石磊，付晓伶，张珏．伊立替康联合 5-氟尿嘧啶和左亚叶酸钙治疗晚期结肠癌临床评价［J］．中
国药业，2019，28 (06)：47-49.

[195] 王景硕，黄春妹，庞成荣．一种活性染料皂洗剂：CN109652231A［P］.2019-04-09.

[196] 韩小存．硬脂酰乳酸钙对面粉理化指标的影响研究［J］．粮食与油脂，2020，33 (10)：101-103.

[197] 何承云，林向阳．乳化剂抗馒头老化效果的研究［J］．农产品加工（学刊），2010 (05)：20-
22，26.

[198] 黄汉生．三氟甲烷磺酸及其衍生物的开发与应用［J］．有机氟工业，2002，5 (2)：51-54.

[199] 朱蔚璞，童晓薇，沈之荃．三氟甲磺酸稀土催化 ε-己内酯开环聚合［J］．高等学校化学学报，
2007，28 (6)：1186-1188.

[200] 董先明，胡艾希，符若文 .Friedel-Crafts 酰基化研究进展［J］．合成化学，2001，9 (6)：
495-497.

[201] 李小青，杜小华，徐振元．三氟甲磺酸盐催化甲苯硝化反应的研究［J］．有机化学，2006，26

（8）：1111-1114.

[202] 朱少伟. 一种环己基氨基磺酸钙的制备方法：CN1583719 [P] .2004-05-29.

[203] 赵一玫，谭忠琴，王凯，周霁. 羟苯磺酸钙的合成工艺研究 [J] . 湖北大学学报：自然科学版，2019，41（04）：411-419.

[204] 李晓庆，高桂娟. 羟苯磺酸钙治疗糖尿病肾病的临床应用效果分析 [J] . 世界最新医学信息文摘（电子版），2019，019（060）：187-188.

[205] 张九治. 甲酚磺酸钙的制造 [J] . 中国药学杂志，1956，4（12）：539-540.

[206] 马保国，李显良，卢斯文，苏英，金子豪，祝路，贺行洋，郅真真. 利用纸浆废液制备石膏胶凝材料减水剂的方法：CN105152561A [P] .2015-12-16.

[207] 王忠华. 木质素磺酸盐的应用 [J] . 乙醛醋酸化工，2019，28（08）：24-27.

[208] 陈秋雄，朱爱军，闫保福，梁天文. 一种含木质素和木质素磺酸钙的高塔复合肥及其制备方法：CN110577435A [P] .2019-12-07.

[209] 李犇，张金利，周阿洋. 一种木质素复合纳滤膜及其制备方法：CN104785132B [P] .2017-09-01.

[210] 彭险峰. 苯甲酸钙在制备动物饲料添加剂中的应用：CN105661046A [P] .2016-06-15.

[211] 洪生华，胡桂芝，陆秀忠. 一种聚酯纤维天然胶乳协同增加抗裂性的耐寒电缆料：CN106280397A [P] .2017-01-04.

[212] Kempen T M J. 防污苯甲酸盐组合：CN102958363A [P] .2013-03-06.

[213] 陈芬儿，沈怡，马丽芳，唐维高，彭崇莹. 非诺洛芬钙的重排合成工艺研究 [J] . 中国医药工业杂志，1996（05）：195-197.

[214] 李敏贤，于静. 油酸-苯甲酸钙/锌液体复合热稳定剂的制备与表征 [J] . 中国塑料，2020，34（04）：84-89.

[215] 林富荣，秦亮. 一种米格列奈钙的制备方法：CN105037244B [P] .2018-02-02.

[216] 李义保，文万江，彭常春，何平清，马利雄，赵有红，彭启华，余宣. 一种米格列奈钙的制备方法：CN107963989A [P] .2018-04-27.

[217] 陈小勇，彭润涛，江宇. 治疗糖尿病新药米格列奈 [J] . 中国医药情报，2004，10（2）：28-31.

[218] 牛晓芳，郭瑞臣. 新型Ⅱ型糖尿病治疗药——米格列奈 [J] . 齐鲁药师，2007（11）：700-701.

[219] 齐珊. 米格列奈钙的合成研究 [D] . 石家庄：河北科技大学，2012.

[220] 王璐，罗金莲，曾小青，李海亮. 亚叶酸钙溶液冰块预防儿童急性白血病大剂量甲氨蝶呤化疗后口腔溃疡 [J] . 赣南医学院学报，2017，37（3）：409-411.

[221] Rd B A，Bekaiisaab T，Chan E，Chen Y J，Choti M A，Cooper H S. Localized colon cancer, version 3. 2013 featured updates to the nccn guidelines [J] . Journal of the National Comprehensive Cancer Network，2013，11（5）：519-528.

[222] Bent S，Chen Y T，McDonald M G，Widjaja F，Wahlberg J，Hendren R L. An examination of changes in urinary metabolites and behaviors with the use of leucovorin calcium in children with autism spectrum disorder（ASD）[J] . Advances in Neurodevelopmental Disorders：Multidisciplinary Research and Practice Across the Lifespan，2020，4（3）：241-246.

[223] 吴高鑫. 瑞舒伐他汀钙合成工艺研究 [D] . 杭州：浙江大学，2018.

[224] 蔡伟. 瑞舒伐他汀钙合成工艺研究 [D] . 北京：北京化工大学，2006.

[225] Grundy S M. A publication of reliable methods for the preparation of organic compound [J] . Med Asso，2006，25（6）：2849.

[226] 张学明. 阿托伐他汀钙的临床作用 [J] . 现代中西医结合杂志，2014，23（13）：1478-1480.

[227] 王震宇，禹同生，王健，张新. 阿托伐他汀的药理作用及临床应用进展 [J] . 中国新药杂志，2010（18）：1684-1687.

[228] 李志达，刘碧英，杨懿玖. 卷发剂原料巯基乙酸钙的制备 [J] . 日用化学工业，1983（06）：9-10.

[229] 徐丹. 一种脱毛液：CN107007483-A [P] .2017-08-04.

[230] 何备战. 一种脱毛膏及其制备方法：CN110812257A [P] .2020-02-21.

[231] 曹志华. 一种高纯度阿坎酸钙的制备方法：CN101492400A [P] .2014-03-12.

[232] Boeijinga P H，Parot P，Soufflet L，Landron F，Danel T，Gendre I，Muzet M，Demazières A，Luthringer R. Pharmacodynamic effects of acamprosate on markers of cerebral function in alcohol-dependent Subjects Administered as Pretreatment and during Alcohol Abstinence [J]. Neuropsychobiology，2004，50（1）：71-77.

[233] 朱莹，叶敏. 阿坎酸钙缓释片 [J]. 中国药学杂志，2006，041（022）：1759-1760.

[234] L·M·布拉特. 治疗冠状病毒感染和 SARS 的组合物与方法：CN1533808 [P]. 2004-04-01.

[235] 刘丽秀，范鲁娜. D-泛酸钙制备技术综述 [J]. 精细化工中间体，1999，29（4）：13-15.

[236] 杨艺虹，张珩，杨建设. D-泛酸钙制备技术及其进展 [J]. 饲料工业，2004，25（6）：8-11.

[237] 李静静，范菲，杨会鸽. 高效液相色谱法测定多维元素片中泛酸钙的含量 [J]. 化学与黏合，2017（03）：234-236.

[238] 彭苍骄，郑优敏，管敏昌. 复方三维右旋泛酸钙糖浆治疗儿童厌食症 [J]. 海峡药学，2012，24（1）：171-172.

[239] 李明中. D-泛酸钙的应用与制备 [J]. 四川化工与腐蚀控制，1999，2（2）：56-58.

[240] 李立长. D-泛酸钙的制备技术及应用 [J]. 化学与生物工程，2002，19（2）：30-31.

[241] 李春旺. 一种磷霉素钙的制备方法：CN106986892A [P]. 2017-07-28.

[242] 刘慧，曾祥聪，祝宏，李丽，张焕，李雪，李爽，丁娇. 一种磷霉素钙的绿色制备方法：CN109575077A [P]. 2019-04-05.

[243] 应汉杰，吕浩，赵谷林. 果糖-1，6-二磷酸-钙盐的制备及其应用：CN1865270 [P]. 2006-06-15.

[244] 毛梅芬. 玉米淀粉废水的绿色处理工艺研究 [J]. 现代农业科技，2020（14）：166.

[245] 邱立明，孟橘，魏冰，周莹，赵晓妍. 菜籽粕制备植酸钙及其精制工艺条件研究 [J]. 粮食与食品工业，2019，26（06）：5-7.

[246] 杨春发，方泽华，刘庆辉，何世玲，蔡水船. 植酸钙的提取研究 [J]. 广东化工，2017，44（11）：92-93.

[247] 肇立春. 改进植酸钙生产工艺的研究 [J]. 粮油加工，2006（11）：54-55.

[248] 李德福，邓聪，汪秀丽，王玉忠. 植酸钙/聚磷酸铵膨胀阻燃剂对增韧改性聚乳酸性能的影响 [J]. 高分子材料科学与工程，2020，36（03）：23-29.

[249] Zhang H，Liu K，Lu M，Liu L，Yan Y，Chu Z，Ge Y，Wang T，Qiu J，Bu S，Tang C. Micro/nanostructured calcium phytate coating on titanium fabricated by chemical conversion deposition for biomedical application [J]. Materials Science & Engineering C，2021，118：111402.

[250] 郝红英，邢建华，周彩荣，叶文见. 植酸钙制备植酸离子交换工艺优化 [J]. 湖北农业科学，2013，52（14）：3394-3395，3405.

[251] 韩相恩，郭兆峰. 杀虫、驱虫新药敌敌钙的合成 [J]. 兰州铁道学院学报，1999（03）：58-61.